电磁波屏蔽及吸波材料

第二版

DIANCIBO PINGBI JI
XIBO CAILIAO

刘顺华　刘军民　董星龙　段玉平 ◎ 等编著

化学工业出版社

·北京·

本书是《电磁波屏蔽及吸波材料》的第二版，介绍了电磁波屏蔽及吸波材料的相关知识，具体内容包括电磁波理论基础、电磁波的危害及其屏蔽原理、屏蔽体的设计、介电材料与透波材料、磁性材料与电性材料基础、电磁波吸收剂、吸波体基础知识、吸波体设计原理、吸波体设计、电磁屏蔽与吸波特性测试方法、电磁屏蔽与吸收材料的应用。本书力求理论联系实际，提供较丰富的相关理论及实例表述，对相关行业从业人员有较好的指导意义。

本书适宜电磁波屏蔽及吸波材料行业从业人员，以及大专院校相关专业师生参考。

图书在版编目（CIP）数据

电磁波屏蔽及吸波材料/刘顺华等编著. —2版. —北京：化学工业出版社，2013.10（2025.4重印）
ISBN 978-7-122-18332-3

Ⅰ. ①电… Ⅱ. ①刘… Ⅲ. ①电磁波-电磁屏蔽②电磁波-吸收-材料 Ⅳ. ①O441.4

中国版本图书馆 CIP 数据核字（2013）第 207013 号

责任编辑：邢　涛　　　　　　　　　　文字编辑：颜克俭
责任校对：陶燕华　　　　　　　　　　装帧设计：韩　飞

出版发行：化学工业出版社（北京市东城区青年湖南街 13 号　邮政编码 100011）
印　　装：北京天宇星印刷厂
710mm×1000mm　1/16　印张 26¾　字数 571 千字
2025 年 4 月北京第 2 版第 8 次印刷

购书咨询：010-64518888　　　　　　　售后服务：010-64518899
网　　址：http://www.cip.com.cn
凡购买本书，如有缺损质量问题，本社销售中心负责调换。

定　　价：98.00 元

第二版前言

电磁波吸收与屏蔽材料涉及电磁场与电磁波理论、材料学科的众多分支（金属材料、陶瓷、高分子材料、微纳米材料、薄膜与涂层、复合材料、材料工艺学）以及电磁波与材料相互作用引申出的反射、折射（透射）现象及与之相关的材料结构和组合，是多学科的交汇。

屏蔽与吸收材料不仅在军事上有其特殊的战略地位，在民用上也日趋广泛。因此，各国争相投入大量人力和物力进行广泛的研究。应该说电磁屏蔽理论和实践已日趋成熟。但是，电磁波吸收材料方面仍有许多问题尚不清楚。为了促进吸波材料设计和研究的不断深入，本书在分析和总结了吸波体的组成特征后，提出了吸波体由透波材料和吸波剂两种要素构成。透波材料和吸波剂的有效组合决定了吸波体的阻抗匹配。指出吸波体应具有电磁波的导行功能，只有将电磁波引入吸波体内部才能吸收电磁波。因此，在吸波体中不仅有传输线，而且还应有谐振腔和介质波导或是它们的组合。同时提出吸波体的设计不仅应满足阻抗匹配，还必须满足能量守恒。阻抗匹配为电磁波的透入创造了前提，能量守恒则为计算电磁损耗提供了依据。上述观点集中分布在书中第7～9章中。对阻抗匹配的思考在众多的文献中早有阐述，并已为实践所证明。这里需要指出的是：仅仅有阻抗匹配并不能解决吸收效能问题，吸收效能或电磁损耗需从能量守恒中去探寻。对于实用吸波体来说，二者缺一不可。在前言里指出这些观点是想让读者在阅读本书时进行深入思考，提出问题，引起讨论，并提出批评指正。

全书共计11章。第1章主要介绍了麦克斯韦方程、平面电磁波和导行系统；第2，3章介绍了电磁屏蔽原理和屏蔽体的设计；第4～6章给出了电磁波吸收材料所必备的透波材料和吸波剂（磁介质吸波剂和电介质吸波剂）以及相关的基础知识；第7～9章为本书的重点，分别介绍了吸波体基础知识、设计原理和各类吸波体的设计；第10章为检测方法；第11章介绍了屏蔽材料与吸波材料的应用。本次再版对第5、8、9和11章有较多补充和改动。

本书由刘军民负责编写第1、2、10章，董星龙负责编写第5、6章，段玉平负责编写第4、7、11章，管洪涛负责编写第3章及9.2节，刘顺华负责编写第8、9（除9.2节）两章，全书由刘顺华负责统稿。

电磁波屏蔽与吸波材料涉及面广泛，不仅涉及电磁场与电磁波理论，还涉及材料学科中的众多分支领域（纳米与薄膜材料、高分子与陶瓷材料、导电与导磁材料、涂层工艺与技术），尤其是电磁波与各种材料（包括不同形态与粒度）之间的相互作用，尚有许多不明之处，这也正是世界各国科学家争相研究的重点所在，由于作者水平有限，书中不足之处在所难免，恳请读者批评指正。

刘顺华
2013 年 7 月

目　录

第1章　电磁波理论基础　1

第2章　电磁波的危害及其屏蔽原理　49

第3章　屏蔽体的设计　　67

第4章　介电材料与透波材料　　84

第5章　磁性材料与电性材料基础　　122

第6章 电磁波吸收剂 185

第7章 吸波体基础知识 239

第11章　电磁屏蔽与吸波材料的应用　　358

第1章 | 电磁波理论基础

1.1 电磁场基本方程

1.1.1 麦克斯韦方程组

麦克斯韦方程组是英国物理学家 J．C．麦克斯韦（1831—1879）于 1873 年建立的。方程组全面地概括了此前电磁学实验和理论研究的全部成果，用数学的方法深刻揭示了电场与磁场、场与场源以及场与媒质间的互相关系和变化规律，并且预言了电磁波的存在。因此，麦克斯韦方程组是经典电磁理论的核心，是研究一切宏观电磁现象和工程电磁问题的理论基础。

若用 r 表示三维空间位置矢量，t 表示时间变量，麦克斯韦方程组的微分形式为：

$$\nabla \times \boldsymbol{H}(\boldsymbol{r},t) = \boldsymbol{J}(\boldsymbol{r},t) + \frac{\partial \boldsymbol{D}(\boldsymbol{r},t)}{\partial t} \tag{1.1.1a}$$

$$\nabla \times \boldsymbol{E}(\boldsymbol{r},t) = -\frac{\partial \boldsymbol{B}(\boldsymbol{r},t)}{\partial t} \tag{1.1.1b}$$

$$\nabla \cdot \boldsymbol{B}(\boldsymbol{r},t) = 0 \tag{1.1.1c}$$

$$\nabla \cdot \boldsymbol{D}(\boldsymbol{r},t) = \rho(\boldsymbol{r},t) \tag{1.1.1d}$$

式中　$\boldsymbol{E}(\boldsymbol{r}，t)$——电场强度矢量，V/m；

　　　$\boldsymbol{H}(\boldsymbol{r}，t)$——电场强度矢量，A/m；

　　　$\boldsymbol{D}(\boldsymbol{r}，t)$——电位移矢量，$C/m^2$；

　　　$\boldsymbol{B}(\boldsymbol{r}，t)$——磁感应强度矢量，T；

　　　$\boldsymbol{J}(\boldsymbol{r}，t)$——电流密度矢量，$A/m^2$；

　　　$\rho(\boldsymbol{r}，t)$——电荷密度，C/m^3。

式(1.1.1a) 称作全电流安培定律，它揭示了磁场与其场源的关系。$\boldsymbol{J}$ 是自由电子在导电媒质中运动形成的传导电流或在真空、气体中运动形成的运动电流，换句话说，就是真实的带电粒子运动而形成的电流。这些电流可以是外加的电流源，也可以是电场在导电媒质中引起的感应电流。$\partial \boldsymbol{D}(\boldsymbol{r},t)/\partial t$ 称作位移电流，其本质是时变电场的时间变化率，具有与传导电流相同的量纲。位移电流没有传统意义上电流的概念，只是在产生磁效应方面与一般电流等效。然而，位移电流的引入正是麦克斯韦对电磁理论的重要贡献之一，它表明时变电场可以产生磁场，并由此预言了电磁波的存在和时变电磁场的波动性。

式(1.1.1b) 称作电磁感应定律，是麦克斯韦对法拉第电磁感应定律进行推广而得出的，它反映了随时间变化的磁场可以产生电场的事实。式(1.1.1c) 称作磁通连续性原理，由此说明自然界不存在磁荷，磁力线必然是无头无尾的闭合线。式(1.1.1d) 称作高斯定律，它表明电荷是产生电场的场源之一。

对应式(1.1.1a)～式(1.1.1d) 的积分形式的麦克斯韦方程组为

$$\oint_c \boldsymbol{H} \cdot \mathrm{d}\boldsymbol{l} = \int_s \left(\boldsymbol{J} + \frac{\partial \boldsymbol{D}}{\partial t} \right) \cdot \mathrm{d}\boldsymbol{s} \tag{1.1.2a}$$

$$\oint_c \boldsymbol{E} \cdot \mathrm{d}\boldsymbol{l} = -\int_s \frac{\partial \boldsymbol{B}}{\partial t} \cdot \mathrm{d}\boldsymbol{s} \tag{1.1.2b}$$

$$\oint_s \boldsymbol{B} \cdot \mathrm{d}\boldsymbol{s} = 0 \tag{1.1.2c}$$

$$\oint_s \boldsymbol{D} \cdot \mathrm{d}\boldsymbol{s} = Q \tag{1.1.2d}$$

麦克斯韦方程组中，各个方程并不是完全独立的，或者说上述各式是非限定形式的。为了使麦克斯韦方程组具有限定的形式，需要引入场量与媒质特性之间的关系，这些关系被称作电磁场本构关系。在各向同性线性媒质中，本构关系为

$$\boldsymbol{D}(\boldsymbol{r},t) = \varepsilon \boldsymbol{E}(\boldsymbol{r},t) \tag{1.1.3}$$

$$\boldsymbol{B}(\boldsymbol{r},t) = \mu \boldsymbol{H}(\boldsymbol{r},t) \tag{1.1.4}$$

$$\boldsymbol{J}(\boldsymbol{r},t) = \sigma \boldsymbol{E}(\boldsymbol{r},t) \tag{1.1.5}$$

式中，$\varepsilon = \varepsilon_r \varepsilon_0$，$\mu = \mu_r \mu_0$。$\varepsilon_0 = 8.854 \times 10^{-12}$ (F/m)，$\mu_0 = 1.257 \times 10^{-6}$ (H/m) 分别为真空介电常数和磁导率。ε_r，μ_r 分别为媒质的相对介电常数和相对磁导率，二者均无量纲。σ 为媒质的电导率，单位为 S/m。

利用本构关系，仅含有场量 $\boldsymbol{E}(\boldsymbol{r}, t)$ 和 $\boldsymbol{H}(\boldsymbol{r}, t)$ 的麦克斯韦方程组为

$$\nabla \times \boldsymbol{H}(\boldsymbol{r},t) = \sigma \boldsymbol{E}(\boldsymbol{r},t) + \varepsilon \cdot \frac{\partial \boldsymbol{E}(\boldsymbol{r},t)}{\partial t} \tag{1.1.6a}$$

$$\nabla \times \boldsymbol{E}(\boldsymbol{r},t) = -\mu \cdot \frac{\partial \boldsymbol{H}(\boldsymbol{r},t)}{\partial t} \tag{1.1.6b}$$

$$\nabla \cdot \boldsymbol{H}(\boldsymbol{r},t) = 0 \tag{1.1.6c}$$

$$\nabla \cdot \boldsymbol{E}(\boldsymbol{r},t) = \frac{\rho(\boldsymbol{r},t)}{\varepsilon} \tag{1.1.6d}$$

以上给出的麦克斯韦方程组对于随时间做任意变化的电磁场都是适用的。但是，在实际应用中，最常遇到的是随时间做正弦变化的电磁场，也称作时谐电磁场。工程应用中的激励源通常就是这种场，因此，分析时谐场的麦克斯韦方程具有重要的意义。

时谐场是指场矢量的每一个坐标分量都随时间做正弦变化的场。以电场强度为例，在直角坐标系中，时谐电场可表示为

$$\boldsymbol{E}(\boldsymbol{r},t) = \boldsymbol{a}_x E_{xm}(\boldsymbol{r})\cos[\omega t + \phi_x(\boldsymbol{r})] + \boldsymbol{a}_y E_{ym}(\boldsymbol{r})\cos[\omega t + \phi_y(\boldsymbol{r})] + \boldsymbol{a}_z E_{zm}(\boldsymbol{r})\cos[\omega t + \phi_z(\boldsymbol{r})]$$

式中，$E_{xm}(\boldsymbol{r})$、$E_{ym}(\boldsymbol{r})$ 和 $E_{zm}(\boldsymbol{r})$ 分别为三个坐标分量的振幅，$\phi_x(\boldsymbol{r})$、$\phi_y(\boldsymbol{r})$

和 $\phi_z(\boldsymbol{r})$ 分别为三个坐标分量的空间相位，它们都仅是空间位置的函数，$\boldsymbol{a}_x$、$\boldsymbol{a}_y$ 和 $\boldsymbol{a}_z$ 分别为三个坐标方向的单位矢量，ω 为时谐电磁场的角频率。

分析时谐场的有力工具是复数。根据复数的性质，上式可重新表示为

$$\boldsymbol{E}(\boldsymbol{r},t)=\boldsymbol{a}_x\mathrm{Re}[E_{xm}(\boldsymbol{r})\mathrm{e}^{\mathrm{j}\phi_x(\boldsymbol{r})}\mathrm{e}^{\mathrm{j}\omega t}]+\boldsymbol{a}_y\mathrm{Re}[E_{ym}(\boldsymbol{r})\mathrm{e}^{\mathrm{j}\phi_y(\boldsymbol{r})}\mathrm{e}^{\mathrm{j}\omega t}]+$$

$$\boldsymbol{a}_z\mathrm{Re}[E_{zm}(\boldsymbol{r})\mathrm{e}^{\mathrm{j}\phi_z(\boldsymbol{r})}\mathrm{e}^{\mathrm{j}\omega t}]=\mathrm{Re}[\dot{\boldsymbol{E}}(\boldsymbol{r})\mathrm{e}^{\mathrm{j}\omega t}] \qquad (1.1.7)$$

式中，$\dot{\boldsymbol{E}}(\boldsymbol{r})=\boldsymbol{a}_xE_{xm}(\boldsymbol{r})\mathrm{e}^{\mathrm{j}\phi_x(\boldsymbol{r})}+\boldsymbol{a}_yE_{ym}(\boldsymbol{r})\mathrm{e}^{\mathrm{j}\phi_y(\boldsymbol{r})}+\boldsymbol{a}_zE_{zm}(\boldsymbol{r})\mathrm{e}^{\mathrm{j}\phi_z(\boldsymbol{r})}$

称作电场强度复矢量，仅是空间坐标的函数，与时间无关。同理，$\boldsymbol{H}$、$\boldsymbol{D}$、$\boldsymbol{B}$、$\boldsymbol{J}$ 和 ρ 各物理量均可表示为复矢量与因子 $\mathrm{e}^{\mathrm{j}\omega t}$ 相乘的形式。由于

$$\frac{\partial\boldsymbol{E}(\boldsymbol{r},t)}{\partial t}=\frac{\partial}{\partial t}\mathrm{Re}[\dot{\boldsymbol{E}}(\boldsymbol{r})\mathrm{e}^{\mathrm{j}\omega t}]=\mathrm{Re}[\mathrm{j}\omega\dot{\boldsymbol{E}}(\boldsymbol{r})\mathrm{e}^{\mathrm{j}\omega t}]$$

代入式(1.1.1a) 运算得

$$\nabla\times\dot{\boldsymbol{H}}(\boldsymbol{r})=\dot{\boldsymbol{J}}(\boldsymbol{r})+\mathrm{j}\omega\dot{\boldsymbol{D}}(\boldsymbol{r}) \qquad (1.1.8)$$

将上式与式(1.1.1a) 相比较可以发现，二者具有明显的区别。为了书写方便，省略符号"·"，并且对式(1.1.1b)~式(1.1.1d) 做同样处理后得到复数形式的麦克斯韦方程组为

$$\nabla\times\boldsymbol{H}(\boldsymbol{r})=\boldsymbol{J}(\boldsymbol{r})+\mathrm{j}\omega\boldsymbol{D}(\boldsymbol{r}) \qquad (1.1.9\mathrm{a})$$

$$\nabla\times\boldsymbol{E}(\boldsymbol{r})=-\mathrm{j}\omega\boldsymbol{B}(\boldsymbol{r}) \qquad (1.1.9\mathrm{b})$$

$$\nabla\cdot\boldsymbol{B}(\boldsymbol{r})=0 \qquad (1.1.9\mathrm{c})$$

$$\nabla\cdot\boldsymbol{D}(\boldsymbol{r})=\rho(\boldsymbol{r}) \qquad (1.1.9\mathrm{d})$$

复数麦克斯韦方程组中的场量仅是空间坐标的函数，并且方程由偏微分简化为代数方程形式，从而使电磁问题的求解更加容易。

1.1.2 静态电磁场基本方程

静态电磁场是指不随时间变化的电磁场。这种场的特点是电场与磁场相互独立，电场由静止电荷或恒定电流产生，磁场由恒定电流产生。

在式(1.1.1a)~式(1.1.1d) 和式(1.6.6a)~式(1.6.6d) 中令 $\dfrac{\partial\boldsymbol{D}}{\partial t}=0$，$\dfrac{\partial\boldsymbol{B}}{\partial t}=0$，并略去时间变量 t，则得到静态场的基本方程如下

$$\nabla\times\boldsymbol{H}(\boldsymbol{r})=\boldsymbol{J}(\boldsymbol{r}) \qquad (1.1.10\mathrm{a})$$

$$\nabla\times\boldsymbol{E}(\boldsymbol{r})=0 \qquad (1.1.10\mathrm{b})$$

$$\nabla\cdot\boldsymbol{B}(\boldsymbol{r})=0 \qquad (1.1.10\mathrm{c})$$

$$\nabla\cdot\boldsymbol{D}(\boldsymbol{r})=\rho(\boldsymbol{r}) \qquad (1.1.10\mathrm{d})$$

$$\oint_c\boldsymbol{H}\cdot\mathrm{d}\boldsymbol{l}=\int_s\boldsymbol{J}\cdot\mathrm{d}\boldsymbol{s} \qquad (1.1.11\mathrm{a})$$

$$\oint_c\boldsymbol{E}\cdot\mathrm{d}\boldsymbol{l}=0 \qquad (1.1.11\mathrm{b})$$

$$\oint_s\boldsymbol{B}\cdot\mathrm{d}\boldsymbol{s}=0 \qquad (1.1.11\mathrm{c})$$

$$\oint_s \mathbf{D} \cdot \mathrm{d}\mathbf{s} = \int_v \rho \,\mathrm{d}v \qquad (1.1.11\mathrm{d})$$

1.1.2.1 静电场的基本性质

式(1.1.10b)、式(1.1.10d) 表明，静电场是有散无旋场，因此静电场的电力线起始于正电荷而终止于负电荷，如图 1.1.1 所示。

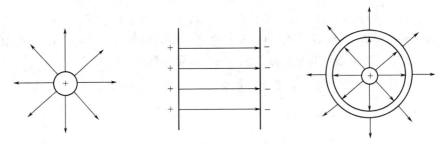

(a) 孤立球形带电体电荷的电场分布   (b) 平板电容器内的场分布   (c) 包围电荷的导体球壳的场分布

图 1.1.1　静电场分布实例

根据式(1.1.11b)，静电场是一种保守场，因此，电场强度矢量可以用一个标量函数表示为

$$\mathbf{E}(\mathbf{r}) = -\nabla \varphi(\mathbf{r}) \qquad (1.1.12)$$

而

$$\varphi(\mathbf{r}) = \int_r^{r_0} \mathbf{E}(\mathbf{r}) \cdot \mathrm{d}\mathbf{l} + \varphi(\mathbf{r}_0) \qquad (1.1.13)$$

标量函数 $\varphi(\mathbf{r})$ 称作电位函数，其数值上等于静电力将单位正电荷从 $\mathbf{r}$ 点沿任意路径移动到 $\mathbf{r}_0$ 点时所做的功。$\mathbf{r}_0$ 点称作电位参考点，参考点不同，空间各点的电位也不同，因此电位是一个相对量。实际中通常令 $\varphi(\mathbf{r}_0)=0$，于是

$$\varphi(\mathbf{r}) = \int_r^{r_0} \mathbf{E}(\mathbf{r}) \cdot \mathrm{d}\mathbf{l} \qquad (1.1.14)$$

式(1.1.11d) 称作静电场的高斯定律，其物理本质表示电位移矢量 $\mathbf{D}$ 穿过任意闭合曲面 s 的通量，式中的 v 是 s 所围成的体积。值得指出的是，虽然高斯定律描述的是电场的通量，但是，当电场分布具有某种对称性时，利用高斯定律可以简便地求得电场强度 $\mathbf{E}$。

1.1.2.2 恒定磁场的基本性质

恒定电流产生的磁场称作恒定磁场，其分布与时间无关。式(1.1.10a)、式(1.1.10c) 表明，恒定磁场是有旋无散场，电流是磁场的源，磁力线是围绕着电流的闭合线，磁力线的方向与电流方向满足右手螺旋关系。

式(1.1.11c) 称作恒定磁场的安培定律，当磁场分布具有某种对称性时，利用此式可以十分方便地求解恒定磁场问题。

1.1.3　电磁场边界条件

实际中，场所在的空间总是不可避免地会存在多种媒质以及不同媒质的分界面。在这些分界面上，媒质特性参数的突变将导致场量发生突变，这种突变必须

遵守一定的规律，这些规律称作电磁场边界条件。

1.1.3.1　一般形式的边界条件

将积分形式的麦克斯韦方程应用于分界面上，得到电磁场的边界条件。参考图 1.1.2 并根据麦克斯韦方程组，很容易得到一般情况下的电磁场边界条件为

$$\boldsymbol{n}\times(\boldsymbol{H}_2-\boldsymbol{H}_1)=\boldsymbol{J}_s \tag{1.1.15a}$$

$$\boldsymbol{n}\times(\boldsymbol{E}_2-\boldsymbol{E}_1)=0 \tag{1.1.15b}$$

$$\boldsymbol{n}\cdot(\boldsymbol{B}_2-\boldsymbol{B}_1)=0 \tag{1.1.15c}$$

$$\boldsymbol{n}\cdot(\boldsymbol{D}_2-\boldsymbol{D}_1)=\rho_s \tag{1.1.15d}$$

式中 $\boldsymbol{n}$ 为分界面法线单位矢量，从媒质 1 指向媒质 2，$\boldsymbol{J}_s$ 为电流面密度，ρ_s 为电荷面密度。边界面上场量的方向关系为

$$\frac{\tan\alpha_1}{\tan\alpha_2}=\frac{\varepsilon_1}{\varepsilon_2} \tag{1.1.16a}$$

$$\frac{\tan\theta_1}{\tan\theta_2}=\frac{\mu_1}{\mu_2} \tag{1.1.16b}$$

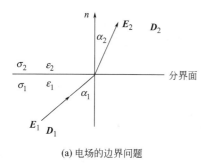 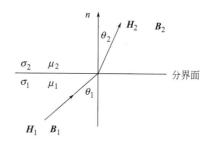

(a) 电场的边界问题　　　　　　　　　(b) 磁场的边界问题

图 1.1.2　一般媒质的边界

1.1.3.2　特殊情况的边界条件

下面给出几种实际中常见的特殊情况的边界条件。

（1）理想介质边界

理想介质是指电导率为 0 的媒质。由于理想介质分界面上不存在自由电荷和传导电流，即 $\rho_s=0$，$\boldsymbol{J}_s=0$，所以边界条件简化为

$$\boldsymbol{n}\times(\boldsymbol{H}_2-\boldsymbol{H}_1)=0 \tag{1.1.17a}$$

$$\boldsymbol{n}\times(\boldsymbol{E}_2-\boldsymbol{E}_1)=0 \tag{1.1.17b}$$

$$\boldsymbol{n}\cdot(\boldsymbol{B}_2-\boldsymbol{B}_1)=0 \tag{1.1.17c}$$

$$\boldsymbol{n}\cdot(\boldsymbol{D}_2-\boldsymbol{D}_1)=0 \tag{1.1.17d}$$

式（1.1.17a）～式（1.1.17d）表明，理想介质边界上 $\boldsymbol{D}$、$\boldsymbol{B}$ 的法向分量以及 $\boldsymbol{E}$、$\boldsymbol{H}$ 的切向分量是连续的。

（2）理想导体表面

假设图 1.2 中的媒质 1 为理想导体，媒质 2 为理想介质。由于理想导体的电导率为无穷大，根据 $\boldsymbol{J}=\sigma\boldsymbol{E}$ 分析可知，理想导体内部将不存在时变电磁场和传

导电流, 即 $E_1 = 0$, $D_1 = 0$, $H_1 = 0$, $B_1 = 0$。因此, 由式 (1.1.15) 得到理想导体边界条件为

$$n \times H_2 = J_s \tag{1.1.18a}$$

$$n \times E_2 = 0 \tag{1.1.18b}$$

$$n \cdot B_2 = 0 \tag{1.1.18c}$$

$$n \cdot D_2 = \rho_s \tag{1.1.18d}$$

可看出, 在理想导体表面上, 电场方向与导体表面相垂直, 磁场与导体表面平行。此结果对分析金属屏蔽体上的缝隙问题是非常重要的, 当已知理想导体外部的电磁场时, 可以利用上式求解导体表面的感应电荷和感应电流分布。如果金属体上的缝隙方向顺着其上感应电流的方向, 则不会发生电磁能量泄漏。

虽然理想导体实际并不存在, 但是在实际应用中, 对于电导率较大的良导体, 如银、铜、铝等金属, 可以近似当作理想导体处理, 以简化问题的分析与求解。

1.1.4 电磁场的能量

电荷在电场中会受到电场力的作用, 电流在磁场中会受到磁场力的作用, 这些现象都表明电磁场具有能量, 而且电磁能量同样遵守能量守恒定律。

1.1.4.1 坡印廷定理

坡印廷定理是描述电磁能量转换关系的重要定理, 可以直接从麦克斯韦方程组的微分形式得出。根据矢量恒等式

$$\nabla \cdot (E \times H) = H \cdot (\nabla \times E) - E \cdot (\nabla \times H)$$

将式 (1.1.1a)、式 (1.1.1b) 代入则有

$$\nabla \cdot (E \times H) = -H \cdot \frac{\partial B}{\partial t} - E \cdot \frac{\partial D}{\partial t} - E \cdot J$$

再代入本构关系并经整理得

$$-\nabla \cdot (E \times H) = \frac{\partial}{\partial t} \left(\frac{1}{2} \mu H^2 + \frac{1}{2} \varepsilon E^2 \right) + \sigma E^2$$

将上式在电磁场空间中的任意体积 v 内积分, 并运用矢量散度定理得

$$-\oint_s (E \times H) \cdot ds = \frac{\partial}{\partial t} \int_v \left(\frac{\mu}{2} H^2 + \frac{\varepsilon}{2} E^2 \right) dv + \int_v \sigma E^2 dv \tag{1.1.19}$$

此式称作坡印廷定理, 其中 s 为包围体积 v 的闭合曲面。

下面对坡印廷定理中各项的物理意义加以说明。

量纲分析发现, $\frac{1}{2} \mu H^2$ 和 $\frac{1}{2} \varepsilon E^2$ 的单位都是 J/m^3, 也就是能量密度, 前者为磁场能量密度, 后者为电场能量密度, 因此式 (1.1.19) 右边第一项代表体积 v 内单位时间增加的电磁能量, 第二项 $\int_v \sigma E^2 dv$ 则代表 v 内媒质的焦耳热损耗。

根据能量守恒定律, 上式左边则表示穿过闭合面 s 进入 v 内的电磁能量。若改变符号, 积分

$$\oint_s (\boldsymbol{E} \times \boldsymbol{H}) \cdot \mathrm{d}\boldsymbol{s}$$

则代表穿过闭合曲面 s 流出体积 v 的总电磁能量。令

$$\boldsymbol{S} = \boldsymbol{E} \times \boldsymbol{H} \quad (\mathrm{W/m^2}) \tag{1.1.20}$$

$\boldsymbol{S}$ 称作坡印廷矢量，其物理含义是电磁功率面密度或称为能流面密度，它是电磁理论中重要物理量之一。

1.1.4.2　时谐电磁场的能量

对于时谐电磁场

$$\boldsymbol{E}(\boldsymbol{r}, t) = \mathrm{Re}[\boldsymbol{E}(\boldsymbol{r}) \mathrm{e}^{\mathrm{j}\omega t}]$$

$$\boldsymbol{H}(\boldsymbol{r}, t) = \mathrm{Re}[\boldsymbol{H}(\boldsymbol{r}) \mathrm{e}^{\mathrm{j}\omega t}]$$

代入式(1.1.20)并根据复数性质 $\mathrm{Re}(A) = (A + A^*)/2$，$A^*$ 为复数 A 的共轭值，可得

$$\boldsymbol{S}(\boldsymbol{r}, t) = \frac{1}{2} \mathrm{Re}[\boldsymbol{E}(\boldsymbol{r}) \times \boldsymbol{H}(\boldsymbol{r}) \mathrm{e}^{\mathrm{j}2\omega t}] + \frac{1}{2} \mathrm{Re}[\boldsymbol{E}(\boldsymbol{r}) \times \boldsymbol{H}^*(\boldsymbol{r})]$$

对于时谐电磁场，一个周期内的平均功率密度较之瞬时形式更有意义，它代表着时谐场的有功功率，于是

$$\boldsymbol{S}_{\mathrm{av}} = \frac{1}{T} \int_0^T \boldsymbol{S} \mathrm{d}t = \frac{1}{2} \mathrm{Re}[\boldsymbol{E}(\boldsymbol{r}) \times \boldsymbol{H}^*(\boldsymbol{r})] \tag{1.1.21}$$

式中，$\boldsymbol{S}_{\mathrm{av}}$ 称作平均坡印廷矢量，$\boldsymbol{E}(\boldsymbol{r})$ 和 $\boldsymbol{H}(\boldsymbol{r})$ 为电场强度和磁场强度的复矢量，$\boldsymbol{H}^*(\boldsymbol{r})$ 是 $\boldsymbol{H}(\boldsymbol{r})$ 的共轭值。

1.2　媒质的电磁特性

物质都是由带正、负电荷的粒子组成的，如果将物质置于电磁场中，其中的带电粒子则会因电磁场力的作用而改变其分布状态。这种改变从宏观效应上看，表现为物质对电磁场的极化、磁化和传导响应，分别由介电常数 ε、磁导率 μ 和电导率 σ 来描述。一般来说，物质对电磁场同时表现出上述三种响应，只是大小强弱差异较大。主要表现为极化和磁化效应的物质称为电介质和磁介质，而以传导效应为主的物质称作导体。

1.2.1　电介质的极化

理想的电介质是指完全不导电的绝缘物质，它们的带电粒子被原子、分子的内在力以及分子间的作用力所束缚，称作束缚电荷。束缚电荷在电场力作用下只能有微小的移位，但不超过分子范围。应该指出，实际的电介质通常呈现一定的导电性，只是与良导体相比较其导电性极其微弱而已。因此，在实际应用中，一般都将电介质视为理想电介质。

1.2.1.1　电介质极化的概念

电介质一般分为两类。

一类是在正常情况下，分子内所有正、负电荷的作用中心重合，物质呈现电中性，这种物质称为无极性分子电介质。

另一类是通常情况下，分子的正、负电荷作用中心不重合，形成电偶极子，这种物质称作极性分子电介质。由于无规则的热运动，极性分子电介质内部的电偶极子的取向是杂乱无章的，合成偶极矩为零。因此，宏观上不显电性。

若将电介质置于外电场中，正、负电荷就会在电场作用下发生位移，从而无极性分子电介质的正、负电荷作用中心不再重合，形成电偶极子。极性分子电介质的电偶极子取向趋于一致，合成偶极矩不为零。电介质对外显电性，这就是电介质极化的概念。

无论是何种电介质，极化的本质都是外电场使介质内部的束缚电荷发生位移而形成电偶极子，因此极化电介质的电性可归结为这些电偶极子在真空中呈现的极化电场效应。极化电场与外电场相叠加，便形成了有电介质存在的合成电场。

1.2.1.2 极化强度与束缚电荷密度

电偶极子是指一对相距很近的等值异号电荷组成的场源系统，如图 1.2.1 所示。电偶极子的特性通常用电偶极矩（简称偶极矩或电矩）

$$p = ql \qquad (1.2.1)$$

来表征，其中 q 为电荷的电量，l 是两电荷之间的距离矢量，方向由负电荷指向正电荷。

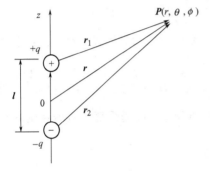

图 1.2.1 电偶极子

根据介质极化的概念，极化介质对外电场的影响归结为电偶极子的效应。为了表征电介质的极化程度，引入极化强度矢量 P，它定义为电介质极化后单位体积内的电偶极矩矢量和，即

$$P = \lim_{\Delta v \to 0} \frac{\sum p}{\Delta v} \quad (\text{C/m}^2) \qquad (1.2.2)$$

实验表明，绝大多数电介质的极化强度与其内部合成电场的关系为

$$P = \chi_e \varepsilon_0 E \qquad (1.2.3)$$

式中，χ_e 称作电介质的电极化率，它是一个与电介质有关的无量纲系数。当 χ_e 与电场方向无关时，称为各向同性介质，否则为各向异性介质；当 χ_e 为一常数时，称为均匀介质，否则为非均匀介质；当 χ_e 不随电场强度的量值变化时，称作线性介质，否则为非线性介质。在本书中，除非特殊指出，否则均指各向同性均匀线性介质。

根据电场理论，电介质的影响等效于分布在介质内部及其表面的称作束缚电荷的作用，束缚电荷面密度 ρ_{ps} 和体密度 ρ_p 分别为

$$\rho_{ps} = P \cdot n \qquad (1.2.4)$$

$$\rho_p = -\nabla \cdot P \qquad (1.2.5)$$

引入极化电荷密度之后，就可将电介质等效为束缚电荷，然后类似自由电荷的分析一样，求解极化电介质的极化电场。

1.2.1.3 极化电介质中的电场

将自由空间的高斯定理推广到电介质的空间，则

$$\nabla \cdot \boldsymbol{E} = \frac{\rho + \rho_{\mathrm{p}}}{\varepsilon_0} \qquad (1.2.6)$$

利用式(1.2.5)可将式(1.2.6)改写成

$$\nabla \cdot (\varepsilon_0 \boldsymbol{E} + \boldsymbol{P}) = \rho \qquad (1.2.7)$$

令

$$\boldsymbol{D} = \varepsilon_0 \boldsymbol{E} + \boldsymbol{P} \qquad (1.2.8)$$

$\boldsymbol{D}$ 称作电位移矢量。代入式(1.2.3)有

$$\boldsymbol{D} = \varepsilon \boldsymbol{E} \qquad (1.2.9)$$

式(1.2.9)就是电场本构关系，其中

$$\varepsilon = \varepsilon_0 \varepsilon_{\mathrm{r}} \qquad (1.2.10)$$

$$\varepsilon_{\mathrm{r}} = \frac{\varepsilon}{\varepsilon_0} = 1 + \chi_{\mathrm{e}} \qquad (1.2.11)$$

ε 为电介质的介电常数，ε_{r} 为相对介质电常数。由此可见，电介质的介电常数反映了介质的极化特性。另外，电位移矢量 $\boldsymbol{D}$ 仅与自由电荷 ρ 有关，所以在分析介质问题时，通常先求解电位移，再根据式(1.2.9)求得电场强度矢量。

1.2.2 磁介质的磁化

1.2.2.1 磁化的概念

根据物质的原子模型，原子中的电子围绕原子核运动，形成了环形分子电流。分子电流的特征由电流强度 i 和环的面积 Δs 来表征，即 $m = i \Delta s$，称作磁偶极矩。通常情况下，介质的磁偶极矩的方向是随机的，宏观的合成磁矩为零，物质不显磁性。但是，在外加磁场的作用下，分子电流的磁偶极矩取向趋于一致，宏观的合成磁矩不再为零，介质出现宏观磁效应，这就是介质磁化的概念。

实际中，某些物质受到磁化后，其合成磁矩的方向总是与外加磁场方向相反，从而使物质内部的合成磁场减弱，这种物质称为抗磁体，如银、铜、铋、锌、铅、汞等物质就是抗磁体。还有一些物质，当受到磁化后，其合成磁矩与外加磁场方向相同，导致物质内部合成磁场增强，这类物质称为顺磁体，如铝、锡、镁、钨、铂等就是顺磁体。抗磁体和顺磁体物质虽然可以受到磁化，但是受到外磁场的作用很弱，因此，在实际应用中通常将其合并称为非铁磁物质，并且近似认为与外磁场没有相互作用，就像自由空间一样。

除了上述非铁磁物质，还有另一类物质，该物质在外磁场作用下会发生显著的磁化现象，使其内部的合成磁场明显增强，这些物质称为铁磁物质，如铁、镍、钴、铁氧体等都属于铁磁物质，它们在需要高磁场能量密度和强磁场的工程应用中发挥着重要作用。值得指出的是，通常所说的磁介质指的就是铁磁物质。

1.2.2.2 磁化强度和磁化电流

为了定量地描述物质的磁化程度，我们引入磁化强度矢量 $\boldsymbol{M}$，它定义为物质磁化后单位体积内的磁偶极矩矢量和，即

$$M = \lim_{\Delta v \to 0} \frac{\sum m}{\Delta v} \quad (A/m) \tag{1.2.12}$$

磁介质被磁化后，其内部及表面上出现了等效的宏观电流，称作磁化电流。由于这些电流存在于分子范围内，不能像传导电流那样随意流动，因此也被称作束缚电流。磁介质对外磁场的影响正是磁化电流的效应。

可以证明，磁介质内部的磁化电流体密度 J_m 和其表面上的磁化电流面密度 J_{sm} 与磁化强度的关系为

$$J_m = \nabla \times M \tag{1.2.13}$$

$$J_{sm} = M \times n \tag{1.2.14}$$

而磁化强度沿任一闭合路径的环量等于该路径包围的总磁化电流，即

$$I_m = \int_s J_m \cdot ds = \int_s \nabla \times M \cdot ds = \oint_c M \cdot dl \tag{1.2.15}$$

1.2.2.3 磁化介质中的磁场

前面已经指出，磁化介质对外磁场的作用就是磁化电流的效应。换句话说，如果将磁介质用磁化电流代替，则原来的介质空间可视为真空，于是，根据真空中的安培环路定律

$$\oint_c B \cdot dl = \mu_0 \left(\sum I + \sum I_m \right)$$

式中，$\sum I$、$\sum I_m$ 分别为穿过回路 c 所围成的面积的传导电流和磁化电流的代数和。将式(1.2.15)代入上式并移项，得

$$\oint_c \left(\frac{B}{\mu_0} - M \right) \cdot dl = \sum I \tag{1.2.16}$$

令

$$H = \frac{B}{\mu_0} - M \quad (A/m) \tag{1.2.17}$$

H 称作磁场强度，于是式(1.2.16)可改写成

$$\oint_c H \cdot dl = \sum I \tag{1.2.18}$$

此式就是安培环路定律的一般形式，它适合于介质和真空所有场合，尤其在分析磁介质问题时，会带来极大的方便。

对于大多数各向同性线性磁介质，磁化强度与磁场强度存在如下关系

$$M = \chi_m H \tag{1.2.19}$$

式中，χ_m 称作介质的磁化率，是一个无量纲的实数。

将式(1.2.19)代入式(1.2.17)得

$$B = \mu H \tag{1.2.20}$$

式(1.2.20)就是磁场本构关系，其中

$$\mu = \mu_0 (1 + \chi_m) = \mu_0 \mu_r \tag{1.2.21}$$

$$\mu_r = \frac{\mu}{\mu_0} = 1 + \chi_m \tag{1.2.22}$$

μ 为磁介质的磁导率，μ_r 为相对磁导率。对于磁介质，μ_r 通常为一个很大的正实数，而对非铁磁物质，$\mu_r \approx 1$。

1.2.2.4　导电媒质的传导特性

导电媒质是指含有大量的能做宏观运动的自由带电粒子的一类物质。在外电场作用下，导电媒质内的自由带电粒子将发生定向运动而形成电流，这种电流称作传导电流。传导电流密度 $\boldsymbol{J}$ 与电场强度 $\boldsymbol{E}$ 的关系与媒质特性有关，对于各向同性线性导电媒质，二者的关系为

$$\boldsymbol{J} = \sigma \boldsymbol{E} \tag{1.2.23}$$

式中，σ 称作导电媒质的电导率，S/m。式(1.2.23) 就是用场量描述的欧姆定律，也是电流与电场的本构关系。

电场使导电媒质中的带电粒子运动，表明电场对其做了功，这些功被转换为媒质引起的能量损耗。根据电功率的定义很容易得出，体积为 v 的导电媒质内的损耗功率为：

$$P = \int_v \boldsymbol{J} \cdot \boldsymbol{E} \, dv = \int_v \sigma E^2 \, dv \tag{1.2.24}$$

1.3　平面电磁波基本方程

麦克斯韦方程表明，在无源（$\rho = 0$，$\boldsymbol{J} = 0$）空间中，时变电磁场成为有旋无散场，换句话说，电力线和磁力线均成为无头无尾的闭合线。而且电场和磁场互相垂直交连，互相激励，在空间形成电磁波，电磁能量以波的形式向前传播。

根据等相位面（或称波前面）的形状，电磁波分为平面波、球面波或柱面波。其中平面波是结构最简单的电磁波，它是指等相位面为与波的传输方向垂直的无限大平面的电磁波，其他形式的电磁波可以由平面波叠加而成。如果平面波电场的振幅和方向在等相位面上处处相同，则称为均匀平面波。因此，了解和掌握平面波的基本性质与传输特性是非常重要的。

1.3.1　理想介质空间的平面电磁波

1.3.1.1　波动方程

在无源的理想介质空间，$\rho = 0$，$\boldsymbol{J} = 0$，麦克斯方程简化为

$$\nabla \times \boldsymbol{H} = \varepsilon \cdot \frac{\partial \boldsymbol{E}}{\partial t} \tag{1.3.1a}$$

$$\nabla \times \boldsymbol{E} = -\mu \cdot \frac{\partial \boldsymbol{H}}{\partial t} \tag{1.3.1b}$$

$$\nabla \cdot \boldsymbol{E} = 0 \tag{1.3.1c}$$

$$\nabla \cdot \boldsymbol{H} = 0 \tag{1.3.1d}$$

利用矢量关系式 $\nabla \times \nabla \times \boldsymbol{A} = \nabla(\nabla \cdot \boldsymbol{A}) - \nabla^2 \boldsymbol{A}$，得到时变电磁场满足的方程为

$$\nabla^2 \boldsymbol{H} - \mu\varepsilon \frac{\partial^2 \boldsymbol{H}}{\partial t^2} = 0 \tag{1.3.2a}$$

$$\nabla^2 \boldsymbol{E} - \mu\varepsilon \frac{\partial^2 \boldsymbol{E}}{\partial t^2} = 0 \tag{1.3.2b}$$

此式称作波动方程。对于时谐电磁场，可以直接从上式得到如下复数形式的波动方程，也称作齐次亥姆霍兹方程。

$$\nabla^2 \boldsymbol{H} + k^2 \boldsymbol{H} = 0 \tag{1.3.3a}$$

$$\nabla^2 \boldsymbol{E} + k^2 \boldsymbol{E} = 0 \tag{1.3.3b}$$

式中，$k^2 = \omega^2 \mu \varepsilon$，$\boldsymbol{E}$、$\boldsymbol{H}$ 分别为电场强度和磁场强度的复矢量。

需要指出的是，虽然 $\boldsymbol{E}$、$\boldsymbol{H}$ 各自满足的波动方程具有完全相同的形式，但并不意味着二者相互独立，方程的解完全相同。实际应用中只能由其中之一求得一个场量（$\boldsymbol{E}$ 或 $\boldsymbol{H}$），另一个场量由麦克斯韦方程求得。由于时谐场的特殊性和重要性，以下仅讨论时谐电磁场。

1.3.1.2 波动方程的解及其意义

为了便于理解波动方程解的意义且不失正确性，在此选取直角坐标系并假设时谐电磁场仅随坐标 z 和时间 t 变化，即均匀平面波，于是波动方程可简化为标量形式：

$$\frac{\mathrm{d}^2 E_x(z)}{\mathrm{d}z^2} + k^2 E_x = 0 \tag{1.3.4a}$$

$$\frac{\mathrm{d}^2 E_y(z)}{\mathrm{d}z^2} + k^2 E_y = 0 \tag{1.3.4b}$$

$$\frac{\mathrm{d}^2 H_x(z)}{\mathrm{d}z^2} + k^2 H_x = 0 \tag{1.3.5a}$$

$$\frac{\mathrm{d}^2 H_y(z)}{\mathrm{d}z^2} + k^2 H_y = 0 \tag{1.3.5b}$$

可以证明，此时 $E_z(z) = H_z(z) = 0$。式（1.3.4）和式（1.3.5）具有相同的形式，因此其解具有相似性。

考察式（1.3.4a）可以发现，方程为二阶常微分方程，其解为：

$$E_x(z) = E_{xm}^+ \mathrm{e}^{-\mathrm{j}kz} + E_{xm}^- \mathrm{e}^{\mathrm{j}kz}$$

瞬时形式为：

$$E_x(z,t) = \mathrm{Re}[E_x(z)\mathrm{e}^{\mathrm{j}\omega t}] = E_{xm}^+ \cos(\omega t - kz) + E_{xm}^- \cos(\omega t + kz)$$

$$\tag{1.3.6}$$

下面讨论式（1.3.6）中右边第一项的意义：设 $t = t_1$ 时刻 $E_{xm}^+ \cos(\omega t - kz)$ 的空间波形如图 1.3.1(a) 所示，经 Δt 时间后，t_1 时刻 z_1 点的值将在 t_2（$t_2 = t_1 + \Delta t$）时刻的 z_2 点处重现，且 $z_2 = z_1 + \Delta t/(\mu \varepsilon)^{1/2}$。换句话说，$t_1$ 时刻的空间波形沿 $+z$ 轴方向移动了一段距离，如图 1.3.1(b) 所示，这一现象称作波动。因此，式（1.3.6）右边第一项代表沿 $+z$ 轴方向传输的电波，同样分析可知，第二项代表沿 $-z$ 轴方向传输的电波，式（1.3.5）的解具有与式（1.3.6）相同的性质。由此可知，波动方程的解表示的就是电磁波。以后除特殊说明外，仅讨论沿 $+z$ 轴方向传输的电磁波。

均匀平面电磁波的特性参数如下。

① 波速 v，即电磁波沿其传播方向移动的速度。

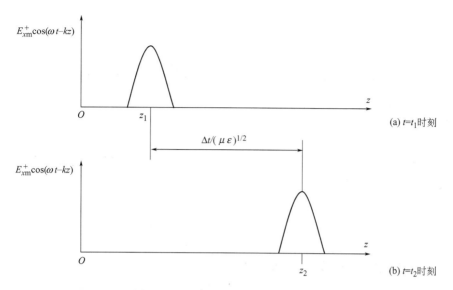

(a) $t=t_1$时刻

(b) $t=t_2$时刻

图 1.3.1　$E_{xm}^{+}\cos(\omega t - kz)$变化图解

由上述分析很容易看到，平面波的传播速度为

$$v = \frac{z_2 - z_1}{\Delta t} = \frac{1}{\sqrt{\mu\varepsilon}} \tag{1.3.7}$$

在真空中，$\varepsilon = \varepsilon_0$，$\mu = \mu_0$，于是 $v = 1/\sqrt{\mu\varepsilon} = 3 \times 10^8 \, \text{m/s}$，即光速 C。另外，沿 $+z$ 方向传输的电磁波的等相位面方程为

$$\omega t - kz = 常数$$

由此得到等相位面移动的速度（也称相速）为

$$v_p = \frac{dz}{dt} = \frac{\omega}{k} = \frac{1}{\sqrt{\mu\varepsilon}} \tag{1.3.8}$$

可见，对于均匀平面波，波速与相速是相等的。但是对于后面章节中的导行波，二者则是不同的。

② 波长 λ，即一个周期内波沿其传播方向经过的距离。

按照定义

$$\lambda = vT = \frac{2\pi}{\omega\sqrt{\mu\varepsilon}} = \frac{2\pi}{k} \tag{1.3.9}$$

由此可见，$k = 2\pi/\lambda$ 表示单位距离电磁波的相位变化量，称作相移常数，或者是 2π 距离内波长的个数，称作波数。

③ 波阻抗 η，即横向电场与横向磁场之比。

若均匀平面波电场强度为

$$\boldsymbol{E}(z,t) = E_{xm}\cos(\omega t - kz)\boldsymbol{e}_x \tag{1.3.10}$$

由麦克斯韦方程可求得相应的磁场强度为

$$\boldsymbol{H}(z,t) = H_{ym}\cos(\omega t - kz)\boldsymbol{e}_y = \frac{kE_{xm}}{\mu\omega}\cos(\omega t - kz)\boldsymbol{e}_y \tag{1.3.11}$$

按照定义

$$\eta = \frac{E_y}{H_x} = \sqrt{\frac{\mu}{\varepsilon}} \qquad (1.3.12)$$

在自由空间中，$\eta_0 = \sqrt{\mu_0/\varepsilon_0} = 120\pi \approx 377\Omega$。上述分析表明，理想介质空间中的均匀平面电磁波的电场与磁场在空间方向上是相互垂直的，并且二者是同相位的。

④ 平面电磁波的能量。

将式(1.3.10)～式(1.3.12)代入式(1.1.21)中计算得到，时谐平面电磁波的能量面密度（能流密度）为

$$\bm{S}_{av} = \frac{1}{2}\mathrm{Re}[\bm{E} \times \bm{H}^*] = \frac{1}{2}\frac{E_{xm}^2}{\eta} \qquad (1.3.13)$$

通过任意截面积的总电磁能量则为 $\bm{S}_{av}$ 的面积分。

1.3.2 有耗媒质空间的平面电磁波

1.2.1 中讨论了理想介质空间中的平面电磁波的传输特性。然而，实际中更多的则是有耗媒质构成的空间，虽然许多情况下可以近似地认为空间是损耗的。这里将讨论无源、无界有耗媒质空间平面波的传输特性。

设有耗媒质的特性参数为 σ，ε，μ，在无源、无界空间中，时谐电磁场满足的麦克斯韦方程为

$$\nabla \times \bm{H} = \sigma\bm{E} + \mathrm{j}\varepsilon\omega\bm{E} \qquad (1.3.14a)$$

$$\nabla \times \bm{E} = -\mathrm{j}\omega\mu\bm{H} \qquad (1.3.14b)$$

$$\nabla \cdot \bm{H} = 0 \qquad (1.3.14c)$$

$$\nabla \cdot \bm{E} = 0 \qquad (1.3.14d)$$

将式(1.3.14a)改写成

$$\nabla \times \bm{H} = \mathrm{j}\omega\left(\varepsilon - \mathrm{j}\frac{\sigma}{\omega}\right)\bm{E}$$

并令

$$\varepsilon_c = \varepsilon - \mathrm{j}\frac{\sigma}{\omega} = \varepsilon(1 - \mathrm{j}\tan\delta) \qquad (1.3.15)$$

称作复介电常数，与频率有关，$\tan\delta = \sigma/\varepsilon\omega$，称作损耗角正切，于是

$$\nabla \times \bm{H} = \mathrm{j}\omega\varepsilon_c\bm{E} \qquad (1.3.16)$$

上式与理想介质中的麦克斯韦方程在形式上是相同的。这意味着只要将理想介质情况下有关方程中 ε 的替换为 ε_c，就可得出损耗媒质空间中平面电磁波的解，如：

波动方程

$$\nabla^2\bm{E} + \omega^2\mu\varepsilon_c\bm{E} = 0 \qquad (1.3.17a)$$

$$\nabla^2\bm{H} + \omega^2\mu\varepsilon_c\bm{H} = 0 \qquad (1.3.17b)$$

令 $k_c^2 = \omega^2\mu\varepsilon_c$，则

$$k_c = \omega \sqrt{\mu\left(\varepsilon - j\frac{\sigma}{\omega}\right)} = \omega\sqrt{\mu\varepsilon}\sqrt{1 - j\tan\delta} = \beta - j\alpha$$

$$\alpha = \omega\sqrt{\frac{\mu\varepsilon}{2}\left(\sqrt{1 + \tan^2\delta} - 1\right)} \tag{1.3.18}$$

$$\beta = \omega\sqrt{\frac{\mu\varepsilon}{2}\left(\sqrt{1 + \tan^2\delta} + 1\right)} \tag{1.3.19}$$

若令 $\boldsymbol{E} = E_x\boldsymbol{a}_x$，根据均匀平面波的性质，可以直接得到有耗媒质中的电场和磁场为

$$E_x = E_{xm}e^{-jk_z z} = E_{xm}e^{-\alpha z}e^{-j\beta z} \tag{1.3.20}$$

$$H_y = \frac{j}{\omega\mu}\frac{\partial E_x}{\partial z} = \sqrt{\frac{\varepsilon}{\mu}(1 - j\tan\delta)}E_{xm}e^{-\alpha z}e^{-j\beta z} \tag{1.3.21}$$

由以上结果可以得出，在有耗媒质中：

① 场的振幅随电磁波传输距离的增大而衰减，衰减常数为 α。

② 相移常数 β 与频率 ω 有关，表明相速也与频率有关，这一现象称作色散。

③ 电场强度与磁场强度相位不同，二者之比称为复数波阻抗。

$$\eta_c = \sqrt{\frac{\mu}{\varepsilon_c}} = \sqrt{\frac{\mu}{1 - j\tan\delta}} = \sqrt{\frac{\eta}{1 - j\tan\delta}} \tag{1.3.22}$$

式中 $\eta = \sqrt{\mu/\varepsilon}$。在实际应用中，经常遇到以下两种特殊情况。

1.3.2.1 损耗很小的媒质（$\tan\delta \ll 1$，即 $\sigma \ll \omega\varepsilon$）

在此条件下，利用二项式定理

$$k_c = \omega\sqrt{\mu\varepsilon}(1 - j\tan\delta)^{1/2} = \omega\sqrt{\mu\varepsilon}[1 - j\tan\delta/2 + \cdots]$$

忽略平方项以后的高次项，有

$$k_c \approx \omega\sqrt{\mu\varepsilon} - j\frac{\sigma}{2}\sqrt{\frac{\mu}{\varepsilon}} = \beta - j\alpha \tag{1.3.23}$$

于是

$$\beta \approx \omega\sqrt{\mu\varepsilon} \tag{1.3.24}$$

$$\alpha \approx \frac{\sigma}{2}\sqrt{\frac{\mu}{\varepsilon}} \tag{1.3.25}$$

$$\eta_c \approx \sqrt{\frac{\mu}{\varepsilon}} = \eta \tag{1.3.26}$$

可见，β、η_c 与理想介质情况下的结果一样，只是波的振幅有衰减，但衰减程度不严重。由此可以得出，对于损耗很小的媒质，实际中可以近似当作理想介质处理。

1.3.2.2 损耗很大的媒质（$\tan\delta \gg 1$，即 $\sigma \gg \omega\varepsilon$）

这时

$$k_c = \omega\sqrt{\mu\varepsilon}(1 - j\tan\delta)^{1/2} \approx \sqrt{\omega\mu\sigma}e^{-j\pi/4} \tag{1.3.27}$$

所以

$$\alpha = \beta = \sqrt{\frac{\omega\mu\sigma}{2}} \tag{1.3.28}$$

$$\eta_c = \sqrt{\frac{\mu}{\left(\varepsilon - j\dfrac{\sigma}{\omega}\right)}} \approx \sqrt{\frac{\omega\mu}{\sigma}} e^{j\pi/4} \tag{1.3.29}$$

可见，电磁波频率越高，媒质电导率越大，则电磁波在媒质中传输时的衰减就越快，传输距离就越短。因此，高频电磁波只存在于导体表面附近的薄层中。这种现象称作趋肤效应。趋肤效应的程度用趋肤深度（或穿透深度）来表征。

趋肤深度定义为：电磁波从进入良导体媒质至场强振幅衰减为表面值的 $1/e$ 时所传输的距离，用 h 表示，显然

$$h = \frac{1}{\alpha} = \sqrt{\frac{2}{\omega\mu\sigma}} = \frac{1}{\sqrt{\pi f\mu\sigma}} \tag{1.3.30}$$

由于良导体的电导率很大，对高频电磁波来说，其趋肤深度非常小，所以，金属对无线电波都有很好的屏蔽作用。

1.3.3 电磁波的极化

极化是电磁波的重要特性之一，理解和掌握极化的概念对于在通信、导航和雷达等方面正确使用电磁波是非常重要的。极化是指在空间固定点处电磁波电场强度矢量的方向随时间变化的方式，或者是空间固定点处电磁波电场强度矢量的端点随时间在空间描绘的轨迹。根据描绘轨迹的不同，电磁波极化可分为直线极化、圆极化和椭圆极化等方式，而根据极化轨迹的绕行方向，圆极化和椭圆极化又分为左旋和右旋两种。

1.3.3.1 极化的理论基础

以直角坐标为例，并假设电磁波为沿 $+z$ 轴方向传输的均匀平面波。根据 1.3.1 分析，均匀平面波的电场强度可以表示为：

$$\boldsymbol{E} = E_x\boldsymbol{a}_x + E_y\boldsymbol{a}_y = E_{xm}\cos(\omega t - kz)\boldsymbol{a}_x + E_{ym}\cos(\omega t - kz \pm \phi)\boldsymbol{a}_y \tag{1.3.31}$$

E_y 与 E_x 分量的相位差为

$$\Delta\varphi = \varphi_y - \varphi_x = (\omega t - kz \pm \phi) - (\omega t - kz) = \pm\phi \quad (0 < \phi < \pi) \tag{1.3.32}$$

求解式(1.3.31)得电场强度矢量变化轨迹方程为

$$\frac{E_x^2}{E_{xm}^2} + \frac{E_y^2}{E_{ym}^2} - \frac{2E_xE_y}{E_{xm}E_{ym}}\cos\phi = \sin^2\phi \tag{1.3.33}$$

此式为关于 E_x、E_y 的椭圆方程，任意时刻在垂直于 z 轴的横截面上，其图形为椭圆轨迹，如图 1.3.2 所示。电场强度矢量的振幅、与 $+x$ 轴的夹角（方向角 α）以及椭圆长轴与 x 轴的夹角（倾斜角 θ）分别为

$$E_m = \sqrt{E_{xm}^2\cos^2(\omega t - kz) + E_{ym}^2\cos^2(\omega t - kz \pm \phi)} \tag{1.3.34}$$

$$\alpha = \tan^{-1}\frac{E_y}{E_x} = \tan^{-1}\left[\frac{E_{ym}}{E_{xm}}(\cos\phi \mp \tan(\omega t - kz)\sin\phi)\right] \tag{1.3.35}$$

$$\tan 2\theta = \frac{2E_{xm}E_{ym}}{E_{xm}^2 - E_{ym}^2}\cos\phi \tag{1.3.36}$$

式（1.3.31）～式（1.3.36）就是分析平面电磁波极化特性的理论基础，由此可分析得出直线极化和圆极化两种特殊情况。

1.3.3.2 极化的类型与条件

（1）直线极化

令 $\phi=0$ 或 π，即 E_y 分量与 E_x 分量同相，并选观察点为 $z=0$ 平面，代入式（1.3.33）～式（1.3.36）得电场矢量变化轨迹方程、振幅及其方向角、倾斜角分别为

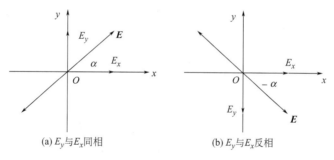

$$E_x \mp \frac{E_{xm}}{E_{ym}} E_y = 0 \qquad (1.3.37a)$$

图 1.3.2 椭圆轨迹参数示意图

$$E_m = \sqrt{E_{xm}^2 + E_{ym}^2} \cos\omega t \qquad (1.3.37b)$$

$$\alpha = \theta = \pm\tan\frac{E_{ym}}{E_{xm}} \qquad (1.3.37c)$$

式（1.3.37）表明，当 E_y 分量与 E_x 分量同相或反相时，电场强度的振幅随时间变化，但方向角与时间无关，即电场强度矢量的尖端描绘的轨迹是一条直线，称作直线极化波，如图 1.3.3 所示。当 E_y 与 E_x 同相时方向角为正，反相时方向角为负。

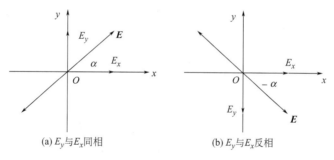

(a) E_y 与 E_x 同相 (b) E_y 与 E_x 反相

图 1.3.3 直线极化波方向示意图

（2）圆极化波

令 $\phi=\pi/2$ 且 $E_{xm}=E_{ym}=E_0$，并选观察点为 $z=0$ 平面，代入式（1.3.33）～式（1.3.35）得电场矢量变化轨迹方程、振幅及其方向角、倾斜角分别为

$$E_x^2 + E_y^2 = E_0^2 \qquad (1.3.38a)$$

$$E_m = E_0 \qquad (1.3.38b)$$

$$\alpha = \pm\omega t \qquad (1.3.38c)$$

$$\theta = 0 \qquad (1.3.38d)$$

式（1.3.38a）为圆方程，圆半径为 E_0，而方向角随时间以角速度 ω 匀速变化，电场强度矢量尖端描绘的轨迹是圆，称作圆极化波，如图 1.3.4 所示。

1.3.3.3 圆极化和椭圆极化的旋向

由式（1.3.35）和式（1.3.38c）可见，椭圆极化和圆极化方式的方向角 α 均

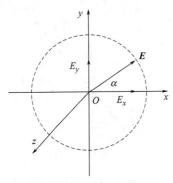

图 1.3.4　圆极化波轨迹示意图

与时间 t 有关，而且随着相位差 $\Delta\varphi$ 的符号不同，方向角随时间变化的方向（即旋向）也不同。平面电磁波旋向的定义为：顺着电磁波传播方向看去（这里为 $+z$ 方向），若电场强度矢量的旋转方向为逆时针，则为左旋圆极化或椭圆极化波，相反的，若电场强度矢量的旋转方向为顺时针，则为右旋圆极化或椭圆极化波。

（1）圆极化波的旋向

根据式（1.3.32）和式（1.3.38c），圆极化方向角与相位差 $\Delta\varphi$ 的关系为

$$\alpha=\begin{cases} -\omega t & \Delta\varphi=\pi/2 \\ \omega t & \Delta\varphi=-\pi/2 \end{cases} \tag{1.3.39}$$

这里的相位差是 E_y 相对于 E_x 分量而言的。当 $\Delta\varphi=\pi/2$ 时，方向角随时间增大而减小，电场强度矢量做逆时针方向旋转，为左旋圆极化波。当 $\Delta\varphi=-\pi/2$ 时方向角随时间增大而增大，电场强度矢量做顺时针方向旋转，为右旋圆极化波。根据 E_y 和 E_x 分量的相位关系便可确定圆极化波的旋转方向，如图 1.3.5 所示。

（2）椭圆极化波的旋向

根据式（1.3.32）和式（1.3.35），选择观察点为 $z=0$ 平面，椭圆极化方向角与相位差 $\Delta\varphi$ 的关系为

$$\alpha=\begin{cases} \tan^{-1}\left[\dfrac{E_{ym}}{E_{xm}}(\cos\phi-\tan\omega t\sin\phi)\right] & \Delta\varphi>0 \\ \tan^{-1}\left[\dfrac{E_{ym}}{E_{xm}}(\cos\phi+\tan\omega t\sin\phi)\right] & \Delta\varphi<0 \end{cases} \tag{1.3.40}$$

椭圆极化波的方向角随时间的变化是非匀速的，当 $\Delta\varphi>0$ 时，方向角随时间增大而减小，电场强度矢量做逆时针方向旋转，为左旋椭圆极化波。当 $\Delta\varphi<0$ 时方向角随时间增大而增大，电场强度矢量做顺时针方向旋转，为右旋椭圆极化波，如图 1.3.6 所示。椭圆极化波倾斜角的变换规律如图 1.3.7 所示。

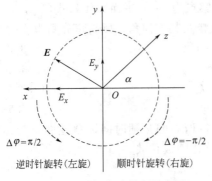

图 1.3.5　圆极化波旋向示意图

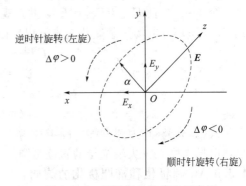

图 1.3.6　椭圆极化波旋向示意图

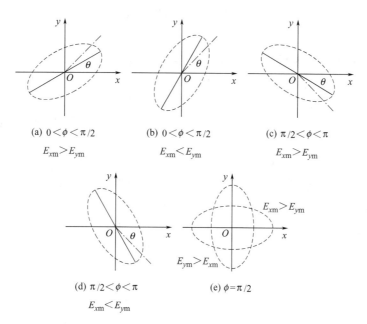

图 1.3.7 椭圆极化波倾斜角的变换规律

上述分析均假设电磁波的传播方向为 $+z$ 轴方向，相位差计算以 E_x 分量为参考。对于沿其他坐标轴方向传播的电磁波，表 1.3.1 汇总了圆极化波和椭圆极化波旋向判断条件及结论。

表 1.3.1 圆极化波和椭圆极化波旋向判断条件及结论

传播方向	坐标关系	参考分量	相位差	旋向结论	
				正轴向传输	负轴向传输
x 轴	$e_x = e_y \times e_z$	E_y	$\Delta\varphi = \varphi_z - \varphi_y > 0$	左旋	右旋
			$\Delta\varphi = \varphi_z - \varphi_y < 0$	右旋	左旋
y 轴	$e_y = e_z \times e_x$	E_z	$\Delta\varphi = \varphi_x - \varphi_z > 0$	左旋	右旋
			$\Delta\varphi = \varphi_x - \varphi_z < 0$	右旋	左旋
z 轴	$e_z = e_x \times e_y$	E_x	$\Delta\varphi = \varphi_y - \varphi_x > 0$	左旋	右旋
			$\Delta\varphi = \varphi_y - \varphi_x < 0$	右旋	左旋

1.3.3.4 极化的应用

根据电磁波理论，不同极化方式的电磁波，需要采用具有相应极化特性的天线接收或者发射，否则将会极大地影响收发系统的工作性能。同理，在电磁隐身、电磁兼容以及电磁屏蔽吸收等应用中，也可以利用电磁波的极化特性，通过合理设计屏蔽和吸波材料的结构，对电磁波起到特定的反射和吸收作用。

1.4 均匀平面波的反射与折射

实际的电磁波在传输过程中会不可避免地遇到不同媒质的分界面，在分界面处发生反射和透射现象。本节将从简单的边界问题入手，介绍均匀平面电磁波的反射与折射特性。

1.4.1 均匀平面电磁波对分界面的垂直入射

如图 1.4.1 所示。均匀平面波从媒质 1 垂直传向媒质 2，两种媒质的分界面为 $z=0$ 的无限大平面，媒质 1 的参数为 ε_1、μ_1、σ_1，媒质 2 的参数为 ε_2、μ_2、σ_2。

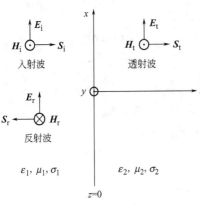

图 1.4.1 分界面的垂直入射

对于一般媒质，根据 1.2.2 节有耗媒质空间平面波的特性，设入射波电场为

$$\boldsymbol{E}_i(z)=\boldsymbol{a}_x E_{im} e^{-jk_{c1}z} \qquad (1.4.1)$$

则入射波磁场为

$$\boldsymbol{H}_i(z)=\boldsymbol{a}_y \frac{E_{im}}{\eta_{c1}} e^{-jk_{c1}z} \qquad (1.4.2)$$

反射波电场和磁场为

$$\boldsymbol{E}_r(z)=\boldsymbol{a}_x E_{rm} e^{jk_{c1}z} \qquad (1.4.3)$$

$$\boldsymbol{H}_r(z)=-\boldsymbol{a}_y \frac{E_{rm}}{\eta_{c1}} e^{jk_{c1}z} \qquad (1.4.4)$$

媒质 2 中的透射波电场、磁场为

$$\boldsymbol{E}_t(z)=\boldsymbol{a}_x E_{tm} e^{-jk_{c2}z} \qquad (1.4.5)$$

$$\boldsymbol{H}_t(z)=\boldsymbol{a}_y \frac{E_{tm}}{\eta_{c2}} e^{-jk_{c2}z} \qquad (1.4.6)$$

式(1.4.1) ～式(1.4.6) 中

$$k_{c1}=\omega\sqrt{\mu_1\varepsilon_1}(1-j\tan\delta_1)^{1/2}$$

$$\eta_{c1}=\sqrt{\frac{\mu_1}{\varepsilon_1}}(1-j\tan\delta_1)^{-1/2}$$

$$k_{c2}=\omega\sqrt{\mu_2\varepsilon_2}(1-j\tan\delta_2)^{1/2}$$

$$\eta_{c2}=\sqrt{\frac{\mu_2}{\varepsilon_2}}(1-j\tan\delta_2)^{-1/2}$$

媒质 1 中合成电场和磁场分别为

$$\boldsymbol{E}_1(z)=\boldsymbol{E}_i(z)+\boldsymbol{E}_r(z)=\boldsymbol{a}_x(E_{im}e^{-jk_{c1}z}+E_{rm}e^{jk_{c1}z}) \qquad (1.4.7)$$

$$\boldsymbol{H}_1(z)=\boldsymbol{H}_i(z)+\boldsymbol{H}_r(z)=\boldsymbol{a}_y\left(\frac{E_{im}}{\eta_{c1}}e^{-jk_{c1}z}-\frac{E_{rm}}{\eta_{c1}}e^{jk_{c1}z}\right) \qquad (1.4.8)$$

根据切向电场和切向磁场的边界条件和式(1.4.5)～式(1.4.8)，在 $z=0$ 处应有

$$\boldsymbol{E}_1(z=0)=\boldsymbol{a}_x(E_{im}+E_{rm})=\boldsymbol{E}_t(z=0)=\boldsymbol{a}_x E_{tm}$$

$$\boldsymbol{H}_1(z=0)=\boldsymbol{a}_y\left(\frac{E_{im}}{\eta_{c1}}-\frac{E_{rm}}{\eta_{c1}}\right)=\boldsymbol{H}_t(z=0)=\boldsymbol{a}_y\frac{E_{tm}}{\eta_{c2}}$$

联立求解上面两式得

$$E_{rm} = \frac{\eta_{c2} - \eta_{c1}}{\eta_{c2} + \eta_{c1}} E_{im} \qquad (1.4.9)$$

$$E_{tm} = \frac{2\eta_{c2}}{\eta_{c2} + \eta_{c1}} E_{im} \qquad (1.4.10)$$

为了分析方便，定义反射波电场振幅与入射波电场振幅之比为反射系数，用 Γ 表示，则

$$\Gamma = \frac{E_{rm}}{E_{im}} = \frac{\eta_{c2} - \eta_{c1}}{\eta_{c2} + \eta_{c1}} \qquad (1.4.11)$$

定义透射波电场振幅与入射波电场振幅之比为透射系数（或传输系数），用 τ 表示，则

$$\tau = \frac{E_{tm}}{E_{im}} = \frac{2\eta_{c2}}{\eta_{c2} + \eta_{c1}} \qquad (1.4.12)$$

反射系数和透射系数是分析有界空间电磁波传输特性的两个重要参数，并且

$$1 + \Gamma = \tau \qquad (1.4.13)$$

将 Γ、τ 代入式(1.4.7) 和式(1.4.5)得媒质1和媒质2中的电场为

$$\boldsymbol{E}_1(z) = \boldsymbol{a}_x E_{im}(e^{-jk_{c1}z} + \Gamma e^{jk_{c1}z}) \qquad (1.4.14)$$

$$\boldsymbol{E}_t(z) = \boldsymbol{a}_x \tau E_{im} e^{-jk_{c2}z} \qquad (1.4.15)$$

对于一般媒质，由于 η_{c1}、η_{c2}、都是复数，因此反射系数和透射系数也都是复数。这表明经过分界面之后，反射波和透射波相对于入射波不仅有大小的变化，而且也有相位的改变，变化量与媒质参数有关。

下面分析两种特殊情况。

（1）理想介质与理想导体的分界面

设媒质1为理想介质，即 $\sigma_1 = 0$；媒质2为理想导体，即 $\sigma_2 = \infty$。于是

$$k_{c1} = \omega\sqrt{\mu_1 \varepsilon_1} = k_1$$

$$\eta_{c1} = \sqrt{\frac{\mu_1}{\varepsilon_1}} = \eta_1$$

$$k_{c2} = \infty$$

$$\eta_{c2} = 0$$

代入式(1.4.11)、式(1.4.12) 以及式(1.4.14)、式(1.4.15)得

$$\Gamma = -1 \qquad (1.4.16)$$

$$\tau = 0 \qquad (1.4.17)$$

$$\boldsymbol{E}_1(z) = -\boldsymbol{a}_x 2jE_{im}\sin k_1 z \qquad (1.4.18)$$

$$\boldsymbol{H}_1(z) = \boldsymbol{a}_y \frac{2E_{im}}{\eta_1}\cos k_1 z \qquad (1.4.19)$$

$$\boldsymbol{E}_t(z) = 0 \qquad (1.4.20)$$

$$\boldsymbol{H}_t(z) = 0 \qquad (1.4.21)$$

由此可见，理想导体内部不存在时变电磁场，并且根据理想导体边界条件 $n \cdot E = \rho_s$、$n \times H = J_s$ 可知，此时理想导体表面无感应电荷，表面感应电流为

$$J_s = -a_z \times H_1(z=0) = a_x \frac{2E_{im}}{\eta_1} \tag{1.4.22}$$

为了分析媒质 1 中的传输特性，将媒质 1 中的总电场和总磁场写成瞬时形式，即

$$E_1(z,t) = \mathrm{Re}[E_1(z)e^{j\omega t}] = a_x 2E_{im}\sin k_1 z \sin\omega t \tag{1.4.23}$$

$$H_1(z,t) = \mathrm{Re}[H_1(z)e^{j\omega t}] = a_y \frac{2E_{im}}{\eta_1}\cos k_1 z \cos\omega t \tag{1.4.24}$$

式(1.4.23)、式(1.4.24) 的时空变化曲线如图 1.4.2 所示。由图可见，虽然电场、磁场随时间变化，但是在 z 方向上都具有固定的最大点（称作波腹点）和零点（称作波节点），这种波称作纯驻波。电场波腹点（磁场波节点）位置为 $z = -\frac{(2n+1)\lambda}{4}$，$n=0$，1，2，…，电场波节点（磁场波腹点）位置为 $z = -\frac{n\lambda}{2}$，$n=0$，1，2，…。

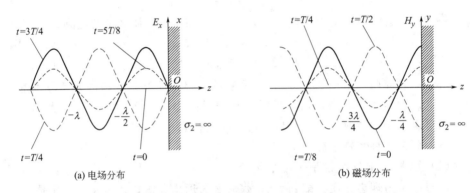

(a) 电场分布　　　　　　　　　　　(b) 磁场分布

图 1.4.2　理想导体表面垂直入射时的电场、磁场时空分布图

媒质 1 中合成电磁波的平均能流面密度为

$$S_{av} = \frac{1}{2}\mathrm{Re}[E_1(z) \times H_1^*(z)] = 0 \tag{1.4.25}$$

上式表明纯驻波不能构成电磁能量的传输，因此，这时的电磁能量仅在两个波节点之间的空间内按 1/4 时间周期在电场能量和磁场能量之间相互转换。

（2）理想介质的分界面

设 $\sigma_1 = \sigma_2 = 0$，即媒质 1、2 均为理想介质，于是

$$k_{c1} = \omega\sqrt{\mu_1\varepsilon_1} = k_1$$

$$\eta_{c1} = \sqrt{\frac{\mu_1}{\varepsilon_1}} = \eta_1$$

$$k_{c2} = \omega\sqrt{\mu_2\varepsilon_2} = k_2$$

$$\eta_{c2}=\sqrt{\frac{\mu_2}{\varepsilon_2}}=\eta_2$$

代入式(1.4.11)、式(1.4.12)以及式(1.4.14)得

$$\Gamma=\frac{\eta_2-\eta_1}{\eta_2+\eta_1} \tag{1.4.26}$$

$$\tau=\frac{2\eta_2}{\eta_2+\eta_1} \tag{1.4.27}$$

$$\boldsymbol{E}_1(z)=\boldsymbol{a}_x E_{im}\left[(1+\Gamma)e^{-jk_1z}+j\Gamma 2\sin k_1 z\right] \tag{1.4.28}$$

式(1.4.28)中的第一项表示振幅为 E_{im} $(1+\Gamma)$、沿 $+z$ 方向传输的电磁波（称作行波），第二项表示驻波。因此，$\boldsymbol{E}_1(z)$ 既有行波分量，又有驻波分量，这种波称作行驻波（或者混合波）。行驻波在空间也有固定的波腹点和波节点，但是与纯驻波相比，波节点处的场强不为零。透射波为单向传输波，其性质与无限大空间中的平面波相同，在此不再讨论。

对于行驻波，引入驻波系数（也称驻波比）来描述其特性，其定义为驻波电场最大值与最小值之比，用 S 表示，即

$$S=\frac{|E|_{max}}{|E|_{min}} \tag{1.4.29}$$

为了分析媒质 1 中的驻波特性，将式(1.4.14)改写成

$$\boldsymbol{E}_1(z)=\boldsymbol{a}_x E_{im}e^{-jk_1z}(1+\Gamma e^{j2k_1z}) \tag{1.4.30}$$

对于理想介质，η_1、η_2 均为正实数，所以 Γ、τ 也是实数。但是，随着 η_1 与 η_2 的大小关系不同，Γ 可以是正实数或负实数。

① $\Gamma>0$，即 $\eta_2>\eta_1$ 此时电场最大值为

$$|E_1|_{max}=E_{im}(1+\Gamma) \tag{1.4.31}$$

电场最大值对应的位置为 $2k_1z=-2n\pi$ 处，即

$$z=-\frac{n\lambda_1}{2} \qquad n=0,1,2,\cdots \tag{1.4.32}$$

电场最小值为

$$|E_1|_{min}=E_{im}(1-\Gamma) \tag{1.4.33}$$

电场最小值对应的位置为 $2k_1z=-(2n+1)\pi$ 处，即

$$z=-\frac{(2n+1)\lambda_1}{4} \qquad n=0,1,2,\cdots \tag{1.4.34}$$

② $\Gamma<0$，即 $\eta_2<\eta_1$ 显然，这时电场最大点与最小点的振幅与①相同，只是二者对应的空间位置正好相反。

将式(1.4.31)和式(1.4.33)代入式(1.4.29)得

$$S=\frac{1+|\Gamma|}{1-|\Gamma|} \tag{1.4.35}$$

而

$$|\Gamma|=\frac{S+1}{S-1} \tag{1.4.36}$$

驻波比 S 是实数，且便于测量，因此，实际中经常通过测量得到 S，再计算反射系数。两种介质中的电磁能流密度分别为

$$\boldsymbol{S}_{1av} = \frac{1}{2}\mathrm{Re}[\boldsymbol{E}_1(z) \times \boldsymbol{H}_1^*(z)] = \frac{E_{im}^2}{2\eta_1}(1-\varGamma^2)\boldsymbol{a}_z \tag{1.4.37}$$

$$\boldsymbol{S}_{2av} = \frac{1}{2}\mathrm{Re}[\boldsymbol{E}_t(z) \times \boldsymbol{H}_t^*(z)] = \frac{\tau E_{im}^2}{2\eta_2}\boldsymbol{a}_z \tag{1.4.38}$$

可以证明，反射波能流与透射波能流之和等于入射波能流，满足能量守恒定律。

1.4.2 多层媒质分界面上的垂直入射

在实际应用中，经常会遇到多层媒质的问题，如多层复合材料、表面屏蔽或吸收涂层材料等。以三层介质为例讨论均匀平面波垂直入射问题，分析模型如图 1.4.3 所示。

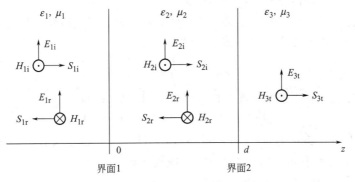

图 1.4.3　多层介质分界面的垂直入射

根据均匀平面波的性质，并参考 1.4.1 节，可以直接写出各介质区中的合成电场和磁场表达式，介质 1 中

$$\boldsymbol{E}_1(z) = \boldsymbol{a}_x E_{1im}(\mathrm{e}^{-jk_1 z} + \varGamma_1 \mathrm{e}^{jk_1 z}) \tag{1.4.39a}$$

$$\boldsymbol{H}_1(z) = \boldsymbol{a}_y \frac{E_{1im}}{\eta_1}(\mathrm{e}^{-jk_1 z} - \varGamma_1 \mathrm{e}^{jk_1 z}) \tag{1.4.39b}$$

介质 2 中

$$\boldsymbol{E}_2(z) = \boldsymbol{a}_x E_{2im}[\mathrm{e}^{-jk_2(z-d)} + \varGamma_2 \mathrm{e}^{jk_2(z-d)}] \tag{1.4.40a}$$

$$\boldsymbol{H}_2(z) = \boldsymbol{a}_y \frac{E_{2im}}{\eta_2}[\mathrm{e}^{-jk_2(z-d)} - \varGamma_2 \mathrm{e}^{jk_2(z-d)}] \tag{1.4.40b}$$

介质 3 中

$$\boldsymbol{E}_3(z) = \boldsymbol{a}_x E_{3im}\mathrm{e}^{-jk_3(z-d)} \tag{1.4.41a}$$

$$\boldsymbol{H}_3(z) = \boldsymbol{a}_y \frac{E_{3im}}{\eta_3}\mathrm{e}^{-jk_3(z-d)} \tag{1.4.41b}$$

对于界面 2，场量关系与 1.4.1 节两层介质情况相似，因此有

$$\varGamma_2 = \frac{\eta_3 - \eta_2}{\eta_3 + \eta_2} \tag{1.4.42}$$

在 $z=0$ 的界面 1 处，电场和磁场切向分量连续，即

$$\boldsymbol{E}_1(0)=\boldsymbol{E}_2(0)$$

$$\boldsymbol{H}_1(0)=\boldsymbol{H}_2(0)$$

将上面两式的两边分别相除，并代入式(1.4.39)和式(1.4.40)得

$$\eta_1\frac{1+\varGamma_1}{1-\varGamma_1}=\eta_2\frac{\mathrm{e}^{\mathrm{j}k_2d}+\varGamma_2\mathrm{e}^{-\mathrm{j}k_2d}}{\mathrm{e}^{\mathrm{j}k_2d}-\varGamma_2\mathrm{e}^{-\mathrm{j}k_2d}} \tag{1.4.43}$$

令

$$Z_\mathrm{p}=\eta_2\frac{\mathrm{e}^{\mathrm{j}k_2d}+\varGamma_2\mathrm{e}^{-\mathrm{j}k_2d}}{\mathrm{e}^{\mathrm{j}k_2d}-\varGamma_2\mathrm{e}^{-\mathrm{j}k_2d}}$$

并将式(1.4.42)代入上式，利用欧拉公式得

$$Z_\mathrm{p}=\eta_2\frac{\eta_3+\mathrm{j}\eta_2\tan k_2d}{\eta_2+\mathrm{j}\eta_3\tan k_2d} \tag{1.4.44}$$

Z_p 为介质 2 中位于 $z=0$ 处的电场和磁场之比，具有阻抗的量纲，所以称作介质 2 在界面 1 处的等效波阻抗。当求出 Z_p 后，代入式(1.4.43)可以得出

$$\varGamma_1=\frac{Z_\mathrm{p}-\eta_1}{Z_\mathrm{p}+\eta_1} \tag{1.4.45}$$

式(1.4.44)和式(1.4.45)在分析多层介质反射和透射特性时是非常有用的。当介质有 n 层时，先从右侧的第 $n-1$ 个界面开始，重复利用式(1.4.44)、式(1.4.45)便可求出各界面上的反射系数，从而得到各层介质中的电场和磁场。

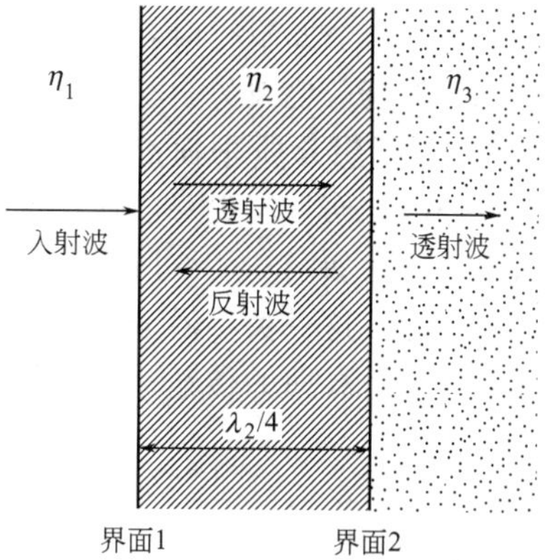

下面讨论两种特殊的多层结构。

（1）四分之一波长匹配层

如图 1.4.4 所示。设介质 2 的厚度为 $\frac{\lambda_2}{4}$，则 $k_2d=\frac{2\pi}{\lambda_2}\frac{\lambda_2}{4}=\frac{\pi}{2}$，$\tan k_2d=\infty$。代入式(1.4.44)、式(1.4.45)得到界面 1 处的等效波阻抗和反射系数分别为

图 1.4.4　四分之一波长匹配层

$$Z_\mathrm{p}=\frac{\eta_2^2}{\eta_3} \tag{1.4.46}$$

$$\varGamma_1=\frac{\eta_2^2-\eta_1\eta_3}{\eta_2^2+\eta_1\eta_3} \tag{1.4.47}$$

可见，若选择介质 2，使 $\eta_2=\sqrt{\dfrac{\mu_2}{\varepsilon_2}}=\sqrt{\eta_1\eta_3}$，则 $\varGamma_1=0$，即界面 1 处无反射。

这意味着介质 2 使得 η_3 变换为界面 1 处的 $Z_\mathrm{p}=\eta_1$，消除了反射，起到了阻抗变换的作用，因而称介质 2 为"四分之一波长匹配层"。将这一性质应用于吸波材料涂层设计中，可以更好地提高材料的吸波效果。

（2）半波长介质窗

如果取介质 2 的厚度为 $\frac{\lambda_2}{2}$，则 $k_2 d = \frac{2\pi}{\lambda_2}\frac{\lambda_2}{2} = \pi$，$\tan k_2 d = 0$，于是 $Z_p = \eta_3$。

若设 $\eta_3 = \eta_1$，即介质 1 和介质 3 相同，则

$$\Gamma_1 = \frac{Z_p - \eta_1}{Z_p + \eta_1} = 0 \tag{1.4.48}$$

界面 1 处无反射，并且容易求得 $E_{3tm} = E_{1im}$，表明入射波无损失地从介质 1 区传输到介质 3 区，如同介质 2 不存在一样。因此，将其称作"半波长介质窗"。这一特性被广泛地应用在天线罩设计中。

1.4.3 均匀平面电磁波对分界面的斜入射

当均匀平面电磁波以与分界面法线成任意角度入射时，称为斜入射。在这种情况下，虽然分析方法的总体思想与前面的垂直入射是相同的，但是由于电场、磁场矢量所在的平面不再与分界面平行。因此，具体分析要烦琐得多。

为了方便分析，首先引入入射面和反射面的概念，并将斜入射平面波分为垂直极化波和平行极化波两类。如图 1.4.5 所示，入射线与分界面法线 n 构成的平面称作入射面，θ_i 称作入射角；反射线与分界面法线构成的平面称为反射面，θ_r 称作反射角；θ_t 称作透射角。入射波电场与入射面垂直时，称作垂直极化波；入射波电场与入射面平行时，称为平行极化波。任何取向的极化波都可分解为平行极化波与垂直极化波。

1.4.3.1 理想介质平面的斜入射

为分析方便且不失一般性，设 $z = 0$ 平面为理想介质分界面，入射面与 xoz 坐标面重合，如图 1.4.6 所示。根据边界条件，分界面上切向电场和切向磁场分量是连续的，这一关系沿分界面必须处处满足，换句话说，就是入射波、反射波和透射波沿分界面的传输速度分量必须相等，即

$$\frac{v_1}{\sin\theta_i} = \frac{v_1}{\sin\theta_r} = \frac{v_2}{\sin\theta_t}$$

由此得到

$$\theta_r = \theta_i \tag{1.4.49}$$

$$\frac{\sin\theta_i}{\sin\theta_t} = \frac{v_1}{v_2} = \frac{\sqrt{\mu_2\varepsilon_2}}{\sqrt{\mu_1\varepsilon_1}} \tag{1.4.50}$$

式（1.4.49）、式（1.4.50）就是斯耐尔（Snell）反射和折射定律。对一般介质，$\mu_1 = \mu_2 = \mu_0$，$n = \sqrt{\varepsilon_r}$ 称作折射率，于是，式（1.4.50）可写为

$$n_t \sin\theta_t = n_i \sin\theta_i \tag{1.4.51}$$

这就是光学中折射定律的数学表达式。

对平行极化波，切向场边界条件为

$$E_i \cos\theta_i - E_r \cos\theta_r = E_t \cos\theta_t \tag{1.4.52a}$$

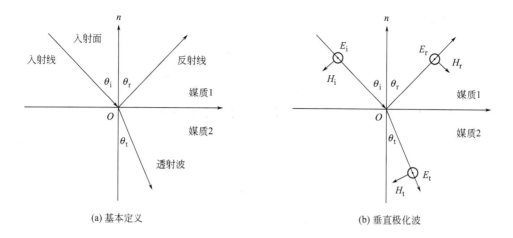

(a) 基本定义　　　　　　　　　　(b) 垂直极化波

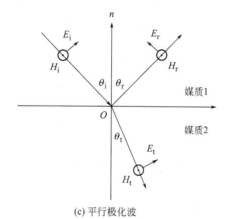

(c) 平行极化波

图 1.4.5　基本定义及垂直、平行极化波示意图

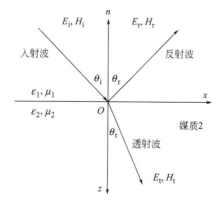

图 1.4.6　理想介质表面的斜入射

$$\frac{E_i}{\eta_1}+\frac{E_r}{\eta_1}=\frac{E_t}{\eta_t} \qquad (1.4.52b)$$

联立求解得

$$E_r = \frac{\eta_1 \cos\theta_i - \eta_2 \cos\theta_t}{\eta_1 \cos\theta_i + \eta_2 \cos\theta_t} E_i = \Gamma_{/\!/} E_i \tag{1.4.53}$$

$$E_t = \frac{2\,\eta_2 \cos\theta_i}{\eta_1 \cos\theta_i + \eta_2 \cos\theta_t} E_i = \tau_{/\!/} / E_i \tag{1.4.54}$$

上式中 $\Gamma_{/\!/}$、$\tau_{/\!/}$ 分别为平行极化波的反射系数和透射系数，且

$$\Gamma_{/\!/} = \frac{\eta_1 \cos\theta_i - \eta_2 \cos\theta_t}{\eta_1 \cos\theta_i + \eta_2 \cos\theta_t} \tag{1.4.55}$$

$$\tau_{/\!/} = \frac{2\,\eta_2 \cos\theta_i}{\eta_1 \cos\theta_i + \eta_2 \cos\theta_t} \tag{1.4.56}$$

$$\tau_{/\!/} = (1 + \Gamma_{/\!/})\eta_2 / \eta_1 \tag{1.4.57}$$

η_1、η_2 分别为介质 1、2 的波阻抗。类似地，对于垂直极化波

$$\Gamma_{\perp} = \frac{\eta_2 \cos\theta_i - \eta_1 \cos\theta_t}{\eta_2 \cos\theta_i + \eta_1 \cos\theta_t} \tag{1.4.58}$$

$$\tau_{\perp} = \frac{2\,\eta_2 \cos\theta_i}{\eta_2 \cos\theta_i + \eta_1 \cos\theta_t} \tag{1.4.59}$$

$$\tau_{\perp} = 1 + \Gamma_{\perp} \tag{1.4.60}$$

① 全反射和临界角　全反射指的是 $|\Gamma| = 1$ 的特殊情况。

当 $\theta_t = \pi/2$ 时，由式(1.4.55)、式(1.4.58) 可知 $\Gamma_{/\!/} = \Gamma_{\perp} = 1$，即发生全反射，对应全反射时的入射角称为临界角，记为 θ_c。于是，由式(1.4.47) 得

$$\theta_c = \arcsin\sqrt{\varepsilon_2 / \varepsilon_1} \tag{1.4.61}$$

显然，只有当 $\varepsilon_1 > \varepsilon_1$ 时，即当电磁波由光密媒质射入光疏媒质时，才会发生全反射。

② 全透射和布儒斯特角　全透射波指的是 $|\Gamma| = 0$ 的特殊情况。对于平行极化波，由式(1.4.55) 可知，$\Gamma_{/\!/} = 0$ 意味着

$$\eta_1 \cos\theta_i = \eta_2 \cos\theta_t$$

代入式(1.4.51) 得

$$\theta_i = \theta_B = \arcsin\sqrt{\frac{\varepsilon_2}{\varepsilon_1 + \varepsilon_2}} \tag{1.4.62}$$

式中，θ_B 称作布儒斯特角。式(1.4.62) 表明，当平行极化波以 θ_B 角入射到理想介质表面时，电磁波能量将全部进入介质 2 中，反射能量为零。

对于垂直极化波，类似分析得到，若 $\Gamma_{\perp} = 0$，必须 $\varepsilon_1 = \varepsilon_2$，即两种介质是相同的，这就意味着垂直极化波不能发生全透射。

1.4.3.2　理想导体平面的斜入射

设媒质 1 为理想介质，参数为 μ_1，ε_1，$\sigma_1 = 0$，媒质 2 为理想导体，$\sigma_2 = \infty$。均匀平面波从介质区斜入射到导体表面上，入射角为 θ_i。

如图 1.4.7 示，对于垂直极化波，由于 $\sigma_2 = \infty$，所以 $\eta_2 = 0$。由式

(1.4.58)、式(1.4.59) 可知，$\Gamma_\perp = -1$，$\tau_\perp = 0$，即发生全反射。分析可知，介质中的合成电场和磁场可表示为

$$E_1 = \boldsymbol{E}_i + \boldsymbol{E}_r = -\boldsymbol{a}_y \mathrm{j}2E_{im}\sin(k_1 z\cos\theta_i)\mathrm{e}^{-\mathrm{j}k_1 x\sin\theta_i} \qquad (1.4.63a)$$

$$\boldsymbol{H}_1 = \boldsymbol{H}_i + \boldsymbol{H}_r = -\boldsymbol{a}_x \frac{2E_{im}}{\eta_1}\cos\theta_i\cos(k_1 z\cos\theta_i)\mathrm{e}^{-\mathrm{j}k_1 x\sin\theta_i}$$

$$-\boldsymbol{a}_z \frac{\mathrm{j}2E_{im}}{\eta_1}\sin\theta_i\sin(k_1 z\cos\theta_i)\mathrm{e}^{-\mathrm{j}k_1 x\sin\theta_i} \qquad (1.4.63b)$$

由上式可以看出，当垂直极化波斜入射到理想导体表面时，介质区中的电磁波具有如下特征。

① 在垂直导体表面的 z 方向上，合成波呈现纯驻波分布，沿该方向无电磁能量传输。

② 在 x 方向上合成波为行波。由 $\mathrm{e}^{-\mathrm{j}k_1 x\sin\theta_i}$ 可知，x 方向的相移常数为 $k_1\sin\theta_i$，所以该方向的相速为

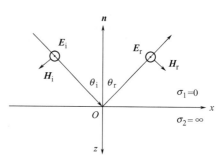

图 1.4.7　理想导体表面的斜入射

$$v_{px} = \frac{\omega}{k_1\sin\theta_i} = \frac{v_p}{\sin\theta_i} > v_p$$

式中 $v_p = \dfrac{1}{\sqrt{\mu_1\varepsilon_1}}$。

③ 因为等幅面为 $z=$ 常数的平面，等相位面是 $x=$ 常数的平面，所以合成波是非均匀平面波。

④ 在传输方向（x 方向）上无电场分量，有磁场分量，这种波称为横电波，记作 TE 波。

对于平行极化波情况，$\sigma_2=\infty$，$\eta_2=0$。由式(1.4.57)、式(1.4.58) 可知，$\Gamma_{/\!/}=1$，$\tau_{/\!/}=0$，因此

$$\boldsymbol{E}_1 = -\boldsymbol{a}_x\mathrm{j}2E_{im}\cos\theta_i\sin(k_1 z\cos\theta_i)\mathrm{e}^{-\mathrm{j}k_1 x\sin\theta_i} - \boldsymbol{a}_z 2E_{im}\sin\theta_i\cos(k_1 z\cos\theta_i)\mathrm{e}^{-\mathrm{j}k_1 x\sin\theta_i}$$

$$(1.4.64a)$$

$$\boldsymbol{H} = \boldsymbol{a}_y \frac{2E_{im}}{\eta_1}\cos(k_1 z\cos\theta_i)\mathrm{e}^{-\mathrm{j}k_1 x\cos\theta_i} \qquad (1.4.64b)$$

考察式(1.4.64b)可以发现，当平行极化波斜入射到理想导体表面时，介质区中的电磁波具有的特征与垂直极化波斜入射是相同的，只是此时在传输方向（x 方向）上无磁场分量，有电场分量，这种波称为横磁波，记作 TM 波。

理想导体表面的斜入射，对于分析和理解导波系统中电磁波的传输机理是非常有用的，见 1.5 节。

1.5　导行电磁波

实际中，电磁波除了在无限大空间中传输外，还需要沿着人们设计的路径在

有限的空间内传输。这种限定电磁波并引导其从一点传输到另一点的装置称作导波系统，在导波系统中传输的电磁波称为导行电磁波。这种情况也会发生在电磁波通过电子设备的导线、小孔、缝隙向外泄漏的过程中。常用的导波系统有双导线、平行板波导、矩形波导、圆波导、同轴线、微带线等，如图 1.5.1 所示。本节将简要介绍导行电磁波的传输特性和传输条件。

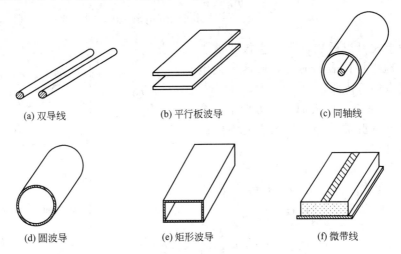

(a) 双导线　　　　　　　(b) 平行板波导　　　　　　(c) 同轴线

(d) 圆波导　　　　　　　(e) 矩形波导　　　　　　(f) 微带线

图 1.5.1　几种常用导波系统

1.5.1　传输线理论

广义上讲，能够传输电磁波，并用于连接各电路元器件或系统的导波装置都可称为传输线。然而，实际中的传输线一般指有两个导体组成的导波系统，如图 1.5.1 中的（a）～（c）及（f）等。由于这类传输线类似于普通电路中传输信号的两条导线，所以，分析传输线广泛采用等效电路方法。

1.5.1.1　传输线方程及其解

传输线通常用平行双导线表示，如图 1.5.2(a) 所示。线的始端加一激励电压，线上就会产生相应的电流，如果激励源为时变的，则传输线沿线的电压、电流均与位置、时间有关，表示为 $V(z,t)$、$I(z,t)$。图 1.5.2(b) 为传输线上一线元 Δz 的集总参数等效电路，由串联电阻 R、电感 L 和并联电导 G、电容 C 组成，R、L、G 和 C 均为单位长量。

将基尔霍夫定律应用于图 1.5.2(b)，并令 $\Delta z \rightarrow 0$，可得到传输线方程为

$$\frac{\partial V(z,t)}{\partial z} = -RI(z,t) - L\frac{\partial I(z,t)}{\partial t} \tag{1.5.1a}$$

$$\frac{\partial I(z,t)}{\partial z} = -GV(z,t) - C\frac{\partial V(z,t)}{\partial t} \tag{1.5.1b}$$

对于时谐场，即：$V(z,t) = \mathrm{Re}[V(z)\mathrm{e}^{\mathrm{j}\omega t}]$，$I(z,t) = \mathrm{Re}[I(z)\mathrm{e}^{\mathrm{j}\omega t}]$，上式可简化为

$$\frac{\mathrm{d}V(z)}{\mathrm{d}z} = -RI(z) - \mathrm{j}\omega LI(z) \tag{1.5.2a}$$

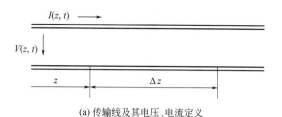

(a) 传输线及其电压、电流定义

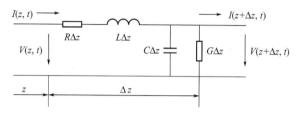

(b) 线元集总参数等效电路

图 1.5.2 传输线及其集总参数等效电路

$$\frac{\mathrm{d}I(z)}{\mathrm{d}z} = -GV(z) - \mathrm{j}\omega CV(z) \tag{1.5.2b}$$

联立求解得

$$V(z) = V_0^+ \mathrm{e}^{-\gamma z} + V_0^- \mathrm{e}^{\gamma z} = V^+ + V^- \tag{1.5.3a}$$

$$I(z) = I_0^+ \mathrm{e}^{-\gamma z} + I_0^- \mathrm{e}^{\gamma z} = I^+ + I^- \tag{1.5.3b}$$

式中,

$$\gamma = \sqrt{(R+\mathrm{j}\omega L)(G+\mathrm{j}\omega C)} = \alpha + \mathrm{j}\beta \tag{1.5.4}$$

称为复传输常数,其实部为衰减常数,虚部为相移常数,$\mathrm{e}^{-\gamma z}$ 项表示向 $+z$ 方向传输的波,即入射波,$\mathrm{e}^{\gamma z}$ 项表示向 $-z$ 方向传输的波,即反射波。

利用式(1.5.2a)、式(1.5.3a),可用电压将电流表示为

$$I(z) = \frac{\gamma}{R+\mathrm{j}\omega L}(V_0^+ \mathrm{e}^{-\gamma z} - V_0^- \mathrm{e}^{\gamma z}) \tag{1.5.5}$$

定义传输线特性阻抗为

$$Z_0 = \frac{V^+}{I^+} = -\frac{V^-}{I^-} = \frac{R+\mathrm{j}\omega L}{\gamma} = \sqrt{\frac{R+\mathrm{j}\omega L}{G+\mathrm{j}\omega C}} \tag{1.5.6}$$

特性阻抗只与等效电路元件有关,也就是与传输线的结构、材料和频率有关,而与其长度无关。

1.5.1.2 无耗传输线

在实际应用中,当传输线的损耗可以忽略不计,即 $R=G=0$ 时,称为无耗传输线,此时

$$\gamma = \mathrm{j}\omega \sqrt{LC} = \mathrm{j}\beta \tag{1.5.7}$$

$$Z_0 = \sqrt{L/C} \tag{1.5.8}$$

$$V(z) = V_0^+ \mathrm{e}^{-\mathrm{j}\beta z} + V_0^- \mathrm{e}^{\mathrm{j}\beta z} \tag{1.5.9}$$

$$I(z) = (V_0^+ \mathrm{e}^{-\mathrm{j}\beta z} - V_0^- \mathrm{e}^{\mathrm{j}\beta z})/Z_0 \tag{1.5.10}$$

如图 1.5.3 所示，当长度为 L 的无耗传输线终端接有负载 Z_L，负载端电压电流分别为 V_L、I_L 时，代入式(1.5.9)、式(1.5.10) 得

$$V_0^+ = \frac{V_L + I_L Z_0}{2} \mathrm{e}^{\mathrm{j}\beta L} \qquad V_0^- = \frac{V_L - I_L Z_0}{2} \mathrm{e}^{-\mathrm{j}\beta L}$$

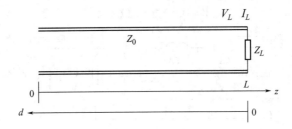

图 1.5.3　终端接有负载的传输线

以负载端为坐标原点，式(1.5.9)、式(1.5.10) 可表示为

$$\begin{bmatrix} V(d) \\ I(d) \end{bmatrix} = \begin{bmatrix} \cos\beta d & \mathrm{j}Z_0 \sin\beta d \\ \dfrac{\mathrm{j}\sin\beta d}{Z_0} & \cos\beta d \end{bmatrix} \begin{bmatrix} V_L \\ I_L \end{bmatrix} \tag{1.5.11}$$

定义电压反射系数为

$$\Gamma = \frac{V_0^- \mathrm{e}^{\mathrm{j}\beta z}}{V_0^+ \mathrm{e}^{-\mathrm{j}\beta z}} = \frac{Z_L - Z_0}{Z_L + Z_0} \mathrm{e}^{-\mathrm{j}2\beta l} = |\Gamma| \mathrm{e}^{-\mathrm{j}(2\beta l - \varphi_L)} \tag{1.5.12}$$

反射系数为复数，且与位置、特性阻抗以及终端负载有关。传输线各点的输入阻抗定义为同一点上的电压与电流之比，即

$$Z_{in}(d) = \frac{V(d)}{I(d)} = Z_0 \frac{1 + \Gamma}{1 - \Gamma} = Z_0 \frac{Z_L + \mathrm{j}Z_0 \tan\beta d}{Z_0 + \mathrm{j}Z_L \tan\beta d} \tag{1.5.13}$$

输入阻抗也与位置有关，所以传输线具有阻抗变换功能。

1.5.1.3　无耗传输线工作状态分析

按照传输线终端所接负载的不同，无耗传输线有三种工作状态，即行波状态、驻波状态和行驻波状态，下面分别做简要分析。

（1）行波状态

当终端负载阻抗等于传输线特性阻抗时，传输线则工作在行波状态。此时，沿线电压电流振幅不变，输入阻抗处处相等，均等于传输线特性阻抗，称为匹配状态。此时

$$\Gamma = 0 \tag{1.5.14}$$

$$Z_{in} = Z_0 \tag{1.5.15}$$

$$V(d) = V_0^+ \mathrm{e}^{\mathrm{j}\beta l} \tag{1.5.16}$$

$$I(d) = V_0^+ \mathrm{e}^{\mathrm{j}\beta l}/Z_0 \tag{1.5.17}$$

（2）驻波状态

造成驻波状态的终端负载有三种：

① 终端短路 $Z_L = 0$

$$\Gamma = -e^{-j2\beta l} \tag{1.5.18}$$

$$Z_{in} = jZ_0 \tan\beta d \tag{1.5.19}$$

$$V(d) = j2V_0^+ \sin\beta d \tag{1.5.20}$$

$$I(d) = 2V_0^+ \cos\beta d / Z_0 \tag{1.5.21}$$

短路线沿线电压和电流振幅以及阻抗分布如图 1.5.4 所示。由图可见，线上电压、电流具有固定的零点（称作波节点）和最大点（称作波腹点），输入阻抗为纯电抗性，并且电压、电流和阻抗均以 $\lambda/2$ 为周期重复，终端处为电压波节点、电流波腹点和电抗零点。

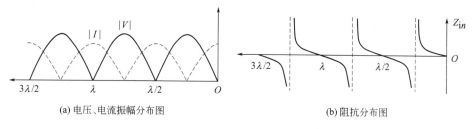

(a) 电压、电流振幅分布图   (b) 阻抗分布图

图 1.5.4 短路传输线电压和电流振幅及阻抗分布图

② 终端开路 $Z_L = \infty$

$$\Gamma = e^{-j2\beta l} \tag{1.5.22}$$

$$Z_{in} = \frac{-jZ_0}{\tan\beta d} \tag{1.5.23}$$

$$V(d) = 2V_0^+ \cos\beta d \tag{1.5.24}$$

$$I(d) = j2V_0^+ \sin\beta d / Z_0 \tag{1.5.25}$$

开路线沿线电压和电流振幅以及阻抗分布如图 1.5.5 所示。与短路线情况相同，线上电压、电流具有固定的波节点和波腹点，输入阻抗为纯电抗性，电压、电流和阻抗均以 $\lambda/2$ 为周期重复，二者的差别仅在于传输线终端处的电压、电流和阻抗不同，开路线终端处为电压波腹点、电流波节点和电抗无穷大点。

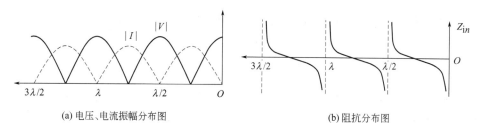

(a) 电压、电流振幅分布图   (b) 阻抗分布图

图 1.5.5 开路传输线电压和电流振幅及阻抗分布图

③ 终端接纯电抗性负载 $Z_L = \pm jX_L$

观察图 1.5.4、图 1.5.5 可见，二者的输入阻抗均为纯电抗，且在 $\lambda/4$ 范围

内，短路线输入阻抗为纯感抗，开路线输入阻抗为纯容抗。因此，对于端接的任意纯电抗负载，都可以等效为一段长度小于 $\lambda/4$ 的短路线或者开路线。

感抗等效长度为

$$d_0 = \frac{\tan^{-1}\dfrac{X_L}{Z_0}}{\beta} \tag{1.5.26}$$

容抗等效长度为

$$d_\infty = \frac{\tan^{-1}\dfrac{Z_0}{X_L}}{\beta} \tag{1.5.27}$$

由此可知，终端接纯电抗负载时沿线的电压、电流和阻抗分布与短路线、开路线规律相同，差别仅在于终端处既不是波节点，也不是波腹点。

（3）行驻波状态

当传输线终端接有负载 $Z_L = R_L \pm jX_L$ 时，电源传输的功率一部分被负载吸收，另一部分将被反射回电源端，此时线上电压、电流既有行波分量，也有驻波分量，称作行驻波状态或失配状态。

利用式（1.5.12），电压可表示为

$$V(d) = V_0^+ (1+\Gamma) e^{j\beta l} = V_0^+ (1-|\Gamma|\,e^{j\varphi_L}) e^{j\beta l} + 2V_0^+ |\Gamma|\,e^{j\varphi_L} \cos\beta d \tag{1.5.28}$$

式（1.5.28）第一项为行波分量，第二项为驻波分量。进一步分析可知

当

$$d = \frac{\lambda}{4\pi}\varphi_L + \frac{n\lambda}{2} \qquad n = 0,1,2,\cdots$$

时，电压最大，电流最小，输入阻抗为纯阻性，即

$$V_{\max} = |V_0^+|\,(1+|\Gamma|) \tag{1.5.29}$$

$$Z_{\text{in}} = Z_{\max} = Z_0\,\frac{1+|\Gamma|}{1-|\Gamma|} \tag{1.5.30}$$

当

$$d = \frac{\lambda}{4\pi}\varphi_L + \frac{n\lambda}{2} + \frac{\lambda}{4} \qquad n = 0,1,2,\cdots$$

时，电压最小，电流最大，输入阻抗也是纯阻性，即

$$V_{\min} = |V_0^+|\,(1-|\Gamma|) \tag{1.5.31}$$

$$Z_{\text{in}} = Z_{\min} = Z_0\,\frac{1-|\Gamma|}{1+|\Gamma|} \tag{1.5.32}$$

可见，行驻波状态下线上电压最大值和最小值均与反射系数大小有关，而产生驻波的根本原因正是反射波的存在，为了衡量驻波分量的大小，定义电压驻波比（VSWR）参数为

$$\text{VSWR} = \frac{V_{\max}}{V_{\min}} = \frac{1+|\Gamma|}{1-|\Gamma|} \tag{1.5.33}$$

电压驻波比为实数，取值范围为 $1 \sim \infty$，VSWR $=1$ 对应着匹配状态。

1.5.1.4 有耗传输线

尽管传输线通常因损耗很小而被忽略不计，但是实际的传输线都是有损耗的，在有些情况下，了解传输线的损耗影响更有意义，特别像电磁波穿过吸波材料时，损耗则是主要的考虑因素。

与无耗传输线一样，有耗传输线上一般也同时具有入射波和反射波，不同之处在于有耗线上入射波、反射波的振幅均随各自的传播方向按照指数规律衰减，衰减的快慢由衰减常数 α 决定。

对于低损耗传输线，或者当电磁波频率很高时，$R \ll \omega L$，$G \ll \omega C$ 成立，利用近似处理得

$$\gamma = \sqrt{(R + \mathrm{j}\omega L)(G + \mathrm{j}\omega C)} \approx \frac{R}{2}\sqrt{\frac{C}{L}} + \frac{G}{2}\sqrt{\frac{L}{C}} + \mathrm{j}\omega\sqrt{LC} = \alpha + \mathrm{j}\beta \quad (1.5.34)$$

$$\alpha = \frac{R}{2}\sqrt{\frac{C}{L}} + \frac{G}{2}\sqrt{\frac{L}{C}} \quad (\mathrm{Np/m}) \quad (1.5.35)$$

$$\beta = \omega\sqrt{LC} \quad (\mathrm{rad/m}) \quad (1.5.36)$$

$$Z_0 = \sqrt{\frac{R + \mathrm{j}\omega L}{G + \mathrm{j}\omega C}} \approx \sqrt{\frac{L}{C}} \quad (1.5.37)$$

$$V(d) = V_0^+ (1 + \Gamma)\mathrm{e}^{(\alpha + \mathrm{j}\beta)d} \quad (1.5.38)$$

$$I(d) = V_0^+ (1 - \Gamma)\mathrm{e}^{(\alpha + \mathrm{j}\beta)d} / Z_0 \quad (1.5.39)$$

$$\Gamma = \frac{Z_L - Z_0}{Z_L + Z_0}\mathrm{e}^{-2(\alpha + \mathrm{j}\beta)d} \quad (1.5.40)$$

$$Z_{\mathrm{in}} = Z_0 \frac{Z_L + Z_0\tanh\gamma d}{Z_0 + Z_L\tanh\gamma d} \quad (1.5.41)$$

1.5.1.5 阻抗匹配

前面指出，当 $Z_L = Z_0$ 时，传输线工作于行波状态，此时传输线称作匹配，这是传输线的理想工作状态。然而，实际中的传输线会因负载阻抗的不同而多工作于行驻波状态。采取某些措施使传输线工作于行波状态，就是所谓的阻抗匹配。

传输线阻抗匹配方法很多，最常见的有 $\lambda/4$ 变换器法、并联短截线法、渐变线法等，如图1.5.6所示。这些方法都是利用传输线输入阻抗与位置有关的性质实现的。

（1）$\lambda/4$ 变换器法

当特性阻抗为 Z_{01} 的传输线长度为 $\lambda/4$ 时，代入式（1.5.13）得到

$$Z_{\mathrm{in}} = Z_{01}^2 / Z_L \quad (1.5.42)$$

要达到匹配，令 $Z_{\mathrm{in}} = Z_0$，则

$$Z_{01} = \sqrt{Z_0 Z_L} \quad (1.5.43)$$

由于无耗传输线特性阻抗为实数，所以上式要求 Z_L 必须为实数，也就是说 $\lambda/4$ 变换器法只能用于纯阻性负载的匹配。当负载为纯阻时，直接将 $\lambda/4$ 变换器插在负载与主传输线之间，如图1.5.6（a）所示。当负载为复阻抗时，传输线工

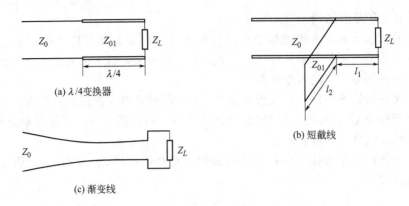

图 1.5.6　传输线匹配方法示意图

作在行驻波状态，线上具有输入阻抗为纯阻性的位置，将 $\lambda/4$ 变换器插入此位置，就可实现复阻抗的匹配。

由于 $\lambda/4$ 变换器的长度与波长有关，当频率变化使得 $\lambda/4$ 关系不满足时，匹配效果明显变差，所以此种方法工作频带窄。

（2）并联短截线法

根据输入阻抗的特点，可以在线上找到输入导纳为 $Y_{in} = 1/Z_0 \pm jB$ 的位置 l_1，在此处并联一段特性阻抗为 Z_{01}、长度为 l_2 的终端短路或者开路的短截线，调整其长度使得短截线输入电纳为 $\mp jB$，则并联点的总导纳为 $Y = 1/Z_0$（阻抗为 Z_0），达到匹配，如图 1.5.6(b) 所示。

（3）渐变线法

如图 1.5.6(c) 所示，渐变传输线具有连续变化的横向尺寸，其特性阻抗也是沿着轴线渐变的，从而具有较宽的匹配频带特性，但是制作难度较大。

1.5.1.6　传输线的功率传输

从传输给负载的功率来看（假设电源端是匹配的），分为三种情况。

（1）匹配情况

这种情况下，传输线工作在行波状态，传输线上各处的电压振幅相等，负载吸收的功率为

$$P_0 = \frac{1}{2} \times \frac{|V_L|^2}{Z_0} \tag{1.5.44}$$

式中，$|V_L|$ 为负载端的电压幅值。

（2）失配无耗传输线情况

失配情况下，传输线工作在行驻波状态，电源传输给负载的功率部分被反射回电源端，负载吸收的功率为

$$P_L = P_0(1 - |\Gamma|^2) = P_{in} - P_r \tag{1.5.45}$$

式（1.5.45）表明，负载吸收的功率等于入射功率减去反射功率。由于驻波使得传输线上出现电压、电流的最大点，所以传输功率容量（功率极限）为

$$P_{\mathrm{br}} = \frac{1}{2} \times \frac{|V_{\mathrm{br}}|^2}{Z_0 VSWR} \tag{1.5.46}$$

式中，V_{br} 为传输线两导体间的击穿电压。

（3）失配有耗传输线情况

对于失配的有耗传输线，传输线工作在行驻波状态，线上电压、电流振幅随着位置不同而同时存在衰减和波动，传输线上任一点的功率为

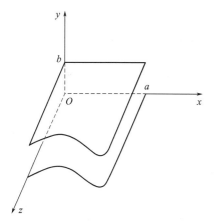

$$P(z) = \frac{|V_0^+|^2}{2Z_0}(\mathrm{e}^{-2\alpha z} - |\Gamma_0|^2 \mathrm{e}^{2\alpha z}) \tag{1.5.47}$$

式中，$|V_0^+|$、$|\Gamma_0|$ 分别为传输线输入端的输入电压和反射系数幅值。传输线上消耗的功率为

$$P_{\mathrm{d}} = P_0(\mathrm{e}^{2\alpha L} - 1) \tag{1.5.48}$$

1.5.2　平行板波导

平行板波导简称平板波导，其结构如图 1.5.7 所示。上、下平板均为理想导体

图 1.5.7　平板波导

板，宽度为 a，板间距为 b，且 $a \gg b$，在 z 轴方向导体延伸至无限长。

根据 1.4.3.2 中的理论分析，并考虑图 1.5.7 与图 1.4.7 中坐标的对应关系，对于垂直极化波，式（1.4.63）可重新写为

$$\boldsymbol{E} = -\boldsymbol{a}_x \mathrm{j}2E_{\mathrm{im}}\sin(ky\cos\theta_{\mathrm{i}})\mathrm{e}^{-\mathrm{j}k_z\sin\theta_{\mathrm{i}}} \tag{1.5.49a}$$

$$\boldsymbol{H} = -\boldsymbol{a}_y \frac{\mathrm{j}2E_{\mathrm{im}}}{\eta}\sin\theta_{\mathrm{i}}\sin(ky\cos\theta_{\mathrm{i}})\mathrm{e}^{-\mathrm{j}k_z\sin\theta_{\mathrm{i}}} - \boldsymbol{a}_z \frac{2E_{\mathrm{im}}}{\eta}\cos\theta_{\mathrm{i}}\cos(ky\cos\theta_{\mathrm{i}})\mathrm{e}^{-\mathrm{j}k_z\sin\theta_{\mathrm{i}}}$$

$$\tag{1.5.49b}$$

由式（1.5.49a）可以发现，当 $ky\cos\theta_{\mathrm{i}} = n\pi$，$n = 1,2,3,\cdots$，即当

$$y = \frac{n}{k\cos\theta_{\mathrm{i}}} = \frac{n\lambda}{2\cos\theta_{\mathrm{i}}} \tag{1.5.50}$$

时，$\boldsymbol{E}$ 处处为零，表明若在式（1.5.50）表示的位置上安放另一块与 xoz 面平行的导体板，则不会影响两块导体板之间空间内的电磁场分布，因为"理想导体表面切向电场为零"的边界条件自然满足，两块导体板就构成了平板波导。

令 $y = b$，由式（1.5.50）得

$$k\cos\theta_{\mathrm{i}} = \frac{n\pi}{b} \tag{1.5.51}$$

而

$$k_z = k\sin\theta_{\mathrm{i}} = \frac{2\pi}{\lambda}\sqrt{1 - \cos^2\theta_{\mathrm{i}}} = \omega\sqrt{\mu\varepsilon}\sqrt{1 - \left(\frac{n\lambda}{2b}\right)^2} \tag{1.5.52}$$

k_z 称作 z 方向的相移常数或波数。将式（1.5.51）、式（1.5.52）代入式（1.5.49）并写成分量形式有

$$H_z = H_0 \cos\left(\frac{n\pi}{b}y\right) e^{-jk_z z} \qquad (1.5.53a)$$

$$H_y = -j\frac{H_0 b k_z}{n\pi}\sin\left(\frac{n\pi}{b}y\right) e^{-jk_z z} \qquad (1.5.53b)$$

$$E_x = j\frac{\omega\mu b H_0}{n\pi}\sin\left(\frac{n\pi}{b}y\right) e^{-jk_z z} \qquad (1.5.53c)$$

式中，$H_0 = -2E_{im}\cos\theta_i/\eta$。

此式为平板波导中传输的 TE 波的电磁波表达式。可以证明，与从麦克斯韦方程得出的结果是完全相同的。

在上述分析中设定电磁波沿 $+z$ 轴方向传输，根据波的传输条件，$k_z = 0$ 或虚数时，波将不能在波导内传输，称作截止。于是由式(1.5.52)得出平板波导中 TE 波的截止条件为

$$\lambda_{cn} = \frac{2b}{n} \qquad (1.5.54)$$

λ_{cn} 称作截止波长，对应的截止频率为

$$f_{cn} = \frac{n}{2b\sqrt{\mu\varepsilon}} \qquad (1.5.55)$$

式(1.5.54)表明，对应不同的 n 值有不同的截止波长，平板波导内就有不同的电磁波空间分布，称作不同的模式，用 TE_n 表示，注意：平板波导中不存在 TE_0 波。由此可见，只有当 $\lambda < \lambda_{cn}$，或 $f > f_{cn}$ 时，电磁波才可在平板波导内以 TE 波形式传输。

类似地，由平行极化波在理想导体表面斜入射的分析结果，可以得出平板波导中 TM_n 波的传输特性，省略具体分析过程，只给出结论。

平板波导内 TM_n 波的电磁场表达式为

$$E_z = E_0 \sin\left(\frac{n\pi}{b}y\right) e^{-jk_z z} \qquad (1.5.56a)$$

$$E_y = -j\frac{b k_z E_0}{n\pi}\cos\left(\frac{n\pi}{b}y\right) e^{-jk_z z} \qquad (1.5.56b)$$

$$H_x = -j\frac{\omega\varepsilon b E_0}{n\pi}\cos\left(\frac{n\pi}{b}y\right) e^{-jk_z z} \qquad (1.5.56c)$$

截止波长、截止频率以及 k_z 均与 TE_n 波相同，平板波导中也不存在 TM_0 波。截止波长（或截止频率）与模式、两导体板间距以及板间的介质有关，其分布如图 1.5.8 所示。

由于平板波导是两导体系统，所以除了 TE_n、TM_n 波外，还可传输 TEM 波。TEM 波为平板波导的主模式，无截止波长，传输方式与沿波导轴向传输的均匀平面波相同，通常情况下平板波导都工作在主模下。各种

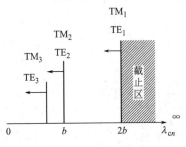

图 1.5.8　平行板波导 λ_{cn} 分布图

波在平板波导内的传输方式如图 1.5.9 所示。

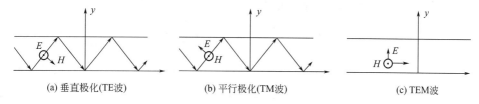

(a) 垂直极化(TE波)　　　　(b) 平行极化(TM波)　　　　(c) TEM波

图 1.5.9　平板波导中电磁波的传输方式

在工程应用中，微带线、双面印刷电路板等都可按平板波导分析。电子设备上的缝隙也与平板波导类似，电磁波可以通过这些缝隙有条件地泄漏。

1.5.3　矩形波导

若在平板波导两侧开口处相隔一定距离放置两块理想导体板就可构成如图 1.5.10 所示的矩形空管，称作矩形波导。由图 1.5.9(a) 不难看出，两侧面的导体板不会影响 TE 波原有的场分布，表明矩形波导这样的单导体系统可以引导电磁波传输。实际工程应用中，除了矩形波导外，还有圆波导、脊波导等其他形式，这些波导类似于电子设备上的孔洞，有可能发生电磁能量的泄漏。

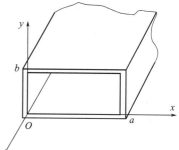

图 1.5.10　矩形波导

1.5.3.1　导波系统中纵向场和横向场的一般关系

设电磁波沿波导轴向（+z 方向）传输，传输常数为 k_z，根据传输波的特性可令

$$\boldsymbol{E}(x,y,z)=\boldsymbol{E}(x,y)\mathrm{e}^{-\mathrm{j}k_z z} \tag{1.5.57a}$$

$$\boldsymbol{H}(x,y,z)=\boldsymbol{H}(x,y)\mathrm{e}^{-\mathrm{j}k_z z} \tag{1.5.57b}$$

式中

$$\boldsymbol{E}(x,y)=\boldsymbol{a}_x E_x(x,y)+\boldsymbol{a}_y E_y(x,y)+\boldsymbol{a}_z E_z(x,y)$$

$$\boldsymbol{H}(x,y)=\boldsymbol{a}_x H_x(x,y)+\boldsymbol{a}_y H_y(x,y)+\boldsymbol{a}_z H_z(x,y)$$

将式（1.5.57）代入齐次亥姆霍兹方程（1.3.3）中，可得到纵向场分量 E_z、H_z 满足的标量亥姆霍兹方程

$$\frac{\partial^2 E_z}{\partial x^2}+\frac{\partial^2 E_z}{\partial y^2}+k_c^2 E_z=0 \tag{1.5.58a}$$

$$\frac{\partial^2 H_z}{\partial x^2}+\frac{\partial^2 H_z}{\partial y^2}+k_c^2 H_z=0 \tag{1.5.58b}$$

式中，$k_c=\sqrt{k^2-k_z^2}$ 称作截止波数，$k=\omega\sqrt{\mu\varepsilon}$。

必须注意，上式中已经消去了因子 $\mathrm{e}^{-\mathrm{j}k_z z}$，所以求出 E_z、H_z 后需乘以该因子，才是最终的场解。

在直角坐标系中运用麦克斯韦方程 $\nabla \times \boldsymbol{E} = -\mathrm{j}\omega\mu\boldsymbol{H}$ 和 $\nabla \times \boldsymbol{H} = -\mathrm{j}\omega\varepsilon\boldsymbol{E}$，可得到横向场分量与纵向场分量的关系为

$$H_x = \frac{1}{k_c^2}\left(\mathrm{j}\omega\varepsilon\frac{\partial E_z}{\partial y} - \mathrm{j}k_z\frac{\partial H_z}{\partial x}\right) \tag{1.5.59a}$$

$$H_y = \frac{-1}{k_c^2}\left(\mathrm{j}\omega\varepsilon\frac{\partial E_z}{\partial x} + \mathrm{j}k_z\frac{\partial H_z}{\partial y}\right) \tag{1.5.59b}$$

$$E_x = \frac{-1}{k_c^2}\left(\mathrm{j}\omega\mu\frac{\partial H_z}{\partial y} + \mathrm{j}k_z\frac{\partial E_z}{\partial x}\right) \tag{1.5.59c}$$

$$E_x = \frac{1}{k_c^2}\left(\mathrm{j}\omega\mu\frac{\partial H_z}{\partial x} - \mathrm{j}k_z\frac{\partial E_z}{\partial y}\right) \tag{1.5.59d}$$

因此，只要求解式(1.5.58)得到 E_z、H_z，便可得所有的其他场分量。

1.5.3.2　矩形波导中的 TE 波

根据 TE 波的定义可知，$E_z = 0$、$H_z \neq 0$。在波导壁上，理想导体的边界条件为

$$E_y = 0 \quad (x = 0,\ a)$$
$$E_x = 0 \quad (y = 0,\ b)$$

观察式(1.5.11c)、式(1.5.11d)可以发现，上述边界条件等价于

$$\frac{\partial H_z}{\partial x} = 0 \quad (x = 0,\ a) \tag{1.5.60a}$$

$$\frac{\partial H_z}{\partial y} = 0 \quad (y = 0,\ b) \tag{1.5.60b}$$

式(1.5.58)、式(1.5.60)构成了矩形波导 TE 波的边值问题，利用分离变量法求解边值问题得

$$H_z(x,y) = H_0\cos\left(\frac{m\pi}{a}x\right)\cos\left(\frac{n\pi}{b}y\right) \tag{1.5.61}$$

$$k_c^2 = \left(\frac{m\pi}{a}\right)^2 + \left(\frac{n\pi}{b}\right)^2 \tag{1.5.62}$$

式中，H_0、H_z 为振幅，由激励场源确定。

将式(1.5.61)乘以 $\mathrm{e}^{-\mathrm{j}k_z z}$，并代入式(1.5.59)中，便可以求得矩形波导中 TE 波的所有场量为

$$E_x(x,y,z) = \frac{\mathrm{j}\omega\mu}{k_c^2}\times\left(\frac{n\pi}{b}\right)H_0\cos\left(\frac{m\pi}{a}x\right)\sin\left(\frac{n\pi}{b}y\right)\mathrm{e}^{-\mathrm{j}k_z z} \tag{1.5.63a}$$

$$E_y(x,y,z) = -\frac{\mathrm{j}\omega\mu}{k_c^2}\times\left(\frac{m\pi}{a}\right)H_0\sin\left(\frac{m\pi}{a}x\right)\cos\left(\frac{n\pi}{b}y\right)\mathrm{e}^{-\mathrm{j}k_z z} \tag{1.5.63b}$$

$$H_x(x,y,z) = \frac{\mathrm{j}k_z}{k_c^2}\times\left(\frac{m\pi}{a}\right)H_0\sin\left(\frac{m\pi}{a}x\right)\cos\left(\frac{n\pi}{b}y\right)\mathrm{e}^{-\mathrm{j}k_z z} \tag{1.5.63c}$$

$$H_y(x,y,z) = \frac{\mathrm{j}k_z}{k_c^2}\times\left(\frac{n\pi}{b}\right)H_0\cos\left(\frac{m\pi}{a}x\right)\sin\left(\frac{n\pi}{b}y\right)\mathrm{e}^{-\mathrm{j}k_z z} \tag{1.5.63d}$$

$$H_z(x,y,z) = H_0\cos\left(\frac{m\pi}{a}x\right)\cos\left(\frac{n\pi}{b}y\right)\mathrm{e}^{-\mathrm{j}k_z z} \tag{1.5.63e}$$

与平板波导一样，随着 m、n 的不同，对应着矩形波导内不同的电磁场分布，称作不同的模式，用 TE_{mn} 表示。注意，这里的 m、n 可以为零，但不能同时为零。

1.5.3.3 矩形波导中的 TM 波

采用与 TE 波同样的求解步骤，可得到矩形波导中 TM 波的场表达式为

$$E_x(x,y,z)=-\frac{\mathrm{j}k_z}{k_c^2}\times\left(\frac{m\pi}{a}\right)E_0\cos\left(\frac{m\pi}{a}x\right)\sin\left(\frac{n\pi}{b}y\right)\mathrm{e}^{-\mathrm{j}k_z z} \tag{1.5.64a}$$

$$E_y(x,y,z)=-\frac{\mathrm{j}k_z}{k_c^2}\times\left(\frac{n\pi}{b}\right)E_0\sin\left(\frac{m\pi}{a}x\right)\cos\left(\frac{n\pi}{b}y\right)\mathrm{e}^{-\mathrm{j}k_z z} \tag{1.5.64b}$$

$$E_z(x,y,z)=E_0\sin\left(\frac{m\pi}{a}x\right)\sin\left(\frac{n\pi}{b}y\right)\mathrm{e}^{-\mathrm{j}k_z z} \tag{1.5.64c}$$

$$H_x(x,y,z)=\frac{\mathrm{j}\omega\varepsilon}{k_c^2}\left(\frac{n\pi}{b}\right)E_0\sin\left(\frac{m\pi}{a}x\right)\cos\left(\frac{n\pi}{a}x\right)\mathrm{e}^{-\mathrm{j}k_z z} \tag{1.5.64d}$$

$$H_y(x,y,z)=-\frac{\mathrm{j}\omega\varepsilon}{k_c^2}\left(\frac{m\pi}{a}\right)E_0\cos\left(\frac{m\pi}{a}x\right)\sin\left(\frac{n\pi}{b}y\right)\mathrm{e}^{-\mathrm{j}k_z z} \tag{1.5.64e}$$

同样，不同的 TM 波用 TM_{mn} 表示。注意，这里的 m、n 均不可为零。

1.5.3.4 矩形波导电磁波传输特性

已知 $k_c^2=k^2-k_z^2$，当 $k=k_c$ 时，$k_z=0$，此时波不再传输，称作被截止，此时对应的波长称作截止波长，记作 λ_c，于是

$$\lambda_c=\frac{2\pi}{k_c}=\frac{2}{\sqrt{\left(\frac{m}{a}\right)^2+\left(\frac{n}{b}\right)^2}} \tag{1.5.65}$$

相应的截止频率为

$$f_c=\frac{v}{\lambda_c}=\frac{1}{2\sqrt{\mu\varepsilon}}\sqrt{\left(\frac{m}{a}\right)^2+\left(\frac{n}{b}\right)^2} \tag{1.5.66}$$

可见，截止波长 λ_c（或 f_c）与模式（m、n）和波导截面尺寸有关。图 1.5.11 给出了 $a=2b$ 时 λ_c 的分布图。

当 $\lambda<\lambda_c$ 或 $f>f_c$ 时，k_z 为实数，$\mathrm{e}^{-\mathrm{j}k_z z}$ 表示沿 $+z$ 方向传输的波，当 $\lambda>\lambda_c$ 或 $f<f_c$ 时，$k_z=-\mathrm{j}|k_z|$ 为虚数，$\mathrm{e}^{-\mathrm{j}k_z z}=\mathrm{e}^{-|k_z|z}$，波沿 $+z$ 方向不断衰减，所以，对于尺寸一定的矩形波导（其他类型的波导也是如此），存在有最低的工作频率，表明矩形波导具有高通滤波器的特性。

由图 1.5.11 所示，TE_{10} 波的截止波长为 $2a$，当

$$a<\lambda<2a \tag{1.5.67}$$

时，波导内只能传输 TE_{10} 波，称作单模传输。这也是矩形波导通常的工作模式，因此，TE_{10} 波称作矩形波导的主模，其他模式称为高次模。为了保证波导内只存在主模，波导尺寸应满足条件

$$\lambda/2<a<\lambda \tag{1.5.68a}$$

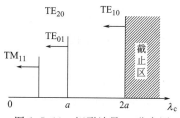

图 1.5.11 矩形波导 λ_c 分布图

$$b < \lambda/2 \qquad (1.5.68b)$$

波导窄边（即 b）太小时，容易发生击穿现象，降低了波导的传输功率容量，因此，工程上常取 $a \approx 0.7\lambda$，$b = (0.4 \sim 0.5)a$。

根据相速的定义，矩形波导中沿 z 方向传输的电磁波的相速为

$$v_p = \frac{2\pi f}{k_z} = \frac{v}{\sqrt{1-(\lambda/\lambda_c)^2}} \qquad (1.5.69)$$

当波导内为真空时，$v = c$（光速）。式（1.5.69）表明，真空时 $v_p > c$。这一结果是由波导中电磁波特殊的传输方法造成的，但它并不是电磁波能量的传输速度。另外，由于 v_p 与 λ 有关，即与频率 f 有关，所以波导具有色散特性。

波导中沿 z 方向的波长称作波导波长，记作 λ_g，则

$$\lambda_g = \frac{2\pi}{k_z} = \frac{\lambda}{\sqrt{1-(\lambda/\lambda_c)^2}} \qquad (1.5.70)$$

可见，$\lambda_g > \lambda$，且与工作模式和频率有关。

我们定义横向电场与横向磁场之比为波导的波阻抗，记作 Z，即

$$Z = \left|\frac{E_x}{H_y}\right| = \left|\frac{E_y}{H_x}\right|$$

代入 TE、TM 波的场表达式得

$$Z_{TE} = \frac{\eta}{\sqrt{1-(\lambda/\lambda_c)^2}} \qquad (1.5.71a)$$

$$Z_{TM} = \eta\sqrt{1-(\lambda/\lambda_c)^2} \qquad (1.5.71b)$$

式中，$\eta = \sqrt{\mu/\varepsilon}$。

1.5.3.5　矩形波导中的 TE_{10} 波

已经知道，TE_{10} 波是矩形波导的主模，下面详细分析其传输特性。

将 $m=1$、$n=0$ 代入式（1.5.63），并写成瞬时形式，则 TE_{10} 波的场表达式为

$$E_y(x,y,z,t) = \frac{\omega\mu H_0}{k_c^2} \cdot \left(\frac{\pi}{a}\right) \sin\left(\frac{\pi}{a}x\right) \sin(\omega t - k_z z) \qquad (1.5.72a)$$

$$H_x(x,y,z,t) = -\frac{k_z H_0}{k_c^2} \cdot \left(\frac{\pi}{a}\right) \sin\left(\frac{\pi}{a}x\right) \sin(\omega t - k_z z) \qquad (1.5.72b)$$

$$H_z(x,y,z,t) = H_0 \cos\left(\frac{\pi}{a}x\right) \cos(\omega t - k_z z) \qquad (1.5.72c)$$

$$E_x = E_z = H_y = 0 \qquad (1.5.72d)$$

图 1.5.12 给出了 TE_{10} 波各场量在横截面上的分布情况，由图可见，所有场量在横截面上都呈驻波分布。用电场线、磁力线描述的 TE_{10} 波空间分布如图 1.5.13 所示。

电磁波在波导中传输时，由于电磁感应效应，将会在波导壁上出现高频感应电流，此电流可由边界条件 $\boldsymbol{J}_s = \boldsymbol{n} \times \boldsymbol{H}$ 求得。当 $t=0$ 时有

$$\boldsymbol{J}_s(x=0) = \boldsymbol{a}_x \times \boldsymbol{H}|_{x=0} = -\boldsymbol{a}_y H_0 \cos(k_z z) \qquad (1.5.73a)$$

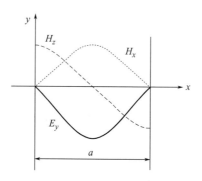

图 1.5.12 TE$_{10}$波横截面场分布

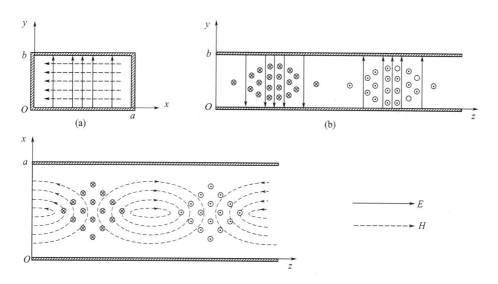

图 1.5.13 TE$_{10}$波电场、磁场的空间分布

$$\boldsymbol{J}_s(x=a)=-\boldsymbol{a}_x\times\boldsymbol{H}|_{x=a}=-\boldsymbol{a}_y H_0\cos(k_z z)=\boldsymbol{J}_s(x=0) \quad (1.5.73\text{b})$$

$$\boldsymbol{J}_s(y=0)=\boldsymbol{a}_y\times\boldsymbol{H}|_{y=0}=\boldsymbol{a}_x H_0\cos\left(\frac{\pi}{a}x\right)\cos(k_z z)-$$

$$\boldsymbol{a}_z\frac{k_z a}{\pi}H_0\sin\left(\frac{\pi}{a}x\right)\sin(k_z z) \quad (1.5.73\text{c})$$

$$\boldsymbol{J}_s(y=b)=-\boldsymbol{a}_y\times\boldsymbol{H}|_{y=b}=-\boldsymbol{J}_s(y=0) \quad (1.5.73\text{d})$$

根据式(1.5.73)得到的波导壁电流分布如图 1.5.14 所示。了解这些电流分布对实际应用和分析问题非常重要。如图 1.5.15 所示，当需要在波导壁上开缝隙，但又不希望电磁能量从缝隙泄漏时，应尽量不切割波导壁上的电流（缝隙 A和 B）；当用波导制成裂缝天线时，需要电磁能量尽可能辐射出来，这时就必须切割波导壁上的电流（缝隙 C 和 D）。进行电磁屏蔽时，需要重点考虑能够引起电磁能量泄漏的缝隙和孔洞。

TE$_{10}$波的平均能量面密度为

$$\boldsymbol{S}_{av} = \frac{1}{2}\mathrm{Re}(\boldsymbol{E}\times\boldsymbol{H}^*) = \frac{1}{2}\mathrm{Re}[\boldsymbol{a}_y E_y \times (\boldsymbol{a}_x H_x + \boldsymbol{a}_z H_z)^*]$$

$$= \boldsymbol{a}_z \frac{1}{2} \times \frac{\omega\mu k_z a^2}{\pi^2} H_0^2 \sin^2\left(\frac{\pi}{a}x\right) \qquad (1.5.74)$$

平均传输功率为

$$P = \int_s \boldsymbol{S}_{av} \cdot \boldsymbol{a}_z \mathrm{d}s = \frac{\omega\mu k_z a^3 b}{4\pi^2}H_0^2 = \frac{ab}{480\pi}E_0\sqrt{1-(\lambda/2a)^2} \qquad (1.5.75)$$

式中，$E_0 = \dfrac{\omega\mu a H_0}{\pi}$。

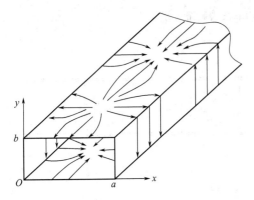

图 1.5.14   波导壁电流分布示意图

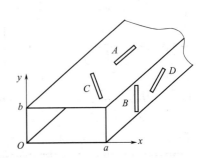

图 1.5.15   波导壁上的缝隙

1.5.4   矩形谐振腔

当矩形波导横截面用理想导体板短路时，传输的电磁波能量将被全反射。于是，在波导 z 方向形成驻波，若在驻波的另一个波节处安放另一块理想导体板，就构成了矩形谐振腔。如图 1.5.16 所示。

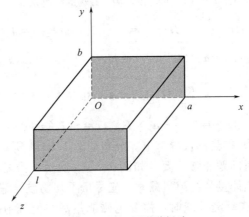

图 1.5.16   矩形谐振腔

根据全反射特性及矩形波导 TE_{10} 波场表达式，求得矩形谐振腔中的驻波表达式为

$$E_y(x,y,z) = -\frac{\mathrm{j}\omega\mu a H_0}{\pi}(\mathrm{e}^{-\mathrm{j}k_z z} - \mathrm{e}^{\mathrm{j}k_z z})\sin\left(\frac{\pi}{a}x\right) \tag{1.5.76a}$$

$$H_x(x,y,z) = \frac{\mathrm{j}k_z a H_0}{\pi}(\mathrm{e}^{-\mathrm{j}k_z z} + \mathrm{e}^{\mathrm{j}k_z z})\sin\left(\frac{\pi}{a}x\right) \tag{1.5.76b}$$

$$H_z(x,y,z) = H_0(\mathrm{e}^{-\mathrm{j}k_z z} - \mathrm{e}^{\mathrm{j}k_z z})\cos\left(\frac{\pi}{a}x\right) \tag{1.5.76c}$$

利用欧拉公式,式(1.5.76)改写为

$$E_y(x,y,z) = -\frac{2\omega\mu a H_0}{\pi}\sin(k_z z)\sin\left(\frac{\pi}{a}x\right) \tag{1.5.77a}$$

$$H_x(x,y,z) = \frac{\mathrm{j}2k_z a H_0}{\pi}\cos(k_z z)\sin\left(\frac{\pi}{a}x\right) \tag{1.5.77b}$$

$$H_z(x,y,z) = -\mathrm{j}2H_0\sin(k_z z)\cos\left(\frac{\pi}{a}x\right) \tag{1.5.77c}$$

式(1.5.77)表明,电场和磁场在 x、z 方向均有固定的零点,即呈驻波分布,但二者在时间上有 90° 的相位差,这意味着当电场能量最大时,磁场能量为零,当磁场能量最大时,电场能量为零,二者最大值相等,不断相互转换,一直存在(忽略损耗时)下去,这就是谐振的概念。

当谐振腔的几何尺寸一定时,仅对特定频率的电磁波发生谐振。这些频率称作谐振频率,对应的波长称作谐振波长。

由式(1.5.77)可知,当时 $\sin(k_z z)=0$ 时,满足理想导体表面的边界条件,于是令

$$k_z l = p\pi \quad p=1,2,3,\cdots$$

得

$$k_z = \frac{p\pi}{l} \tag{1.5.78}$$

根据 $k_c^2 = k^2 - k_z^2$,代入式(1.5.78)求得矩形谐振腔的谐振波长和谐振频率为

$$\lambda_{mnp} = \frac{2}{\sqrt{\left(\dfrac{m}{a}\right)^2 + \left(\dfrac{n}{b}\right)^2 + \left(\dfrac{p}{l}\right)^2}} \tag{1.5.79}$$

$$f_{mnp} = \frac{1}{2\sqrt{\mu\varepsilon}}\sqrt{\left(\frac{m}{a}\right)^2 + \left(\frac{n}{b}\right)^2 + \left(\frac{p}{l}\right)^2} \tag{1.5.80}$$

式(1.5.80)表明,随着 m、n、p 的不同,对于尺寸一定的谐振腔存在多个谐振频率,这一现象称作谐振腔的多谐性。其中谐振频率最低的模式称为主模,谐振频率相同的不同模式称作简并模。

1.5.5 圆柱波导及圆柱谐振腔的特性参数

圆柱波导也是实际中常用的导波结构,尤其在旋转式微波器件,如天线旋转关节、旋转式衰减器、旋转式相移器等中,发挥着重要的作用。对于圆柱波导的分析方法与矩形波导相类似,由于篇幅所限,这里只给出重要的特性参数。

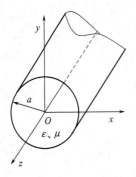

图 1.5.17 圆柱波导

圆柱波导由半径为 a 的理想导体圆管组成,圆管内可填充介质或空气,结构如图 1.5.17 所示。电磁波沿波导轴线方向传输。

(1) TE 波传输特性

截止波长和截止频率

$$\lambda_c = \frac{2\pi a}{p'_{mn}} \tag{1.5.81}$$

$$f_c = \frac{p'_{mn}}{2\pi a \sqrt{\mu\varepsilon}} \tag{1.5.82}$$

式中 p'_{mn} 为 m 阶第一类贝塞尔函数一阶导数的第 n 个根,前几个 p'_{mn} 的值列于表 1.5.1 中。

表 1.5.1 p'_{mn} 值表

m \ n	1	2	3	4
0	3.832	7.016	10.174	13.327
1	1.841	5.331	8.526	11.706
2	3.054	6.706	9.969	13.170

相移常数

$$k_z = \sqrt{k^2 - k_c^2} = \sqrt{k^2 - \left(\frac{p'_{mn}}{a}\right)^2} \tag{1.5.83}$$

波导波长

$$\lambda_g = \frac{2\pi}{k_z} = \frac{\lambda}{\sqrt{1 - \left(\frac{p'_{mn}\lambda}{2\pi a}\right)^2}} \tag{1.5.84}$$

相速

$$v_p = \frac{\omega}{k_z} = \frac{v}{\sqrt{1 - \left(\frac{p'_{mn}\lambda}{2\pi a}\right)^2}} \tag{1.5.85}$$

波阻抗

$$Z = \frac{\eta}{\sqrt{1 - \left(\frac{p'_{mn}\lambda}{2\pi a}\right)^2}} \tag{1.5.86}$$

(2) TM 波传输特性

对于 TM 波,除波阻抗外,截止波长、截止频率、传输系数和相速的表达式形式与 TE 波完全相同,只需将其中 p'_{mn} 换为 p_{mn} 即可。p_{mn} 为 m 阶第一类贝塞尔函数的第 n 个根,前几个 p_{mn} 的值列于表 1.5.2 中。

波阻抗

$$Z = \eta \sqrt{1 - \left(\frac{p_{mn}\lambda}{2\pi a}\right)^2} \tag{1.5.87}$$

表 1.5.2 p_{mn} 值表

m \ n	1	2	3	4
0	2.405	5.520	8.654	11.792
1	3.832	7.016	10.174	13.324
2	5.136	8.417	11.620	14.796

由上述特性参数可知，圆柱波导内存在无穷多个 TM_{mn}、TE_{mn} 模式，主模式为 TE_{11} 波。图 1.5.18 给出了圆柱波导各模式的截止波长分布图，由图可见，当工作波长满足

$$2.62a < \lambda < 3.41a \tag{1.5.88}$$

时，可实现 TE_{11} 波单模传输。若给定工作波长 λ，保证单模传输时圆柱波导半径 a 的条件为

$$\frac{\lambda}{3.41} < a < \frac{\lambda}{2.62} \tag{1.5.89}$$

（3）圆柱谐振腔

将一段圆柱波导的两端用理想导体封闭，就构成了圆柱谐振腔，如图 1.5.19 所示。与矩形谐振腔一样，圆柱谐振腔也具有多谐性，各模式的谐振波长及谐振频率为

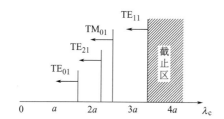

图 1.5.18 圆柱波导 λ_c 分布图

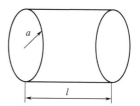

图 1.5.19 圆柱谐振腔

TE 模

$$\lambda_{mnp} = \frac{1}{\sqrt{\left(\frac{p'_{mn}}{2\pi a}\right)^2 + \left(\frac{p}{2l}\right)^2}} \tag{1.5.90}$$

$$f_{mnp} = \frac{1}{2\pi\sqrt{\mu\varepsilon}}\sqrt{\left(\frac{p'_{mn}}{2\pi a}\right)^2 + \left(\frac{p}{2l}\right)^2} \tag{1.5.91}$$

TM 模

$$\lambda_{mnp} = \frac{1}{\sqrt{\left(\frac{p_{mn}}{2\pi a}\right)^2 + \left(\frac{p}{2l}\right)^2}} \tag{1.5.92}$$

$$f_{mnp} = \frac{1}{2\pi\sqrt{\mu\varepsilon}}\sqrt{\left(\frac{p_{mn}}{2\pi a}\right)^2 + \left(\frac{p}{2l}\right)^2} \tag{1.5.93}$$

参考文献

[1]　陈国瑞. 工程电磁场与电磁波. 西安：西北大学出版社，1998.

[2]　杨显清，赵家升，王园. 电磁场与电磁波. 北京：国防工业出版社，2003.

[3]　杨儒贵. 电磁场与电磁波. 北京：高等教育出版社，2003.

[4]　张克潜，李德杰. 微波与光电子学中的电磁理论. 第2版. 北京：电子工业出版社，2001.

[5]　Jin Au Kong. 电磁波理论. 北京：电子工业出版社，2003.

[6]　赵凯华，陈熙谋. 电磁学. 北京：高等教育出版社，2003.

[7]　贾起民，郑永令，陈暨耀. 电磁学. 第2版. 北京：高等教育出版社，2001.

[8]　牛中奇，朱满座，卢智远，等. 电磁场理论基础. 北京：电子工业出版社，2001.

[9]　殷际杰. 微波技术与天线——电磁波导行与辐射工程. 北京：电子工业出版社，2004.

[10]　郭辉萍，刘学观. 电磁场与电磁波. 西安：西安电子科技大学出版社，2002.

[11]　彭沛夫. 微波技术与实验. 北京：清华大学出版社，2007.

[12]　廖承恩. 微波技术基础. 西安：西安电子科技大学出版社，2004.

第2章 | 电磁波的危害及其屏蔽原理

随着现代科学技术的发展，各种电子、电气设备为社会生产提供了很高的效率，为人们的日常生活带来极大的便利。与此同时，电子、电气设备工作过程中产生的电磁辐射与干扰又会影响人们的生产和生活，导致人类生存空间的电磁环境日益恶化。电磁波在科学技术上的广泛应用也带来新的社会问题，成为继水源、大气和噪声之后的具有较大危害性且不易防护的新污染源，它不仅影响正常通信，甚至直接威胁到人类的健康，成为社会和科学界关注的热点问题。

目前，世界各国都加大了对电磁污染问题的研究，相继制定了相关的标准与法规以控制和净化电磁环境。控制电磁辐射污染的最有效措施是电磁屏蔽，其主要目的是防止射频电磁波的影响，将其辐射强度抑制在安全范围之内。本章主要介绍电磁波的危害和电磁屏蔽原理，并列举一些国内外的电磁防护标准和规定。

2.1 电磁波的危害

2.1.1 电磁波污染的分类

电磁能量以波的形式向远处传播而不返回波源，称作电磁辐射，电磁波的无序超强度辐射将会造成电磁波污染。电磁波污染可分为自然电磁污染和人为电磁污染两大类。

自然电磁污染主要指宇宙射线、大气雷电、太阳和地球热辐射等产生的电磁干扰，是由某些自然现象所引起的，其中以雷电产生的电磁辐射最为严重，除此之外，火山爆发、地震和太阳黑子活动引起的磁爆也会产生电磁干扰。这些自然现象产生的电磁辐射频率很宽，从几千赫兹到几百兆赫兹，尤其对短波通信设备的正常工作会造成严重的干扰。自然电磁污染源类型及来源如表 2.1.1 所示。

表 2.1.1　自然电磁污染源类型及来源

分类	污染来源
大气与空气污染源	自然界的雷电放电、台风、地震、火山喷发等
太阳电磁场源	太阳黑子活动与黑体放射等
宇宙电磁场源	恒星的爆发、宇宙中电子的移动等

人为电磁污染是指生产类电子电气设备和各种生活类电子产品工作时所产生

的电磁辐射，主要分为八类：①核电磁脉冲；②无线电发射设备；③工业、科学和医疗类射频设备；④电力、交通和工业设施；⑤静电放电类设备；⑥照明及家用电器；⑦办公自动化设备；⑧电子信息类产品。人为电磁辐射频率范围宽，强度大于自然电磁污染源，与人类生存环境的关系更为密切，已成为电磁环境污染的主要因素。

按频率不同，人为电磁污染源分为工频源和射频源。工频源（频率为数十至数百赫兹）中又以大功率输电线路所产生的电磁污染为主，包括一些放电型工频源；射频源主要包括无线电设备和大型射频生产设备。射频源频带宽（频率为0.1～3000MHz），影响范围大。表2.1.2给出了主要的人为电磁辐射污染源的主要类型和来源。

表2.1.2　人为电磁污染源类型及来源

分类	污染来源
放电源	电晕放电、弧光放电、辉光放电、火花放电
工频感应源	大功率输电线、电气设备、电力牵引系统、电磁灶、电热毯
射频辐射源	无线电发射机、移动基站、雷达、微波加热设备、高频加热设备、手机、对讲机、射频治疗机、电脑、家庭影院设备

电磁污染的途径分为空间辐射、导线传播和复合污染等。空间辐射是指当电子、电气设备工作时，通过其周围空间不断向外辐射电磁能量。这种辐射一种是以场源为中心，以电磁感应的方式作用于距场源一个波长半径内的仪器仪表、电子设备和人体；另一种是以电磁波辐射方式作用于距场源一个波长之外区域内的敏感元件和人体。导线传播是指射频设备的电磁能量通过电源线或者信号线作用于其他电子设备，形成干扰的方式。而复合污染则是指同时存在空间辐射和导线传播的电磁污染情况。各种电磁污染的频率范围列于表2.1.3中。

表2.1.3　电磁污染源频率范围

分类	频率范围	分类	频率范围
工频及音频污染	50Hz及其谐波	射频、视频污染	30kHz～300MHz
甚低频污染	30kHz以下	微波污染	300MHz～100GHz
载频污染	10～300kHz		

2.1.2　电磁波对人体的影响

电磁辐射对人体的主要影响是引起中枢神经系统的机能障碍和以交感神经疲乏、紧张为主的植物神经失调。临床症状主要表现为神经衰弱症候群，以头昏脑涨、失眠多梦、疲劳无力、记忆力减退、血压升高或降低、心悸等最为严重。其次较突出的是头痛、神经衰弱、植物神经机能紊乱、四肢酸痛、食欲不振、脱发、体重下降、多汗、易激动等症状。此外，还会出现心动过缓及心律不齐等现象。当然，这些影响不是绝对的，具有个体差异，高频电磁场对机体的影响因个体不同而不同。因此，研究高频电磁场辐射对人体的不良影响是一个综合分析的过程。

现代研究表明，电磁辐射对人体的作用可分为热效应和非热效应两种。

2.1.2.1 热效应

组成人体细胞和体液的分子大都是取向杂乱无章的极性分子，在交变电磁场作用下，表征极性分子的偶极矩方向沿电场方向排列起来。随着电场方向的快速变化，偶极矩的方向也在快速改变。在此转向过程中，相邻分子间发生摩擦碰撞，使电磁能量转化为热能而使人体组织温度升高。同样，人体内电解质溶液中的离子也会因交变电磁场的作用发生振荡而使组织发热。此外，机体某些成分（如体液）为导体，可因局部出现的感应电流而发热。这就是电磁辐射的热效应，这种热效应在微波波段表现得更为明显。

眼睛是人体中对微波辐射比较敏感的器官，容易受到热效应的损伤。因为眼部无脂肪层覆盖，晶状体含水分较多，并缺少血管散热，受微波辐射发热后，晶状体蛋白质凝固，引起酶代谢障碍而造成晶体混浊，严重时导致白内障。更强的电磁辐射会使角膜、虹膜、前房和晶体等眼部组织同时受到伤害，造成视力下降甚至完全丧失。

男性生殖器官是人体中又一对高频电磁辐射热效应敏感的器官，在高频辐射作用下，即使睾丸的温度升到10～20℃，皮肤未感到疼痛，但生殖机能可能已在不知不觉中受到损害。电磁辐射只抑制精子的生长过程，并不损害睾丸的间质细胞，也不影响血液中的睾酮含量，所以通常仅产生暂时性不育现象。但是，长期的和大剂量的电磁辐射则会引起永久性不育。电磁辐射热效应对人体各器官的影响与电磁波频率的关系见表2.1.4。

表2.1.4 热效应对人体各器官的影响与电磁波频率的关系

频率/MHz	受影响器官	主要生物效应
<150		透过人体、影响不大
150～1000	体内各器官	体内组织过热，损伤各器官
1000～3000	眼晶状体、睾丸	组织加热显著，晶状体易受损
3000～10000	皮肤、眼晶状体	伴有温感的皮肤加热
>10000	表皮	皮肤表面一方面反射，另一面方面吸收热量

2.1.2.2 非热效应

电磁波的非热效应早已被人们所认识和重视，并一直在分析研究之中。电磁波非热效应是指人体受到电磁辐射后，虽然体温没有明显上升，但人体固有的微弱电磁场已经被干扰，造成细胞内遗传基因发生畸形突变，或者人体长期处于强度不大的电磁环境中而出现一些生理反应。

有研究报告指出，电磁辐射也会使女性月经周期紊乱，引起胚胎染色体改变，导致孕妇出现异常妊娠、流产和畸形儿出生的概率上升。长时间受到电磁非热效应影响，还可能破坏脑细胞，减弱大脑皮质细胞的活动能力，引起神经系统机能紊乱。国外医学研究结果表明，长期处于强电磁辐射环境中，会因血液、淋巴液及细胞原生质发生改变而使患白血病的概率增大，人体循环、免疫系统受到伤害而诱发癌症和癌细胞增殖的概率提高，这些都是电磁辐射非热效应所造成的。

电磁辐射对人体的危害具有积累效应。一次低功率电磁照射后的某些不明显伤害，通常经过数天后可以自行恢复。然而，若在恢复之前再次受到辐射，伤害就会积累，反复多次就会形成明显的伤害。长期工作在低功率微波照射环境中的人员，在停止工作后四至六周才能恢复，而在长期大功率电磁辐射环境下，损害则会是永久而不可恢复的。

电磁辐射污染对人体影响的程度，与许多因素有关，场强越强，波长越短，对机体的影响就越严重。另外，工作现场的环境温度和湿度，也会直接关系到电磁辐射对人体的不良影响，温度越高，湿度越大，机体所表现出的症状越突出，危害越严重。

2.1.3　电磁波对环境的影响

过量的电磁辐射不仅会对人体健康造成危害，还会影响人类赖以生存的自然环境，例如，严重的电磁污染会对植物产生不同程度的影响，造成植物无法正常生长、基因变异甚至死亡。同样，电磁辐射也会对家畜、野生动物造成不良影响。

人类生存环境中的电磁辐射污染主要来自人为因素，越发达的国家和地区，电子和电气设备应用越广泛，电磁辐射污染的可能性就越大。特别是在城市中，通信天线、通信基站、广播电视发射塔等随处可见，成为电磁污染的主要源头。另外通信、雷达与导航发射设备，科教、医疗、工业用高频设备，交通系统中的电力机车、机动车的点火装置，以及电力系统中的高压输电线路、高压电缆、高压变电站等都会对环境造成不同程度的电磁污染。分析其原因，主要可归于以下几个方面。

① 城市规模的扩大，人们的生活范围扩大到原来的非生活区域，使得原本处于郊区和人烟稀少处的大功率电磁波发射台站逐渐被新的居民生活区所包围。

② 通信技术的迅速发展，特别是移动通信网络的扩大，通信基站的数目急剧增多，造成电磁环境污染。

③ 城市电力轨道交通的发展，增强了城市无线电噪声的干扰程度。

④ 高压电力输电线、电缆等进入市区，增加了城市的电磁辐射污染。

⑤ 科教、工业、医疗用高频设备的不合理布局和使用，也造成局部电磁辐射超标。

⑥ 更多的家用电器进入家庭，使得家庭电磁环境恶化。表2.1.5列举了美国某些家用电器在30cm处产生的电场强度和磁场强度。

表 2.1.5　美国某些家用电器在30cm处的电场强度和磁感应强度

家用电器	电场强度/(V/m)	家用电器	磁感应强度/mT
电热毯	250	电动工具	1~25
电热炉	130	吸尘器	2~20
音响	90	电动剃须刀	0.08~9
电冰箱	60	微波炉	4~8
电熨斗	60	吹风机	0.01~7
吹风机	40	电视机	0.04~2
电视机	30	碎纸机	1~2
吸尘器	16	电烤箱	0.15~0.5

总之，电磁辐射对环境的污染日益严重，值得重视与关注。

2.1.4 电磁波对设备的影响

电磁辐射也会对电子设备产生不良影响。高频设备，特别是大功率高频设备，工作期间输出能量大，形成的高频辐射也非常强，对其周围的其他电子设备、仪器仪表、通信信号等产生严重的干扰，甚至使其不能正常工作，从而引发严重后果。

例如，在航天领域，电磁干扰可能使控制系统失灵，导致火箭、航天器失控甚至炸毁；若干扰机场控制系统正常工作，就会导致飞机无法起降，我国广州白云机场就发生过此类事件；电磁干扰还可能引起电引爆军械的自爆，或者使军事通信设备停止工作，导致严重后果，如在英阿马岛之战中，英国谢菲尔德号导弹驱逐舰由于雷达和通信网络相互干扰，不能同时工作而致使该驱逐舰在雷达停止工作期间遭到阿根廷的飞鱼导弹袭击，造成舰毁人亡的惨剧；电磁辐射干扰医疗器械正常工作，可以造成病人死亡的医疗事故，美国曾发生过因电磁干扰使心脏起搏器失灵而使病人致死的事件。一位戴生物电控假肢的摩托车驾驶员，当行驶至某高压输电线下方时，由于假肢控制系统受到电磁干扰而失灵，造成人仰车翻的严重后果。

上述种种都说明电磁污染有可能使电子、电气设备和系统的工作性能偏离预期的指标，出现不希望的偏差，使设备和系统的性能下降、失灵或者严重时可能摧毁整个系统。提高现代电气、电子设备与系统在复杂电磁环境中的工作能力，已成为重要的研究课题，也由此形成了一门新的综合性学科——电磁兼容。该学科主要研究设备或系统在其工作环境内抵抗其他外来电磁干扰以及设备或系统正常工作时不会对同环境内其他设备或系统造成干扰的问题，简言之，就是干扰与抗干扰的方法与技术，都与电磁环境有关。

2.1.5 电磁污染的途径

电磁污染也可称为电磁骚扰，包括三大要素，即电磁骚扰源、骚扰传播途径和对骚扰能量敏感的对象（人或设备），三要素的关系如图 2.1.1 所示。从骚扰关系来说，三大要素中的敏感对象是被干扰者，电磁骚扰源是释放干扰者，耦合则是实施干扰或者造成电磁污染的途径。耦合途径的分类及对应的研究理论如图 2.1.2 所示。辐射耦合是两大耦合途径中造成环境电磁污染的主要方式，为了防止

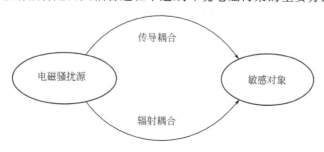

图 2.1.1 电磁骚扰三大要素关系示意图

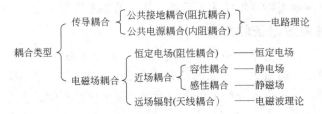

图 2.1.2　耦合途径分类及对应电磁理论关系图

电磁辐射对周围环境的不利影响，必须采取适当措施"切断"辐射耦合途径，将电磁辐射的强度减小到允许的程度或者将其影响限制在一定空间范围内。表 2.1.6 是世界部分国家和组织制定的射频辐射职业安全标准限值。

表 2.1.6　部分国家和组织制定的射频辐射职业安全标准限值

国家和组织及来源	频率范围	标准限值	备注
美国国家标准协会	10MHz～100GHz	10mW/cm²	在任何 0.1h 之内
英国	30MHz～100GHz	10mW/cm²	连续 8h 作用的平均值
北约组织	30MHz～100GHz	0.5mW/cm²	
加拿大	10MHz～100GHz	10mW/cm²	在任何 0.1h 之内
波兰	300MHz～300GHz	10μW/cm²	辐射时间在 8h 之内
法国	10MHz～100GHz	10mW/cm²	在任何 1h 之内
德国	30MHz～300GHz	2.5mW/m²	
澳大利亚	30MHz～300GHz	1mW/cm²	
中国	100kHz～30MHz	10mW/cm²	20V/m,5A/m
捷克	30kHz～30MHz	50V/m	均值

2.2　电磁屏蔽原理

屏蔽是抑制电磁骚扰，"切断"电磁场耦合途径，实现电磁辐射防护的主要手段之一。所谓电磁屏蔽就是利用导电或导磁材料将电磁辐射限制在某一规定的空间范围内。其目的是采用屏蔽体包围电磁骚扰源，抑制电磁骚扰源对周围空间中敏感设备的干扰或者人员的伤害，或者利用屏蔽体包围敏感设备，以避免骚扰源对其造成干扰。

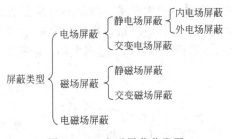

2.2.1　电磁屏蔽的类型

电磁屏蔽类型如图 2.2.1 所示，

图 2.2.1　电磁屏蔽分类图

按其屏蔽原理可以分为电场屏蔽、磁场屏蔽和电磁场屏蔽。无论何种屏蔽，其实质都是研究电磁场在各种具体的局部空间如何分布的问题。电磁屏蔽类型与电磁骚扰源的距离、电磁场性质和频率以及被保护空间的要求有关，实际应用中要根据具体情况选择相应的屏蔽方法。

2.2.2 静电屏蔽

在静电场中，导体处于静电平衡状态时具有如下性质：①导体内部电场为零；②导体表面任一处的电场强度矢量与该处导体表面相垂直；③导体表面是一等位面；④电荷只分布在导体表面上。电力线起始于正电荷，终止于负电荷。静电屏蔽是电磁屏蔽的特殊类型，其目的就是设法使电力线终止于屏蔽体的表面上，抑制静电场的影响。

2.2.2.1 外电场的屏蔽

图 2.2.2 为利用导体空腔屏蔽外部静电场的原理示意图。图中 A 为需要"保护"的电磁敏感设备，S 为导体屏蔽空腔。在静电平衡条件下，空腔外表面两侧感应出等值异号的电荷，电力线终止于导体外表面上，整个空腔为一等位体，腔内无电力线，因而实现了腔内设备不受外电场影响的目的。

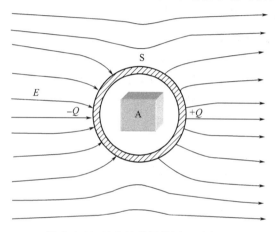

图 2.2.2 外电场的屏蔽原理示意图

对于外电场的屏蔽，从理论上讲，只要屏蔽空腔 S 是完全封闭的，无论其是否接地都可起到屏蔽作用，外部电场的变化都不会影响腔体内部的物体，腔体内部的外电场均为零。然而，由于屏蔽空腔实际上不可能完全封闭，如果空腔不接地，外部电场就会入侵其内部，造成直接或间接的静电耦合，因此，实际应用中最好将屏蔽空腔 S 接地。

2.2.2.2 内电场的屏蔽

屏蔽静电骚扰源的电场时，除了要用导体空腔将骚扰源屏蔽起来外，还必须将屏蔽空腔接地。图 2.2.3(a) 为屏蔽空腔不接地状态下内部带电体的电力线分布情况，屏蔽空腔内表面感应出与带电体等量的负电荷，外表面感应出等量的正电荷。在屏蔽体上电力线中断，导体内部没有电力线存在。但是屏蔽空腔外的空间中仍然存在着感应电荷产生的静电场，所以，不接地的屏蔽空腔是起不到屏蔽内电场的作用的。如图 2.2.3(b) 所示，若将屏蔽空腔接地，屏蔽空腔外表面所感应的电荷将通过接地线流入大地，外部电场消失，电力线被限制在屏蔽空腔内部，起到了屏蔽空腔内带电体电场的作用。

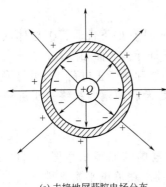
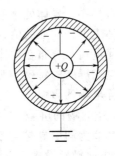

(a) 未接地屏蔽腔电场分布   (b) 接地屏蔽腔电场分布图

图 2.2.3   内电场屏蔽原理示意图

综上所述，静电屏蔽需要具备两个基本条件：导体空腔和良好的接地。

2.2.3 交变电场的屏蔽

交变电场的屏蔽原理可以利用如图 2.2.4 所示的电路模型和电路理论加以说明。图中骚扰场源为 A，敏感物体为 B，屏蔽体为 S，三者之间及其与大地间的交变电场感应效应用耦合电容来描述。

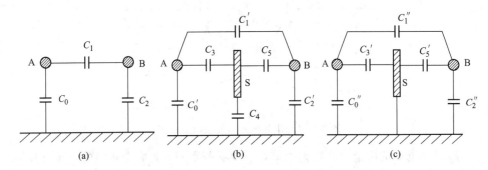

图 2.2.4   交变电场屏蔽原理示意图

图 2.2.4(a) 为无屏蔽体情况，设施加到场源 A 的电压为 V_A，A、B 之间及其各自与大地之间的分布电容分别为 C_1、C_0 和 C_2，根据电路理论，敏感物体 B 的电压为

$$V_B = \frac{C_1}{C_1 + C_2} V_A \tag{2.2.1}$$

由上式可见，A、B 间的耦合电容 C_1 越大，V_A 也越大，即二者的电场感应效应越严重。为了减小 A 对 B 的影响，应设法使 C_1 尽可能小。

在 A、B 之间插入一屏蔽体 S，如图 2.2.4(b) 所示。这时，图 2.2.4(a) 中 C_1 的作用变为 C_3、C_4、C_5 和 C_1' 的作用，并且 $C_1' \ll C_1$，此时 B 的感应电压为

$$V_B' = \frac{C_3 C_5}{(C_3 + C_4)(C_5 + C_2')} V_A \tag{2.2.2}$$

由于 S 与 A 的距离小于 B 与 A 的距离，S 的面积通常大于 B 的面积，因此

C_3、C_5 均大于 C_1。比较式（2.2.1）和式（2.2.2）可以看到，屏蔽体若不接地，A 与 B 的电场感应仍然很强，甚至会比无屏蔽体时更严重。

图 2.6(c) 为屏蔽体接地的情况。这时 B 的感应电压为

$$V_B'' = \frac{C_1'}{C_1' + C_2' + C_5'} V_A \tag{2.2.3}$$

由于 $C_1' \ll C_1$，因此 $V_B'' \ll V_B$，表明场源 A 对敏感物体 B 的电场感应作用大大减弱，屏蔽体 S 起到了降低电场感应效应的作用。如果屏蔽体 S 为无穷大，或者将整个场源 A 包围起来时，C_1' 将趋于零，B 的感应电压将减小为零，达到了完全屏蔽的作用。所以，对于交变电场的屏蔽，屏蔽体也必须良好接地。

2.2.4 磁场的屏蔽

2.2.4.1 低频磁场的屏蔽

低频磁场（频率小于 100kHz）屏蔽的原理基于材料的磁导率越高，其磁阻就越小，而磁通回路总是趋向于磁阻小的路径这样的特点，因此，制作低频磁屏蔽体的材料应该选用高磁导率的铁磁物质，如铁、硅钢，坡莫合金等。如图 2.2.5 所示，空气的磁导率远小于铁磁材料，当铁磁材料做成闭合结构时，由于磁力线是闭合的，磁力线主要集中在磁材料内部，很少泄漏到空气区域中，从而实现了磁屏蔽。

图 2.2.5 低频磁场屏蔽示意图

磁屏蔽除要选取铁磁材料外，屏蔽体还应尽量做厚以增大此路截面积，进一步降低磁阻。磁屏蔽体上的开口或缝隙不应切割磁力线，否则会增加磁阻，降低屏蔽效果。由于高频时铁磁材料的磁性损耗很大，磁导率下降，所以铁磁材料不能屏蔽高频磁场。

2.2.4.2 高频磁场的屏蔽

高频磁场的屏蔽是利用良导体中感应电流产生的磁场总是抵消原磁场变化的原理实现的。这可以利用如图 2.2.6 所示的线圈磁场的屏蔽加以说明。

根据法拉第电磁感应定律和楞次定律，图 2.2.6(a) 屏蔽体中的感应电流 i_s 的方向与线圈中的电流 i_c 的方向相反，因而，在屏蔽体以外空间中，线圈磁场和屏蔽体内感应电流产生的磁场相互抵消，透过的磁力线仅仅是线圈所产生的磁力线的极小部分。在屏蔽体与线圈之间，二者产生的磁力线方向是一致的，线圈所产生的磁通很少泄漏到屏蔽体外边，所以起到了磁屏蔽的作用。在线圈内部，由于线圈磁力线与感应电流产生的磁力线方向相反，导致线圈内部磁场有所减弱，

线圈的电感量减小。

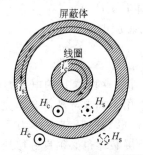 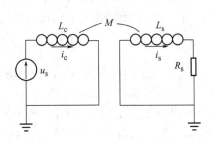

(a) 电流和空间磁场关系图   (b) 等效电路

图 2.2.6 高频磁场屏蔽原理示意图

通过上述分析可以清楚地看到，高频磁屏蔽的必要条件是在屏蔽体内部产生高频感应电流，感应电流的大小直接影响屏蔽效果。根据图 2.2.6(b) 等效电路分析可知，屏蔽体中的感应电流为

$$i_s = \frac{\mathrm{j}\omega M i_c}{R_s + \mathrm{j}\omega L_s} \qquad (2.2.4)$$

式中 i_c——线圈中的电流，A；

     L_s——屏蔽体电感，Wb/A；

     R_s——屏蔽体的电阻，V/A；

     M——线圈与屏蔽盒导体之间的互感。

对公式进行分析后可知：

高频情况下，由于 $R_s \ll \omega L_s$，于是

$$i_s \approx \frac{M}{L_s} i_c = k\frac{n_c}{n_s} i_c \qquad (2.2.5)$$

式中，k 为线圈与屏蔽体的耦合系数；n_c 为线圈匝数；n_s 为屏蔽体的匝数。

对于常用的屏蔽罩，取 $n_s = 1$。

式(2.2.5)表明，屏蔽体的感应电流值与线圈中的电流及二者的耦合系数 k 的乘积成正比，与频率无关。这一方面说明高频情况下感应电流产生的磁场足以抵消线圈磁场的骚扰，起到屏蔽的作用，同时也表明，当频率高到一定程度时，感应电流就不再随着频率提高而继续增大。

低频情况下，由于 $R_s \gg \omega L_s$，则有

$$i_s \approx \frac{\mathrm{j}\omega M}{R_s} i_c \qquad (2.2.6)$$

此时屏蔽体内的感应电流比较小，不能完全抵消线圈磁场的骚扰。因此，在低频时利用这种方法进行磁屏蔽，效果是不明显的。

以上分析表明，对高频磁场的屏蔽，R_s 越小越好，这就意味着应采用良导体进行高频磁场的屏蔽，例如铜、铝或铜镀银等。另外，屏蔽体接地与否虽不影

响磁屏蔽的效果，但是接地可以同时起到电场和磁场屏蔽的作用。因此，实际中屏蔽体大都是接地的。

2.2.5　电磁屏蔽与屏蔽效能

通常所说的屏蔽，大多是指电磁屏蔽。所谓电磁屏蔽是指利用金属和磁性材料同时抑制或削弱电场和磁场，即对电磁波进行隔离，有效控制电磁波从一个区域向另一个区域的辐射传播。电磁屏蔽一般是指对 10kHz 以上交变电磁场的屏蔽。

交变电磁场中，电场和磁场总是同时存在于同一空间的，因此必须同时考虑电场和磁场的屏蔽。然而，由于频率的不同，交变电磁场的骚扰效应区也不同，实际中可以区别对待。

频率较低时，电磁骚扰主要表现在近场区，适用基于电偶极子和磁偶极子的近场屏蔽理论。在近场中，交变电磁场表现为准静态场特性，电磁效应近似被视为相互独立。高电压小电流骚扰源以电场为主，可以只考虑电场屏蔽而忽略磁场骚扰；低电压大电流骚扰以磁场为主，可以只考虑磁场屏蔽而忽略电场骚扰。因此，随着骚扰源性质的不同，电场和磁场的大小也有很大差别，应根据具体情况选择电场屏蔽或磁场屏蔽。

随着频率的提高，电磁辐射能力增强，电磁骚扰趋向于远场区，适用基于平面电磁波的屏蔽理论。在远场中，电场骚扰和磁场骚扰都不可忽略，需要同时对电场和磁场实施屏蔽。根据电磁理论，以辐射为主要特征的高频电磁波的电场和磁场相互依存，因此实际中只要对电场或者磁场之一进行屏蔽，另一个场量也就不存在了。如前所述，采用导电材料制作的且接地良好的屏蔽体，就可同时起到电场屏蔽和磁场屏蔽的作用。

对电磁屏蔽机理的解释可采用多种方法，如涡流效应法、电磁场理论法、传输线理论法等。在这些方法中，传输线理论法以其计算方便、精度高和容易理解而成为当前广泛采用的一种分析方法。如图 2.2.7 所示，传输线理论法是将屏蔽体看作一段传输线，辐射场通过屏蔽体时，在外表面处被反射一部分，剩余部分透入屏蔽体向前传输。传输过程中，电磁波受到屏蔽体的连续衰减，并在屏蔽体的两个界面间多次反射和透射。因此，屏蔽体的电磁屏蔽机理包括屏蔽

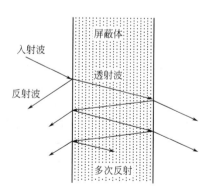

图 2.2.7　电磁屏蔽机理示意图

体表面的反射损耗、屏蔽材料的吸收损耗和屏蔽体内部的多次反射损耗。

为了定量描述屏蔽体的屏蔽效果，通常采用屏蔽效能（Shielding Effectiveness，SE）表示屏蔽体对电磁骚扰的屏蔽能力和效果。屏蔽效能与屏蔽材料的性能、骚扰源的频率、屏蔽体到骚扰源的距离以及屏蔽体上可能存在的各种不连续因素有关。

屏蔽效能有如下定义方式。

① 不存在屏蔽体时某处的电场强度 E_0 与存在屏蔽体时同一处的电场强度 E_s 之比，用分贝（dB）表示为

$$SE_E = 20\lg \frac{|E_0|}{|E_s|} \qquad (2.2.7)$$

② 不存在屏蔽体时某处的磁场强度 H_0 与存在屏蔽体时同一处的磁场强度 H_s 之比，用分贝（dB）表示为

$$SE_H = 20\lg \frac{|H_0|}{|H_s|} \qquad (2.2.8)$$

③ 不存在屏蔽体时某处的功率密度 P_0 与存在屏蔽体时同一处的功率密度 P_s 之比，用分贝（dB）表示为

$$SE_P = 10\lg \left(\frac{P_0}{P_s} \right) \qquad (2.2.9)$$

除屏蔽效能外，电磁屏蔽的效果也可以用下列几个参数来描述。

屏蔽系数 η：被骚扰电路加屏蔽体后感应的电压 U_s 和未加屏蔽体时所感应的电压 U_0 之比，即

$$\eta = \frac{U_s}{U_0} \qquad (2.2.10)$$

传输系数 T：有屏蔽体时某处的电场强度 E_s（或磁场强度 H_s）与无屏蔽体时同一处的电场强度 E_0（或磁场强度 H_0）之比，即

$$T = \frac{E_s}{E_0} \text{ 或 } T = \frac{H_s}{H_0} \qquad (2.2.11)$$

前面提到，交变电磁场在近区主要表现为"准静态场"特性，电场和磁场近似相互独立，因此，近区中 SE_E 与 SE_H 是不相等的；对于远区场，电场和磁场是统一的整体，二者以波阻抗联系在一起，所以，SE_E 和 SE_H 是相等的，观察式（2.2.7）、式（2.2.8）和式（2.2.11）可见，传输系数表示的屏蔽效能对数关系为

$$SE = 20\lg \frac{1}{|T|} \qquad (2.2.12)$$

目前，常用的计算均匀屏蔽材料屏蔽效能的方法是谢昆诺夫（Schelkunoff）公式，该公式利用了传输线模型，适用于导体平板型屏蔽材料，具体形式为

$$SE = SE_A + SE_R + SE_M \text{ (dB)} \qquad (2.2.13)$$

式中 SE_A——屏蔽材料的吸收损耗，dB；

SE_R——屏蔽体表面的单次反射损耗，dB；

SE_M——屏蔽体内部的多次反射损耗，dB。

$$SE_A = 131.43t\sqrt{f\mu_r\sigma_r} \qquad (2.2.14)$$

$$SE_R = \begin{cases} 168.2 + 10\lg\left(\dfrac{\sigma_r}{f\mu_r}\right) & \text{（平面波）} \quad (2.2.15a) \\[3mm] 20\lg\left(5.35r\sqrt{\dfrac{f\sigma_r}{\mu_r}} + 0.354 + \dfrac{1.17\times10^{-2}}{r}\sqrt{\dfrac{\mu_r}{f\sigma_r}}\right) & \text{（磁场）} \quad (2.2.15b) \\[3mm] 3.217 + 10\lg\left(\dfrac{\sigma_r}{f^3r^3\mu_r}\right) & \text{（电场）} \quad (2.2.15c) \end{cases}$$

$$SE_M = 10\lg[1 - 2 \times 10^{-0.1SE_A}\cos(0.23SE_A) + 10^{-0.2SE_A}] \quad (2.2.16)$$

式中　f——电磁波频率，Hz；

t——屏蔽材料的厚度，m；

r——场源至屏蔽材料的距离，m；

μ_r——屏蔽材料的相对磁导率；

σ_r——屏蔽材料相对于铜的电导率，称作相对电导率。常用金属的 σ_r 列于
表 2.2.1 中。

表 2.2.1　常用金属材料相对铜的电导率和相对磁导率

材料	相对电导率	相对磁导率	材料	相对电导率	相对磁导率
铜	1	1	白铁皮	0.15	1
银	1.05	1	铁	0.17	50～1000
金	0.7	1	钢	0.10	50～1000
铝	0.1	1	冷轧钢	0.17	180
黄铜	0.26	1	不锈钢	0.02	500
磷青铜	0.18	1	热轧硅钢	0.038	1500
镍	0.20	1	高导磁硅钢	0.06	80000
铍	0.1	1	坡莫合金	0.04	8000～12000
铅	0.08	1	铁镍钼合金	0.023	100000

由式（2.2.16）可见，SE_M 与 SE_A 有关。研究表明，当 $SE_A > 15$dB 时，SE_M 可忽略不计。

2.3　电磁防护标准

通过上述两节的讨论可以看出，人类生活与其周围的电磁环境是密切相关的。人类在应用电磁资源的同时，必须合理规划，保证电磁环境适合人类生存。为此，世界各国针对本国的实际情况，制定出了相应的电磁环境防护标准。

2.3.1　电磁辐射容许值标准

高频电磁辐射和生物组织的相互作用与多种因素有关，严格计算人体、动物等生物体内部的电磁场是非常复杂的，因为组织中内场的大小既与辐射场的频率、强度、极化等特性有关，也与生物体的形状、大小、电参数以及辐射源和生物体的相对位置、附近环境状况有关。正因为如此，在计量学中通常采用比吸收率（specific absorption rate，SAR）度量电磁辐射在生物组织中所感应的电场。

所谓比吸收率（SAR）是指生物单位组织中所感应的电场，它定义为生物组织单位质量中所沉淀的能量率，即

$$SAR = \frac{W}{m} \quad (W/kg) \quad (2.3.1)$$

式中　W——沉淀的能量，W；

m——生物质量，kg；

比吸收率同时考虑了电磁辐射的热效应和非热效应，通过比吸收率可以比较不同生物体中所测得的结果，将实验动物测得的结果外推到人体中来。

当人体暴露在远区辐射场中时，其全身的比吸收率与电磁波频率和极化方式有关。例如，一个身高 1.75m、体重 70kg 的人，暴露在强度为 1mW/cm² 的电场中，当电场强度方向与人体纵轴相平行时，最大吸收频率在 70～80MHz 之间。在这个频率范围内，所吸收的功率要比电场强度乘以人体总面积所得出的功率大好多倍。

安全剂量是通过热效应的临界比吸收率加上安全系数后用比吸收率来表征的，这一安全剂量只能通过相关的外部场强值来衡量。因此，制定安全剂量或安全容许标准是一项非常复杂的工作。尽管如此，为了保护人类及其生存环境，世界各国都制定和颁发了电磁辐射强度容许标准。例如，前苏联为 0.01mW/cm²，美国为 10mW/cm²，加拿大为 1mW/cm²。

2.3.2 我国的电磁防护标准

在《环境电磁波卫生标准》（GB 9175—88）中，依据电磁辐射强度对人体可能造成的不良影响，将公众居住环境分为安全区和中间区两个级别，具体标准如表 2.3.1 所示。

表 2.3.1　安全区和中间区场强标准值

波长	单位	允许场强	
		一级（安全区）	二级（中间区）
长、中、短波	V/m	<10	<25
超短波	V/m	<5	<12
微波	μV/m	<10	<40
混合	V/m	按主要波段场强，若各波段场强分散，则按综合场强加权确定	

中间区指在该环境下长期生活、工作和学习，可能造成潜在不良反应的区域，该区域不能建造疗养院、医院、学校和居民区，但可以建造机关和工厂。

安全区指在该环境下长期生活、工作和学习的所有人都不会受到任何伤害的区域，该区域内可以建造任意活动场所。

我国政府有关部门根据对部分动物的实验以及对微波环境下工作人员的健康检查结果，于 1979 年提出了一个暂行标准。该标准规定：在 8h/d 连续照射环境中，最大平均辐射功率密度不得超过 0.038mW/cm²；而在 8h/d 短时间间断照射环境中，辐射量不得超过 0.3mW·h/cm²，最大平均辐射功率密度不许超过 5mW/cm²；当功率密度超过 1mW/cm² 时必须使用个人防护用具。

1989 年我国颁布了作业场所微波辐射卫生标准（GB 10436—89），修改和规定了新的电磁辐射卫生标准限量值，微波辐射场所的平均功率密度如表 2.3.2 所示。

表 2.3.2　微波辐射场所平均辐射功率密度

辐射方式	单位	每天 8h 照射	小于或大于 8h 照射
连续波	μW/cm²	50	$400/t$
脉冲波（固定照射）	μW/cm²	25	$200/t$
肢体局部辐射	μW/cm²	500	$4000/t$

由国家环境保护局制定的《电磁辐射防护规定》（GB 8702—88）中规定：职业照射，在每天 8h 工作期间，任意连续 6min 全身平均的比吸收率（SAR）应小于 0.1W/kg；公众辐射环境中，每天 24h 内，任意连续 6min 全身平均的比吸收率（SAR）应小于 0.02W/kg。该规定中还给出了详细的导出限值，其中职业照射条件下，在每天 8h 工作期间内，电磁辐射场的场量参数在任意连续 6min 内的平均值列于表 2.3.3 中。

表 2.3.3 职业照射条件下的导出限值

频率范围/MHz	电场强度/(V/m)	磁场强度/(A/m)	功率密度/(W/m²)
0.1～3	87	0.25	20[①]
3～30	$150/\sqrt{f}$	$0.40\sqrt{f}$	$(60/f)$[①]
30～3000	28[②]	0.075[②]	2
3000～15000	$(0.5\sqrt{f})$[②]	$(0.0015\sqrt{f})$[②]	$f/1500$
15000～30000	61[②]	0.16[②]	10

① 系平面波等效值，供对照参考。

② 供对照参考，不作为限值；表中 f 为电磁波频率，单位为 MHz，表中数据做了取整处理。

公众照射条件下，在每天 8h 工作期间内，电磁辐射场的场量参数在任意连续 6min 内的平均值应满足表 2.3.4 的要求。

表 2.3.4 公众照射条件下的导出限值

频率范围/MHz	电场强度/(V/m)	磁场强度/(A/m)	功率密度/(W/m²)
0.1～3	40	0.1	40[①]
3～30	$67/\sqrt{f}$	$0.17/\sqrt{f}$	$(12/f)$
30～3000	12[②]	0.032[②]	0.4
3000～15000	$(0.22\sqrt{f})$[②]	$(0.001\sqrt{f})$[②]	$f/7500$
15000～30000	27[②]	0.073[②]	2

① 系平面波等效值，供对照参考。

② 供对照参考，不作为限值；表中 f 为电磁波频率，单位为 MHz，表中数据做了取整处理。

2.3.3 美国的电磁防护标准

国外的众多电磁防护标准中，一种是以美国为代表的国际辐射防护协会（International Radiation Protection Association，IRPA）于 1983 年批准的关于 100kHz～300GHz 的射频电磁辐射场照射限度的临时准则。编制该准则的成员包括美国、法国、英国、德国、荷兰、丹麦、澳大利亚及波兰等国的专家。临时准则与美国国家标准学会制定的"人体暴露于 300kHz～100GHz 射频电磁场的安全电平"十分接近。另一种是以前苏联为代表的欧洲标准，详见世界卫生组织欧洲地区出版的"非电离辐射防护"。

表 2.3.5 是美国 ANSI 于 1982 年规定的标准，表 2.3.6 是美国 ACGIH 于 1984 年规定的标准，表 2.3.7 是美国 NIOSH 于 1985 年规定的标准。

表 2.3.5　美国 ANSI 1982 年规定的标准

频率范围 /MHz	电场强度的均方值 E^2 /(V²/m²)	磁场强度的均方值 H^2 /(A²/m²)	功率密度 /(mW/cm²)
0.3～3	400000	2.5	100
3～30	4000(900/f^2)	0.025(900/f^2)	900/f^2
30～3000	4000	0.025	1
3000～15000	4000(f/300)	0.025(f/300)	f/300
15000～30000	2000	0.125	5

表 2.3.6　美国 ACGIH 1984 年规定的标准

频率范围 /MHz	电场强度的均方值 E^2 /(V²/m²)	磁场强度的均方值 H^2 /(A²/m²)	功率密度 /(mW/cm²)
0.01～3	377000	2.65	100
3～30	3770(900/f^2)	900/37.7f^2	900/f^2
30～100	3770	0.0277	1
100～1000	4000(f/300)	0.01(f/37.7)	f/100
1000～300000	37700	0.265	10

注：f(MHz)。

表 2.3.7　美国 NIOSH 1985 年规定的标准

频率范围 /MHz	电场强度的均方值 E^2 /(V²/m²)	磁场强度的均方值 H^2 /(A²/m²)	功率密度 /(mW/cm²)
0.3～3	188500	1.33	50
3～30	3770(450/f^2)	0.027(450/f^2)	450/f^2
30～3000	1885	0.013	0.5
3000～15000	3770(f/600)	0.027(f/600)	f/600
15000～30000	18850	0.133	5

注：1. NIOSH 安全与健康国家实验室。

2. f(MHz)。

美国虽然开展电磁防护的相关研究较早，但是很长一段时间并未重视对电磁辐射非热效应的研究，甚至不承认非热效应的存在，因此其限值较高。随着电磁辐射损伤机理研究的进行，美国于 1992 年对其辐射安全限值做了最新修订，即在 30～300MHz 范围内，电磁辐射功率密度应小于 200μW/cm²，或电场强度为 2.75V/m。

2.3.4　前苏联的电磁防护标准

前苏联开展电磁防护相关研究的时间较早，并对职业暴露及公众暴露条件下规定了不同的标准，见表 2.3.8、表 2.3.9。

表 2.3.8　前苏联规定的公众暴露标准

频率范围	极限值(1978 年)	极限值(1984 年)	频率范围	极限值(1978 年)	极限值(1984 年)
30～300kHz	20V/m	25V/m	0.3～3GHz	5μW/cm²	10μW/cm²
300～3000kHz	10V/m	15V/m	3～30GHz	5μW/cm²	10μW/cm²
3～30MHz	4V/m	10V/m	30～300GHz	5μW/cm²	未指出
30～300MHz	2V/m	3V/m			

表 2.3.9 前苏联规定的职业暴露标准

频率范围/GHz	暴露时间	暴露的极限值	备注
0.01～0.03	一个工作日	20V/m	
0.03～0.05	一个工作日	10V/m0.3A/m	
0.05～0.3	一个工作日	5V/m0.15A/m	
0.3～300	一个工作日	0.01μW/cm²	固定天线
	一个工作日	0.1μW/cm²	旋转天线
	2h	0.1μW/cm²	固定天线
	2h	1μW/cm²	旋转天线
	20min	1μW/cm²	固定天线

注：在新的提案中（1983），平均能量密度为 $720\mu W/cm^2$，暴露的极限值为 $0.025\mu W/cm^2$。

2.3.5 IRPA 的电磁防护标准

1983 年国际辐射防护协会（IRPA）执行委员会通过了《频率为 100kHz～300MHz 的射频电磁场辐射限度的暂行标准》。该标准规定对于 100MHz 以上的频率范围，用 SAR 表示辐射基本限值，以 W/kg 为单位；对于 10MHz 以下的频率范围，则用实效电场强度 E_{eff}（V/m）及实效磁场强度（A/m）表示辐射基本限值。派生限值则用功率密度（W/m²）表示。公用暴露功率密度限值取专用限值的 1/5，IRPA 的辐射限值标准见表 2.3.10。

表 2.3.10 IRPA 规定的限值标准

频率范围/MHz	电场强度/(V/m)		磁场强度/(A/m)		功率密度/(W/m²)	
	专用	公用	专用	公用	专用	公用
0.1～1	194	87	0.51	0.23	100	20
1～10	$194/\sqrt{f}$	$87/\sqrt{f}$	$0.51/\sqrt{f}$	$0.23/\sqrt{f}$	$100/\sqrt{f}$	$20/\sqrt{f}$
10～400	61	27.5	0.61	0.073	10	2
400～2000	$3\sqrt{f}$	$1.375\sqrt{f}$	$0.008\sqrt{f}$	$0.0037\sqrt{f}$	$f/40$	$f/200$
2000～300000	137	61	0.36	0.16	50	10

注：SAR 在 6min 内不超过 0.4W/kg。

附录：我国电磁兼容国家标准（部分）

序号	国家标准号	标准名称
1	GB 4343—1995	家用和类似用途电动、电热器具,电动工具以及类似电路的无线电干扰特性的测量方法和允许值
2	GB 4824—1996	工业、科学和医学射频设备无线电干扰特性的测量方法和允许值
3	GB 6364—1986	航空无线电导航台站电磁环境要求
4	GB 4830—1986	电信线路遭受强电线路危险影响的容许值
5	GB 7349—1987	高压架空输电线、变电站无线电干扰测量方法
6	GB 7495—1987	架空电力线路与调频广播电台的防护间距
7	GB 8702—1988	电磁辐射防护规定
8	GB 9175—1988	环境电磁波卫生标准
9	GB 9254—1988	信息技术设备的无线电干扰极限值和测量方法
10	GB 13421—1992	无线电发射机杂散功率电平的限值和测量方法
11	GB 13613—1992	对海中远程无线电导航台站电磁环境要求

续表

序号	国家标准号	标准名称
12	GB 13614—1992	短波无线电测向台(站)电磁环境要求
13	GB 13615—1992	地球站电磁环境保护要求
14	GB 13616—1992	微波接力站电磁环境保护要求
15	GB 13617—1992	短波无线电收信台(站)电磁环境要求
16	GB 13618—1992	对空情报雷达站电磁环境防护要求
17	GB 14023—1992	车辆、机动船和火花点火发动机驱动装置无线电干扰特性的测量方法及允许值
18	GB/T 15708—1996	交流电气化铁道电力机车运行产生的无线电辐射干扰测量方法
19	GB/T 16607—1996	微波炉在 1GHz 以上的辐射干扰测量方法
20	GB 16787—1997	30MHz～1GHz 声音和电视信号的电缆分配系统辐射测量方法和限值

参考文献

[1] 陈淑凤，马蔚宇，马晓庆. 电磁兼容试验技术. 北京：北京邮电大学出版社，2001.

[2] 刘鹏程，邱杨. 电磁兼容原理及技术. 北京：高等教育出版社，1993.

[3] 赵希尧，丁荣林，郭法楼. 微波自动测量技术. 成都：电子科技大学出版社，1990.

[4] 董树义. 微波测量技术. 北京：北京理工大学出版社，1990.

[5] 赵春晖，杨莘元. 微波测量与实验教程. 哈尔滨：哈尔滨工程大学出版社，2000.

[6] 赵玉峰，肖瑞，赵冬平，等. 电磁辐射的抑制技术. 北京：中国铁道出版社，1980.

[7] 刘文魁，庞东. 电磁辐射的污染及防护与处理. 北京：科学出版社，2003.

[8] 路宏敏. 工程电磁兼容. 西安：西安电子科技大学出版社，2003.

[9] 倪光正. 工程电磁场原理. 北京：高等教育出版社，2003.

第3章 ｜ 屏蔽体的设计

3.1　理想屏蔽体

　　屏蔽体的设计主要任务是如何提高屏蔽效能，而其中的关键是正确选择屏蔽材料和节点构造。理想的屏蔽体由完整的金属壳体组成，按其屏蔽功能和屏蔽原理的不同可以分为静电屏蔽、磁屏蔽和电磁屏蔽。

3.1.1　屏蔽原理

3.1.1.1　静电屏蔽

　　静电屏蔽就是把电力线（即电场强度）终止于屏蔽体的表面上，以抑制静电场的影响。静电场屏蔽分为被动场屏蔽和主动场屏蔽。

　　（1）被动场的屏蔽

　　被动场的屏蔽目的在于防止外界静电场的影响。如图 3.1.1 所示，假设导体 A 为需要屏蔽的物体，球 S 为屏蔽体，场源 E 位于无限远处。在静电平衡的条件下，对应于场源侧端面的电力线在其传播过程中当遇到金属球 S 时，电力线进入球 S 并且终止于球的一侧端面，因此使电力线入射的球 S 端面外界感应出负电荷（$-Q$），而金属的另一侧端面感应产生正电荷（$+Q$），正负电荷相等，导体球 S 呈电中性，电位为零。所以屏蔽球体 S 内部没有电荷，起到了静电屏蔽的作用。

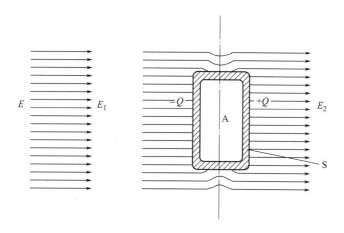

图 3.1.1　金属球 S 对外界静电场的屏蔽作用

被动场的屏蔽，电荷的产生与移动仅仅局限于屏蔽球体 S 的内部。静电屏蔽体以选择低电阻的金属材料为宜。

（2）主动场的屏蔽

假设有一空间独立存在的带电体 A，并带有正电荷＋Q，电荷－Q 在无穷远处。图 3.1.2(a) 表示导体 A 的电力线分布。图 3.1.2(b) 则表示屏蔽体在不接地时电力线的分布情况。屏蔽体 S 的内表面将感应出等量的负电荷－Q，外表面将有场源 A 释放出来的正电荷。所以外壳不接地时达不到屏蔽效果。图 3.1.2(c) 显示出了屏蔽体 S 接地状态下的电力线分布情况。屏蔽体外部所产生的＋Q 电荷，即感应电荷将通过接地线全部流入大地，于是起到了屏蔽的作用。

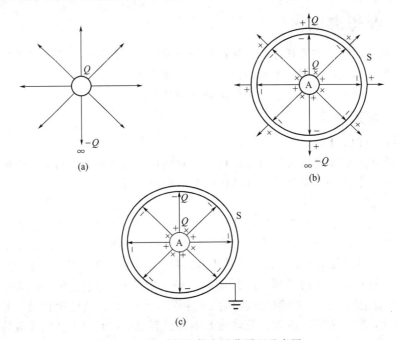

图 3.1.2 主动场的静电屏蔽原理示意图

通过对被动场和主动场的屏蔽比较可以看出，不接地的静电屏蔽仅能屏蔽防止外界电磁场的作用和干扰，要使屏蔽体在内外空间在电的方面相互隔离、互不影响与干扰，屏蔽体必须做接地处理。

3.1.1.2 磁场屏蔽

（1）被动场屏蔽

由磁场的边界条件可知，当磁场由空气进入磁性材料时，因磁阻突然减小，磁力线会发生弯折，磁场将发生畸变。

为了防止磁场对某一物体的作用，我们可以用磁性材料将该物体包起来。当外界磁力线由空气进入磁性屏蔽材料时，磁力线将在磁性材料中发生强烈的收缩而将空气中的磁力线吸收过来。所以，大部分磁力线将集中在磁性材料的内部，而只有少量的磁通量通过，从而达到屏蔽的目的。

（2）主动场屏蔽

用屏蔽体将磁源屏蔽起来，即为主动场屏蔽。由磁场的边界条件可知，线圈磁力线要穿入到屏蔽体的磁性材料内部，磁力线才能被限制在磁阻很小的导磁材料之内。要保证比较高的屏蔽效能，一般工程上常常采用对低磁通密度具有很高磁导率的坡莫合金。外界磁场对屏蔽体内部所包围的线圈不会产生明显的影响。

（3）电磁屏蔽

电磁屏蔽就是利用金属导体对电磁辐射的发射效应和吸收效应来达到抑制电磁辐射的目的，屏蔽效能取决于金属导体的吸收衰减和反射衰减值的大小。

屏蔽室的位置，从理论上讲应尽量远离干扰源，以减弱干扰的电场强度，但在实际工程中往往受到各种条件限制，特别是由于干扰因素常常发生变化，工作中也随时可能出现新的强干扰源，因此在设计时，常需要假设附近有强干扰源的电场强度来考虑。

屏蔽室常常设在建筑物的底层，同时还需要注意发射与接收设备的隔离，在多层建筑物中屏蔽室应远离电梯间和通风机房等。为了节省屏蔽材料，在可能条件下外界电气设备应尽量集中设置。

磁屏蔽原理示意图如图 3.1.3 所示。

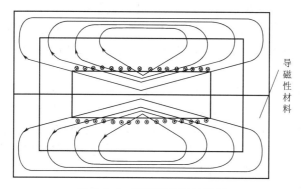

图 3.1.3　磁屏蔽原理示意图

3.1.2　接地系统

所谓接地，就是将一个点和大地之间或者是与大地可以看成是公共点的某种构建之间用低电阻导体连接起来。设备接地主要有两个目的：一是将某设备接地可以防止在该设备上由于电荷积累、电压上升而引起火花放电或造成人身不安全；二是将设备机壳或导线屏蔽层等接地，给高频干扰电压形成低电阻通路，以防止其对电子设备的干扰。

（1）系统接地

系统接地是控制电磁干扰、保证设备的电磁兼容性、提高可靠性的重要技术措施。接地质量的好坏直接影响到电磁屏蔽室的屏蔽效果，影响电磁兼容实验结果的准确性，甚至影响到设备使用性能及人身安全。正确的接地能抑制干扰的影响，又能抑制设备向外发射干扰；反之，错误的接地反而会引入严重的干扰，甚至使电子设备无法正常工作。

广义上的系统接地一般是指对电器设备和电力设施提供漏电保护的放电通路的技术措施，按其功能可以分为两大类：安全接地和信号接地。安全接地就是采用低阻抗的导体将用电设备的外壳连接到大地上，使操作人员不致因设备外壳漏电或故障放电而发生触电危险。其目的是为了使设备与大地有一条低阻抗的电流通路，以保证人身安全和设备的安全，接地是否有效主要取决于接地电阻，阻值越小则接地效果越好。接地电阻与接地装置、接地地面状况以及环境条件等因素有关。安全接地还包括建筑物、输电线、电力设备的接地。信号接地是在系统和设备之间采用低电阻的导线为各种电路提供具有共同参考电位的信号返回通路，使流经该导线的各电路信号互不影响，或者使其影响受到限制。其目的主要是为了消除外界或其他设备对本设备的干扰，电路及设备的各部分都连接到一个共同的等电位点或等电位面，以便有一个共同的参考电位，使各部分的电路均执行其正常功能。

由于电磁屏蔽暗室具有自身的特点，例如电磁兼容实验的频带很宽，从直流一直到几十赫兹甚至上百赫兹；多数测试信号是微弱信号，很容易受到干扰，而且在用模拟干扰源进行人为干扰实验时会产生高电压、高电流的冲击信号，因此必须对电磁兼容屏蔽暗室的接地系统提出更高的要求：①接地电阻要小，一般要求小于 4Ω；②整个接地装置要有良好的高频特性，以满足高频信号和冲击信号接地的要求；③接地线有效导电面积较大，能够满足冲击电压、冲击电流实验的要求。

接地电阻是接地体的流散电阻与接地线电阻之和。接地电流进入地下后便从接地体向四周流散，形成流散电流。流散电流在土壤中遇到的全部电阻称为流散电阻。与流散电阻相比，接地电阻往往很小，因此常常忽略。为保证接地装置的接地电阻符合电磁兼容实验室的要求，重点考虑的应该是如何减小流散电流，在此基础上再尽量减小接地线电阻。

接地装置由接地线和接地体组成。建筑物中的钢筋骨架、金属结构体和上下金属管道等可作为自然接地体，但自然接地体一般达不到电磁兼容屏蔽室的要求，因此通常都要埋设人工接地体。

（2）接地体和接地线的选择

在整个接地装置中，接地体的合理选取和安装非常重要。选择接地体时应综合考虑以下因素：导电性能良好，与大地接触面积大，接地电阻小，具有良好的耐腐蚀性能，易于同接地线焊接，成本低廉等。

常用的接地体有镀锌钢管，镀铜钢管和铜板等。钢管作接地体的优点是施工简单、接地电阻稳定，而且成本比较低，但钢管的接地电阻较大，在高频时的性能较差；铜板作接地体的优点是接地电阻小，高频性能较好，但成本较高。综合考虑各方面因素，电磁屏蔽室一般选用铜板作接地用，而且为了降低接触电阻，接地线尽量选用与接地体相同的金属材料。

在直流情况下，接地线的电阻与导体的横截面积有关，而与横截面的形状无关，但对于交变电流，由于趋肤深度效应，导体的有效横截面积会小于导体的几何截面积。如果趋肤深度远小于导体半径，则单位长度实心圆导体的电阻可按式（3.1.1）计算：

$$R_S = 4.14/\alpha (f\mu_r/\sigma_r)^{1/2} \times 10^{-8} \quad (\Omega \cdot m) \quad (3.1.1)$$

式中，α 为导体半径，m；f 为频率，Hz；μ_r 为相对于铜的磁导率；σ_r 为相对于铜的电导率。如果导体截面不是圆形，则采用等效直径带入上式：$a = l/2\pi$，式中 l 为横截面周长。

从（3.1.1）式中可以看出，半径越大则其射频电阻越小。在相同几何面积的条件下，矩形截面的周长要大于圆形截面，而且宽度与厚度之比越大，则截面周长越大，其等效半径也越大，因此为了提高高频时的性能，接地线往往采用扁铜片。作为接地干线的导体一般是用扁铜或铜线，为了便于连接接地支线，最好的是用裸线；但为了防止与其他接地系统的相互干扰，则采用绝缘铜线或者与建筑物电器绝缘。

3.1.3 电源线的处理

实践证明，干扰波大多是由连接各设备的导线辐射的，因此需要对电源线进行适当的处理，合理的方法是将导线屏蔽起来。因为导线中有电流通过，在线路中间屏蔽或接地就未必有利，因此其屏蔽层应至少在两端并做等电位连接，如果另一端悬浮，则只能防静电感应，防不了磁场强度变化所感应的电压。如果系统只要求在一端做等电位连接，则应该用双屏蔽层电缆且外层两端做等电位连接，这样外层屏蔽与等电位连接导体构成环路，由电流而产生的磁通，基本上可抵消无外层屏蔽的感应电压。

电源线的屏蔽可以采取以下措施。

① 铠装导线——利用铁丝或铝丝编织制成的铠装导线包起来，这种方法最早是用于防止导线磨损，它不能做到完全屏蔽，但在很多情况下，对克服干扰波使之衰减到实际的允许程度还是很有效的。

② 铜丝编织屏蔽线——铜丝编织屏蔽层可以将绞线包裹、屏蔽起来以防止串音，或者将导线先包上绝缘层然后再屏蔽，有时铜丝编织屏蔽层本身就是同轴电缆的外导体。

③ 导线管——屏蔽用的导线管有钢管、铝管、铜管以及铜箔钢管等，可分为皱纹软管和硬管两种。钢管一般用于磁场影响较大的高频区域，铝管、钢管用于中频、高频的导线屏蔽，而铜箔钢管对所有频率都具有较好的衰减特性。使用铁磁材料（如钢管、钢线盘等）可以减少磁场，因为它们能够提供磁阻来阻止磁通量通过。

在双绞线结构中，磁场数量的抑制主要是由作为电磁干扰源的效率决定的，在一定程度上也受到线缆中总体绞线数量的影响，根据这种原理配置的屏蔽线缆提高了对电磁干扰的免疫力。然而，绞线的方式对抑制电场效应不产生任何影响。导线的屏蔽层也可以抑制电场的产生，当屏蔽层被使用后，屏蔽层的导电性能和厚度就决定了其抑制电场产生的程度。

各设备之间未屏蔽的电源线应敷设在金属管道内，而且与附近可能产生高电平电磁干扰的电力电缆等电气设备之间保持足够的间距。

各电源线或电气设备与工作站电缆之间的距离应符合表 3.1.1 所示的要求。

表 3.1.1　电气装备与工作站电缆之间的最小距离

设 备 类 型	0~2kW	2~5kW	5kW 以上
未屏蔽的电源线和电气设备	127mm	305mm	610mm
封装在金属管道中未屏蔽的电源线	63.5mm	152mm	305mm
封装在接地金属同步管道中的电源线	30.5mm	76mm	152mm

3.2　屏蔽板材的厚度

3.2.1　厚度计算

根据屏蔽理论，
$$SE = R_{dB} + A_{dB} + M_{dB} \tag{3.2.1}$$
式中　$R_{dB} = 106 + 10\lg(\sigma_r / f\mu_r)$，为反射衰减；

$A_{dB} = 20\lg[\exp(-t/\delta)]$，为吸收衰减；

$M_{dB} = 20\lg[1 - \exp(-2t/\delta)]$，为材料内部的多次反射损耗。

式中，$\delta = \sqrt{2/\omega\sigma\mu} = \sqrt{1/\pi\mu\sigma f}$ 为趋肤深度，表示电磁波入射场强在材料中衰减到其原始场强 $1/e$ 时的深度。要达到较好的屏蔽效能，板材的厚度必须要大于其趋肤深度。

由此可以得到电磁屏蔽效能的计算公式：

① 当屏蔽壳体距离场源的距离 $d > \lambda/2\pi$ 时，可以看作平面波远场屏蔽：

$$S = 1.31t\sqrt{f\mu_r\sigma_r} + 168 + 10\lg\left(\frac{\sigma_r}{\mu_r f}\right) \tag{3.2.2}$$

② 当场源的特性不能明确确定时，采用磁场屏蔽效能计算：

$$S = 1.31t\sqrt{f\mu_r\sigma_r} + 14.6 + 10\lg\left(\frac{fr^2\sigma_r}{\mu_r}\right) \tag{3.2.3}$$

式中，各参数的意义和单位量纲分别为：

　　t——材料的厚度，cm；

　　f——频率，Hz；

　　μ_r、σ_r——材料相对于铜的磁导率和电导率（无量纲，$\sigma_{Cu} = 5.8 \times 10^5 \, \text{S} \cdot \text{cm}^{-1}$）；

　　r——距离场源的距离，m。

以铜板，钢板和铝板在 100MHz 频率下的屏蔽效能为例进行计算，其相对于铜的电导率分别为 1.00、0.17、0.61，相对磁导率为 1.0、200、1.0。由式（3.2.2）得到厚度的计算表达式为：

$$t = \frac{S - 168 - 10\lg(\sigma_r/\mu_r f)}{1.31\sqrt{f\mu_r\sigma_r}} = \frac{S - 88 + 10\lg(\mu_r/\sigma_r)}{1.31 \times 10^4 \sqrt{\mu_r\sigma_r}} \quad (\text{cm}) \tag{3.2.4}$$

如果材料设计要达到 100dB 的屏蔽效能，所需的厚度分别为 9.16×10^{-3} mm，5.59×10^{-4} mm，3.18×10^{-3} mm。其在 100MHz 下的趋肤深度分别为

6.7×10^{-3} mm, 2.3×10^{-3} mm, 8.8×10^{-3} mm。

对于铜板和铝板在其他频率下要达到 100dB 的屏蔽效能所需的厚度列入表 3.2.1 中。

表 3.2.1　铜、铝的部分性能参数

项目	屏蔽达到 100dB 所需的厚度/mm				趋肤深度 δ/mm			
频率	10^6 Hz	10^7 Hz	10^8 Hz	10^9 Hz	10^5 Hz	10^6 Hz	10^7 Hz	10^8 Hz
铜	—	0.00483	0.00916	0.00531	0.21	0.067	0.021	0.0067
铝	—	0.013	0.014	0.00746	0.275	0.088	0.0275	0.0088
钢	—	—	—	—	0.035	0.023	0.007	0.0023

从式(3.2.2)和式(3.2.3)可以看出，屏蔽板材的厚度增加则屏蔽效能提高。然而由于电磁辐射的趋肤效应，屏蔽板材的厚度没有必要做到很大，但是在低频时，要获得较大的屏蔽效能，板材的厚度需要做得较大。对近场屏蔽来说，屏蔽板材的厚度在 0.2~0.5mm 之间即可。

随着频率的增加，得到一定屏蔽效果所需屏蔽壳体的厚度也随之减小，所以在高频情况下选择屏蔽壳体的厚度时，一般并不需要从电磁屏蔽效能考虑，而只要从工艺结构和力学性能考虑即可。

3.2.2　屏蔽体的选材

屏蔽材料对屏蔽效能起着决定性的作用，因此在设计屏蔽暗室时，对屏蔽材料具有一定的要求和限制。

① 要有良好的屏蔽衰减系数，通常采用磁导率和电导率比较大的材料。

② 有良好的耐蚀性和机械强度，可采用有镀层的金属材料。

③ 经济上要合算，具有较好的经济性。

④ 安装和使用要方便。

屏蔽材料可以分为板材和网材两大类。当频率升高时，板材的屏蔽效能提高得很快。用板材作屏蔽室，施工比较严格，并且需要专门的通风设备。常用的屏蔽板材及其性能参数如表 3.2.2 所示。

具体哪些材料能提供最好的屏蔽效能是一个非常复杂的问题。很明显，能提供较好的屏蔽效能的材料必须具有良好的导电性或导磁性，因为电磁波具有电场分量，同时也具有磁场分量，在某些场合高的磁导率与高电导率同样重要。

用于屏蔽外场直接耦合的机壳或机柜的材料是非常重要的，由于机壳或机柜需要高反射屏蔽，通常采用能够提供电场屏蔽的薄导电材料。低频电磁波比高频电磁波具有更高的磁场分量，因此对于很低的干扰频率，屏蔽材料的磁导率远比电导率更重要。而对于 30MHz 以上的频率，通常主要考虑电场分量。

近场电磁屏蔽的必要条件是采用高导电率的金属屏蔽体，并且进行接地处理。

近场低频磁场屏蔽可采用铁、硅钢片、坡莫合金等高磁导率材料进行磁屏蔽，增加屏蔽体厚度或采用多层屏蔽壳以提高其屏蔽效能。屏蔽体不需要接地。

表 3.2.2　几种常见屏蔽材料的性能

材料	相对导电率 σ_r	不同工作频率（Hz）下的相对磁导率 μ_r				备注
		$10^2 \sim 10^5$	10^6	10^7	10^8	
银	1.05	1				①材料的相对电导率是与退火铜相比较
退火铜	1.00	1				
金	0.70	1				
铝	0.61	1				②材料的相对磁导率也是与铜相比较
镁	0.38	1				
锌	0.39	1				
黄铜	0.26	1				
镍	0.20	1				
磷青铜	0.18	1				
铁	0.17	1000	700	500	100	
碳钢	$0.08 \sim 0.17$	200				
不锈钢	0.02	1000	140	80	20	
蒙乃尔合金	0.04	1				
高磁导率合金	0.03	8000				
高磁导率镍钢	0.06	8000				
坡莫合金	0.03	8000				

　　近场高频磁场屏蔽应采用高电导率金属，因为频率较高时，铁磁性材料磁导率下降，磁损耗增加。

　　远场屏蔽应采用高电导率金属，如铜、铝等材料，并进行接地处理。钢、铜、铝的部分电磁性能参数如表 3.2.3 所示。

表 3.2.3　钢、铜、铝的部分性能参数

金属名称	相对电导率 σ_r	相对磁导率 μ_r	趋肤深度 δ/mm			
			10^5 Hz	10^6 Hz	10^7 Hz	10^8 Hz
钢	$0.08 \sim 0.13$	$50 \sim 500$	0.035	0.023	0.007	0.0023
铜	1	1	0.21	0.067	0.021	0.0067
铝	0.61	1	0.275	0.088	0.0275	0.0088

3.3　缝隙对屏蔽体的影响

　　在电磁兼容性结构设计中，由于通风、散热，电源和通信导线的接口，以及设备显示仪表安装等原因，被屏蔽的设备不可能是全封闭的，它必定存在孔缝。不同的孔缝结构对屏蔽效能的影响是不一样的，缝隙的大小、开孔的形状以及屏蔽材料的选取都将直接影响结构的屏蔽效能。对其进行研究将有利于我们对设备结构进行电磁兼容性设计。

3.3.1　孔隙对屏蔽效能的影响及其计算

　　尽管无缝金属板具有很高的电磁屏蔽效能，但实际的屏蔽盒往往由于某些需要，如入口、盖门、导线孔、通风孔、开关、仪表以及机械接头等，使得屏蔽盒带有孔隙。所以孔隙对屏蔽效能影响的研究很有意义。

3.3.1.1 缝隙对电磁屏蔽效能的影响

以金属板缝隙电磁泄漏为例，分析缝隙对电磁波的泄漏，如图3.4所示。当屏蔽壳体有缝隙时，通常磁场泄漏的影响要比电场泄漏的影响大。在大多数情况下，采用减少磁场泄漏的方法也更适用于减少电场的泄漏。因此要重点研究减少磁场的泄漏。由图3.3.1所示，通过金属板缝隙泄漏的磁场为：

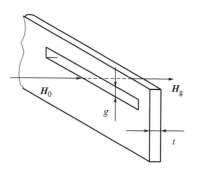

图3.3.1 缝隙的电磁泄漏

$$\boldsymbol{H}_g = \boldsymbol{H}_0 \mathrm{e}^{-\pi t/g} \qquad (3.3.1)$$

式中，$\boldsymbol{H}_0$、$\boldsymbol{H}_g$ 分别为金属板前、后侧面的磁场强度；t 为金属板厚度，cm；g 为金属板缝隙间距，cm；缝隙长度假定为无限长。由式（3.3.1）分析可知，缝隙深而窄（即 t 大而 g 小），电磁泄漏就小。在缝隙尺寸一定的情况下，频率越高，缝隙泄漏的影响就越大。因此，被屏蔽的场频越高，就越需要注意减小屏蔽体的缝隙。

通过缝隙的衰减量 S_g 为：

$$S_g = 20\lg \frac{\boldsymbol{H}_0}{\boldsymbol{H}_g} = -20\lg \frac{\boldsymbol{H}_g}{\boldsymbol{H}_0}$$

$$= -20\lg \mathrm{e}^{\left(-\frac{\pi t}{g}\right)} = 20 \times 0.4343 \left(\frac{\pi t}{g}\right)$$

$$S_g = 27.274 \frac{t}{g} \quad (\mathrm{dB}) \qquad (3.3.2)$$

由（3.3.2）式可知，当 $g = t$ 时，$S_g \approx 27\mathrm{dB}$，即当屏蔽壳体上的缝隙间距等于屏蔽壳体的厚度时，通过缝隙的衰减量约为27dB。

3.3.1.2 孔洞对电磁波屏蔽效能的影响

如图3.3.2所示，设金属屏蔽板上有尺寸相同的 n 个圆孔、方孔或矩形孔，每个圆孔的面积为 q，每个矩形孔的面积为 q'，屏蔽板整体面积为 F。假定孔的面积与整个屏蔽板面积相比极小，即 $\sum q \ll F$（或 $\sum q' \ll F$）。假定孔的直线尺寸比波长小得多，即对于圆孔，直径 $D \ll \lambda$；对于矩形孔，长边 $b \ll \lambda$。

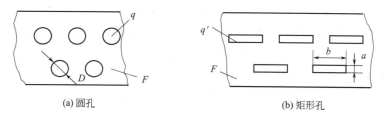

(a) 圆孔   (b) 矩形孔

图3.3.2 屏蔽板的开孔

设屏蔽板外侧表面的磁场为 $\boldsymbol{H}_0$，通过外孔泄漏到内部空间的磁场为 $\boldsymbol{H}_h$。则通过孔洞的传输系数 T_h 为：

$$T_{\mathrm{h}} = \frac{\boldsymbol{H}_{\mathrm{h}}}{\boldsymbol{H}_0} \tag{3.3.3}$$

对于圆孔：

$$T_{\mathrm{h}} = 4n \left(\frac{q}{F}\right)^{3/2} \tag{3.3.4}$$

边长为 a、b 的矩形孔 [图 3.5(b)]，若边长 b 横过电流通路，则破坏屏蔽体的表面电流分布，使得屏蔽体涡流反磁场的屏蔽作用减弱，其破坏电流分布或减弱涡流的情况要比圆孔严重。所以矩形孔的传输系数要比相同面积的圆孔大。矩形孔的传输系数为：

$$T_{\mathrm{h}} = 4n \left(\frac{kq'}{F}\right)^{3/2} \tag{3.3.5}$$

式中，矩形孔面积 $q' = ab$；系数 $k = \sqrt[3]{\dfrac{b}{a}\xi^2}$。当 $\dfrac{b}{a} = 1$ 时，$\xi = 1$；当 $\dfrac{b}{a} \gg 5$ 时，$\xi = \dfrac{b}{2a\ln \dfrac{0.63b}{a}}$。

于是有孔隙金属板总的传输系数为：$T = T_{\mathrm{t}} + T_{\mathrm{h}}$ $\tag{3.3.6}$

总的屏蔽效能为：

$$S = 20\lg \frac{1}{T} = 20\lg \frac{1}{T_{\mathrm{t}} + T_{\mathrm{h}}} \tag{3.3.7}$$

由式(3.3.6) 和式(3.3.7) 可知，对于有孔隙的金属板来说，孔隙的存在使得总的传输系数变大，屏蔽效能降低。孔隙的泄漏与孔隙的直线尺寸、孔的数量以及波长有着密切的关系。随着频率的提高，孔隙的泄漏严重。在相同的孔隙面积情况下，孔隙比孔洞的泄漏严重。当缝隙长度接近波长时，就变为电磁波辐射器，这时屏蔽效果大大降低。所以屏蔽板尽量不开孔或少开孔。如果万不得已一定要设孔隙时，则对于圆孔或矩形孔，要求其直线尺寸（圆孔直径或矩形孔长边）小于 $\lambda/5$，其中 λ 为最小工作波长；对于缝隙，要求其直线尺寸（缝隙长度）小于 $\lambda/10$。

带孔的金属板、罩及金属网对超高频以上的频率基本上已没有屏蔽效能。所以超高频以上的频率须采取截止波导管来屏蔽。

3.3.1.3 截止波导管的屏蔽效能计算

波导管可看成是高通滤波器，它对在其截止频率以下的所有频率都有衰减作用。作为截止波导管，其长度比其截面直径或截面最大直线尺寸至少要大三倍。截止波导管常有圆形和矩形截面两种。金属管的最低截止频率 f_c 只与管的横截面的内尺寸有关。设圆形波导管内径为 d，长度为 l，矩形波导管宽度为 b，长度为 l，则圆形波导管的最低截止频率 f_c 及波长 λ_c 为：

$$f_c = \frac{17.5}{d}(\text{千兆赫}), \lambda_c = 1.71d \quad (\text{cm}) \tag{3.3.8}$$

矩形波导管的最低截止频率 f_c 及波长 λ_c 为：

$$f_c = \frac{15}{b}(\text{千兆赫}), \lambda_c = 2b \quad (\text{cm}) \tag{3.3.9}$$

电磁场从管的一端传至另一端的衰减 S 与管的长度 l 成正比，其关系式为：

$$S = 1.823 \times 10^{-9} f_c \sqrt{1 - \left(\frac{f}{f_c}\right)^2} \cdot l \text{(dB)} \qquad (3.3.10)$$

若 $f \ll f_c$，将式(3.3.3)、式(3.3.4) 代入式(3.3.5) 中得：

圆形波导管： $\qquad\qquad S = 32 \dfrac{l}{d} \text{(dB)} \qquad\qquad (3.3.11)$

矩形波导管： $\qquad\qquad S = 27.3 \dfrac{l}{d} \text{(dB)}$

由以上表达式可知，长度与直径相当的圆形波导管具有 32dB 的衰减。当圆形波导管长度为直径的 3 倍时，其衰减可达 96dB。所以伸出机壳的调整轴等用绝缘联轴器穿过截止波导管，就能很容易地抑制电磁泄漏。

3.3.2 孔隙的处理

3.3.2.1 通常孔隙的处理

孔隙泄漏与多种因素有关，如场源的特性、离开场源的距离、电磁场的频率、孔洞面积和孔洞形状等。对于某一固定的场源而言，泄漏将随孔洞面积增加而增加；在开孔面积相同的情况下，矩形孔又比圆孔的泄漏大。所以，当必须在屏蔽体上开设孔洞时，首先，要尽量选择小孔，所谓小孔，是指最大尺寸远小于信号波长的孔；其次，孔洞的形状和布置要尽可能地不增加屏蔽体的磁阻和电阻。

一般情况下，减少缝隙泄漏有以下几个措施。

① 提高接触面的光洁度，保持干净，并且保持一定的压力。这样做可以使得不同屏蔽材料之间有良好的电接触，有效提高屏蔽效能。

② 缝隙要进行点焊，屏蔽材料的缝隙焊接直接影响屏蔽效能。这是因为电磁屏蔽是在屏蔽材料的表面上通过电流，并由此电流产生磁通，从而具有磁屏蔽作用，因此不论板材或网材的屏蔽，均要求在各连接处有良好的电连接，否则会出现连接处的电流导通性不良的情况，以致影响屏蔽效能。对于不同的屏蔽结构和接缝焊点间距，其屏蔽效能也不同。如板式屏蔽层，焊点的间距大小对屏蔽效能的影响较为明显；而网式屏蔽层焊点间距的改变对屏蔽效能的影响就不明显。

③ 加导电衬垫。由于工艺原因和装配要求，屏蔽体总是存在这样那样的通孔或缝隙，从而引起导电的不连续，产生电磁泄漏现象。当电磁波的波长较短时，就会从屏蔽体的缝隙中泄漏，而当波长远大于缝隙的尺寸，就不会产生明显的泄漏。因此当干扰电磁频率较高时（一般认为超过 10MHz）就要考虑使用导电衬垫。填充屏蔽体的缝隙，抑制电磁波的泄漏。导电衬垫的材料选择上有特殊要求，首先必须是导电良好的，以保证屏蔽体表面的导电连续；其次，由于导电衬垫主要作为机箱缝隙的填充屏蔽材料，因此必须有一定的弹性和厚度；另外，导电衬垫材料还应与屏蔽机箱材料的电化学性能相容，并具有一定的耐腐蚀性，以防不同金属材料搭接时产生电化学腐蚀。常用的导电衬垫材料有：金属螺旋管、导电橡胶、金属丝网、指形簧片以及导电布等。

④ 在开孔或接触处加折叠铜网。利用铜网良好的电导性以及折叠铜网的弹

性，可以使屏蔽体有良好的电接触，有效防止电磁波的泄漏。

⑤ 增加固定螺钉，减小螺钉间距。屏蔽板材之间除用导电衬垫外，还必须用间距较小的螺钉来固定，以增加板材和导电衬垫之间的接触压力。除此之外，屏蔽材料常用木筋连接固定，金属板材也可由钢骨架支承。由于双层铜网与木筋连接处的破坏，常在木筋处另铺一层紫铜皮（约0.4mm厚），在连接处用全长连接锡焊。在屏蔽材料和木筋的连接处，由于会出现尖端放电，因此最好用非金属材料。在实际工作中，有用竹钉来固定屏蔽层和木筋，竹钉与木钉需进行同样的干燥和防腐处理。

3.3.2.2 门缝的处理

门与门框的四周应有与主体屏蔽层相接的0.4mm厚的紫铜皮，在门的四周边缘的紫铜皮上，应加设梳形磷青铜弹簧片，使其与门框有良好的电接触。门与门框最好用含水率小于15%、变形小的硬木或一级东北红松制成。如达不到要求（特别是微波屏蔽），可用钢门或将木材固定于金属骨架上，减小变形。门的上下两边要设楔形紧固装置，使其与门框紧密结合。在大型屏蔽室中，由于经常有大型试验品进出，门的尺寸较大，可采用以下方法来解决大门门缝的影响。

① 从工艺布置上考虑将要求屏蔽的工作区布置在远离大门的地区内，此时可采用普通钢板作大门，门缝可不做密缝处理。

② 从平面布置上考虑在工艺布置许可和不妨碍交通运输的情况下，大门不直接对室外开放，而通过相邻房间进入。此时大门内外的场强差减小，门缝可从简处理，如图3.3.3所示。

(a)　　　　　(b)　　　　　(c)　　　　　(d)

图3.3.3　大型屏蔽室布置示意图

③ 从土建构造上采取措施。门扇和门框上设置良好的电气连接点，使大门的屏蔽效能与主屏蔽层等效。

屏蔽室中一般不设窗户，若必须设置时，可有两种方法：其一是采用网孔较密的单层或双层金属网。其二采用带孔的薄金属片焊接而成的蜂窝式屏蔽窗。

3.3.3　网材屏蔽效能

3.3.3.1　单层铜网的屏蔽效能

根据文献[11]的理论分析，以100目紫铜网为例，对其进行屏蔽效能的理论计算和实验分析。金属网屏蔽效能主要取决于反射衰减，吸收衰减可忽略不计。

（1）完整铜网的屏蔽效能分析

金属网的等效传输线并联导纳如图3.3.4所示。根据文献[4]得出单层金属网的屏蔽效能估算式：

在平面波情况下，完整金属网的传输系数

$$T=s\{0.265\times10^{-2}R_f+j[0.265\times10^{-2}X_f+0.333\times10^{-8}f(\ln s/a-1.5)]\}$$

根据 $SE=20\lg|1/T|$ 得：

$$SE=20\lg\frac{1}{s\sqrt{[0.265\times10^{-2}R_f]^2+[0.265\times10^{-2}X_f+0.333\times10^{-8}f(\ln\frac{s}{a}-1.5)]^2}}$$

式中，s 为金属网网距，m，a 为金属网的网丝半径，m，R_f 为金属网网丝单位长度的交流电阻，Ω/m，X_f 为金属网网丝单位长度的电抗，Ω/m，f 为频率，Hz。

通过上式计算的屏蔽效能与实测金属网的屏蔽效能比较如图3.3.5所示，可见计算值较实测值偏大，但随频率的增大计算值有向实测值靠拢的趋势。从曲线图中我们还可

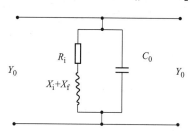

图 3.3.4　传输线等效并联导纳

以看出，理论计算和实验测得的屏蔽效能值变化趋势相同，随频率的增大屏蔽效能在减小。这是因为一方面金属网的电阻 R_i 和电抗 X_i+X_f 随频率的增大而增大，所以丝网的反射信号能力在减弱。另一方面，每个网眼均可看作一段小波导管，这样金属网存在一个截止频率（与网眼的几何尺寸有关），在频率向截止频率靠拢的过程中，电磁波通过金属网的数量在增加，使得屏蔽性能降低。当电磁波的频率高于截止频率时，电磁波可自由通过，屏蔽效能变为零。

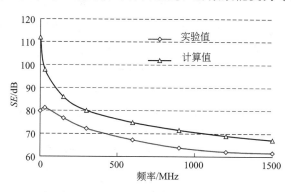

图 3.3.5　屏蔽效能实验值与计算值比较

（2）缝隙对金属网屏蔽效能的影响

在工程屏蔽中，无任何缝隙的屏蔽是很难实现的。为了考察缝隙对屏蔽效能的影响，特意在完整铜网上沿垂直径向方向开了长度为5mm、10mm、20mm、30mm、40mm的缝隙，其屏蔽效能测试结果如图3.3.6(a)所示。可以看出，随着频率和缝隙长度的增加，电磁波泄漏程度越来越严重。当沿径向开5mm、10mm、20mm长的缝隙时，其电磁波泄漏明显减少，如图3.3.6(b)，与完整铜

网屏蔽效能相差无几。当开与长度为 20mm、30mm 缝隙面积相同的圆孔时（半径分别为 2.0mm 和 2.5mm），屏蔽效能与缝隙相比改善了很多，如图 3.3.6(c) 和图 3.3.6(d) 所示。

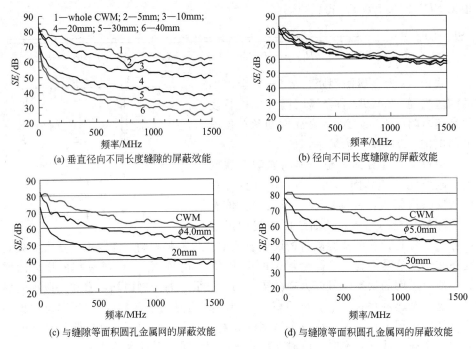

(a) 垂直径向不同长度缝隙的屏蔽效能　　　　(b) 径向不同长度缝隙的屏蔽效能

(c) 与缝隙等面积圆孔金属网的屏蔽效能　　　　(d) 与缝隙等面积圆孔金属网的屏蔽效能

图 3.3.6　不同缝隙对金属网屏蔽效能的影响

TEM 波在同轴线中的传播如图 3.3.7 所示。其横截面的场分布与静态场的分布完全一样。当在铜网上垂直径向开缝时，缝隙影响了金属网上电力线和等磁通密度线的分布，打断了网上高频感应电流通路，而且随着缝隙的增大这种影响程度更为严重。另外，铜网上开缝隙增加了图 3.3.4 所示的等效传输线路中的 R_i 和 $X_i + X_e$，且随着缝隙长度的增加和频率的提高，R_i 和 $X_i + X_e$ 增加的更大，反射信号能力也更弱，所以其屏蔽效能随着缝隙长度和频率的增加而降低。当在铜网上沿径向开缝隙时，对网上高频电流通路影响不大，所以其影响较垂直径向开缝隙小得多。

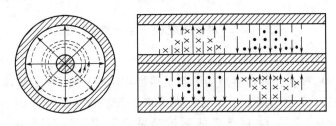

图 3.3.7　同轴线 TEM 模的场结构

当缝隙长度相对波长小得多时，可以把缝隙看成一个磁偶极子，其极化方向为抵消外部电流的方向。然而由于偶极子对屏蔽网内外部均发生耦合，因此提供了一个内部场源，从而影响到屏蔽效果。在小孔情况下，可发生由于耦合作用所形成的场穿透；在频率较高时又可能发生谐振穿透，而在缝隙较大的情况下尤为突出，所以屏蔽效果将大幅度降低。

为了进一步考察缝隙对屏蔽效能的影响，下面将采用理想化和简化的计算方程式进行讨论。假设屏蔽体上有圆形和正方形的孔洞，电磁波通过这些孔洞泄漏。

设每个孔洞的面积为 S，屏蔽体面积是 A，当 $A \gg S$ 且孔洞尺寸比波长小的多时，电磁场通过孔洞的传输系数为：

$$T_s = 4n \left(\frac{S}{A} \right)^{3/2} \qquad (n \text{ 为孔洞的个数}, n \geqslant 1)$$

对于短边为 a，长边为 b 的矩形孔洞，当长边横截电流通路时，其影响要比圆孔和正方形孔严重，也就是矩形孔洞比圆孔或正方形孔洞的传输系数大。设矩形孔洞面积为 S'，与矩形孔洞泄漏等效的圆孔面积为 S，则 $S = KS'$。

式中，$K = \sqrt[3]{\frac{b}{a} \xi^2}$，而 $\xi = \dfrac{b}{2a \ln \dfrac{0.63b}{a}}$（当 $b \gg a$，即形成缝隙；当 $b = a$ 时，$\xi = 1$，即圆孔或正方形孔。）

这时带有缝隙的总的传输系数 $T_{总} = T_s + T$（T 为完整金属网的传输系数），可得带有缝隙的金属网的屏蔽效能：

$$SE = 20 \lg \frac{1}{|T_{总}|}$$

计算带有 20mm 缝隙金属网的屏蔽效能与测量值比较如图 3.3.8 所示，从柱图来看，此式只有在高频时才跟实测值相接近。所以用此式进行缝隙电磁泄漏估算时只适用于高频段。从以上计算式和实验值分析可知，缝隙的电磁泄漏情况和缝隙的尺寸、缝隙的数量及电磁波的频率有关。任何切断屏蔽体上高频感应电流通路的做法都将使其阻抗增加，同时成为对内部区域的辐射场源。而且一个缝隙影响不能简

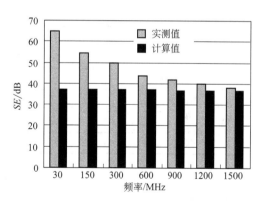

图 3.3.8　带有缝隙铜网屏蔽效能计算值
与实测值比较

单地用它的实际面积来衡量，主要看对屏蔽体上电流通路的影响。频率越高，缝隙泄漏愈严重。在相同面积下，缝隙的电磁泄漏要比孔洞严重得多。由以上分析可知，在屏蔽实际中要尽量少开缝隙或不开缝隙。非开不可时，必须保证缝隙的直线尺寸为：缝隙的直线尺寸应小于最小工作波长的 1/10。

3.3.3.2　双层网材的屏蔽效能

双层金属网的屏蔽效能以单层金属网同样的求解方法通过传输系数 T 来求得。具体理论推导在文献［11］中有详细论述。单层金属网屏蔽效能只能达到 $40\sim50$dB，当高频需要 100dB 的屏蔽效能时，必须采用双层金属网。但是双层金属网屏蔽效能与两层金属网的距离有关。一般在低频情况下，可以用增大两层金属网的间距的办法来提高双层金属网的附加屏蔽效能 R_M。但是在高频情况下，由于两层金属网间距 l 的变化使得屏蔽效能出现最大值和最小值。所以说，如果双层金属网使用不好则其屏蔽效能与单层金属网相比有所降低。一般来说，要尽可能使两层金属网间距接近于四分之一波长的奇数倍。

表 3.3.1 和表 3.3.2 分别给出了单层和双层金属网屏蔽效能参数。表 3.3.2 中以 $3.2\text{m}\times2.4\text{m}\times2.2\text{m}$（长×宽×高）国产 P-22 型双层金属网可拆卸式屏蔽室为例进行部分测试。

表 3.3.1　单层金属网屏蔽效能

金属网试验板	金属网材料网丝直径/mm		紫铜 0.375			紫铜 0.25			黄铜 0.17	
	金属网目数		22	16	11	16	11	22	16	11
	试验板编号		1	2	3	4	5	6	7	8
屏蔽效能 R/dB	$f=0.15$MHz	测试数据	51	48.2	36	40	36	28.4	26	21.9
		计算数据	54.5	50	45	44	40.7	31.5	28.7	25.2
	$f=1.5$MHz	测试数据	62	54.4	44.6	48.4	43.4	47.7	44	38.7
		计算数据	60.9	53.9	57.3	49.7	44.5	48.7	44.9	40.5

表 3.3.2　双层金属网的屏蔽效能

场的类型			低频磁场						平面波	
频率/MHz			0.15	0.2	0.5	1.0	1.5	2.0	2990	9200
屏蔽效能 R/dB	测试结果		83	84.2	88.2	90	94.4	98.6	91.5	74.2
	计算结果	R_1	54.5	56	58.8	60.1	60.9	61.4	48.7	38.9
		R'	42.5	44.1	46.5	48.1	48.9	49.3	48.7	38.9
		R_2	97	100.1	105.3	108.2	109.8	110.7	97.4	77.8

参考文献

[1]　朱德本. 电磁屏蔽室建筑设计. 工业建筑. 1995, 25（6）：27-31.

[2]　郭银景，吕文红，唐富华，等. 电磁兼容原理及应用. 北京：清华大学出版社，2004：196.

[3]　白同云，吕晓德. 电磁兼容设计. 北京：北京邮电大学出版社，2001：92，113-120.

[4]　荒木庸夫. 电子设备的屏蔽设计. 赵清译. 北京：国防工业出版社，1975：160-182.

[5]　吕仁清，蒋全兴. 电磁兼容性结构设计. 南京：东南大学出版社，1990.

[6]　毛端海，刘光斌，刘伟，等. 电磁兼容实验室接地装置的设计与安装. 上海航天，2000，（2）：46-51.

[7]　陈建滨. 控制系统抗干扰分析. 油气田地面工程，2005，24（2）：37.

[8]　吴亮辉. 信息系统建筑物的雷击电磁脉冲防护分析. 低压电器，2004，(6)：45-48.

[9]　许宝卉. 电测系统中的屏蔽与接地. 工业计量，2005，15（2）：56.

[10]　雷振烈. 电子设备的防干扰设计. 天津：天津科学技术出版社，1985：63-80，87.

[11]　赵玉峰，肖瑞，赵东平，等. 电磁辐射的抑制技术. 北京：中国铁道出版社，1980：265-270，288-302.

[12]　田小平，刘和平，王骏. 屏蔽技术在结构设计中的应用. 机械设计与制造工程，1998，27（5）：16-18.

[13]　刘川，蒋全兴. 利用屏蔽室壁面的标准测试窗口测量孔隙泄漏及材料的屏蔽效能. 安全与电磁兼容，2002，(2)：27-29.

[14]　奚文骏，冯玉光. 导电衬垫在电磁屏蔽中的应用. 安全与电磁兼容，2003（6）：35-37.

[15]　段玉平，刘顺华，管洪涛，等. 缝隙对金属网屏蔽效能的影响. 安全与电磁兼容，2004，(4)：46-48.

[16]　赖祖武. 电磁干扰防护与电磁兼容. 北京：原子能出版社，1993：61.

[17]　曹伟. 电磁场与电磁波理论. 北京：北京邮电大学出版社，1999：251.

第4章 介电材料与透波材料

4.1 概述

法拉第（M. faraday 1791—1867）在实验观察的基础上提出电场独立于物质而存在于真空中，这为以后的电磁理论奠定了实验基础。在法拉第之后，1864年麦克斯韦（J. Maxwell 1831—1879）将介电常数引入物质方程，即在电容器两极间充满介质时，仍可用 $\varepsilon_介=\varepsilon_r\varepsilon_0$ 去代替真空时的 ε_0。

于是有了 $Q/A=D=\varepsilon_0\varepsilon_r E$，电容变为 $C=\varepsilon_r C_0$，并被实验证明是正确的，于是他提出了普适的电磁理论，用矢量记号写作：

$$\begin{cases} \nabla \times \boldsymbol{H}=\rho_\nu+\boldsymbol{D} \\ \nabla \times \boldsymbol{E}=-\boldsymbol{B} \\ \nabla \cdot \boldsymbol{D}=\rho \\ \nabla \cdot \boldsymbol{B}=0 \end{cases} \tag{4.1.1}$$

$$\begin{cases} \boldsymbol{B}=\mu_r\mu_0 \boldsymbol{H} \\ \boldsymbol{D}=\varepsilon_r\varepsilon_0 \boldsymbol{E} \end{cases} \tag{4.1.2}$$

式中，$\mu_0=4\pi\times10^{-7}$ H/m，为真空磁导率；$\varepsilon_0=8.85\times10^{-12}$ F/m，为真空介电常数；ρ 为介质自由电荷密度；ν 为电荷的运动速度。

式(4.1.1) 中是描述电磁场宏观运动规律的，式(4.1.2) 为电磁理论的物质方程式。式(4.1.1) 和式(4.1.2) 合起来统称麦克斯韦方程组。麦克斯韦方程在描述电磁波的宏观运动方面是普适的，但是涉及电磁波与材料相互作用时，仅根据过分简单的物质方程是无能为力的。因为电磁波与材料的相互作用将涉及许多微观机制，这是麦克斯韦那个历史时期无法预测的。

当电磁波入射至介电材料时，首先遇到的微观机制是介质的极化。与具有自由电子的导体截然不同，有众多的单质和化合物，其电子处于束缚状态，具有可变化的双电中心，即正电荷和负电荷中心。没有外电场时，这类物质的正负电荷中心位置是重合的，并不显电性。但是，在电场的作用下，这类物质的分子和原子产生电极化现象，正负电荷的中心位置由重合变为分离，由此产生了转动的力矩——电偶极矩（电矩），并形成微弱的电场。一般人们把此类材料称为介电材料。其特征是具有能形成转动的双电中心。英文中介电材料用 Dielectrical Materials 形象地反映了其主要特征。介电材料的损耗部分来源于极化过程的转动、取向，部分来源于漏电电导和外电场的频率与分子或原子热振动频率一致时引起的共振。

其实，极化并非仅产生于具有双电中心的物质，它可以出现在所有物质上。这就是说极化是一种普遍的物理现象。研究极化的参照物是无任何物质存在的真空。在真空中外电场 E 与感应电场 D 的关系是 $D=\varepsilon_0 E$，式中的 ε_0 称为真空的介电常数，此常数是一实验值，它在研究极化现象时起着参照物的作用。

电介质是夹在平板电容器的两平板之间的物质，习惯上称为介质。介质的极化有微观极化和宏观极化。极化的微观机制主要涉及：原子的极化（电子云的极化）、离子的极化、分子的极化，处理非均匀体系时，还有界面极化。

但是，无论原子极化、离子还是分子极化都是以电子极化为基础的。因为原子核的极化与电子云的极化是等价的，离子的极化从键合角度看，重点考虑的是具有键合功能的外层电子的极化，分子极化也可以看作复杂电子云的极化。宏观极化主要是针对稀薄物质和凝聚态物质的极化，主要处理极性分子取向或极化取向现象。

4.2   介质的极化

在外电场 E 的作用下，一个孤立原子的原子核与其外部的电子云的中心将要偏离原子中心，产生相对位移。产生这一相对位移的动力是电场力对正电荷的原子核与具有等量负电荷电子云受到的斥力与引力。度量这一极化产生的效果用电偶极矩 $\boldsymbol{\mu}$ 表示

$$\boldsymbol{\mu}=\alpha \boldsymbol{E} \tag{4.2.1}$$

式中，α 是一个比例系数，称为极化率。

从量子理论推导极化率是一个复杂的过程，需要计算大量的波函数。而且这种计算也是在特定的简单模型上进行的。如果需要深入了解推导过程可参阅文献[1～4]。

通过近似假定，从简单几何模型推导出的极化率和偶极矩公式不仅与量子理论相呼应，而且与实际也较接近。因此，下面主要讨论和处理几种简单模型。

4.2.1   半径为 R 的球核模型

设原子核是半径为 R 的球体，原子核携带的正电荷为 Q。当没有微小扰动时，原子不显电性。当有外加电场 E 的扰动时，在电场作用下原子核中心位置发生移动，移到距中心位置为 d 的另一点。这一移动在原子核内引起场强为 D 的感应电场，则有 $D=\varepsilon E$。

假定原子核为一刚性球，核中心位移 d 之后引发了原子核的弹性变形（图 4.2.1）。很显然，变形量的大小是与感应电场 εE 成正比的。同时我们在原子核内做以 d 为半径以核中心为圆心的高斯封闭球。据高斯定理，通过封闭面的电通量：

$$\phi=\frac{q}{\varepsilon} \tag{4.2.2}$$

同时据电通量定义：

$$\phi = EA \tag{4.2.3}$$

A 为球表面积。

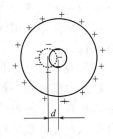

图 4.2.1　球形原子核示意图[5]

由式（4.2.2）和式（4.2.3）得：$\dfrac{q}{A} \cdot \dfrac{1}{\varepsilon E} = 1$

即有

$$\varepsilon E = \frac{q}{4\pi d^2} \tag{4.2.4}$$

式（4.2.4）是从宏观的电子得出的。在讨论微观原子核的变形时，我们已阐明由于电场 E 的扰动，产生的感应场强 D 是与微小的变形量成正比的。这里原子核的变形量为

$$\frac{V_d}{V_R} = \left(\frac{d}{R}\right)^3$$

综上所述

$$\varepsilon E = \frac{q}{4\pi d^2} \times \left(\frac{d}{R}\right)^3$$

写作

$$E = \left(\frac{1}{R}\right)^3 \times \frac{qd}{4\pi\varepsilon} \tag{4.2.5}$$

式（4.2.5）中 qd 刚好是高斯球电容器的偶极矩。

所以

$$\boldsymbol{\mu} = 4\pi\varepsilon R^3 \cdot \boldsymbol{E}$$

据 $\boldsymbol{\mu} = \alpha \boldsymbol{E}$ 的定义，极化率 α 可写作

$$\alpha = 4\pi\varepsilon R^3$$

可见极化率是仅与原子核体积大小及介电常数有关的量，与外电场的强度并无关系。这里原子核体积的大小是以 $\dfrac{4\pi R^3}{3} \times 3$ 来表述的，这就为极化率引入了密度的概念。它本质上是反映具有不同密度的物质在核半径相当时其极化率是不同的，这一点经常为人们所忽略。

4.2.2　分子的极化[5]

为讨论分子极化问题，必然要涉及玻尔的轨道模型。

假设构成分子的原子之间的键合可以是共价键、离子键和金属键甚至是复合键，无论其键合方式多么复杂，将其视为构成分子的所有正电荷都集中在分子中心，而负电荷视为环绕正电荷的中心做圆周轨道运动。如果圆心 O 的正电荷为 $+Q$，则负电荷为 $-Q$，圆周的半径为 R。当外电场 E 垂直于轨道平面时，必然使轨道中心 O 点移至 M 处，并且 $OM = d$。如图 4.2.2 所示。

从受力状态分析可知，中心的正电荷受到两个力的作用，一个沿着电场方向的电场力，另一个是指向做圆周运动的负电荷的库仑引力。引力的大小为 $F_{引} = \dfrac{Q^2}{4\pi\varepsilon R^2}$，这两个力之比从相似三角形 $\triangle OMN \backsim \triangle OM_1N_1$ 得到为：

$$\frac{电场力}{引力} = \frac{QE}{\dfrac{Q^2}{4\pi\varepsilon R^2}} = \frac{d}{R} \tag{4.2.6}$$

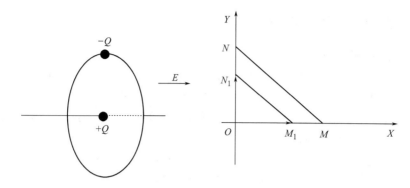

图 4.2.2 玻尔轨道模型

整理后得： $$Qd = 4\pi\varepsilon R^3 E \qquad (4.2.7)$$

这里得 Qd 正是偶极矩：$\boldsymbol{\mu} = Qd = \alpha E$

极化率仍是 $$\alpha = 4\pi\varepsilon R^3 \qquad (4.2.8)$$

　　上面所表述的偶极矩和极化率公式是在电场垂直作用于轨道平面的情形。不难发现，这与原子极化中所得到的是完全一致的。这一点是容易理解的，如果把原子视为电子绕原子核做圆周轨道运动比分子轨道的抽象更为合理。因此，分子极化模型同样适合原子极化。对于分子模型来说，电场垂直作用于分子轨道仅仅是一种可能性。

　　当电场 E 的方向不再与轨道面垂直，而成 θ 角时，这种情况对分子模型更具普遍意义。下面来讨论当电场 E 与轨道面成 θ 角时，极化率和偶极矩会发生哪些变化。此时的命题是在电场作用下，轨道面中心 O 沿 θ 方向移动的距离为 $d\cos\theta$。处理这一问题可有两种方法，一种是考虑分子的变形，另一种是考虑电场力在垂直面内的投影。分子变化需用张量处理，这一方法很是繁杂。我们选择后一种方法。电场在垂直面内的有效分量为 $E\cos\theta$，电场力将变为 $QE\cos\theta$，而 O 点到新的轨道面的距离 $l = d\cos\theta$（见文献 [5] P145 附图 5.2）。则偶极矩：$\boldsymbol{\mu}_\theta = QE\cos\theta d\cos\theta = \boldsymbol{\mu}_\perp\cos^2\theta$，$\boldsymbol{\mu}_\perp$ 为电场 E 垂直作用于轨道面时的偶极矩，其相当于 θ 角入射时所能取得的极大值。$\boldsymbol{\mu}_\theta$ 的极小值为多少呢？在无外电场作用时，由于布朗运动分子的趋向是杂乱无章的，从任何方向看其趋向恒为零。在弱电场的作用下，在三维空间里分子的偶极矩趋向于沿着任意方向的概率为 1/3[5]。因此：

$$\boldsymbol{\mu}_\theta = \frac{1}{3}\boldsymbol{\mu}_\perp = \frac{1}{3}4\pi\varepsilon R^3 E$$

显然，$\alpha_\theta = \frac{4}{3}\pi\varepsilon R^3$，这就是说，当电场 E 与轨道面成 θ 角时，可能取得极小值为极大值的 1/3。因此，在电场 E 作用下，极化率 α 是介于 $\frac{4}{3}\pi\varepsilon R^3 \sim 4\pi\varepsilon R^3$ 之间。

换句话说，电场 E 的方向垂直于分子轨道时，μ 和 α 均取得极大值，这是一种特例。综合上述两种情况，分子的偶极矩为（1～1/3）μ。此模型也称为玻尔模型，而原子极化的核球模型仅仅是玻尔模型中的一个特例，玻尔模型更具普遍性。

4.3 极性分子的极化

4.3.1 极化的表征

在讨论宏观物质的极化时，需要对极性分子和非极性分子加以区别。所谓极性分子，是指没有电场作用时，由于分子的内部结构导致其双电中心并不重合，即存有偶极矩，这种固有的偶极矩通常称为永久偶极矩（permanent dipole）或固有偶极矩。水和酸碱盐一般都是极性分子。

为了描述物质的宏观极化，需要引入描述宏观极化的偶极矩和极化率。这就是说，描述微观极化和宏观极化特征的物理参数是不同的。产生这一不同的原因是由于历史上科学界针对微观极化和宏观物质的极化曾经下过两个定义。我们已知道描述微观极化时，已有

$$\boldsymbol{\mu} = \alpha \boldsymbol{E} \tag{4.3.1}$$

对于宏观物质电偶极矩和极化率之间关系必须考虑大量分子及分子热运动这两个不容回避的事实。为了保持与微观偶极矩内涵和形式的一致，宏观物质的偶极矩定义为

$$\boldsymbol{P} = \frac{1}{\Delta v} \sum_i^n \boldsymbol{\mu}_i \tag{4.3.2}$$

$\boldsymbol{P}$ 为单位体积 Δv 中所有分子偶极矩的矢量和。若所有分子电偶极矩的平均值为 $\boldsymbol{\mu}$ 时，上式可写作：$\boldsymbol{P} = n\boldsymbol{\mu}$，单位为 C/m^2。在外电场 $\boldsymbol{E}$ 作用下，对于极化的响应为：

$$\boldsymbol{P} = X\varepsilon_0 \boldsymbol{E} \tag{4.3.3}$$

这里 X 为宏观极化率，且 $\quad X = \varepsilon_r - 1 \tag{4.3.4}$

$\varepsilon_r = \frac{\varepsilon}{\varepsilon_0}$，为相对介电常数，是一个标量常数（或无量纲常数）。将式(4.3.4)代入式(4.3.3)，得到：

$$\boldsymbol{P} = (\varepsilon - \varepsilon_0)\boldsymbol{E} \text{ 或 } \boldsymbol{P} = \boldsymbol{D} - \boldsymbol{D}_0 \tag{4.3.5}$$

$\boldsymbol{D}$ 和 $\boldsymbol{D}_0$ 分别是宏观物质在介质中的电感应强度和在真空中的电感应强度。为了区别在导体中和电介质中对外电场响应的不同，一般将在电介质中的响应 $\boldsymbol{D}$ 称为电势移。从广义看，在导体中被称为电感应强度的物理量与在介质中将引起偶极子的运动一样，都是对外电场的一种响应。

在稀薄介质中（如在气体中），分子热运动使其固有偶极矩的取向是杂乱无章的，在任意瞬间各分子的电偶极矩矢量之和为零，表示为 $\langle \boldsymbol{P}_0 \rangle = 0$。

当外电场 $\boldsymbol{E}$ 沿 z 向作用时，设某一分子的电偶极矩瞬间与 z 成 θ 角，沿用文献 [6] 的处理： $\langle \boldsymbol{p} \rangle = \boldsymbol{p}_0 \langle \cos\theta \rangle \tag{4.3.6}$

其中 $\langle \cos\theta \rangle = \dfrac{\int_0^\pi \cos\theta \sin\theta \exp\left(\dfrac{\boldsymbol{p}_0 \boldsymbol{E}}{kT}\cos\theta\right) d\theta}{\int_0^\pi \sin\theta \exp\left(\dfrac{\boldsymbol{p}_0 \boldsymbol{E}}{kT}\cos\theta\right) d\theta}$ 积分后可导出：

$$\langle \cos\theta \rangle = \cot\left(\frac{\boldsymbol{P}_0 \boldsymbol{E}}{kT}\right) - \left(\frac{\boldsymbol{P}_0 \boldsymbol{E}}{kT}\right)^{-1} \equiv \mathrm{L}\left(\frac{\boldsymbol{P}_0 \boldsymbol{E}}{kT}\right) \tag{4.3.7}$$

式（4.3.7）中 L 称为 Langevin 函数，k 为 Boltzmann 常数，其级数展开式为：

$\mathrm{L}(x) = \dfrac{x}{3} - \dfrac{x^3}{45} + \cdots$，略去高次项，仅取第一项，于是得到：

$$\langle \boldsymbol{P} \rangle = \left(\frac{\boldsymbol{P}_0^2}{3kT}\right) \boldsymbol{E} \tag{4.3.8}$$

按微观极化率的形式，取 α_{d} 为极性分子的取向极化率，即：

$$\alpha_{\mathrm{d}} = \frac{\boldsymbol{P}_0^2}{3kT} \tag{4.3.9}$$

这里的 $\boldsymbol{P}_0$ 与微观极化电偶极矩 $\boldsymbol{\mu}$ 是等价的，式（4.3.9）也可写作

$$\alpha_{\mathrm{d}} = \frac{\boldsymbol{\mu}^2}{3kT} \tag{4.3.10}$$

详细的推导过程请参阅 1905 年 Langevin 处理固有磁偶极矩对磁化率的论述[7]，后来 Dedye[8] 把它用以处理电偶极矩及电极化率上。

实际上宏观极性分子的极化不仅有固有极矩的趋向（取向），还应包含微观电子的极化或原子的极化，如果宏观物质为离子型的极性物质，则还应包含离子极化的贡献。

综上所述，宏观极化率 X 可表示为：

$$X = \frac{n}{\varepsilon_0}\left(\alpha_{\mathrm{e}} + \alpha_{\mathrm{i}} + \frac{p_0^2}{3kT}\right) \tag{4.3.11}$$

式（4.3.11）说明宏观物质的极化率是微观极化机制和宏观极化机制的总和[5~6]。要计算宏观极化率 X 时，应针对原子极化（电子或电子云极化）、离子极化和极性分子的取向极化分别进行，没有一个包容三者的统一公式。

如果讨论的不是稀薄材料（气体和气凝胶），而是宏观材料（凝集态材料）在电场中极化，在计算原子、离子和极性分子的取向电偶极矩和极化率时，必须考虑其他原子、离子和极性分子的电场对于某一分子所在点处电场（Local Electrical field）影响。这要用到有效场的概念，即某一分子的有效场（effective field）$\boldsymbol{E}_{\mathrm{e}}$：$\boldsymbol{E}_{\mathrm{e}} = \boldsymbol{E}_{\mathrm{l}} + \boldsymbol{E}_{\mathrm{in}}$，$\boldsymbol{E}_{\mathrm{l}}$ 为外电场在考察单个分子处的局域场强（local field）；$\boldsymbol{E}_{\mathrm{in}}$ 为周围其他分子对欲考察的单个分子局域场的影响电场。

4.3.2 德拜弛豫与介电损耗

弛豫是从热力学中抽象出来的一个概念。它是指一个热力学平衡系统在外界的扰动下偏离了平衡状态，这一状态经历一段时间后会渐变为平衡状态，从平衡到非平衡再到平衡的过程称为弛豫。

对于电介质来说，突然加上一个电场或突然取消一个电场，都会发生弛豫。在交变电场中，正负电场定期地轮流加到电介质上，必然引起电偶极子随电场性质运动。随着电场频率的增加，偶极子的变化逐渐跟不上频率的变化，出现滞后

进而达到一个极限。弛豫过程中电偶极子的反复转向引起的损耗是绝缘材料中最受关注的，也是吸波材料的研究中最令人感兴趣的问题。

在频率为 ω 的交变电场中，电介质的极化弛豫可以表示为

$$\varepsilon(\omega)=\varepsilon_\infty+\int_0^\infty \alpha(t)e^{j\omega t}\,dt \tag{4.3.12}$$

式中，$\alpha(t)$ 为衰减因子，$\alpha(t)$ 可近似表示为

$$\alpha(t)=\alpha_0 e^{-t/\tau} \tag{4.3.13}$$

这里 τ 为弛豫周期，ε_∞ 为介电常数随 ω 升高而变化的极限值。将式 (4.3.13) 代入式 (4.3.12)，积分后可得：

$$\varepsilon(\omega)=\varepsilon_\infty\frac{\alpha_0}{\dfrac{1}{\tau}-j\omega} \tag{4.3.14}$$

$\varepsilon_{(0)}=\varepsilon_s$，为电介质在直流时的介电常数，也叫静态介电常数，因此有 $\varepsilon_s=\varepsilon_\infty+\tau\alpha_0$，将 α_0 代入式 (4.3.13)、式 (4.3.14) 分别得到：

$$\alpha(t)=\frac{\varepsilon_s-\varepsilon_\infty}{\tau}e^{-t/\tau} \tag{4.3.15}$$

$$\varepsilon(\omega)=\varepsilon_\infty+\frac{\varepsilon_s-\varepsilon_\infty}{1-j\omega\tau} \tag{4.3.16}$$

电磁场中的介电材料的物理参数的表征以复数更为合理，通常定义

$$\varepsilon(\omega)=\varepsilon'-j\varepsilon'' \tag{4.3.17}$$

式中 ε' 为复介电常数的实部，ε'' 为复介电常数的虚部，并且有 $\varepsilon'\approx\varepsilon_s$，比较式 (4.3.16) 和式 (4.3.17)：$\varepsilon(\omega)=\varepsilon'-j\varepsilon''=\varepsilon_\infty+\dfrac{\varepsilon_s-\varepsilon_\infty}{1-j\omega\tau}$，可以得到：

$$\varepsilon'=\varepsilon_\infty+\frac{\varepsilon_s-\varepsilon_\infty}{1+\omega^2\tau^2},\varepsilon''=\frac{(\varepsilon_s-\varepsilon_\infty)\omega\tau}{1+\omega^2\tau^2} \tag{4.3.18}$$

式 (4.3.17)，式 (4.3.18) 所描述的就是有名的德拜方程。

$$\frac{\varepsilon''}{\varepsilon'}定义为损耗角正切，即 \tan\delta=\frac{\varepsilon''}{\varepsilon'}=\frac{(\varepsilon_s-\varepsilon_\infty)\omega\tau}{\varepsilon_s+\varepsilon_\infty\omega^2\tau^2} \tag{4.3.19}$$

这是表征极化过程损耗的物理参数。它的物理含义来自平行板电容器中漏电电流（无功电流分量）与有功电流分量夹角 δ 的正切值。从 Debye 方程可以得知，当 $\omega\to\infty$ 时，$\varepsilon'=\varepsilon_\infty$，$\varepsilon''=0$，损耗为 0 的结果与实际是不符的。因此 Debye 方程的物理意义及其用途，Cole K.s 和 Cole R.H 对其进行深入研究，使其显露出明确的物理含义和价值，在德拜方程 (4.3.19) 中消去 $\omega\tau$ 得到：

$$\left[\varepsilon'-\frac{1}{2}(\varepsilon_s+\varepsilon_\infty)\right]^2+(\varepsilon'')^2=\frac{1}{4}(\varepsilon_s+\varepsilon_\infty)^2 \tag{4.3.20}$$

这就是人们经常引用的 cole-cole 圆或 Debye 圆[9]。

式 (4.3.20) 表示在以 ε' 为横坐标轴，以 ε'' 为纵坐标轴的复平面内，是一个以 $\left[\dfrac{1}{2}(\varepsilon_s+\varepsilon_\infty),0\right]$ 为圆心，$\dfrac{1}{2}(\varepsilon_s+\varepsilon_\infty)$ 为半径的半圆。半圆与 ε' 交点为 ε_s 和 ε_∞。当频率从 $\omega=0$ 逐渐增大时，半圆的轨迹恰好扫过整个 Debye 圆，终止于

$\omega=\infty$ 处，此点为 $\varepsilon'=\varepsilon_\infty$。半圆的 Debye 圆在判断极化类型和介电常数的测试时是很有用的。坐标为 $\left[\dfrac{1}{2}(\varepsilon_s+\varepsilon_\infty), \dfrac{1}{2}(\varepsilon_s-\varepsilon_\infty)\right]$，见图 4.3.1。

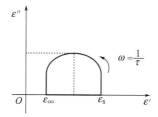

图 4.3.1　Debye 圆半圆示意图

实际上，德拜方程是处理极化弛豫问题提出的最简单方程，此外尚有 cole-cole 方程：

$$\varepsilon=\varepsilon_\infty+\frac{\varepsilon_s-\varepsilon_\infty}{1+(j\omega\tau)^2}\quad (0<\alpha<1,\ \alpha=1\ \text{时变成 Debye 方程})\quad (4.3.21)$$

和 cole-Davidson 关系：

$$\varepsilon=\varepsilon_\infty+\frac{\varepsilon_s-\varepsilon_\infty}{(1+j\omega\tau)^\beta}\quad (0<\beta<1)\quad (4.3.22)$$

4.3.3　化学键的电偶极矩

化学键理论在现代化学中占有重要地位，它是物质结构的基础。从量子力学的观点看，当相邻的两个原子各出一个电子，自旋反向的在两个原子核间运动时，两电子吸引两原子核，产生的库仑力就是两原子结合的化学键。如果两原子间形成双键，则表明每个原子各提供两个价电子。

对于分子来说，如果忽略各原子内层对电偶极矩的贡献，而只考虑价电子的作用，计算出化学键的电偶极矩将使复杂的分子偶极矩被大大简化。一般认为，同一种化学键（如 H—C 键）的偶极矩在不同的化合物中基本上是有固定的键矩值。

因此一个分子的电偶极矩便可以方便地用分子所具有的化学键电偶极矩的矢量表示。如果各化学键的键角也是预知的，那么一个分子的电偶极矩就可以近似地计算出来。

表 4.3.1 给出了多种化学键的键矩经验数据[6]。其中键矩矢量是沿着键轴方向，正值表示沿起始原子指向终端原子，如 H—Cl 键矩为 1.08，键矩的矢量方向 H→Cl；如果负值，与正值规定相反。表中数据单位为 3.333×10^{-30} C·m，在电介质有关书籍中，称其德拜 deb（1deb $=3.333\times10^{-30}$ C·m）。利用表中的数据和键角就可方便地计算分子，如已知水分子的 V 形键角为 $2\times52.2°$，表中 H—O 键矩为 $1.51\times3.333 10^{-30}$ C·m

$2\times1.5\times\cos52.2=1.86$deb，水分子的电偶极矩的实验值为 1.85deb，两者非常近似。

表 4.3.1　多种化学键的键矩经验数据

化学键	键矩	化学键	键矩	化学键	键矩
H—Sb	−0.08	As—I	0.78	Cl—O	0.70
H—As	−0.10	As—Br	1.27	I—Br	1.20
H—P	0.36	As—Cl	1.64	I—Cl	1.00
H—I	0.38	As—Fe	2.03	Br—Cl	0.57
H—C	0.40	Sb—I	0.80	Br—F	1.30
H—S	0.68	D—O	1.52	Cl—F	0.88
H—Br	0.78	H—F	1.94	K—Cl	10.60
H—Cl	1.08	C—C	0	K—F	7.30
D—Cl	1.09	C=C	0	Cs—Cl	10.50
D—N	1.30	C—N	0.22	Cs—F	7.90
H—N	1.31	C—Te	0.60	C=N	0.90
H—O	1.51	C—O	0.74	C=O	2.30
C—F	1.41	C—Se	0.80	C=S	2.60
C—Cl	1.46	C—S	0.90	N=O	2.00
N—O	0.30	C—I	1.19	C≡N	3.50
N—F	0.17	C—Br	1.38	N≡O	3.00
P—I	0	Sb—Br	1.9		
P—Br	0.36	Sb—Cl	2.60		
P—Cl	0.81	S—Cl	0.70		

注：按化学键的电偶极矩。

实践已经证明，据化学键理论计算分子的电偶极矩要比量子力学的分子轨道理论更精确，这恰好反映化学键中关注的价电子刚好是影响电偶极矩最主要的因素。

4.4　介电材料

4.4.1　介电材料的分类

在吸波材料的研究中，人们过分偏爱起吸收电磁波作用的吸收剂，而忽视了介电材料在吸波体中的作用。这对吸波材料的研究和生产是极为不利的。本章下半部分将从吸波体中的介电材料的视野来分析传统意义上的介电材料。无论是具有战略意义上的隐形材料，还是测试用的吸波暗室材料，它们的基体都是介电材料。高电阻率的介电材料不仅为电磁波的传输起着通道的作用，而且它还起着调解从大气到吸波体之间的匹配作用。认识到这一点，对吸波体的设计是极为重要的。

介电材料是涵盖范围非常广泛的材料，除了导电材料以外，几乎都可归入介电材料的范畴。从材料的化学组成出发，可以分为有机介电材料和无机介电材料，但从材料的功能划分，可以分为：无耗介电材料和有耗介电材料。无耗介电材料主要有：聚苯乙烯、聚乙烯、聚丙烯等损耗极低的高分子材料，以及金刚石、Al_2O_3、SiO_2、玻璃等损耗极低的无机材料。有耗介电材料主要有：环氧树脂、硅树脂和不饱和聚酯等高分子材料以及铁氧体、MnO_2 等无机材料。

铁氧体不仅具有介电材料特性，还具有良好的导磁性能，本书铁氧体归入磁性材料，在第 5、6 章中专门讨论。

4.4.2 介电材料的特性参数

（1）电阻率 ρ

吸波体用的介电材料必须满足两种功能，既为电磁波的传输提供通道又要满足阻抗匹配功能。要满足这两种功能，介电材料的电阻率要尽可能的大，容易使人想到它应靠近绝缘材料。在满足上述功能的前提下，如果兼具吸收功能，那将是人们追求的目标。然而，阻抗匹配与吸收功能常常是相互矛盾的。一般介电材料损耗（$\tan\delta_e$）大时，ρ 变化范围大约在 $10^6\sim10^{20}\,\Omega\cdot m$。电阻率变化范围是与满足不同频宽相联系的。隐形材料和暗室用吸波材料所要求的频宽越来越大，一种材料很难满足宽频高效的要求，一般优良的吸波体总是由多种材料多层复合而成。从电阻率角度，$10^6\sim10^{20}\,\Omega\cdot m$ 不仅涵盖了绝缘体，还包含了半导体和离子导体。如果吸波体要求零反射，即全部透射时，其电阻率应取高端（绝缘体）。零反射的要求与透波材料的要求是一致的。透波材料一般称为电磁窗口材料（electromagnetic windows），电阻率越高，其透波性能越好。电子窗口材料电阻率一般在 $10^{15}\sim10^{21}\,\Omega\cdot m$，见表 4.4.1。

表 4.4.1 部分高分子电磁窗口材料的电性能

材料	ε_r			$\tan\delta_e(\times10^{-3})$			体积电阻率 /$\Omega\cdot m$
	50~60Hz	10^2 Hz	10^6 Hz	50~60Hz	10^2 Hz	10^6 Hz	
聚碳酸酯	3.17	3.02	2.96	0.9	2.1	10	8.2×10^{16}
聚砜	3.14	3.13	3.10	0.8	1.1	5.6	3×10^{16}
聚乙烯	2.3	—	2.3	—	0.1~0.6	0.1~0.5	$10^{17}\sim10^{19}$
聚苯乙烯	2.4~2.6	—	2.6	0.1~0.6	—	0.1~0.4	10^{17}
聚四氟乙烯	—	2.1	2.1	—	0.2	0.2	10^{18}
聚丙烯	2.2~2.6	2.2~2.6	2.2~2.6	0.3~0.7	0.5~1.8		$10^{15}\sim10^{17}$
热塑性树脂	3.3	3.3	3.3	2~3	1.4~5		10^{15}

表 4.4.1 中部分材料从电阻率看已满足透波材料的要求，但是，某些损耗角正切值大的，如聚碳酸酯、聚砜以及热塑树脂是不宜用做透波材料的。对于透波材料除了电阻率外，其对 ε 与介电损耗 $\tan\delta_e$ 要求很严。

（2）介电常数 ε 与介电损耗 $\tan\delta_e$

在介电材料中，除了要求电阻率较高和介电损耗极小的透波材料之外，其余的属于有耗介电材料。

描述介电材料的物性参数，除上面谈到电阻率 ρ 之外，还有反映介电材料特性的参数：介电常数 ε 和介电损耗 $\dfrac{\varepsilon''}{\varepsilon}$，介电常数虚部与实部的比值称其为损耗角正切，写作：$\tan\delta_e=\dfrac{\varepsilon''}{\varepsilon}$。透波材料对 $\tan\delta_e$ 的限制很严，$\tan\delta_e<10^{-2}$，ε 也尽可能的低，一般只有非极性材料才有希望达到上述要求。此外，由于受服役条件的

限制，透波材料还必须在力学性能耐热、抗风沙、冰雹袭击方面满足使用要求。常见的透波材料除高分子材料之外，尚有无机材料，如金刚石、Al_2O_3、SiO_2 等。

暗室用的吸波体主要是由透波材料和吸波剂构成的；而已有隐形材料则偏好介电损耗材料与吸波剂组成。由于这一点差别，使隐形材料在拓宽频宽方面受到极大阻碍，不得不通过多层和适当的结构来寻找突破口。如果隐形材料选用透波性能良好的介电材料和高效吸波剂的话，那将使其在频宽和高效两方面取得长足进展。

介电损耗材料 $\tan\delta_e > 10^{-2}$，并非 $\tan\delta_e$ 越大越好。较大的 $\tan\delta_e$ 将会引起反射加大，限制了其频宽。就透波材料或介电损耗材料与吸波剂组成的吸波体来说，$\tan\delta_e$、频宽和厚度之间找到一个确定的最佳点是困难的，它们之间是受超越方程控制的，只能固定其中之一而寻找另外两个较理想的值。但是，在吸波体中，是介电材料而不是吸波剂起着调节阻抗匹配的主导作用。另外，介电材料对吸收效率的贡献也是不可小视的。因为介电材料是一种透波性能变化范围很宽的材料。透波的实质是为电磁波传输提供通道，只有透波性（或透射系数）良好的介电材料才能为吸波体的宽频带提供保证，并为所有的吸波剂全都发挥吸波功能创造条件。其实，这也是阻抗匹配与吸收效率的关系。

满足阻抗匹配与提高吸收效率在选材上是矛盾的。要做到阻抗良好匹配，即满足了零反射条件，但是吸收效率就必然降低。在吸波材料中必须综合考虑吸收效率与阻抗匹配的关系。有些作者曾认为阻抗匹配仅仅是吸波体表层要考虑的问题，似乎只要界面满足阻抗匹配的要求，内部多添加高效吸波剂，这一实践中难以解决的矛盾就可化解。实际上，阻抗匹配并不能简单地分解为表面阻抗匹配和内部阻抗匹配两部分。即使表面阻抗匹配完全满足，即达到零反射条件要求时，如果在表面下再贴一层不能满足阻抗匹配的内层材料，这时的复合材料仍然不能满足阻抗匹配的要求。因此阻抗匹配是对整体材料而言的。认为表面阻抗匹配能够代替整体材料阻抗匹配的观点是缺乏科学依据的。为了说明表面阻抗匹配与整体阻抗匹配的区别，我们进行了一系列的简单实验。以 ABS 塑料为例，笔者制作了 $\Phi 115 \times 1mm$ 的 ABS 试片，用同轴电缆法在矢量网络分析仪 HP8753D 上测试其屏蔽效能 $SE = 20\lg\left|\dfrac{I_{透}}{I_{入}}\right|$（3M～1.5GHz），$I_{透}$ 为透射过试样的场强；$I_{入}$ 为发射至测试试样的发射场强。

其结果如下。

① 纯 ABS 试片，$SE_1 \approx 0dB$，即所有发射电磁波在 3M～1.5GHz 频率范围内全部通过，$I_{透} = I_{入}$。说明塑料 ABS 在该频段内是一种良好的透波材料，也清楚地表明从大气到 ABS 是零反射，完全满足阻抗匹配的要求。

② 当试样为 100 目的紫铜网，测其屏蔽效能 SE_2 大约为 $-60～-80dB$。

③ 将 ABS 试样与铜网试样热压在一起后测试其屏蔽效能 SE_3 大约为 $-30～-50dB$，很显然，完全满足阻抗匹配的 ABS 试片热压在铜网上形成一个新的复

合材料试样之后，其阻抗匹配发生本质变化，由 SE_1（0dB）变为 SE_3（$-30\sim-50$dB）。即是说，满足表面阻抗匹配的试样有一个面原封未动，仅仅是另一个表面与铜网结合在一起，但复合后的试样的阻抗却不满足阻抗匹配的要求，即有大量的电磁波不能通过复合材料而被反射回去。

为了解决提高吸波效能与实现阻抗匹配这一矛盾，通常可采用两种方法：一是尽可能选取电阻率高的复合介电材料，这时能够满足的材料的电阻率落入 $\rho = 10^2 \sim 10^{15}$ 之间，这样实际上是部分地损害了完全阻抗匹配，会有少量反射，这在较高频率下使用时会有满意的效果；二是尽可能采用透波能力强的材料，即电阻率在 $10^{15} \sim 10^{21}\Omega\cdot m$ 之间的介电材料，同时增加部分导电粉体材料或是短纤维。其中的导电材料要分散均匀。导电材料的均匀分布与介电材料均匀分布是等价的。其中的介电材料起着透波作用，高度弥散的透波材料与导体材料的体积比起着调节阻抗匹配的作用。在吸波暗室用吸波材料中普遍采用第二种方法，粉体的百分比，粒度及其电阻率对于阻抗匹配和吸收效果具有重要影响，但是不能忘记吸波剂充分发挥作用的前提是透波材料的分布与形态。由于暗室用吸波体对厚度没有严格要求，满足阻抗匹配多了一个调整参数——厚度，即在满足一定吸波效果的前提下，如果匹配不良（反射较多）可降低加入粉体的体积百分数或是减小粉体的粒度来调整，吸收效果的不足可通过增大吸波体的厚度来补救，这就是有许多暗室主吸收屏经常用超过1m厚的锥体的原因。

此外，为了拓展频宽，尤其是低频范围内的频宽经常用磁性吸波材料和高损耗的介电材料。关于磁性吸波材料在第5、6章中有较为详细的论述。

4.4.3 有耗介电材料

4.4.3.1 微波暗室用有耗介电材料

微波暗室又称无回波暗室，它是用来测试各种天线和吸波材料电磁特性必备的测试环境。20世纪70年代之前，为了完成上述器件的测试，一般选择无电磁干扰的偏僻山区进行。近二三十年来，世界各国普遍采用无回波暗室进行测试，即在无电磁干扰的暗室中进行。尽管暗室的三维尺寸差别很大，但是有一条是相同的，即在暗室的六个面都装有吸收能力极强的吸波体，用来吸收干扰测试的电磁波。通常，在 $1\sim20$GHz 内，以反射系数表征的吸收能力为 $-35\sim-60$dB。如果吸波体的高度大于1m，或是采用含有铁氧体的复合吸波体，可满足 $0.5\sim30$GHz 的高效吸收。

同隐形材料不同的是，暗室用吸波体可以做得很大，锥体高度可以从 $300\sim2800$mm。这么宽松的高度为吸波体的频宽和高效吸收剂创造了条件。

（1）对材料的要求

暗室用吸波体，各国都采用泡沫塑料浸渍碳粉或铁氧体的技术路线。泡沫塑料是一种优秀的透波材料，这条技术路线的实质是：透波材料＋炭粉（或铁氧体粉）。

（2）频宽

暗室吸波体具有宽频特性，是由材料的介电常数 ε_r 和泡沫塑料自身的结构提供的。一般发泡倍率在 10～40 倍的泡沫塑料，其孔隙率均在 90％以上。考虑到吸附导电粉体以后其孔隙率会降至 70％以上，吸波体的相对介电常数可降到 1.2～1.05，非常接近大气的介电常数因此具有非常宽的频带。要求的频带愈宽，所用泡沫塑料的发泡倍率应越高。这样，通过调整孔隙率就可满足宽频要求，而不必过分考虑发泡材料的相对介电常数。

如果要求小于 1GHz 时仍有较好的吸收能力，可采用铁氧体粉做吸收剂。

（3）吸收能力

在不改变吸收剂的情况下，吸收能力的提高是通过增加吸波体的体积实现的。对于锥体来说，是通过增加锥体高度来实现的。为了达到 40dB 的吸收，锥体高度至少应大于 400mm。吸收能力在很宽的频率范围（0.5～30GHz）是与频率成正比的，频率越高，吸收就越多。

（4）质量

暗室用吸波体多为锥体。过重的锥体，受潮之后，泡沫锥体较小的刚性支撑不了自重而发生弯腰变形，甚至会从墙壁上脱落，这将严重地损害测试环境的电性能。

（5）阻燃性

对于泡沫塑料基体阻燃要求有两种表示方法，一是极限氧指数（LOI），一是垂直燃烧法给的 V 级标准。氧指数法是指在规定条件下，试样在氧氮混合气体中维持平衡燃烧时的最低氧浓度（以体积分数表示）。氧指数越高，表明越难以燃烧。一般阻燃要求大于 26。

氧指数必须是维持燃烧的最低氧量，垂直燃烧更为直观，因此，在塑料行业这两种标准并行。垂直燃烧法美国有 UL-94 的 V-0、V-1、V-2 和 V-5，其中 V-2 为最低，依次为 V-1，V-0，V-5 为最高标准。我国的垂直燃烧法标准 GB 2409—84 与美国 UL-94 较为接近。

4.4.3.2 隐形用材料基体

大多数隐形材料的基体都是热固性塑料，用得较为普遍的是环氧树脂和有机硅树脂，以及这两者的改性产品。

（1）环氧树脂

环氧树脂是指在聚合物分子链中含有仲醇基和醚键，同时在分子两端具有反应性环氧基的聚合物，而习惯上把含有两个或两个以上环氧基团$\left(\overset{\displaystyle -CH-CH-}{\underset{\displaystyle O}{\diagup}}\right)$可进行交联反应的聚合物称为环氧树脂。

环氧树脂本是热塑性的线型大分子，由于其分子结构中含有活泼的环氧基、羟基、醚基链，可与多种固化剂交联反应，由线型结构变为体型结构，由热塑性变为热固性。以环氧树脂为基体，添加固化剂、稀疏剂、增韧剂以及其他助剂制得的塑料称为环氧树脂。其耐热性优于普通塑料，通常在 B、F 等级之间（200℃以下）。环氧树脂既可以制成热固性固体，也可制成具有不同黏度的液体。未加固化剂的环氧树脂为黄色至青铜色，易溶于丙酮、二甲苯、甲乙酮等有机溶剂。可长时间储存而不变质，固化后收缩小于1%，可在 $-60 \sim 135$℃之间长期使用，短时间可耐180℃。

环氧树脂可适用于多种加工方法，在隐形材料中多用层压法、纤维缠绕法和模塑法。下面列出 E、F 型环氧树脂的成分参数及电磁特性。如表4.4.2、表4.4.3、表4.4.4 和表4.4.5所示。

表4.4.2 E 型环氧树脂的成分[12]

名称	E-44/kg	E-12/kg	名称	E-44/kg
二酚基丙烷	400	330	苯	适量
环氧氯丙烷	446.4	163	催化剂	2.8
碱液	515	687		

表4.4.3 F 型环氧树脂的技术指标

型号 技术指标	上海树脂（Q. HG13-129-66）		无锡树脂厂（苏 Q/W HG44-83）		
	F-44	F-46	F-44	F-18	F-51
外观	黄色或琥珀色,高黏度透明液体或半固体		棕色高黏度透明液体	固体	棕色高黏度透明液体
环氧值（当量/100g） ≥	0.44	0.44	0.40	0.44	0.50
有机氯值（当量/100g） ≤	0.1	0.08	0.05	0.08	0.02
无机氯值（当量/100g） ≤	0.005	0.005	0.005	0.005	0.005
维卡软化点/℃	40	70	10	70	28
挥发分1%	2	2	2	2	2

表4.4.4 EF 型环氧树脂电磁性能

E-44 浇注料		F-44 玻璃布层压板	
体积电阻率/$\Omega \cdot cm$	9.4×10^{15}	体积电阻率/$\Omega \cdot cm$	
表面电阻率/Ω	4.6×10^{13}	干燥后	5.17×10^{15}
		260℃	4.16×10^{13}
$\tan\delta_e$	8.5×10^{-3}	浸水后	3.6×10^{13}
		表面电阻率/Ω	
		干燥后	1.34×10^{12}
ε_r（1MHz 常温）	3.9	260℃	1.77×10^{13}
		浸水后	2.03×10^{12}

表4.4.5 二酚基丙烷环氧树脂型号、指数、用途

型号	相对应的国外牌号	外观	平均相对分子质量	环氧值（当量/100g）	维卡软化点/℃	无机氯值（当量/100g）	有机氯值（当量/100g）	挥发分1%	用途
E-20	美国 Epon1001 日本 Y0109	淡黄色或棕黄色固体	1000	0.18～0.22	64～76	$\leq 1 \times 10^{-3}$	$\leq 2 \times 10^{-3}$	≤ 1	涂料 绝缘漆
E-31	美国 Epon864 瑞士 D 型	黄色或琥珀色,高黏度透明液体		0.23～0.38	40～55	$\leq 1 \times 10^{-3}$	$\leq 2 \times 10^{-3}$	≤ 1	浇注料或模塑

型号	相对应的国外牌号	外观	平均相对分子质量	环氧值（当量/100g）	维卡软化点/℃	无机氯值（当量/100g）	有机氯值（当量/100g）	挥发分/%	用途
E-42	美国 Epon834 前苏联 эц-6	淡黄色或黄色高黏度透明液体	470	0.38～0.45	21～27	≤1×10⁻³	≤2×10⁻³	≤1	灌封或浇注；层压或纤维缠绕
E-44	美国 Epon815 日本 DIL855	淡黄或黄色高黏度透明液体		0.41～0.47	12～20	≤1×10⁻³	≤2×10⁻³	≤1	灌封或浇注；层压或纤维缠绕
E-51	英国 Epon828 前苏联 эц-5	淡黄或黄色高黏度透明液体	370	0.48～0.54		≤1×10⁻³	≤2×10⁻³	≤2	胶黏剂，高强度层压
E-54	美国 Epon826 美国 ERL-2272	黄色或琥珀色，高黏度透明液体		0.52～0.56		≤1×10⁻³	≤2×10⁻³	≤1	灌封或浇注
E-45	瑞士 MY740			0.43～0.46					胶黏剂，浇注，层压

（2）不饱和聚酯

不饱和聚酯是一种液体聚合物。聚合过程较容易实现。先把液体二元醇放入反应釜中，加热至 $80\sim100℃$ 后通入 N_2 或 CO_2 气体，在搅拌下加入固态酸酐；升温至 $160℃$ 保持反应 4h；然后再提温至 $200℃$，大约反应 4h。当反应物的酸值达到 $30\sim50mgKOH/g$ 时停止反应，加入阻聚剂后将物料放入溶解槽中，冷却至 $60℃$ 时加入苯乙烯基单体，混合均匀后灌装待用。由于在最后工序加入的苯乙烯基单体挥发量较大，使用时通风以防中毒。缩聚反应使用的二元醇多采用丙二醇和乙二醇，使用的酸或酸酐有邻苯二甲酸（酐）、顺丁烯二酸（酐），此外还需加入阻燃剂，如 Sb_2O_3、磷酸酯或 $Mg(OH)_2$、$Al(OH)_3$ 等。

近年来不含苯乙烯的不饱和聚酯很受重视。此外，用 30% 聚酯酸乙烯酯和 70% 的饱和聚酯勾兑的低收缩剂制得的不饱和聚酯模塑料在尺寸精度和表面光洁度方面都取得了令人满意的进展。

不饱和聚酯在室温下黏度适宜，可在常温常压下加工成型，适宜浇注，模压，缠绕等工艺。固化后的不饱和聚酯具有优良的耐化学药品性能、力学性能和绝缘性，已被用于雷达天线罩等电磁窗口材料。它的 ε_r 在 $4.5\sim6$ 之间，$\tan\delta_e$ 在 $1.7\times10^{-2}\sim6\times10^{-2}$ 之间，体积电阻率在 $(1.48\sim3.0)\times10^{16}\Omega\cdot cm$ 之间，是隐形层压板和多层纤维有竞争力的候选产品。

（3）有机硅树脂

有机硅树脂统称为硅树脂。它是经水解、蒸溶、缩合三步法合成的。

① 生产工艺 先将单体二甲苯 285kg，二甲基二氯硅烷 55.4kg，二苯基二氯硅烷 19kg，苯基三氯硅烷 95.1kg 以及甲基三氯硅烷 6.7kg 混合后滴加入盛有二甲苯 70.5kg 及水 711kg 的水解釜中。滴加时间 5～5.5h（20～30℃），然后静

置到分层为止。放掉下层的水，对上层形成的硅醇用清水洗至中性，送去蒸溶。蒸掉溶剂后保留固体在 $55\%\sim56\%$，冷却送入缩合釜。缩合反应在萘酸锌催化下进行。当缩合产物的凝胶时间为 $20\%\sim30\%/200℃$ 时缩合反应停止，降温后加入二甲苯，将固体含量调整至 $50\%\sim55\%$ 时便得到硅树脂。

② 性能　在各类树脂中，有机硅树脂以其优良的电性能和较高的耐热性深受用户好评。它不仅是大规模集成电路的封装材料，还可用做电子窗口材料和隐形材料。硅树脂具耐水、耐寒性，可在 $180\sim200℃$ 下长期使用。其缺点是黏接强度低，通过环氧改性可提高其力学性能。

有机硅树脂的生产工艺稍加改动可制成无溶剂的有机硅模型料，即固态的有机硅树脂。有机硅模塑料中的固体添加剂有石棉粉或纤维、石英粉或玻璃纤维、白炭黑、硼砂、云母等。这类模塑料适宜模压成型。添加不同的填料可调解塑料的各种性能。填加石棉、云母对提高耐热性很有效，可使其耐热性从 $150℃$ 提高至 $250℃$。可用于火箭、飞机的绝缘器件和大功率雷达罩材料。添加玻璃纤维的模塑料适合做结构吸波体的基体，如蜂窝状结构的基体和波浪形结构的骨架。它的介电常数为 $3.4\sim3.8$，$1MHz$ 时 $\tan\delta_e$ 在 $2.2\times10^{-3}\sim3.4\times10^{-3}$，体积电阻率在 $1\times10^{14}\sim2\times10^{16}$；其吸收率极低，在 $24h$ 相对湿度为 95% 时，吸收率小于 0.1%。其层压板也适用于飞机、火箭的雷达天线罩材料，或是隐形结构的基体材料。用的最大的是有机硅树脂与玻纤或玻纤织物构成的层压板。其控制参数为：941 树脂加 10% 三乙醇胺丁醇溶液固化剂，调整凝胶参数 $40\sim50s/200℃$，使胶液的相对密度为 $1.00\sim1.03$（$15℃$）。增强材料多用无碱玻纤布，经 $290\sim390℃$ 高温脱蜡，使润滑剂含量降为 $0.12\%\sim0.14\%$ 在 $70\sim80℃$ 条件下上胶，上胶量为 $42\%\sim45\%$，保证可溶性物为 80%。然后送去压制，根据力学性能的不同压制工艺有很大差别。层压板耐热性优良，可在 $250℃$ 下长期使用。其电磁特性列在表 4.4.6 中，为了便于比较同时列出几种国外产品的电磁特性。

表 4.4.6　层压板的电磁特性

项　　目		3250有机硅玻璃布层压板	3251有机硅玻璃布层压板	469有机硅玻璃布层压板	美国 R-7145	美国 低压成型	日本 KMC-310
相对密度		1.65	1.60	1.80			2
吸水率/%		$\leqslant1.0$	$\leqslant1.0$	$1.3\sim1.5$		0.09	0.15
表面电阻率/Ω ≥	常态		10^{12}		1.5×10^{16}	1.57×10^{13}	
	$(180\pm2)℃$		10^{11}				
	湿态		10^{10}				
体积电阻率/Ω·cm ≥	常态	10^{13}	10^{12}	10^{14}	3.2×10^{16}	2.43×10^{13}	5×10^{15}
	$(180\pm2)℃$	10^{11}	10^{11}				
	湿态	10^{10}	10^{10}	10^{12}			
介电损耗角正切$(180\pm2℃)$,50Hz		0.12	5×10^{-2}	2.3×10^{-3}	3×10^{-3} (60Hz)	2×10^{-3} (10^{5}Hz)	2×10^{-3} (10^{6}Hz)
介电常数(1MHz)					3.9	4.0	4.1

从表中不难发现，国内产品在电阻率指标上明显不如国外产品，$\tan\delta_e$ 也明显偏大。值得指出的是，层压板的吸水率与国外产品有较大差距，这是造成产品性能差异的主要原因。由于吸水率较大，湿态的（95%相对湿度24h后）电阻率与常态下的电阻率有很大差别。这一差别将严重影响天线罩和吸波体的电磁特性。

（4）聚苯并咪唑（polybenzimidazole，PBI）

PBI 是一种高温黏结强度较好的聚合物，可做黏结剂使用。因它具有较好的透波能力，很适合用于隐形材料。PBI 在 −196℃ 下不发脆，在 300℃ 仍有较高的剪切强度。它与金属粘接（如钢材），其性能如下：

① 室温，剪切强度 τ　19.6～21.56MPa　抗拉强度 σ_b　60.76MPa
② 200℃，剪切强度 τ　16.66～21.56MPa　抗拉强度 σ_b　60.76MPa
③ 300℃，剪切强度 τ　16.66～19.6MPa　抗拉强度 σ_b　60.76MPa

因此它可以在 270℃ 以下长期使用，距离其玻璃化温度 480℃ 和开始分解温度 550℃ 尚有较大空间。如果与玻璃布做成层压板，可忍受 400℃ 的高温。同时，在强酸和强碱中稳定性良好。它的制备方法有高温溶液缩聚法，低温溶液缩聚法和熔融缩聚法。PBI 适合制造大功率吸波体和温度不超过 400℃ 的隐形材料。

4.4.4　无耗或低耗介电材料

（1）聚乙烯（PE）

其结构式为：$\{CH_2—CH_2\}_n$，但是由于聚合时必须加入催化剂，因此聚乙烯产品中总是会有其他微量元素。

商品聚乙烯通常分为高密度聚乙烯和低密度聚乙烯，此外，还有线性低密度和高分子量聚乙烯。低密度和线性低密度聚乙烯的密度在 $0.91～0.925g/cm^3$，高密度聚乙烯的密度约在 $0.94～0.965g/cm^3$，超高分子量聚乙烯的密度在 $0.93～0.94g/cm^3$。在暗室用的吸波体中，主要用低密度聚乙烯。高密度聚乙烯和低密度聚乙烯的主要差别在于直链的多少。低密度聚乙烯所含支链数目越多，成型后大分子晶粒较小，约为 19nm，这对材料的透波性是有益的。其分子结构模型如图 4.4.1 所示。

除了分子结构不同之外，低密度聚乙烯的结晶度较低，微晶晶粒明显较小，而且聚乙烯的结晶度与密度之间成正比关系。表 4.4.7 列出各种聚乙烯结晶度与晶粒大小。

低密度聚乙烯加工性能优异，可挤出成型、注塑成型和发泡成型。聚乙烯具有良好的化学稳定性，可耐酸、碱、盐水溶液的作用，但是不耐具有氧化能力的硝酸作用，即使低浓度的硝酸，也会大大降低其介电性能。低密度聚乙烯的熔点仅为 110～115℃，因此它不适宜作大功率测试环境的吸波体材料。

聚乙烯分子中不含有极性基团，因此具有优良的电性能。如果聚乙烯分子中含有未除尽的催化剂等杂质元素，对其介电性能会有不良影响。在 $50～10^9$ Hz 范围之内，聚乙烯的介电常数 ε_r 和介电损耗角正切值 $\tan\delta_e$ 几乎没有变化，这在

(a) 高密度聚乙烯

(b) 低密度聚乙烯

(c) 线性低密度聚乙烯

图 4.4.1 各种聚乙烯的分子结构模型

表 4.4.7 各类聚乙烯的结晶度

聚乙烯类型	结晶度/%		微晶大小/nm
	X 射线测定	核磁共振测定	
高压法聚乙烯(低密度)	64	65	19
低压法聚乙烯	87	84	36
中压法聚乙烯(高密度)	93	93	39

介电材料之中是很少见的。这得益于其分子结构中不含极性基团,因此可以期望它在 $1\sim30\mathrm{GHz}$ 范围内仍然具有优良的介电性能。聚乙烯的介电性能列于表 4.4.8。

表 4.4.8 聚乙烯的介电性能

介电性能		低密度聚乙烯	中压法高密度聚乙烯	低压法高密度聚乙烯
ε_r	$10^3\,\mathrm{Hz}$	2.28~2.32	2.34~2.36	
	$10^6\,\mathrm{Hz}$	2.28~2.32	2.34~2.38	2.32
	$3\times10^7\,\mathrm{Hz}$	2.29	2.36	
$\tan\delta_e$	$10^3\,\mathrm{Hz}$	0.0002	0.0002	
	$10^6\,\mathrm{Hz}$	0.0003	0.0003	0.0005
	$3\times10^7\,\mathrm{Hz}$	0.0002	0.0001	
体积电阻率/$\Omega\cdot\mathrm{cm}$		6×10^{15}	$>6\times10^{15}$	3×10^{16}

聚乙烯的密度增加时，ε_r略有增加，聚乙烯在混炼或密炼时，由于温度控制不当会发生氧化和老化而产生羰基、羟基以及羧基等极性基团，会明显损害其介电损耗。

聚乙烯对于水蒸气的透气率极低，优于聚苯乙烯和聚氯乙烯。若用低密度聚乙烯塑料瓶装满水密封保存（20℃）一年后仅损失0.5%。表4.4.9列出部分塑料薄膜对于水汽的透气率[13]。

表 4.4.9　几种薄膜对水汽的透气率（24h，133Pa）

薄膜种类	透气率/g·(mm·m²)⁻¹	薄膜种类	透气率/g·(mm·m²)⁻¹
聚偏二氯乙烯	0.02	聚苯乙烯	0.62
低密度聚乙烯	0.06	聚氯乙烯	0.92
聚对苯二甲酸乙二酯	0.10	醋酸纤维素	6.18
聚甲基丙烯酸甲酯	0.53	乙基纤维素	13.35

由表中可以看出，低密度聚乙烯能够有效抵御水和水汽的侵入，它对于水汽的抵抗能力优于聚苯乙烯，很适合做低功率吸波体的基体材料。这也是近年来许多吸波体生产厂家大量采用聚乙烯的原因之一。但是，聚乙烯是可燃的，在选用聚乙烯发泡塑料时，应选择添加阻燃剂的阻燃聚乙烯泡沫塑料。或直接与生产厂家联系，加入Sb_2O_3和少量聚氯乙烯，使其达到自息或不燃的状态（氧指数可达30%～32%）。

表 4.4.10　聚乙烯与氯化聚乙烯和三氧化二锑共混物的成分配比、阻燃性及其他性能

聚乙烯	100	100	100	100	100	100
氯化聚乙烯	100	15	15	30	30	35
三氧化二锑	100	15	10	10	15	20
拉伸强度/MPa	19.0	19.8	19.2	19	18.6	18.0
断裂深长率/%	920	900	840	760	740	720
体积电阻率/Ω·cm	7×10¹⁶	4×10¹⁶	10¹⁶	10¹⁶	8×10¹⁵	6×10¹⁵
相对介电常数	2.85	2.55	2.59	2.60	2.60	2.60
燃烧特性　消焰距离/mm	—	>50	4～19	6～12	5～12	0～3
燃烧特性　消焰时间/s	—	1500	20～110	6～80	0～67	0
燃烧特性　ASTMD635	可燃	可燃	自熄	自熄	自熄	不燃
熔融滴落	有	无	无	无	无	无

由表4.4.10可见加入氯化聚乙烯和三氧化二锑会使共混物强度和伸长率略有降低，仍能处于较高水平；表中的ε_r也略有下降，但是表中未给的$\tan\delta_e$会有所上升，不会影响到吸波体的频宽。

（2）**聚苯乙烯（PS）**

苯乙烯单体可由多种方法聚合成聚苯乙烯，其结构式为：

吸波体中用的聚苯乙烯是由悬浮聚合法得到的可发泡的聚苯乙烯（EPS）。悬浮聚合分为低温和高温悬浮聚合。在聚合过程中加入发泡剂戊烷。低温聚合用过氧化物二苯甲酰（BPO）做引发剂，聚合温度为 90℃；高温聚合用苯甲酸叔丁酯（t-BaPB）做引发剂，聚合温度为 115~130℃。在低温聚合的末期，当转化率达到 65%~85% 时，即 PS 的密度超过水相的密度时加入发泡剂异戊烷或正戊烷或其混合物。

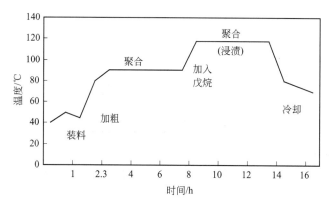

图 4.4.2　聚苯乙烯的聚合过程

聚合工艺如图 4.4.2 所示。为了获得稳定的发泡粒珠，在聚合过程中要加强搅拌，同时需要苯乙烯在水中分散良好，一般生产中采用添加悬浮稳定剂，水溶性的聚乙烯醇（PVA）是首选稳定剂，也可用不溶的无机粉末磷酸三钙（TCP），$Ca_3(PO_4)_2$ 业界称其为 Pickering 稳定剂。使用不同的稳定剂可以帮助获得不同的粒径直径，同时随 EPS 转化率的增加，发泡珠的直径有由小变大的趋势。以 Pickering 稳定剂为例，当转化率为 51% 时，粒径为 $700\mu m$ 约占 60%；当转化率为 70% 时，其粒径为 1mm 的粒径为 50%，随着粒径增大，颗粒直径的分布（类似正态分布）变宽。对于选购 EPS 时应注意粒径分布的变化。

生产 EPS，也可经预发泡、熟化、再发泡三个阶段。再发泡阶段的体积可增加 40~80 倍，对其密度可实现自动控制，一般在 15~30g/L。分段进行可减少戊烷用量。预发泡的珠粒冷却后形成真空内腔，非常易碎。熟化过程是让空气渗入内腔直至内外压力平衡的过程。经过熟化的 EPS 经蒸汽加热可成型为各种泡沫型材。

聚苯乙烯的突出特点是电绝缘性卓越，透明性好，容易着色，加工流动性好。此外，还具有良好的耐水性，耐化学腐蚀性和较高的刚性。其主要缺点是脆性大，抗冲击差，易出现裂纹。聚苯乙烯容易燃烧，火焰呈橙黄色并有浓黑烟柱，因此需要在生产过程中添加阻燃剂。聚苯乙烯的物理性能与制造方法、分子量大小、定向程度和杂质含量有关。下面给出三种不同聚合方法生产的产品性能，如表 4.4.11 所示。

表 4.4.11　不同方法生产的聚苯乙烯的性能比较

性能 ＼ 聚合方法	本体法	悬浮法	乳液法
相对分子质量	180000	190000	700000
密度/(g/cm³)	1.05	1.05	1.05
抗粒强度/MPa	45	50	60
弯曲强度/MPa	100	105	110
无缺口冲击强度/(kJ/m²)	12	16	18
维卡软化点/℃	90	100	100
热导率/[W/(m·K)]	0.14	0.14	0.14
透光率/%	88	87	75
吸水性/%	0.05	0.07	0.10
体积电阻率/Ω·cm	$10^{14} \sim 10^{19}$	$10^{14} \sim 10^{19}$	—
相对介电常数(50～60Hz)	2.45～2.65	2.45～2.65	—
$\tan\delta_e$(50～60Hz)	$(1\sim 2)\times 10^{-4}$	$(1\sim 2)\times 10^{-4}$	—

（3）聚丙烯（PP）

① 结构与晶型　聚丙烯是由丙烯单体聚合而得到的聚合物。其聚合反应式为

$$n\text{CH}_2=\underset{\text{CH}_3}{\text{CH}} \longrightarrow \left[\text{CH}_2-\underset{\text{CH}_3}{\text{CH}}\right]_n$$

比较聚乙烯和聚丙烯分子结构可以发现，聚乙烯分子中每个链节的一个氢原子被甲基取代后，就变成聚丙烯分子了。根据取代基的空间排列方法，形成了三种不同立体结构的聚合物：等规、间规、无规。等规聚丙烯中所有的取代基都排列在主链所在平面的一侧，或在主链之上，或在主链之下，可简单表示如下：

$$-\text{CH}_2-\underset{\underset{H}{|}}{\overset{\overset{CH_3}{|}}{C}}-\text{CH}_2-\underset{\underset{H}{|}}{\overset{\overset{CH_3}{|}}{C}}-\text{CH}_2-\underset{\underset{H}{|}}{\overset{\overset{CH_3}{|}}{C}}-\text{CH}_2-$$

间规聚丙烯的所有取代基有规律地交叉排列于主链所在平面的两侧，如下所示：

$$-\text{CH}_2-\underset{\underset{H}{|}}{\overset{\overset{CH_3}{|}}{C}}-\text{CH}_2-\underset{\underset{CH_3}{|}}{\overset{\overset{H}{|}}{C}}-\text{CH}_2-\underset{\underset{H}{|}}{\overset{\overset{CH_3}{|}}{C}}-\text{CH}_2-$$

无规聚丙烯其大分子上取代基无规则地排列于主链所在平面的两侧，如下所示：

$$-\text{CH}_2-\underset{\underset{CH_3}{|}}{\overset{\overset{H}{|}}{C}}-\text{CH}_2-\underset{\underset{CH_3}{|}}{\overset{\overset{H}{|}}{C}}-\text{CH}_2-\underset{\underset{H}{|}}{\overset{\overset{CH_3}{|}}{C}}-\text{CH}_2-$$

目前，工业上生产的聚丙烯中有95％都是等规聚丙烯，如厂家未加说明一般都是等规聚丙烯。工业聚丙烯的等规度一般在90％～95％。

聚丙烯的结晶形态有多种，其中重要的有α、β、γ和拟六晶型。α晶型为单斜系，是生产中最常出现，稳定性最好的晶型。聚丙烯在130℃以上结晶时，主要是成α晶，其熔点为176℃，密度为0.936g/cm³。β晶属六方晶系，熔点147℃，密度0.922g/cm³，一般条件下难以生成。若将聚丙烯熔体快速冷却到128℃以下，或在190～230℃保温后，骤冷至100～120℃，均可得到β晶。其余晶型（γ、拟六方晶）形成的机会均小于α、β晶。聚丙烯结晶能力很强，结晶速度极快，玻璃化温度在0℃之下，因此很难得到无定形聚丙烯。对于挤出或注塑成型的聚丙烯制品，结晶度＞50％；若经拉伸后再热定型处理，其结晶度可提高到75％～85％。其等规度越高，结晶速度越大，一般认为其在130℃左右结晶时结晶速度最大。

② 性能　聚丙烯具有优越的化学稳定性，结晶度越高，化学稳定性越好。除强氧化性介质外，无机酸、碱、盐在100℃以下几乎对聚丙烯无破坏作用。但是聚丙烯主链上的叔碳原子易被氧化，强氧化性的无机物对其有侵蚀作用。另外聚丙烯抵抗有机溶剂的能力很强，目前尚未发现能使聚丙烯溶解的有机溶剂，只有脂肪烃、芳烃在高于室温时使其发生溶胀，80℃以上才出现溶解。聚丙烯的使用温度为100℃左右，短期可在135℃下使用。其综合力学性能列于表4.4.12。

表 4.4.12　聚丙烯与聚乙烯主要性能比较[13]

项目	聚丙烯	高密度聚乙烯	低密度聚乙烯
密度/(g/cm³)	0.903～0.903	0.941～0.970	0.91～0.926
透明性	半透明～不透明	半透明～不透明	半透明
拉伸屈服强度/MPa	30～39	21～28	8～16
断裂伸长率/%	＞200	20～1000	100～300
弯曲强度/MPa	42～56	7	—
硬度(D)	95	60～70	41～46
刚性(相对值)	7～11	3～5	—
维卡软化点/℃	约150	约125	—
脆化温度	8～—8	—78	

从中不难看出，聚丙烯的强度、硬度、刚度都很好。但是其脆性转变温度远远高于聚乙烯，在0℃上下会明显变脆。

聚丙烯与聚乙烯同属非极性介质，具有优良的电绝缘性能和介电性能。表4.4.13列出了聚丙烯的介电性能。

丙烯和少量乙烯共聚时形成的共聚物具有比聚丙烯更低的介电常数和损耗角正切值。如做吸波体使用，共聚物的综合性能更好。值得指出的是，聚丙烯易燃、不耐光和氧化。因此聚丙烯制品应在造粒时加入阻燃剂和抗氧化剂，以满足吸波体的要求。

表 4.4.13　聚丙烯及其共聚物的电性能

电性能		均聚物	共聚物
体积电阻率/Ω·m		>10^16	>10^16
相对介电常数	60Hz	2.2~2.6	2.25~2.30
	10^3Hz	2.2~2.6	2.25~2.30
	10^6Hz	2.2~2.6	2.25~2.30
$\tan\delta_e$	60Hz	<0.0005	0.0001~0.0005
	10^3Hz	0.0005~0.0018	0.0001~0.0005
	10^6Hz	0.0005~0.0018	0.0001~0.0018

（4）氟塑料

氟塑料是含有氟原子的所有塑料的总称，即以带有氟原子的单体或与其他不饱和单体共聚得到的共聚物为基材的多种塑料的集合。含氟塑料是化学稳定性最好的塑料，聚四氟乙烯在王水中都不受侵蚀，并能保持其优异的电性能和其他性能；它的介电常数、介电损耗角正切是所有塑料中最低的，而且受频率、潮湿的影响最小；它的耐温性也是其他塑料不可比拟的，它可以在−80~200℃下长期工作。在氟塑料家族中，以聚四氟乙烯、聚三氟氯乙烯和聚全氟乙丙烯产量最大，用途最广。

① 结构　聚四氟乙烯结构式为：

$$\begin{array}{c} F\ \ F \\ | \ \ | \\ -C-C- \\ | \ \ | \\ F\ \ F \end{array}_n$$

在碳链上为清一色的氟原子，分子链的规整性和对称性极好，大分子为线型结构，容易形成有序排列，故结晶度很高。一般制品的结晶度为57%~75%，最高可达93%~97%。结晶度越大，密度越大。结晶度与分子量大小和冷却速度有关。聚四氟乙烯分子链中只含有C—C键，其中C—F键的键能高达504kJ/mol，因此C—F键非常稳定。虽然C—C键不如C—F键稳定，但由于主键上的C—C键被周围大原子——氟原子所包围，因此使得聚四氟乙烯既耐腐蚀又耐高温，素有"塑料王"之称。氟原子是电负性极强的原子，氟原子之间斥力很大，因此聚四氟乙烯的空间构成呈螺旋形的空间排列，不呈现极性，使其介电常数降至最低2.1。这种构形的表面能很低，只有19×10^{-3}N/m，表面呈现化学惰性，对其他分子引力较小，因此其摩擦系数很小。但是，由于氟的电负性大，聚四氟乙烯的电阻率又很大，使其容易积累静电荷。一旦累积了较多的静电能，它又能吸收带相反电荷的粉末。

聚三氟氯乙烯（PCTFE）也是直链大分子，其结构式为：

$$\begin{array}{c} F\ \ Cl \\ | \ \ | \\ -C-C- \\ | \ \ | \\ F\ \ F \end{array}_n$$

由于大分子中引入了氯原子，C—Cl 键合能略低于 C—F 键，因此其耐热性能有所下降，熔点由聚四氟乙烯的 327℃ 降为 215℃，氯原子也是体积较大的原子，主链周围的 F、Cl 原子仍能将主链遮蔽起来，故其耐腐蚀性能依然很优异，但不如"塑料王"，能耐高温下各浓度的无机酸、碱、盐，以及低温下的各类强氧化剂。它的空间构形仍然呈螺旋形排列，略显极性，介电性能也有所下降。

聚全氟乙丙烯是由四氟乙烯与六氟丙烯共聚而得到的产物，也属线性大分子高聚物，其结构式为：

$$\text{+}(CF_2\text{—}CF_2)_x(\underset{\underset{CF_3}{|}}{CF}\text{—}CF_2)_y\text{+}$$

可以看作聚四氟乙烯主链的碳原子上有一个氟原子被三氟甲基所替换。这一替换破坏了分子的对称性和规整性，使主链刚性下降，柔性增加，影响了分子的有序排列，使结晶速度变慢，结晶度降低，从而流动性得到改善，加工性变好。一般聚全氟乙丙烯占到 82%～83%（质量分数），其余为六氟丙烯。

② 性能 聚四氟乙烯的熔点为 327℃，长期使用的范围很宽，可在 −195～250℃ 范围内使用。因此，其具有优良的耐寒和耐热性。由于氟原子能够完全包围主链，其化学性异常稳定，即使在"王水"中煮沸，其性能和质量均无变化。在常温下与大多数有机溶剂相作用，不会发生溶胀现象。此外，聚四氟耐候性非常优异，不受氧和紫外线影响，这完全得益于聚四氟乙烯的空间构形，氟原子的包围使太阳光中任何射线对其都无法损伤。但是，但波长极小的 γ 射线照射时，可使其降解，最终成为粉末。这是由于波长极小的 γ 射线能透入氟原子的屏蔽层进而作用于碳链的结果。聚四氟的力学性能略低于其他塑料，拉伸强度为 15～30MPa，断裂伸长率 50%～400%，不耐冲击。但是，其电性能非常优异，尤其是耐热不吸湿性和无极性，使其在绝缘器件上具有明显的优势。如能改善其加工性能，将在隐形材料和电子窗口材料中大有用途。

聚三氟乙烯由于引入了氯原子，Cl—C 键能的降低导致了熔点的降低，比聚四氟乙烯下降 112℃，为 215℃。这并未伤及其耐寒性能，仍能在 −195℃ 条件下使用。其化学稳定性略低于聚四氟乙烯，室温下的乙醚、乙酸乙酯可使其溶胀，高温下能溶入苯、甲苯、四氟化碳等溶剂。由于其空间构形仍保持螺旋形排列，F 和 Cl 对主链的屏蔽包围作用仍能显现出来，耐候性仅次于聚四氟乙烯。纵观其各种性能，唯有电性下降最为明显。由于引入了氯原子，不仅破坏了主链的对称性，而且使其略有极性，导致介电常数增加，介电损耗明显增大。聚三氟乙烯仍保持了不吸湿、不助燃的性能，耐日照性能略比聚四氟乙烯有所降低，在各种塑料里，仍属耐候性优良的塑料。

氯原子的引入，拉伸强度和压缩强度比聚四氟乙烯略有提高。得到指出的是，聚三氟乙烯的加工性能比聚四氟乙烯有了明显改善。在较高温度下可以注塑成型。结晶度低的聚三氟乙烯具有良好的透明性，厚度达到 3mm 的试样仍然透明；4～7μm 的薄膜对红外线的透过率达 80%，可做红外窗口材料。

聚全氟乙丙烯耐热性比聚三氟乙烯略好，长期使用温度为$-85\sim205℃$，即使在$-200\sim260℃$，其性能也不会过大地降低，因此，它的耐热性，仅次于聚四氟乙烯。但是它的熔点不是固定的，随共聚物的组成而改变，当六氟丙烯占$1.5\%\sim1.6\%$时，熔点约为$288℃$。聚全氟乙丙烯的化学稳定性接近聚四氟乙烯，低温下能耐各种酸碱盐和有机溶剂，高温时能与碱金属和三氟化氯起反应。

聚三氟乙丙烯的力学性能比聚四氟有所下降，但其抗冲击性能却明显高于其他氟塑料。吸湿性和阻燃性与聚四氟乙烯相似，吸湿性极低，为不可燃塑料。其加工性略好于聚四氟乙烯，高温下的变形略有增加，这是与它的熔点密切相关的。

聚三氟乙丙烯的电性能和聚四氟乙烯相似，具有极低的介电常数，$\varepsilon_r=2.1$（10^6Hz），和极低的$\tan\delta_e=0.0007$，由于其不带极性，很少受频率的影响；加上它不吸湿，在各种季节和气候条件下都能保持稳定的电性能。因此它的层压板和以其为基体的隐形涂层将会保持稳定的吸收效能，这是其他塑料很难达到的。

为了对氟塑料有全面了解，表 4.4.14 给出各自氟塑料的综合性能。

表 4.4.14　几种氟塑料综合性能比较[13]

性能 ＼ 名称		测试标准 ASTM	聚四氟乙烯	聚四氟乙烯＋25％波纤	聚三氟氯乙烯	聚全氟乙丙烯
相对密度		D792	2.1～2.5	2.22～2.25	2.10～2.15	2.14～2.17
吸水性(24h)/%		D570	<0.01	<0.01	<0.01	<0.01
可燃性(氧指数)		D2863	>95	—	>95	>95
硬度(邵式或洛式)		D1706	D50～65	D55～70	R110～115	R45
摩擦因数(动态)		—	0.06	0.12	—	—
屈服强度/MPa		D638	19.6～21	16.8～20	24.5～25.9	14.7
压缩强度/MPa		D695	4.9～12.6	8.4～10.5	14	11.2
极限伸长/%		D638	250～400	250～300	125～175	160
拉伸弹性模量/MPa		D638	280～630	1680	1330～2100	350～490
弯曲弹性模量/MPa		D790	630	1330～1680	1540	630
悬臂梁缺口冲击强度/(53.34J/m²)		D256	2.5～4.0	2.2	3.5～3.6	不断裂
负荷变形温度(1.85MPa)/℃		D648	54.4	—	66.1～81.1	51.1
热胀系数/(10^{-5}/K)		D696	5～10	4～8	4	8～11
低温脆化温度/℃		D746	−150	—	−150	−115
最高使用温度/℃			287.8	287.8	198.8	204.4
体积电阻率/Ω·m		D257	10^{18}	10^{15}	10^{18}	2×10^{18}
介电常数 ε_r	10^3 Hz	D150	2.1		2.3～2.7	—
	10^6 Hz	D150	2.1	2.9	2.3～2.5	2.1
介电损耗角正切 $\tan\delta_e$	10^3 Hz	—	0.0002		0.023～0.027	0.0002
	10^6 Hz		0.0002	0.003	0.009～0.17	0.0007

续表

名称 性能	测试标准 ASTM	聚四氟乙烯	聚四氟乙烯 +25%波纤	聚三氟氯 乙烯	聚全氟乙 丙烯
耐候性	—	优	优	优	优
室温化学稳定性	—	优	优	优	优
耐酸性	—	优	优	优	优
耐碱性	—	优	优	优	优
耐有机溶剂性	—	优	优	优	优
耐润滑油	—	优	优	优	优

（5）介电材料在电磁场中的极化与损耗

上面已经介绍了热固性塑料（环氧树脂、硅树脂、不饱和聚酯）和热塑性塑料的结构、性能和应用。对于吸波体，我们更多的是关心其电性能。一般热固性塑料多为极性材料，前面介绍过的三种树脂为弱极性材料，它与聚乙烯、聚苯乙烯、聚丙烯和聚四氟乙烯很大的不同点在于这四者皆为非极性材料。无论极性或非极性材料，在电磁场中的行为是与 ε_r、$\tan\delta_e$ 密切相关的，尤其值得指出的是，ε_r 和 $\tan\delta_e$ 都是频率的函数。了解和掌握这些材料随频率变化的一般规律对于选材和设计吸波体是非常重要的。下面给出 ε_r、$\tan\delta_e$ 随频率变化的一般规律，如图 4.4.3 所示。

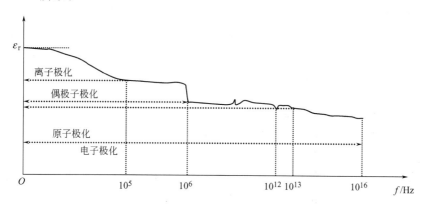

图 4.4.3 ε_r 极化与频率的关系

上图给出了介电材料在交变电场或电磁场中 ε_r、各种极化与频率之间的粗略关系，这是定性关系（ε_r 未给出具体值），但是下标给出的频率是长期累积的经验数据。从图 4.4.3 可知，离子极化在 10^5 Hz 就已跟不上电磁场频率的变化，在小于 10^5 Hz 时，高分子材料中的离子产生明显损耗，以 $\tan\delta_e$ 表示。同样，偶极子的松弛时间止于 10^6 Hz，低于 10^6 Hz 材料中的偶极子将产生明显损耗。因此，凡是极性材料在低频时都有明显损耗。原子的极化松弛（弛豫）止于 $10^{12}\sim10^{13}$ Hz，电子的极化止于 10^{16} Hz。可见，在微波范围内，电子极化和原子极化引起的损耗是不可避免的，只不过电子极化和原子极化的损耗比偶极子、离子极化的损耗小得多罢了。实际上在偶极子的松弛（弛豫）频段之内，情况是异常复杂的，总的趋势是随着频率升高，偶极子运动滞后的相位角 δ 在增加，$\tan\delta_e$ 呈增大趋势。高分子材料消耗的电磁能将转化为热能而使材料升温，能耗的经验公式为：

$$W = RE^2 f\varepsilon_r \tan\delta \qquad (4.4.1)$$

式中　　R——系数；

　　　　E——施加的交流电压或电场强度；

　　　　f——频率；

　　　　ε_r——材料的相对介电常数；

　　　　δ——损耗角或滞后的相位角。

对于各种塑料 ε_r 在 $2\sim8$，$\tan\delta$ 为 $10^{-4}\sim10^{-1}$。选择吸波体的基体时，应选 ε_r 小的材料；对于 $\tan\delta$，不要简单地认为 $\tan\delta$ 大对吸收有利，实际上恰恰相反，$\tan\delta$ 越小（10^{-4}）对吸波体的频宽越是有利。频宽的增加不仅有利于吸收范围增加，频宽的拓宽对于通过厚度调整来增加吸收也是极为有利的。对于上述选材思路，如果能有高效吸波剂的配合，便可构建出频宽、高吸收的吸波体。

4.5　透波材料

透波材料国外称为电磁窗口材料（electromagnetic windows）。广泛应用于雷达天线防护罩，电子对抗用的透波墙，以及电视台发射机和微波通信发射机的天线罩。其作用是让电磁波信号顺利通过，同时又保护发射天线本体免受风沙和恶劣气候侵蚀。这些防护罩和防护墙一般是完全暴露在大气中。因此，防护罩不仅要经受酷暑严寒的长时间作用，还会遇到酸雨和风沙的袭击。从其服役条件和其用途分析很容易知道，电磁窗口材料不仅有严格的电性能要求，还应有必需的力学性能和耐腐蚀、耐磨性能。

在第一次海湾战争之前，许多国家和研究人员对电磁窗口材料没有给予应有的重视。自从海湾战争之后，人们认识到了电磁对抗和精确制导导弹在现代战争中的地位，各国相继加强了电磁窗口材料的研究。依据服役条件的不同，各种防护罩或防护墙的性能要求应予以区别对待。

4.5.1　透波原理

电磁波透射到窗口材料时，会在材料的表面产生部分反射，经过折射透入材料的内部的电磁波在传输过程中会有少量损耗转变成热能，其余的大部分电磁波透过材料。现以电磁波穿过平板材料的过程来分析其透波原理。

透波材料均为绝缘体。假设厚度为 d 的绝缘板，三维空间是均匀的（各向同性），在制备过程中已消除了空隙。当电磁波以任意角 θ 入射至材料表面时有少量电磁波反射进入大气，透入材料内部的电磁波在表面发生折射，其折射率为 n；到达材料后表面的电磁波只有满足内全反射条件的少量电磁波返回前表面，绝大部分透过后表面进入大气，如图 4.5.1 所示。

电磁波在材料内部的传输属于复杂的过程，并不像上面叙述的那么简单，一般要经过多次反射，其传输路径伴随有介电损耗。从宏观角度可以把电磁波与平板材料之间的相互作用归纳为三个部分。即反射波、透射波和损耗，可以写出式(4.5.1)：

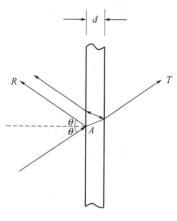

$$T+R+A=1 \qquad (4.5.1)$$

式中，T 为功率传输系数，R 为功率反射系数，A 为衰减系数。

显然，如果材料是理想均匀分布的，且这种材料的反射损耗随频率的变化视为固定不变。那么，材料的透射能力与衰减系数之间呈现简单的数学关系，随 A 逐渐变大而呈现单调递减。

图 4.5.1 电磁波与平板材料的相互作用示意图

根据实验得到的经验公式如下：

$$A=\frac{2\pi d}{\lambda}\times\frac{\xi\tan\delta}{(\xi_r-R^2\theta)^{\frac{1}{2}}} \qquad (4.5.2)$$

式中，λ 为电磁波的波长；ξ 为介质的相对介电常数；$\tan\delta$ 为介质的损耗角正切；θ 为从大气入射到材料表面的入射角；d 为板材的厚度。

当水平极化时，电磁波在介质表面的反射系数为 R，由电磁波的几何光学可知

$$R=\frac{1-n}{1+n} \qquad (4.5.3)$$

这里 n 为折射率并且

$$n=\frac{\xi_r\cos\theta}{(\varepsilon_r-R^2\theta)^{\frac{1}{2}}} \qquad (4.5.4)$$

透射波功率传输系数 $|T^2|$ 表示为

$$|T^2|=\frac{(1-R^2)^2}{(1-R^2)^2+4R^2\sin^2\varphi} \qquad (4.5.5)$$

式中 $\varphi=\frac{2\pi d}{\lambda}\frac{1}{(\xi_r-R^2\theta)^{\frac{1}{2}}}$。

从式(4.5.3)可知，电磁波的折射率与反射系数有着紧密的联系。由于微波的折射率比可见光的折射率的测量难度大，参考可见光的折射率亦能得到一些有用的信息。空气和各种气体 N_2、O_2、CO_2、H_2、Cl_2、H_2S 甲烷等的折射率（光频范围）约在 $1.0003\sim1.0007$ 之间，都接近 1，因此电磁波在各种气体中传播时其反射都几乎为 0，这为气态离子吸波剂奠定了基础。各种液体的折射率，高分子聚合物以及玻璃的折射率在光频范围内远大于 1，在 $1.3\sim1.6$ 之间，但在微波频段内，将会明显下降。实验已经证明这些高分子聚合物（橡胶、塑料、

树脂）对微波反射都很少，绝大多数是优良的透波材料。无机物中的 SiO_2、Al_2O_3 以及各种玻璃器皿也具有较好的透波性。这两类透波材料在 $1\sim30GHz$ 内的频谱特性尚无翔实的资料。因此在选择透波材料时，应通过测其反射系数和透过系数获取可靠数据。

关于气体、液体和工业塑料、玻璃的平均光学折射率见表 4.5.1 和表 4.5.2（$T=20\varepsilon$ 气体、液体、塑料、玻璃的折射率，$n^2=\varepsilon\mu$，其中 $\mu=1$）

此外，透波材料虽然属于绝缘体，但不同的材料的电阻率都有数量级上的差别，ρ 一般在 $10^{15}\sim10^{21}\Omega\cdot m$ 之间。电阻率是一个宏观物理量，并不能反映微观导电机制，因此在判断电磁窗口材料的优劣时，常用到介电常数 ε 和损耗角正切 $\tan\delta$。$\tan=\dfrac{\xi''}{\xi'}$，它反映的是某种物质在某一频率下介电损耗相对大小，它是频率的函数，是一个无量纲的物理参数。式（4.5.2）给出了透波材料损耗系数，它是与材料厚度 d，波长 λ，ε，$\tan\delta$ 及入射角 θ 有关的具有物理含义的系数。

对于式（4.5.5）表示的透波率，人们至今没有给出一个统一的界线，即透波率达到多少为透波材料。北京理工大学的仝毅，周馨我在微波透射材料的研究进展中界定为：波长在 $1\sim1000mm$，频率在 $0.3\sim300GHz$ 范围电磁波的透过率大于 70% 的材料为透波材料。（透波材料）其相对介电常数在 $1\sim4$ 之间，$\tan\delta$ 在 $10^{-4}\sim10^{-2}$ 较为理想。有时为了满足高温下的力学性能，$\tan\delta$ 为 10^{-1} 的介电材料也可用做透波材料，为了弥补电性能低的缺点，可利用多孔结构将 $\tan\delta$ 降至 10^{-2} 甚至 10^{-3} 数量级。

表 4.5.1　气体、液体和工业塑料、玻璃的平均光学折射率

液体	$\bar{n}$	液体	$\bar{n}$	液体	$\bar{n}$
乙醛	1.332	氯仿	1.447	萘(90℃)	1.583
丙酮	1.359	醋酸乙基	1.373	硝基苯	1.553
苯胺	1.585	溴化乙基	1.424	正辛烷	1.401
烯丙酮	1.413	碘化乙基	1.518	正戊烷	1.358
乙醇	1.370	硝酸乙基	1.386	正丙醇	1.386
甲醇	1.331	甲酸	1.371	海水	1.443
苯	1.501	甘油	1.473	苯乙烯	1.548
二硫化碳	1.669	正庚烷	1.384	甲苯	1.497
四氯化碳	1.465	正己烷	1.395	松节油	1.474

表 4.5.2　在 $\rho=1$ 大气压和 $T=20℃$ 时气体的平均折射率 $\bar{n}$

气体	$\bar{n}$	气体	$\bar{n}$	气体	$\bar{n}$
空气	1.000292	一氧化碳	1.000337	甲烷	1.000442
乙炔	1.001850	氯	1.0007770	氮	1.000298
氨	1.000376	氦	1.00036	氧	1.000271
氩	1.000280	氢	1.000132	二氧化碳	1.000686
二氧化碳	1.000450	硫化氢	1.000642	水汽	1.000259

对于波长为 $\lambda_R=656\times10^{-9}m$，$\lambda_Y=589\times10^{-9}m$ 和 $\lambda_B=486\times10^{-9}m$ 的光

线，在 $T=20℃$ 时商业玻璃和光学玻璃的折射率 n 列举如表 4.5.3 和表 4.5.4 所示。

表 4.5.3　商业玻璃的折射率

玻璃	λ_R	λ_Y	λ_B
光学钠钙玻璃	1.567	1.569	1.577
光学燧石玻璃	1.577	1.580	1.587
硅酸硼冕牌玻璃	1.514	1.517	1.523
商业平板玻璃	1.516	1.523	1.529
重冕牌玻璃	1.596	1.610	1.619
重燧石玻璃	1.663	1.672	1.687
轻冕牌玻璃	1.516	1.517	1.524
轻燧石玻璃	1.571	1.574	1.585
石英光学玻璃	1.457	1.458	1.457

表 4.5.4　在 $T=20℃$ 时工业塑料的平均折射率 $\bar{n}$

塑料	$\bar{n}$ 无量纲	塑料	$\bar{n}$ 无量纲	塑料	$\bar{n}$ 无量纲
乙缩醛聚合物	1.48	尼龙 66	1.58	聚乙烯	1.52
聚丙烯Ⅰ型	1.50	聚碳酸酯	1.59	无机硅酮	1.48
聚丙烯Ⅱ型	1.57	酚醛塑料	1.61	玻璃硅酮	1.43
普通环氧树脂	1.61	苯乙烯聚酯	1.59	乙烯基聚合物	1.49
耐热环氧树脂	1.56				

注：表中折射率是在波长分别为 $\lambda_R=656nm$，$\lambda_Y=589nm$，$\lambda_B=486nm$ 条件下测得的。

4.5.2　无机透波材料

无机透波材料因其优异的高温性能在航天器和导弹天线罩上一直占有重要位置。这类天线罩不仅要满足其电学性能（ρ、ε、$\tan\delta$），还必须满足其力学性能要求，尤其是高温力学性能以及抵抗热胀冷缩的能力。显然有机透波材料是无法与其匹敌的。

无机透波材料主要指陶瓷材料、玻璃以及各种纤维增强的复合材料。在这些透波材料中透波性能优异的 SiO_2、Al_2O_3、SiN 是必不可少的，此外还有电性能适中的 Cr_2O_3、ZrO_2、TiO_2 等组元。为了满足烧结工艺，少量的低熔点玻璃相组元 K_2O 也是需要的。此外，为了满足浸渍纤维工艺，性能优越的磷酸盐黏结剂已受到俄罗斯等国的青睐。事实上，磷酸盐黏结剂脱水后的高温性能也是非常优秀的。

俄罗斯在以磷酸盐为黏结剂的高温透波材料的研究方面积累了很多经验，经过 25 年的努力已开发成功一系列具有稳定的高温性能的透波材料，并成功用于巡航导弹和航天飞机上[15]。

俄罗斯使用的磷酸盐是 $Al(H_2PO_4)_3$、$Cr(H_2PO_4)_3$ 以及磷酸铬铝的复盐。其特点是金属离子为 3 价正离子。这三种盐具有水溶性，高温下是很好的黏结剂，高温脱水后具有优异的高温力学性能。室温时的黏度可通过加水和加入透波材料（SiO_2、Al_2O_3 粉）加以调整，同时也是调整 pH 值的有效手段。因此，在浸渍前其 pH 值和料浆的摩尔浓度是重要的工艺参数，必须与玻璃纤维的涂料层相适应以防侵蚀纤维中的 Na_2O 组分损害纤维的力学性能。

透波材料的构成由多层浸渍含有磷酸盐的浆料玻璃纤维布模压而成。其工艺过程为：

① 玻璃纤维布预处理（水洗祛除吸附物，风干，表面喷一层防护膜）；

② 磷酸盐浆料制备（在黏结剂中加入细 SiO_2、Al_2O_3 粉和适量水以及调整 pH 值和黏度）；

③ 真空浸渍浆料（防止玻纤布二次吸附被污染）；

④ 预成型（将浸渍黏结剂的布送入预成型模）；

⑤ 常温模压（脱水和阴干）；

⑥ 热压成型（在 $1\sim1.5MPa$，$150\sim200℃$ 条件下热压固化）。

在上述工艺中，浆料的摩尔浓度和 pH 值对透波材料的高温力学性能有重要影响。因为玻璃纤维的力学性能远远好于陶瓷浆料，因此浆料的高温力学性能是控制性因素，必须严格控制浆料的摩尔浓度和 pH 值。复合材料的电性能在很大程度上是由纤维编制的紧密程度和层间距决定的。如果纤维的粗细已选定并编织成布之后，工艺调控的层间距显得特别重要。层间距过大 $\tan\delta$ 将变大，这对透波材料是不允许的。因此，适宜的层间距以及玻纤布的紧密度及玻纤直径的大小就决定了透波材料的 ρ、ε、$\tan\delta$。

在预成型过程中，当浸渍浆料的纤维布达到预定设计要求后用小于 0.5MPa 的压力轻压一次，然后风干或阴干一定的时间，让水分缓慢排出。不可直接在 $15\sim200℃$ 条件下直接固化。该固化过程是黏结剂中的偏磷酸盐脱水转变成磷酸盐的过程。其实仅仅在 200℃ 固化并不能脱净水分，应在更高的温度彻底脱水才能稳定透波材料的高温电性能。经固化后的磷酸铬/玻纤和磷酸铬铝在 $1200\sim1500℃$ 具有良好的力学性能和电学性能。尤其是磷酸铝在其熔点附近大于 1500℃ 仍有稳定的电学和力学性能。这类材料俄罗斯已在战术导弹、巡航导弹以及航天飞机上获得了应用。表 4.5.5 给出石英-磷酸铬在各种温度下的介电性能和力学性能。

表 4.5.5　石英-磷酸铬在各种温度下的介电性能和力学性能

$T/℃$	20	200	400	600	1000
ε	$3.6\sim3.7$	$3.6\sim3.7$	$3.65\sim3.75$	$3.8\sim3.9$	$4.1\sim4.3$
$\tan\delta$	$0.008\sim0.015$	$0.008\sim0.015$	$0.0085\sim0.015$	$0.015\sim0.025$	$0.02\sim0.03$
$\sigma_{弯曲}/MPa$	120		100		50
$\sigma_{压缩}/MPa$	75		100		50
$\sigma_{拉伸}/MPa$	85		95		20

与之有联系的是英国电气公司 Nelson 研究室研制的玻璃-陶瓷天线罩材料。该材料适宜以 P_2O_5 气体为结晶控制气氛在铂白金坩埚中熔化玻璃-陶瓷材料时，通入 P_2O_5 气体为结晶控制气氛。在这种条件下得到的陶瓷具有优异的力学性

能，材料的常温平均抗拉强度 σ_b 高达 $4.138 \times 10^8 \mathrm{Pa}$，热膨胀系数在大范围内变化 $(40 \sim 180) \times 10^{-7}/\text{℃}$，耐热范围达到 1200℃，介电常数为 $4.5 \sim 7.0$，损耗角正切 $\tan\delta < 0.0003$（测试范围 $10^3 \sim 10^{10}$ Hz）。该材料不像俄罗斯研制的以磷酸铬铝为黏结剂的复合材料，不含强极性盐，因而其 $\tan\delta$ 具有很低的损耗值。此材料可用于航天器和导弹天线罩。

对于均匀混合的陶瓷材料，其混合物的介电常数可用对数混合定律表示：即混合物的介电常数为各组元的介电常数的对数值与其组元含量的乘积来表示。

如果已知陶瓷或玻璃中都会含有 n 个组元，若每一个组元的介电常数分别为 ε_i，其对应的体积分数 X_i，有 $X_1 + X_2 + \cdots + X_n = 1$，

那么 $$\lg\varepsilon = X_1\lg\varepsilon_1 + X_2\lg\varepsilon_2 + \cdots + X_n\lg\varepsilon_n \tag{4.5.6}$$

而介电损耗则遵从线性混合法则，即

$$\tan\delta = X_1\tan\delta_1 + X_2\tan\delta_1 + \cdots + X_n\tan\delta_n \tag{4.5.7}$$

式中，δ_1，δ_2，$\cdots$，δ_n 分别为具有 ε_1，ε_2，$\cdots$，ε_n 的物质的损耗角。

若从手册中、文献中查到各种物质静态相对介电常数和其损耗角正切值，则烧结后的陶瓷或玻璃的介电常数和其损耗角正切值，则烧结后的陶瓷或玻璃的介电常数和损耗角正切就可计算出来。这会节省大量的中间实验环节，无论对于透波材料的设计还是实验都是很有益处的。当然，这种计算结果并不准确，最终 ε、$\tan\delta$ 尚需实验验证。但这对实验设计和选择材料来说已具有重要参考价值。美国航空材料实验室经过 5 年的努力，开发了一种适用各种天线罩的透波材料。它是用熔融石英纤维浸渍净化过的硅溶胶（Purified Colloidal-Silica Sols）多层压制而成的复合材料，也可用玻璃布浸渍硅溶胶，多层叠加压制，最后在氧化气氛下高温烧结而成。比浇注二氧化硅浆料具有更好的抗冲击性能和抗弯性能，而其耐热性能与粉浆浇注件相当。该材料的介电性能在 418℃，$8.52\mathrm{GHz}$ 下，$\varepsilon = 2.95$、$\tan\delta = 1.4 \times 10^{-3}$，在 995℃，$8.52\mathrm{GHz}$ 下，$\varepsilon = 5.01$、$\tan\delta = 4.2 \times 10^{-3}$。

美国海军研制的多种耐高温玻璃-陶瓷复合材料，具有良好的耐热性能和电导性能。Corning 公司开发的以堇青石（Cooraierite）为主的玻璃陶瓷材料 Pyrocenam 9606 用在战术导弹达 25 年之久，耐更高温度的改进型 Z-9603 和 Q 比 9606 具有更好的高温力学性能。见表 4.5.6。

表 4.5.6 玻璃-陶瓷复合材料的性能

型号	9606	9603	Q
$\varepsilon(8.515\mathrm{GHz}, 500\text{℃})$	5.66	5.853	6.625
$\tan\delta(8.515\mathrm{GHz}, 500\text{℃})$	0.00197	0.00208	0.0007
抗拉强度/$\times 10^3 \mathrm{Pa}(25\text{℃})$	24.6	28.2	—
热膨胀系数/$\times 10^{-7}(25 \sim 300\text{℃})$	57.0	37.0	22.0
密度/$(10^3 \mathrm{kg/m}^3)$	2.60	2.59	2.64
弹性模量/$10^6 \mathrm{Pa}(25\text{℃})$	15.81	19.11	—

由于原始文献未给出其工艺，不便对其深入分析，但从表中给出的密度 $d = 2.59 \sim 2.64 \mathrm{kg/m}^2$ 推测，这是一种泡沫性多孔陶瓷。将玻璃-陶瓷料做成具有

24×10^3Pa 的材料，可用泡沫塑料浸渍玻璃-陶瓷浆料，阴干后在还原性气氛下加热以防残留碳纤维或碳颗粒。其中的黏结剂可用水玻璃 $NaSiO_3 \cdot xH_2O$ 或磷酸盐。

而以色列研制的 SiN 天线罩是由密度不同的两层氮化硅为主料的复合材料。里层用低密度 $1000 \sim 2200$g/m^2 多孔性氮化硅，外表为 $2880 \sim 3200$g/m^2 的高密度封闭层，可防止雨水渗透。文献中指出该透波材料可耐 1600℃ 的高温，因此可用的黏结剂只有磷酸盐最为适宜（磷酸铝熔点 $>$1500℃）。高密度封闭层用 SiN 粉料与黏结剂混合均匀后压实，高温烧结（大于 1600℃）时，黏结剂变为液相并与 SiN 润湿形成陶瓷材料。而多孔低密度的透波层，其孔隙的大小和分布是这种材料成功与否的关键。一旦出现有个别大孔，将明显影响电磁波的传输特性。这在透波材料中是不允许的。以色列研制的天线罩材料，其介电性能为 $\varepsilon = 2.5 \sim 8$，$\tan\delta < 3 \times 10^{-3}$。

4.5.3 有机透波材料与有机-无机透波材料

（1）有机透波材料

有机透波材料适用面较窄，主要用于地面雷达或车载雷达。有机透波材料制造容易，电性能优良，但力学性能和耐热性较差。制造有机透波材料的原料主要由各种树脂和泡沫塑料，要提高其力学性能需要高电阻率的有机或机纤维材料，要提高其电性能，最宜在孔隙率上下工夫。

我国黄河机械厂生产的高功率透波材料是以 TRR 树脂为基体的超高分子聚乙烯 UPE 纤维增强的有机透波材料和 UPE-B 纤构成的有机-无机复合材料。这种透波材料主要用于馈源罩在满足力学性能的同时主要要求在工作时温升较小，以防止过热甚至烧毁[16]。

单纯从满足电性能方面考虑，各种高分子材料都可以作为候选材料，当馈源线的功率提高到 5kW 以上时，必须精心设计才能满足大功率的要求。在低功率时能够适用的聚苯乙烯（PS）泡沫板和导热优于前者的树脂以及芳纶纸蜂窝都不能满足大功率时的温度要求。对于温升要求，主要从损耗和散热能力两方面入手。损耗主要来自介电损耗，在高频电磁场中，随着功率的升高，电子和分子极化增强，电子的旋转和偶极子取向运动增强，导致温升增加，直至材料被烧毁。因此即使是常温介电损耗极低的聚苯乙烯（$\varepsilon < 2.6$，$\tan\delta < 0.0045$）在几分钟之内也能被烧毁。另外，聚苯乙烯泡沫板虽是优秀的绝热材料，但导热能力极低。导热能力与这种板材的结构有关，迄今为止的（PS）泡沫板都是由封闭的空心珠构成的，这种封闭结构对导热和散热量极为不利。因此，高功率透波材料必须在选材和结构上同时下工夫才有可能达到其设计要求。

该厂生产的高功率透波材料是由蒙皮和夹芯构成的。夹芯采用多孔的蜂窝状，蒙皮使用 UPE 纤维布和玻纤布（E）增强，蒙皮和夹芯用 TRR 树脂整体浇注。蒙皮及夹芯的电性能和温升的测试结果汇集在表 4.5.7～表 4.5.11 中，表中还给出了其他材料做的蒙皮与夹芯的数据。

表 4.5.7 两类蜂窝芯的电性能

材料	高度/mm	ε_r	$\tan\delta$
T 蜂窝	18	1.14	9.43×10^{-4}
T 蜂窝	20	1.11	9.45×10^{-4}
Nomex（芳纶纸蜂窝）	20	1.09	4.32×10^{-3}

表 4.5.8 三种蜂窝结构的大功率实验

材料	厚度/mm	时间/min	温升/℃
Nomex	20	1	＞250
PC 蜂窝	20	10	＞24
T 蜂窝	20	30	3

表 4.5.9 几种布在高功率下的温升

材料	厚度/mm	时间/min	温升/℃
Kevlar 布	0.9	10	＞50
涂 PTFE 布 5 层	1	10	≤30
UPE 布 4 层	1.2	10	无明显变化

表 4.5.10 组合蒙皮在大功率下的温升

材料	厚度/mm	时间/min	温升/℃	材料	厚度/mm	时间/min	温升/℃
类 TRR	1	5	≤10	类 TRR＋UPE＋类 TRR	1＋1.2＋1	30	12
类 TRR	1＋1	5	≤10	类 TRR＋E 纤＋类 TRR	1＋1.2＋1	30	43
PTFE	1＋1	5	≤10	类 TRR＋Kevlar＋类 TRR	1＋0.9＋1	30	60
类 TRR＋PRFE＋类 TRR	1＋1＋1＋1	5	≤10	酚醛 EP/玻纤板	0.5	1	＞100
PPO(E)	1	5	35	酚醛 EP/玻纤板	1	1	＞50
PPO(E)	1.6	5	60	Kevlar/6225 板	1	2	200
PPO(E)	1＋1.6	30	94	UP/UPE 板	2	2	＞120
PI	0.6	5	104	Kevlar/EP 板	2	0.5	＞200
PI	1.6	5	195	E 纤/UP 板	1	60	150
PTFE＋E 纤＋PTFE	1＋1.2＋1	30	50				

注：EP 为环氧树脂；UP 为不饱和聚酯；E 纤为玻璃纤维。

表 4.5.11 几种蒙皮在高功率下的温升情况（实验平均功率 800W）

材 料	厚度/mm	时间/min	温升/℃
PPO(E 纤)	1	10	47
PPO(B 纤)	1	10	33
TRR-B 纤	1	10	5
	1	20	7
	1	30	8

续表

材　　料	厚度/mm	时间/min	温升/℃
TRR-UPE	1	10	5
	1	20	7
	1	30	6
PTFE	1	10	6

从表中数据不难看出 T 蜂窝芯与芳纶纸蜂窝（Nomex）电性能很相近，但温升却相差甚远，T 蜂窝 30min 的温升 3℃，远小于 Nomex 的 1min 后达到 250℃；蒙皮中 TRR-B 与 TRR-UPE10～30min 的温升均小于 10℃。由 TRR-B 和 TRR-UPE 蒙皮与 T 蜂窝构成的馈源罩满足使用条件是完全在情理之中的。

雷达天线罩设计和研制过程中，各国取得了极大的共识，一般认为采用各种树脂作为基体，采用纤维作为增强骨架，不仅能满足电学性能的要求，还能满足不同的力学和物理性能。所用的树脂有，环氧聚酯、酚醛、聚酰亚胺和硅酮（现称聚硅氧烷）等树脂；所用的增强纤维为绝缘型的，其中有石英纤维 E-玻纤、D-玻纤、涤纶纤维等。选材所遵循的原则是尽可能的选用非极性材料和弱极性材料。这些材料的 ε、tanδ 随频率的变化幅度很小甚至无明显变化。而极性较大的材料与之有很大的不同，ε、tanδ 尤其是 tanδ 随着频率升高逐渐增大使 tanδ＞0.1，这在透波材料中是不合适的。聚乙烯、聚丙烯、聚四氟乙烯、聚苯乙烯等是人们已知的 ε、tanδ 都很小的材料，但在阻燃和耐热方面都不尽如人意。因而，人们不得不放弃这几种塑料而选用各种弱极性树脂材料和纤维材料。

在众多的有机-无机复合材料中，俄罗斯研制的硅树脂基复合材料最具特色。在硅树脂中加入除碳剂后可用于 1500℃条件下的透波产品。它是由有机-无机加上除碳剂后变为有机-无机复合材料的技术路线，只有转变为无机材料才有可能承受 1500℃的高温。

加除碳剂是为了防止高温分解出的碳破坏透波材料的电性能。因为原子态的碳是很强的吸波剂。只有在分解出碳之时将其祛除才能保证透波性不变。可以预见这种透波复合材料在 1500℃时的强度已被削弱了，在这样的温度下硅树脂 Si—O 键也将被破坏，透波材料的瞬时强度只有靠增强纤维或织物支撑，因此其增强纤维应以布类织物更为适合。俄方对此类材料进行了多年深入的系统研究，并成功应用于航天领域，自成体系，颇具特色。俄罗斯研制的硅树脂基透波材料中有一个系列三维 SiO_2-SiO_2 材料，是有机硅树脂经过裂解后得到的三维 SiO_2 网状纤维增强的材料，俄方在除碳剂的研究上已经解决了在除碳同时又提供原子态氧，使树脂中的 Si 转变为 SiO_2 网状纤维，这样避免了硅树脂基体的解体。但是，俄方未透露这种关键的除碳剂的化学成分。

（2）复合透波材料的影响因素

在所有的透波材料中，对其透波性能影响最大的是复合材料中各组元的电学参数 ρ、ε、tanδ。对于构成复合材料的组元，我们已经有了式（4.5.6）、式

(4.5.7) 两式，已经能根据对数混合规则 4.5.6 线性混合法则 4.5.7 推断出静态的 ε、$\tan\delta$，但是并不能给出其（随频率而变化）动态结果。若复合材料的组元为无极性材料，则动态 ε、$\tan\delta$ 与静态结果并无明显差别；若复合材料的组元含有极性材料，则动态 ε、$\tan\delta$ 会与静态结果有显著差别，只能依靠实验而不能仅凭静态 ε、$\tan\delta$ 获得复合材料的介电特性。对于电阻率而言。由于测试仪器和设备都比较简单，直接测取并不复杂。但是，对于在航天领域使用的天线罩，测取高温下的 ε、$\tan\delta$ 值应特别注意试样的夹持机构与试样的温度梯度。在保证试样进入测试温度范围的同时，使夹持机构不能过热，以防间隙的出现造成电磁波的泄漏。合理的解决方案应在加热方式上下工夫，如用大功率激光器直接加热样品会收到较好效果。

哈尔滨玻璃钢研究所的孙宝华等仔细研究了组元的介电性能，孔隙率和水分对透波材料的影响。所研究的透波材料为玻璃纤维-不饱和聚酯树脂。由于作者未注明孔隙率的确切百分数，故不能以式 (4.5.6) 和式 (4.5.7) 进行推算，只能将实验结果介绍如下，如表 4.5.12 所示。。

表 4.5.12 组元的介电性能，孔隙率和水分对透波材料的影响

材　　　料	ε	$\tan\delta$
不饱和聚酯	2.95	0.026
玻璃纤维	6.10	0.004
47% 不饱和聚酯和玻璃纤维复合材料	4.27	0.018

由于玻璃纤维的静态介电常数为 6.10，大于不饱和聚酯的 2.95，从式 (4.5.6) 可知随着不饱和聚酯的增加（即玻璃纤维的减少）其复合材料的 ε 必然下降的态势。而 $\tan\delta$ 呈上升趋势。两线相交于不饱和聚酯含量为 47% 处，此成分的透波材料 $\varepsilon=4.27$，$\tan\delta=0.018$。

由于空气的介电常数近似为 1，$\tan\delta=0$ 因此孔隙率的多少及其均匀性将对介电性能产生重要影响。孔隙率是被人们用来调整复合材料 ε、$\tan\delta$ 的重要参数。纤维增强透波材料中的孔隙率是工艺上无法避免而引入的，其分布具有随机性，孔（气泡）隙的大小也很不均匀。在透波材料里的孔隙分布要均匀、大小要一致才不会影响电磁波的传输并进一步改善透波性能。采用纤维增强的透波材料显然不如采用纤维编织而成的织物结构，织物结构的孔隙率分布和大小是可预先设计。在施工中又可控制，对提高透波性起到非常重要的作用。这就是为什么研究人员经常选用泡沫材料，甚至规则分布的各种蜂窝结构以改善透波性能的真实原因。孙宝华等研究的玻纤/不饱和聚酯中的孔隙来源于纤维吸附的气体和不饱和聚酯配胶时搅拌引入的空气，孔隙率在 2.3%～4.4% 变化，这已引起复合材料的 ε 和 $\tan\delta$ 产生明显变化，如图 4.5.2 所示。

复合透波材料总是或多或少的吸收大气当中的水分，这对材料的介电性能产生影响是很容易想象的。因为水的静态介电常数是高分子材料的几十倍，高达 81.0，其损耗角正切 $\tan\delta=0.55$，吸水后自然会影响透波材料的介电性能，甚至会

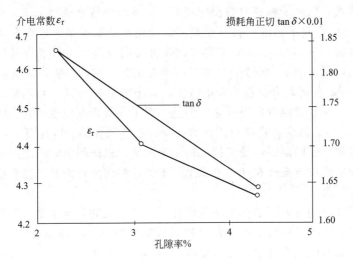

图 4.5.2　孔隙率与介电性能的关系

使原本作为透波用的材料变为吸波材料（$\tan\delta \geqslant 0.1$）。透波材料之所以能吸收一定量的水分，是与透波材料的孔隙率有关的，尤其是开放性的孔隙（open-cell）是很容易吸水的。为了避免透波体吸水，总是将暴露在大气中的部分（外层）做成无孔隙或少孔隙的致密层，这在制造表层时，采用真空脱气后压实的工艺是容易办到的。这也是复合透波体（如天线罩）多采用蒙皮（无孔隙式少孔隙）和多孔夹层的主要原因，此外，无孔隙的蒙皮对风沙、雨露的侵蚀也有很好的抵御作用。

影响透波材料的主要因素是组元（其中也包括空气）的介电常数和损耗角正切 $\tan\delta$，其中最容易调控的是孔隙率，孔隙率可从 $1\%\sim 90\%$，调控范围最大，而且最有效，因此综合性能好的多孔材料是透波材料的发展方向，其中包括耐高温的无机多孔材料。获得优秀高温力学性能的途径是无机纤维和织物增强的无机物多孔材料。一旦材料高温力学性能满足使用要求，材料的介电损耗可通过引入一定的孔隙率来调整，这是各国研发透波材料的主流趋势。

参考文献

[1]　李景德，沈朝，陈敏. 电介质理论. 北京：科学出版社，2003：50-52.

[2]　高姆巴斯 P. 量子力学中的多粒子问题. 潘忠诚，译. 北京：高等教育出版社，1959.

[3]　Mahan G D. Theory of Photoemission in Simple Metals. Solid state communication, 1980, (A33)：797.

[4]　Mahan G D. Nanoscale thermal transport. Phys Rev, 1986, (B34)：4235.

[5]　科埃略 R，阿拉德尼兹 B. 电介质材料及其介电性能. 张治文，陈玲，译. 北京：科学出版社，2000：144-149.

[6]　殷之文. 电介质物理. 北京：科学出版社，2003：44-46.

[7]　Langevin P, Physique J De. Cellular automata and modeling of complex physical systems. Berlin：Springer-Verlag. 1905：687.

[8]　Debye P. Einige Resultate einer kinetischen Theorie der Isolatoren. Phys Zeits, 1912, (13)：97.

[9]　Cole K S，Cole R H. J. chen. Phys.，1941，(9)：341.

[10]　Hedvig P. Dielectric Spectroscopy of Polymers Akademiai Kiadov，Budapest，1997.

[11]　雷清泉，范勇. 电介质物理学. 北京：科学出版社，2003.

[12]　张玉龙. 电气电子工程用塑料. 北京：化学工业出版社，2003：38.

[13]　许健南. 塑料材料. 北京：中国轻工业出版社，2001：79-89.

[14]　孙宗华，王兴华，高禹. 纤维复合材料，2002，(2)：13-16.

[15]　仝毅，周馨我. 微波透波材料的研究进展. 材料导报，1997，11 (3).

[16]　夏文干，韩养军，杨洁，等. 高功率透波材料的研究. 高科技纤维与应用，2003，28 (2)：39-43.

第5章 │ 磁性材料与电性材料基础

5.1 物质的磁性

5.1.1 物质磁性的来源

磁性是物质的基本属性之一。外磁场发生改变时，系统的能量也随之改变，这时就表现出系统的宏观磁性。从微观的角度来看，物质中带电粒子的运动形成了物质的元磁矩。当这些元磁矩取向为有序时，便形成了物质的磁性。原子的磁性是磁性材料的基础，而原子磁性主要来源于电子磁矩。由于原子核的质量远大于电子，因此原子核磁矩远小于电子磁矩，故核磁矩在我们考虑问题时可以忽略。

众所周知，物质是由原子组成的，原子又是由原子核和电子组成的，核外电子围绕原子核以接近于光速的速度运动。正像电流能够产生磁场一样，原子内部电子的运动也要产生磁矩（一个绕核运动的电子构成环形电流，产生的磁矩称为玻尔磁子）。对于电子、原子和分子等微观粒子，具有粒子和波动两重性（波粒二象性），必须根据量子力学来描述它们的运动情况。

电子磁矩由电子的轨道磁矩和电子的自旋磁矩两部分所组成。根据量子力学原理，电子的轨道磁矩 $\boldsymbol{\mu}_1$ 可表示为：

$$\boldsymbol{\mu}_1 = -\frac{\mu_0 e}{2m_e}\boldsymbol{P}_1 = -\gamma_1 \boldsymbol{P}_1 \qquad (5.1.1)$$

式中，m_e 为电子质量，$-e$ 表示电子的负电荷，μ_0 为真空磁导率，$\gamma_1 = \frac{\mu_0 e}{2m}$ 称为轨道旋磁比；$\boldsymbol{P}_1$ 为电子绕原子核做轨道运动的轨道角动量（动量矩），其标量 P_1 应满足量子化条件，即

$$P_1 = \sqrt{l(l+1)}\hbar \quad (l = 0, 1, 2, 3, \cdots, n-1) \qquad (5.1.2)$$

式中，l 为决定轨道角动量的量子数（又称次量子数或角量子数）。

因此，式(5.1.1) 可以表示为：

$$M_1 = \sqrt{l(l+1)}\left(\frac{\mu_0 e\hbar}{2m_e}\right) = \sqrt{l(l+1)}\left(\frac{\mu_0 eh}{4\pi m_e}\right) = \sqrt{l(l+1)} \cdot \mu_\mathrm{B} \qquad (5.1.3)$$

式中，$\hbar$ 为普朗克常数；μ_B 为电子轨道磁矩的最小单位，称为玻尔磁子（或磁偶极矩），其值为：

$$\mu_B = \frac{\mu_0 e\hbar}{2m_e} = \frac{\mu_0 eh}{4\pi m_e} = 9.2740 \times 10^{-24} \text{焦耳/特} (9.27 \times 10^{-21} \text{尔格/高斯})$$

电子自旋磁矩是由电子电荷的自旋所产生的磁矩,以 $\boldsymbol{\mu}_s$ 表示,则

$$\boldsymbol{\mu}_s = -\frac{\mu_0 e}{m_e} \boldsymbol{P}_s = -\gamma_S \boldsymbol{P}_s \tag{5.1.4}$$

$\gamma_S = \frac{\mu_0 e}{m_e}$ 称为自旋回磁比,它是轨道旋磁比 γ_1 的 2 倍;$\boldsymbol{P}_s$ 为电子自旋角动量(动量矩),因为电子自旋角动量在空间只有两个量子化方向,故有

$$P_{Sz} = \pm \frac{1}{2}\hbar = m_s\hbar \tag{5.1.5}$$

式中,m_s 为决定电子自旋角动量在外磁场方向分量的量子数(又称自旋量子数),m_s 只有两个值$\left(\pm\frac{1}{2}\right)$。因此,式(5.1.4)可以表示为:

$$\mu_{Sz} = \pm \frac{\mu_0 e\hbar}{2m_e} = 2m_s\mu_B \quad \left(m_s = \pm\frac{1}{2}\right) \tag{5.1.6}$$

上式表示电子自旋磁矩 $\boldsymbol{\mu}_s$ 在外磁场方向上只能有两个分量。

从式(5.1.1)和式(5.1.4)看到,由轨道旋磁比 $\gamma_1 = \frac{\mu_0 e}{2m}$ 和自旋旋磁比 $\gamma_S = \frac{\mu_0 e}{m_e}$,建立了电子的轨道磁矩与其轨道角动量、电子自旋磁矩与其自旋角动量的直接关系。式(5.1.3)和式(5.1.6)代表了原子中单个电子的轨道磁矩和自旋磁矩的大小,但由于原子通常是多电子体系(氢原子为单电子体系),而电子的轨道磁矩和自旋磁矩又是空间矢量,这就需要考虑这些多电子的不同种类磁矩是以何种方式相合成,最终体现出一个原子的总的磁矩。合成有两种方式,即 L-S 耦合和 j-j 耦合。

L-S 耦合是指当原子中各个电子的轨道角动量之间有较强的耦合,因而先自身合成一个总轨道角动量 $\boldsymbol{P}_L$ 和总自旋角动量 $\boldsymbol{P}_S$,然后两者再合成为原子的总角动量的耦合方式。j-j 耦合是指各电子的轨道运动和本身的自旋相互作用较强,因而先合成该电子的总角动量,然后各电子的总角动量再合成原子的总角动量。在铁磁性物体中,原子的总角动量大都属于 L-S 耦合方式。下面以 L-S 耦合为例具体讨论。

式(5.1.1)和式(5.1.3)代表单个电子轨道磁矩及其大小,如果原子中有多个电子,则总轨道磁矩等于各个电子轨道磁矩的矢量合,即总轨道磁矩等于

$$\boldsymbol{\mu}_L = \sum \boldsymbol{\mu}_l$$

其数值分别为

$$\mu_L = \sqrt{L(L+1)}\mu_B \tag{5.1.7}$$

总轨道磁矩在外磁场方向上的分量为

$$\mu_{Lz} = m_L\mu_B \tag{5.1.8}$$

式中,$m_L = L, L-1, \cdots, -L$。L 为总轨道量子数,它是各电子轨道量子

数 l 值一定的组合，例如对于两个电子的情况，$L = l_1 + l_2$，$l_1 + l_2 - 1$，…，$|l_1 - l_2|$。

同样，对于多电子系统，其总电子自旋磁矩是各电子的组合，即

$$\boldsymbol{\mu}_S = \sum \boldsymbol{\mu}_s$$

总自旋磁矩 $\boldsymbol{\mu}_S$ 在外磁场方向上的分量可表示为：

$$\boldsymbol{\mu}_{Sz} = 2m_S \boldsymbol{\mu}_B \tag{5.1.9}$$

式中，$m_S = -S$，$-S+1$，…，$S-1$。m_S 共有 （$2S+1$） 可能取向。S 为总自旋量子数，为各电子自旋量子数 m_s 之和，其数值可能是整数或半整数。

在原子内部填满了电子的次壳层中，各电子的轨道运动分别占据了所有可能方向，形成一个球形对称体系，因此合成的总轨道角动量等于零，电子自旋角动量也互相抵消了。因此，在计算原子的总轨道磁矩和自旋磁矩时，只需考虑未填满的次壳层中的各电子的贡献即可。

至此，已经讨论了原子中的总轨道磁矩和总自旋磁矩，需进一步了解两者如何按照 L-S 耦合方式合成原子的总磁矩。原子的总角动量是 $\boldsymbol{P}_J$ 是总轨道角动量 $\boldsymbol{P}_L$ 和总自旋角动量 $\boldsymbol{P}_S$ 的矢量和

$$\boldsymbol{P}_J = \boldsymbol{P}_L + \boldsymbol{P}_S$$

并且矢量 $\boldsymbol{P}_J$ 的绝对值与 $\boldsymbol{P}_J$ 和 $\boldsymbol{P}_S$ 的绝对值有相似的表达形式，即

$$\boldsymbol{P}_J = \sqrt{J(J+1)}\,\hbar \tag{5.1.10}$$

式中，J 为总角量子数，$J = L+S$，$L+S-1$，…，$|L-S|$。

原子的总磁矩 $\boldsymbol{\mu}_J$ 是总轨道磁矩 $\boldsymbol{\mu}_L$ 和总自旋磁矩 $\boldsymbol{\mu}_S$ 的矢量和

$$\boldsymbol{\mu}_J = \boldsymbol{\mu}_L + \boldsymbol{\mu}_S$$

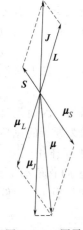

图 5.1.1 原子的轨道角动量和自旋角动量的叠加

但是，$\boldsymbol{P}_J$ 和 $\boldsymbol{\mu}_J$ 并不具有类似于式（5.1.1）和式（5.1.4）表示的那样，具有简单的线性关系。式（5.1.1）和式（5.1.4）表明，单一种类（轨道或自旋）的磁矩矢量和角动量矢量之间存在着一定的线性比例关系（比例系数分别为 γ_1 或 γ_S），但对于不同类型的情况，它们的比例系数不同，即 $\gamma_1 \neq \gamma_S$。因此，$\boldsymbol{\mu}_L$ 和 $\boldsymbol{\mu}_S$ 矢量合成后的 $\boldsymbol{\mu}_J$，与 $\boldsymbol{P}_L$ 和 $\boldsymbol{P}_S$ 矢量合成后的 $\boldsymbol{P}_J$，它们的矢量方向不同，不具有简单的线性关系，如图 5.1.1 所示。

按照原子矢量模型的理论，$\boldsymbol{\mu}_J$ 垂直于 $\boldsymbol{P}_J$ 的分量 $(\mu_J)_\perp$，在一个进动周期中的平均值等于零。$\boldsymbol{\mu}_J$ 平行于 $\boldsymbol{P}_J$ 的分量称为有效磁矩，等于 $\boldsymbol{\mu}_L$ 和 $\boldsymbol{\mu}_S$ 平行于 $\boldsymbol{P}_J$ 的分量之和，即

$$\mu_J = \mu_L \cos(\boldsymbol{P}_L, \boldsymbol{P}_J) + \mu_S \cos(\boldsymbol{P}_S, \boldsymbol{P}_J)$$

根据几何关系可求得

$$\mu_J = \left[1 + \frac{J(J+1) + S(S+1) - L(L+1)}{2J(J+1)}\right]\sqrt{J(J+1)}\,\mu_B = g_J\sqrt{J(J+1)}\,\mu_B$$

$$\tag{5.1.11}$$

式中，$g_J = 1 + \dfrac{J(J+1)+S(S+1)-L(L+1)}{2J(J+1)}$ 称为朗德因子，其值在 $1 \sim 2$ 之间。

朗德因子 g_J 的大小实际上反映了原子轨道磁矩和自旋磁矩对总磁矩贡献的大小。如果测得的 g_J 等于 1 或接近于 1，说明原子总磁矩的绝大部分是由原子的轨道磁矩贡献的；如果 g_J 等于 2 或接近于 2，则说明原子总磁矩的绝大部分是由原子的自旋磁矩贡献的。

5.1.2 磁质的分类

根据物质磁性的不同特点，可以分为弱磁性和强磁性两大类。

弱磁性仅在具有外加磁场的情况下才能表现出来，并随磁场增大而增强。按照磁化方向与磁场的异同，弱磁性又可分为抗磁性和顺磁性。

强磁性主要表现为在无外加磁场时仍表现出磁性，即存在自发磁化。根据自发磁化方式的不同，强磁性又可分为铁磁性、亚铁磁性、反铁磁性和螺磁性等。除反铁磁性外，这些磁性通常又广义地称为铁磁性。

图 5.1.2 为几种典型磁性物质中原子磁矩的排列形式。设箭头表示原子磁矩的方向，其长度代表原子磁矩的大小。由于物质内部自身的力量，使所有原子磁矩都朝向同一方向排列的现象，称为铁磁性［图 5.1.2(a)］；如果相邻的原子磁矩排列的方向相反，但由于它们的数量不同，不能相互抵消，结果在某一方向上仍显示了原子磁矩同向排列的效果，这种现象称为亚铁磁性［图 5.1.2(b)］；如果相邻的原子磁矩排列的方向相反，并且其数量相同，则原子间的磁矩完全抵消，这种现象称为反铁磁性［图 5.1.2(c)］；某些物质的原子磁矩不等于零，但各原子磁矩的方向是紊乱无序的，结果在这种物质的任一小区域内还是不会具有磁矩的，这就是顺磁性图像［图 5.1.2(d)］。

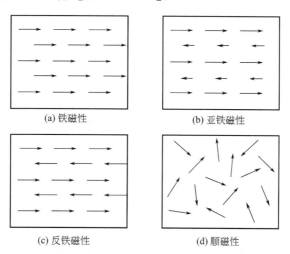

(a) 铁磁性　　　　　　　　(b) 亚铁磁性

(c) 反铁磁性　　　　　　　(d) 顺磁性

图 5.1.2　小区域内原子磁矩的自发排列形式

电磁吸收损耗材料通常为铁磁性材料，下面着重对铁磁性（包括亚铁磁性）

材料的特征加以讨论。铁磁性物质大都是固体，从物质的气、液、固三态来说，它与其他固体并没有什么区别；铁磁性物质可以是导体（如金属或合金的磁性材料），也可以是电介质（如铁氧体），从电导的角度来说，它与其他导体或介质没有质的区别；铁磁性物质的每一个原子或分子都有磁矩，从这一点来看，它与顺磁性物质又没有什么区别。铁磁性（包括亚铁磁性）与其他运动形式的质的区别是具有自发磁化和磁畴。

由于物质内部自身的力量，使任一小区域内的所有原子磁矩，都按一定的规则排列起来的现象，称为自发磁化。由此可见，在铁磁性、亚铁磁性和反铁磁性物质内都存在着自发磁化，只不过相邻原子磁矩的排列方向不同罢了。

自发磁化的原因是由于相邻原子中电子之间的交换作用，这一作用直接与电子自旋之间的相对取向有关。设 i 原子的总自旋角动量为 $\boldsymbol{S}_i$，j 原子的总自旋角动量为 $\boldsymbol{S}_j$，则根据量子力学，i，j 原子的交换作用能为：

$$E_{ij} = -2J_{ij}\boldsymbol{S}_i \cdot \boldsymbol{S}_j \tag{5.1.12}$$

式中，J_{ij} 为 i，j 原子的电子之间的交换积分。

原子中的电子就是在这个原子交换作用能的作用下，犹如受到一个磁场的作用，完成了原子磁矩的有序排列，形成了自发磁化。这个使原子磁矩有序排列的磁场称为外斯"分子场"$\boldsymbol{H}_m$，它不是真正的磁场，而是与交换作用相联系的静电场，其值可表示为：

$$\boldsymbol{H}_m = \frac{zJ_e}{2n\mu_B^2}\boldsymbol{M} = \lambda\boldsymbol{M} \tag{5.1.13}$$

式中，z 为 i 原子的邻近数，n 为单位体积的原子数，$\boldsymbol{M}$ 为自发磁化强度，J_e 为交换积分。由此可知，产生自发磁化的"分子场"与自发磁化强度成正比。

铁磁物质内部分成了许多自发磁化的小区域，每个小区域中的所有原子磁矩都整齐地排列起来，但不同小区域的磁矩方向不同。这些自发磁化的小区域称为磁畴。磁畴的形状、大小及它们之间的搭配方式，统称为磁畴结构。磁性材料的技术性能，都是由磁畴结构的变化决定的。一个磁畴体积的数量级约为 $10^{-9}\,\mathrm{cm}^3$，一个原子体积的数量级仅为 $10^{-24}\,\mathrm{cm}^3$，因此，每个磁畴内大约可以包含 10^{15} 个原子。

铁磁性物质内部存在的磁畴和自发磁化是铁磁性的重要原因。Fe、Co、Ni 等过渡族元素，具有铁磁性即存在自发磁化和磁畴；而 Mn、Cr 等元素的原子内部，虽然也有原子磁矩（3d 层没有被填满）但却不具有铁磁性，即没有自发磁化使得原子磁矩有序排列并形成磁畴。

5.1.3 磁性相关基本物理量

在电磁学单位制中存在两种不同的单位制，即国际单位制（MKSA 制）和高斯单位制（CGS 制），在不同的单位制中电磁学的基本公式的形式也不尽相同，要注意区别。几十年来，国际单位制已得到世界各国的公认，我国也采取了许多措施来推广使用这种单位。但是，在磁学领域内 CGS 制仍然用得很多，特别是在工程技术方面，其原因一则是由于习惯，二则是因为高斯、奥斯特这两个常用单位的大小对实际应用比较合适。下面采用 CGS 制来说明。

为了说明物体的磁性强弱，以单位体积（或单位质量）的磁矩 M 来表示，M 称为磁化强度。将物体置于磁场中，物体就被磁化了，它的磁化强度 M 和磁场强度 H 有一定的比例关系，即

$$M = \chi H \tag{5.1.14}$$

式中，χ 称为物质的磁化率，单位为高斯/奥斯特。χ 表示在单位磁场下，物质所具有的磁化强度，即表示物质在磁场作用下磁化强弱的程度。

物质中所产生的磁感应强度 B 是由外磁场 H 和物质内部由自旋所产生的附加磁场 H_D（即分子电流或微观电流所产生的磁场）所组成，即

$$B = H + H_D = H + 4\pi M = (1 + 4\pi\chi)H = \mu H \quad \text{（CGS 制）} \tag{5.1.15}$$

式中，附加磁场 $H_D = 4\pi M$，也就是说物质在磁化时，物质内部自旋提供了大小为 $4\pi M$ 的附加磁场。$\mu = 1 + 4\pi\chi$，称为物质的磁导率。在真空中，$\chi = 0$，$\mu = 1$。

在 CGS 制中，磁极化强度 J 与磁化强度 M 具有同样的意义，即 $J = M$。而在 MKSA 制中，$J = \mu_0 M$，μ_0 为真空磁导率。为了与 CGS 制中磁感应强度 B 的表达式(5.1.15)做比较，在 MKSA 制中，磁感应强度 B 的表达式为：

$$B = \mu_0(H + M) = \mu_0 H + J \quad \text{（MKSA 制）} \tag{5.1.16}$$

磁化率 χ 和磁导率 μ 是鉴别物质磁性的参量。对于不同类型的磁性材料，χ 和 μ 的大小和方向表现为不同的特征。

对于铁磁性物质，$\chi \gg 0$，$\mu \gg 1$，$M > 0$。一般铁磁性物质即使在较弱的磁场内也可得到很高的磁化强度，使物质显示出较高的磁导率；在外磁场移去后，仍可保留很强的磁性。铁族元素 Fe、Co、Ni 及 Gd 等是最常见的铁磁材料，室温磁化率的数值一般可达 $10^2 \sim 10^3$ 数量级。铁磁性物质自发磁化的程度，随温度提高而减小，达到一定的温度时，由于热运动严重破坏电子自旋磁矩的平行取向，磁矩相互抵消，磁化强度 $M = 0$，铁磁物质的磁性就消失了，转化为顺磁性物质。这种由铁磁向顺磁的转变温度称为铁磁物质的居里温度 T_C（也可用 θ 表示），它是铁磁性物质的又一特征，也就是自发磁化消失的温度。

对于亚铁磁性物质，$\chi \gg 0$，$\mu \gg 0$，$M \gg 0$。亚铁磁性实质上是两种次晶格上的反向磁矩未完全抵消的反铁磁性。它与铁磁性物质的不同点在于其磁性来自于两个方向相反、大小不等的磁矩之差。铁氧体是典型的亚铁磁性物质，除此之外，尚有周期表中的第 V、VI、VII 三族的一些元素与过渡族金属化合物（如 MnSb、MnAs 等）也是亚铁磁性物质。

5.1.4 磁性材料的静磁能——外场能和退磁能

磁性材料在外磁场 H_e 中被磁化以后，只要材料的形状不是闭合形的或不是无限长的，则材料内的总磁场强度 H 将小于外磁场强度 H_e。这是因为这些材料被磁化以后要产生一个退磁场强度 H_d，当磁化均匀时，H_d 的方向在材料内部总是与 H_e 和磁化强度 M 的方向相反，其作用在于削弱外磁场，所以 H_d 称为退

磁场。因此，材料内部的总磁场强度是外磁场强度 $\boldsymbol{H}_e$ 和退磁场强度 $\boldsymbol{H}_d$ 的矢量和，即

$$\boldsymbol{H} = \boldsymbol{H}_e + \boldsymbol{H}_d \qquad (5.1.17)$$

其数量的表达式为：$H = H_e - H_d$。

退磁场是一个重要的物理量，材料的内在性质和外部形态是影响退磁场大小的内因和外因。在磁性测量和磁性材料的设计和使用中，必须考虑退磁场的影响，更为重要的是材料内部磁畴结构的形式直接受到退磁场的制约，因而直接影响着材料的一系列性能。

退磁场 H_d 的计算是一个很复杂的问题，理论上只能对某些特殊形状的样品求解，至于任意形状的样品则只能从实验上进行测定，而不能从理论上进行严格计算。按照磁荷的观点，材料内的退磁场可以写成

$$\boldsymbol{H}_d = -N\boldsymbol{M} \qquad (5.1.18)$$

式中，N 为退磁因子；$\boldsymbol{M}$ 为磁化强度。

当材料均匀磁化时，N 是只与样品尺寸有关的因子，其数值从 0 变到 4π（CGS 制），在 MKSA 制中从 0 变到 1；当材料非均匀磁化时，N 不仅与样品尺寸有关，而且与磁导率有关。直到目前为止，理论上仍无法计算任意形状磁体的 N。

运用磁荷观点计算规则形状磁体的退磁场，样品是球体时的退磁场为：

$$\boldsymbol{H}_d = -\frac{4\pi}{3}\boldsymbol{M} \quad \text{（CGS 制）}; \boldsymbol{H}_d = -\frac{1}{3}\boldsymbol{M} \quad \text{（MKSA 制）}$$

式中，"$-$"号代表退磁场与磁化强度 M 的方向相反。由上式可知，球体的退磁因子在 CGS 制和 MKSA 制中，分别为 $\frac{4\pi}{3}$ 和 $\frac{1}{3}$。

样品是细长圆棒时，沿 c 轴长度为 c，横截圆面直径为 a，且有 $c/a \gg 1$，则在 c 轴方向上退磁场很弱，退磁因子 $N_d \approx 0$，横截圆面上的退磁因子为：

$$N_a = \frac{1}{2}$$

样品是无限大的薄片时，厚度为 a，则在无限大平面内的退磁因子为 0，在厚度方向上的退磁因子为 $N_a = 1$。

外磁场能和退磁场能都是静磁能。磁化强度为 $\boldsymbol{M}$ 的材料在外磁场 $\boldsymbol{H}$ 作用下，存在着磁矩与磁场的相互作用，也就是说物体在外磁场中存在着能量，简称为外场能 E_H，表达式为：

$$E_H = -\mu_0 \boldsymbol{M} \cdot \boldsymbol{H} \qquad (5.1.19)$$

式中，$\boldsymbol{M}$ 为磁化强度，即单位体积的磁矩，因此，上式代表单位体积的能量。

同理，由于退磁场的存在，也存在着退磁能 E_d，表达式为

$$E_d = \frac{1}{2}\mu_0 N M^2 \qquad (5.1.20)$$

从式中可以了解，对于磁化后的物体，如果知道它的退磁因子和磁化强度，

就可以按上式算出退磁能。形状不同的物体，在不同方向磁化时，相应的退磁能是不一样的，即磁化强度沿不同方向取向时，退磁能是不一样的。这种由形状引起的能量各向异性称为形状各向异性。

5.1.5 磁晶各向异性及能量

在铁磁性物质的不同晶体学方向上，存在着易磁化方向和难磁化方向，这种磁性随晶轴方向显示的各向异性称为磁晶各向异性，或称为天然各向异性，它是铁磁性物质的另一个重要的特征。对于铁磁性单晶体来说，未加外部磁场时，其自发磁化方向与其易磁化轴方向一致，存在着对应的自由能，自发磁化向着该能量取能量最小值的方向时是稳定的，而要向其他方向旋转，能量会增加。

例如，在立方晶系的 Fe 单晶的三个晶向 [100]、[110]、[111] 分别作用外磁场，可以发现在 [100] 方向上的磁化比其他 [110]、[111] 方向上更容易进行，这就是磁各向异性，[100] 方向称为易轴。如果易磁化方向存在于一个平面内的任意方向，则称此平面为易面。反映晶格对称性的磁各向异性就是磁晶各向异性，与此相关的能量称为磁晶各向异性能。

一般常用磁晶各向异性常数 K_1、K_2（立方晶系），K_{u1}、K_{u2}（六角晶系或单轴）来表示晶体中各向异性的强弱。磁晶各向异性常数大的物质，适合作为永磁材料；磁晶各向异性常数小的物质，适合作为软磁材料。

立方晶系的磁晶各向异性能可表示为：

$$E_K = K_1(\alpha_1^2\alpha_2^2 + \alpha_2^2\alpha_3^2 + \alpha_3^2\alpha_1^2) + K_2\alpha_1^2\alpha_2^2\alpha_3^2 \tag{5.1.21}$$

K_1、K_2 为立方晶系的磁晶各向异性常数，其数值大小及范围将确定易轴的种类，不同材料的 K_1、K_2 值的大小不同。α_1、α_2、α_3 为方向余弦，代表空间某一方向。由于晶体的对称性，晶体内存在着磁性等效的方向，因此磁晶各向异性能是 α_i 的偶函数。

六角晶系的易磁化轴如果就是晶体的六重对称轴，则易磁化轴就只有一个，故又称为单轴晶体。单轴晶体的磁晶各向异性能的表达式为：

$$E_K = K_{u1}\sin^2\theta + K_{u2}\sin^4\theta \tag{5.1.22}$$

式中，θ 为自发磁化强度与 [0001] 方向之间的夹角。K_{u1} 和 K_{u2} 为六角晶系的磁晶各向异性常数，它表示磁晶各向异性能量高低的程度。若 K_{u1} 和 K_{u2} 都是正值，则易磁化方向就在六角轴上（易轴）；若 K_{u1} 和 K_{u2} 都是负值，则易磁化方向在与六角轴垂直的平面内的任何方向，这种各向异性又称为面各向异性（易面）；在一定的 K_{u1} 和 K_{u2} 取值范围内，易磁化方向可处在一个圆锥面上，称为易锥面。

以上是从晶体的宏观对称性出发，得到的立方晶系和六角晶系的磁晶各向异性能表达式，这种分析问题的办法通常称为磁晶各向异性的唯象理论。唯象理论把磁性与方向的关系表达得直观明了，但对其微观机制没有说明。对磁晶各向异性的微观解释，必须从晶体的原子排列和原子内部的电子自旋与轨道相互作用方面加以说明，通常称为磁晶各向异性的微观理论。有关磁晶各向异性的微观理论涉及较多量子力学的内容，这里不做详细论述。

由于铁磁性晶体中磁晶各向异性的存在，无外场时磁畴内的磁矩倾向于沿易磁化方向（易轴或易面）取向。这如同在易磁化方向上存在一个磁场，把磁矩拉向易磁化方向，称为磁晶各向异性的等效场或各向异性场 H_A。根据 H_A 与磁矩相互作用能量应等于磁晶各向异性能，经简化处理，可得不同晶系中的各向异性场 H_A 表达式。

立方晶系中，当 $K_1 > 0$ 时，$H_A = \dfrac{2K_1}{\mu_0 M_s}$，式中，$M_s$ 为饱和磁化强度；

当 $K_1 < 0$ 时，$H_A = +\dfrac{4}{3} \times \dfrac{|K_1|}{\mu_0 M_s}$

六角晶系中，单轴的各向异性场 $H_A = \dfrac{2K_{u1}}{\mu_0 M_s}$

5.1.6 磁性理论发展简介

早在公元前四世纪，人们就已发现天然磁石（磁铁矿 Fe_3O_4）并将它用于军事和航海。但对物质磁性系统的理论研究，还应该是从近代开始。居里（Curie，1894）是近代物质磁性研究的先驱者，他不仅发现了居里点，还确立了顺磁性磁化率与温度成反比的实验规律（居里定律）。

20 世纪初，郎之万（Langevin，1905）将经典统计力学应用到具有一定大小的原子磁矩系统上，推导出了居里定律。外斯（Weiss，1907）假设了铁磁性物质中存在分子场，在此作用下使原子磁矩有序排列，形成自发磁化，从而推导出铁磁性物质满足居里-外斯定律。

以上理论属于经典理论范畴，随着量子理论的出现和发展，海脱勒（Heitler）和伦敦（London，1927）发现了交换作用能，正是这种交换作用能导致电子自旋取向的有序排列。弗兰克尔（Фленкель，1929）和海森伯（Heisenberg，1928）先后以交换作用能作为出发点，建立了局域电子自发磁化的理论模型，通常又称为海森伯交换作用模型，这种模型成功地解释了自发磁化的成因，对铁磁理论的发展起了决定性的作用。

经典分子场理论由于忽略了交换作用的细节，因此在讨论低温和临界点附近的磁行为时便出现了较大的偏差。如果稍微多考虑最近邻自旋的交换作用，即计入近程作用，则可对临近点附近的相变行为给出更好的结果，这就是小口（Oquchi，1958）方法和 BPW（Beche-Peierls-Weiss）方法的基本思想；若把自旋结构看成是整体激发，即考虑到交换作用的远程效果，则又可对接近 0K 的磁行为给出正确的解释，这就是由布洛赫（Bloch，1931）创立的自旋波理论。

为了解释各种物质的磁性，在海森伯交换作用模型的基础上，人们进一步做了如下工作。.

克喇末（Kramers，1934）提出了超交换模型来解释绝缘磁性化合物（通常称为铁氧体）的磁性，在这种物质中，磁性离子被非磁性的阴离子（氧离子）所分开，并且几乎不存在自由电子，磁性壳层之间不存在直接的交叠。安德森（Anderson，1950）等人又对此模型做了改进，认为磁性离子的磁性壳层通过交换作用引起非磁性离子的极化，这种极化又通过交换作用影响到另一个磁性离子，从而使两个并不相邻的磁性离子，通过中间非磁性离子的极化而相互关联起来，于是便产生了磁有序。

为了解释稀土金属和合金中磁性的多样性，出现了 RKKY（Ruderman，Kittel，1954；Kasuya，1956，Yosida，1957）作用模型。这一理论认为，稀土金属和合金中的磁性壳层中的 4f 电子深埋在原子内层，波函数是相当局域的，相邻的磁性壳层也几乎不存在交叠，这种情况下的磁关联是通过传导电子为中介而实现的，这种间接交换作用就称为 RKKY 作用。

以上解释绝缘磁性化合物和稀土金属的磁性理论，都是采用局域电子模型而得到满意的结果，但在解释过渡金属 Fe、Co、Ni 的磁性时遇到了困难。实验表明，承担过渡金属磁性的 d 电子并非完全局域，因此局域电子模型存在着局限性。几乎在局域电子模型发展的同时，另一个重要的学派，即巡游电子模型也发展起来。

巡游电子模型认为，d 电子既不像 f 电子那样局域，也不像 s 电子那样自由，而是在各个原子的 d 轨道上依次巡游，形成了窄能带。因此，需采用能带理论方法进行处理。布洛赫（Bloch，1929）采用哈特-福克（Hartree-Fock）近似方法讨论了电子气的铁磁性。维格纳（Wigner，1934）指出了电子关联的重要性。在此基础上，斯托纳（Stoner，1936）、斯莱特（Slater，1936）和莫特（Mott，1938）做出了一系列开创性的工作。赫令（Herring，1951）等人提出无规相近似（RPA）方法，计入了激发态电子与空穴的相互作用，成功地描述了基态附近的元激发以及自旋临界涨落现象。

守谷（Moriya，1973）等提出了自洽的重整化理论（SCR），它比传统的 RPA 理论更进了一步。SCR 理论从弱铁磁和反铁磁极限出发，考虑了各种自旋涨落模式之间的耦合，同时自洽地求出自旋涨落和计入自旋涨落的热平衡态，从而在自洽的弱铁磁性、近铁磁性和反铁磁性的许多特性上获得了新的突破。这一工作开拓了在局域电子模型和巡游电子模型之间寻求一种统一磁性理论的研究，使之成为固体理论研究中一个十分活跃的领域。

几十年来，局域电子和巡游电子模型，这两个模型在长期对立又相互补充地说明物质磁性的内在规律的同时，都在不断地发展和深化，任何一种模型都很难单独地对自发磁化的全部内容（主要是自发磁化强度或是原子磁矩大小、自发磁化和温度的关系，磁相转变点的温度及其附近的规律性）给出较满意或合适的结果。总的看来，局域电子模型在自发磁化和温度的关系以及居里点高低估计上比较成功；而巡游电子模型在给出过渡金属原子磁矩非整数的特性上比较成功。

5.2 磁性材料的结构——磁畴

铁磁性材料的最基本特征是自发磁化和磁畴。

从能量的角度来看，实际存在的磁畴结构，一定是能量最小的。在通常的磁性材料中，若不分成磁畴（多畴），整块材料就只有一个磁畴（单畴），其端面上将出现磁荷，因而存在着退磁能。如果在材料中形成了不同形状（片形畴、闭合畴、旋转结构等）的磁畴，便能够有效地降低或消除退磁能，使之在能量上处于比单畴更为有利的稳定状态。因此，材料内部出现磁畴结构，是为了降低退磁能，也就是说，由于退磁能的存在决定着磁性材料内必须分成磁畴。实验事实证明，磁畴结构的形式以及这种形式在外部因素（磁场、应力等）作用下的变化，直接决定了磁性材料技术性能的好坏，也是我们分析各种磁现象的重要基础。图5.2.1为几种典型的磁畴结构形式。

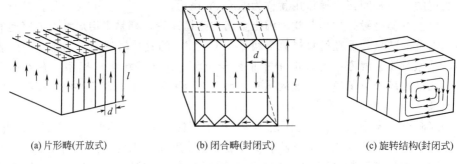

(a) 片形畴(开放式)　　　(b) 闭合畴(封闭式)　　　(c) 旋转结构(封闭式)

图 5.2.1　几种典型的磁畴结构形式

　　磁性材料的晶体结构类型是影响其磁畴结构的重要因素。实际磁性材料，一般都是多晶体，而且往往结构很不均匀，有的内部有很多掺杂物和空隙，这样会造成很复杂的磁畴结构，并影响材料的性能。下面对不同晶系的单晶材料及多晶材料中的磁畴结构类型简单论述。

　　单轴晶体的磁晶各向异性能都较高，但饱和磁化强度 M_s 的差异却较大。因此，按照其大小可以分为两类：第一类是低 M_s 的，通常在（300～400）×10^3A/m 或（600～700）×10^3A/m，如 Ba、Sr、Ca、Pb 的铁氧体，MnBi 合金，RCo_5 化合物等；第二类是高 M_s 的，通常大于 1000×10^3A/m，如金属钴、铝镍钴合金等。

　　单轴晶体的磁畴结构有片形畴、片形畴的变异结构（棋盘结构、蜂窝结构、波纹磁畴、片形-楔形畴结构）、封闭畴、匕形封闭畴（封闭畴的变异）、半封闭畴（片形畴和封闭畴的组合形式）等。片形畴较多地出现在第一类单轴晶体中，而封闭畴通常在第二类单轴晶体中居多。

　　立方晶体中的易磁化轴有 3 个（如 Fe 型）或 4 个（如 Ni 型），也就是说，易磁化方向有 6 个或 8 个。由于立方晶体中的易磁化轴比单轴晶体的多，畴结构也比单轴晶体的复杂得多，一般情况下多为封闭结构。如果样品表面与易磁化轴有一倾角，则往往会出现树枝状结构。

　　实际使用的磁性材料一般都是多晶体，结构往往不均匀并可能存在掺杂物及缺陷，而且易受到材料处理条件及外界条件的影响，因此多晶材料中必然存在附加畴，使磁畴结构复杂化。如果磁性材料内部有应力，会造成局部各向异性，产生复杂的磁畴结构，也会影响材料的性能。在多晶体中，晶粒的方向是杂乱的，通常每一个晶粒中有许多磁畴（也有一个磁畴跨越两个晶粒的），它们的大小和结构同晶粒的大小有关。在同一颗晶粒内，各磁畴的磁化方向是有一定的关系的；在不同晶粒间，由于易磁化轴方向的不同，磁畴的磁化方向就没有一定关系了。就整块材料来说，磁畴有各种方向，材料对外显示各向同性。

畴壁是磁畴的重要组成部分，材料的技术特性与畴壁的结构、厚度和能量密切相关。相邻磁畴之间的过渡层称为畴壁，其厚度约等于几百个原子间距（也有几个原子间距的薄畴壁）。畴壁的特性是它的厚度和表面能，因为它们对畴结构的形式和变化起着重要的作用；而畴壁的特性又是受畴壁内原子磁矩的转向方式所决定。

由于材料的易磁化方向不同，相邻磁畴的自发磁化强度可以形成不同的角度。若把磁畴的法线方向规定为磁畴的方向，则需采用角度和方向两种符号才能把畴壁的确切方式表示出来。如 [001] 180°壁，是指相邻磁畴的磁矩形成 180°，畴壁的方向为 [001] 的畴壁。

畴壁有两种基本类型，即布洛赫壁和奈耳壁。

5.2.1 布洛赫壁

布洛赫壁，即磁畴内原子磁矩方向的改变，都是保证在畴壁的内部和平面上不出现磁荷的一类畴壁。根据这个假定，畴壁的原子磁矩，只能采取特殊的排列方式，即畴壁的每个原子磁矩，在畴壁法线方向的分量都必须相等。由图 5.2.2 可见，所有原子磁矩都只在与畴壁平行的原子面上改变方向，而且同一原子面的磁矩方向相同，所以它们在畴壁法线方向上的分量为零。

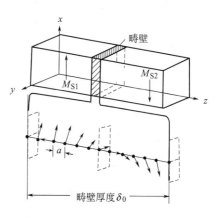

图 5.2.2 180°的畴壁内原子
磁矩方向改变示意图

根据以上处理布洛赫畴壁的一般定则，单轴晶体内的 180°畴壁的厚度 δ_0 和表面能密度 γ 分别为：

$$\delta_0 = \sqrt{\frac{A}{K_1}} \tag{5.2.1}$$

$$\gamma = 4K_1\delta_0 = 4\sqrt{AK_1} \tag{5.2.2}$$

式中，$A = JS^2/a$，J 为相邻原子的电子之间的交换积分，S 为原子的总自旋角动量，a 为晶格常数；K_1 为单轴晶体的各向异性常数。以六角晶系钴为例，其 $K_1 = 5 \times 10^6 \, \text{erg/cm}^3$，$A = 4 \times 10^{-6} \, \text{erg/cm}$，计算得 $\gamma = 17.9 \, \text{erg/cm}^2$，而实际上测得的 $\gamma = 16 \, \text{erg/cm}^2$，由此可见，理论和实验值相当符合。

立方晶系中三轴晶体内的 180°畴壁的厚度 δ_0 和表面能密度 γ 分别为：

$$\delta_0 = 2\pi\sqrt{\frac{A}{K_1}} \tag{5.2.3}$$

$$\gamma = 2\sqrt{AK_1} \tag{5.2.4}$$

式中，对于简单立方结构 $A = JS^2/a$，而对于体心立方结构，则 $A = 2JS^2/a$。J、S、a 和 K_1 代表的意义同单轴晶体时一致。铁金属在室温时为体心立方体，有关数据为 $J = 2.16 \times 10^{-14} \text{erg}$，$S = 1$，$a = 2.86 \text{Å}$，$K_1 = 4.2 \times 10^5 \text{erg/cm}^3$，将此数据代入式(5.2.4)，并按体心立方结构的情形计算得，$\gamma = 1.59 \text{erg/cm}^2$。而实际上测得的 $\gamma = 1.4 \text{erg/cm}^2$。由此可见，计算和实验值相当符合。

5.2.2 奈耳壁

以上处理布洛赫畴壁的一般定则是，保证在畴壁的内部和畴壁的面积上不出现磁荷，这一定则适合于大块样品。因为大块样品的厚度 D 比畴壁的厚度 δ 要大得多，畴壁平面内的退磁因子很小，所以出现磁荷而导致的能量项可以忽略不计。但是在铁磁薄膜样品中情况就大不相同了，样品厚度 D 比畴壁的厚度 δ 要大得多的条件可能不会成立，如图 5.2.3 所示，这时，退磁能便不能忽略。考虑了这项因为在畴壁的内部和畴壁的面积上出现磁荷而出现的退磁能的影响，薄膜的畴壁特性会有显著的变化。针对这种情况，奈耳提出了畴壁内原子磁矩方向改变的新方式，这就是原子磁矩的方向变化是在和样品表面平行的平面上进行，如图 5.2.4 所示。凡是这样的畴壁称为奈耳壁。奈耳壁出现在铁磁薄膜样品中。

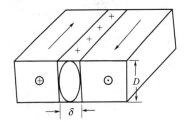

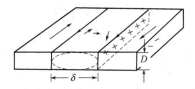

图 5.2.3　铁磁薄膜内的布洛赫壁　　　　图 5.2.4　铁磁薄膜内的奈耳壁

与块体样品做比较，铁磁薄膜样品具有特殊的性质：①它的厚度不超过 $10^{-5} \sim 10^{-4} \text{cm}$；②它的晶粒边界与晶体体积之比，远远超过大块材料同类数值之比；③存在着一个临界厚度。同样的材料，在小于临界厚度时，磁性要发生变化。

与布洛赫壁的处理类似，可得奈耳壁的能量 γ_N 和厚度 δ_N 如下：

$$\gamma_N = \frac{A\pi^2}{\delta_N} + \frac{K_1}{2}\delta_N + \frac{2\mu_0}{\pi^2} \times \frac{M_s^2 \delta_N D}{\delta_N + D} \tag{5.2.5}$$

$$\frac{K_1}{2} - \frac{A\pi^2}{\delta_N^2} + \frac{2\mu_0 M_s^2}{\pi^2} \times \left[\frac{D}{\delta_N + D} - \frac{\delta_N D}{(\delta_N + D)^2} \right] = 0 \tag{5.2.6}$$

式中，D 为薄膜样品厚度；M_s 为饱和磁化强度；K_1 为各向异性常数；A 同布洛赫壁关系式中的常数相同。

由于薄膜中出现奈耳壁，使得样品内部有了体积磁荷，它的散磁场将影响到周围原子磁矩的取向，因此在薄膜内出现特殊的畴壁，外形很像交叉的刺，故称为交叉畴壁或十字畴壁。畴壁能量和样品厚度的关系如图 5.2.5 所示。当样品厚度增大（$D \to \infty$）时，出现布洛赫壁的能量是较低的；当样品厚度逐渐变薄（$D \to 0$）时，出现奈耳壁的能量是有利的。薄膜厚度 D 与畴壁类型的关系，大致分为三个范围：$D < 200\text{Å}$，出现奈耳壁；$200\text{Å} < D < 1000\text{Å}$，出现十字壁；$D > 1000\text{Å}$，则为布洛赫畴壁。

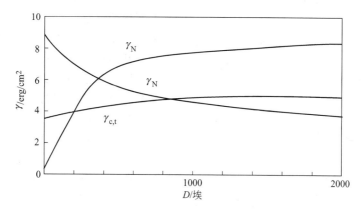

图 5.2.5 奈耳壁能量 γ_N、布洛赫壁能量 γ_B 和十字壁能量 $\gamma_{c,t}$ 与样品厚度 D 的关系

有些磁性材料是由很小的颗粒组成的，如果颗粒足够小，整个颗粒可以在一个方向自发磁化到饱和，成为一个磁畴，这样的颗粒称为单畴颗粒。单畴颗粒存在一个临界尺寸，大于这个临界值出现多畴，在此以下，成为单畴。不同的材料有不同的单畴颗粒临界尺寸。

单畴颗粒内不存在磁畴，不会有壁移（畴壁移动）磁化过程，只能有转动（磁矩转动）磁化过程。这样的材料，磁化和退磁都不容易，具有低磁导率和高矫顽力，是永磁材料所要求的特性。相反，在软磁材料的制备中，需要注意颗粒不宜太小，以免成为单畴，以致降低磁导率。

根据能量计算，磁晶各向异性较弱的（如金属铁）颗粒的临界半径 R_c 的公式为：

$$\frac{R_c^2}{\ln \dfrac{2R_c}{a} - 1} = \frac{9JS^2}{2\pi a M_s^2} \tag{5.2.7}$$

式中，a 为两原子间的距离；M_s 为饱和磁化强度；J 为相邻原子中电子之间的交换积分；S 为原子的总自旋角动量。

将铁的有关数据 $M_s = 1.710 \times 10^6 \text{A/m}$，$J = 2.16 \times 10^{-21}\text{J}$，$a = 2.86 \times 10^{-10}$ m，$S = 1$ 代入上式，得到 $R_c \approx 4 \times 10^{-8} \text{m}$（400Å）。

5.3 磁性材料的静态磁化与反磁化

静态过程是指铁磁材料在一定磁场下磁化或反磁化的稳定状态。在稳恒磁场下，它们的状态一般不再随时间而变化。磁畴结构已经被确认并成为研究铁磁体的磁化状态、磁化及反磁化过程的基础。现在不仅观察到了磁畴结构，而且采用各种磁相互作用能之和等于极小值的方法计算出了磁畴的分布、畴壁的厚度与畴壁能密度，成为分析静态磁化与反磁化过程的重要方法。

5.3.1 静态磁化过程

磁化过程是指处于磁中性的铁磁体在外磁场的作用下，其磁化状态随外磁场发生变化的过程。对磁化过程的宏观描述是磁化曲线，它代表了磁性材料在外磁场的基本特性。不同用途的磁性材料对其磁性能有不同的要求，因而对其磁化曲线的形状有不同的要求。

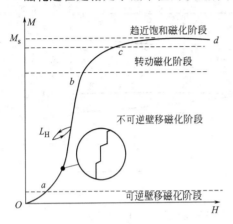

图 5.3.1　磁性材料的典型
磁化曲线和磁化过程
（圆内所示为巴克豪森跳跃示意图）

尽管不同材料的磁化曲线不同，但是大多数磁化曲线具有共同的规律。一条典型的技术磁化曲线大致可分为以下几个阶段，如图 5.3.1 所示。

（1）可逆壁移磁化区域（磁场很弱）

在此区域磁化强度 M（或磁感应强度 B）与外磁场 H 保持线性关系，磁化过程是可逆的。因而有

$$\begin{cases} M = \chi_i H \\ B = \mu_i \mu_0 H \end{cases} \tag{5.3.1}$$

其中 χ_i 和 μ_i 分为起始磁化率和起始磁导率，是铁磁体的特征常数。

（2）不可逆壁移磁化区域（磁场略强）

在此区域 M（或 B）与 H 不再保持线性关系，磁化开始出现不可逆过程，M（或 B）与 H 之间存在如下规律

$$\begin{cases} M = \chi_i H + bH^2 \\ B = \mu_0(\mu_i H + bH^2) = \mu_0 \mu H \end{cases} \tag{5.3.2}$$

式中 $\mu = \mu_i + bH^2$，b 为瑞利常数。M（或 B）随 H 增大而急剧增加，磁化率和磁导率经过其最大值 χ_m 和 μ_m，在这一区域可能出现剧烈的不可逆畴壁位移过程，出现巴克豪森跳跃，磁矩的变化较大，磁化曲线极其陡峻。

（3）转动磁化区域（较强磁场）

转动磁化阶段是在较强磁场下进行的。磁化曲线逐渐比较平缓，到后期时，磁化过程又逐渐成为可逆过程。

（4）趋近饱和区域（强磁场）

磁化曲线缓慢地升高，最后趋近于一水平线（技术饱和），这一阶段具有比较普遍的规律性。

（5）顺磁区域（更强磁场）

技术磁化饱和后，进一步增加磁场，铁磁体的自发磁化强度 M_s 本身变大。

由于外磁场远小于分子场，因此 M_s 随外磁场的增加是极其有限的，与之对应的顺磁化率一般都很小。

顺磁区域之前的 4 个磁化阶段统称为技术磁化阶段。以上磁化过程可以用数学式来表示。经热退磁或交流退磁后，铁磁体各磁畴的总磁化强度应为：

$$\sum_i \boldsymbol{M}_s v_i \cos\theta_i = 0 \tag{5.3.3}$$

式中，v_i 是第 i 个磁畴的体积；θ_i 是第 i 个磁畴的磁化强度矢量 $\boldsymbol{M}_s$ 与任一特定方向间的夹角。当加上外磁场 $\boldsymbol{H}$ 时，铁磁体被磁化，沿 H 方向的磁化强度 δM_H 原则上可表示为：

$$\delta M_H = \sum_i (M_s \cos\theta_i \delta v_i - M_s v_i \sin\theta_i \delta\theta_i + v_i \cos\theta_i \delta M_s) \tag{5.3.4}$$

式(5.3.4)中第一项代表沿外磁场方向的磁畴长大对总磁化的贡献，这个过程是通过磁畴畴壁的位移来进行的，称为畴壁位移过程（简称壁移过程）；第二项代表磁化矢量 $\boldsymbol{M}_s$ 的方向改变对总磁化的贡献，称为磁化矢量转动过程（简称畴转过程）；第三项代表顺磁过程，即 M_s 本身数值增大，它是单位体积内正自旋（沿磁场方向）磁矩的增加。

由上可以了解，技术磁化过程是通过畴壁位移和磁化矢量转动过程实现的。

5.3.2　畴壁位移过程

在畴壁位移过程中，铁磁体内的自由能和外磁场能都将不断发生变化。铁磁体内的自由能的变化主要是当畴壁在不同位置时畴壁能的变化、磁畴内应力能的变化以及内部散磁场能的变化等。畴壁的平衡位置决定于各部分自由能及外磁场能量的总和达到极小值的条件。图5.3.2 表示了具有几个易磁化轴的磁性材料在外磁场作用下的壁移过程。

畴壁位移分为可逆壁移和不可逆壁移过程两大类。

可逆壁移过程发生在弱磁场中的起始磁化区域，这一过程决定了一些重要的磁学量，如起始磁化率和可逆磁化率。在可逆壁移过程中，畴壁的各个位置都是稳定的平衡位置，如果减少磁场，畴壁可退回原位置，即磁化曲线可沿原路线下降而无磁滞现象。与此相反，不可逆

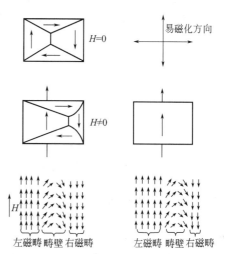

图 5.3.2　磁畴畴壁位移磁化示意图

壁移过程中，如果减少磁场，畴壁不能退回原位置，磁化曲线也不能沿原路线下降，而形成磁滞现象。不可逆壁移过程对应于最大磁导率阶段。在不可逆壁移过程的磁化曲线上可以看到，如果不增加磁场，磁化矢量依然增加（畴壁位移继续进行），形成一个跳跃。这种跳跃式的畴壁位移过程称为巴克豪森跳跃，它是由

于畴壁处在非稳定状态而造成的。

畴壁位移的阻力主要来自材料内部结构的不均匀，例如内应力的不均匀、杂质和空洞分布不均匀等。由于目前对材料不均匀性很难准确了解，以及各种不同材料结构状态的复杂性，因此只能建立一些简单模型进行半定量分析。有两种理论模型，即内应力理论和掺杂理论，可逆和不可逆壁移过程有着同样的阻力来源，因此可以采用相同的理论模型来分析。

对于可逆和不可逆壁移过程，可通过自由能 F 对畴壁位移 x 的变化进行判定。即在增加磁场时，畴壁位置是否达到 $\left(\dfrac{\partial F}{\partial x}\right)$ 的极大值 $\left(\dfrac{\partial F}{\partial x}\right)_{\max}$ 作为判据，此时 $\left(\dfrac{\partial^2 F}{\partial x^2}\right)=0$。如果 $\left(\dfrac{\partial F}{\partial x}\right)$ 没有达到 $\left(\dfrac{\partial F}{\partial x}\right)_{\max}$，且 $\left(\dfrac{\partial^2 F}{\partial x^2}\right)>0$，则为可逆壁移过程；如果 $\left(\dfrac{\partial^2 F}{\partial x^2}\right)<0$，则为不可逆壁移过程。

当 $\left(\dfrac{\partial F}{\partial x}\right)$ 达到 $\left(\dfrac{\partial F}{\partial x}\right)_{\max}$ 时的磁场强度 H_0 称为临界场。对于 $180°$ 畴壁，$H_0=\dfrac{1}{2\mu_0 M_s}\left(\dfrac{\partial F}{\partial x}\right)_{\max}$；对于 $90°$ 畴壁，$H_0=\dfrac{1}{\mu_0 M_s}\left(\dfrac{\partial F}{\partial x}\right)_{\max}$。

5.3.3　磁化矢量转动过程

未加磁场时，铁磁体各磁畴内的磁化矢量均停留在易磁化轴方向。加磁场后，磁化矢量发生转动，可分为可逆和不可逆畴转两大类。在转动过程中，磁各向异性能（包括磁晶各向异性能、应力各向异性能、形状各向异性能等）增加，磁场能降低。转角的大小由磁各向异性能与外磁场能之和等于极小值来确定。图5.3.3表示了磁畴的磁化强度矢量克服磁晶各向异性（或应力各向异性）的阻力而转向外磁场方向的过程，即畴转过程。

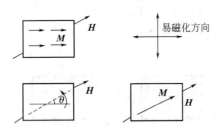

图 5.3.3　磁畴转动磁化示意图

铁磁性材料的磁化过程，通常为可逆壁移完成后是不可逆壁移过程，不可逆壁移结束后开始可逆和不可逆磁化矢量转动过程，不可逆磁化矢量转动过程对应于磁化曲线的趋近饱和阶段。有一些特殊的情况，例如坡莫合金中的恒导磁材料、磁导率不太高的铁氧体材料、以及强外力作用下的坡莫合金丝等，其起始磁化阶段即为可逆磁化矢量转动过程。磁化矢量转动的阻尼来源于各种形式的磁各向异性能。

以单轴各向异性的一球形单畴粒子为例来说明，在此略去应力各向异性。未加磁场时，磁化矢量 M_s 沿 [0001] 方向。在与 [0001] 轴夹角为 θ_0 的方向上加外磁场 H，设 M_s 的转角为 θ，于是有

$$F_K=K_0+K_1\sin^2\theta \tag{5.3.5}$$

$$F_H=-\mu_0 M_s H\cos(\theta_0-\theta) \tag{5.3.6}$$

$$F=F_K+F_H=K_0+K_1\sin^2\theta-\mu_0 M_s H\cos(\theta_0-\theta) \tag{5.3.7}$$

根据畴转过程的平衡条件，即转角的大小由磁各向异性能与外磁场能之和等于极小值来确定，因此 θ 由下式确定

$$
\frac{\partial F}{\partial \theta} = 2K_1 \sin\theta\cos\theta - \mu_0 M_s H \sin(\theta_0 - \theta) = 0
$$

$$
\frac{\partial^2 F}{\partial \theta^2} = 2K_1 \cos 2\theta + \mu_0 M_s H \cos(\theta_0 - \theta) > 0
$$

（5.3.8）

满足以上转角 θ 条件的过程为可逆畴转过程，随着 H 增加，转角 θ 逐渐变大。当外磁场 H 足够大使转角 θ 满足以下关系式时

$$
\begin{cases}
\dfrac{\partial F}{\partial \theta} = 0 \\[2mm]
\dfrac{\partial^2 F}{\partial \theta^2} = 0
\end{cases}
$$

（5.3.9）

磁化矢量转动变为不可逆磁化过程。

5.3.4 静态反磁化过程

反磁化过程是指铁磁体沿一个方向达到技术饱和磁化状态后逐渐减小磁场到零，然后再沿相反方向达到技术饱和磁化状态的过程。和磁化过程一样，反磁化过程也是通过两种方式进行，即畴壁位移（壁移）和磁化矢量转动（畴转）。反磁化过程的主要特征是存在磁滞现象，即磁化强度的变化落后于磁场变化的现象。磁滞现象来自不可逆磁化过程，它的表现形式是磁滞回线，即磁化强度 $\boldsymbol{M}$ 或磁感应强度 $\boldsymbol{B}$ 随磁场强度 $\boldsymbol{H}$ 变化所形成的闭合曲线，如图 5.3.4(a) 和图 5.3.4(b) 所示。

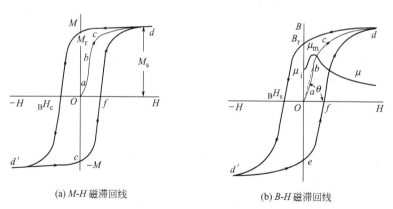

(a) M-H 磁滞回线　　　　　　　(b) B-H 磁滞回线

图 5.3.4　磁滞回线示意图

由磁滞回线可定义三个主要磁学量：剩余磁化强度 M_r、矫顽力 H_c 和最大磁能积 $(BH)_{max}$。当磁性材料磁化到饱和后，将 $\boldsymbol{H}$ 减为零，则磁化强度 $\boldsymbol{M}$ 或磁感应强度 $\boldsymbol{B}$ 也将减小，由于材料内部存在的各种杂质和不规则应力所产生的摩擦性阻抗，使 $\boldsymbol{M}$ 和 $\boldsymbol{B}$ 不能回到零，而沿另一条曲线回到 M_r 或 B_r，称为剩余磁化强度 M_r 或剩余磁感应强度 B_r；如果要使 $\boldsymbol{M}$ 或 $\boldsymbol{B}$ 减到零，必须加上足够大的反向磁场，这样的磁场强度成为内禀矫顽力$_M H_c$ 或$_B H_c$，$_M H_c$ 总是大于$_B H_c$。

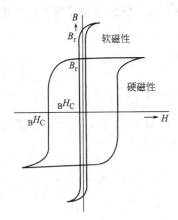

图 5.3.5　铁氧体软磁和硬磁
材料的磁滞回线比较

矫顽力 H_c 是表征磁滞的主要磁学量,它代表反磁化所对应的磁场,或者说代表反磁化过程的"平均"磁场。一般磁性材料都有相应的磁滞回线,但由于磁特性的不同,其磁滞回线的形状也有很大的差异。常用的软磁铁氧体和硬磁铁氧体的磁滞回线如图 5.3.5 所示。

磁滞现象的存在说明有能量损耗。可以证明,铁磁体在磁化一周的过程中,所损耗的外磁场能等于磁滞回线所包围的面积,这些能量以热的形式放出。从某种意义上说,研究反磁化问题的核心就是研究矫顽力。

根据反磁化过程中壁移和畴转的阻力来源,产生磁滞的各种可能机理如下。

① 在畴壁不可逆位移过程中,由应力和掺杂所引起的磁滞。

②"反磁化核"的成长过程导致磁滞。

③ 晶格的点缺陷、面缺陷对畴壁的钉扎所引起的磁滞。

④ 在磁化矢量不可逆转动过程中,由磁各向异性能引起的磁滞。

在畴壁不可逆位移过程中,应力的起伏和杂质的分布是壁移过程中自由能变化的两种机制,根据应力和杂质的作用差异,出现了两种矫顽力理论,即内应力理论和掺杂理论。

内应力理论得到的定性结论为以下几点。

① 临界磁场 H_0 或矫顽力 H_c 随内应力起伏的平均值的增大而成正比地增大。

② 当内应力的变化周期与畴壁厚度 δ 有相同数量级时,H_0 或 H_c 最大。

掺杂理论得到的定性结论为。

① H_0 或 H_c 随掺杂物质的浓度的增加而增加。

② 当掺杂物质的弥散度使畴壁厚度 $\delta \approx d$(杂质的球半径)时,H_0 或 H_c 达到最大值。

③ H_0 或 H_c 的温度依赖性,基本由有效各向异性常数 $K_{有效}(T)$ 和 $M_s(T)$ 对于温度的依赖性决定。

反磁化过程是铁磁样品从沿某一方向技术饱和磁化状态开始的,由于壁移过程已经完成,饱和磁化状态下的样品中不可能存在反磁化畴。那么反磁化过程的畴壁移动又如何进行呢?这是因为任何大块铁磁材料,即使是相当完整的晶体,也不可避免地存在着局部的内应力和掺杂,在其存在的局部小区域内磁化矢量往往与整体磁化强度的方向存在着某些偏离,由于体积甚小,故被称为"反磁化核"。一旦受到足够强的反磁化场,这些反磁化核将成长为反磁化畴,从而为反磁化过程的畴壁位移创造条件。根据反磁化核成长理论,反磁化核能继续长大的条件为:

$$2\mu_0 HM_s \mathrm{d}v \geqslant 2\mu_0 H_0 M_s \mathrm{d}v + \gamma \mathrm{d}s + \mathrm{d}F_{退磁} \tag{5.3.10}$$

式中，$2\mu_0 HM_s \mathrm{d}v$ 为磁场能的变化；$\gamma \mathrm{d}s$ 为由于核的表面积增加 $\mathrm{d}s$ 而引起的畴壁能的增加，γ 为畴壁能密度；$\mathrm{d}F_{退磁}$ 为退磁能的变化。

"形核"与"钉扎"是反磁化过程中，引起磁滞的两个不同机制，但却都是由掺杂物质的作用所引起。缺陷在反磁化过程中有利于形成反磁化核，缺陷数目越多，反磁化核越容易形成，矫顽力就越低；另外，缺陷对畴壁具有钉扎作用，阻碍畴壁移动，使矫顽力提高。这是同一种掺杂物质在反磁化过程中起到的不同的作用。具体地讲，钉扎作用由两种机制产生：①缺陷产生局部的应力能和散磁场能，这些能量对畴壁的结构和畴壁能密度将产生影响；②缺陷部位的交换常数、磁晶各向异性常数将发生变化，直接造成交换能和磁晶各向异性能的变化。由于无外场时畴壁总是位于畴壁能最小的地方，因此上述能量的变化对畴壁具有钉扎效应。

对于由单畴粒子组成的铁磁材料（包括由单畴颗粒制备的铁氧体材料、微粉合金材料、单畴结构的磁性薄膜、单畴脱溶粒子组成的高矫顽力合金等），其单畴粒子被非磁性或弱磁性材料所隔开，因而不存在畴壁，磁化及反磁化过程只能通过磁化矢量 $\boldsymbol{M}_s$ 的转动来完成。磁化矢量 $\boldsymbol{M}_s$ 转动的阻力来自各种形式的磁各向异性能，对于由此造成的磁滞，即获得最大矫顽力的理想条件为：①各粒子均为单畴，不受磁场影响，而且各粒子的晶轴取向完全一致，$\boldsymbol{M}_s$ 的转动亦一致（一致转动过程）；②粒子堆积成样品时，浓度极小，近似于独立状态，当单轴粒子集合体中的粒子密度增大时，必须考虑粒子间的磁相互作用，而这种相互作用的存在使集合体的矫顽力降低。

5.4 铁磁材料在动态磁化过程中的磁损耗

5.4.1 概述

与静态磁化过程相比，铁磁体在交变磁场中的磁化过程，即动态磁化过程，有其显著的特点：①由于磁场在不停地变化，因此磁感应强度的变化落后于磁场变化的磁滞现象，表现为磁感应强度比外加的交变磁场落后一相位，其磁导率为一个复数，而在静磁场下，其磁导率是实数，各向同性的铁磁物质在交变磁场中的复磁导率，不仅随外加磁场的幅值和外加磁场的频率变化，而且在不同的频段，决定复数磁导率的物理机制也很不相同；②各向同性的铁磁物质在交变磁场中（特别是在高频的交变场中）往往处在交变磁场和交变电场的同时作用下，铁磁物质又往往也是电介质（如铁氧体），因而处在交变场中的铁磁物质往往同时显示其铁磁性和介电性；③在动态磁化过程中，不仅存在着磁滞损耗，还存在着涡流损耗以及由磁后效、畴壁共振、自然共振所产生的能量损耗，故能量损耗明显增大。

在静态和准静态的情况下，各向同性和均匀的铁磁物质的磁导率为一标量和实数；如果铁磁物质为各向异性，则其磁导率为一张量 $\boldsymbol{\mu}$，即 $\boldsymbol{B} = \boldsymbol{\mu}\boldsymbol{H}$，写成分量形式为：

$$\begin{cases} \boldsymbol{B}_1 = \boldsymbol{\mu}_{11}\boldsymbol{H}_1 + \boldsymbol{\mu}_{12}\boldsymbol{H}_2 + \boldsymbol{\mu}_{13}\boldsymbol{H}_3 \\ \boldsymbol{B}_2 = \boldsymbol{\mu}_{21}\boldsymbol{H}_1 + \boldsymbol{\mu}_{22}\boldsymbol{H}_2 + \boldsymbol{\mu}_{23}\boldsymbol{H}_3 \\ \boldsymbol{B}_3 = \boldsymbol{\mu}_{31}\boldsymbol{H}_1 + \boldsymbol{\mu}_{32}\boldsymbol{H}_2 + \boldsymbol{\mu}_{33}\boldsymbol{H}_3 \end{cases} \tag{5.4.1}$$

式中，$\boldsymbol{B}_i$，$\boldsymbol{H}_j (i, j = 1, 2, 3)$ 分别为磁感应强度和外加稳恒磁场的分量，$\boldsymbol{\mu}_{ij}$ 为磁导率张量的分量，且为实数。

在交变磁场（动态）的情况下，磁导率将不再是实数而是复数了。如果还有恒定磁场的同时作用，则各向同性铁磁物质的磁导率也是张量。将振幅为 $\boldsymbol{H}_m$、圆频率为 ω 的交变磁场

$$\boldsymbol{H} = \boldsymbol{H}_m \cos\omega t = \boldsymbol{H}_m e^{i\omega t} \tag{5.4.2}$$

作用在各向同性的铁磁物质上，由于存在阻碍磁矩运动的各种阻尼作用，磁感应强度 $\boldsymbol{B}$ 将落后于外加磁场 $\boldsymbol{H}$ 某一相位角 δ（称为损耗角），$\boldsymbol{B}$ 可表示为

$$\boldsymbol{B} = \boldsymbol{B}_m \cos(\omega t - \delta) = \boldsymbol{B}_m \cos\delta \cos\omega t + B_m \sin\delta \cos\left(\omega t - \frac{\pi}{2}\right) \tag{5.4.3}$$

或写成复数形式 $\boldsymbol{B} = \boldsymbol{B}_m e^{i(\omega t - \delta)}$。因此，铁磁物质在交变磁场中复数磁导率可表示为：

$$\mu = \frac{1}{\mu_0} \times \frac{B}{H} = \frac{B_m}{\mu_0 H_m} e^{-i\delta} = \mu' - i\mu'' \tag{5.4.4}$$

式中，$\mu' = \dfrac{B_m}{\mu_0 H_m}\cos\delta$，$\mu'' = \dfrac{B_m}{\mu_0 H_m}\sin\delta$。

在静态磁化过程中，没有考虑磁化强度达到稳定状态的时间效应。实际上，由于磁化过程中的壁移和畴转都是以有限速度进行的，当磁场发生突变时，相应的磁化强度的变化在磁场稳定后还需要一段时间才能稳定下来。在低温下，这段时间可长达 10min 以上。把磁化强度逐渐达到稳定状态的时间称为磁化弛豫时间，而把这一过程称为磁化弛豫过程。

在动态磁化过程中，这种磁化弛豫过程将导致磁频散，即复数磁导率的实部与虚部都随频率而变化的现象，而复数磁导率随频率的变化关系称为磁谱。磁化弛豫和磁频散是同一物理过程的两种表现，即在静态和动态磁化过程中的表现。磁谱的广义定义是物质的磁性与磁场频率的关系，包括顺磁物质的弛豫和共振现象，以及铁磁共振现象。磁谱的狭义定义则仅指强磁性物质在弱交变磁场中的起始磁导率与频率的关系。铁氧体磁性材料一般典型的磁谱图大体分成五个频率区域（图 5.4.1），在不同的频段内，不同的机理起着主要作用，各区域的特征如下。

第一区：低频阶段（$f < 10^4$ Hz），μ' 和 μ'' 变化很小。

第二区：中频阶段（10^4 Hz $< f < 10^6$ Hz），μ' 和 μ'' 变化也很小，有时 μ'' 出现峰值，称为内耗，也有时出现尺寸共振和磁力共振现象。

第三区：高频阶段（10^6 Hz $< f < 10^8$ Hz），μ' 急剧下降而 μ'' 迅速增加，主要是由于畴壁的共振或弛豫。

第四区：超高频阶段（10^8 Hz $< f < 10^{10}$ Hz），出现共振型磁谱曲线，主要属

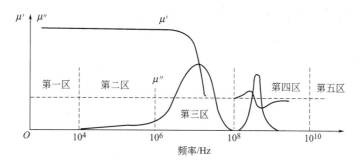

图 5.4.1　铁氧体的典型磁导率谱曲线

于自然共振，可能 $\mu'-1<0$。

第五区：极高频阶段（微波～红外，$f>10^{10}$ Hz），属于自然交换共振区域，实验观测尚不多。

铁磁材料在动态磁化过程中，一方面被磁化，另一方面存在能量损耗。磁损耗是指和磁化或反磁化过程相联系的涡流、磁滞、磁化弛豫、磁后效、各种共振损耗等。在不同的交变磁场频段内以及不同磁场幅值范围内，磁损耗机制不同。

5.4.2　磁体的磁损耗和储能

由于复数磁导率虚部 μ'' 的存在，使得磁感应强度 $\boldsymbol{B}$ 落后于外加磁场 $\boldsymbol{H}$，这将引起铁磁性物质在交变磁化的过程中不断消耗外加能量。处于均匀交变磁场中的单位体积的铁磁体，单位时间的平均能量损耗（称为磁损耗功率密度）为

$$\boldsymbol{P}_{耗}=-\frac{1}{T}\int_0^T \boldsymbol{H}\mathrm{d}\boldsymbol{B}=-\frac{1}{T}\int_0^T H_m\cos\omega t B_m\sin(\omega t-\delta)\mathrm{d}(\omega t)=\frac{1}{2}\omega H_m \boldsymbol{B}_m\sin\delta$$

由于 $\mu''=\dfrac{\boldsymbol{B}_m}{\mu_0 \boldsymbol{H}_m}\sin\delta$，磁损耗功率密度又可表示为：

$$\boldsymbol{P}_{耗}=\pi f\mu_0\mu''\boldsymbol{H}_m^2 \tag{5.4.5}$$

式中，f 为外加交变磁场的频率。由式（5.4.5）可知，单位体积的铁磁体内的磁损耗功率与复数磁导率的虚部成正比，而与其实部无关。此外，它跟外加交变场的频率和幅值平方成正比。处在外加交变磁场 $\boldsymbol{H}=\boldsymbol{H}_m\cos\omega t=\boldsymbol{H}_m\mathrm{e}^{\mathrm{i}\omega t}$ 中的铁磁体，其内部储藏的能量密度为：

$$w_{储磁}=\frac{1}{T}\int_0^T \frac{1}{2}\boldsymbol{H}_m\cos\omega t B_m\cos(\omega t-\delta)\mathrm{d}t=\frac{1}{2}H_m\boldsymbol{B}_m\cos\delta \tag{5.4.6}$$

由于 $\mu'=\dfrac{\boldsymbol{B}_m}{\mu_0 \boldsymbol{H}_m}\cos\delta$，因此又有

$$w_{储磁}=\frac{1}{2}\mu_0\mu'\boldsymbol{H}_m^2 \tag{5.4.7}$$

由式（5.4.7）可知，在交变磁场中，铁磁体内储藏的磁能密度与复数磁导率的实部成正比，而与虚部无关，并与外加交变磁场的幅值成正比。

综上所述，铁磁体的复数磁导率的实部与它在交变磁场中的储能密度有关，而虚部则与它在单位时间内损耗的能量有关。

5.4.3 铁磁体的 Q 值和损耗角正切 $\tan\delta_\mu$

对于铁磁性物质，Q 值是反映铁磁性物质内禀性质的物理量，称为品质因数，定义为：

$$Q=2\pi f\,\frac{\text{铁磁体内的储能密度}}{\text{单位体积的损耗功率}}=2\pi f\,\frac{\frac{1}{2}\mu_0\mu' H_m^2}{\pi f\mu_0\mu'' H_m^2}=\frac{\mu'}{\mu''} \tag{5.4.8}$$

Q 值的倒数称之为磁损耗系数或损耗角正切，并以 $\tan\delta_\mu$ 来表示，即

$$\tan\delta_\mu=\frac{1}{Q}=\frac{\mu''}{\mu'} \tag{5.4.9}$$

5.4.4 磁滞损耗

由畴壁的不可逆移动或磁矩的不可逆转动所引起的磁感应强度随磁场强度变化的滞后效应，称之为磁滞效应。正如前面章节讲到的那样，当外加磁场很小时，铁磁体的磁化是可逆的，即不存在磁滞效应，这种磁场范围称为起始磁导率（μ_i）范围。超过起始磁导率范围，就会出现磁滞效应，如果所加的磁场振幅不大，则磁化一周得到的磁滞回线可以用解析式来表示。这种磁滞回线称为瑞利磁滞回线，所对应的磁场范围成为瑞利区（静态磁化的不可逆壁移磁化区域），它对应于低频弱磁场区域。

在低频弱磁场区内，即动态频率和磁场振幅不大时，在交变磁场 $H=H_m\cos\omega t$ 的作用下，动态磁滞回线为瑞利磁滞回线，可解析表示为：

$$B(t)=\mu_0(\mu_i+\eta H_m)H_m\cos\omega t\pm\frac{\eta}{2}\mu_0 H_m^2\sin\omega t \tag{5.4.10}$$

式中，μ_i 为起始磁导率，η 为瑞利常数，"+"代表磁滞回线的下降曲线，"−"代表磁滞回线的上升曲线。

对上式经过傅立叶级数转换，可表示为：

$$B(t)=\mu_0(\mu_i+\eta H_m)H_m\cos\omega t+\frac{\mu_0}{2}H_m^2\left(\frac{8}{3\pi}\sin\omega t-\frac{8}{15\pi}\sin3\omega t+\cdots\right)$$

保留上式中基波成分，略去三次以上谐波成分，则得到

$$B(t)=\mu_0(\mu_i+\eta H_m)\cdot H_m\cos\omega t+\frac{4\mu_0\eta}{3\pi}H_m\cdot H_m\cos\left(\omega t-\frac{\pi}{2}\right) \tag{5.4.11}$$

根据复数磁导率的定义，从上式可得到瑞利区的复数磁导率的实部与虚部分别为：

$$\mu'=\mu_i+\eta H_m \tag{5.4.12}$$

$$\mu''=\frac{4\eta}{3\pi}H_m \tag{5.4.13}$$

由此可知，在低频弱磁场的瑞利区，代表铁磁体内储能相关的物理量，即复数磁导率实部 μ' 与外加磁场的幅值 H_m 成正比，而且与瑞利常数 η 也成正比；代表铁磁体内磁损耗的物理量，即复数磁导率虚部 μ'' 同样也与 H_m 和 η 成正比。

将瑞利区的复数磁导率的实部与虚部代入磁损耗功率密度公式得到

$$P_{\mathrm{h}} = \frac{4}{3}\mu_0\eta H_{\mathrm{m}}^3 f \tag{5.4.14}$$

因此，由磁滞损耗引起的损耗功率与外加磁场的频率是成正比的，与外加磁场的幅值的三次方也成正比，同时还与瑞利常数成正比。在外加磁场的频率和幅值确定的情况下，增大瑞利常数可提高由磁滞损耗引起的功率损耗。

在低频弱磁场的瑞利区，由磁滞损耗引起的磁损耗系数或损耗角正切写成 $\tan\delta_{\mathrm{h}}$，可表示为：

$$\tan\delta_{\mathrm{h}} = \frac{\mu''}{\mu} = \frac{4}{3\pi}\times\frac{\eta H_{\mathrm{m}}}{\mu_{\mathrm{i}}+\eta H_{\mathrm{m}}} \tag{5.4.15}$$

5.4.5 涡流损耗

当外加交变磁场作用于铁磁导体时，铁磁导体内的磁通量及磁感应强度发生相应的变化，根据电磁感应定律，这种变化将在电磁导体内产生垂直于磁通量的环形感应电流，即涡电流。这种涡流反过来又将激发一个磁场来阻止外加磁场引起的磁通量的变化。因此，铁磁导体内的实际磁场（或磁感应强度）总是滞后于外加磁场，这就是涡流对磁化的滞后效应。这种效应如果发生在外加磁场的频率较大，铁磁导体的电阻率又较小，则有可能使得在铁磁导体内部几乎完全没有磁场而只存在于表面的一薄层中，这就是趋肤效应。

涡流对铁磁体的复数磁导率产生影响，在铁磁导体内产生焦耳热，造成能量损耗，这种损耗称为涡流损耗。对于不同形状的铁磁体，由于它们的麦克斯韦方程的边界条件不同，磁导率及功率损耗的具体计算稍有不同，但计算方法是一致的。下面就不同形状的铁磁导体的涡流损耗进行说明。

（1）无限大铁磁导电薄板

如图 5.4.2 所示，设铁磁导电薄板在 x 方向的厚度为 $2d$，在 y、z 方向上是无限延伸的，坐标原点选在此薄板的中央，外加交变磁场 $\boldsymbol{H}_{\mathrm{m}}\mathrm{e}^{\mathrm{i}\omega t}$ 的方向在 z 轴。必须注意，在铁磁导体内部的磁场是外加交变磁场和由涡流所产生的磁场之和。根据麦克斯韦方程及铁磁导电薄板的对称性和边界条件，可求得在铁磁导电薄板的内部，磁场强度只有 z 分量而无 x、y 分量。与静态弱磁场下（起始磁导率区域）的磁感应强度与磁场强度的关系不同，即 $\boldsymbol{B}=\mu_0\mu_{\mathrm{i}}\boldsymbol{H}$；在交变磁场中，由于涡流的存在，在铁磁导电薄板内的磁感应强度与磁场强度的关系为：

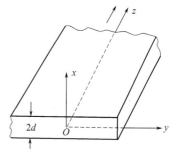

图 5.4.2　无限大铁磁导电薄板

$$\boldsymbol{B} = \frac{\mu_0\mu_{\mathrm{i}}}{qd}\mathrm{th}(qd)\boldsymbol{H}_{\mathrm{m}}\mathrm{e}^{\mathrm{i}\omega t} \tag{5.4.16}$$

式中，μ_{i} 为静态磁场下的起始磁导率，$q=\sqrt{\mathrm{i}\omega\sigma\mu_0\mu_{\mathrm{i}}}$，$\sigma$ 为电导率，ω 为交变磁场的圆频率。定义平均起始复数磁导率 $\widetilde{\mu}_{\mathrm{i}}$ 为平均磁感应强度与外加交变磁场强度之比，则由式(5.4.16)得

$$\widetilde{\overline{\mu}}_i = \frac{\text{th}(qd)}{qd}\mu_i \tag{5.4.17}$$

由此可见，涡流效应引起的铁磁导体的磁导率为复数，并且其平均起始复数磁导率与不考虑涡流效应时（静态弱磁场）的起始磁导率 μ_i 成正比，而且与样品的几何尺寸、电导率以及外加交变磁场的频率有关。

$$H_e = H_m e^{i\omega t}$$

将 $\widetilde{\overline{\mu}}_i$ 进一步化解为实部与虚部为：

$$\overline{\mu}_i' = \sqrt{\frac{\omega_\omega}{\omega}}\frac{\mu_i}{2}\frac{\text{sh}2\sqrt{\omega/\omega_\omega}+\sin2\sqrt{\omega/\omega_\omega}}{\text{ch}2\sqrt{\omega/\omega_\omega}+\cos2\sqrt{\omega/\omega_\omega}} \tag{5.4.18}$$

$$\overline{\mu}_i'' = \sqrt{\frac{\omega_\omega}{\omega}}\frac{\mu_i}{2}\frac{\text{sh}2\sqrt{\omega/\omega_\omega}-\sin2\sqrt{\omega/\omega_\omega}}{\text{ch}2\sqrt{\omega/\omega_\omega}+\cos2\sqrt{\omega/\omega_\omega}} \tag{5.4.19}$$

式中，$\omega_\omega = \dfrac{2}{\sigma\mu_0\mu_i d^2}$ 称为极限频率，亦即铁磁导体的使用极限频率。

将 $\overline{\mu}_i''$ 代入磁损耗功率公式，则得到涡流效应引起的，在无限大铁磁导电薄板内单位体积的磁损耗功率为：

$$P_e = \frac{1}{4}\sqrt{\omega\omega_\omega}\mu_0\mu_i \frac{\text{sh}2\sqrt{\omega/\omega_\omega}-\sin2\sqrt{\omega/\omega_\omega}}{\text{ch}2\sqrt{\omega/\omega_\omega}+\cos2\sqrt{\omega/\omega_\omega}} \tag{5.4.20}$$

① 在低频下使用的具有高电阻率的铁磁导电薄板，即 $\omega/\omega_\omega \to 0$，则 $\overline{\mu}_i''$ 可简化为：

$$\overline{\mu}_i'' \approx \frac{2}{3}\frac{\omega}{\omega_\omega}\mu_i = \frac{2\pi}{3}\mu_0\mu_i^2 d^2 f\sigma = \frac{2}{3}\times\frac{\pi\mu_0\mu_i^2 d^2 f}{\rho} \tag{5.4.21}$$

式中 ρ 为电阻率。此时磁损耗功率为：

$$P_e = \frac{1}{3}\mu_0\mu_i H_m^2 \omega^2 \omega_\omega^{-1} = \frac{2}{3}\pi^2 d^2 f^2 B_m^2\sigma = \frac{2}{3}\times\frac{\pi^2 d^2 f^2 B_m^2}{\rho} \tag{5.4.22}$$

② 对于 $\omega = \omega_\omega$ 的使用情况下，$\overline{\mu}_i''$ 可简化为 $\overline{\mu}_i'' \approx \frac{2}{5}\mu_i$，则此时磁损耗功率为：

$$P_e = \frac{1}{5}\pi d^2 f\omega_\omega B_m^2\sigma = \frac{1}{5}\times\frac{\pi d^2 f\omega_\omega B_m^2}{\rho} \tag{5.4.23}$$

从以上铁磁导电薄板的分析结果看，如果需要提高其涡流效应带来的磁损耗，则提高铁磁物质的电导率和薄板厚度将是有效的方法。

（2）圆柱形铁磁导体

设一圆柱形铁磁样品置于一沿圆柱轴的交变磁场中，如图5.4.3所示。根据麦克斯韦方程及样品的对称性和边界条件，可求得由于涡流效应导致的单位体积的圆柱形铁磁导体的损耗功率为：

$$P = \frac{\pi^2 r_0^2 f^2 B_m^2}{4\rho} \tag{5.4.24}$$

式中，r_0 为圆柱体的半径；ρ 为圆柱体的电阻率；f 为交变磁场频率；B_m 为圆柱体内的磁感应强度。

由此可见，单位体积的圆柱体铁磁样品的平均损耗功率与圆柱体半径的平方成正比。因此，增大圆柱体半径是提高涡流损耗的有效方法。相反，如果将一圆柱体细分成多个半径较小的圆柱体，则涡流电流引起的损耗功率将大大减小。

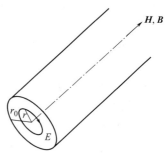

图 5.4.3　交变磁场中的圆柱形铁磁导体

（3）球形铁磁导体

将一球形样品置于一均匀的外加交变磁场中，如图 5.4.4 所示。根据麦克斯韦方程及样品的对称性和边界条件，可求得由于涡流效应导致的单位体积的球形铁磁导体的损耗功率为：

$$P = \frac{\pi^2 R_0^2 f^2 B_m^2}{5\rho} \tag{5.4.25}$$

式中，R_0 为球体的半径；ρ 为球体的电阻率；f 为交变磁场频率；B_m 为球体内的磁感应强度。

由此可见，单位体积的球形铁磁样品的平均损耗功率与球体半径的平方成正比。因此，增大球体半径是提高涡流损耗的有效方法。

综上所述，对于铁磁导电样品，其形态无论为片状、圆柱体还是球体，涡流效应引起的损耗功率全都正比于外加交变磁场频率的平方、磁感应强度幅值的平方、样品尺寸的平方，反比于铁磁材料的电阻率。这就指明了提高或降低涡流损耗的途径和方法。

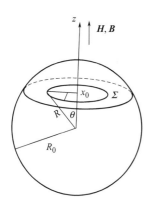

图 5.4.4　交变磁场中的球形铁磁导体

5.4.6　磁后效损耗

磁后效现象是指铁磁材料的磁感应强度（或磁化强度）随磁场变化的延迟现象。正如前面提到的磁滞效应和涡流效应中都存在延迟现象，但与磁后效引起的延迟现象有本质的区别。磁滞效应是由畴壁的不可逆移动或磁矩的不可逆转动所引起的磁感应强度随磁场强度变化的滞后效应，涡流效应所引起的延迟现象则是一种电磁现象。而磁后效所产生的延迟现象，包括如下的几种机制和类型。

① 扩散磁后效　当铁磁体磁化时，为了满足自由能最低的要求，某些电子或离子向稳定的位置做滞后于外加磁场的扩散，使磁化强度逐渐地趋向于稳定值。这种磁后效称为扩散磁后效，它是一种可逆的磁后效。

根据一般电子或离子的扩散理论，电子或离子的扩散是具有一定的弛豫时间 τ，表示为：

$$\tau = \tau_\infty e^{Q/kT} \tag{5.4.26}$$

式中，Q 称为激活能，它是电子或离子从非平衡位置扩散到平衡位置所需越过的位垒高度；k 为玻耳兹曼常数；T 为温度（K）；τ_∞ 为 $T \to \infty$ 时的弛豫时间。

从式(5.4.26)中可以了解，若有多种数值的激活能，则有多个弛豫时间。

因此，在数学解析描述磁后效现象时出现了单弛豫时间磁后效、多弛豫时间磁后效、李希特型磁后效（多弛豫时间磁后效的一种）等类型。不同类型的磁后效对复数磁导率有不同的影响，由此产生的损耗功率表达式也不尽相同。

② 热涨落磁后效　当铁磁体磁化时，磁化强度不是立即达到稳定值，而是先达到某一亚稳定状态，然后由于热涨落的缘故，滞后地达到新的稳定态。这种磁后效称为热涨落磁后效，它是一种不可逆的磁后效。

磁后效现象可如图 5.4.5 所示说明：在 $t=0$ 时刻，外加一恒磁场 H_e，磁感应强度 B 立刻无滞后地上升到某一值 B_0，然后再逐渐上升到相应于磁场 H_e 的平衡值 B_∞，其中 $B_N = B_\infty - B_0$ 为磁感应强度的磁后效部分。若外加磁场 H_e 为交变磁场即为时间 t 的函数，则 B_0、B_∞、B_N 也都是间 t 的函数，并有如下关系式成立

$$B = \mu_0 \tilde{\mu} H_e; \quad B_0 = \mu_0 \mu_i H_e; \quad B_N = \mu_0 \mu_n H_e$$

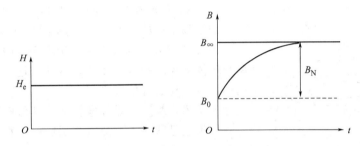

图 5.4.5　磁后效现象示意图

对于单弛豫时间磁后效引起的损耗功率可表示为：

$$P_{耗} = \frac{\mu_0 \mu_n}{2} \times \frac{\omega^2 \tau}{1 + \omega^2 \tau^2} H_m^2 \tag{5.4.27}$$

式中，τ 为弛豫时间；ω 为外加交变磁场的圆频率；μ_n 与磁后效相关。由式（5.4.27）可知，对于单弛豫时间磁后效，当 $\omega = 1/\tau$ 时，$P_{耗}$ 达到极大值。

对于李希特型磁后效，它是多弛豫时间磁后效中的一种，其弛豫时间分布的概率密度 $p(t)$ 可写成

$$\begin{cases} p(\tau) = 1/[\tau \ln(\tau_2/\tau_1)] （当 \tau_1 \leqslant \tau \leqslant \tau_2 时）; \\ p(\tau) = 0 \end{cases} \tag{5.4.28}$$

由李希特型磁后效引起的损耗功率可表示为：

$$P_{耗} = \pi f \mu_0 \mu_n \frac{\arctan \omega \tau_2 - \arctan \omega \tau_1}{\ln(\tau_2/\tau_1)} H_m^2 \tag{5.4.29}$$

由式（5.4.29）可知，对于李希特型磁后效，当 $\omega = 1/\sqrt{\tau_1 \tau_2}$ 时，$P_{耗}$ 达到极大值。

从上面的表达式可知，无论是单弛豫时间磁后效还是多弛豫时间的李希特型磁后效，由它们所引起的单位体积的损耗功率均随外加交变磁场频率的增加而增加，并且随外加交变磁场幅值的增加而急剧增加（$P_{耗} \propto \mu_n H_m^2$，其中 μ_n 也是随

H_m 的增加而增加）。

5.4.7 尺寸共振损耗

尺寸共振现象，是指电磁波在介质中传播时，如果介质样品（或内部颗粒）尺寸接近或等于 $\lambda/2$（电磁波在介质中的波长为 λ）的整数倍，则将在样品内部形成驻波，因而强烈地吸收电磁波的能量的现象。

具有一定频率 f 的电磁波在介质（磁导率 μ、介电常数 ε）中传播的波长 λ 为：

$$\lambda = \frac{c}{f\sqrt{\varepsilon\mu}} \tag{5.4.30}$$

式中，c 为光速。为了增大电磁波的吸收或损耗，可根据电磁波的使用频率、介质磁导率和介电常数，通过控制样品尺寸（或内部颗粒、晶粒尺寸等）大小，使之接近或等于 $\lambda/2$ 的方法来实现。也就是说，材料的特征尺寸是电磁波吸收与损耗的重要因素。

5.4.8 铁磁共振

圆频率为固定值 ω 的外加交变磁场和一外加稳恒磁场 H_e，同时作用于铁磁介质，如果调整 H_e，使得

$$\omega_0 \equiv \gamma H_e = \omega \tag{5.4.31}$$

式中，ω_0 为磁化强度的自由振动圆频率；γ 为旋磁比，则正、负圆偏振磁化率 $\chi''_{\pm}$（或正、负圆偏振磁导率 $\mu''_{\pm}$）达到极大值，这种现象称为铁磁共振。此时的外加稳恒磁场称为铁磁共振场 $H_{e共}$。

为了进一步理解铁磁共振现象，需要了解在外加磁场或等效磁场作用下铁磁物质的宏观磁矩运动方程。以饱和磁化、均匀、各向同性的无穷大铁磁样品为例来说明。这种铁磁样品的磁化强度（单位体积的磁矩）M 在有效磁场 H_{eff}（包括外加稳恒磁场、外加交变磁场、面退磁场、体退磁场、各向异性等效场、交换作用等效场等）的作用下，其运动方程为：

$$\frac{dM}{dt} = -\gamma M \times H_{eff} \quad \text{（无阻尼情况）} \tag{5.4.32}$$

式中，γ 为铁磁体的旋磁比。

此方程描述的是铁磁体的磁化强度 M 在有效磁场 H_{eff} 的作用下，将围绕 H_{eff} 作无衰减的右旋进动，如图 5.4.6 所示。

如果上式中有效磁场 H_{eff} 只是一个外加稳恒磁场 H_e，并且已经假设铁磁体为饱和磁化、均匀、各向同性的无穷大样品，则磁化强度 M 围绕 H_e 作无衰减的

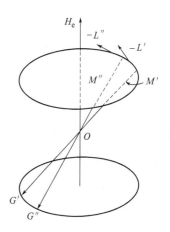

图 5.4.6 磁化强度 M 在外加稳恒磁场 H_e 作用下的运动

右旋进动，此时的进动圆频率称为磁化强度的自由振动圆频率 ω_0，并且有 $\omega_0 = \gamma H_e$。如果 H_e 在 $0.1 \sim 0.3\mathrm{T}$ 范围，则 $f_0 = \omega_0/2\pi$ 处在 $2.8 \sim 8.4\mathrm{GHz}$ 范围内，即在微波频段内。

实际上，在磁化强度的进动过程中，由于与其周围环境的相互作用而不断损失能量，在无外加能量补充的情况下，磁化强度矢量 M 将逐渐趋向于有效磁场 H_{eff}，最终与 H_{eff} 取向一致。对于这种情况，需要用有阻尼的磁化强度运动方程来描述，即

$$\frac{\mathrm{d}M}{\mathrm{d}t} = -\gamma M \times H_{\mathrm{eff}} + \frac{\alpha}{M} M \times \frac{\mathrm{d}M}{\mathrm{d}t}（\text{有阻尼情况}） \qquad (5.4.33)$$

式中，α 为表征铁磁材料性质的阻尼系数。方程右边第二项为阻尼项，用 T_{D} 表示，它相当于磁化强度矢量 M 受到一反平行于磁化强度变化速度方向的阻尼场的作用。T_{D} 有多种表示形式，通常采用下述三种形式。

$$T_{\mathrm{D}} = -\frac{\alpha\gamma}{M} M \times (M \times H_{\mathrm{eff}}) \quad （\text{朗道-栗弗席兹形式}） \qquad (5.4.34)$$

$$T_{\mathrm{D}} = \frac{\alpha}{M} M \times \frac{\mathrm{d}M}{\mathrm{d}t} \quad （\text{吉伯形式}） \qquad (5.4.35)$$

$$T_{\mathrm{D}} = -\omega_\tau [M - \chi_0 H_{\mathrm{eff}}] \quad （\text{修正的布洛赫形式}） \qquad (5.4.36)$$

式中，α 为阻尼系数；$\chi_0 = \dfrac{M_0}{H_{i0}}$ 为静磁化率；H_{i0} 为内稳恒磁场；ω_τ 为弛豫频率。

阻尼力矩 $\left(= -\mu_0 \cdot \dfrac{T_{\mathrm{D}}}{\gamma}\right)$ 的作用是使 M 将逐渐趋向于有效磁场 H_{eff}，而有效磁场 H_{eff} 对 M 的力矩 $(= \mu_0 M \times H_{\mathrm{eff}})$ 的作用是使 M 绕 H_{eff} 做右旋进动。因此，在这两个力矩的作用下，M 端点的运动轨迹不再是圆，而是螺旋线，磁化强度矢量 M 与有效磁场 H_{eff} 的进动张角逐渐减小，最后 M 与 H_{eff} 平行。

正如前面描述的那样，铁磁物质在不同类型磁场作用下，其磁化率和磁导率表现出不同的性质。如在稳恒磁场（频率为零）作用下，其磁化率 χ 和磁导率 μ 是实数，磁化强度 M 与稳恒磁场强度 H 的关系为：$M = \chi H = \left(\dfrac{\mu}{\mu_0} - 1\right) H$；在交变磁场（频率不为零）作用下，其磁化率 $\tilde{\chi}$ 和磁导率 $\tilde{\mu}$ 是复数，交变磁化强度 m 与交变磁场强度 h 的关系为：$m = \tilde{\chi} \cdot h$。那么在稳恒磁场和交变磁场的共同作用下，铁磁物质的磁化率和磁导率的性质又是如何表现？此时其磁化率 χ 和磁导率 μ 是张量，交变磁化强度 m 与交变磁场强度 h 的关系为：$m = \chi \cdot h$。这种铁磁物质的磁化率具有张量形式的性质称为铁磁物质的旋磁性。

磁化率或磁导率之所以会变成张量形式，是由于铁磁体在稳恒磁场 H_e 和交变磁场 $h_0 e^{i\omega t}$ 的共同作用下，铁磁体的磁化强度 M 绕稳恒磁场以微波频率做旋进运动，故即使只有某一坐标轴的微波场分量，也必然会产生同一坐标和其他坐标轴的磁化强度或磁感应强度的分量。对于饱和磁化、均匀、各向同性的无穷大铁

磁体样品，在 $\boldsymbol{H}_e$ 和 $\boldsymbol{h}_0\,e^{i\omega t}$ 共同作用下（$|\boldsymbol{h}|\ll|\boldsymbol{H}_e|$），采用如图 5.4.7 所示笛卡儿坐标系，从有阻尼的磁化强度运动方程（阻尼项采用吉伯形式）出发，可求出它的微波磁化强度 $\boldsymbol{m}$（$\boldsymbol{m}=\boldsymbol{m}_0\,e^{i\omega t}$，且 $|\boldsymbol{m}|\ll|\boldsymbol{M}|$）和微波磁场 $\boldsymbol{h}$ 的关系，即 $\boldsymbol{m}=\boldsymbol{\chi}\cdot\boldsymbol{h}=(\boldsymbol{\mu}-1)\cdot\boldsymbol{h}$，从而求得张量磁化率 $\boldsymbol{\chi}$ 和磁导率 $\boldsymbol{\mu}$ 的表示式为：

$$\boldsymbol{\chi}=\boldsymbol{\mu}-1=\begin{vmatrix}\chi & -i\chi_a & 0\\ i\chi_a & \chi & 0\\ 0 & 0 & 0\end{vmatrix}=\begin{vmatrix}\mu-1 & -i\mu_a & 0\\ i\mu_a & \mu-1 & 0\\ 0 & 0 & 0\end{vmatrix} \tag{5.4.37}$$

$$\begin{cases}\boldsymbol{\chi}=\boldsymbol{\mu}-1=\dfrac{\omega_m(\omega_0+i\alpha\omega)}{(\omega_0+i\alpha\omega)^2-\omega^2}\\[3mm]\boldsymbol{\chi}_a=\boldsymbol{\mu}_a=\dfrac{-\omega_m\omega}{(\omega_0+i\alpha\omega)^2-\omega^2}\end{cases} \tag{5.4.38}$$

式中，$\omega_0=\gamma H_e$，为自由振动圆频率，即无阻尼（无微波磁场）情况下的 $\boldsymbol{M}$ 进动频率；$\omega_m=\gamma M_s$（M_s 为饱和磁化强度）。

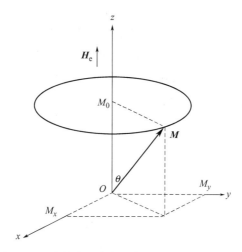

图 5.4.7 在笛卡儿直角坐标系中，磁化强度 $\boldsymbol{M}$ 在
外加稳恒磁场 $\boldsymbol{H}_e$ 作用下的进动

将上式中复数 χ（$=\chi'-i\chi''$）和 χ_a（$=\chi_a'-i\chi_a''$）的实部和虚部分开，可得到

$$\begin{cases}\chi'=\mu'-1=\dfrac{\omega_m\omega_0(\omega_0^2-\omega^2)+\omega_m\omega_0\alpha^2\omega^2}{[\omega_0^2-(1+\alpha^2)\omega^2]^2+4\omega_0^2\alpha^2\omega^2}\\[4mm]\chi''=\mu''=\dfrac{\omega_m\alpha\omega[\omega_0^2+\omega^2(1+\alpha^2)]}{[\omega_0^2-(1+\alpha^2)\omega^2]^2+4\omega_0^2\alpha^2\omega^2}\\[4mm]\chi_a'=\mu_a'=\dfrac{-\omega_m\omega[\omega_0^2-\omega^2(1+\alpha^2)]}{[\omega_0^2-(1+\alpha^2)\omega^2]^2+4\omega_0^2\alpha^2\omega^2}\\[4mm]\chi_a''=\mu_a''=\dfrac{-2\omega_m\omega_0\alpha\omega^2}{[\omega_0^2-(1+\alpha^2)\omega^2]^2+4\omega_0^2\alpha^2\omega^2}\end{cases} \tag{5.4.39}$$

从上面 χ'' 和 χ_a'' 的关系式中可以了解，当外加交变磁场的圆频率固定为 ω 时，

若调节稳恒磁场为 H_e，并使 $\omega_0 \equiv \gamma H_e = \omega$，则 χ'' 和 χ_a'' 达到极大值，这就是铁磁共振现象。

在微波参数测量及器件原理的分析中，微波磁场 $\boldsymbol{h}$ 经常用正、负圆偏振场 $\boldsymbol{h}_\pm$ 来表示，因此出现了在圆偏振场作用下的正、负圆偏振磁化率 $\chi_\pm$ 和磁导率 $\mu_\pm$。圆偏振场可以认为是由空间上相互垂直、时间上相位差 $\pi/2$、振幅相等的两个同频率的线偏振场的合成。根据 $\boldsymbol{m}_\pm = \chi_\pm \boldsymbol{h}_\pm$ 可得正、负圆偏振磁化率 $\chi_\pm$ 及磁导率 $\mu_\pm$ 为：

$$\chi_\pm = \chi \mp \chi_a, \quad \mu_\pm = \mu \mp \mu_a \tag{5.4.40}$$

写成复数形式 $\chi_\pm = \chi_\pm' - \mathrm{i}\chi_\pm''$，$\mu_\pm = \mu_\pm' - \mathrm{i}\mu_\pm''$ 则有

$$\begin{cases} \chi_\pm' = \mu_\pm' - 1 = \dfrac{\omega_\mathrm{m}(\omega_0 \mp \omega)}{(\omega_0 \mp \omega)^2 + \alpha^2 \omega^2} \\[4mm] \chi_\pm'' = \mu_\pm'' = \dfrac{\omega_\mathrm{m}\alpha\omega}{(\omega_0 \mp \omega)^2 + \alpha^2 \omega^2} \end{cases} \tag{5.4.41}$$

铁磁共振现象发生时，与 χ'' 和 χ_a'' 达到极大值的情况一致，即当外加交变磁场的圆频率固定为 ω 时，若调节稳恒磁场为 H_e，并使 $\omega_0 \equiv \gamma H_e = \omega$，则正、负圆偏振磁化率 $\chi_\pm''$ 和磁导率 $\mu_\pm''$ 达到极大值。此时，χ'' 或 $\chi_\pm''$ 对应于其极大值的 $1/2$ 的两个外加稳恒磁场之差，即 $\chi'' = \dfrac{1}{2}\chi_{\max}''$ 或 $\chi_\pm'' = \dfrac{1}{2}\chi_{\max}''$ 处的两个外加稳恒磁场之差，称为铁磁共振线宽 $\Delta H = H_{+1/2} - H_{-1/2}$，如图 5.4.8 所示。

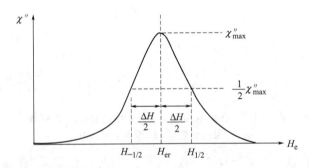

图 5.4.8　铁磁共振线宽示意图

可以证明，在一定微波工作频率 ω 下，铁磁共振线宽 ΔH 与阻尼系数 α 和旋磁比 γ 存在如下关系：

$$\Delta H = \frac{2\omega\alpha}{\gamma} \tag{5.4.42}$$

ΔH 直接反映了阻尼系数 α 的大小，而 α 与铁磁体的磁损耗相关，因此，ΔH 是一个衡量铁磁材料磁损耗大小的物理量。

以上是以饱和磁化、均匀、各向同性的无穷大铁磁样品为例来讨论铁磁共振机理及其线宽。铁磁体的磁性与样品的形状密切相关，不同的形状具有不同的退

磁因子，因此在样品内部不同方向具有不同的退磁场。如球、圆薄片、细圆柱等可以看做是小椭球的特殊和极限情况，对于这样的情况需考虑样品形状相关的退磁因子，以及外加稳恒磁场的方向。采用不同的阻尼参量，得到的铁磁共振线宽不同，就是由于存在多种损耗机理造成的。除此之外，对于单晶样品，还需考虑磁晶各向异性场、应力各向异性场等因素的影响。

5.4.9 自然共振损耗

自然共振可以认为是铁磁共振的一种特殊形式。铁磁共振是当圆频率为固定值 ω 的外加交变磁场和一外加稳恒磁场 H_e，同时作用于铁磁介质并满足 $\omega_0 = \gamma H_e = \omega$ 条件时，出现复数磁化率或磁导率的极大值的现象。对于铁磁晶体（单晶或多晶）材料，由于存在磁晶各向异性等效场，因此在没有外加稳恒磁场的情况下也会发生类似的共振，这种共振现象称为自然共振。

对于由球形单畴颗粒组成的多晶体，由于磁晶各向异性的存在，颗粒内自发磁化强度位于易磁化轴方向。可以认为，在易磁化轴方向上存在一稳恒磁场，即磁晶各向异性等效场 H_a，因此，在圆频率为固定值 ω 的外加交变磁场作用下（无外加稳恒磁场），可得复数磁化率 χ 的实部与虚部为：

$$\begin{cases} \chi' = \dfrac{2}{3} \times \dfrac{\omega_m \omega_a [\omega_a^2 - (1+\alpha^2)\omega^2] + 2\omega_m \omega_a \alpha^2 \omega^2}{[\omega_a^2 - (1+\alpha^2)\omega^2]^2 + 4\omega_a^2 \alpha^2 \omega^2} \\ \chi'' = \dfrac{2}{3} \times \dfrac{\omega_m \alpha \omega \omega_a^2 + \omega_m \alpha \omega^3 (1+\alpha^2)}{[\omega_a^2 - (1+\alpha^2)\omega^2]^2 + 4\omega_a^2 \alpha^2 \omega^2} \end{cases}$$ (5.4.43)

式中，$\omega_m = \gamma M_s$，$\omega_a = \gamma H_a$，M_s 为样品的饱和磁化强度；γ 为旋磁比；α 为阻尼系数。

在 χ''-ω 关系式中，当 $\omega = \omega_a$ 时，χ'' 达到极大值，即 $\chi''_{max} = \dfrac{1}{3}\dfrac{\omega_m}{\alpha\omega_a}$，这就是自然共振，它是在无外加稳恒磁场时发生的。$\chi''$ 达到极大值时的频率称为自然共振频率 f_r，其值为 $f_r = \dfrac{\omega_a}{2\pi} = \dfrac{\gamma H_a}{2\pi}$。由此可知，对于由球形单畴颗粒组成的多晶体，在不考虑颗粒间的相互作用下，自然共振频率只取决于磁性材料的各向异性等效场。

5.4.10 畴壁共振

当铁磁材料受到交变磁场的作用时，畴壁将因受到力的作用而在其平衡位置附近振动。当外加交变磁场的频率等于畴壁振动的固有频率时所发生的共振（现象）就称为畴壁共振。为了进一步理解畴壁共振现象，首先需要了解铁磁材料中的畴壁在外加磁场作用下遵循的规律，即畴壁运动方程，它可以表示为：

$$m_\omega \frac{d^2 z}{dt^2} + \beta \frac{dz}{dt} + az = 2\mu_0 M_s H_e$$ (5.4.44)

式中，m_ω 为单位面积畴壁的有效质量，$m_\omega = \dfrac{\mu_0 a \sigma_{壁}}{2\gamma^2 A s^2}$；$a$ 为立方铁磁晶体的

晶格常数；$\sigma_壁$ 为单位面积的畴壁能（畴壁能密度）；γ 为电子旋磁比；s 为电子自旋量子数；A 为最近邻格点上的电子间的交换积分常数；β 为阻尼系数，$\beta = \dfrac{8\mu_0^2 M_s^2}{9\rho}$；$M_s$ 为铁磁体的饱和磁化强度；ρ 为铁磁体的电阻率；α 为弹性回复系数，$\alpha = \dfrac{\pi\sigma_壁}{a'^2}$，$a'$ 为在假设空隙或掺杂物以立方点阵分布时该立方点阵的晶格常数；H_e 为外加磁场；z 为外磁场引起的畴壁位移距离。

畴壁运动方程是根据畴壁运动等效模型，由牛顿第二定律得到的。在此模型中将外加磁场和铁磁体看成是一个系统，伴随着畴壁移动，将静磁能（畴壁移动引起的静磁能之差 $\Delta E_静 = -2\mu_0 M_s H_e z$）看成是牛顿力学中的势场；将畴壁能（畴壁移动引起的畴壁能之差 $\Delta E_壁 = \dfrac{1}{2}\alpha z^2$）看成是牛顿力学中的弹性能；将退磁能 $\left[E_动 = \dfrac{1}{2}m_\omega\left(\dfrac{\mathrm{d}z}{\mathrm{d}t}\right)^2\right]$ 看成是牛顿力学中的动能；而将伴随壁移产生涡流所引起的能量损耗 $\left[$单位时间能量损耗 $P = \beta\left(\dfrac{\mathrm{d}z}{\mathrm{d}t}\right)^2\right]$ 看成因物体运动时受到摩擦力而产生的。这样铁磁体在外场作用下的畴壁运动，等效看成一个质量为 m_ω 的物体悬挂在弹性回复系数为 α 的弹簧下，在受一保守力 $2\mu_0 M_s H_e$ 和摩擦力 $\beta\left(\dfrac{\mathrm{d}z}{\mathrm{d}t}\right)$ 的作用下运动。

根据畴壁运动方程，假设一边长为 l 立方铁磁体被一个 $180°$ 畴壁分隔成两个畴，当加上一个振幅很小的交变磁场 $H_e = H_m\mathrm{e}^{\mathrm{i}\omega t}$ 时，可求得畴壁运动所引起的复数磁化率 $\tilde{\chi}$ 的实部和虚部为：

$$\begin{cases} \chi' = \chi_0 \dfrac{1 - \left(\dfrac{\omega}{\omega_r}\right)^2}{\left[1 - \left(\dfrac{\omega}{\omega_r}\right)^2\right]^2 + \left(\dfrac{\omega}{\omega_\tau}\right)^2} \\[4mm] \chi'' = \chi_0 \dfrac{\dfrac{\omega}{\omega_\tau}}{\left[1 - \left(\dfrac{\omega}{\omega_r}\right)^2\right]^2 + \left(\dfrac{\omega}{\omega_\tau}\right)^2} \end{cases} \tag{5.4.45}$$

式中，$\chi_0 = \dfrac{4M_s^2}{\alpha l}$，称为静磁化率，即外加交变磁场的频率为零时的磁化率；$\omega_r = \left(\dfrac{\alpha}{m_\omega}\right)^{1/2}$ 称为畴壁的本征圆频率；$\omega_\tau = \dfrac{\alpha}{\beta}$ 称为畴壁运动的弛豫圆频率。

根据阻尼系数 β 的大小，畴壁共振可以分为共振型和弛豫型两种类型。

① 共振型　当 $\omega_r \ll \omega_\tau$（阻尼系数 β 很小），由式（5.4.45）可知，χ'-ω（频散曲线）和 χ''-ω（吸收曲线）的关系如图 5.4.9 所示，这两种曲线称为畴壁共振的共振型曲线。它的特点是在 χ'' 为极大值的共振圆频率 $\omega_共$ 处，χ' 为零，并在 $\omega_共$ 的两边分别出现 χ' 的极大值和极小值。又由式（5.4.45）可计算得

$$\omega_{共} = \omega_r \left\{ \frac{1}{6}(2-c^2) + \left[\frac{(2-c^2)^2}{36} + \frac{1}{3} \right]^{1/2} \right\}^{1/2} \tag{5.4.46}$$

式中，$c = \dfrac{\omega_r}{\omega_\tau} = \dfrac{\beta}{(\alpha m_\omega)^{1/2}}$。当 $\omega_r \ll \omega_\tau$（阻尼系数 β 很小）时，c 很小时，因此由式(5.4.46) 可得

$$\omega_{共} \approx \omega_r \tag{5.4.47}$$

就是说，在阻尼系数 β 很小时（共振型），畴壁共振圆频率为畴壁的本征圆频率。进一步计算可求得 χ'_{max} 和 χ''_{max} 及其相互关系，即

$$\chi'_{max} = -\chi'_{min} = \chi_0 \frac{1}{2c - c^2} \approx \frac{\chi_0}{2c} \tag{5.4.48}$$

$$\chi''_{max} = \frac{\chi_0}{c} \tag{5.4.49}$$

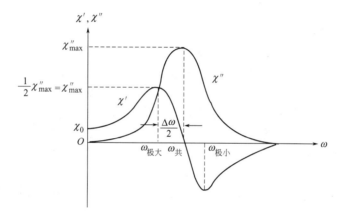

图 5.4.9　畴壁共振的共振型曲线

② 弛豫型　当 $\omega_r \gg \omega_\tau$（阻尼系数 β 很大），在这种情况下，式(5.4.45) 可近似地写成

$$\chi' = \chi_0 \frac{1}{1 + \left(\dfrac{\omega}{\omega_\tau}\right)^2} \tag{5.4.50}$$

$$\chi'' = \chi_0 \cdot \frac{\dfrac{\omega}{\omega_\tau}}{1 + \left(\dfrac{\omega}{\omega_\tau}\right)^2} \tag{5.4.51}$$

χ'-ω（频散曲线）和 χ''-ω（吸收曲线）的关系如图 5.4.10 所示，这两种曲线称为畴壁共振的弛豫型曲线。其复数磁化率的实部随频率升高而单调下降，而虚部则在共振圆频率 $\omega_{共}$ 上达到极大值。由式(5.4.49) 可求得共振圆频率 $\omega_{共}$，即

$$\omega_{共} = \omega_\tau \tag{5.4.52}$$

就是说，在阻尼系数 β 很大时（弛豫型），畴壁共振圆频率为畴壁运动的弛豫圆频率。式(5.4.50) 和式(5.4.51) 中可知，在畴壁共振圆频率 $\omega_{共}$ 上，有

$$\chi'(\omega=\omega_{\text{共}})=\chi''_{\max}=\frac{1}{2}\chi_0 \qquad\qquad (5.4.53)$$

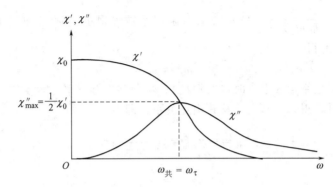

图 5.4.10　畴壁共振的弛豫型曲线

5.4.11　自旋波共振

自旋波是指电子自旋进动状态的传播。在铁磁材料中，由于热骚动或其他因素的影响，某些对磁性有贡献的电子自旋偏离了原来的有序排列方向，在交换作用及磁偶极矩等的相互作用下，这个局部偏离的自旋发生进动并向有序体的其他部分传播。这就是自旋波，它是磁有序体中自旋的集体运动模式。

铁磁体内磁化强度的运动状态可以用自旋波来描述。同其他类型的平面波一样，自旋波的振幅为 $\boldsymbol{m}_k^0$，圆频率为 ω_k，波矢为 $\boldsymbol{k}$，其数学表示式为：

$$\boldsymbol{m}_k=\boldsymbol{m}_k^0\,\mathrm{e}^{\mathrm{i}(\omega_k t-k\cdot r)} \qquad\qquad (5.4.54)$$

如果铁磁体的磁化强度是空间和时间的函数，即 $\boldsymbol{M}=\boldsymbol{M}(\boldsymbol{r},t)$，则可以用傅立叶级数来表示

$$\boldsymbol{M}(\boldsymbol{r},t)=\sum_k \boldsymbol{m}_k^0\,\mathrm{e}^{\mathrm{i}(\omega_k t-k\cdot r)} \qquad\qquad (5.4.55)$$

即铁磁体的磁化强度是具有各种振幅、圆频率和波矢的自旋波的叠加。通常将波矢 $\boldsymbol{k}$ 值较大（波长较短）的称为自旋波，而将波矢 $\boldsymbol{k}$ 值较小（波长较长）称为自旋波的静磁波模式，也称静磁模。

具有不同的晶体结构、形状、尺寸及微结构的铁磁体，由于存在不同的交换相互作用、偶极-偶极相互作用等因素的影响，因此具有不同的自旋波形式，即本征自旋波。求解本征自旋波，需要根据具体的铁磁体条件，先求出各种相互作用的等效场，然后求解磁矩的进动方程，得到本征自旋波和自旋波波谱（指自旋波频率与波数的关系）。

交换作用等效磁场 $\boldsymbol{H}_{\text{ex}}$ 是由于相邻自旋不平行，即磁化强度矢量 $\boldsymbol{M}$ 在空间中有变化所产生的附加交换作用等效场，可表示为：

$$\boldsymbol{H}_{\text{ex}}=q\,\nabla^2\boldsymbol{M} \qquad\qquad (5.4.56)$$

式中，$q=\dfrac{2nAa^2 s^2}{\mu_0 M_s^2}$；$n$ 为单位体积的磁性离子数；A 为磁性离子间的交换积分常数（单位为焦耳）；a 为晶格常数；s 为磁性离子的自旋量子数；M_s 为饱和

磁化强度。

偶极作用等效场 $\boldsymbol{H}_{\text{dip}}$ 是一种局部退磁场，是由于磁矩在空间分布不均匀而引起的，这项退磁场不同于无限介质中由于边界"磁荷"所引起的面退磁场。$\boldsymbol{H}_{\text{dip}}$ 可表示为：

$$\boldsymbol{H}_{\text{dip}} = -\frac{\boldsymbol{k}}{k^2}[\boldsymbol{k} \cdot \boldsymbol{m}_{\text{k}}(\boldsymbol{r}, t)] \qquad (5.4.57)$$

其中 $\boldsymbol{k}$ 为自旋波矢量。也可以写成一般退磁场的形式

$$\boldsymbol{H}_{\text{dip}} = -\boldsymbol{N} \cdot \boldsymbol{m}_{\text{k}}(\boldsymbol{r}, t) \qquad (5.4.58)$$

式中 $\boldsymbol{N} = k^{-2}\begin{pmatrix} k_x k_x & k_x k_y & k_x k_z \\ k_y k_x & k_y k_y & k_y k_z \\ k_z k_x & k_z k_y & k_z k_z \end{pmatrix}$。

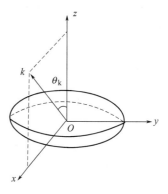

下面讨论线度比自旋波波长大得多的旋转椭球铁磁样品的本征自旋波和自旋波波谱。建立如图5.4.11 所示坐标系，椭球的主轴与 x，y，z 轴重合，设外加稳恒磁场 $\boldsymbol{H}_e$ 的方向与 z 轴方向相同，则有

$$\begin{cases} k_x = k\sin\theta_k \\ k_y = 0 \\ k_z = k\cos\theta_k \end{cases} \qquad (5.4.59)$$

5.4.11 旋转椭球体中的坐标系

旋转椭球铁磁样品中的磁化强度 $\boldsymbol{M}(\boldsymbol{r}, t)$ 可表示为：

$$\boldsymbol{M}(\boldsymbol{r}, t) = \boldsymbol{M}_0 + \boldsymbol{m}_{\text{k}}(\boldsymbol{r}, t) = \boldsymbol{M}_0 + \boldsymbol{m}_{\text{k}}^0(t)\mathrm{e}^{-\mathrm{i}k \cdot r} = \boldsymbol{M}_0 + \boldsymbol{m}_{\text{k}}^0 \mathrm{e}^{\mathrm{i}(\omega_{\text{k}} t - k \cdot r)}$$

$$(5.4.60)$$

式中 m_{kx}^0、m_{ky}^0 和 m_{kz}^0 都远小于 M_0，而 $M_0 \approx M_s$。

作用在椭球样品上的总有效磁场 $\boldsymbol{H}_{\text{eff}}$ 可表示为：

$$\boldsymbol{H}_{\text{eff}} = \boldsymbol{H}_e - N_z \boldsymbol{M}_0 + \boldsymbol{H}_{\text{ex}} + \boldsymbol{H}_{\text{dip}} \qquad (5.4.61)$$

式中 N_z 为 z 轴方向退磁因子，即 $-N_z \boldsymbol{M}_0$ 为体退磁场。由于椭球的线度比自旋波波长大得多，可忽略交变磁矩所引起的面退磁场。

对于没有自由电流密度的磁性体，存在

$$\nabla \cdot \boldsymbol{B} = 0 \qquad (5.4.62)$$

将此关系式、式(5.4.59)、交换作用等效磁场 $\boldsymbol{H}_{\text{ex}}$（式 5.4.56）及偶极作用等效场 $\boldsymbol{H}_{\text{dip}}$ [式(5.4.57)] 代入动态磁感应强度公式 $\boldsymbol{B} = \boldsymbol{B}_{\text{m}}\mathrm{e}^{\mathrm{i}(\omega t - \delta)}$，经简单运算，并略去二次以上项，求解方程组，其解为：

$$\begin{cases} m_{\text{kx}} = \sqrt{\dfrac{c_{\text{k}}^{12}}{\omega_{\text{k}}}} a_{\text{k}} \mathrm{e}^{\mathrm{i}(\omega_{\text{k}} t - k \cdot r)} \\[3mm] m_{\text{ky}} = \sqrt{\dfrac{c_{\text{k}}^{21}}{\omega_{\text{k}}}} a_{\text{k}} \mathrm{e}^{\mathrm{i}(\omega_{\text{k}} t - \frac{\pi}{2} - k \cdot r)} \\[3mm] m_{\text{kz}} = 0 \end{cases} \qquad (5.4.63)$$

式中，a_{k} 称为振幅常数；$c_{\text{k}}^{12} = \omega_0 - N_z \omega_{\text{m}} + \omega_{\text{ex}}$，$c_{\text{k}}^{21} = \omega_0 - N_z \omega_{\text{m}} + \omega_{\text{ex}} +$

$\omega_m \sin^2\theta_k$；$\omega_0 = \gamma H_e$；$\omega_m = \gamma M_s$；$\omega_{ex} = \gamma q k^2 M_s$；$\omega_k$ 为波矢为 $\boldsymbol{k}$ 的自旋波的本征圆频率，$\omega_k = \sqrt{c_k^{12} c_k^{21}}$。必须注意的是，当不考虑交换作用时，$c_k^{12}$，$c_k^{21}$ 中不含 ω_{ex} 项；当不考虑偶极作用时，c_k^{12}，c_k^{21} 中不含 $\omega_m \sin^2\theta_k$ 项。

自旋波的本征圆频率 ω_k，即

$$\omega_k = \sqrt{c_k^{12} c_k^{21}} = \sqrt{(\omega_0 - N_z \omega_m + \omega_{ex})(\omega_0 - N_z \omega_m + \omega_{ex} + \omega_m \sin^2\theta_k)}$$

(5.4.64)

ω_k 不仅依赖于外加稳恒磁场、样品的形状和饱和磁化强度，而且还依赖于自旋波的传播方向和波长。以上 $\omega_k = \sqrt{c_k^{12} c_k^{21}}$ 是在无阻尼条件下的自旋波的本征圆频率。在自旋波阻尼系数为 α_k 的阻尼作用下，波数为 k 的自旋波 $\boldsymbol{m}_k^0 e^{i(\omega_k t - k \cdot r)}$ 的振幅 $\boldsymbol{m}_k^0$ 将衰减，如果振幅衰减到初始振幅的 $1/e$，则所需要的时间称为自旋波的弛豫时间 τ_k。波数为 k 的自旋波线宽 ΔH_k 定义为：

$$\Delta H_k = \frac{2}{\gamma \tau_k}$$

(5.4.65)

式中，γ 为材料的旋磁比。

自旋波线宽 ΔH_k 与自旋波阻尼系数 α_k 的关系为：

$$\Delta H_k = \frac{2\alpha_k \omega_k}{\gamma}$$

(5.4.66)

式中，ω_k 为无阻尼条件下的自旋波的本征圆频率。在选择如图 5.4.11 所示的坐标系的情况下，考虑自旋波阻尼系数为 α_k 的阻尼作用，求解有阻尼的磁化强度自由运动方程，可得有阻尼时的自旋波的圆频率 $\tilde{\omega}_k$ 为：

$$\tilde{\omega}_k = [(c_k^{12} + i\alpha_k \tilde{\omega}_k)(c_k^{21} + i\alpha_k \tilde{\omega}_k)]^{1/2}$$

(5.4.67)

若 $\alpha_k \ll 1$，且 ω_{ex} 远大于 ω_0 和 ω_m 时，$c_k^{12} \approx c_k^{21}$，则有

$$\tilde{\omega}_k = \omega_k + i\alpha_k \omega_k$$

(5.4.68)

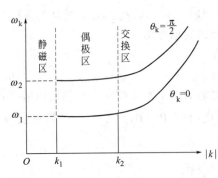

图 5.4.12　旋转椭球体的自旋波频谱图

根据式（5.4.64），利用 $\omega_{ex} = \gamma q k^2 M_s$，得到 $\omega_k \sim k$ 的关系并画出，即所谓的自旋波频谱图（图 5.4.12）。这是旋转椭球的线度远大于自旋波波长的情况下的 $\omega_k \sim k$ 关系图，自旋波的本征圆频率和波矢的数值是连续的，很难在实验中直接观察到自旋波，即观察到分立的自旋驻波。如果出现自旋共振，（即出现分立的自旋驻波），则需要满足一些特殊的条件。

当旋转椭球的线度远大于自旋波波长的情况下，可以不考虑边界条件。但是，当自旋波的波长与样品的线度可以比拟时，则边界条件必须考虑，这是发生自旋共振的必要条件。例如，当薄膜样品的厚度与自旋波的波长可以比拟时，就必须考虑边界条件。

选取如图 5.4.13 所示的坐标，讨论对象为均匀各向同性的无限大的铁磁薄膜，它是被外加稳恒磁场沿膜面的法线方向（z 轴）磁化到饱和，膜厚为 L，外加交变磁场平行于膜面。对于均匀各向同性的无限大的铁磁薄膜，在垂直于膜面磁化、磁化强度做小振幅振动时的边界条件可表示为：

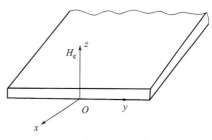

图 5.4.13 磁性薄膜的坐标，膜厚为 L

$$\xi \frac{\partial}{\partial z} \boldsymbol{m}(\boldsymbol{r}, t) + \boldsymbol{m}(\boldsymbol{r}, t) = 0 \qquad (5.4.69)$$

式中 $\xi = \dfrac{q M_0^2}{2 K_s}$，$K_s = \dfrac{M}{2} \displaystyle\int_0^L H_s \mathrm{d}z$ 为表面各向异性能密度，M_0 为稳恒磁化强度，M 为薄膜表面上的磁化强度，$q = \dfrac{2nA a^2 s^2}{\mu_0 M_s^2}$，$n$ 为单位体积的磁性离子数；A 为磁性离子间的交换积分常数（单位为焦耳）；a 为晶格常数；s 为磁性离子的自旋量子数；M_s 为饱和磁化强度；$\boldsymbol{m}(\boldsymbol{r}, t)$ 为交变的磁化强度。

磁化强度矢量的运动除了满足一般电磁规律，即麦克斯韦方程组外，还应满足磁化强度矢量的进动方程。对于均匀各向同性的无限大的铁磁薄膜，考虑以上的边界条件，在薄膜垂直磁化并且表面钉扎（表面各向异性很大的情况）的磁化强度的解为：

$$m_n = A_n \sin \frac{n\pi}{L} z \mathrm{e}^{\mathrm{i}\omega k_n t} \qquad (5.4.70)$$

式中，n 为整数，称为自旋波的模指数；$k_n = \dfrac{n\pi}{L}$ 的自旋驻波称为第 n 个自旋驻波或第 n 个模式；ω_{kn} 对应于 n 时的 ω_k；A_n 为对应于第 n 个自旋驻波的振幅系数，其值为：

$$A_n = 0 \,(\text{当 } n \text{ 为偶数})$$
$$A_n = \frac{4\omega_m(\omega_i + \omega)}{(\omega_n^2 - \omega^2) n\pi} h_{e0} \quad (\text{当 } n \text{ 为奇数}) \qquad (5.4.71)$$

式中，$\omega_i = \gamma H_{i0}$，H_{i0} 为薄膜内稳恒磁场，γ 为旋磁比；$\omega_m = \gamma M_s$，M_s 为饱和磁化强度；h_{e0} 为外加交变磁场 $h_e = h_{e0} \mathrm{e}^{\mathrm{i}\omega t}$ 在薄膜平面内（x-y 平面）的磁场强度幅值。

$$\omega_n = \omega_i + \eta \cdot \left(\frac{n\pi}{L}\right)^2 \qquad (5.4.72)$$

式中，$\eta = \gamma q M_0$，M_0 为稳恒磁化强度。由于 A_n 中包含共振式的分母 $\dfrac{1}{\omega_n^2 - \omega^2}$，当 $\omega = \omega_n$ 时，波矢 $k_n = \dfrac{n\pi}{L}$ 的自旋波被强烈地激发，自旋共振实验中的吸收峰最高。

综上所述，发生自旋波共振的条件为样品尺寸应与自旋波波长（一般不超过

0.01mm）相比拟，均匀各向同性的无限大铁磁薄膜样品具备这样的条件。在外加稳恒磁场 H_e 垂直作用于膜面，外加均匀交变磁场 $h_e = h_{e0}e^{i\omega t}$ 平行于膜面的情况下，保持 h_e 的频率不变，通过调节 H_e 的大小，使满足 $\omega = \omega_n$ 条件时，发生自旋波共振，即自旋驻波被均匀交变磁场线性激发。被激发的自旋驻波的幅值（即自旋波共振实验中的吸收峰高度）与 n^2 成反比，与外加交变磁场的幅值成正比。

5.5　电性材料基础

电流是电荷的定向运动，因此有电流必须有电荷输运过程。电荷的载体称为载流子，它可以是电子、空穴，也可以是正离子、负离子。表征材料导电载流子种类对导电贡献的参数是迁移数 t_x，也有人称为输运数（transference number），定义为：

$$t_x = \frac{\sigma_x}{\sigma_T}$$

式中，σ_T 为各种载流子输运电荷形成的总电导率，σ_x 为某种载流子输运电荷的电导率。因此 t_x 表示某种载流子输运电荷占全部电导率的份数。

表征材料电性能的主要参数是电导率。电导率的定义可以由欧姆定律给出，即当施加的电场产生电流时，电流密度 J 正比于电场强度 E，其比例常数 σ 为电导率（单位是西门子每米，S/m），即

$$J = \sigma E$$

又知

$$R = \rho \frac{L}{S}$$

式中，L、S 分别为导体的长度和截面积；R、ρ 分别为导体的电阻与电阻率。电阻率 ρ 与材料本质有关，是表征材料导电性能的重要参数，单位是 $\Omega \cdot m$。

$$电阻率与电导率关系为 \sigma = \frac{1}{\rho}$$

固态材料按其电性能可分为三个类别——金属导体、半导体和绝缘体。图5.5.1 给出材料导电性比较示意图。

5.5.1　电子类载流子导电机制

主要以电子、空穴作为载流子导电的材料，可以是金属或半导体。金属主要以自由电子导电。最早处理晶体中电子状态的理论是金属的自由电子论。早在1900 年特鲁德（Drude）等人为了解释金属的电导和热导性质，就提出了一种假设，即认为金属中价电子的运动是自由的。这种简化模型先后经过洛伦兹（Lorentz，1904）与索末菲（Sommerfeld，1928）等的改进和发展后，对金属的若干重要性质能给出不少的半定量结果，故仍有一定的用处。但这种简单的电子理论有很大的局限性，它不能解释晶体为什么有结合力，也不能解释为什么晶体可以区分为导体、绝缘体和半导体。很显然，这种自由电子模型过于简单化了。

实际上，电子是在晶体中所有格点上的离子和其他所有电子所产生的势场中

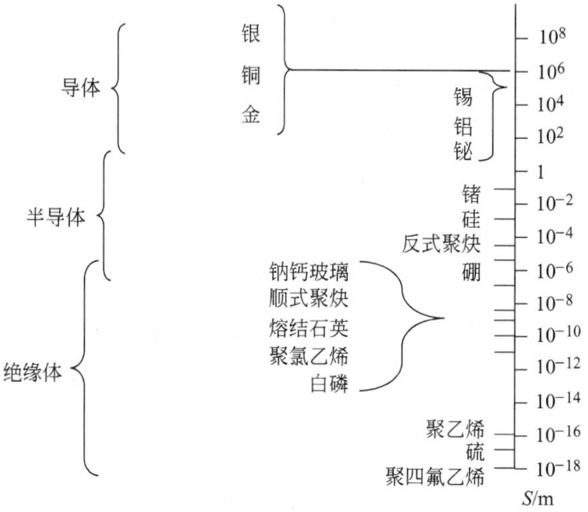

图 5.5.1　材料电导率排序

运动，它的势能不能视为常数，而是位置的函数。要了解固体中电子的状态，必须首先写出晶体中所有相互作用着的离子和电子系统的薛定谔方程，并求出它们的解。但实际上，这是一个非常复杂的多体问题，不可能求出严格解，所以只能采用近似处理的方法来研究电子的状态。单电子近似法就是把复杂问题简化为单电子问题，即假设理想晶体中原子核固定不动，并设想每个电子是在固定的原子核的势场中及其他电子的平均势场中运动。用这种方法所求出的电子在晶体中的能量状态，将不再是分立的能级，而是能带。用单电子近似法处理晶体中电子能谱的理论，称为能带论。

（1）金属中自由电子的能级与能级密度

按照金属中自由电子模型，金属中的共有化电子可以视为自由电子，不受任何外力作用，彼此间也无相互作用，每一个电子的势能为一常数。由于电子存在于有限的金属内部空间，即可以把电子看成在边长为 L 的立方金属块体内运动，应用量子力学中描述微观粒子运动的薛定谔方程，求解得到自由电子的波函数为：

$$\psi = A e^{2\pi i k \cdot r} \tag{5.5.1}$$

式中，k 为波矢，r 代表电子的位置。即式(5.5.1)表明电子的运动可以看成波矢为 k 的平面波。自由电子的能量 E 与动量 P 的关系为：

$$E = \frac{p^2}{2m} \tag{5.5.2}$$

自由电子的德布罗意波长 λ 和波数 k 的关系为：

$$|k| = \frac{|p|}{h} = \frac{1}{\lambda} \tag{5.5.3}$$

自由电子波函数 ψ 应遵守归一化条件，即应满足 $\int_v \psi^* \psi d\tau = 1$，可确定 $A =$

$\dfrac{1}{\sqrt{V}} = \dfrac{1}{L^{3/2}}$；自由电子运动又需要满足边界条件，即自由电子出现在边长为 L 的立方金属块体的壁和壁外的概率为零。根据这些条件可以求出自由电子波函数的精确解。自由电子在边长为 L 的立方金属块体中运动的能量 E 为：

$$E = \frac{h^2 k^2}{2m} = \frac{h^2}{2m}(k_x^2 + k_y^2 + k_z^2) = \frac{h^2}{8mL^2}(n_x^2 + n_y^2 + n_z^2) \tag{5.5.4}$$

式中，n_x、n_y、n_z 为任意的正整数，每一组量子数（n_x，n_y，n_z）确定一个允许的自由电子的量子态；对于给定的自由电子能量 E，n_x、n_y 和 n_z 所可能取的正整数的组合数，就是对应于给定的 E 所可能有的量子态数。若以（n_x，n_y，n_z）为坐标，则式(5.5.4) 代表一个半径为 $R = (8mL^2E/h^2)^{1/2}$ 的球，满足此方程式的任一组正整数解，相当于八分之一球面上的一个点，这是因为坐标为正整数的各点都集中在第一象限内，即在八分之一球面上的点数是能量为 E 所可能具有的量子态数。由此可见，能量在 E 和 $E + dE$ 之间的量子态数 dG，应等于在球壳 $4\pi R^2\,dR$ 内所含点数的八分之一，即

$$dG = \frac{1}{8} \cdot 4\pi R^2\,dR = 2\pi V \frac{(2m)^{3/2}}{h^3}\sqrt{E}\,dE \tag{5.5.5}$$

式中，$V = L^3$。若所讨论的自由质点是电子，则对每个移动的量子态数包含 2 个自旋状态，故对电子而言，式(5.5.5) 右边尚应乘上 2，即自由电子的能量在 E 和 $E + dE$ 之间的状态数为：

$$dG = 4\pi V \frac{(2m)^{3/2}}{h^3}\sqrt{E}\,dE = C\sqrt{E}\,dE \tag{5.5.6}$$

自由电子的状态密度（能级密度）为：

$$\frac{dG}{dE} = C\sqrt{E} \tag{5.5.7}$$

式中 $C = 4\pi V \dfrac{(2m)^{3/2}}{h^3}$。

（2）电子按能级的分布

所谓基态是指系统处在绝对零度下的状态，当温度升高时，电子的动能增加，某些在绝对零度时本来空着的能级被占据，而某些在绝对零度时被占据的能级空出来。费密-狄喇克分布率给出理想电子处于热平衡时分布在能量为 E 的电子数为：

$$n = \frac{g}{e^{(E - E_F)/kT} + 1} \tag{5.5.8}$$

式中，g 为简并度，即对应于能级 E 的态数，E_F 为费米能或化学势。式 (5.5.8) 表明，在能级 E 上每个量子态平均分布的电子数为 n/g，用 $f(E)$ 表示并称为费米分布函数，得：

$$f(E) = \frac{1}{e^{(E - E_F)/kT} + 1} \tag{5.5.9}$$

将 $f(E)$ 乘上能量在 E 与 $E + dE$ 间内的量子态数 dG，即得在 E 与 $E + dE$

间内所分配的电子数：

$$dN = f(E)dG = \frac{C\sqrt{E}\,dE}{e^{(E-E_F)/kT}+1} \tag{5.5.10}$$

式中，费米能 E_F 可由式(5.5.9) 的积分等于总电子数 N 来决定。用 E_F^0 表示在绝对零度时的 E_F，由式(5.5.9) 可得：

$$f(E)=1 \quad E<E_F^0$$
$$f(E)=0 \quad E>E_F^0$$

即表明在绝对零度时，所有低于 E_F^0 的能级都填满了电子，而所有高于 E_F^0 的能级都空着。E_F^0 就是绝对零度时电子所占据的最高能级，约为几个电子伏特，由式(5.5.10) 计算得到：

$$E_F^0 = \frac{h^2}{2m} \cdot \left(\frac{3n}{8\pi}\right)^{2/3} \tag{5.5.11}$$

式中，$n=N/V$ 为单位体积中的电子数。

绝对零度时，电子的平均能量为：

$$\overline{E}_0 = \frac{1}{N}\int E\,dN = \frac{1}{N}\int_0^{E_F^0} CE\sqrt{E}\,dE = \frac{3}{5}E_F^0 \tag{5.5.12}$$

可见，即使在绝对零度，电子仍有相当大的平均动能，与经典统计所算出的平均动能为零根本不同。这是因为电子必须遵守泡利不相容原理，每一能级只能容纳自旋相反的两个电子，即使在绝对零度时，所有电子不可能都集中占据在最低的能级上。

温度不太高，即满足 $kT \ll E_F$ 时，通过计算可以看出，这时的 E_F 和 E_F^0 差别不多，大多数的金属在熔点以下都符合这个情况。此时由于热激发，有部分电子要由 E_F^0 之下跳到 E_F^0 以上的能级上去。经过类似于计算绝对零度时的 E_F^0 和 $\overline{E}_0$，并取近似值，得到此时费米能 E_F 和电子的平均动能 $\overline{E}$ 分别为：

$$E_F = E_F^0\left[1 - \frac{\pi^2}{12}\left(\frac{kT}{E_F^0}\right)^2\right] \tag{5.5.13}$$

$$\overline{E} = \frac{3}{5}E_F^0\left[1 + \frac{5}{12}\pi^2\left(\frac{kT}{E_F^0}\right)^2\right] \tag{5.5.14}$$

（3）电子比热容

根据式(5.5.14) 可以计算每个电子在常温时所贡献的比热容，即根据量子理论计算的电子比热容为：

$$c_v' = \frac{\partial \overline{E}}{\partial T} = \frac{\pi^2}{2}k\left(\frac{kT}{E_F^0}\right) \tag{5.5.15}$$

可以看出，量子理论计算得到的电子比热容与温度相关。这与经典理论的结果完全不同，用经典统计计算出的电子平均动能为 $\frac{3}{2}kT$，电子比热容为 $\frac{3}{2}k$，与温度无关，其数值也比式(5.5.15) 算出的结果大得多，与原子振动所贡献的比热容（高温时为 $3k$）有同等的重要。但实际上在常温，金属的比热容主要是由原子振动所贡献，而电子的贡献是很小的，只有在低温时电子的贡献才成为主要部分，因此，电子对比热容的贡献是与温度相关的，量子理论很好地说明了这个问题，而经典统计是无法解释这一点的。

（4）晶体中电子的运动

在前面 5.1.1~5.1.3 小节中，把金属中的共有电子当成自由电子，不受任何外力作用，彼此间也无相互作用，每一个电子的势能 V 为一常数。实际上，在晶体中运动的电子要受到周期性电场的影响，这种周期性电场来自晶体中原子的有序排列。因此，电子的势能 V 不是常数，电子在晶体中接近正离子时势能降低，离开正离子时势能增大，势能 V 随晶格起周期性的变化。对于这种情形，根据量子力学的薛定谔方程（考虑电子势能随晶格周期而变化），布洛赫（Bloch）曾证明其解为：

$$\psi = u_k(x, y, z) e^{2\pi ik \cdot r} \tag{5.5.16}$$

式中，$u_k(x, y, z)$ 为一与 k 有关且为 x、y、z 的周期函数，以晶格的周期为周期，即与 V 的周期相同。所以电子在周期场中运动的波函数仍与自由电子的［式(5.5.1)］情形相似，代表一个波长为 $1/k$ 而在 k 方向上传播的平面波，不过此时波被晶体的周期场调幅。在晶格周期场中运动的电子，其满足薛定谔方程的解具有式(5.5.16) 的形式，这一结论称为布洛赫定理，而这种电子的波函数［式(5.5.16)］称为布洛赫波函数。

考虑一维的情形，布洛赫波函数为：

$$\psi(x) = u(x) e^{\pm i2\pi kx} \tag{5.5.17}$$

在量子力学中，波函数代表电子出现的概率，因此式(5.5.17) 表明，晶体中有一些能量区域，可以存在稳定的电子态，属于能量的允许区域称为允许带；而在一些能量区域没有稳定的电子态存在，属于能量的禁区，称为禁带。由此可见，电子在周期场中运动时，其能量状态与在常数势场中运动的自由电子是不同的，它们不再是连续的，而是形成有允许带和禁带的能带，这就是能带理论。

为了便于了解电子在周期场中运动的特性，可对电子的周期势能 V 进一步近似，即电子的势能 V 在各处的数值与平均动能比起来小得多，这个条件称为"准自由电子"近似法。这种近似法假设电子是近似于自由的，周期势场随位置的变化比较小，可以当作微扰来处理。根据周期势场中电子的布洛赫波函数及微扰理论，可以得到"准自由电子"的一维能量表达式：

$$E_\pm = E_0 \pm |V_n| \tag{5.5.18}$$

式中，$E_0 = h^2 k^2 / 2m$，为自由电子的能量表达式，即 E_0 与 k 的变化关系为连续抛物线；$V_n = \dfrac{1}{a} \displaystyle\int_0^a V(x) e^{i2\pi nx/a} dx$，$a$ 为周期即晶格常数。

式(5.5.18) 表明，与自由电子的情形相比较，"准自由电子"在 $k = n/2a$ 处，能量 E 不连续，其不连续跳跃的能量为 $\Delta E_n = 2|V_n|$。因为在这个能量范围内没有允许的能级存在，故这个范围称为禁带，ΔE_n 为禁带宽度。

"准自由电子"近似法的假设并不十分符合金属的实际情况，因为在每个原子核处，电场的势能变为无穷大，故与电子的动能相比并不小。可以采用另外一种不同的假设，即认为价电子基本上和离子很紧密地相结合着，微微受到其他原子的作用，这种近似法称为"紧束缚近似法"。

（5）导体、绝缘体与半导体的区别

根据以上的能带理论，可以解释为什么固体有些是导电体，有些是绝缘体，而另外有些是半导体。完全自由电子，其动能为 $E=h^2k^2/2m$，k 代表电子的波数，能量与波数的关系为连续抛物线。若电子在一周期性电场中某一定方向运动，对某一些波数，在能量曲线上将有破裂的间隙发生，间隙的大小则随电场变化的大小而异，若电场没有变化，则间隙为零，若电场的变化加大，则间隙加大。

如果某一元素的价电子只占据了某一能带的一部分能级，那么这一元素就是导体（如锂、钠、钾等碱金属），因为在这种情况下，外加电场能够使一部分电子加速而使其动能增加，因而这一部分电子沿电场方向跳到允许带中略高的能级，便形成了电流；如果价电子填满一个能带，但这个能带有一部分与紧接在上面的一个能带相重叠（如锌、镉等），此时下面能带中上部能级的电子，就在上能带里面，可以很轻易地跳到上面能带中的其他空着的能级上去，形成电流。

如果一个固体的允许能带被电子填满了，而上面紧接着是一个禁带，那么这个固体就是绝缘体，可以认为所有价电子都被束缚着，虽有电场作用，亦不能改变它的电子态，不能使电子趋向于一个优势的方向，而产生电流。

半导体的能带分布情形与绝缘体相同，不过满带与空带之间的距离较小（如硅、锗等），即禁带的宽度较小，因而在满带中的部分电子，在不很高的温度下，受热运动的影响，能够被激发而越过禁带，进入到上面的空带中去而成为自由电子，能够产生导电性。空带获得了电子后能产生导电性，故又称为导带。当满带中的电子越过禁带而进入上面的空带中去后，就在下面的满带中产生一个空的位置——"空带"，使满带内较其他较高能级的电子可以跃迁到这个"空穴"来，因而使满带中电子也能够参与导电的过程。由于电子在外电场作用下移动，"空穴"沿与电子运动方向相反的方向移动。这种"空穴"的移动，相当于正电荷的移动，称为"空穴"电流。

（6）金属与合金的电阻

在外电场 ε 的作用下，金属中的电子在电场的反方向上所得的附加分速度，不能一直无限制地增加。这是因为电子在前进过程中经常要与振动的离子发生碰撞而产生扩散现象，使前进方向上的速度分量不能毫无障碍地继续增大。这就是金属之所以有电阻的原因。

电流密度 j 等于单位时间内通过单位面积的电荷。设金属中单位体积内含有的导电电子数为 n；则在单位时间内通过单位面积的净电子数为 $n\bar{v}$；每经过电子两次碰撞之间的平均自由移动时间 τ，电子的平均定向速度的平均值 $\bar{v}=\dfrac{1}{2}\dfrac{e\varepsilon}{m}\tau$；因此电流密度 j 可表示为：

$$j=en\bar{v}=(ne^2\tau/2m)\varepsilon \tag{5.5.19}$$

由此得到电导率 σ 和电阻率 ρ 分别为：

$$\sigma = j/\varepsilon = ne^2\tau/2m \tag{5.5.20}$$

$$\rho = 1/\sigma = 2m/ne^2\tau = 2m\bar{v}/ne^2l \tag{5.5.21}$$

式中，l 为平均自由程，有 $\tau = l/\bar{v}$ 关系式存在；τ 代表相邻两次碰撞的平均时间，故每秒平均碰撞次数为 $P = \dfrac{1}{\tau}$，又常称 P 为散射概率，电阻率表示为：

$$\rho = 1/\sigma = (2m/ne^2)P \tag{5.5.22}$$

由式(5.5.22)可知，电阻率 ρ 与散射概率 P 成正比。

我们知道，晶格中离子的振动随温度 T 的上升而增强，这将增加电子与离子之间的碰撞概率，亦即增加散射概率，故电阻率 ρ 应随温度 T 的上升而增加。理论上可以证明：在高温时，电阻与绝对温度成正比；在低温时，电阻与绝对温度的 5 次方成正比。

对于合金电阻，实验表明，金属固溶体的电阻恒大于纯金属的电阻。对于不含过渡元素的金属固溶体，可以总结出如下几条规律。

① 马德森（Matthiesen）定则：若固溶体中溶质原子的浓度较小时，则它的电阻率 ρ 可以写成两部分，即：

$$\rho = \rho_0 + \rho_T \tag{5.5.23}$$

式中，ρ_0 是与溶质的含量有关的部分，是由溶质原子对电子的散射所产生的附加电阻率，它与温度无关；ρ_T 是与温度有关的部分，是由于晶格的热振动而引起的电阻率，有时又称为剩余电阻率。

② 诺伯里（Norbury）定则：在固溶体中，电阻率的变化与溶剂原子和溶质原子的原子价有关。

③ 合金电阻率与成分的关系：如果二元合金形成连续的固溶体，则在绝对零度时的电阻率 ρ_0 与成分的浓度 x 的关系可写为：

$$\rho_0 \propto x(1-x) \tag{5.5.24}$$

式中，x 为某一组元的浓度；$1-x$ 为另一组元的浓度，即合金的电阻率与两组元浓度之乘积成正比。

因组元浓度加大时，晶格畸变将加大，电子散射概率将加大，电阻率变大。

5.5.2 离子类载流子导电机制

离子电导是带电荷的离子载流子在电场作用下的定向运动。从离子型晶体看可以分为两种情况。一类是晶体点阵的基本离子由于热振动而离开晶格，形成热缺陷，这种热缺陷无论是离子或空位都可以在电场作用下成为导电的载流子，参加导电，这种导电称为本征导电。另一类是参加导电的载流子主要是杂质，因而称为杂质导电。一般情况下，由于杂质离子与晶格联系弱，所以在较低温度下杂质导电表现显著，而本征导电在高温下才成为导电主要表现。

（1）离子导电理论

离子导电性可以认为是离子类载流子在电场作用下，在材料中的长距离迁移。电荷载流子一定是材料中最易移动的离子，离子迁移的能量变化可用位垒来描述。如果考虑离子在一维平行于 x 方向上迁移，那么越过位垒 V 的概率 P 为：

$$P = \alpha \cdot \frac{kT}{h} e^{-\frac{V}{kT}} \tag{5.5.25}$$

式中 α 为与不可逆跳跃相关的适应系数（accommodation coefficient）；$\dfrac{kT}{h}$ 为离子在势阱中振动频率；k 为玻尔兹曼常数；T 为热力学温度，K。

当加电场后，沿电场方向位垒降低，而反电场方向位垒提高。如果势阱之间的距离为 b，那么沿电场方向势能将降低 $\frac{1}{2}zeEb = \frac{1}{2}Fb$（$F$ 为作用在离子价为 z 的离子上的电场力），因此离子向电场方向运动的概率为：

$$P^+ = \frac{1}{2}\alpha \cdot \frac{kT}{h} e^{-\frac{V-\frac{1}{2}Fb}{kT}} = \frac{1}{2}P e^{\frac{Fb}{2kT}} \tag{5.5.26}$$

同理，离子沿电场反方向运动的概率为：

$$P^- = \frac{1}{2}P e^{-\frac{Fb}{2kT}} \tag{5.5.27}$$

结果正的迁移次数多于负的，即离子沿电场方向迁移概率高，因此，在电场方向上存在一平均漂移速度 $\bar{v}$，即：

$$\bar{v} = b(P^+ - P^-) = bP\,\mathrm{sh}\,\frac{Fb}{2kT} \tag{5.5.28}$$

当电场足够低，即满足 $\frac{Fb}{2} \ll kT$ 的条件时，那么

$$\bar{v} \approx \frac{PFb^2}{2kT} \tag{5.5.29}$$

根据电流密度，将式(5.5.29)代入得到电流密度 J，即：

$$J = nze\bar{v} = \frac{nzePFb^2}{2kT} = \frac{nz^2 e^2 b^2 PE}{2kT} \tag{5.5.30}$$

将概率 P 代入式(5.5.30)，并令 $V = \dfrac{\Delta G_{dc}}{N_0}$，$\Delta G_{dc}$ 为直流条件下的自由能变化，N_0 为阿伏伽德罗常数，则电阻率 ρ 为：

$$\rho = \frac{E}{J} = \frac{2h}{naz^2 e^2 b^2} e^{\frac{\Delta G_{dc}}{RT}} \tag{5.5.31}$$

取对数，可得电导的对数为：

$$\lg\sigma = \lg\frac{naz^2 e^2 b^2}{2h} - \frac{\Delta G_{dc}}{RT} \tag{5.5.32}$$

（2）离子导电的影响因素

① 温度的影响　由(5.5.32)式可以看出，温度是以指数形式影响其电导率。如果随着温度从低温向高温增加，其电阻率的对数的斜率会发生变化，即出现拐点 A（图 5.5.2），显著地把 $\ln\sigma$-T^{-1} 曲线分为两部分，也就是高温区的本征导电和低温区的杂质导电（图 5.5.2）。

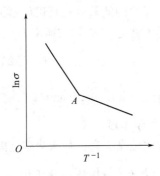

图 5.5.2 温度对离子
导电的影响

② 离子性质、晶体结构的影响 离子性质、晶体结构对离子导电的影响是通过改变导电激活能实现的。熔点高的晶体，其结合力大，相应的导电激活能也高，电导率就低。例如 NaF 的激活能为216kJ/mol，NaCl 的激活能为 169kJ/mol，而 NaI 的激活能只有 118kJ/mol，因此 NaI 的电导率最高。

晶体结构的影响是提供有利于离子移动的"通路"，也就是说，如果晶体结构有较大间隙，离子易于移动，则其激活能就低。

③ 点缺陷的影响 理想晶体不存在点缺陷，正是由于热激活，使晶体产生肖脱基缺陷和弗仑克尔缺陷。同样，不等价固溶体掺杂形成晶格缺陷，缺陷也可能是由于晶体所处环境气氛发生变化，使离子型晶体的正负离子的化学计量发生变化，而生成晶格缺陷。根据电中性原则，产生点缺陷也就是离子型缺陷的同时，也会发生电子型缺陷，它们都会显著影响电导率。

5.6 复合材料的电性能

5.6.1 复合材料概述

复合材料是由两种或两种以上的材料通过各种工艺过程结合在一起之后形成的材料。大约在 50 年前，有人提出利用高分子材料、无机非金属材料、金属材料等，通过复合工艺，构造复合材料的思路。复合材料可以保持原组分的优点，克服彼此的不足之处，而且可以利用复合效应，获得任何一种原材料原先不具备的特殊性能。

实际上，长期以来，人类一直在使用天然的复合材料：如石、骨、木材、竹等天然材料，以及由此制成的复合材料；在脆性材料中掺加少量纤维状添加剂，以提高其强度和韧性。

（1）结构型复合材料

结构型复合材料一般由两部分组成：其一是"承载"部分即增强材料，它们大多使用高强度材料、如玻璃纤维、碳纤维、硼纤维、陶瓷纤维、金属纤维、陶瓷晶须、碳化钙微粉、金属微粉等；其二是将增强材料结合在一起的部分，它们均匀分散并将负载传递给增强材料的基体材料。作为基体材料既可以是金属材料，也可以是包括高分子化合物（塑料、树脂等）在内的有机非金属材料，以及陶瓷、玻璃等无机非金属材料。

由于一般材料中都存在有微观结构上不可避免的缺陷（如微裂纹、空洞等），从而降低了材料的力学性能，如果将材料制成纤维状、晶须状、微粒等，其强度可相应增加。所以在结构复合材料中大多采用各种纤维或细颗粒作为增强材料，目前结构型复合材料大致分为高性能树脂复合材料、金属基复合材料、无机非金属复合材料和碳基复合材料等。

（2）功能型复合材料

功能型复合材料是由活性组分材料和基体材料组成。由于复合效应，功能复合材料可能具有比原材料性能更好或原材料不具有的性质。已开发和应用的功能复合材料包括压电材料、导电材料、阻尼材料、磁性材料、隐身材料、吸声材料以及各种传感器材料等。不论从品种或数量上讲，目前功能复合材料都比结构复合材料少，但它们的作用日益增加。

（3）先进复合材料

20世纪60年代中后期，出现了碳纤维和芳酰胺纤维等高性能增强剂和一些耐高温树脂，它们可以构成高性能的复合材料。为了与一般的通用复合材料（如玻璃纤维增强塑料等）有所区别，人们称这些材料为先进复合材料（advanced composite materials，ACM），随后人们又将金属基、陶瓷基、碳基复合材料等都列入先进复合材料的范畴。先进复合材料是比传统复合材料性能更高的复合材料，它是高科技的产物，并为高科技服务，先进复合材料的研究和应用的深度与广度已日益成为衡量一个国家先进水平的重要标志。

5.6.2 复合效应

国际标准化组织对复合材料的定义是："由两种以上物理和化学性质上不同的物质，组合起来而得到的一种多相体"。研究表明，复合材料优良性能的获得必须通过其复合效应的作用，这将涉及材料设计与工艺操作两个方面。根据复合材料中的复合现象，一般可分为线性和非线性两类效应。

（1）线性效应

线性效应是指复合材料的性质与增强组元（功能组元）的含量有线性关系。线性效应的内容有：平均效应、平行效应、相补效应、相抵效应等。目前很多结构复合材料的性能，都用线性效应来估计和作为进一步设计的依据，如常用平均效应"混合率"来估算增强剂与基体进行复合后材料的性能。

当两种介电常数不同的材料形成复合材料后，对于它们的介电常数 ε 可以有两种估算方法：

$$\varepsilon = \varepsilon_1 V_1 + \varepsilon_2 V_2 \qquad (5.6.1)$$
$$1/\varepsilon = V_1/\varepsilon_1 + V_2/\varepsilon_2 \qquad (5.6.2)$$

式中 ε_1、ε_2 为两种材料的介电常数，V_1 和 V_2 是它们的体积分数。式(5.6.1)由串联等效电路而得，式(5.6.2)由并联等效电路而得。根据复合工艺和采用的等效电路，两组分有效介电常数的表达式还有多种形式。

（2）非线性效应

非线性效应是指复合材料的性质与增强组元的含量无直接关系，复合后可能产生一些新的性质。非线性效应包括：乘积效应、诱导效应、共振效应和系统效应等。如果能够掌握和运用这些非线性效应，则在复合材料（特别是功能复合材料）的设计方面可获得更多的自由。

乘积效应是指把一种具有 X/Y 转换功能的材料与另一种具有 Y/Z 转换功能的材料进行复合后，会产生 (X/Y)×(Y/Z)＝X/Y 的功能。诱导效应是指增强剂（功能相）界面附近的晶型会通过界面，导致基体结构发生变化（可能形成界面相），在复合材料中界面体现出特殊的重要意义。共振效应是指复合材料中相邻的两种物质之间，在特定条件下发生共振现象。彩色胶片（或彩电）中的感光层由红、黄、蓝三种感光色素组成，在光照下可以产生五彩画面，这就是系统效应。

5.6.3　复合材料的结构参数

复合材料有着不同于单一材料的结构参数，改变这些参数可以使复合材料的性质发生明显的变化，复合材料的主要结构参数如下。

（1）复合度

复合度（compositivity）是复合材料中各组元所占的体积或质量分数。复合度对复合材料的性能有很大的影响，改变复合度是调整复合材料最为有效的手段之一。

（2）联结型

联结型（connectivity）是指在复合材料中，各组元在三维空间自身相互联结的方式。在设计功能复合材料中，常采用 R. E. Newnham 提出的命名方法，即以 "0" 表示微粉或小颗粒，"1" 表示纤维或条状，"2" 表示薄膜或片状，在三维空间以网络或枝状互相连通时则以 "3" 表示。

分散在三维连续媒质中的活性粉，用 0-3 表示；而分散在连续媒质中的纤维或晶须，则用 1-3 表示；多层薄膜表示为 2-2。习惯上将对功能效应起主要作用的组元互联形式放在前面，因此，0-3 型和 3-0 型尽管有相同的联结型，却是两种不同性质的复合材料。复合材料中可能的联结型数目与组元数（n）有关，可以按公式 $(n+3)! / (n! \times 3!)$ 来计算。对于双组元（$n=2$），可以有 10 种联结型式；而对于三组元（$n=3$），则有 20 种联结型式。

复合材料的联结型式，会直接影响复合材料各组元间的相互耦合作用或材料中的场分布，所以对复合材料的性能有极大的影响，它们一般不遵循加和法则，而往往遵循乘积法则。当涉及材料的输运特性（transport property）时，联结型式对于逾渗（percolation）途径等有重要影响。

（3）对称性

复合材料的对称性（symmetry）是材料各组元内部结构及其在空间几何配位上的对称特性。在许多情况下，复合材料的对称性仍可以用结晶学中的 32 类点群来描述；当复合材料具有无限转轴时，需要用居里群来表示；如果涉及磁性复合材料，在考察其对称性时必须引用更复杂的黑-白居里群。复合材料的对称性对其性能有很大影响，一般可以用晶体物理学中诺埃曼原理（Neumamm principle）来处理。

（4）标度

复合材料的标度（scale）是指活性组分的线度大小，这一点对功能复合材料尤为重要。当活性组分的尺度接近微米或纳米量级时，必须考虑在纳米材料中经常出现的热力学效应与量子力学效应。复合材料中活性组元的性质与尺寸的变化，将影响到复合材料的性能。精细复合材料和纳米复合材料就是利用这一系列变化来获得特殊功能的。

（5）周期性

周期性（periodicity）是指复合材料中组元分布的周期特征。对于一个随机分布的复合系统，不存在严格的周期性，只存在一个统计平均分布周期。如果需要利用复合材料中的谐振和干涉所产生的效应时，就必须严格控制复合材料在结构上的周期特征。

5.6.4 复合材料中的逾渗理论

定量研究材料宏观性能与其微观结构之间的关系，一直是材料研究工作的一个主要目标。传统的材料科学研究面临着实验手段难以满足研究需要等问题，但是随着计算机科学的发展以及在材料科学研究中的应用，各种材料的理论计算模型也相继发展起来，它可以有效地对材料成分、结构以及制备参数进行优化设计。

逾渗理论是处理强无序和随机几何结构的最好方法之一，它可以应用到广泛的物理现象中去，而且应用范围还在扩大，已经大大超过了物理学的范畴。它是在 1957 年 Broadbent 及 Hammersley 提出的一个数学模型基础上发展起来的。当时其目的是为了描述液体在无序介质中作随机的扩展和流动。但随着研究的深入，其成果迅速应用到材料研究等领域。R. Zallen 等在 1983 年首次将此模型应用到聚合物的凝胶化以及磁化过程中，而且首次引入了逾渗百分数的概念，即空间百分比。随后逾渗模型在地震、坡面水土保持、煤焦的燃烧以及导电复合材料的研究等都有着较好的应用。特别是导电复合材料研究方面，其逾渗模型发展成为较为完整的逾渗理论。

5.6.4.1 逾渗理论简介

为了更好地理解导电逾渗网络的形成，许多工作者建立了逾渗模型和方程。导电逾渗模型主要分为统计逾渗模型、几何逾渗模型和热力学逾渗模型等。

（1）逾渗的基本概念

逾渗问题表征的是临界行为特征的相变。它的最基本出发点是考察基体的几何元素，如球、棍、键、座等随机放置在 d 维空间格子上或连续介质中几何上的连续性。人们比较感兴趣的是多少这些元素形成一个相互关联的集团（clustre），特别是何时及怎样使这些关联的尺寸无穷大。很显然，关键的参数是这些几何元素的密度 n_0，即单位体积内元素的平均数，因此逾渗阈值的物理意义是指当有一个且仅有一个无限大尺寸的逾渗集团充满空间时的几何元素的最小量。

为了理论研究的方便，在研究逾渗过程中，常采用由点阵构成的系统。一个点阵由点和键组成。点阵上的逾渗过程有两种基本类型：键逾渗和座逾渗，如图5.6.1 所示。两种情况都是从规则的、周期性点阵出发，然后对每一个键或每一

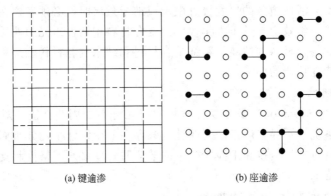

(a) 键逾渗　　　　　　(b) 座逾渗

图 5.6.1　逾渗模型简图

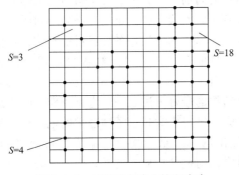

图 5.6.2　正方形点阵上的座逾渗

个座,无规地指定反映问题统计特征的非几何性的两态性质,从而把规则几何结构转变为随机几何结构的问题。对于键逾渗过程,如图 5.6.1 (a) 所示,每条键或者是联结的,或者是不联结的;联结的概率为 p,剪断或不联结的概率为 $1-p$。对于座逾渗 [如图 5.6.1(b)],每条键都是联结的,但座具有结构的无规联结性特征。每个座或者是联结的(畅通的),或者是不联结的(堵塞的),相应的概率分别为 p 和 $1-p$。我们规定,对于每一个座或者键的联结概率 p 不受其邻点状态的影响。对于大多数可以用座逾渗过程模拟的现象,一个重要的方面是需要表示与浓度或密度的依赖关系。为此常把"畅通座"和"堵塞座"分别称为"占座"和"空座"。对于座逾渗,若两个占座可以通过由一系列近邻的占座连成的路径联接起来,则称这两个占座属于同一集团。同样对于键逾渗,若两条键可以通过至少一条由联键连成的路径联结起来,则称这两条联键属于同一集团。如图 5.6.2 所示,设 S 表示集团的大小,在小 p 极限下,S 为 1;当 p 增加时,S 也在增加,当 p 增加到逾渗临界浓度值 p_c 时,就出现无界的跨越点阵的逾渗集团,它标志着在这一点连接性已经足够高,形成了无限扩展的连接网络,形成逾渗通道。直到 $p=1$,逾渗通道不断丰满,最后占满整个点阵,$S \to \infty$。逾渗阈值与介质的维数和几何结构密切相关。

在实际研究过程中,复合材料形成一种无规则分布状态。当两组分混合形成复合材料时,把体积多的组分看成是基质,把体积少的看成是杂质。两种不同组分相混合时,它们的分布状态取决于组分之间的相互作用状态,可能是无规则分布,也可能是凝集分布,而大多数是无规则分布。当杂质相组分增加到某一值时,其颗粒逐渐相互靠近,形成一连通区域,发生逾渗。在无规则分布的连续介质逾渗中,存在一个关键问题,如果每个单位空间介质被占据的概率是同样的,至少要放入多少几何元素恰好发生逾渗，也就是放入的几何元素，至少要占介质空间的百分数为多少，才发生逾渗。Zallen 和 Scher 的研究引入逾渗百分数的概念，即空间百分比。临界体积分数的引入，使所研究的几何元素形状不受限制，也使得从实际研究上考察逾渗过程变得更为方便。

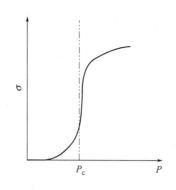

图 5.6.3　逾渗示意图

如图 5.6.3 所示是导电复合材料逾渗示意图。设基体中填料所占的体积分数为 P，P_c 为逾渗阈值。当 $0<P<P_c$ 时，复合材料的电导率较小，当达到逾渗阈值 P_c 时，电导率发生了突变；当 $P>P_c$ 时，电导率增加的相对比较平缓。这个突变也叫做几何相变，因为这是与相变十分类似的突变，但它不是由于温度的变化引起的，而是由于机械混合等物理结构发生变化而引起的。临界体积分数也可以将实体抽象成简单物理模型计算出来。

如图 5.6.4 所示，通过一个特例按照无规密堆积计算座逾渗的临界体积分

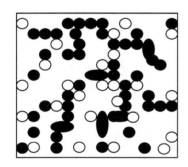

图 5.6.4　逾渗的临界分数
体积概念说明示意图

数。图中显示了一个二维蜂窝形点阵的座逾渗。以每一点阵座为中心画一个圆，其半径等于最近邻间距之半，图中用空心圆包围空座，阴影圆包围占座。令 p 表示图中阴影圆的百分比，体积分数 Φ 定义成阴影圆所占据的空间百分比。p 与 Φ 之间的关系可以用简单的几何学决定：$\Phi=Vp$，其中 V 为点阵的填充因子，即图中所有圆所占据的空间百分比。在逾渗阈值处相应的 Φ 值即临界分数体积 Φ_c：$\Phi_c=Vp_c$。表 5.6.1 是不同点阵临界浓度。

表 5.6.1　不同点阵的临界浓度

维数	几何结构	座逾渗阈值 p_c	填充因子 V	座逾渗临界分数体积 Φ_c
2	正方形	0.500	0.7854	0.47
	三角形	0.3473	0.9069	0.45
	蜂房形	0.6527	0.6046	0.42
3	简单立方	0.247	0.5236	0.163
	面心立方	0.198	0.7405	0.147
	体心立方	0.245	0.6802	0.167
	无规密堆积	0.27	0.637	0.16

（2）填充型复合材料的逾渗理论进展

逾渗理论的解释主要有两种：一是基于几何学的唯象理论；二是基于热力学的逾渗模型。

① 基于几何学的唯象理论　Kirkpatrick、Zallen 等利用聚合物网络与导电网络的相似性，借用 Flory 凝胶理论描述导电网络的形成，在填料超过临界浓度之后，可设想导电粒子构成的聚集体展开后就像无规链一样耦联着，提出经典统计的逾渗理论（classical statistical percolation model）：

$$\Sigma = \sigma_{\mathrm{p}}(\upsilon - \upsilon_{\mathrm{c}})^X \tag{5.6.3}$$

式中，σ_{p} 为填料的电导率；σ 为填料的体积分数；υ_{c} 为逾渗临界体积分数；X 是与体系维数相关的系数。

在二维体系中 X 的典型值为 1.3，在三维逾渗模型中为 1.9，并推断出，球状粒子只有体积分数达到 16% 以上时，才会形成导电网络，这被公认为经典的逾渗理论。这个模型不仅仅可用于计算电导率，还可以通过计算 X，从而得到粒子在体系内的分布状况。

与 Kirkpatrick、Zallen 模型相似，Janzen 模型也是借用统计学原理，提出导电粒子的平均接触数 $\bar{m}$ 是决定逾渗网络形成的关键。如果 $\bar{m}=2$，则一维的导电网络必定形成，引入成键概率 p_{c}^{bond} 后，$\bar{m} = p_{\mathrm{c}}^{bond} Z$，推导 $\bar{m}$ 为 1.5 时三维网络便形成。最终表示为：

$$\upsilon_{\mathrm{c}} = \frac{1}{1 + 0.67 Z \rho \varepsilon} \tag{5.6.4}$$

式中，Z 为单位立方格粒子的配位数；ρ 为密度；ε 为粒子的孔隙体积分率。

Gurland 对银粉-酚醛树脂进行研究后认为，当 $\bar{m}=1$ 时，电导率 σ 开始上升，在 1.3~1.5 的区间内，σ 发生突变。也就是说，当基体中填料达到某浓度时，该组分成为无穷连续网络中的一个单元的概率才不为零，而且几乎和填料的种类无关。此模型对许多金属粒子填充体系拟合较好，但其仍然没有考虑到粒子与基体的种类、形状及尺寸、分散与分布等因素。

有效介质近似[46,47]是处理宏观非均匀介质的一种常用方法。例如对于一种介质材料的电导 σ、介电常数 ε 以及弹性模量的大小和变化。很多材料都适用于这种理论模型。其一是金属介电复合材料，它是由金属和介电颗粒以有序或者是无序方式构成的复合体；其二是一种多孔岩石模型，如果岩石被盐水充满，那么它可以看作是由电绝缘材料和导电材料组成的多孔复合材料；其三是由各向异性材料组成的多晶材料，由于组成多晶材料的颗粒有着不同的电导率和介电常数，所以本质上它们是不同的材料。对于二组元或多组元颗粒复合材料，由于其具有很高的应用价值，备受理论研究者和实验研究者的关注。现以金属介电复合材料为例，具体介绍有效介质假设。

a. 简单颗粒复合介质　研究三维二组元颗粒复合体系，复合介质由两种不同成分组成，组 A 电导率 σ_A，浓度为 f；组分 B 的电导率为 σ_B，浓度为 $1-f$，两种组分无规混合，复合介质的有效电导率 σ_e，我们假定每个颗粒均匀分散在均匀有效介质里，而不是被另一组分所包覆，而且每个颗粒都是球形，那么颗粒 i 内部电场是均匀的而且最基本的静电场关系式为：

$$E_{in} = E_0 \frac{3\sigma_e}{\sigma_i + 2\sigma_e} \qquad (5.6.5)$$

式中，$\sigma_i = \sigma_A(\sigma_B)$；$E_0$ 是颗粒外部电场。

有效介质假设要求介质自洽性的条件是颗粒内部电场等于 E_0，或者表达式为：

$$f E_0 \frac{3\sigma_e}{\sigma_i + 2\sigma_e} + (1-f) E_0 \frac{3\sigma_e}{\sigma_B + 2\sigma_e} = E_0 \qquad (5.6.6)$$

将上式 E_0 因子提出，得到：

$$f \frac{\sigma_A - \sigma_e}{\sigma_i + 2\sigma_e} + (1-f) \frac{\sigma_B - \sigma_e}{\sigma_B + 2\sigma_e} = 0 \qquad (5.6.7)$$

如果 A 为金属颗粒，B 为绝缘颗粒，有效电导率与金属电导率的比值为：

$$\frac{\sigma_e}{\sigma_A} = \frac{3f-1}{2} \qquad (5.6.8)$$

渗流阈值为 $f_c = 1/3$。当 $f < f_c$ 颗粒复合体不导电，而当 $f > f_c$ 颗粒复合体则呈现金属性。实际材料中由于颗粒之间有相互作用，颗粒往往不可能是完全理想的球颗粒，有效介质近似可以推广到非球形颗粒。设 L 是沿外场方向的退极化因子（也可称为几何形状因子），方程(5.6.7) 可变为：

$$f \cdot \frac{\sigma_A - \sigma_e}{\sigma_e + L(\sigma_A - \sigma_e)} + (1-f) \cdot \frac{\sigma_B - \sigma_e}{\sigma_e + L(\sigma_B - \sigma_e)} = 0 \qquad (5.6.9)$$

$$\frac{\sigma_e}{\sigma_A} = \frac{f-L}{1-L} \qquad (5.6.10)$$

渗流阈值 $f_c = L$，可以发现渗流阈值等于颗粒的退极化因子（三维球形颗粒的退极化因子 $L = 1/3$）。

如果两种颗粒形状不完全相同，它们的退极化因子分别为 L_A、L_B，方程(5.6.9) 变为：

$$f \frac{\sigma_A - \sigma_e}{\sigma_e + L_A(\sigma_A - \sigma_e)} + (1-f) \frac{\sigma_B - \sigma_e}{\sigma_e + L_B(\sigma_B - \sigma_e)} = 0 \qquad (5.6.11)$$

$$\frac{\sigma_e}{\sigma_A} = \frac{f(1-L_B) - (1-f)L_A}{(1-f)(1-L_A) + (1-L_B)} \qquad (5.6.12)$$

渗流阈值 $f_c = \dfrac{L_A}{1 - L_B + L_A}$，与两种非球形颗粒的退极化因子有关。

如果旋转椭球颗粒的取向是无规的，沿三个轴方向的退极化因子满足：

$$L_x + L_y + L_z = 1 \qquad L_x = L_y \qquad L_z + 2L_{xy} = 1$$

利用 Bruggeman 自洽方程 $\langle P \rangle = \sum_i f_i P_i = 0$，则

$$f\left[\frac{1}{3} \times \frac{\sigma_A - \sigma_e}{\sigma_e + L_z^A(\sigma_A - \sigma_e)} + \frac{2}{3} \times \frac{\sigma_A - \sigma_e}{\sigma_e + L_{zy}^A(\sigma_A - \sigma_e)} \right] + (1-f)\left[\frac{1}{3} \times \frac{\sigma_B - \sigma_e}{\sigma_e + L_z^B(\sigma_B - \sigma_e)} + \right.$$

$$\left. \frac{2}{3} \times \frac{\sigma_B - \sigma_e}{\sigma_e + L_{zy}^B(\sigma_B - \sigma_e)} \right] = 0 \qquad (5.6.13)$$

$$f_c = \frac{L_z^B + 2L_{xy}^B}{L_z^A + 2L_{xy}^A + L_z^B + 2L_{xy}^B} \qquad (5.6.14)$$

式中，$L_z^A = \frac{1}{L_z^A}$，$L_{xy}^A = \frac{1}{L_{xy}^A}$，$L_z^B = \frac{1}{L_z^B}$，$L_{xy}^B = \frac{1}{L_{xy}^B}$。渗流阈值取决于无规分布的颗粒的形状。

b. 带壳颗粒复合介质　如果颗粒存在界面层，颗粒被一层壳所包围，复合体由两种不同带壳颗粒无规混合组成，第一种金属壳 A 被绝缘壳 B 包围，第二种绝缘壳 B 被金属壳 A 包围，两种带壳颗粒出现的几率分别为 p_1，p_2，则

$$p_1 = \frac{u_1}{u_1 + u_2}, p_2 = \frac{u_2}{u_1 + u_2} \qquad (5.6.15)$$

式中 $u_1 = (1 - f^{\frac{1}{3}})^3$，$u_2 = [1 - (1-f)^{\frac{1}{3}}]^3$。带壳颗粒是球形颗粒，EMA 表达式为：

$$p_1 \frac{\sigma_1 - \sigma_e}{\sigma_1 + 2\sigma_e} + (1 - p_1) \frac{\sigma_2 - \sigma_e}{\sigma_2 + 2\sigma_e} = 0 \qquad (5.6.16)$$

式中，σ_1 为第一种带壳颗粒的导电率，σ_2 为第二种带壳颗粒的导电率，σ_1、σ_2 由 Maxwell-Garnett 理论得到：

$$\sigma_1 = \sigma_B \frac{\sigma_A + 2\sigma_B + 2f(\sigma_A - \sigma_B)}{\sigma_A + 2\sigma_B - f(\sigma_A - \sigma_B)}$$

$$\sigma_2 = \sigma_A \frac{2\sigma_A + 2\sigma_B + 2(1-f)(\sigma_B - \sigma_A)}{2\sigma_A + \sigma_B - (1-f)(\sigma_B - \sigma_A)}$$

$$\frac{\sigma_e}{\sigma_A} = \frac{(2 - 3p_1)f}{3 - f} = \frac{(3p_2 - 1)f}{3 - f}, p_2^c = \frac{1}{3}$$

由式(5.6.15) 可知，渗流阈值 f_c 与第二种带壳颗粒的浓度有关，当第二种带壳颗粒浓度达到球形颗粒复合介质的渗流阈值时，带壳复合介质导电。

如果带壳颗粒是非球形颗粒，式(5.6.16) 可变成：

$$p_1 \frac{\sigma_1 - \sigma_e}{\sigma_e + L_1(\sigma_1 - \sigma_e)} + (1 - p_1) \frac{\sigma_2 - \sigma_e}{\sigma_e + L_2(\sigma_2 - \sigma_e)} = 0 \qquad (5.6.17)$$

$$\sigma_1 = \sigma_B \frac{L_1\sigma_A + (1 - L_1)\sigma_B + f(1 - L_1)(\sigma_A - \sigma_B)}{L_1\sigma_A + (1 - L_1)\sigma_B - fL_1(\sigma_A - \sigma_B)}$$

$$\sigma_2 = \sigma_A \frac{L_2\sigma_B + (1 - L_2)\sigma_A + (1-f)(1 - L_2)(\sigma_B - \sigma_A)}{L_2\sigma_B + (1 - L_2)\sigma_A - (1-f)L_2(\sigma_B - \sigma_A)}$$

$$\frac{(1 - fL_2)\sigma_e}{(1 - L_2)f\sigma_A} = \frac{(1 - L_1)p_2 - p_1L_2}{p_1(1 - L_2) + p_2(1 - L_1)}$$

$$p_2^c = \frac{L_2}{1 - L_1 + L_2}$$

其渗流阈值与两种带壳颗粒的形状有关。

虽然上述这些唯象模型可以描述部分体系的规律，但缺乏定量的理论根据，与实际结果仍然有较大的偏差，难以解释 0.4% （质量） 这样低的逾渗值。而且

没有考虑到影响逾渗网络因素的多样性：粒子的直径、形状以及不均匀分布、基体的种类、加工过程、粒子与基体的作用、结晶性、加工后的固化条件等等。也就是说，除了唯象的因素外，还必须考虑逾渗网络形成的热力学因素和动力学因素。

② 基于热力学的逾渗模型　上述唯象理论不能解释逾渗临界值与基体种类有关的事实。因此 Sumita 提出了导电高分子复合材料的热力学理论，认为随着基材类型变化，粒子临界体积分数也要发生改变。以炭黑-高聚物为例，在混合过程中，炭黑粒子的表面被浸润，形成粒子-高聚物界面，产生新的界面能，当炭黑含量不断增大，过剩界面能也越大。直至达到一个与基体种类无关的常数时，逾渗导电网络开始形成，电导率突升。当基体中加入 n 个导电粒子（其体积为 V_0，表面积为 S_0），就形成 nS_0P 界面。当粒子完全分散时 $P=1$，形成聚集体时 $P<1$。假定单位界面上的过剩能量为 K，单位体积的过剩界面能为：

$$\Delta g = KP_nS_0 \tag{5.6.18}$$
$$K = (\gamma_c - \gamma_p)^2$$

式中，γ_c 为炭黑的表面张力，γ_p 为基体树脂的表面张力。

设 $P=1$（无聚集体），在持续到恒定值，即常数 Δg（体系过剩自由能普适值）之后，聚集体出现，正好与电导率 σ 突变吻合，由此导出粒子的体积分数：

$$V_c = 1 + 3K(S_0/V_0)/(\Delta gR)^{-1} \tag{5.6.19}$$

当炭黑种类一经选定，V_c 就仅是 γ_p 的函数，即所用基体树脂的种类决定了炭黑的逾渗体积，也就决定了炭黑的临界含量，而且逾渗值随粒径 R 的减小而减小。

但是复合材料的制备过程也是一个动力学过程，中间存在许多变化因素，如热处理方式、时间、熔体的黏度等，都会影响界面状况，进而在宏观上表现为电导率的影响，因此，上述模型还可进一步引入加工过程的参数予以完善。最终的形式为：

$$\frac{1-V_c}{V_c} = \frac{3}{\Delta gR}\{[(\gamma_c + \gamma_g) - 2(\gamma_c\gamma_g)^{1/2}] \times (1 - e^{cct/\eta}) + G_0 e^{-\alpha/\eta}\} \tag{5.6.20}$$

式中，G_0 为 $t=0$ 时的界面能过剩；c 为界面能增加的速率常数；t 为两组分的共混时间；η 为再加工时的黏度。但此模型仅适用于非极性的基体树脂。

Wessling 为了更广泛地描述粒子填充体系，提出了"动态界面模型"（the dynamic boundary model）这一新概念，与 Sumita 一样，也是把粒子和基体的表面张力作为影响逾渗网络的首要因素。此外，有两个重要的特点，是其他模型所不具备的。第一、采用了非平衡态热力学的概念；第二、将逾渗过程形象化了。主要有以下几点假设：炭黑与树脂的共混过程在热力学上是不稳定的，即 Gibbs 自由能为正值；临界体积时的电导率的突变（conductivity jump），导电填充粒子与基体之间的界面张力起主导作用；在临界体积以下时，导电相可被认为是完全分散；导电相-分散相在其表面较强地吸附一层 15～20nm 厚的基体树脂分子层；在逾渗值时（临界体积 ϕ_c），分散相"波动"（flocculation）地联结成具有支化结构的絮凝链结构，此过程（分散-絮凝）是可逆的，处于动态地互相转变；逾渗过程可被视为一个相转变。前提条件：CB 粒子是球形；在逾渗网络形成之前，CB 粒子表面覆盖了一层树脂分子，覆盖层的厚度由树脂种类决定，而且不受加工过程的破坏，已经与原来的树脂性质截然不同；粒子不是均匀分布的，而是以平面聚集体（flat agglomerates）的形式分布。表达式为：

$$V_c = \frac{0.64(1-c)\phi_0}{\phi_c}\left[\frac{x}{(\gamma_c^{\frac{1}{2}}+\gamma_p^{\frac{1}{2}})^2}+y\right] \qquad (5.6.21)$$

式中，$1-c$ 指树脂的无定形部分；x 依赖于相对分子质量（平均值为 0.451），此值体现了 Wessling 方程的非平衡状态。ϕ_0、ϕ_c 分别是覆盖层、粒子的体积因子，$1 \leqslant \phi_e/\phi_0 \leqslant \infty$。Wessling 的假设条件过多，很难与实际相符，比如：炭黑粒子的几何形状不是规则的球形；很难发现粒子表面树脂包覆层存在的证据，其表面张力为常温下的数值，难以解释加工时高温下粒子与基体之间的相互作用。

③ 逾渗值的主要影响因素　从以上理论分析可知，影响逾渗阈值的主要因素有以下几个方面。

a. 粒子形状和尺寸　一般而言，球形粒子要比纤维状的粒子逾渗值 Φ_c 大很多，粒子的长径比越大，形成网络的机会越高。同样，结构性越高，比表面积越大，也越容易形成导电网络。如果粒子的直径小到某一临界值（一般为 nm 级）的时候，体系的逾渗值主要依赖于粒子直径。Wu 给出了一个粒子间距的表达式，由此可推出逾渗值与尺寸的关系：

$$V_c = V_{c0}\left[\frac{D}{D+\delta_c}\right]^3 \qquad (5.6.22)$$

式中，δ_c 为粒子间距；D 为粒子直径；V_{c0} 为理论逾渗值。

可以看出，当粒子直径 D 远远大于粒子间距 δ_c 时，逾渗值 V_c 与 D 无关，当 D 很小时，V_c 大幅下降。

b. 基体树脂和导电粒子的种类　根据热力学的逾渗模型，"粒子-基体树脂"对等选择非常重要，基体树脂与粒子间的界面能决定着逾渗网络的形成。其中又分为粒子-粒子、粒子-基体树脂两部分作用力，当粒子之间的作用力超过粒子与树脂之间的相互作用时，粒子倾向于聚集成棒状结构（Rod-like），而不是所希望的松散的链状絮凝态结构，不易分散；反之则被树脂分子所包覆，形成绝缘层，粒子不易聚集成链。这就是极性树脂基体的导电性能不如非极性树脂的原因。

从微观力学角度讲，粒子相互接触有两种力的结果，其一是伦敦-范德华（London-Van der Waals）吸引力，导致了粒子的聚集；其二是粒子表面相同电荷所导致的库仑（Coulomb）排斥力，构成了能垒，称之为逾渗活化能。在逾渗网络的形成过程中，炭黑粒子间的树脂分子在炭黑粒子接触过程中被排斥，这个过程显然与温度和时间有关。基体树脂介质黏度较高，混合时间较短，必定导致网络的聚集程度不完全，造成不导电。如果对其热处理（高于熔点或黏流温度），在一定的时间内电阻率大幅下降，仍然可以产生逾渗过程，其中，逾渗时间与基体树脂的零剪切黏度直接对应。也就是说，热力学和动力学之间存在一个微妙的平衡，因此，以不同填充浓度的体系在一定温度下，记录电阻率的变化规律，可以根据 Arrhennius 方程计算逾渗过程的活化能。从而可以判断逾渗网络的形成对温度的敏感程度，逾渗活化能越高，逾渗网络在热处理时越易生成和完善；反之，则体系对热处理不敏感。图 5.6.5 是聚苯乙烯-炭黑（8 份）在不同温度下的动态逾渗曲线。

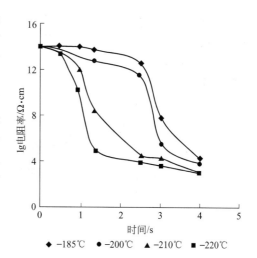

图 5.6.5　聚苯乙烯-炭黑在不同温度下的动态逾渗

c. 加工过程的影响　加工与成型工艺的不同极大地影响体系的导电性能和物理性能。在粒子填充型导电体系的研究中，国内外有关文献几乎都是采用密炼机和开炼机的加工工艺和模压成型的制样方式，这种研究方法虽然容易得到理想的导电性能，但是并不能指导实际生产，同样的配方组成在注塑机的成型过程中，结果截然不同，见图 5.6.6，也就是说粒子填充型导电体系与加工方法的关系极为密切。在高剪切场中，作用在粒子聚集体的剪切应力大，特别对高结构的炭黑粒子而言，聚集体结（agglomer-ates）较易离解成（break down）较小的聚集体（aggre-gates）。另外，在一定的条件下，也有可能加速网络的重新组成，并且能形成更加细化的网络结构，使低逾渗的导电体系在挤出、注塑工艺中成为可能。

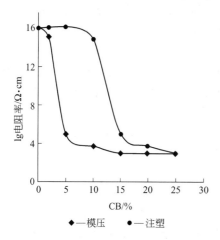

图 5.6.6　PS-CB 体系的注塑和模压工艺对导电性的比较

5.6.4.2　导电复合材料的逾渗行为

在实际研究，特别是导电材料研究方面，逾渗理论得到了很好的应用与发展。特别是金属微粒子以及炭黑作为填料形成的复合材料研究得较为广泛，也取得了不少进展。

（1）炭黑-聚合物复合材料

不同结构炭黑-ABS 复合材料随着炭黑含量的变化出现逾渗现象，当 N234、导电炭黑和 N326 三种炭黑分别与 ABS 混合均匀，当炭黑含量分别为 0（质量分数，下同），10%，15%，20%，25%，30%，35% 和 40% 时，体积电阻率的变化规律如图 5.6.7 所示。从图中可以看出，当炭黑含量小于 15％时，体积电阻率大于 $10^9 \Omega \cdot cm$，基本上是绝缘体。但是当炭黑含量超过 15％后，体积电阻率呈指数规律下降，当炭黑含量超过 35％的时候，体积电阻率达到 $10^3 \Omega \cdot cm$，之后下降趋势缓慢。

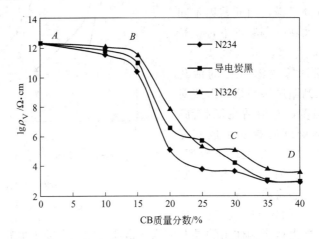

图 5.6.7　炭黑含量和种类对导电性能的影响

从图 5.6.7 中不难看出，炭黑-聚合物基体复合材料导电性能的一般规律：导电性并不是随着炭黑含量的增加而成比例的升高，随着炭黑的增加，复合材料的体积电阻率起初会稍微有一些下降，这时的曲线比较平坦，即曲线 AB 段；当炭黑含量超过某一个临界值之后体积电阻率会急剧下降，这时曲线上出现一个突变区域，即曲线 BC 段，在此区域内，炭黑含量的细微变化都会导致体积电阻率的显著变化，这种现象通常称为"逾渗效应"（percolation effect）。炭黑含量的临界值称为"逾渗阈值"（percolation threshold）；在突变区域之后，曲线又变得较为平坦，即曲线 CD 段，这时再增加炭黑含量导电性也不会有明显的变化。

出现上述现象与复合材料的导电机理和炭黑在 ABS 基体中的分布有关。目前导电复合材料导电机理有如下几种理论。①导电通道学说：导电粒子相互接触形成链状导电通道，使复合材料导电。②隧道效应学说：由于热振动而使被激活的电子越过树脂界面层势垒跃迁到相邻导电粒子上，就会形成隧道电流，称为隧道效应。③电场发射学说：在电压很高时，导电粒子间的强电场促使电子越过能垒产生场致电流。现在大部分人认为填料的直接接触和间隙之间的隧道效应的综合作用是填料类复合材料导电的主要原因。

在低炭黑含量（＜15％）时，炭黑粒子间距较大，此时形成链状导电通道的概率较小，这时隧道效应起主要作用。当炭黑含量继续增大时，粒子间距变小，链状通道开始形成，此时炭黑含量继续增加，链状通道就会大量形成，导电性明显增加，这时导电通道效应起主要作用。当炭黑含量较大（＞35％）时，导电网络基本上形成，再增加炭黑对复合材料导电性能的影响作用就不明显了。

（2）金属-聚合物复合材料

Y. P. Mamunya 等将逾渗理论的计算结果与金属粒子-聚合物复合材料电性能的实验结果相比较，得出如图 5.6.8 所示的逾渗现象曲线，发现实验结果与理论计算值吻合得比较好。实验考察了 PVC-Cu、ER-Cu、PVC-Ni 和 ER-Ni 复合体的逾渗试验。在此复合体中，金属粒子被聚合物所包围，形成有壳复合介质。金属纤维-聚合物复合材料的电阻率逾渗值相对金属粒子较低，因为金属纤维在基体中容易形成导电通路，从而使逾渗点较低。

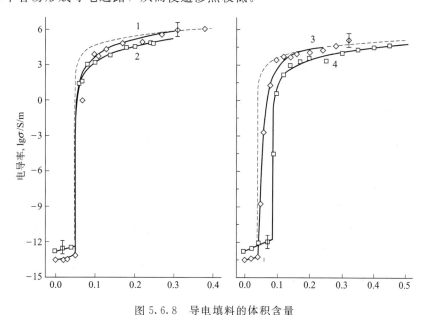

图 5.6.8　导电填料的体积含量

（1）PVC-Cu；（2）ER-Cu；（3）PVC-Ni；（4）ER-Ni

（3）金属-非金属颗粒-聚合物基复合材料

图 5.36 为填充镍粉及炭黑的渗滤曲线图，从中可以看出，电阻率随镍含量的增加而呈现反"S"型。说明镍基橡胶的导电机理同样符合导电通道学说。图 5.6.9（b）表明在添加 200 份镍粉的基础上分别再加入镍粉及炭黑，渗滤曲线会呈现不同的走向。由图 5.6.9（a）可知，镍粉的份数在 100 份以下时电阻率变化较小，超过 100 份后电阻率 ρ 产生突变，直至镍粉添加量到 200 份左右电阻率 ρ 又趋向稳定。说明可将电阻率突变的下限定为 200 份（称为渗滤值点），此时导电网络基本形成。在此基础上继续添加镍粉对导电网络的进一步完善没有帮助。而添加炭黑则由于 N234 型炭黑自身的高结构、低密度特点，促进了导电网络的扩展与完善，因此产生了如图 5.6.9（b）所示的二次渗滤现象。二次渗滤现象的形成一方面是由于镍粉的单一导电机理所致（镍粉粒子只有紧密接触形成导电通道才能导电）；另一方面也是由于炭黑以辅助身份参与导电网络的扩展，形成了以镍粉导电网络为骨架，以炭黑粒子为辅助的立体复合导电体系。

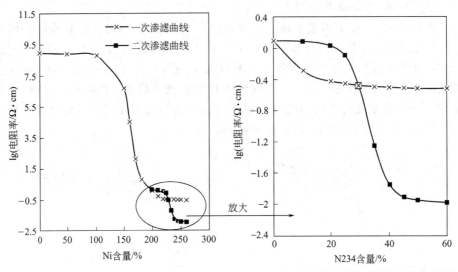

(a) 一次渗滤曲线：镍粉填充液体硅橡胶   (b) 二次渗滤曲线放大图：炭黑填充镍基硅橡胶

图 5.6.9　体积电阻率与镍粉及炭黑含量的关系

5.6.4.3　结论

虽然逾渗理论的提出已经有近五十年的历史，但是关于逾渗的研究至今仍然很活跃且在不断发展。逾渗理论是为数不多的几种处理强无序和具有随机几何结构系统的理论方法中最好的一种，它为描述空间随机过程提供了一个明确、清晰、直观的模型，因为逾渗模型没有内禀标度，所以可以广泛地应用于各种物理现象。

近年来，逾渗模型的应用范围逐渐拓宽并深入到材料科学领域。目前，高导电的填充复合型树脂的研究与开发非常踊跃，主要用于大量抗静电领域以及电磁屏蔽和电磁波吸收等电磁兼容领域的应用。特别是对低逾渗值（低填充量）导电复合材料的研究引起了普遍的关注。低逾渗值意味着更少的导电粒子填充量，这对改善体系的力学性能、光学性能、加工性能和降低成本有着极为重要的意义。除此之外还成功地解释了脱合金腐蚀、巨磁阻转变和栅介质击穿等问题，在材料微观机制研究、性能预测及结构设计等方面具有重要意义。

由于影响逾渗行为的因素很多，目前各种逾渗理论都能解释一些特定的相关现象，适用范围具有局限性，很少考虑到比如加工条件、成型工艺的影响。因此，必须采用热力学和动力学相结合的方法，才能描述整个逾渗过程。从而，继续加强和深入对粒子逾渗现象的研究显得非常迫切，这将有助于理解导电复合材料的微观结构和各种性能，对产品的开发、对其综合性能的优化组合及应用，具有重大的指导意义。

参考文献

[1]　戴道生，钱昆明. 铁磁学（上册）. 北京：科学出版社，1992.

[2]　钟文定. 铁磁学（中册）. 北京：科学出版社，1992.

[3] 廖绍彬. 铁磁学（下册）. 北京：科学出版社，1992.

[4] 周志刚，等. 铁氧体磁性材料. 北京：科学出版社，1981.

[5] 张世远，路权，薛荣华，等. 磁性材料基础. 北京：科学出版社，1988.

[6] 王会宗，等. 磁性材料及其应用. 北京：国防工业出版社，1989.

[7] 郭贻诚. 铁磁学. 北京：人民教育出版社，1965.

[8] 谢希德，方俊鑫. 固体物理学. 上海：上海科技出版社. 1961.

[9] 李荫远，李国栋. 铁氧体物理学. 北京：科学出版社. 1962.

[10] 戴礼智，等. 金属磁性材料. 上海：上海科技出版社，1973.

[11] 周世勋. 量子力学. 上海：上海科技出版社，1961.

[12] [奥] 汉德利 R C. 现代磁性材料原理和应用. 周永恰译. 北京：化学工业出版社，2002.

[13] 姜寿亭，李卫. 凝聚态磁性物理. 北京：科学出版社，2002.

[14] Mattis D C. The Theory of Magnetism I. Berlin：Springer-Verlag，1981.

[15] Becker R，Doring W. Ferromagnetism. Berlin：Springer，1939.

[16] Bozorth R M. Ferromagnetism. New York：Van Nostrand，1951.

[17] Snoek I L. New Development in Ferromagnetic Materials. Amsterdam：Elsevier，1947.

[18] 基态尔 C. 固体物理导论. 北京：科学出版社，1979.

[19] 苟清泉. 固体物理简明教程. 北京：人民教育出版社，1978.

[20] 李言荣，恽正中. 材料物理概论. 北京：清华大学出版社，2001.

[21] 田莳. 材料物理性能. 北京：北京航空航天大学出版社，2002.

[22] 益小苏. 复合导电高分子材料的功能原理. 北京：国防工业出版社，2004.

[23] 殷之文. 电介质物理学. 北京：科学出版社，2003：131-138.

[24] Caraballo I，Fernández-Arévalo M，Millán M，et al. Study of percolation thresholds in ternary tablets. International Journal of Pharmaceutics，1996，139：177-186.

[25] Deutscher G，Zallen R，Adler J，Percolation Structures and Processes. The American Institute of Physics，New York，1983，pp，3-16.

[26] 贾向明，杨其，李光宪，等. 填充型导电高分子复合材料的逾渗理论进展. 中国塑料，2003，17 (6)：9-15.

[27] Menon R，Yoon C O，Yang C Y，et al. Transport near the percolation threshold in a fractal network of conducting polymer blend. Science and Technology of Synthetic Metals，1994，ICSM '94. International Conference on，July 24-29，1994.

[28] Cheng H K，Gupta P K. Rigidity and conductivity percolation thresholds in particulate composites. Acta matall Mater，1995，43 (1)：397-403.

[29] 雷忠利. 聚乙烯-炭黑导电复合材料的 PTC 特性及老化行为的研究. 博士学位论文. 吉林大学材料学院，2002：26-28.

[30] 吴祖崐. 几何相变与逾渗. 物理教师，1995，(9)：29-30.

[31] Zellen R，黄昀，等译. 非晶态固体物理学. 北京：北京大学出版社，1998：154.

[32] 贾向明，杨其，李光宪，等. 填充型导电高分子复合材料的逾渗理论进展. 中国塑料，2003，17 (6)：9-15.

[33] 须萍. 金属-绝缘颗粒复合介质逾渗阈值的研究. 苏州大学学报（自然科学），2002，18 (3)：62-65.

[34] DAVID STROUD. The effective medium approximations：Some recent developments. Superlattices and Microstructures，1998，23 (3-4)：567-572.

[35] 刘顺华，郭辉进，段玉平. 炭黑-ABS-金属网复合材料电磁屏蔽性能的研究. 材料工程，2004，(9)：27-32.

[36] Mamunya Y P，Davydenko V V，Pissis P，et al. Electrical and thermal conductivity of polymers

filled with metal powders. European Polymer Journal, 2002, 38: 1887-1889.

[37] 谭松庭, 章明秋, 容敏智等. 金属纤维-聚合物导电复合材料的性能研究. 材料工程, 1998 (12): 15-18.

[38] 李鹏, 刘顺华, 陈光昀. 二次渗滤现象对镍基导电硅橡胶屏蔽性能的影响. 物理学报, 2005, 54 (7): 3332-3336.

[39] 齐共金, 张长瑞, 曹英斌, 等, 逾渗模型在计算材料学中的研究进展. 材料科学与工程学报, 2004, 22 (1): 123-127.

第6章 | 电磁波吸收剂

电磁波吸收剂按材料耗损机理可分为电阻型、电介质型和磁介质型。电阻型吸波剂主要通过与电场的相互作用来吸收电磁波,吸收效率取决于材料的电导和介电常数,主要有炭黑、金属粉、碳化硅、石墨以及特种碳纤维等属于电阻型;电介质型吸波剂主要通过介质极化弛豫损耗来吸收电磁波,主要以钛酸钡铁电陶瓷等为代表;磁介质型吸波剂对电磁波的衰减主要来自共振和磁滞损耗,如铁氧体和羰基铁等。此外,α、β等高能粒子的放射性同位素涂层,可以不断地使其相邻的空气层连续电离,从而可以吸收入射的电磁波。所以将放射性同位素材料涂在隐身对象的表面,便可以起到吸收电磁波的效果,但其工艺复杂、成本高,这类放射性同位素的广泛应用还面临一些困难。

传统吸波材料以强吸收为主,新型吸波材料则要求满足"薄、轻、宽、强"等特点,而未来吸波材料则应满足多频谱隐身、环境适应、耐高温、耐海洋气候、抗核辐射、抗冲击等更高要求。吸波剂性能上的不足直接限制了雷达吸波材料研究和应用水平的提高,新型吸波材料要求进一步提高吸波剂的性能,拓宽吸波剂的工作频段,能够在米波、厘米波、毫米波以及红外等超宽频段工作,且耐环境和耐温性较好。

随着现代科技的迅猛发展,各种新材料以及新的制备方法的出现,使新的隐身材料成为可能。这些新的隐身材料的发展,对隐身技术以及吸波剂发展起到了巨大的推动作用,使得新型吸收剂材料不断涌现,性能不断提高。目前研究的新型吸波剂包括纳米、手性、导电聚合物及多晶铁纤维吸收材料、席夫碱类吸收剂、等粒子体隐身、耐高温陶瓷吸波材料、多功能吸波材料、多频段吸波材料、智能型吸波材料等各种新材料。

6.1 吸收剂的性能表征

吸收剂的研究是促进 RAM 发展的重要环节,是研制吸波材料和提高性能的物质基础。充分认识并正确对吸收剂性能进行表征,对隐身材料的研究、生产和择优选用具有非常实际的意义。

6.1.1 吸收剂的电磁参数

6.1.1.1 电磁参数与吸波性能

吸收剂的电磁参数 $\varepsilon(\varepsilon'\,\varepsilon'')$、$\mu(\mu',\,\mu'')$ 是表征其电磁属性的重要参数。它

们可以起到调整吸波材料电磁性能的作用，通过调整和优化材料的电磁参数从而达到对入射波的尽可能的吸收。一般来说，从介质对电磁波吸收的角度来考虑，在 ε' 和 ε'' 足够大的基础上，μ' 和 μ'' 越大越好。但是设计中还需要考虑阻抗匹配问题，因此 ε 和 μ 的实部和虚部并非简单的越大越好，而应当根据具体吸波材料的设计来确定电磁参数的最佳值。既要考虑阻抗匹配，减少电磁波在入射界面的反射，又要考虑加强对已进入介质的电磁波的吸收，避免电磁波被再次返回。

从微波的传输理论分析，如单层平面材料，电磁波从自由空间入射到材料界面的归一化输入阻抗 Z 为：

$$Z = \sqrt{\frac{\mu}{\varepsilon}} \, \text{th} \left(\text{j} \frac{2\pi}{\lambda} d \sqrt{\varepsilon \mu} \right)$$

(6.1.1)

式中，$\varepsilon = \varepsilon' - \varepsilon''$ 为复介电常数，$\mu = \mu' - \mu''$ 为复磁导率。

当电磁波从空间向材料垂直入射时反射率 R 为：

$$R = \frac{Z-1}{Z+1}$$

(6.1.2)

电磁波在材料中的传播系数 γ 可表示为：

$$\gamma = \alpha + \text{j}\beta = \text{j} \frac{2\pi f}{c} \sqrt{\varepsilon \mu}$$

(6.1.3)

式中，α 为衰减系数；β 为相位系数；c 为光速；f 为频率。

电磁波在材料中的衰减系数 α 可表示为：

$$\alpha = \frac{\pi f}{c}(\mu'\varepsilon')^{1/2} \left\{ 2 \left[\tan\delta_\varepsilon \tan\delta_m - 1 + (1 + \tan^2\delta_\varepsilon + \tan^2\delta_m + \tan^2\delta_\varepsilon \delta_m)^{\frac{1}{2}} \right] \right\}^{\frac{1}{2}}$$

(6.1.4)

式中 $\tan\delta_\varepsilon = \varepsilon''/\varepsilon'$ 为材料介电损耗角正切，$\tan\delta_m = \mu''/\mu'$ 为材料的磁损耗角正切。

从式(6.1.1)～式(6.1.4)可以看出，如果要满足匹配和得到材料的高吸收性能，必须对材料的电磁参数（ε，μ）做合理的设计和选择。

6.1.1.2　电磁参数的确定

电磁参数的表征主要有计算法和试验直接测量法。

电磁参数的计算方法主要有直接计算法和间接计算法：直接计算法是利用吸波剂在电磁场中的磁极化强度和电场强度来推算其电磁参数；间接计算法主要有传输/反射法和多状态、多厚度法。传输/反射法目前广泛采用测量含样品波导或同轴线段的 S 参数，按照有关公式来计算材料的复介电系数 ε 和磁导率 μ。但是由于反射系统不易做到同时测量 S_{11} 和 S_{21} 的幅值和相位，也可采用改变样品的终端状态或其厚度，测出相应的复反射系数，通过计算也可以获得复介电常数和复磁导率。

试验直接测量法主要有两种：一种是吸收剂与黏结剂混合制成涂层或模块试样形式，测量其 ε 和 μ。这种方法所测的实际上是复合介质的常数，是吸收剂的相对介电常数和磁导率。所以每次所取的质量、混合比例、尺寸大小等一定保持严格的一致；另一种是吸收剂电磁参数 ε、μ 的测量。吸收剂作为粉剂状态给出

其 ε、μ，是最为直观地表征其电磁特性的方法，为此，建议预先特制样品框架即一种波导段，该段波导口两端用高透波率的薄片材料封住，呈一矩形容器，波导段上面敞开另一盖板，成为波导段样品框架，从样品框架上面开口部分别按松装密度的方法和摇实密度的方法，充吸收剂粉料，此两种充满吸收剂的样品框架，分别利用波导测量系统测出其介电常数 ε 和磁导率 μ。

6.1.1.3 吸波材料电磁参量与吸收剂体积百分关系

为了使吸波材料的电磁参量与吸收剂百分体积有较精确的关系，对每种吸收剂组成的吸波材料都应该做实际的测量，并总结归纳出关系式。微波吸收材料的电磁参量 μ'、μ''、ε'、ε''，吸收剂的电磁参量 μ_1'、μ_1''、ε_1'、ε_1''，基体介电常数 ε_g'、ε_g''，吸收剂的百分体积 V_1，基体的百分体积 V_g 及工作频率 f 的函数，各参量之间无依赖关系，即

$$\mu' = f_1(\mu_1', V_1, f)$$
$$\mu'' = f_2(\mu_1'', V_1, f)$$
$$\varepsilon' = f_3(\varepsilon_1', \varepsilon_g', V_1, V_g, f)$$
$$\varepsilon'' = f_4(\varepsilon_1'', \varepsilon_g'', V_1, V_g, f)$$

(6.1.5)

式中，μ_1'、μ_1''、ε_1'、ε_1'' 实际上是吸波材料中 100% 为吸波剂时的电磁参量，吸收剂一般为粉末，无法压制成纯的试样，因而不能通过直接的测量求得它们的值。对每个吸波材料的试样可以算出 V_1 和 V_g，并测量得到 μ'、μ''、ε'、ε'' 以及 ε_g'、ε_g''，f 为工作频率，先不考虑这些参数在上式中的显函数表达式，但不同的频率都应测出参量的数值，这样可以通过式(6.1.4)求出 μ_1'、μ_1''、ε_1'、ε_1''。

然而，由于上述表达式的函数关系是未知的，因而需要多个试样来确定。如果所给的函数是正确的，则由每一个试样求得的 μ_1'、μ_1''、ε_1'、ε_1'' 应该是相同的。实际上，由于测量误差和试样局部的不均匀性，这些值只能是相近，有少数值还可能相差较大。在实际处理时，先舍弃那些偏差较大的值，然后取其平均值。将这些值再代入上述函数中，可以求出 μ'、μ''、ε'、ε'' 与 V_1 的关系曲线。

在实际实验过程中，应根据各成分的密度以及重量比，可以求出各组分的体积分数。设吸收剂和基体密度分别为 ρ_1 和 ρ_g，吸波材料试样的密度为 ρ_s；基体的复合介电常数为 $\varepsilon_g' - j\varepsilon_g''$；制作吸波材料时，吸波剂所占的重量比为 G_1，基体的重量比为 G_g，并且有 $G_1 + G_g = 1$ 成立。可按下式求得吸波材料中吸收剂的百分体积 V_1，基体的百分体积 V_g，空气的百分体积 V_k，即

$$V_1 = \rho_s G_1 / \rho_1$$
$$V_g = \rho_s G_g / \rho_g$$
$$V_k = 1 - V_1 - V_g$$

(6.1.6)

6.1.2 吸收剂的密度

吸收剂密度包括松装密度、摇实密度以及真密度。粉剂自由流落于规定的标准容器中得到的密度为松装密度；粉剂填入规定的标准容器中，进行摇实，使粉剂充满容器时的密度称为摇实密度；真密度是利用比重瓶测得的密度。一般密度

不同所测得的电磁常数差别很大,所以所指的电磁常数必须是在特定测试条件下的数值。另外吸收剂密度(如果反映在复合材料当中,即吸收剂的百分含量)对电磁波整体吸收效果影响极大。根据电磁参数和阻抗匹配原理,吸收剂密度对吸波效能有一个最佳值。

6.1.3 吸收剂的粒度

吸收剂的粒度对电磁波的吸收性能以及吸收频段的选择影响较大。现在吸收剂粒度的选择有两种趋向:首先是吸收剂粒度趋于微型化、纳米化,这是目前研究的热点。当颗粒细化为纳米粒子时,由于尺寸小、比表面积大,因而纳米颗粒表面的原子比例高,悬挂的化学键多,增大了纳米材料的活性。界面极化和多重散射是纳米材料具有吸波特性的主要原因;其次是吸波单元的非连续化。吸波剂细化以后,其在基体中逾渗点出现较早,容易形成导电网络,对电磁波反射较强,不易进入材料内部被吸收;若吸收剂含量控制在逾渗点以下,则不足以充分吸收电磁波。所以应该在吸波体内形成毫米级非连续吸波单元,在每个吸波单元内尽可能增加其吸波剂含量,这样吸收体与自由空间阻抗能形成良好的匹配,电磁波能最大限度地进入材料内部,吸波频段大大拓宽,吸波效能大大提高。

6.1.4 吸收剂的形状

获得高性能吸波材料的关键在于吸收剂,除吸收剂颗粒含量、粒度以及聚集状态外,吸收剂颗粒形状无疑会影响材料的吸波性能。吸收剂的形状主要有球形、菱形、树枝状、片状以及针状等。国内外研究学者认为颗粒中含有一定数量的圆片状或针状结构时,吸波材料的吸波效能大于含其他形状的吸波材料。因为不同形状的吸波剂结构将直接影响到吸波剂的电磁参数和散射效应,从而影响其吸收性能。

6.1.5 工艺性

吸收剂一般来说不单独使用,首先需要和其他基体材料一起制成一定结构形式才能使用,因此就需要具有良好的工艺性能,以便与其他物质混合或掺杂;其次是为了拓宽吸收频段,增强吸收效能,一般通过几种吸收剂叠加使用来实现。叠加方法有简单混合法、包覆法、渡层法以及改性法等。

6.1.6 化学稳定性和耐环境性能

吸收剂在吸波材料的制备中,需要与溶剂或其他物质混合,并且往往要经受工艺中高温过程及使用过程中可能遇到的高温条件,另外用于武器系统时经常需要经受苛刻的环境,包括大气、海水、油污、酸碱等,需要具备抗腐蚀能力。因此必须具备良好的化学稳定性和环境稳定性,在各种应用状态中保证材料的设计性能。

总之,在选择吸波剂时,要考虑到使用性能要求、使用频段和使用环境等因素。有的放矢地来选择。此外,为了获得广泛应用,吸收剂在保证性能的基础上,还应当尽可能降低生产成本,并具有批量生产能力。

6.2 电磁波吸收剂的类型

吸收剂按其耗损机理主要有电阻型、电介质型和磁介质型三大类。根据吸收剂性质的不同可将其分为如下几类，对其进行具体叙述。

6.2.1 电阻型吸收剂

电阻型吸收剂主要通过与电场的相互作用来吸收电磁波，如炭黑、碳化硅、导电石墨、金属短纤维、特种碳纤维以及高导电性高聚物等属于电阻型，其主要特点是具有较高的电损耗正切角，依靠介质的电子极化或界面极化衰减来吸收电磁波。

6.2.1.1 导电炭黑和石墨

石墨在很早以前就被用来填充在飞机蒙皮的夹层中，吸收雷达波，美国在石墨复合材料的研究方面取得了很大进展，用纳米石墨作吸波剂制成的石墨-热塑性复合材料和石墨环氧树脂复合材料，称为"超黑粉"纳米吸波材料，不仅对雷达波的吸收率大于99％，而且在低温下仍然保持很好的韧性。

有研究表明，在透波材料中掺入炭黑，可以使材料介电常数增大，而且可以减小电磁波吸收体匹配厚度，从而减轻电磁波吸收体的重量。炭黑导电性能好，价格低廉，对不同的导电要求有较大的选择余地（如聚合物/炭黑导电体系的电阻率可在 $10^{-8} \sim 10^{0} \Omega \cdot cm$ 之间调整）。

（1）导电炭黑吸波机理分析

根据电磁学理论，电磁能被材料吸收转换成其他形式的能量的前提是使入射到材料表面的电磁波尽可能多地进入材料内部。在透波层中加入炭黑等提高介电常数的填充物，缓冲了吸波层与空气之间的阻抗差值，则材料整体的吸波效果应该提高。

一方面，乙炔炭黑导电性能较好，在材料内部形成导电链或局部导电网络，在电磁波的作用下，介质内部产生极化，其极化的强度矢量落后于电场一个角度，从而导致与电场相同的电流产生，建立起涡流，使电能转化成热能而消耗掉。同时，炭黑粒子的粒径很小，结构性高，具有多空隙。这不仅有利于炭黑在基体中分散均匀，而且对电磁波形成多个散射点，电磁波多次散射而消耗能量，达到吸收电磁波的目的。

另一方面，提高介电常数可与后面的吸波层构成阻抗匹配。这是因为纯环氧树脂基体介电常数 $\varepsilon_r = (3.0 \sim 3.4) - j0$ 不具有虚数部分，且损耗角正切值 $\tan\delta = 0.010 \sim 0.030$ 较低，而且只有当材料的折射率 n 有虚部时，才能有能量的吸收。而 $n = n' - jn'' = \sqrt{\varepsilon_r \mu_r}$，式中介电常数 $\varepsilon_r = \varepsilon' - j\varepsilon''$，磁导率 $\mu_r = \mu' - j\mu''$。透波层中导电炭黑的加入，将介电常数提高到 $\varepsilon_r = (1.8 \sim 6) - j(0.7 \sim 2)$。在这种情况下，掺杂后的聚合物分子才有能量吸收。电磁波进入到介质内部后，从理论上讲，ε_r 或 μ_r 的虚部增加，是有利于提高材料对电磁波的损耗能力的。从损耗机理上讲，炭黑的损耗是电损耗型，依靠介质的电子极化、离子极化、分子极化以及界面极化衰减吸收电磁波。炭黑和石墨的加入，实际上是增大了吸波材料的电阻型损耗。即电导率越大，载流子引起的宏观电流（电场引起的电流和磁场变化引起的涡流）越大，有利于电磁能转变为热能。但是，过多炭黑的加入，并不能使 tanδ 持续提高，反而有所下降，这与复合材料电导率的升高导致趋肤深度减小有关。而且，炭黑不属于磁损耗吸波剂，它的加入并不能引起磁导率的变化。

（2）炭黑复合材料的吸波效能

将炭黑在 600℃、800℃和 1000℃下高温处理，得到的碳团簇吸收剂与环氧树脂形成复合材料。其中在 8.2～12.4GHz 频率范围内对双层碳团簇材料进行了研究，得出对于总厚度为 4mm 的材料，反射峰值为 -31dB，有效宽度为3.74GHz，对于变换层为 1mm、吸收层为 2mm、总厚度为 3mm 的材料，最小反射率为 -40.0dB，有效带宽为 3.8GHz；对于变换层和吸收层分别为 1mm 的材料，最小反射率达 -33dB，有效带宽为 3.3GHz。同时发现，当变换层和吸收层厚度相等时，材料的排列顺序不同，所得的吸收效果会存在很大差异，即材料的方向性显著，而当两者厚度不等时，材料的吸波性能基本与其排列顺序无关，方向性不显著。

将聚氨酯切成尖劈型或角锥型并在多孔壁上黏附炭粉形成吸波复合体，在微波暗室中大量使用，根据角锥高度的不同，吸波效能能达到 30～55dB。

6.2.1.2 碳纤维吸收剂

（1）碳纤维在隐身技术中的应用

碳纤维是结构隐身材料最常用的一种增强纤维，在结构吸波材料中已得到广泛应用，并经过实战考验。美国的先进隐身战斗轰炸机 F-117、战略轰炸机 B-2、战斗机 YF-22、YF-23、F-22 以及先进巡航导弹上都大量采用了碳纤维、碳-Kevlar 纤维或碳-玻璃纤维混杂纤维作为增强材料的结构吸波材料。

F-117 隐身战斗机中，大量采用了雷达波反射小的硼纤维和碳纤维复合材料，在发动机四周、主翼前缘、垂直尾翼及前部机身等的蒙皮材料都使用它。B-2 大量采用了碳纤维结构吸波材料，如中翼盒段、中后段及外翼段，这不仅解决了 B-2 复杂外形的成型问题，亦大幅度减轻了结构质量，达到了超音速巡航（不加力）。B-2 的机翼蒙皮是一种六角形蜂窝夹芯碳-环氧吸波结构材料，该材料的板为非圆 Kevlar49 增韧环氧，夹芯为 Nomex 六角蜂窝（表面经特殊处理），底板为非圆石墨增韧环氧。B-2 隐身轰炸机上采用了 50%特殊纤维复合材料，而这种结构吸波材料的关键在于研制成功了"隐身"用的特殊碳纤维，"隐身"用的特种碳纤维与传统的碳纤维不同，特种碳纤维的截面不是圆的，而是有棱角的三角形，四方形或多角形截面碳纤维。Learfan2100 是用碳纤维制造的小型飞机，碳纤维复合材料是雷达波吸收材料，而且美国考虑使用碳/玻璃纤维和碳纤维蒙皮的隐身战斗机、轰炸机。

F-22 作为美国正在研制的当今世界上最先进的第四代战斗机，具有超音速巡航、隐身和机动敏捷能力，代表着未来战斗机的发展方向。从 YF-22 到 F-22，它们的材料构成有较大变化，前者铝合金、钛合金和复合材料所占比例分别为32％、27％和21％，而后者的这类材料比例分别为16％、39％和24％，碳纤维复合材料用于飞机蒙皮壁板、机翼中间梁、机身中间梁、机身隔框、舱门和其他部件。YF-23复合材料用量在30％～50％，除个别部位外，其整个外蒙皮均为碳纤维、玻璃纤维增强的双马来酰亚胺（BMI）吸波材料。F-117、B-2和F-22均为全隐身飞机，为了尽快提高飞机的作战和隐身能力，缩短研制周期，各国的部分隐身飞机也得到了迅速发展，在部分隐身飞机中，碳纤维结构吸波材料得到了广泛应用。采用碳纤维结构吸波材料的部分隐身飞机有法国的"幻影"（Mirage）F-1战斗机，该机后缘操纵面为蜂窝结构，副翼蒙皮采用C_f结构吸波材料。"幻影"（Mirage）2000战斗机的垂尾的大部分和方向舵的全部蒙皮用吸波的硼-环氧树脂-碳复合材料制造。

法国海军战斗机"阵风"（Rafale）的机翼和两段式全翼展升降副翼用碳纤维复合材料制造，机身采用50％碳纤维复合材料，起落架舱门及发动机舱门为碳纤维复合材料；英国、德国、意大利、西班牙四国合作研制的新型EF2000的机身大量采用碳纤维复合材料；美国空军轻型战斗机F-16"战隼"（Fighting Falcon）的机身采用翼身融合技术，尾翼的垂直安定面蒙皮采用碳纤维复合材料，平尾也部分地采用碳纤维复合材料；前苏联战斗机米格-29的机翼翼尖、襟翼和副翼采用碳纤维蜂窝结构，尾翼的垂尾采用碳纤维复合材料。

上述部分隐身飞机所采用的碳纤维及碳纤维复合材料均具有吸收雷达波的性能。高性能碳纤维的出现使结构吸波材料真正走向实用化成为可能，但碳纤维抗氧化性差，在空气中难以承受较高的使用温度，因而碳纤维结构吸波材料在使用上受到一定限制。高性能陶瓷纤维的问世，拓宽了结构吸波材料的使用范围。目前，先进复合材料常用的陶瓷纤维有石英纤维、SiC纤维和Al_2O_3纤维，其中石英纤维和Al_2O_3纤维为透波材料需要与吸波剂搭配使用才能制备吸波材料，而SiC纤维在制备过程中可以通过改变原料组成和制备工艺来调节其电阻率，且电阻率调节范围较大，因而较适合于制备结构吸波材料。

（2）碳纤维的吸波机理

碳纤维属于有机物转化而成的过渡态碳，其碳含量一般为92％～95％。碳纤维的电性能近似于金属，但与金属的导电机理有所不同，金属导电是靠电子定向移动；而碳纤维主要是离子导电，离子包括由于基体聚合物分子中的离子基缔合在一起而产生的离子，以及碳纤维中杂质产生的离子。

根据电磁波理论，随着频率的增加，当电磁波在导体表面产生涡流时，在导线截面上的电流分布将随频率的增加越来越向导线表面集中，这种现象称为趋肤效应。趋肤效应的产生本质上是衰减电磁波向导体内传播而引起的，趋肤效应越显著，产生的涡流损耗也越大，从而导致电磁波的损耗越多。碳纤维具有类似金属的特性，因此我们可以把碳纤维假设成均匀导线，其电阻率$\rho=(1.6\sim5)\times10^{-2}\Omega\cdot m$，$\mu$可近似为1。电磁波在碳纤维之间传播时，除了趋肤效应产生电磁能损耗之外，在每束碳纤维之间的部分电磁波经散射而发生类似相位相消现象，即当入射波和反射波为等幅，相差180℃时，这两列波相互对消，从而减少了电磁波的反射，消耗部分电磁波的能量。

6.2.1.3 碳化硅吸波剂

碳化硅作为吸波剂已经进行了较多的研究，碳化硅不仅具有吸波效能、能减弱发动机红外信号，而且具有耐高温、相对密度小、韧性好、强度大、电阻率高等特点，是国内外发展很快的吸收剂之一。目前研究的主要有碳化硅粉和碳化硅纤维。

(1) 碳化硅粉体吸收剂

碳化硅的电阻率介于金属和半导体之间，属于杂质型半导体。α-SiC 单晶的电阻率为 $10^9 \sim 10^{10} \Omega \cdot cm$，$\beta$-SiC 单晶的电阻率大于 $10^6 \Omega \cdot cm$。SiC 的导电类型和电阻值可以通过 B、P、Al、Si、O 掺杂和退火及中子或电子辐射等方法来调整。β-SiC 的本征电导输出开始于 900℃，α-SiC 则开始于 1200℃。由于 β-SiC 吸波性能优于 α-SiC，故作为吸收剂应用的是 β-SiC。由于常规制备的 SiC 粉体吸波效能较低，必须经过进一步处理才能使用。常采用的处理方法是用 N 对粉体进行掺杂，得到 SiC(N) 复合粉体，或者与其他超细粉体复合使用，得到了较好的效果。具体掺杂方法和效果见第 2.4 小节有关吸波剂的改性。

(2) 碳化硅纤维 (SiC$_f$)

先驱体转化法制备 SiC$_f$ 陶瓷纤维是日本东北大学教授矢岛圣使于 1975 年发明的。这种纤维具有优异的耐高温性能，可在 1000～1200℃下长期工作。它与基体材料相容性较好，与基体界面线膨胀率及热导率非常接近，而且在高频段有较好的吸波效能。碳化硅纤维是半导体材料，电阻率较大。它可以作为金属基、陶瓷基和树脂基复合材料的增强纤维，已得到广泛的研究和应用。最近几年，SiC$_f$在用作结构吸波材料在吸波剂方面受到了较多的重视。

SiC 纤维通常有两类，其一是以 W 或 C 纤维为芯线，在其上沉积 SiC 制成直径为 150μm 左右的 SiC$_{CVD}$ 纤维；其二为用有机硅单体熔融纺丝制成的 SiC$_{PC}$ 纤维。SiC$_{PC}$ 纤维比 SiC$_{CVD}$ 纤维柔软性好，且具有陶瓷的耐热性，故多用作复合材料的增强纤维。

SiC 纤维的制备方法主要有先驱体热解法（制备 SiC 束丝，如 Nicalon 和 Tyranno 纤维）和化学气相沉积法（制备 SiC 单丝，直径约为 140μm）。其中 Nicalon 纤维是由二甲基二氯硅烷经钠脱氯缩合成聚二甲基硅烷，在 450～500℃ 热解重排或催化重排聚合成聚碳硅烷，经熔融纺丝成为 500 根一束的连续 PCS 纤维，再经过 200℃氧化或电子束照射得到的不熔化 PCS 纤维，然后在高纯氮气保护下，1000℃以上高温处理得到 Nicalon 纤维。Nicalon 纤维由 Si-C-O 构成，O 和游离 C 含量较高，使其耐热性能和力学性能不如 CVD 法 SiC 纤维，但由于先驱体裂解纤维直径细，易于编织，还可以与其他有机或无机纤维混编成混杂纤维。

应用超声将平均粒径 30nm 的超细金属钴粉均匀分散到聚碳硅烷中，通过熔融纺丝、不熔化处理、烧结等处理，可制备出具有良好力学性能、电阻率连续可调的掺混型磁性碳化硅陶瓷纤维。这种纤维正交铺排与环氧树脂复合，制备的三层结构吸波材料具有良好的吸波效能。例如，一种合成厚度为 6mm 的三层结构吸波材料在 8.0～12.4GHz 频率范围内其反射衰减达 -12dB 以上，最大可达 -16.3dB，其中小于 -15dB 的宽度约 1.2GHz。

碳化硅纤维中含硅，不仅吸波效能好，还能减弱红外信号，而且有耐高温、相对密度小、韧性好、强度大、电阻率高等优点，是国内外发展较快的吸波材料之一。但是仍存在一些问题，如电阻率太高等，通过对其改性来进一步提高吸波性能（见 2.4 小节）。

6.2.2 电介质型吸波剂

电介质型吸波剂主要通过介质极化弛豫损耗来吸收电磁波，主要以钛酸钡铁电陶瓷等为代表；电介质型陶瓷吸波剂由于其耐高温特点主要应用于航空材料领域，最近几年发展较为迅速。电介质型吸波剂主要有氮化硅和氮化铁等，氮化硅由于具有在高温下高强度、抗热震、抗蠕变和抗氧化等一系列优良性能，作为新型的功能陶瓷材料而得到广泛的应用。纳米氮化硅在 $10^2～10^6$ Hz 有比较大的介电损耗，这种强介电损耗是由于界面极化引起的，界面极化是由于悬挂键形成电偶极矩产生的。纳米氮化铁具有很高的饱和磁感应强度，而且有很高的饱和磁流密度，有可能成为性能优良的纳米雷达波吸收剂。

纳米 Si-C-N 吸收剂的主要成分为碳化硅、氮化硅和自由碳，还可能存在 $SiC_{(4-x)/4}N_{x/4}$、$SiC_{(4-x)/4}N_{x/3}$（$x=0～4$）等物质，即在 SiC 中有 N 替代了 C 的位置，这样使 SiC 中的载流子浓度明显增大，Si-C-N 纳米吸收剂主要依靠碳化硅、自由碳、$SiC_{(4-x)/4}N_{x/4}$、$SiC_{(4-x)/4}N_{x/3}$ 等吸收和衰减雷达波，而氮化硅的含量可以调节整体电阻率。Si-C-N-O 纳米吸收剂的主要成分为 SiC、Si_3N_4、Si_2N_2O、SiO_2 和自由碳。最近的研究表明 Si-C-N 和 Si-C-N-O 纳米吸收剂不仅在厘米波段，而且在毫米波段也有很强的吸波性能。硅基陶瓷具有耐高温、质量轻、韧性好、强度大、吸波性能好的优点，而且热稳定性好、使用温度范围宽（室温到 1000℃均可使用）、用量少、介电性能可调，还可以有效地减弱红外辐射信号。将纳米结构的碳化硅晶须加入到纳米碳化硅吸波剂中，吸波效果也有很大的提高。

6.2.3 磁介质型吸波剂

6.2.3.1 铁氧体

（1）铁氧体概述

铁氧体（ferrite）一般是指铁族和其他一种或多种适当的金属元素的复合化合物，就其导电性而论属于半导体，但在应用上是作为磁性介质而被利用的。铁氧体磁性材料和金属或合金磁性材料之间最重要的差别就在于导电性，一般铁氧体的电阻率是由 $10^2～10^8$ Ω·cm，而一般金属或合金的电阻率则是由 $10^{-6}～10^{-4}$ Ω·cm。

铁氧体从 20 世纪 40 年代开始进行系统研究和生产以来，得到了极其迅速的发展和广泛的应用。用于微波应用的铁氧体材料的首次合成是由菲力普实验室的 Snoek 研究组完成的。这些早期研究成果包括尖晶石和六角铁氧体系。早期研究工作在 Lax 和 Button 的论著中有所体现，许多综述文献概括了铁氧体材料发展过程。

20 世纪 50 年代，尖晶石族铁氧体被广泛研究。在这些化合物中主要为含 Zn 和 Al 成分的 Ni 铁氧体和含 Al 的 Mg 铁氧体。Van Uitert 通过在 Mg 铁氧体中添加 Mn 元素的方法减少其介电损耗，因而出现了 MgMn 系列铁氧体。1956 年法国的 Bertaut 及其合作者合成了稀土铁石榴石并研究其磁性能，Geller 和 Gilleo 迅速重复并深入研究了这一发现，并形成了囊括大部分已经了解的有关石榴石化合物的晶体学和磁学基础，其中最为重要的石榴石化合物为钇-铁-石榴石 (YIG)。在 20 世纪 50 年代末，尖晶石和石榴石体系已经在微波器件工程中得到应用。

在 20 世纪 50~60 年代，用于军事高能雷达 (high-power phased-array radar) 的铁氧体相转化器 (phase-shifter) 引起极大的关注，在 RF 能量极限以上的由非线性自旋波导致的磁损耗面临挑战。Suhl 和 Schloemann 对此现象的理论分析，使得器件设计者通过合理的铁氧体成分及工作条件的选择避免了巨大的损失。小浓度快速弛豫离子可提高平均能量损耗，并使峰能极限提高。多晶材料的亚铁磁共振线的宽化受到磁晶各向异性和非磁夹杂物，如气孔影响的现象也得到证实。Patton 和 Vrehen 应用这些概念定义了多晶材料的"有效"线宽，Spencer 和 LeCraw 等研究了单晶石榴石的本征线宽极限，Rado 研究了部分磁化铁氧体中微波的传播问题，Green 和 Sandy 在后续研究中报道了它们大量的微波磁性。

在 20 世纪 60 年代以前的较早时期，有关基础磁性及铁氧体性能研究取得了重要的发展。各向异性单晶体的亚铁磁共振的理论推导，YIG 各向异性的温度函数测量，多重磁亚点阵引起的各向异性的深入理论研究，这些成果直接影响了单晶石榴石球的发展，而它又是以窄共振线为基础的磁性可调滤光器所必需的。到了 20 世纪 70 年代，块体陶瓷铁氧体有了重要的发展，然而，对于高能波导相转化器存在着两个问题，即对于闭锁操作石榴石的磁滞回线过于应力敏感，而在高能状态 MgMn 铁氧体又过于温度敏感。用 Mn 替代减少石榴石铁氧体的应力敏感性，铋铁氧体烧结体有助于温度稳定的锂尖晶石体系的密度提高，通过这些方法解决了以上问题。

在近几十年里，对于微波铁氧体技术的需求减少，但铁氧体物理学得到了持续发展。经过许多年的不断发展，铁氧体的应用方面早已不限于软磁和永磁材料，在尖端技术，如雷达、微波（超高频）多路通信、自动控制、射电天文、计算技术、铁路号志、远程操纵等方面起到了巨大的作用。在微波频段，电磁波已经不能穿透一般的金属（其趋肤深度小于 $1\mu m$），但却能通过电阻极高的铁氧体，使其成为这一波段中唯一的具有实际意义的磁性介质。因此，为满足器件小型化的要求，各种磁性器件普遍使用铁氧体。

微波器件中使用的铁氧体要求其无电磁损耗或损耗不大,相反地作为吸波材料则希望具有大的电磁损耗。特定结构、成分的铁氧体材料是非常有用的吸波材料。铁氧体是种双复介质材料,其对电磁波的吸收,在介电特性方面来自极化效应;而其磁性方面,在微波带,主要是由自然共振决定的,自然共振是铁氧体吸收电磁波的主要机制。另外,利用铁电材料具有较大电滞损耗,铁磁材料具有较大磁滞损耗的特点,将两者复合,使其兼具两种材料的损耗特点,可望获得较大的电磁波吸收能力。

铁氧体以其较高的 μ_r 值和低廉的制备成本而成为最常用的微波吸收剂,吸收效率高、涂层薄、频带宽是铁氧体吸收剂的优点;不足之处是比重大、温度稳定性差,使部件增重,以至影响部件性能。另外,铁氧体在低频下($f<$ 1GHz),具有较高的 μ_r 值而 ε_r 较小,所以作为匹配材料具有明显的优势,具有良好的应用前景。研究表明,PZT 具有铁电与铁磁共存的双重性,当与 Ni-Zn 铁氧体复合后,其复合磁导率与复合介电常数均具有可调性,由此可优化设计高吸收电磁波能力的新型复合材料。

(2)铁氧体的主要晶体结构

铁氧体的种类繁多,性能各异,其中有些已不含铁,而是以铁族或其他过渡金属氧化物(或以硫属元素等代换氧)为重要组元的磁性物质。按照其晶体结构主要有三种类型:尖晶石型、磁铅石型和石榴石型。

① 尖晶石型铁氧体 凡是晶体结构与天然矿石——镁铝尖晶石($MgAl_2O_4$)的结构相似的铁氧体,称为尖晶石型铁氧体。尖晶石型铁氧体的晶体结构属于立方晶系,其化学分子式可以用 $MeFe_2O_4$(或 AB_2O_4)表示。其中为 Me 金属离子 Mg^{2+}、Mn^{2+}、Ni^{2+}、Zn^{2+}、Fe^{2+} 等;而 Fe 为三价离子,也可以被其他三价金属离子 Al^{3+}、Cr^{3+} 或 Fe^{2+}、Ti^{4+} 所代替。总之,几个金属离子的化学价总数为 8 价,要求能够与四个氧离子价平衡。

尖晶石型铁氧体的晶体结构的一个晶胞共有 56 个离子(图 6.2.1),相当于 $8MeFe_2O_4$,其中 24 个金属离子,32 个氧离子。四面体空隙由 4 个氧离子包围而形成,其空隙较小,称为 A 位;八面体空隙由 6 个氧离子包围而形成,其空隙较大,称为 B位。在尖晶石晶胞中,氧离子密堆积后构成 64 个四面体空隙和 32 个八面体空隙,所以一个晶胞共有 96 个空隙,其中 8 个金属离子 Me 占 A 位(也称为 8a),16 个金属离子 Fe 占 B 位(也称 16d)。就是说只有 24 个空隙被金属离子填充,而 72 个空隙是缺位。这种缺位是离子间化学价的平衡作用等因素所决定的,但却易于用其他金属离子填

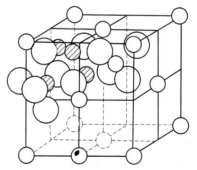

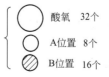

○ 酸氧 32个
○ A位置 8个
◨ B位置 16个

图 6.2.1 尖晶石型铁氧体
晶体结构(晶胞)

充和替代，为铁氧体的掺杂改性提供了有利条件，也是尖晶石型铁氧体可以制备成具有不同性能的软磁、矩磁、旋磁、压磁材料，得到极其广泛应用的结构基础。

一般来说，每种金属离子都有可能占据 A 位和 B 位，其离子分布式（或结构式）可表示为：

$$(Me_{\delta}^{2+}Fe_{1-\delta}^{3+})[Me_{1-\delta}^{2+}Fe_{1+\delta}^{3+}]O_4$$

式中，（ ）表示 A 位；[ ] 表示 B 位；δ 为变量，也称为金属离子的反型分布率，其值大小取决于铁氧体的生产方法。

根据离子分布状态可以归纳为三种类型：①$\delta=1$，离子分布式为 $(Me^{2+})[Fe_2^{3+}]O_4$，表示所有 Me^{2+} 都占据 A 位，而 Fe^{3+} 都占据 B 位，这种分布和 $MgAl_2O_4$ 尖晶石相同，因此称为正型尖晶石结构铁氧体；②$\delta=0$，离子分布式为 $(Fe^{3+})[Me_1^{2+}Fe^{3+}]O_4$，表示 A 位只被 Me^{2+} 占据，而 B 位则分别为 Me^{2+} 和 Fe^{3+} 各占据一半，这种分布恰和 $MgAl_2O_4$ 尖晶石相反，所以称为反型尖晶石结构铁氧体；③$0<\delta<1$，实际大多数铁氧体的 δ 值都介于两者之间，其离子分布式为 $(Me_{\delta}^{2+}Fe_{1-\delta}^{3+})[Me_{1-\delta}^{2+}Fe_{1+\delta}^{3+}]O_4$，表示在 A 位和 B 位上两种金属离子都有，称为中间型（或正反型混合）的尖晶石型结构铁氧体。

② 磁铅石型铁氧体　这类铁氧体和天然矿物——磁铅石 $Pb(Fe_{7.5}Mn_{3.5}Al_{0.5}Ti_{0.5})O_{19}$ 有类似的晶体结构，属六角晶系。其化学分子式可表示为 $MeFe_{12}O_{19}$（或 $MeO·6Fe_2O_3$），Me 为二价金属离子 Ba、Sr、Pb 等。钡铁氧体 $BaFe_{12}O_{19}$ 是典型的比较简单的磁铅石型铁氧体，是一种硬磁材料，具有六角对称，如图 6.2.2 所示。每个 $BaFe_{12}O_{19}$ 晶体包括 2 个分子式，即相当于 $2BaFe_{12}O_{19}$，可以分成 10 个氧离子层，包括 Ba^{2+} 的氧离子层称为钡层（也称钡离子层）。在钡铁氧体六角晶体结构中，除由 4 个氧离子包围而形成的四面体空隙（A 位）和由 6 个氧离子包围而形成的八面体空隙（B 位）外，还有由 5 个氧离子包围而形成的六面体空隙，称为 E 位。

每个磁铅石钡铁氧体晶胞中共有 38 个 O^{2+}、2 个 Ba^{2+} 和 24 个 Fe^{3+}。Fe^{3+} 分别分布在 4 个 A 位、18 个 B 位、2 个 E 位，而 Ba^{2+} 则共同参加氧离子的密堆积。由于 Sr^{2+}、Pb^{2+}、和 Ca^{2+} 的离子半径接近或小于 Ba^{2+} 的离子半径，因此，常以 Sr^{2+}、Pb^{2+}、和 Ca^{2+} 置换 Ba^{2+} 生成 Sr、Pb、Ca 系列磁铅石铁氧体。按照晶体结构的不同特点，由 Mg^{2+}、Mn^{2+}、Fe^{2+}、Co^{2+}、Ni^{2+}、Zn^{2+}、Cu^{2+}、Sn^{2+} 等二价离子或 Li^+ 和 Fe^{3+} 为组合的单元，替换钡铁氧体的 Ba^{2+} 后形成的磁铅石型复合铁氧体，可以分为 M、W、X、Y、Z 和 U 六种。各种磁铅石型复合铁氧体都是由几种单组分铁氧体复合而成的，可以用分子式 $m(Ba^{2+}+Me^{2+})·O·nFe_2O_3$ 表示，也可以用简写表示。如由 Co^{2+} 组成的 Z 型磁铅石复合铁氧体可以用 Co_2Z 表示，而由 Zn 和 Fe 所组成的 W 型磁铅石复合铁氧体可以简写为 ZnFeW。这些复合铁氧体的化学组成、晶胞结构形式以及其他参数见表 6.2.1。

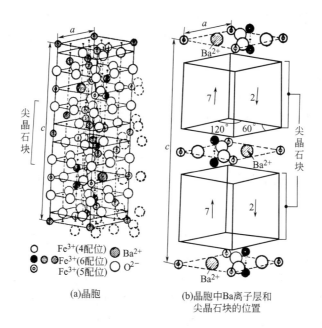

Fe³⁺(4配位) Ba²⁺
Fe³⁺(6配位) O²⁻
Fe³⁺(5配位)

(a)晶胞

(b)晶胞中Ba离子层和
尖晶石块的位置

图 6.2.2 $BaFe_{12}O_{19}$ 晶体结构

表 6.2.1 几种磁铅石型复合铁氧体的晶胞结构和晶格常数

型号	$mK^① \cdot O \cdot nFe_2O_3$		分子式	简写	晶胞结构形式	晶胞中氧离子层数	晶格常数/Å（室温）	
	m	n					a	c
M	1	6	$BaFe_{12}O_{19}$	M	$(B_1S_4)_2$	5×2	5.88	23.2
W	3	8	$BaMe_2Fe_{16}O_{27}$	M_2W	$(B_1S_6)_2$	7×2	5.88	32.8
X	4	14	$Ba_2Me_2Fe_{28}O_{16}$	M_2X	$(B_1S_4B_1S_6)_3$	12×3	5.88	84.1
Y	4	6	$Ba_2Me_2Fe_{12}O_{22}$	M_2Y	$(B_2S_4)_3$	6×3	5.88	43.5
Z	5	12	$Ba_3Me_2Fe_{24}O_{41}$	M_2Z	$(B_2S_4B_1S_4)_2$	11×2	5.88	52.3
U	6	18	$Ba_4Me_2Fe_{36}O_{60}$	M_2U	$(B_1S_4B_1S_4B_2S_4)$	16	5.88	38.1

① K 表示 Ba^{2+} 和 Me^{2+} 的总和。

六角晶系磁铅石结构的铁氧体和立方晶系尖晶石结构的铁氧体有很大的不同，磁铅石结构的晶格常数 $c \gg a$，且由于 O^{2-} 重复次数和 Ba^{2+} 离子层出现的间隔不同，结构上有各种不同类型，在应用上既可作为硬磁材料，又可作为甚高频软磁材料，应用较为广泛。

③ 石榴石型铁氧体 石榴石型铁氧体又称磁性石榴石，是指一种与天然石榴石 $(Fe，Mg)_3Al_2(SiO_4)_3$ 有类似晶体结构的铁氧体，是性能较好的微波材料。石榴石型铁氧体属于立方晶系，其化学分子式为 $3Me_2^{3+}O_3 \cdot 5Fe_2O_3$ （或 $3Me_3Fe_5O_{12}$），其中 Me^{3+} 表示三价稀土金属离子 Y、Sm、Eu、Gd、Tb、Dy、Ho、Er、Tu、Yb 或 Lu 等。石榴石型铁氧体的晶体结构比较复杂，其氧离子仍为密

堆积结构，在氧离子之间存在三种空隙，即由 4 个氧离子包围而形成的四面体空隙、6 个氧离子包围而形成的八面体空隙，还有由 8 个氧离子包围而形成的十二面体空隙。

每个石榴石型铁氧体的晶胞共有 8 个 $Me_3Fe_5O_{12}$ 分子，即有 24 个 Me^{3+}、40 个 Fe^{3+} 和 96 个 O^{2-}。如果用 ｛ ｝表示十二面体中心位置、〔 〕表示八面体中心位置、没有括号表示四面体空隙中心位置，则石榴石型铁氧体的结构式表示为

$$\{Me_3^{3+}\}[Fe_2^{2+}]Fe_3^{3+}\cdot O_{12}$$

24 个 Me^{3+} 由于离子半径大，只能占据由氧离子构成的十二面体空隙的中心位置；40 个 Fe^{3+} 中 16 个占据八面体中心位置，其余 24 个占据四面体中心位置。

钇铁氧体 $3Y_2O_3\cdot5Fe_2O_3$（或 $Y_3Fe_5O_{12}$）简称 YIG 是石榴石型铁氧体中最重要的一种，它的电阻率较高、高频损耗较小，是超高频微波铁氧体器件中的一种特殊材料。钇铁氧体 $Y_3Fe_5O_{12}$ 是单组分的石榴石铁氧体，如果与其他金属离子 Me^{3+}、（$Me^{2+}+Me^{4+}$）组合、或 Me^{5+} 置换部分 Fe^{3+}，或用 Ca^{2+} 和 Bi^{3+} 置换 Y，或用阴离子 F^- 置换 O^{2-}，就组成石榴石型复合铁氧体。

上面讨论了尖晶石型、磁铅石型和石榴石型三种铁氧体的晶体结构的主要特点。但是，目前已经发现和得到应用的铁氧体材料，就其晶体结构类型来说，并不只此三种，还有钙钛石型、金红石型、氯化钠型、碳酸钙型、钨-青铜型等多种类型，并都有着广泛的发展前景。研究铁氧体的晶体结构不仅是进一步讨论铁氧体磁性的基础，而且也是探索新材料、开拓新的应用领域的重要手段。

（3）铁氧体吸波剂的吸收机理

铁氧体材料的磁损耗大体可分为磁滞损耗、涡流损耗和剩余损耗（或称后效损耗）三部分。其中，磁滞损耗与材料在静态磁化过程中的不可逆磁化过程有关，可通过磁化矢量的转动磁化和多畴结构中的畴壁位移磁化两种磁化机制来具体分析，所得到的起始磁导率 μ_i 与材料磁性参数间的一个共同规律是

$$\mu_i\propto\frac{\mu_0M_0^2}{K_1+\lambda_0\sigma} \tag{6.2.1}$$

式中，μ_0 为空气中的磁导率；M_0 为材料的饱和磁化强度；K_1 为材料的磁晶各向异性性能（常数），λ_0 为材料的磁致伸缩系数；σ 为应力密度。

公式中还会出现一些系数，与理论模型有关。在高频电磁场中，磁化的时间效应以及共振效应比较突出，故需用复数磁导率和张量磁导率来进行分析和讨论。

有关铁磁材料复数磁导率、张量磁导率、品质因数 Q、损耗因数 $\tan\delta$，以及铁氧体材料的磁谱等参见有关章节（第五章第 4 节）。铁氧体吸收电磁波能量，引起损耗的机理主要是由自然共振现象产生的（第五章 4.9 节）。对于铁氧体，磁性来源于电子的自旋磁矩，旋磁比 $\gamma=0.22MHz m/A$，是一常数。如果没有垂直于外磁场 H_e 的高频交变电磁场的共同作用，则上述进动是有阻尼的，以

$10^{-6} \sim 10^{-10}$ s 的速度迅速衰减着，最后转向外场 $\boldsymbol{H}_e$ 方向，实现静态磁化。这种衰减通过自旋系统内部的能量交换（又称为自旋-自旋弛豫）、自旋与轨道磁矩间的交换作用或自旋与晶格间的能量交换作用引起能量损耗。如果高频交变磁场与外恒定磁场 $\boldsymbol{H}_e$ 同时存在，并且交变磁场的频率等于进动频率时，那就未实现强迫进动，吸收高频交变磁场提供的能量，这就是共振吸收现象。

在共振的情况下，交变磁场 $\boldsymbol{H}$ 与 $\boldsymbol{B}$ 之间的关系，除了表示空间方向的不同外，还有时间上的差别，所以需要用张量磁导率 $\boldsymbol{\mu}_{ij}$ 来表示

$$\boldsymbol{\mu}_{ij} = \begin{pmatrix} \mu & -jk & 0 \\ jk & \mu & 0 \\ 0 & 0 & 1 \end{pmatrix}$$

式中，μ、k 都是复数，$\mu = \mu' - j\mu''$，$k = k' - jk''$。$\boldsymbol{\mu}_{ij}$ 表征微波磁场加在 j 方向，而 i 方向上的磁感应强度不等于零时所产生的磁导率。一般烧结的多晶铁氧体是各向同性的，但 $\boldsymbol{\mu}_{ij}$ 所表示的位相是不同的，它表示磁矩旋转时，$\boldsymbol{B}_y$ 总是落后于 $\boldsymbol{B}_x$，即这种磁导率是一种非对称性张量。

铁氧体吸波材料在工作时，并不存在外加的恒定直流磁场，但铁氧体是一种亚铁磁性材料，$\boldsymbol{M}_0$ 的取向总是位于易磁化轴方向。其易磁化轴是按照热力学自由能最低原理，由磁晶各向异性能、应力能、形状各向异性能等共同决定。对于颗粒尺寸约为几微米的球形粉末吸收剂，是一种单畴颗粒，可以不考虑应力能、形状各向异性的作用，磁晶各向异性能对 $\boldsymbol{M}_0$ 的取向影响可以理解为存在一个假想的各向异性磁场。这就是磁晶各向异性等效场，其大小为 $H_K = \dfrac{2K_1}{\mu_0 M_0}$。自然共振现象就是在这种内部固有的恒定磁场和微波信号磁场共同作用下产生的，其自然共振频率 ω_0 可表示为：

$$\omega_0 = \gamma \frac{2K_1}{\mu_0 M_0} \tag{6.2.2}$$

图 6.2.3 为自然共振吸收时的磁谱及吸收线宽 ΔH，其中 ΔH 定义为吸收峰 $\mu''_{\max}$ 的一半所对应的磁场宽度，按照式（6.2.2），也反映了自然共振吸收的频率宽度。实验证明，完整的尖晶石型铁氧体，ΔH 的实测值约为 7.96kA/m 左右。若铁氧体中同时含有 Fe^{2+} 和 Fe^{3+}，随着电子的迁移，可能产生涡流损耗，从而 ΔH 出现额外的增大。此外，若填充密度较大，颗粒间的退磁场相互影响也会增大 ΔH。但总的来说，ΔH 或者 Δf 是比较小的，一般最大只有 2~3GHz。这就是单一铁氧体吸收剂工作频带很窄的原因，因此要求复合铁氧体材料制成吸收剂来展宽频带。

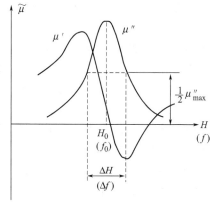

图 6.2.3　自然共振吸收频谱及吸收线宽

涡流效应是宏观电动力学的理论结果，跟材料的电阻率有关。若铁氧体中有过铁现象，形成 Fe_3O_4 成分，$Fe^{2+} \leftrightarrow Fe^{3+}$ 间的电子迁移就可使电阻率降低，涡流损耗增大，它也是实现介电损耗的吸波机理。

磁性后效可分为约旦后效（热后效）和李希特后效（扩散后效）两种（见第 5 章 5.4）。前者与频率无关，由热起伏导致不可逆磁化跃迁；后者由电子和阳离子扩散引起，不同化合价离子和空位的存在，很容易导致自旋-电子弛豫或者自旋-离子弛豫，使吸收线宽 ΔH 增大。在多晶体有空隙（空隙率为 p）的情况下，ΔH 与 p 的关系可写为：

$$\Delta H \approx 1.5 M_0 \cdot \frac{p}{1+p} \qquad (6.2.3)$$

当烧结温度较低时，空隙率 p 可达 10% 以上。利用这种现象也可以增大后效损耗，自然共振现象导致 B、H 间的相位差 δ 增大，就是一种十分明显的弛豫现象，故是很重要的磁性后效。

（4）铁氧体吸波材料研究进展

对于铁氧体吸收剂，近年来较为系统地研究了多种尖晶石型和磁铅石型铁氧体吸波材料，包括锂锌铁氧体、锂镉铁氧体、镍镉铁氧体等，对它们的微波磁导率和微波磁共振等电磁特性及材料的结构类型、化学组分和制备工艺等方面的认识已取得较大的进展，在隐身技术和电磁波屏蔽领域获得了广泛的应用。铁氧体材料磁导率和介电常数的一般频率特性如图 6.2.4 所示。

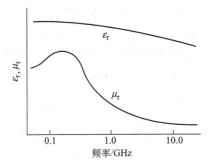

图 6.2.4　铁氧体的频率特性示意图

如上节所述，铁氧体属亚铁磁性材料，铁氧体对于雷达波段（$f > 10^8$ Hz）的吸收机理是磁畴的自然共振，当交变电磁场角频率与共振频率相等时，铁氧体大量吸收电磁波能量。发生共振时的频率，由铁氧体磁晶的各向异性场 H_a 决定，H_a 越大共振频率移向高频，由于平面六角晶铁氧体与尖晶石铁氧体相比具有较大的磁晶各向异性场 H_a，因此平面六角晶铁氧体能够做厘米波甚至毫米波的吸收剂。传统的 Zn-Ni，Li-Zn，Ni-Mg-Zn 等尖晶石系列铁氧体一般只能在小于 3GHz 频段使用，六角晶系吸收剂中的 $Ba(Sr)Fe_{12}O_{19}$ 已经开发成产品。

铁氧体的吸收性能不仅与吸收剂的化学组成有关，而且与吸收剂的形状、尺寸和制备方法有关，还与烧结温度、选用的原材料都有密切的关系，因此，铁氧体吸收剂的研究始终是雷达波吸收剂的研究重点。

① 六角晶系铁氧体吸收剂　钡铁氧体 $BaFe_{12}O_{19}$ 是最重要的硬磁材料之一，主要用于永磁体和垂直记录介质。由于钡铁氧体 $BaFe_{12}O_{19}$ 的高稳定性、高频响应和窄转换场分布，在过去的十几年中 $BaFe_{12}O_{19}$ 得到广泛的研究。钡铁氧体是亚铁磁性材料，具有 5 个亚点阵磁结构和单轴磁晶各向异性，其易磁化轴平行于

六角晶胞的 c 轴。按照氧离子的密堆积方式，钡铁氧体的晶体结构可看作几大块套构而成。其中 S 块是指不含 Ba^{2+} 的氧离子层和相邻氧离子层构成的 ABCABC 面心立方密集，它可形成尖晶石结构，R 块是指含 Ba^{2+} 的氧离子层和相邻氧离子层构成的 ABAB 六角密堆积结构。大量的研究工作通过用正离子或正离子组合，如 Co-Ti、Zn-Ti、Zn-Sn、Co-Sn、Ni-Zr、Co-Mo 等，取代 Fe^{3+} 以改变钡六角铁氧体的磁参数。

但是作为电磁波吸收材料，钡铁氧体的强 c 轴各向异性导致低磁导率和非常高的共振频率，如 BaM 铁氧体的共振频率高达 42.5GHz，这种材料不适合用为电磁波吸收材料。而面（c 面）各向异性六角铁氧体（ferroxplana）由于具有较高的各向异性场，自然共振发生在 GHz 频率范围内，且表现出软磁特性，因此可以成为 GHz 频段的微波吸收体。畴壁共振和自然共振在轴各向异性样品中同时存在，而在面各向异性样品中只存在自然共振。对于自然共振，数值模拟表明 c 轴各向异性时为共振型，而 c 面各向异性时为弛豫型。在钡铁氧体系列中，只有 Y 型钡铁氧体（BaY）具有 c 面各向异性，其他类型均为 c 轴各向异性。对于宽带 RF 吸收体，在 1~20GHz 范围可使用 Mg_2Y 型易面六角铁氧体。有一种方法可改变 c 轴各向异性为 c 面各向异性，那就是用 Co 离子替代的方法，具有 c 面各向异性的 Co_2Z 型钡铁氧体（$Ba_3 Co_2 Fe_{24} O_{41}$）引起广泛的关注，在微波范围体现出较好的性能。

将六角铁氧体（Y 型 $Ba_2 Ni_2 Fe_{12} O_{22}$ 和 Z 型）在 200MHz~16GHz 范围内测定的复磁导率谱，画在阻抗匹配图中，根据样品的复介电常数实部，可确定匹配时的 fd 值，即匹配时的频率和样品厚度乘积，由此可以分别确定匹配频率和匹配要求的样品厚度。研究结果表明，铁氧体吸收体存在一个或两个匹配频率，这种现象与铁氧体复磁导率在阻抗匹配图中的轨迹密切相关；第一匹配频率高于自旋共振频率，而第二匹配频率与共振频率无关。

Y 型 $Ni_{2-x} Zn_x$Y（$Ba_2 Ni_{2-x} Zn_x Fe_{12} O_{22}$）铁氧体的复数磁导率谱结果表明，出现两种共振，即畴壁共振（f_{r1}）和自旋共振（f_{r2}）。Zn 的替代含量对畴壁共振没有影响，而对自旋共振产生影响，随 Zn 含量增大自旋共振频率 f_{r2} 变小。为了寻找匹配点，将 $Ni_{1.5} Zn_{0.5}$-Y 铁氧体与橡胶复合样品的复数磁导率画在匹配图中，在此 $\tan\delta_\varepsilon = 0.02$（为常数 7，$\varepsilon''$ 在 200MHz~14GHz 测量范围内为 0.14）。结果表明，存在 2 个匹配点，第一个在 4.7GHz 处（$fd = 19.3$GHz·mm），第二个在 11.1GHz 处（$fd = 33.3$GHz·mm）。因此，第一和第二匹配厚度分别为 4.1mm 和 3.0mm。自旋共振频率与匹配频率关系表明，第一匹配频率高于自旋共振频率并为正比关系，而第二匹配频率与自旋共振频率无关。这一研究结果可以说明，对于 Y 型 $Ni_{2-x} Zn_x$Y 铁氧体，畴壁共振不影响吸收体的微波吸收现象，而吸收体的阻抗匹配现象只来源于自旋共振。采用常规粉末冶金方法制备六角 Me_2Y（$Ba_2 Me_2 Fe_{12} O_{22}$，Me＝Mg，Ni，Co）铁氧体可以构成宽带吸收体，相对带宽（带宽/中心频率）为 50%~90%。

W 型钡铁氧体（BaW）在钡铁氧体系列中具有 c 轴各向异性，最高的饱和磁化强度和较高居里温度，这种钡铁氧体由于其优异的内禀硬磁性能被广泛用于永磁材料。由于 BaW 的形成温度较高（>1200℃），这就意味着其晶粒较大，因此矫顽力可以很小，达到几百奥斯特。低矫顽力是电磁材料所必备的条件之一，电磁材料必须具有软磁特性，因此 W 型钡铁氧体可以作为一种电磁吸收材料，但需要将其轴各向异性改变为面各向异性，通过 Co 替代可改变 W 型钡铁氧体的 c 轴各向异性为 c 面各向异性。

用 Co-Zn 替代 BaW 铁氧体（$BaZn_{2-x}Co_xFe_{16}O_{27}$，$x$ 为 0，0.5，0.7，1.0，1.5，2.0）的静态和高频磁性研究结果表明，此种材料在微波频段可以用于低反射的电磁材料。Co 离子可引起 $BaZn_{2-x}Co_xFe_{16}O_{27}$ 铁氧体的强面各向异性，当替代比例 $x=0.6$ 时，$BaZn_{2-x}Co_xFe_{16}O_{27}$ 铁氧体有 c 轴各向异性转变为 c 面各向异性，矫顽力 H_c 下降；在 $x=0.7$ 时达到最小值，同时饱和磁化强度 M_s 保持较高值，在 76～85emu/g。c 轴各向异性的 $BaZn_{2-x}Co_xFe_{16}O_{27}$ 铁氧体具有较高的共振频率，在 $x=0.5$ 时为 15GHz。c 面各向异性的 $BaZn_{2-x}Co_xFe_{16}O_{27}$ 铁氧体共振频率 f_R 随 Co 含量增大而变大，从 2.5GHz（$x=0.7$）变为 12.0GHz（$x=1.5$）；静态磁导率 μ_0' 为 2.4～2.2，最大磁导率虚部约 0.8。这些性能表明，具有面各向异性的 $BaZn_{2-x}Co_xFe_{16}O_{27}$ 铁氧体在微波范围适合用于低反射电磁材料。

M 型钡铁氧体（$BaFe_{12}O_{19}$）是六角铁氧体中的另外一种，与 W 型钡铁氧体类似，具有很强的单轴各向异性和饱和磁化强度，如果用四价阳离子（如 Ti^{4+}，Ir^{4+}，Ru^{4+}）和二价阳离子（如 Zn^{2+}，Co^{2+}）替代 Fe^{3+}，可以改变 M 型钡铁氧体的磁晶各向异性。离子替代存在一定的临界比例，以改变 M 型钡铁氧体的单轴各向异性为面各向异性，并可应用于高频吸收体。可以用（$Ti_{0.5}Mn_{0.5}$）$^{3+}$ 替代烧结钡铁氧体（M-型 $BaFe_{12}O_{19}$）中的 Fe^{3+}，用于 GHz 范围的薄阻抗匹配电磁波吸收材料，但这些铁氧体在低于 -20dB 反射损耗的带宽 Δf 仍然很小（<1GHz），需要进一步扩展使之可以用做电磁波吸收材料。

在铁氧体基微波吸收材料的发展过程中，M 型六角铁氧体在扩展微波吸收体的吸收频率范围，使其达到 X 带的过程中起到了重要作用，这些铁氧体的微波吸收过程是材料中磁化和极化的各种交互损耗过程。对于铁氧体-树脂复合材料，已有大量工作研究其成分对微波性能的影响，也有研究复合材料中铁氧体及其体积分数、以及添加导电纤维对微波吸收性能影响的报道，也有用 Co-Ru 和 Co-Ir 替代的 M 型铁氧体，改变其轴各向异性为面各向异性的研究报道。

用不同比例的 Co-Zr 替代 M 型铁氧体（$BaFe_{12-2x}Co_xZr_xO_{19}$），其高频特性表明，当替代比例 $x<0.6$ 时，$BaFe_{12-2x}Co_xZr_xO_{19}$ 仍为轴各向异性，各向异性场随替代比例增加而减小，从无替代时的 17.2Oe 降到 $x=0.6$ 时的 10.0Oe；替代比例的增加改变各向异性类型，$x=1.2$ 时成为面各向异性，各向异性场为 5.0Oe。另外，Co-Zr 的替代可改变自然共振频率 f_0，如 x 为 0.8 和 1.2 时，f_0 分别为 4.5GHz 和 5.0GHz。

用 Ti^{4+}（$x=0.0～2.0$）和 Ru^{4+}（$x=0.0～0.7$）替代 $BaFe_{12-2x}A_xCo_xO_{19}$ 中

的 Fe^{3+}，其静态磁性测量表明：纯钡铁氧体（$BaFe_{12}O_{19}$）的饱和磁化强度为 65emu/g，而 Ti^{4+}（$x=2.0$）替换后的样品为 12emu/g；矫顽力由 2300Oe（纯钡铁氧体）减小为 242Oe [Ti^{4+}（$x=1.2$）替换]。矫顽力变化说明磁晶各向异性的变化，即由纯六角钡铁氧体的易磁化 c 轴转变为 Ti 替代样品的易面各向异性。对于 Ti^{4+} 替代和 Ru^{4+} 替代样品，主要磁性差异在于饱和磁化强度，而不同 Ru^{4+} 替代比例的 Ru-Co 样品间，饱和磁化强度和矫顽力存在较小差异。对于以上面各向异性 M-铁氧体替代样品的复数磁导率测量结果表明，Ti-Co（$x=1.3$）的共振频率为 2.56GHz，低频时的初始磁导率 μ_r 为 5.3；Ru-Co（$x=0.5$）和 Ru-Co（$x=0.7$）的共振频率较高，分别为 7.23GHz 和 9.38GHz，初始磁导率分别为 3.0 和 2.5。

通过柠檬酸溶胶凝胶法在 800℃下制备 Zn^{2+} Ti^{4+} 离子替代 M 型铁氧体 $BaFe_{12}O_{19}$，100MHz~6GHz 的频率范围内的电磁特性表明，μ' 和 μ'' 随样品烧结温度的改变，热处理样品（1200℃和1100℃下）的磁导率实部 μ' 在 200MHz 和 1.75GHz 处出现最小值，而 μ'' 谱中出现明显的由于壁移导致的共振现象，共振频率与 Zn^{2+} Ti^{4+} 离子替代浓度无关。由传统的陶瓷方法和无机水溶胶方法制备的 BaM 铁氧体的亚铁磁共振频率分别为 42.5GHz 和 45GHz。

共振类型的判断，即 Zn^{2+}、Ti^{4+} 替代样品是由壁移导致的共振，是根据 BaM 型铁氧体亚铁磁共振频率 $2\pi f_{res} = \gamma \sqrt{H_0 H_\phi}$，表明亚铁磁共振频率与 BaM 型铁氧体的磁晶各向异性场 H_0 和 H_ϕ 密切相关，而 H_0 和 H_ϕ 的大小与 Zn^{2+} Ti^{4+} 离子替代有关，即亚铁磁共振频率与 Zn^{2+} Ti^{4+} 离子替代有关。如果共振频率与 Zn^{2+} Ti^{4+} 离子替代浓度无关，则出现的共振现象是由壁移导致。

复数磁导率与畴壁共振频率的关系可表示为：

$$(\mu_r - 1)^{1/2} f_r = \frac{\gamma M_s}{2\pi} \left(\frac{2\delta}{\pi \mu_0 D} \right)^{1/2} \qquad (6.2.4)$$

表明畴壁共振频率 f_r 与饱和磁化强度 M_s 成正比。样品烧结温度影响密度，因而改变气孔数量及自旋的运动，这些因素影响畴壁的移动；同时烧结温度也影响磁各向异性，进而影响畴壁的移动。这些因素导致 Zn^{2+}、Ti^{4+} 替代 M 型铁氧体 $BaFe_{12}O_{19}$ 样品的 μ' 和 μ'' 随烧结温度的改变而变化。

② 尖晶石型铁氧体 尖晶石型立方晶系 Ni-Zn 铁氧体、Ni-Mg-Zn 铁氧体、Mg-Cu-Zn 铁氧体是常见的几种吸收材料。Ni-Zn 烧结铁氧体板广泛应用于 VHF-UHF 范围的电磁波吸收体。其微波性能、片层厚度及零反射频率决定于它的磁导率和介电常数，许多工作着力于研究微观结构和化学成分对磁导率的影响，以控制铁氧体吸收体的制备和性能。

一种烧结镍锌铁氧体的电磁性质如表 6.2.2 所示，表中还列出了该材料的折射率 $n = \sqrt{\mu_r \varepsilon_r}$ 和表面反射系数 R。当 $f=100MHz$ 时，$n = \sqrt{\mu_r \varepsilon_r} = 53.5$，因此这时材料的电厚度 nd/λ 可比自由空间增大 50 余倍。同时，由于 $\mu_r \approx \varepsilon_r$，前表面反射波较入射波要小 30dB 以上，此时多数回波是电磁波两次通过铁氧体后未被吸收的部分。而当频率为 10GHz 时，铁氧体材料的 $n=2.3$，这时前表面的反射较大，仅为 -2.1dB，因此只能利用谐振技术来抵消这一部分反射波。表 6.2.3 给出几种单组分尖晶石型铁氧体单晶的物理特性。

表 6.2.2　烧结镍锌铁氧体的电磁性能

电磁参数	频率/GHz				
	0.1	0.5	1.0	3.0	10.0
ε_r'	27	24	20	18	15
ε_r''	54	24	9.0	6.3	6.3
μ_r'	15	9	1.2	0.9	0.1
μ_r''	45	45	12	6.3	0.32
$n=(\mu_r\varepsilon_r)^{1/2}$	53.5	39.5	16.3	11.0	2.3
$|R|$	0.03	0.17	0.31	0.39	0.78
$|R|$/dB	-30.5	-15.4	-10.2	-8.2	-2.1

表 6.2.3　几种单组分尖晶石型铁氧体单晶的物理特性（室温）

种类	金属离子分布	晶格常数/Å	饱和磁化强度 M_S/高斯	矫顽力 $_BH_C$/奥	各向异性常数 K_1（$\times 10^3$）/erg/cm^3	居里温度 T_C/℃
$MnFe_2O_4$	$Mn_{0.8}Fe_{1.2}[Mn_{0.2}Fe_{1.8}]$	8.50	400	0.4~1	$-28(20℃)$ $-187(-196℃)$	300
Fe_3O_4	$Fe[Fe^{2+}+Fe]$	8.39	471	3	$-180(20℃)$ $+40(-143℃)$	585
$CoFe_2O_4$	$Fe[CoFe]$	8.38	425	—	$+3800(20℃)$ $\approx 0(280℃)$	520
$NiFe_2O_4$	$Fe[NiFe]$	8.34	270	5—10	$-87(196℃)$ $-62(20℃)$	585
$CuFe_2O_4$	$Fe[CuFe]$	8.22 8.70	135	1.5	$-206(-196℃)$ $-60(20℃)$	455
$ZnFe_2O_4$	$Zn[Fe_2]$	8.44	0	—	$Zn_{0.61}Fe_{2.39}O_4$ $-7(20℃)$ $-92(-183℃)$	-264
$MgFe_2O_4$	$Mg_{0.1}Fe_{0.9}[Mg_{0.9}Fe_{1.1}]$	8.36	120	11	$-25(20℃)$	440
$Li_{0.5}Fe_{2.5}O_4$	$Fe[Li_{0.5}Fe_{1.5}]$	8.33	310		$Li_{0.1}Fe_{0.8}^{2+}Fe_{2.1}^{3+}O_{3.98}$ $+83(20℃)$	670

对 $(Ni_{1-x}Zn_xO)(Fe_2O_3)$ 尖晶石型烧结铁氧体的研究结果表明，在氮气气氛中烧结可提高此类铁氧体的介电常数，同时保持磁导率不变；通过调节 Ni 成分含量可改变铁氧体的磁导率，磁导率对 Zn 含量十分敏感。通过控制成分及工艺，可同时获得高的介电常数和磁导率，减小铁氧体薄片厚度，对于这种吸收体在 300MHz 时的典型厚度为 5~6mm，因此能够有效地在 VHF-UHF 范围的电

磁波吸收体中得到应用。

用少量 Co 替代的 Ni-Zn 铁氧体，其电磁谱与 Co 离子在尖晶石结构中的排序相关。离子磁矩在点阵中存在沿特定方向的择优取向，以使离子自由能达到最小。这种有序化过程机制在含有过量或稀少铁的氧化物的铁氧体材料中得到确定。在 Fe 含量过量的铁氧体中，有序化过程伴随着空穴的扩散，而在 Fe 含量不足的铁氧体中，则是由于电子扩散所导致。对于化学计量成分即标准成分的铁氧体，不存在 Co 离子有序的扩散机制，其磁导率值较高。对于成分为 $Co_{0.03}$ $Ni_{0.78}Zn_{0.19}Fe_2O_4$ 的 Ni-Zn 铁氧体，其损耗因子（$\tan\delta_m/\mu'$）从 10MHz 开始急剧提高，并在 60MHz 停止。

在 Ni-Zn 铁氧体中添加 Co^{2+}，是利用其各向异性达到稳定畴壁和减少磁损耗的目的，这是为了满足微波铁氧体器件的要求。作为铁氧体吸收材料，可以利用相同的方法达到增加损耗的目的。如成分为 $Co_xNi_{0.5-x}Zn_{0.5}Fe_2O_4$（$x=$ 0.032～0.50）的 Ni-Zn 铁氧体，包括了 Co 离子从部分替代 Ni 离子到全部替代的成分范围，这种 Co^{2+} 替代导致 Ni-Zn 铁氧体密度的轻微减小（5%），密度从 $4.52g/cm^3$（$x=0.032$）下降到 $4.28g/cm^3$（$x=0.50$），在 50～1500MHz 频率范围内 μ'' 的最大值出现在 $x=0.03～0.04$ 的成分范围内。

国内外尖晶石型铁氧体吸波剂的研制都已有很长的历史，也已有定型产品，但是由于 H_A 很小，使尖晶石型铁氧体的应用频率受到限制，其在微波频段（$>10^8$ Hz）磁导率及吸收特性总体上不如六角晶系铁氧体，显著提高尖晶石型铁氧体的微波磁导率无论在理论上还是实际上都受到限制。

铁氧体作为吸波剂应用时，主要存在着比重大的问题，而且传统的铁氧体涂料频带狭窄，实际效果差。近年来，美国、俄罗斯、英国、日本等国正在研制开发新组成的铁氧体粉末，它具有频带宽，重量轻、厚度薄及吸附能力强等特点。一是把铁氧体制成超细粉末，大大降低其密度，改变其磁、电、光等物理性能，从而提高铁氧体的吸波性能；二是制造含有大量游离电子的铁氧体或在铁氧体内加入少量放射性物质，在雷达波作用下；游离电子做急剧循环运动，大量消耗电磁能，使铁氧体吸波性能大大提高；三是研究新型"铁球"吸波涂层，在空心的玻璃微球表面涂上铁氧体粉，或把铁氧体制成空心微球，这样制成的铁球吸波涂层，比重比铁氧体吸波涂层轻得多，而吸波性能却优于铁氧体，这是因为铁球吸波涂层不仅吸波，还能偏转和散射雷达波。美国的 F-117A 隐形飞机和"海上阴影"号隐身舰艇都采用的是一种叫"铁球"的铁氧体材料。除上述三个措施外，将立方晶系、六方晶系和反铁磁铁氧体通过改变铁氧体的化学成分、粒径、粒度分布、粒子形状、混合量和表面处理技术来提高铁氧体吸波性能的研究也取得较大进展。日本在研制铁氧体吸波剂方面处于世界领先地位，他们研制出一种由阻抗变换层和低阻抗谐振层组成的双层结构宽频高效吸波涂料，可吸收 1～2GHz 的雷达波，吸收率约 20dB，这是迄今为止最好的吸波涂料。目前国内铁氧体吸波材料的水平在 8～18GHz 频率范围内，全频段吸收率为 10dB，面密度约 5kg/ m^2，厚度约 2mm。

（5）铁氧体微波特性的影响因素

① 电磁参数的影响　吸收剂与电磁波的相互作用通过介电常数和磁导率两个参数来表征，在交变磁场的作用下，二者均以复数形式存在，分别为 $\tilde{\varepsilon}=\varepsilon'-j\varepsilon''$ 及 $\tilde{\mu}=\mu'-j\mu''$，其中虚部代表能量的损耗，从介质对电磁波吸收的角度考虑，ε'' 和 μ'' 越大越好。但具体评价吸收剂性能时，应当根据吸波体的设计来确定电磁参数的最佳值，既要考虑阻抗匹配，减少电磁波在入射界面的反射，又要考虑加强对已进入介质的电磁波的吸收，避免电磁波被再次反射回来。铁氧体吸收剂属于磁损耗型吸收剂，它的 ε'' 一般来说较小，且可调整的范围不大，从目前的铁氧体吸收剂实际使用状况看，主要希望 μ' 和 μ'' 值尽可能大，同时从频率特性考虑，$|\tilde{\mu}|$ 随着频率的提高而降低有助于展宽吸收频带，因此在低端的 μ' 应尽可能高。

铁氧体吸收剂对微波的吸收主要来源于磁化强度在高频下的自然共振现象。在共振频率，μ'' 取最大值（大小与饱和磁化强度 M_S 成正比，与磁晶各向异性场 H_A 成反比），介质大量吸收高频交变磁场提供的能量。实际应用的磁性吸收剂粉体存在众多的磁畴和畴壁，受磁畴结构影响共振吸收峰可能出现在一个较宽的频率范围内，共振角频率 ω_r 落在如下范围

$$\gamma H_A < \omega_r < \gamma(H_A+4\pi M_S) \tag{6.2.5}$$

式中，γ 为旋磁比，由此式可知对于铁氧体多晶粉末吸收剂，ε_r 由 H_A 和 M_S 决定。因此，在吸波材料的研究和应用中，应使其共振频率落在雷达波频段内，同时应尽可能提高铁氧体在共振区的复数磁导率，以提高材料对雷达波的损耗吸收。

② 晶格结构的影响　铁氧体是一种亚铁磁性氧化物，它的饱和磁化强度来源于未被抵消的磁性次格子的磁矩，因此可以用离子替代的办法，来增加或减少铁氧体的饱和磁化度。磁晶各向异性场 H_A 来源于铁氧体四面体和八面体中的磁性离子在非对称晶场中的择优取向。因此可以用离子替代的办法来控制磁晶各向异性场 H_A 的大小。金属离子分布的影响因素较多，如离子半径、离子键的能量、共价键的空间配位性和晶体电场对 d 电子能级的作用等，这些因素本身又相互关联，相互影响，难以定量调整。因此目前在实际情况中，还无法自由地按照性能要求来设计材料的组分和制备工艺，在材料的研究中还需要根据理论指导进行大量的实验。

尖晶石型铁氧体包括 Ni-Zn、Mn-Zn 两大类，金属离子可按其半径大小优先占据 A 位或 B 位，为获得不同的磁性参数，也可以由不同的金属离子按照化合价和离子半径相互置换构成各种形式的复合铁氧体。尖晶石型材料的晶体结构对称性高，由于磁晶各向异性常数 K_1 与晶体结构的对称性有很大关系，故尖晶石型铁氧体的 K_1 较小，因而其共振频率 ω_r 较低，一般不高于几百兆赫兹。

磁铅石型铁氧体为六角晶系，对称性低，利用其内部较高的磁晶各向异性场 H_A 与其自然共振频率 f_m 成正比关系以及磁铅石型复合铁氧体不同晶体类型，例如：M，W，X，Y，Z 等，它们之间可以互相转换，如图 6.2.5 所示。三角形

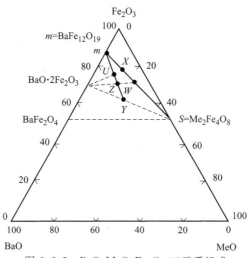

图 6.2.5　BaO-MeO-Fe$_2$O$_3$ 三元系组成

的顶点分别代表 BaO，MeO 和 Fe$_2$O$_3$ 3 种化合物，在距顶端 1/6 处的 m 点为六角磁铅石型结构铁氧体 BaFe$_{12}$O$_{19}$，通过三元组成图中的 S 点改变各顶点比例关系，如直接变化取代量 x 的比例，就可构成对应的生成物，例如：S 点与 BaO·Fe$_2$O$_3$ 相点连线有一种化合物是 Ba$_2$Me$_2$Fe$_{12}$O$_{22}$＝2(BaO·MeO·3Fe$_2$O$_3$)，它具有与 M 型不同的六角结构，在 $m-S$、$m-Y$ 等连线上还有多种化合物；在实用中可以采取凡是类似于六角结构的片状、盘状等都可看做是最佳的晶体结构。

磁铅石型铁氧体的磁晶各向异性有三种类型。

a. 单轴六角晶体，易磁化方向为 [0001] 轴。

b. 平面六角晶体，易磁化方向为 (0001) 面内的六个方向。

c. 锥面型六角晶体，易磁化方向位于与 [0001] 方向夹角为 θ 的锥面内。

考虑到形状退磁因子，可知自然共振吸收角频率 ω_r 还与样品形状有关，对于单畴颗粒，单轴型六角晶体中柱状样品 ω_r 较高，为：

$$\omega_r = \gamma \left(H_A^\theta + \frac{1}{2} M_S \right) \tag{6.2.6}$$

式中，H_A^θ 为单轴六角晶体的磁晶各向异性场，平面型六角晶体中片状样品 ω_r 较高，为：

$$\omega_r = \gamma \sqrt{(H_A^\theta + M_s) \cdot H_A^\varphi} \tag{6.2.7}$$

式中，H_A^φ 为平面六角晶体的磁晶各向异性场，由于 H_A^φ 远远大于 H_A^θ，比较式(6.2.6) 和式(6.2.7)，可知在其他条件（M_s 和 γ）相同时，平面型可以应用于更高的频率。

在 M、W、X、Y、Z、U 六种形式中，W 型、Y 型、Z 型的六角铁氧体都有可能出现平面各向异性，成为平面六角铁氧体。

③ 温度特性　铁氧体吸收剂的吸波特性随温度变化较大，随温度的升高，

吸波性能显著下降。铁氧体在微波频率下 ε' 约为 5~7，ε'' 近似为 0，且二者随温度变化不大，因此吸波性能的下降主要源自温度对复数磁导率的影响。前面提到，微波复数磁导率取决于 M_s 和 H_A 等材料磁性参数。随温度的升高由于分子热运动加剧，材料的自发磁化强度降低，引起磁导率幅值的降低，使铁氧体吸波材料的吸收率下降和吸收带宽变窄。另外温度升高也会引起 H_A 的变化，使其共振频率发生变化。六角晶系铁氧体中，由于磁晶各向异性的不同会产生不同的温度特性，具体如下。

a. 平面 W 型六角铁氧体随温度升高，电磁特性变化较大，振峰移向高频，吸收带宽变窄。

b. 单轴 W 型六角铁氧体随温度升高，电磁特性变化较小，振峰移向高频，吸收带宽略为增大。

c. 单轴 M 型六角铁氧体随温度升高，电磁特性变化不大。

(6) 铁氧体制备工艺

下面就常用六角晶系铁氧体制备工艺作一简单介绍，主要包括固相法、凝胶固相反应法和化学共沉淀法。

① 固相法　固相反应法是传统的粉体制备工艺，该法一般是将金属氧化物或金属盐（如碳酸钡、碳酸锌、碳酸钴和氧化铁）等合成粉体。所用原材料采用湿法球磨方式混合均匀，经干燥和煅烧使原料之间通过固相反应合成铁氧体粉体。该法简便易行，但是容易导致成分的不均匀分布，制备的粉体中容易出现硬团聚，粉体粒度较大，因此这种工艺制备的粉体性能相对较差，在高性能吸收剂粉体制备中应用较少。

② 凝胶固相反应法　凝胶固相反应法是针对固相法的缺点进行了改进，该方法将有机胶体化学反应引入固相反应制粉工艺，在原料通过湿法球磨混合均匀后，控制料浆凝胶化，避免了料浆在随后的干燥过程中由于沉降导致的成分不均匀现象，且煅烧过程会发生有机物的分解，因此不仅保证煅烧后粉体获得所需的相组成，同时也减少了粉体的硬团聚。这种工艺过程如图 6.2.6 所示。

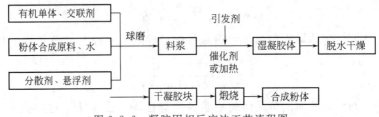

图 6.2.6　凝胶固相反应法工艺流程图

工艺中采用原料为碳酸钡、碳酸锌、碳酸钴和氧化铁等盐类，也可使用各组分的水溶性盐、粉体的基本组分为 $Ba(Zn_{1-x}Co_x)_2Fe_{16}O_{27}$。料浆凝胶化使用的有机单体为丙烯酰胺，交联剂为亚甲基双丙烯酰胺，引发剂为过硫酸铵水溶液。采用这种工艺，在对各种成分的含量和煅烧工艺进行优化后，制备的 W 型吸收剂粉体按照 75%（质量分数）的比例与石蜡混合制成的测试小样，在 8.2GHz 测得等效磁导率为 1.53－j1.05，且等效磁导率随频率增加而降低，频率特性良好。

③ 化学共沉淀法 化学共沉淀法由于原料以离子状态在溶液中进行混合，各种组分能达到分子水平的均匀混合，因此这种方法易于控制粉体的成分，例如用这种工艺制备 $(Zn_{1-x}Co_x)_2$-W 型铁氧体吸收剂粉体，W 相含量超过 70%，同时粉体在 X 波段具有较高的 μ' 和 μ'' 值。但是这种工艺制备铁氧体吸收剂时，由于沉淀剂往往含有杂质离子，工艺中必须经过非常繁琐的水洗过程，且水洗过程中可能会由于各沉淀物的溶解度不同造成某些组分的流失。因此化学共沉淀法制备铁氧体吸收剂效率较低，难以批量生产，不利于工业化生产。

化学共沉淀与高温助熔结合，这种工艺的基本过程是以各种氯化物盐溶液作反应物，用 NaOH 和 Na_2CO_3 作沉淀剂。将沉淀剂加入反应物的混合溶液中，控制 pH 值在 8～8.5，pH 值太高和太低都不利于沉淀的进行。充分反应后将沉淀液快速烘干，于 1250℃ 以上的高温下进行煅烧，其中 NaCl 在煅烧时起助熔剂的作用，800℃ 时熔融 NaCl 可以溶解少量 $BaCO_3$，产生活化性能好的 Ba^{2+}，易与其他沉淀物反应生成铁氧体，Ba^{2+} 发生反应后新的 $BaCO_3$ 继续溶于 NaCl 中产生 Ba^{2+}，如此不断进行，大大地促进了反应的进行。工艺中需要严格控制 pH 值、煅烧温度和煅烧时间等工艺参数。

6.2.3.2 超细金属粉

金属超细微粉是指粒度在 $10\mu m$ 甚至 $1\mu m$ 以下的粉末。它一方面由于粒子的细化使组成粒子的原子数大大减少，活性大大增加，在微波辐射下，分子、电子运动加剧，促进磁化，使电磁能转化为热能。另一方面，具有铁磁性的金属超细微粉具有较大的磁导率，与高频电磁波有强烈的电磁相互作用，从理论上讲应该具有高效吸波性能。软磁铁氧体是传统的吸收体材料，但其磁导率随频率的增加而急剧变坏，也存在着宽带吸收体的厚度较大带来的使用、重量、成本等方面的问题。与铁氧体材料相比较，由于铁磁性金属粒子的晶体结构比较简单，没有铁氧体中磁性次格子之间磁矩的相互抵消，因此其磁性一般较铁氧体强，其饱和磁化强度一般比铁氧体高四倍以上，可获得较高的磁导率和磁损耗，且磁性能具有高的热稳定性。磁性金属、合金粉末兼有自由电子吸波和磁损耗，所以其微波复数磁导率的实部和虚部相对比较大，对微波的吸收性能比铁氧体好。

磁性金属粒子用于电磁波能量吸收剂时需要满足一些基本要求。金属粒子受到电磁波作用时，存在趋肤效应，其粒子不能过大（金属微粉的粒径一般不超过 $30\mu m$），否则对电磁波的反射会迅速增加。金属粉末的粒度应小于工作频带高端频率时的趋肤深度，材料的厚度应大于工作频带低端频率时的趋肤深度，这样既保证了能量的吸收，又使电磁波不会穿透材料。金属粒子吸收剂在某些应用中也存在一些缺点，如频率特性不够好，吸波频带窄等问题，因此需要与其他吸收剂配合使用来改善和提高其吸波性能。磁性金属粒子吸收剂目前有两个发展方向引人注目，一是开发纳米量级的超细粉，利用纳米粒子的特殊效应来提高吸波性能；二是开发长径比较大的针状晶须（纤维），利用粒子的各向异性来提高吸波性能。

金属纳米粉对电磁波特别是高频至光波频率范围内的电磁波具有优良的衰减性能，但其吸收机制目前尚不清楚。一般认为，它对电磁波能量的吸收由晶格电场热振动引起的电子散射、杂质和晶格缺陷引起的电子散射以及电子与电子间的相互作用三种效应决定。近年来人们对金属纳米吸波材料进行了大量的研究工作，陈利民等研究了平均粒径大小为 10nm 的 γ-(Fe, Ni) 合金的微观结构和微波吸收特性，该材料在厘米波段和毫米波段均具有优异的微波吸收性能，最高吸收率可达 99.95%，且该研究获得了专利。同时，金属 Al、Co、Ti、Cr、Nd、Mo、18-8 不锈钢等的超细粉作为微波吸收剂也有报道。法国研制的金属纳米微屑作填充剂的微波材料在 50MHz～50GHz 都有良好的吸波性能。但是金属吸波介质具有自身的缺点：磁损耗不够大，磁导率随频率的升高而降低比较慢，对频率展宽不利，化学稳定性差，耐腐蚀性能不如铁氧体，需进一步加以研究和探索。

目前主要使用的是微米级磁性 Fe，Co，Ni 及其合金粉。将金属、合金颗粒材料分散于非磁性、绝缘基体中，即制备金属粒子与基体的复合材料是一种方便的途径，在形成导电体之前其掺杂量最大可达到 60%。如何获得各种相关性能优良的复合电磁波吸收体，解决金属颗粒内的趋肤效应、分散和氧化等问题，是包括金属粒子吸波机理研究在内的需要进一步解决的科学和工程问题。

（1）金属微粉吸收剂微波磁导率的影响因素

① 颗粒材料电磁参数的理论研究　几十年来，有关材料电磁参数的理论和实验研究有了很大的发展。许多有效介质理论的重要工作基于复合体的等效偶极子，复合体的宏观有效电磁性能是由复合体中各个组元的内禀偶极矩及其相对体积分数所确定。以金属-绝缘体复合体为研究对象，也有以磁性颗粒材料和铁氧体粉末为填充物的。

对于理想（如单晶）电子材料，如果磁导率和介电常数具有频率依赖性，其电磁特性起源于原子层次的偶极子，其磁化强度和极化强度分别为单位体积总磁偶极子、电偶极子之和。由畴壁移动（壁移）引起的磁化强度的变化可用损耗谐振方程（lossy harmonic-oscillator equation）计算；由磁畴转动（畴转）引起的磁化强度的变化可用电磁转矩方程计算，对于磁损耗通常加入唯象的 Gilbert-Lifshitz 损耗项；对于介电损耗采用类似的方法并加入 Debye 损耗项。通过这种方法计算得到的电磁谱对于理想材料完全匹配，改变模型参数仅仅改变共振线形状的平滑和锐度，提高或减小共振频率等。但这种方法对于均匀、多晶材料的多峰电磁谱则无法给出满意的解释。

有许多关于固态多晶材料的电磁特性的理论，包括共振型、弛豫型和无规型磁谱。Brockman 等人研究了在高介电常数铁氧体中宏观尺寸效应，发展了一种理论并预言有效磁导率和介电常数是块体材料性能和样品物理尺寸的函数。尺寸效应在宏观范围已广泛接受，但在微观层次很少考虑。

　　Grimes 等对目前的计算磁化率和磁导率的方法进行了发展，从样品的物理尺寸和形状出发，研究了尺寸共振对磁导率和介电常数的影响，包括在颗粒层次上尺寸效应的影响。如果假定一束波矢为 k 平面电磁波入射到半径为 a 的电介质球上，波矢与球半径乘积 ka 远小于 1，并且有介质内波矢 k_i 与球半径 a 的乘积 $k_ia = ka\sqrt{\mu\varepsilon}$。通过匹配电介质球表面和偶极子的边界条件，确定场系数；引入这种球构成的无限固态多晶材料，形成立方阵列，球-球相互作用可借助于 Clausius-Mossotti 方程求得。在假定晶粒的初始磁化（极化）无规排列条件下，利用电磁转矩方程，使得最邻近非对角项之和为零并可以忽略。这样可以研究由感应偶极矩或实际偶极矩导致的单个球体的性能，可以计算任意聚集体材料的有效磁导率和介电常数，以及乘积 $ka = \sigma_0$ 和堆垛密度为函数的颗粒的内禀磁导率和介电常数。研究结果表明，单一微观机制导致宏观磁导率和磁化率谱的宽化，并表现出磁导率和磁化率的相互依赖，在颗粒层次上，尺寸效应对磁导率和介电常数的频率依赖性有着很大的影响。

　　在 Maxwell-Garnett（MG）理论中，浓度为 q 的球形填充物（磁导率 μ_i）被基体材料所包围（磁导率 μ_m），磁性粒子间的磁相互作用完全被忽略，则复合体的磁导率 μ_e 表示为：

$$\frac{\mu_e - \mu_m}{\mu_e + 2\mu_m} = q\frac{\mu_i - \mu_m}{\mu_i + 2\mu_m} \tag{6.2.8}$$

　　Bruggeman 理论亦称为有效介质理论（effective medium theory，EMT），考虑两种组元（磁导率分别为 μ_i、μ_m）镶嵌在有效介质中，自相容（即平均极化率为零）时，则复合体的磁导率 μ_e 表示为：

$$q\frac{\mu_i - \mu_e}{\mu_i + 2\mu_e} + (1-q)\frac{\mu_m - \mu_e}{\mu_m + 2\mu_e} = 0 \tag{6.2.9}$$

　　由于 Maxwell-Garnett 理论和 Bruggeman 理论中没有考虑粒子尺寸的影响，因此对于一些实验现象无法给出合理解释，如对于由不同粒度的坡莫合金 $Ni_{80}Fe_{20}$ 微粒子无规分散在绝缘或非磁性介质中得到的电磁波吸收体，在 $50MHz\sim10GHz$ 范围内的动态磁导率依赖于填充粒子粒度的实验现象无法给出满意的解释。

　　一种修正的 Bruggeman 理论充分考虑了填充导电粒子的涡流效应，通过这一理论从实验数据中推算出的填充粒子的内禀磁导率不受其浓度及粒度的影响。修正的 Bruggeman 理论以导电球状颗粒的磁极化代替原 Bruggeman 理论中的静态极化，得到复合体的磁导率 μ_e 方程为：

$$q\frac{A(a,\sigma_i,\mu_i,\omega)\mu_i - \mu_e}{A(a,\sigma_i,\mu_i,\omega)\mu_i + 2\mu_e} + (1-q)\frac{\mu_m - \mu_e}{\mu_m + 2\mu_e} = 0 \tag{6.2.10}$$

　　式中，$A(a,\sigma_i,\mu_i,\omega) = \dfrac{2(kacoska - sinka)}{sinka - kacoska - k^2a^2sinka}$；对于有机体 $\mu_m = 1$。

k 为波矢，$k = \dfrac{1+i}{\delta} = (1+i)\cdot\left(\dfrac{\sigma_i\omega\mu_i}{2\varepsilon_0 c^2}\right)^{1/2}$；$a$ 为粒子半径；σ_i 为颗粒填充物的电导。

这一理论很好地解释了一些实验现象，材料的微波性能依赖于颗粒形态和粒度，球形粒子的优点在于最小化复合体的介电常数，但粒子尺寸变大时磁导率的虚部变小。

混合体理论和其相关混合体方程已经成功用于预言人工制造电介质及其复合材料的有效宏观电磁性能上。在通常的粒子和黏结剂构成的复合材料中，黏结剂材料润湿粒子，这样粒子通过黏结剂与其他粒子相对独立。然而，当粒子在混合体中的体积比变大时，粒子间的磁吸引作用使得完全润湿无法完全进行，出现粒子间的团聚状态，即粒子间是半邻近的。这种当粒子体积比增大时，出现的粒子材料由邻近黏结剂材料到邻近粒子材料的微观几何变化是复合材料模型化中需要考虑的重要方面。

混合体方程将复合材料的有效宏观电磁性能（介电常数和磁导率）与其组元的内在微观电磁性能相联系。当复合材料中的粒子充分分离（较小的粒子体积分数）时，混合体方程所预言的基本一致，但复合材料中的粒子体积比大于 10% 时，混合体方程之间所预言的结果出现分歧。Musal 等评价了各种具有代表意义的混合体方程的假设和特点，通过比较宏观电磁性能预言结果与在 VHF 和 UHF 频段的实验测量结果，评估这些混合体方程应用于磁性复合材料时的正确与否，实验样品采用铁氧体粒子与树脂的介电-磁性复合材料。

② 粉体组成的影响　根据上节中有效介质理论分析可知，复合材料的复介电常数和复磁导率随着粒子成分含量的变化而变化，而复介电常数和复磁导率又直接影响复合材料的吸波性能，因此，适当的成分含量对设计电磁波吸收材料非常重要。

利用羰基铁粉和铁粉与有机基体的不同比例混合，研究了成分含量对复合材料吸波性能的影响。以羰基铁粉和铁粉为吸波剂，羰基铁粉大小比较一致，呈球形，平均粒径为 $1\mu m$，铁粉采用机械研磨法制备，粒子形状不规则，粒径分布在 $20\sim50\mu m$。为了评价 Bruggeman 有效介质理论模型和成分含量对吸波性能的影响，采用同轴网络分析方法，测定了不同成分比例的铁粉和羰基铁粉复合材料的电磁参数，并且利用 Bruggeman 有效介质理论模型对其进行模拟研究。图 6.2.7 分别为模拟和实验的复磁导率实部与频率的关系图。在模拟和实验的过程中，采用一定体积比例的铁粉和羰基铁粉的混合粉体。从图中可以看出，尽管实验数据和模拟数据有一定的误差，但其总体趋势是相同的。当成分含量低于 20% 时，成分含量对电磁参数影响不大，而当成分含量达到 50% 以上时，复磁导率实部急剧降低。

从以上分析可知，成分含量影响材料的电磁参数，而 Bruggeman 有效介质理论在复合材料的电磁参数研究中是成功的，所以可以根据此理论对复合材料的电磁参数进行预测。

由于粉体颗粒的组成直接决定其晶格结构，影响磁性次格子的形成，同时不同的原子微观磁性有较大差别，因此粉体组成对其饱和磁化强度和磁晶各向异性场有着显著的影响。表 6.2.4 给出了 $Co_x Ni_{(1-x)}$ 微米粉的磁性能随组成的变化关系，

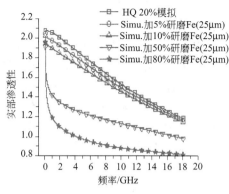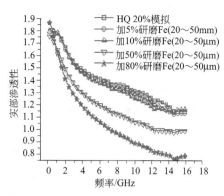

图 6.2.7 不同比例混合的羰基铁粉和铁粉的
复磁导率模拟值（左）和实验值（右）

表 6.2.4 $Co_xNi_{(1-x)}$ 微米粉的微波磁性与组合的关系

粉体组成	Ni	$Co_{20}Ni_{80}$	$Co_{50}Ni_{50}$	$Co_{80}Ni_{20}$	Co
f_r/GHz	1.6	1.4	3	4	6.5
f_r'/GHz	4.2	5.5	9.2	12.9	14
M_s/emu·g^{-1}	50	75	105	135	150
XRD	fcc	fcc	fcc	fcc+hc	fcc+hc
H_A(块体材料)/Oe	135	0	210	$>10^3$	$>10^3$

定义 f_r 为 μ'' 达最大值的频率点，表征粉体共振峰的宽度，从表中可以看出，随着 x 的增加，粉体的磁晶各向异性场 H_A 先降低后增加，相应的共振频率点也在 H_A 最低处出现最小值，然后共振峰逐渐移向高频，特别是粉体组成为 $Co_{20}Ni_{80}$ 时 H_A 最低，这时也出现了最小的 f_r，这种变化与关系式 $\omega_r = \gamma H_A$ 相吻合，这表明随组成的变化，由于磁晶各向异性场的改变使得粉体的共振峰位置以类似的方式出现相应的变化；而共振峰的宽度则与饱和磁化强度的变化趋势有着密切的关系，粉体的饱和磁化强度随着 x 增加而增加，同时 Δf 在整个组成范围内也逐渐增加。

通过多元醇工艺（polyol process）可以制备 Co-Ni 金属粒子，具体方法为选用适合的粉状金属化合物，将此慢慢溶解在多元醇溶剂中，金属元素被溶剂还原出来，经形核、长大过程形成金属粒子沉积物。在标准条件下形核过程为均匀形核，但在外加形核物质或控制动力学条件的情况下，形核过程为非均匀形核，达到对最终形成粒子的形态、粒径和分布的控制。根据以上方法制备的 $Co_{20}Ni_{80}$ 准球状粒子，通过控制制备工艺，得到平均粒径为 $1.4\mu m$ 和 $0.33\mu m$ 的两种粒子，团聚少，分布均匀，碳和氧的杂质含量约为 0.5wt%。微米和亚微米粒子的饱和磁化强度分别为 75emu/g 和 72emu/g，与块体材料的值相当，表明粒子中的杂质含量较低。将合金粒子与环氧树脂均匀混合形成复合体，测定在 0.1～18GHz 频率范围内的电磁性能，复合体的复数磁导率依赖于铁磁粒子浓度变化，这种作用可通过 Bruggeman 理论进行解释。根据 Bruggeman 理论可以推导出复合体中磁性颗粒的内禀磁导率，不同颗粒材料复数磁导率谱中共振频带随材料成分不同而偏移，可以将此现象同磁晶各向异性相联系。

对于单一磁畴、单一晶体颗粒材料，其共振频率 f_r 同磁晶各向异性场 H_a 的关系可表示为 $f_r = (\gamma/2\pi)H_a$。根据这一公式，通过共振频率获得的磁晶各向异性场随化学成分的变化关系，在 Ni、Co 及 NiCo 合金的实验结果中得到证实。微米 $Co_{20}Ni_{80}$ 颗粒的磁导率虚部在较低的频率范围内出现单共振带，而相同成分的亚微米颗粒却出现 3 个共振带，这一尺寸现象可能存在复杂的因素，可能同小尺寸颗粒的磁结构、类似于铁磁薄膜中自旋波共振的表面效应、小颗粒的涡流效应等机制相关联，有待进一步的探讨。

③ 粉体粒度的影响　粉体粒度对磁导率有强烈的影响，$2\mu m$ 的 $Co_{80}Ni_{20}$ 粉体的微波磁导率虚部与频率的关系如图 6.2.8 所示，可以看出磁导率虚部具有较宽的共振峰，并呈尾部拖向高频的非对称状，这是由于其粒子包含多个磁畴，产生的退磁场导致了共振峰的宽化，这种形状与 $4\mu m$ 的羰基铁粉也很相像，为典型的多畴粒子所共有。而当粉体粒径小于 400nm 时，会出现多个较窄的共振峰，随着粒径的降低，共振峰移向高频，同时磁导率虚部增加，如图 6.2.9 所示，而当粒径小于 50nm 时，这种多共振行为消失。对于 $50\sim400nm$ 的亚微米粉体，其第一个共振峰与 Kittel 一致静磁模式有关，后面的几个共振峰按照 Aharoni 理论与非一致交换共振有关，但当粒径小于 50nm 的临界尺寸时，交变场无法再激励非一致交换共振。因此微米级粉体和纳米粉体的这种动态磁化现象可以由特定磁化过程得到定性的解释。

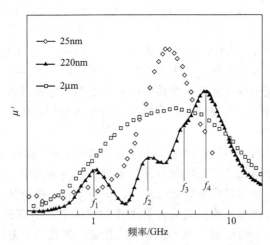

图 6.2.8　$Co_{80}Ni_{20}$ 粉内禀磁导率虚部与频率的关系

文献报道，采用化学法合成了 SiO_2 包覆 Co 复合纳米粒子。通过 HRTEM 研究，Co 核为面心结构，包覆层 SiO_2 为非晶相。通常情况，室温下块体 Co 为六方结构，在 410℃ 时，发生马氏体转变，由六方过渡到立方结构。而室温下，Co 纳米粒子由于表面效应，以面心立方结构稳定存在，必然引起其物理、化学性质的变化。

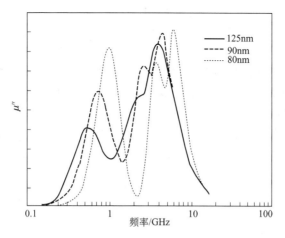

图 6.2.9　$Fe_{14}Co_{43}Ni_{43}$ 粉内禀磁导率虚部与频率的关系

图 6.2.10 为 Co_{50}-$(SiO_2)_{50}$ 复合纳米粒子在 $0.1\sim18GHz$ 的复磁导率频谱。如图所示，相对于 Co_{50}-$(SiO_2)_{50}$ 复合微米粒子，纳米粒子展示出很多优异的微波吸收性能。首先，在 $0.1\sim18GHz$ 频率范围有着更高的 μ' 值。其次，复磁导率虚部 μ'' 分别在 $250MHz$ 和 $7.0GHz$ 处出现两个宽吸收峰。最后，纳米粒子的磁损耗角相对较低。

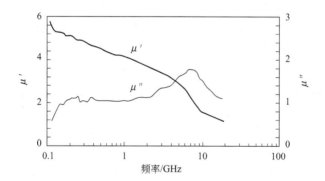

图 6.2.10　Co_{50}-$(SiO_2)_{50}$ 复合纳米粒子在 $0.1\sim18\ GHz$ 的复磁导率频谱

总之，引起电磁波磁损耗主要应当归根于磁性材料的磁化矢量转动、磁畴壁共振、铁磁共振以及涡流损耗。然而，不可逆磁化矢量转动只有在强磁场下才能发生，磁畴壁共振发生在多畴壁材料中，因此，本节中研究的纳米粒子对电磁波的损耗主要有铁磁共振和涡流损耗引起。据文献介绍，六方结构的 Co 粒子共振频率在 $6.5GHz$。由于面心结构 Co 的各向异性能小于六方结构，铁磁共振峰应该向低频段移动，因此，本节中 $7GHz$ 处的共振峰不能被解释为 Co 纳米粒子的铁磁共振引起的，$250GHz$ 处的共振峰应当是由铁磁共振引起的。

当纳米粒子的直径 D 小于趋肤深度时，涡流损耗可以表示为：

$$\frac{\mu''}{\mu} \propto \frac{\mu' f D^2}{\rho} \qquad (6.2.11)$$

式(6.2.11) 中，f 为电磁波的频率，ρ 为纳米粒子的电阻率。由公式 (6.2.11) 可知，当纳米粒子的磁损耗仅仅来自涡流损耗时，$f^{-1}(\mu')^{-2}\mu''$ 随着频率的变化应当为一常数。图 6.2.11 为 Co_{50}-$(SiO_2)_{50}$ 复合纳米粒子的 $f^{-1}(\mu')^{-2}\mu''$ 值。在 $1\sim18GHz$ 频率范围，其值接近常数 0.05，而在 $0.1\sim1GHz$ 频率范围，随着频率的增加，急剧下降。因此，可以判定，在 $1\sim18GHz$ 频率范围，材料的磁损耗主要有涡流损耗引起，在 $0.1\sim1GHz$ 频率范围，由于纳米粒子铁磁共振峰的出现，涡流损耗不占损耗的主导地位，无法显示出来。

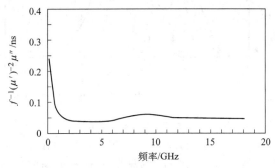

图 6.2.11　Co_{50}-$(SiO_2)_{50}$ 复合纳米粒子在 $0.1\sim18$ GHz 的 $f^{-1}(\mu')^{-2}\mu''$ 值变化

由以上分析可见，粒子尺寸大小对电磁参数的影响很大。当粒子尺寸小到某一极限时，由于表面效应，体积效应等，赋予了粒子奇异的物理化学性能。因此，通过粒子的尺寸调节材料的电磁参数，无论对电磁吸波及屏蔽材料或者其他用途都有很好的研究前景。

（2）超细磁性金属微粉吸收剂的制备工艺

磁性金属微粉制备的方法有很多种类型，主要有物理法和化学法两大类，这些制备方法各有千秋。这些年来，磁性金属微粉的制备工艺及其微观结构与性能表征等的研究受到众多研究者的注意，下面简要叙述。

① 物理法

a. 物理气相沉积法（又称蒸汽冷凝法）　是利用真空蒸发、激光加热蒸发、电子束照射、溅射等方法使原料气化或形成等离子体，然后在介质中急剧冷凝。这种方法制得的超细微粒纯度高，结晶组织好，且有利于粒度的控制，但是技术设备要求相对较高。根据加热源的不同有惰性气体冷凝法、热电离子体法和溅射法等。

b. 高能球磨法　高能球磨法是一个无外部热能供给的高能球磨过程，也是一个由大晶粒变为小晶粒的过程。其原理是把金属粉末在高能球磨机中长时间运转，并在冷态下反复挤压和破碎，使之成为弥散分布的超细粒子。其工艺简单、制备效率高，且成本低。但制备中易引入杂质，纯度不高，颗粒粒径分布也较宽。该法是目前制备超细金属微粉的主要物理方法之一。

② 化学法

a. 化学还原法　化学还原法是利用一定的还原剂将金属铁盐或其氧化物等

还原制得金属粉体，主要有固相还原法、液相还原法和气相还原法，其中液相还原法应用较多。

液相还原法是在液相体系中采用强还原剂 NaBH$_4$、KBH$_4$、N$_2$H$_4$ 或有机还原剂等对金属离子进行还原得到超细铁粉。如果有机金属还原剂 V(C$_5$H$_5$)$_2$ 将 FeCl$_2$ 还原，可以制得平均粒径为 18nm 的 α-Fe 粉。气相还原法是在热管炉中蒸发还原粉末，以 H$_2$ 和 NH$_3$ 作为还原剂还原气相反应物的制备铁粉的工艺，气相还原法能得到均匀、高纯、球形单相的超细 α-Fe 粉末。

b. 微乳液法　微乳液法是利用金属盐和一定的沉积剂形成微乳液，在其水核微区内控制胶粒形核生长，热处理后得到纳米微粒。如在 AOT-庚烷-水体系中，用 NaBH$_4$ 还原 FeCl$_2$ 可以制备出纳米铁粒子，所得纳米铁微粒的粒径随着水核半径的增加而增加，另外用十二烷基苯磺酸钠-异戊醇-正庚烷-水作反应体系，以 NaBH$_4$ 作还原剂还原 FeCl$_2$ 也可以制得平均粒径为 120nm 的球形、均匀的包裹型纳米铁微粒，密度为 3g/cm^3。

c. 热解羰基化合物法　目前制备金属微粉吸收剂较多的采用这种方法，主要有羰基铁粉或羰基合金粉等。羰基铁粉是由羰基铁分解得到的铁粉，羰基铁化合物有 Fe(CO)$_5$，Fe$_2$(CO)$_9$ 及 Fe$_3$(CO)$_{12}$，其中有实用意义的是 Fe(CO)$_5$。Fe(CO)$_5$ 在正常条件下是琥珀黄色液体，熔点为 19.5～21℃，沸点 102.7～104.6℃，15℃时蒸气压为 3372.22Pa，18℃时密度为 1.4664g/cm^3。

羰基铁被加热到 70～80℃ 即开始分解成 Fe 和 CO，在 155℃时开始大量分解，属于吸热反应，其反应式为：

$$Fe(CO)_5 \longrightarrow Fe + 5CO \uparrow$$

分解开始形成铁晶核时，铁晶核周围的五羰基铁浓度降低，CO 浓度增高。随后温度降低，使反应减慢，但在这瞬间，由于活性铁的催化作用，会发生 CO 转化为 C 和 CO$_2$ 的放热反应，使铁核周围的 CO 浓度降低，减弱了铁的催化作用，使 CO 的分解反应变慢，而在吸附了 C 的晶核周围，Fe(CO)$_5$ 浓度增高到初级浓度，分解反应又重新开始。这样周而复始，所形成的羰基铁呈葱头球状结构。羰基铁粉作为吸收剂较其他几类研究的较少，主要集中在羰基铁粉的电磁参数和电磁性能的研究。

6.2.4 吸波剂的改性

作为吸收体的主要组成部分，对吸收剂进行掺杂、微结构调整、表面处理等改性过程，是实现与基体材料的有效复合、提高吸收体的综合性能的有效措施和必要环节。

6.2.4.1 SiC 粉体的改性

单纯的 SiC 吸收剂其吸收雷达波效果并不是很理想，需要对其进行一定的掺杂，以提高 SiC 的电导率，通常在 SiC 中能够进行掺杂的元素有 B、P、N 等。例如西北工业大学通过对纳米 SiC 进行掺杂，得到了纳米 Si-C-N 吸收剂，具有很好的吸波性能。Si-C-N 纳米吸收剂的物理特性，特别是其介电特性，与粉体的化学组成、相组成有着密切的联系。材料的吸波特性取决于材料的微观结构，导体、半导体、磁性、非磁性材料由于材料微观结构不同，所以吸收电磁波的机理也不相同。纳米 Si-C-N 复相粉体的 XRD 谱上只出现了 β-SiC、α-SiC 和石墨的衍射峰，没有出现 Si_3N_4 的衍射峰，但纳米 Si-C-N 复相粉体化学组成表明其 N 含量为 10.1%（质量），X 射线能谱分析仪对 SiC 微晶的成分分析结果表明，Si 为 54.86%（质量），C 为 33.58%（质量），N 为 9.53%（质量），O 为 2.03%（质量）。所以纳米 Si-C-N 复相粉体中的 SiC 微晶中固溶了大量的 N 原子。SiC-N 固溶体中最多能固溶多少 N 原子一直没有很精确的研究，Komath 认为 SiC 固溶的 N 最多不超过 0.3%（质量），但考虑到纳米 Si-C-N 复合粉体中高的 N 含量和相组成以及 SiC 纳米微晶的化学组成，纳米 Si-C-N 复相粉体中 SiC-N 固溶体固溶 N 的量要远大于 0.3%（质量）。Suzuki 等对纳米 Si-C-N 复相粉体的研究也得出了同样的结论。

N 原子在 SiC 中以固溶体的形式存在，N 原子取代 C 原子的位置。Seo 等的研究结果表明，SiC 中固溶 N 原子后 SiC 的晶格常数要减小。Suzuki 等的研究结果也表明，在纳米 Si-C-N 复相粉体中随着 N 含量的增加 SiC 的晶格常数迅速呈线性减小，然而，SiC 的晶格常数与其中固溶 N 的量之间的关系仍不清楚。N、C、Si 的原子半径分别为 0.070nm，0.077nm 和 0.117nm，Si—C 键的特征键长为 0.188nm，Si—N 键的键长为 0.173nm，所以 SiC—N 固溶体的晶格常数减小。Suzuki 等用魔角旋转核磁共振（magic angle spinning nuclear magnetic resonance，MAS-NMR）和电子自旋共振（electron spin resonance，ESR）详细研究了纳米 Si-C-N 复相粉体中 SiC 微晶的微观结构，在固溶了 N 原子的 SiC 微晶中，在晶格结构中 N 原子与 4 个 Si 原子键相连（$SiC_{3/4}N_{1/4}$），在这种情况下，由于 N 原子和 C 原子化合价的不同，N 原子成为未成对电子的顺磁中心。但 ESR 分析结果表明，在纳米 Si-C-N 复相粉体中大部分 N 以非顺磁形式存在，N 原子有两种可能的非顺磁存在形式，一种是三价 N 原子与三个 Si 原子键联（$SiC_{3/4}N_{1/4}$），由于这种结构会使 SiC 晶格发生扭曲，所以这种结构存在于 SiC 微晶的晶界上；另一种可能的非顺磁形式是一个带正电的 N 原子和 4 个 Si 原子键相连 $[\oplus N(Si)_4]$，与带负电的缺陷如 $(-)Si(C)_3$ 或 $C(Si)_3$ 配对。这样在纳米 Si-C-N 复相粉体中出现大量的带电缺陷，在电磁场作用下产生极化耗散电流，极化弛豫是损耗电磁波的主要原因，从而把微波能量转化为其他形式的能量，主要为热能。有人研究了纳米 SiC 和 Si_3N_4 粉体的微波介电特性，其粒径为 20~30nm，纳米 SiC 粉体与石蜡复合体（纳米 SiC 粉体含量为 10%）在 10GHz。$\varepsilon'=2.21$，$\varepsilon''=0.19$，$\tan\delta=0.09$；纳米 Si_3N_4 粉体与石蜡复合体 [纳米 Si_3N_4 粉体含量为 10%（质量）] 在 10GHz，$\varepsilon'=1.23$，$\varepsilon''=0$，$\tan\delta=0$；对纳米 SiC 和 Si_3N_4 粉体机械混合物的微波介电特性也进行了研究，根据纳米 Si-C-N 复相粉体的化学组成来确定纳米 SiC 和 Si_3N_4 粉体的含量，使两者保持一致；纳米 SiC 和 Si_3N_4 粉体的均匀混合物与石蜡复合体（纳米粉体含量为 10%）在 10GHz，$\varepsilon'=1.35$，$\varepsilon''=0$，$\tan\delta=0$。说明纳米颗粒对微波的损耗，并不是仅仅由纳米颗粒的尺寸效应引起的，而是由纳米颗粒自身特有的微观结构所导致的，由于纳米颗粒的尺寸远小于微波的波长，多重散射效应可以忽略不计。从前面的分析可以看出，纳米 Si-C-N 复相粉体较大的介电损耗主要是由于其内部的 SiC 微晶固溶了大量的 N 原子，形成大量的带电缺陷，在电磁场作用下形成极化电流，极化弛豫是吸收损耗微波的主要原因。

这种纳米 Si-C-N 吸收剂具有以下优点。

① 吸收剂介电性能可调，可以控制的范围为：ε'：$1\sim32$，ε''：$0\sim25$，$\varepsilon''/\varepsilon'$：$0\sim2$。

② 高温稳定，吸收剂在 $700^\circ\!C$ 高温下热处理 10h，微观结构和性能无任何变化。

③ 使用温度范围宽，在室温和高温均可使用，最高使用温度可达 $1000^\circ\!C$。

④ 高温反射率稳定，经实际测试，吸波材料在 $300^\circ\!C$、$500^\circ\!C$、$700^\circ\!C$ 时的反射率曲线与室温时的反射率曲线几乎完全一致，反射率随温度的变化很小。

⑤ 吸收剂用量少，在基体中掺入 $3\%\sim10\%$（质量分数）的吸收剂即可达到好的吸波效果。

⑥ 介电常数随频率升高有一定程度的降低，有利于增加吸收频带的宽度。

⑦ 吸收剂、吸波材料密度小于 $2.4g/cm^3$。

6.2.4.2 SiC 纤维的改性

通常先驱体转化法制备的 SiC_f 纤维是一种典型的 n 型半导体材料，其电阻率为 $10^6\Omega\cdot cm$ 左右，是一种典型的透波材料。要使这种 SiC_f 具有良好的吸波性能，必须降低其电阻率或调整其磁导率，提高其电磁损耗。研究表明，当 SiC_f 的电阻率调整为 $10^0\Omega\cdot cm$ 时对 X 波段的雷达波具有最佳的吸波性能。目前，国内外制备吸波 SiC 纤维的方法主要有对 SiC 纤维进行高温处理、对 SiC 纤维进行表面改性和对 SiC 纤维进行掺杂。

（1）对 SiC_f 进行高温处理

Nicalon SiC_f 是用前驱体转化法合成，由聚碳硅烷通过纺丝、高温处理制备，主要由 Si、C、O 组成，Si：O：C＝3：1：4，C 有一定的过剩。在低于 $1200^\circ\!C$ 热处理温度下纤维中 SiC 为非晶物质，选区电子衍射为非常模糊的晕环，SiO_2 为玻璃态，均匀分布于纤维中，C 以 2nm 左右的团状物质存在，此外尚有少量 N。Nicalon SiC_f 烧成温度一般为 $1250^\circ\!C$，这是一种由一些直径 2nm 左右 β-SiC 的微晶和少量游离碳均匀分布于富碳的 Si-C-O 网络中所组成的陶瓷纤维。将这种纤维经 $1400^\circ\!C$ 以上高温处理，网络中析出更多的游离碳粒子，导致纤维电阻率大大降低，介电损耗增加，从而使 SiC_f 对雷达波具有一定的吸收。在这一处理过程中，纤维内部的 O 与 Si、C 等反应生成 CO、SiO 等小分子气体逸出，造成纤维失重达 $20\%\sim30\%$（质量），会使 SiC_f 力学性能下降。

（2）对 SiC_f 行进表面改性

对前驱体转化法制备的 SiC_f 进行表面改性，在纤维表面涂敷含损耗介质的树脂或沉积导电层（如碳层、镍层等），降低 SiC_f 的电阻率，提高纤维的电磁损耗和吸波性能。程海峰等通过化学镀方法在 SiC_f 表面镀上一层厚度为 $1\sim5\mu m$ 的镍、钴和铁，调节其微波电磁性能，使 SiC_f 具有吸波性能。用 SiC_f 制备陶瓷基结构吸波材料时有一个突出特征，即 SiC_f 与玻璃陶瓷基体在热压复合时，纤维与基体之间会发生化学反应生成富碳的界面层，相当于在 SiC_f 表面沉积了一层碳，能有效提高 SiC_f 的吸波性能。法国的 E. Mouchon 和 Ph. Colomban 等人对 SiC_f 表面生成富碳层的情况进行了研究，所用纤维为 Nicalon NLM202 SiC_f，基体为 Nasicon（$Na_{2.9}Zr_2Si_{1.9}P_{1.1}O_{1.2}$），在热压过程中 SiC_f 表面生成富碳界面层，使 SiC_f 的电导率增大，使 SiC_f-Nasicon 复合材料具有非常优良的吸波性能以及良好的力学性能和耐高温性能。

（3）对 SiC_f 进行掺杂改性

常用的前驱体转化法 SiC_f 导电性能较差，介电损耗低，是非磁性纤维。SiC_f-Nicalon 在 X 波段的微波电磁特性为 $\varepsilon'=3\sim5$，$\varepsilon''=0\sim0.15$，$\mu'=0.98\sim1.03$，$\mu''=0\sim0.05$。通过在 SiC_f 内掺杂一些具有良好导电性或磁性的元素或物相，可以调节 SiC_f 的复介电常数和磁导率，提高其电磁损耗和吸波性能。

掺杂的方法主要有两种，一是在前驱体中加入良好导电性或磁性物质（如沥青和磁性金属微粒）。欧阳国恩等在先驱体聚碳硅烷中均匀混入各项同性沥青制备出 SiC-C 纤维，与环氧树脂复合制成的材料对 $8\sim12GHz$ 的雷达波反射衰减达 10dB 以上。王军等在聚碳硅烷中掺杂 Fe、Co、Ni 等纳米微粉，制备出具有良好力学性能和吸波性能的 SiC_f，随纳米金属微粉掺入量的增大，SiC_f 的电磁损耗逐渐增大，在 10GHz 频率下，SiC-Fe 纤维的 $\varepsilon'=7.12\sim24.12$，$\varepsilon''=1.18\sim6.22$，$\mu'=1.09\sim1.28$，$\mu''=0.09\sim0.35$；SiC-Co 纤维的 $\varepsilon'=6.37\sim14.98$，$\varepsilon''=0.52\sim2.85$，$\mu'=1.07\sim1.17$，$\mu''=0.05\sim0.15$；SiC-Ni 纤维的 $\varepsilon'=11.70\sim38.32$，$\varepsilon''=1.57\sim13.92$，$\mu'=1.10\sim1.23$，$\mu''=0.05\sim0.18$。另一种是在前驱体中加入有机金属化合物，在烧成过程中有机金属化合物分解生成金属微粒或金属碳化物，从而调解 SiC_f 的微波电磁性能，这种方法是最为常用的调解 SiC_f 微波电磁性能的方法。

Yamamura 等在前驱体合成过程中，采用 $Ti(OR)_4$、$Zr(OR)_4$ 等有机金属化合物与聚碳硅烷同时热解制得 Ti、Zr 很高含量的聚钛（锆）碳硅烷，制备出 SiC-Ti(Zr)C_f，这种纤维对 $8\sim12GHz$ 的雷达波反射衰减达 15dB 以上，最大可达 40dB。日本 UBE 工业公司已生产并出售含钛 SiC_f，商品牌号为"Tyranno"，这种纤维可耐 $1200℃$ 高温，电阻率为 $100\sim104\Omega\cdot cm$，具有良好的吸波性能。冯春祥等以 $Ti(OBu)_4$ 与低分子量聚硅烷为原料合成不同钛含量的聚钛碳硅烷，制备了电阻率不同的 Si-Ti-C-O 纤维，这种含钛 SiC_f 的电阻率为 $101\sim103\Omega\cdot cm$，而且电阻率随 Ti 含量不同可以调节。宋永才等也开展了含钛 SiC_f 的研制工作，所制备的陶瓷纤维强度约 $1.5\sim2.0GPa$，并具有吸波性能。

6.2.4.3　碳纤维的改性

高性能碳纤维 C_f 的出现真正提供了可替代金属作为主承力构件的结构材料，也迎来了结构吸波材料迅速发展与应用的新时代。高性能 C_f 电阻率较低，约为

$10\sim12\Omega\cdot cm$，是雷达波的强反射体，经高温处理的 C_f 的电导率，适合作为吸波材料的导电性反射材料和增强体。只有经过特殊处理的 C_f 才能吸收雷达波，通过调节 C_f 的电阻率可以使其具有吸波功能。1982 年日本专利报道了一种层压平板材料，由 $50\%C_f$ 和环氧树脂组成，厚度为 3mm，密度为 $0.7g/cm^3$，背面为 1mm 的金属板，在 $8\sim12GHz$ 范围内，反射衰减大于 15dB。该技术的关键是采用一种吸波型特种 C_f，在 10GHz 频率下其介电常数 ε' 为 $8\sim12$，ε'' 为 $3\sim5$。有许多方法可以使 C_f 具有吸收雷达波的适宜的电阻率。把 C_f 横截面做成三角形或有棱角的方形，对其进行表面改性，在其表面涂敷含有电磁损耗物质的树脂，沉积一层微小孔穴的碳粉，喷涂镍或经氟化物处理都能大大提高 C_f 的吸波性能。为了制备吸波性能优异的 C_f 结构吸波材料，就需要研制特殊的吸波型 C_f，制备吸波型 C_f 的工艺主要有以下几种方法。

（1）降低 C_f 的碳化温度

随碳化温度的升高，C_f 的电导率逐步增大，易形成雷达波的强反射体，但低温处理的 C_f，由于晶化温度低，结构更加疏松散乱，是电磁波的吸收体。把 $500\sim1000℃$ 烧成的聚丙烯腈 C_f 或沥青 C_f（电阻率在半导体范围）与环氧树脂复合，以此作为中间层制备的结构型吸波材料，测得反射衰减大于 20dB 的频宽是 $8\sim12GHz$。这种低温烧成的 C_f 与环氧树脂复合后的介电常数可以达到 $\varepsilon'=24-j24$ 和 $\varepsilon''=15-j22$（C_f 的体积分数约为 50%），具有非常大的介电损耗。由低温 C_f 的单独织物与树脂组成的复合材料的 $\varepsilon'=8\sim25$，用低温 C_f 和玻璃纤维或氧化铝纤维复合织物与树脂组成的复合材料的 $\varepsilon'=8\sim22$，用低温 C_f 和通常的 C_f 复合织物与树脂组成的复合材料的 $\varepsilon'=25\sim50$，这样在设计 C_f 结构吸波材料时就有更大的选择余地。

（2）改变 C_f 横截面的形状和大小

改变 C_f 横截面的形状和大小可以精确控制 C_f 的电导率。美国把 C_f 制成有棱角的方形或三角形，这种非圆形横截面 C_f 与 PEEK 等很多树脂的复丝或单丝混杂编织物制成的复合材料，对吸收雷达波非常有效，并能进一步提高 C_f 的韧性和强度。目前，国外结构吸波材料大部分是采用这种有棱角的方形或三角形横截面 C_f 制造的。B-2 战略轰炸机上采用了 50% 特殊 C_f 复合材料，而这种隐身结构特殊复合材料的关键在于研制成功了"隐身"用的特种 C_f，这种"隐身"用的特种 C_f 改变了纤维的形状和横截面大小，是 B-2 战略轰炸机材料工艺上的重大突破与发展。特种 C_f 与传统 C_f 不同，特种 C_f 的横截面不是圆形的，而是有棱角的三角形、四方形或多边形截面 C_f，用这种非圆形特种 C_f 与玻璃纤维混杂编制成三向织物，这种三向织物就像微波暗室结构一样，有许许多多微小的角锥，具有良好的吸波性能。

（3）对 C_f 进行表面改性

通过表面改性可以使 C_f 具有吸波性能，在 C_f 表面沉积一层有微小孔穴的碳粒或 SiC 薄膜，表面喷涂一层金属镍或把 C_f 表面用氟化物进行处理等，均可改善 C_f 的微波电磁性能，使 C_f 具有一定的吸波性能。C_f 表面沉积一层微小孔穴的碳粒，能有效地提高 C_f 的吸波性能，并能降低 C_f 的热传导性，而且国外结构吸波材料用的 C_f 表面都掺和一层吸波物质（吸波物质可以是 SiC 粉、炭粒、热塑性树脂粉或其他具有吸波性能的吸收剂），美氰胺公司在 C_f 表面喷镀一层金属镍，使 C_f 具有良好的吸波性能，采用 7% 含镍量的 C_f 制成的聚酯复合材料，吸波性能最好。文献报道了在含铁氧体损耗介质环氧树脂基体中加入平均长度为 3mm 的镀镍 C_f（MCF），大大提高了其吸波性能，MCF 在吸波材料中起半波谐振子的作用，在 MCF 近区存在似稳感应场，此感应场激起耗散电流，在铁氧体作用下耗散电流被衰减，从而电磁波能量转换为其他形式的能量，主要为热能。

（4）对 C_f 进行掺杂改性

C_f 的电阻率很低，SiC_f 的电阻率较高，吸波效果均不佳，将 C、SiC 以不同比例，通过人工设计的方法控制其电阻率，便可制成耐高温、抗氧化、具有优异力学性能和良好吸波性能的 SiC-C 复合纤维。SiC-C 复合纤维和接枝酰亚胺基团与环氧树脂共聚改性为基体组成的结构材料，吸波性能都很优异。欧阳国恩等在各向同性沥青中均匀混入聚碳硅烷，通过熔融纺丝、不熔化处理、烧结制备出 SiC-C_f，其电阻率可以连续调节，这种纤维与环氧树脂复合制成的复合材料对 8~12GHz 的雷达波反射衰减达 10dB 以上，最大可达 29dB，是一种吸波性能优良的吸波材料。

（5）改变 C_f 的原料

改变 C_f 的原料也可以使 C_f 的微波电磁性能发生改变，从而达到吸波的目的。美国潘兴弹道导弹头部玻璃钢的增强体为黏胶基 C_f。

6.2.5 新型吸波剂

6.2.5.1 纳米隐身材料

纳米材料是指材料组分的特征尺寸在纳米量级（1~100nm）的材料，是介于宏观物质和微观原子、分子的中间领域，是一种新的结构状态。正是由于在结构和组成上的特殊性，使纳米材料具有许多与众不同的特异性能，其主要表现为：具有表面效应、量子尺寸效应、小尺寸效应、宏观量子隧道效应等。这些独特的结构使材料的物理化学性能发生了本质上的变化，开拓了新的应用领域。纳米材料研究是目前材料科学研究中的一个非常活跃的热点，其相应发展起来的纳米技术被公认为是 21 世纪最有前途的科研领域。

现代战争对吸波材料的要求越来越高，纳米材料由于具有一系列的特殊结构，使其在光、电、磁等物理性质方面发生质的变化，不仅磁损耗增大，而且兼具吸波、透波、偏振等多种功能，并且可以与结构材料或涂覆材料相融合，兼备了吸收强、频带宽，兼容性好等优点，因而成为一种极具发展前途的吸波材料。

纳米材料的吸收机制一般认为是：纳米粒子的比表面积增大，表面的原子增多，悬挂键增多，界面极化和多重散射成为重要的吸波机制之一；在一定尺寸时，金属粒子费米面附近电子能级由准连续变为离散能级，并且纳米半导体微粒存在于不连续的最高被占据的分子轨道和最低未被占据的分子轨道之间，使得能隙变宽。量子尺寸效应使纳米粒子的电子能级发生分裂，分裂的能级间隔有些正处于微波的能量范围内，从而导致新的吸波通道；同时，纳米的尺寸与相关波的波长或磁场穿透深度相等或更小时，晶体周期性边界条件将被破坏，导致材料的一些性能发生异常，从而使研制多波段兼容的电磁波吸收材料成为可能；另外，纳米磁性粒子具有较高的矫顽力，可引起大的磁滞损耗。

国内外研究的纳米雷达波吸收剂主要有纳米金属与合金吸收剂、纳米氧化物吸收剂、纳米陶瓷吸收剂、纳米导电聚合物、纳米金属与绝缘介质复合吸收剂等几种类型。金属磁性材料具有比较高的饱和磁化强度，可获得较高的磁导率和磁损耗，且磁性能具有较高的热稳定性。金属纳米粉对高频的电磁波具有优良的衰减性能。纳米金属与合金用作吸收剂主要是采用多相复合的方式，其吸收性能优于单向纳米金属粉体，影响吸收的主要因素是复合体中各组元的比例、粒径、合金粉的显微结构等。张志东、董星龙等在磁性金属纳米粒子的基础上，通过合成新型"核-壳"型纳米复合粒子，拓展了纳米微波吸收剂种类并提高其综合性能，包括碳、氧化物、氮化物、聚合物包覆的各类磁性金属-合金纳米胶囊吸收剂，表明这些纳米复合粒子通过磁共振、介电极化和弛豫、界面相互作用、纳米尺寸效应等机理实现电磁波的吸收、损耗和能量转化。铁氧体微波吸收剂的纳米化是很有前途的新兴隐身材料研究领域。国内外均对此进行了一定的研究，并取得了一定的研究成果。在对纳米铁氧体吸收剂进行研究的同时，研究者也从各方面探索了超细铁氧体与其他材料复合形成的复合吸波材料，比如磁损耗型纳米铁氧体与电损耗型导电高分子聚合物材料的研究，这样从理论上说可以发挥磁损耗和电损耗两种材料的吸波功能，从而合成轻质、宽频的性能优异的微波吸收材料。纳米陶瓷作为吸收剂在2004年得到了新的发展，主要包括纳米碳化硅粉、纳米氮化硅粉、纳米Si-C-N-O等。纳米陶瓷类吸收剂的主要优点是质轻、吸收性能稳定、高温稳定性好等，是国内外发展很快的吸收剂之一。如果把纳米陶瓷类吸收剂与其他磁性纳米吸收剂复合，吸波效果将会得到大幅度的提高。其他的纳米吸收剂包括纳米导电聚合物吸收剂以及纳米金属膜等，在国内外均得到了一定的发展。

6.2.5.2 手性吸波剂

手性吸波材料是近年来开发的新型吸波材料，与一般吸波材料相比具有吸波频率高、吸收频带宽等优点，并可通过调节旋波参量来改善吸波特性。在提高吸波性能扩展吸波带宽方面有很大潜能。美国、法国和前苏联非常重视手性材料研究，在微观机理研究方面取得较大进展。

所谓手性是指一个物体无论是通过旋转还是平移都不能与其镜像重合的性质。手性与物质的旋光性密切相关，如立体化学中经常提到的L-和D-型立体异构体就是手性物体。由于手性物质具有旋光性，因而使人联想到它能在雷达波段具有像在可见光波段那样的旋光色散特性。后经实验证明在普通介质中埋入随机取向分布的手性微体，如比较小的手性金属或陶瓷线圈等，具有很好的吸波性能。手性材料的性质主要由其手性参数和电磁参数决定。有人通过计算机辅助设计对手性吸波材料进行研究，发现通过调整手性参数 ξ 的实部使它在一定的范围内时，可以提高吸波材料的吸波性能；同时通过调整手性参数 ξ 的虚部，还可以调整材料的工作频率。而对双层材料来讲，手性参数 ξ 的实部不但影响材料的吸波性能，同时也影响材料的工作频率；ξ 的虚部对材料的吸波性能几乎没什么影响。选择合适的 ξ 值，可使材料的吸波性能得以提高。

手性材料的根本特点是电磁场的交叉极化。对手性材料来讲，除电磁场的自极化外还出现二者间的交叉极化，电场不仅能引起材料的电极化。而且能引起材料的磁极化；磁场不仅引起材料的磁极化，也引起材料的电极化。人们利用手性材料从本质上说也就是利用它的这一性质。那么手性介质为什么会产生电磁场交叉极化呢？让我们看一个最简单的手性物体即由良导体绕制而成的螺线圈，我们把螺线圈看作由两部分组成，一是平行于螺线圈轴的直线部分，另外是垂直螺线圈轴的圆环部分。当电磁波入射到该线圈上时，入射电磁波的电场将在其直线部分产生感生电流，根据电流的连续性定理，这些感生电流必然要流经其圆环部分。直线部分的电流将产生电偶极子，圆环部分的电流将产生磁偶极矩；根据同样的道理。入射电磁波的磁场将在圆环部分产生电流，而且必然流经直线部分。这样就导致电偶极矩不但和入射电场有关，而且和入射磁场有关；同样磁偶极矩不但和入射磁场有关，而且和入射电场有关，出现了交叉极化。

实验研究已经证明，在一定范围内，手性材料的手性参数、磁参数甚至吸波频率及吸收效果都可以通过改变其几何外形如圈数、螺径、线圈长度等来得到，并根据理论分析，甚至可以通过调整手性参数来制备无反射吸波材料。

6.2.5.3 多晶铁纤维

新型的多晶铁纤维吸收剂是一种轻质的磁性雷达波吸收剂，国外对多晶铁纤维的研究始于 20 世纪 80 年代，至今已有重大进展。1992 年美国 3M 公司研制出亚微米级多晶铁纤维吸波涂层，多晶铁纤维的体积占空比为 25% 时，涂层在 5~16GHz 反射率低于 −10dB，在 9~12.5GHz 反射率可低于 −30dB。法国国家战略防御部队的导弹和载人飞行器也采用了多晶铁纤维吸波剂涂层。1994 年美国 CTI 公司研制出一种多晶铁纤维吸波材料，这种多晶铁纤维为羰基铁单丝，直径 $1~5\mu m$，长度 $50~500\mu m$。由这种材料通过涡流损耗等多种机制损耗电磁波能量，因而可以实现宽频度、高吸收，而且可以比一般吸波材料减重 40%~60%。

新型多晶铁纤维有很强的涡流损耗、磁滞损耗及较强的介电损耗吸收；多晶铁纤维是良导体，在外界交变电场作用下，纤维内的自由电子发生振荡运动，产生振荡电流，将电磁波的能量部分地转变为热能；多晶铁纤维具有独特的形状各向异性，黏结剂中多晶铁纤维层状取向排列所形成的多晶铁纤维吸波涂层，可在很宽的频带内实现高效吸收。质量比传统金属微粉吸波材料减轻 40%~60%，涂层质量仅为 $1.5~2.0kg/m^2$。

（1）多晶铁纤维吸收剂的微波电磁特性

在纤维镍、羰基铁和钴纤维吸收剂中，羰基铁纤维的微波吸收性能最好。多晶铁纤维吸收剂的性能主要取决于其微波磁导率 μ' 和 μ''，多晶铁纤维吸收剂的微波电磁参数具有明显的形状各向异性，其轴向磁导率和介电常数均大于径向磁导率和介电常数，这提供了不同于各向异性的金属微粒的损耗机制。而微波磁导率影响因素主要有纤维的本征磁导率、电导率、直径和长径比等。多晶铁纤维由于具有形状各向异性，在微波电磁场的作用下，其复磁导率和复介电常数为二阶张量，可以表示为：

$$\boldsymbol{\mu} = \begin{bmatrix} \mu_\perp & 0 & 0 \\ 0 & \mu_\perp & 0 \\ 0 & 0 & \mu_{/\!/} \end{bmatrix} \quad \boldsymbol{\varepsilon} = \begin{bmatrix} \varepsilon_\perp & 0 & 0 \\ 0 & \varepsilon_\perp & 0 \\ 0 & 0 & \varepsilon_{/\!/} \end{bmatrix} \tag{6.2.12}$$

式中，$\mu_\perp$、$\mu_{/\!/}$、$\varepsilon_\perp$ 和 $\varepsilon_{/\!/}$ 分别为铁纤维的轴向磁导率、径向磁导率、轴向介电常数和径向介电常数。铁纤维是铁磁性导体，在微波电磁场的作用下，它的磁矩主要来源于两个方面：①固有磁矩的趋向，包括磁畴转动磁化过程和畴壁位移磁化过程；②电子涡流产生的磁矩。前者取决于铁纤维的本质磁导率 μ_i 和铁纤维内的磁场大小，而后者取决于铁纤维内涡流的大小和分布。对特定频率铁纤维的复数磁导率和介电常数进行分析表明，铁纤维的微波电磁参数具有显著的形状各向异性，轴向的磁导率和介电常数的实部都远大于径向，其轴向的磁导率和介电常数都和纤维的直径、长径比以及电导率有很大关系。

铁纤维随直径的增大其电磁参数显著减小，这主要是因为屈服效应的影响增加所致，因此减小纤维直径是提高多晶铁纤维微波磁导率的有效途径之一，研究者优先选用亚微米级铁纤维。纤维长径比会影响轴向磁导率和轴向介电常数，随着长径比增加，轴向磁导率实部变化不大，但虚部增加较多，即提高长径比能大幅度提高纤维的磁损耗。同时轴向介电常数的实部随长径比的增大显著增加，因此进行阻抗匹配设计时可以选用不同参数的纤维。此外，电导率也是影响铁纤维电磁参数的主要原因，主要对铁纤维的轴向磁导率实部和介电常数虚部的影响较大。

（2）多晶铁纤维制备工艺

多晶铁纤维的制备工艺主要有拉拔法、切削法、熔抽法和羰基热分解法等，前三种都属于物理方法，适合制备直径 $4\mu m$ 以上的金属纤维。羰基热分解法制备铁纤维时，随着分解条件的变化，可以使羰基铁粉颗粒的直径在 $3\sim20\mu m$ 内变化。

6.2.5.4 导电高聚物

导电高聚物是指某些共轭的高聚物经过化学或电化学掺杂，使其导电率由绝缘体转变为导体的一类高聚物的统称。其不仅具有高聚物的高分子设计和合成、结构多样化、比重轻和易复合加工的特点，还具有半导体和金属的特性。导电高聚物具有结构多样化、密度小等独特的物理、化学性能，因此国际上对导电高聚物雷达吸波材料的研究已成为这一领域的热点。国外如美国、法国、德国、日本、印度等国已相继开展了导电高聚物雷达吸波材料的研究，并已经取得了一定的进展。导电高聚物的吸收机制在于其掺杂后都形成极化子，所形成的极化子可以看作是在导电高聚物中的固有偶极子。它在微波电场的作用下的取向极化必将对导电高聚物在微波范围内的介电损耗有贡献。导电高聚物雷达吸波材料属于电损耗型。

导电高聚物雷达吸波材料是一种很有发展前途的新型高聚物电损耗型雷达吸波材料。但是，由于其属于电损耗型，因此面临着降低涂层厚度和展宽频带的挑战。因此改善和赋予导电高聚物的磁损耗是导电高聚物吸收剂材料实用化的关键。目前改善的方法有使导电高聚物纳米化、形貌管状化、制备导电性高聚物以及使导电高聚物智能化等方法，这些方法为导电高聚物的实用化提供了很好的发展机遇。

导电高分子材料兼具有金属和聚合物的优点，其微波性能既不同于金属对微波的全反射，也不同于普通高分子对微波的高透过无吸收。它们的密度与普通高分子相近，一般在 $1.0 \sim 1.5 g/cm^3$ 的范围，仅为铁氧体的 $1/5 \sim 1/3$；由于其结构特性，它们还具有与金属或半导体相当的导电性能。这类材料的电导率可以通过控制掺杂来调节，由于导电高分子的微波吸收机理为类似导电损耗机理，因此可以通过控制电导率来调其吸波性能。近几年合成成功的可溶性导电高分子加工应用十分方便，它们不但可以溶解涂膜，而且还可以与 PE 和 EVA 等高分子共混，通过调节配比来调节电导率，从而达到较好的吸波性能。

有研究结果表明，当导电高聚物处于半导体状态时（电导率为 $10^{-3} \sim 10^{-1}$ S/cm）对微波有较好的吸收，其机理类似电损耗型，在一定电导率范围内最高反射率随电导率的增大而减小。美国宾夕法尼亚大学的 Marc Diarmid 报道，用聚乙炔做成的 2mm 厚的膜层对 35GHz 的微波吸收达 90%；法国的 Laurent Olmedo 的研究结果表明聚-3-辛基噻吩平均衰减 8dB，最大 36.5dB，频带宽为 3.0GHz。如将它们与其他无机微波吸收剂混合使用，则吸波效果会更佳。

国内实验表明：通过 Kumada 方法制备的 A-1 型可溶性导电高分子对 $26.5 \sim 40GHz$ 的毫米波具有很好的吸收性，吸收率大于 10dB 的频带宽度很大，大于 12GHz；最高的吸收率可达 18.3dB。另一种价格较低的 B-1 型导电高分子对 $26.5 \sim 40GHz$ 的毫米波吸收也是比较大的，对 $28 \sim 40GHz$ 波段的毫米波吸收率在 $8 \sim 16dB$ 范围。它们都可以通过溶液涂膜来加工应用。

6.2.5.5　席夫碱类吸收剂

有机高分子导电吸波材料由于质量轻、柔韧性好、可大面积成膜，特别是通过掺杂处理可在较大范围内调节其导电性能和吸波性能，故近年来得到了快速发展。导电席夫碱是有机高分子导电吸波材料中的一类，属于结构型导电吸波材料，是由一种醛类化合物和伯胺在碱性条件下反应生成的亚胺衍生物。导电席夫碱通过掺杂处理或制得其盐类可明显改善其导电性能和吸波性能，其用于吸波涂料时，由于涂层的重量轻且吸波性能好，逐渐得到人们的重视。

近年来，国内外学者在研究并改进传统吸波材料的同时，对新型导电席夫碱类吸波材料进行了一些探索性研究。导电席夫碱类材料主要包括视黄基席夫碱、聚合长链的席夫碱、视黄基席夫碱盐及席夫碱掺杂非金属或金属的产物等。

（1）导电席夫碱

吸波剂的吸波性能主要与其电性能和磁性能有关，导电席夫碱的电性能与磁性能有过不少的研究报道。如胡晓黎等利用乙二醇二（4-甲酰基）醚和三甘醇二胺缩合，合成了大环席夫碱冠醚，并制备其席夫碱稀土盐，配成 1.0×10^{-3} mol/L 的 DMF 溶液于 25℃ 下测得其摩尔电导率达到 172S/(cm² · mol)。唐婷利用苯甲酰丙酮缩氨基脲的合成先驱体再溶于乙醇-水中，加二水氯化铜在 80℃ 下回流反应，然后冷却、过滤、干燥，重结晶再真空干燥，得到苯甲酰丙酮缩氨基脲合铜，以 DMF 为溶剂，在 25℃ 下测得其摩尔电导率达到 130S/cm² · mol^{-1}。Suganya 等利用二乙烯三胺与水杨醛反应的席夫碱配体与锰、钼离子反应得席夫碱盐，测定电导率为 10^{-5} S/cm。Wang Shu 等从磺胺药物中除去甲苯磺酰基团得到含 1,3,4-氧化二吡咯的大环席夫碱，并测定了电导率为 10^{-2} S/cm。Courric 等研究了频率对导电混合物的影响，利用 P-亚甲基-1,3,5 己三烯低共聚体席夫碱分散在聚氯乙烯（PVC）及硫酸中，在频率为 10KHz～10GHz 之间对介电常数（电容率）测量，得出电导率为 10^{-5}～10S/cm，根据实验反射率系数计算得到其反射率为 -9～-20dB。

目前有关席夫碱磁性能的研究报道不多。Bernd 等报道了含同种席夫碱的两种不同的磁性化合物，交叉旋 [Fe(L)(HIm)1.80] 化合物和磁性化合物 [Fe(L)(MeOH)1.83](L=2 乙基（E,E)-2,2′-[1,2-苯基 2(亚胺次甲基)-2[3-去氧基丁酸]，MeOH 为甲醇；HIm 为咪唑]。他从席夫碱的磁性方面进行了探讨，发现了交叉旋 Fe(L)(HIm)1.80) 在 $T_{1/2}=330$K 时候有低旋和高旋的相互转化，并讨论了高交叉自旋的 [Fe(L)(MeOH)1.83] 在低温 $T_c=9.5$K 时自旋化降低。Béla 等利用量子化学方法研究了中子和质子化多烯席夫碱的双键旋转动力学，实验表明：就中子或质子化席夫碱在 B3LPY/6-31G(d) 中描述了亚胺基团的双电键电子旋转，电子有旋转就有磁性，有磁性的材料也就有导电吸波的可能。

（2）视黄基席夫碱

视黄基席夫碱作为一种新型有机高分子微波吸收体引起了人们的较大兴趣。美国首先报道了这方面的研究，据称已研制了一种视黄基席夫碱有机聚合物，该材料的吸收频段宽，能减少雷达反射系数的 80%。席夫碱是由醛类化合物和伯胺在碱性条件下生成的一种亚胺衍生物，密度约为 1.1g/cm³。

国内也展开了对视黄基席夫碱铁配合物微波吸收剂制备方法和性能的研究，有研究者以维生素 A 醋酸酯为原料，经过水解反应生成维生素 A_1，该中间体经过氧化反应生成视黄醛，再与二元胺反应生成小分子视黄基席夫碱，生成的中间体继续与二元胺及金属盐作用，生成视黄基席夫碱铁络合物。

另外，采用维生素 A 与一系列胺类化合物反应，也可以制备出多种视黄基席夫碱及其金属络合物，性能见表 6.2.5。合成过程包括如下步骤：①维生素 A 的氧化；②视黄基席夫碱的合成；③视黄基席夫碱铁络合物的合成。测试结果表明，视黄基席夫碱属于半导体物质，视黄基席夫碱铁络合物属于半导体顺磁性物质，由表 6.2.5 可以看出，在 8～18GHz 频率范围内，各种视黄基席夫碱及其铁络合物具有不同程度的微波吸收性能，原因是由于芳香族大 π 键参与共轭，电子离域更大，使电损耗增大。

表 6.2.5　视黄基席夫碱试样微波吸收性能

样品	−10dB 吸收频带/GHz
视黄基席夫碱-1	8.8~11.2 与 12.0~14.0,稳定且较宽
视黄基席夫碱-2	14.6~18.0,中间有一段较弱
视黄基席夫碱-3	12.8~16.8,强而宽
视黄基席夫碱-4	14.8,附近有很少吸收
视黄基席夫碱-5	14.2~17.4,强而宽
视黄基席夫碱铁络合物-1	16.8~17.4
视黄基席夫碱铁络合物-2	10.4~11.2,13.0~14.8
视黄基席夫碱铁络合物-3	12.8~14.9

含共轭双键以及碳氮键盐的微波吸收性能在国内外均有报道,其明显的特点是质轻。据文献报道,在一定的波段内,其吸收率可达 10dB。当其与金属离子形成络合物后,其正、负电荷通过双键的重组能够很容易地沿着分子的共轭链移动,具有强极化特性,从而使材料的复介电常数以及负磁导率发生改变,进而影响到材料的吸波特性。另外,具有芳香族的基团优于脂肪族的基团,因为芳香族的基团参与共轭。在其吸收频带内,对电磁波的衰减既有电损耗,又有磁损耗。

6.2.5.6　等离子体隐形

等离子体隐形一般是作为等离子体吸波涂料,将放射性物质涂覆在目标上,使目标表面附近的局部空间电离,形成等离子体来吸收电磁波的能量。等离子体对电磁波吸收的工作原理是:等离子区中的自由电子在入射雷达波的电场作用下将产生频率等于雷达波截波频率的强迫振荡,在振荡过程中,运动的电子与中性分子、原子及离子发生碰撞,增加了这些粒子的动能,从而把电磁场的能量转变为媒质的热能。因此,这些涂料应使目标周围的大气在放射性辐射下不断地、长时间地电离,又能够维持足够高的电子浓度,研究表明现有的放射性同位素可放射 α、β、γ 射线,与 β、γ 射线相比 α 射线的同位素性能最好,这是因为 α 射线在空气中散射的动能范围较小,α 粒子行程较短,使空气电离的程度最高,属于纯 α 粒子放射体元素,属于钶系和铀系元素,其中运用较多的如钋 210 和锔 242,其半衰期为 138 天与 150 天。α 粒子放射性涂层材料在实际运用中具有很重要的意义,它在常温下所放射的 α 粒子在空气中最大行程为 38mm,且它所形成的等离子屏能在很宽的频带内吸收绝大部分雷达波。

与美国 B-2A 战略轰炸机、F-117A 战斗轰炸机、F-22 战斗机所广泛采用的外形和材料隐形技术相比,放射性涂层材料具有很多独特的优点:吸波频带宽,吸收率高,隐形效果好,使用简便,使用时间长,价格便宜;无需改变飞机的气动外形;由于没有吸波材料和吸波涂层,可极大地降低维护费用。因此,能承受高空高速飞行时的气动力等。研究表明,当涂层厚度为 0.025mm（210 钋）时,对于频率为 1GHz 的垂直入射电磁波,其雷达散射截面可减少 10%~20%。若将其用于能产生多次反射的部位（如发动机进气道）,则其效果可望成倍地增加。

据报道,俄罗斯已经研制出一种全新的等离子体隐身技术,这种隐身的原理大致为:在机体上加上等离子体发生器,通过电离过程在飞机表面形成等离子云,当雷达波与等离子云相互作用时,产生部分雷达波被吸收和绕射现象,急剧降低雷达接收机的反射信号，从而达到隐身目的。其隐身效果随雷达波的增加而增加。这种隐身技术不仅解决了吸波涂层厚度和质量方面的局限性，而且具有吸波频带宽、吸收率高、使用简单、使用时间长等优点，适合强反射部位的隐身。

6.3 吸波剂研究展望

目前国内外对吸波材料的研究已经取得了长足的进展，在传统吸波剂日益成熟应用的同时，也加大了新型吸波剂的开发力度。其中炭黑和铁氧体等吸波剂已经得到了广泛的应用，炭黑浸渍在聚氨酯基体中大量应用于吸波暗室，除此之外，由于其耐高温等特点，是航空隐形材料中不可缺少的吸波剂；铁氧体一般通过烧结做成铁氧体瓦也大量应用于吸波暗室中，可很好地改善暗室在低频的测试环境。经改性后的碳化硅和碳纤维也成功应用于耐高温航空隐形材料，如现代隐形战机等。等离子体新型隐形技术也在一些国家和地区得到了成功的应用。总的来看，吸波剂是吸波材料研究的重点，它将从根本上决定吸波材料的好坏。但是要想提高吸波体的吸波效能，光从提高吸波剂性能是有限的，所以必须考虑吸波剂在吸波体中的应用方式，如吸波剂在基体中分布状态、吸波剂的改性处理以及基体结构设计等。这都会极大地影响吸波体整体的吸收效果。所以就目前吸波剂研究的趋势以及对吸波剂的实际要求来看，今后吸波的研究方向主要考虑从以下几个方面来发展。

① 对于现有的炭黑、铁氧体等传统的吸波剂，应该继续优化吸收剂的粒度、形貌和组成，通过表面处理或空心化处理等多种手段使其性能进一步提高。

吸收剂粒度、形貌以及组成将直接影响其复合体的等效电磁参数，从而影响复合体的复介电常数、复磁导率以及损耗角正切，进而影响吸波体的吸收效能。通过表面处理也可以调节吸收剂的电磁常数，对于导电性吸收剂，表面处理可以改善在基体中的分散状态，影响在基体中的导电网络，因此可以改变复合材料的电阻率，改善复合材料的吸收效能。

② 吸收剂的复合化。将不同性能的吸收剂通过复合，充分发挥各自的优点，拓宽对电磁波的吸收频段。

③ 对于纳米、手性、导电高聚物等新型吸波剂，需要进一步加强其基础研究，明确吸波机理，探索提高吸收效能的有效途径。

④ 要充分理解电磁波全面进入吸波材料中对提高吸波效能的道理。将吸波基体中吸波剂孤岛化、区域化，使得电磁波能够充分进入吸波体中并得到衰减。对于电导损耗为主的吸波材料，要想使电磁波能够充分进入吸波材料中，对微波有较大的衰减量，必须将某一小区域的吸收剂用绝缘材料使其孤立，以降低整体材料的电导率。

⑤ 改进吸波体的结构，使基体中吸收剂能够充分发挥作用。优化吸收体结构使入射的电磁波在吸波体内多次反射，使其吸收剂对电磁波进行多次吸收，充分发挥吸收剂的吸收性能。

所以鉴于目前吸收剂的研究现状，单从提高吸收剂性能方面的研究，有很多不易解决的难题，如密度、环境适应性以及厚度等。新型吸波剂如耐高温纤维、超细粉、高分子复合体等如有所突破，吸波材料性能将有很大改善。对于铁氧体等吸收剂继续向提高磁导率、降低比重方向发展。只适应一两个相应频率的吸收材料将很难对今后的探测系统具有实战意义，因此一方面要加强多频谱吸收剂研制，另一方面应该在提高吸收剂性能和改善吸收体结构相结合的手段上下工夫。此外，随着毫米波雷达和超视距雷达的逐步完善，相应的吸波剂和吸波体无疑是个明确的目标。

参考文献

[1] 邢丽英. 隐身材料. 北京：化学工业出版社，2004.

[2] 吴明忠. 雷达吸波材料的现状和发展趋势. 磁性材料及器件，1997，28 (2)：26-30.

[3] 施景芳. 雷达波吸收剂及其性能评估. 宇航材料工艺，1993，(5)：1-4.

[4] 吴明忠，赵振声，何华辉. 多晶铁纤维吸收剂微波复磁导率和复介电常数的理论计算. 功能材料，1999，30 (1)：91-94.

[5] 倪尔瑚. 对传输-反射法测量材料电磁参数的分析. 浙江大学学报（自然科学版），1991，25 (5)：523-531.

[6] Nicolson A M, et al. Measurement of intrinsic properties of materials by time-domain techniques. IEEE Trans. IM，1970 IM-19 (4)：377-382.

[7] Weir W B. Automatic measurement of complex dielectric constant and permeability at microwave frequencies. Proc IEEE，1974，62 (1)：36-38.

[8] Ligthart L P. A fast computational technique for accurate permittivity determination using transmission line methods. IEEE Trans，MTT，1983，MTT-31 (3)：249-254.

[9] Henaux J C. Dimensional correction of high dielectric and magnetic constants determined by sparameters measurements. Electron Lett，1990，26 (15)：1151-1153.

[10] 曹江. 介质材料电磁参数测量综述. 宇航测试技术，1994，13 (3)：30-34.

[11] 王相元，盛玉宝，邱志强，等. 吸波材料电参量与吸波剂百分体积关系. 南京大学学报，1992，28 (4)：551-555.

[12] 郭方方，徐政. 新型纳米微波吸收剂研究动态. 现代技术陶瓷，2004 (3)：23-26.

[13] 神原直孝. フエライト电磁波吸收体. 电子材料（日文），1982，(9)：25.

[14] 葛副鼎，朱静，陈利民. 吸收剂颗粒形状对吸波材料性能的影响. 宇航材料工艺，1996，(5)：42-49.

[15] 阎鑫，胡小玲，岳红，等，雷达吸收剂材料的研究进展. 材料导报，2001，15 (1)：62-64.

[16] 吴晓光，车晔秋编译. 国外微波吸波材料. 长沙：国防科技大学出版社，1992.

[17] 周祚万，卢昌颖. 复合型导电高分子材料导电性能影响因素研究概况. 高分子材料科学与工程，1998，14 (2)：4.

[18] 琼斯J. 隐身技术——黑色魔力的艺术. 洪旗，等译. 北京：航空工业出版社，1991.

[19] 邵蔚. 含不同吸波剂的树脂类复合材料的制备及吸波性能研究. 天津大学学位论文，2003.

[20] 张兴华，何显运，梁健军，等. 炭黑-无机材料填充物复合材料的微波吸收特性. 材料导报，2002，16 (7)：76-77.

[21] 周克省，黄可龙，等. 吸波材料的物理机制及其设计. 中南工业大学学报，2001，32 (6)：617-621.

[22] 段玉平，刘顺华，管洪涛，等. ABS复合平板材料屏蔽及吸波效能的分析. 塑料工业，2004，32 (12)：54-57.

[23] Motojima S, Hoshiya S, Hishikawa Y. Electromagnetic wave absorption properties of carbon microcoils/PMMA composite beads in W bands. Carbon，2003，41：2653-2689.

[24] Dishovsky N, Grigorova M. On the correlation between electromagnetic waves absorption and electrical conductivity of carbon black filled polyethylenes. Materials Research Bulletin 2000, 35: 403-409.

[25] 徐国亮, 朱正和, 蒋刚, 等. 不同厚度的双层碳团簇型微波隐身材料性能研究. 功能材料, 2004, 增刊 (35): 841-843.

[26] 赵东林, 沈曾民. 吸波 C_f 和 SiC_f 的制备及其微波电磁特性. 宇航材料工艺, 2001, (1): 4-9.

[27] 曹辉. 结构吸波材料及其应用前景. 宇航材料工艺, 1993, 23 (4): 34-37.

[28] 李萍, 陈绍杰, 朱珊, 等. 隐身复合材料的研究和发展. 飞机设计, 1994, (1): 29-34.

[29] 张常泉. 国外结构吸波材料在巡航导弹上的应用. 宇航材料工艺, 1987, (3): 6-9.

[30] 张德文. 飞机隐身技术的新进展. 飞机工程, 1996, (2): 28-32.

[31] 华宝家, 肖高智, 杨建生. 碳纤维在结构隐身材料中的应用. 宇航材料工艺, 1994, 24 (3): 31-34.

[32] 赵稼祥. 碳纤维及其复合材料的新进展. 新型碳材料, 1991, 6 (3-4): 21-25.

[33] 郑敏, 赵玉洁, 等. 微波吸收材料的理论、设计和测试. 电子材料, 1994, (11): 4.

[34] Mouchon E, Colomban P H, J Mater Sci, 1996, 31 (2): 323.

[35] 赵东林, 周万城. 纳米雷达波吸收剂的研究和发展. 材料工程, 1998, (5): 3-5.

[36] 郭伟凯, 李家俊, 赵乃勤, 等. 纤维类雷达波吸收剂的研究进展. 宇航材料工艺, 2003, (6): 12-16.

[37] 宣兆龙, 易建政, 于鑫. 雷达波吸收剂的研究现状及发展趋势. 材料科学与工程, 1999, 17 (2): 94-97.

[38] Yajima S, et al J Am Ceram Soc, 1976, 59 (7-8): 324.

[39] 王军, 宋永才, 冯春祥. 具有微波吸收功能的掺混型碳化硅纤维的研制. 功能材料, 1997, 28 (6): 619-622.

[40] 朱以华, 朱宏杰, 韩今侬, 等. Si_3N_4 超微粒的 RF-CVD 合成及其介电性质. 硅酸盐学报, 1996, 24 (3): 278-283.

[41] T. Wang, L. D. Zhang et al. Appl. Phys. Lett. , 1993, 62: 421.

[42] 赵东林, 周万城. 纳米雷达波吸收剂的研究和发展. 材料工程, 1998, (5): 3-5.

[43] Masaki Suzuki et al, J Am Soc, 1995, 78 (1): 83.

[44] 李茂琼, 胡永茂, 方静华, 等. 纳米相电磁波吸收剂的研究现状与趋势. 材料导报, 2002, 16 (9): 15-17.

[45] 罗发, 周万城, 焦桓, 等, 高温吸波材料研究现状. 宇航材料工艺, 2002, 32 (1): 10.

[46] 李荫远, 李国栋. 铁氧体物理学. 北京: 科学出版社, 1979.

[47] 周志刚. 铁氧体磁性材料. 北京: 国防工业出版社, 1979.

[48] 李斌太, 陈大明, 陈钦生. 铁氧体微波吸收材料的研究进展. 硅酸盐通报, 2004, (5): 66-69.

[49] 鲍元恺, 金秀中, 赵振声, 等. 复合铁氧体吸收剂的吸收机理分析. 宇航材料工艺, 1989, (4-5): 6-10.

[50] 胡国光, 姚学标, 尹平, 等. $Zn_{2-x}Co_x$-W 型铁氧体微波吸收剂的制备和特性研究. 磁性材料及器件, 1998, 29 (3): 8-11.

[51] 张永祥, 丁荣林, 李韬, 等. 六角型铁氧体吸波材料的研究. 硅酸盐学报, 1998, 26 (3): 275-280.

[52] 邓龙江, 谢建良, 梁迪飞, 等. 磁性材料在 RAM 中的应用及其进展. 功能材料, 1990, 30 (2): 118-121。

[53] 过璧君, 冯则坤, 邓龙江. 磁性薄膜与磁性粉体. 成都: 电子科技大学出版社, 1994.

[54] 过璧君, 邓龙江. X 波段六角晶系铁氧体吸收剂. 电子科技大学学报, 1992, 21 (2): 158-161.

[55] 李斌太, 杜林虎, 周洋, 等, 铁氧体吸收剂粉体的煅烧工艺研究. 航空材料学报, 2000, 20 (3): 149-153。

［56］ 刘列，张明雪，胡连成，等. 吸波涂层材料技术的现状和发展. 宇航材料工艺，1994，（1）：1-9.

［57］ 赵振声，张秀成，冯则坤，等. 六角晶体铁氧体吸收剂磁损耗机理研究. 功能材料，1995，26（5）：401-404.

［58］ Viau G, Fiévet F, Toneguzzo P, et al. Size dependence of microwave permeability of spherical ferromagnetic particles. J Appl Phys, 1997, 81 (6)：2749-2754.

［59］ Matsumoto M, Miyata Y, Thin electromagnetic wave absorber for quasi-microwave band containing aligned thin magnetic metal particles. IEEE Trans Magn, 1997, 33 (6)：4459-4464.

［60］ Kim S S, Jo S B, Gueon K I, et al. Complex permeability and permittivity and microwave absorption of ferrite-tubber composite in X-band frequencies. IEEE Trans Magn, 1991, 27 (6)：5462-5464.

［61］ Kim S S, Han D H. , Chao S B. Microwave absorbing properties of sintered Ni-Zn ferritr. IEEE Trans Magn, 1994, 30 (6)：4554-4556.

［62］ Cho S B, Kang D H, Oh J H. Relation between magnetic properties and microwave-absorbing characteristics of NiZnCo ferrite composites. J Mater Sci, 1996, 31：4719-4722.

［63］ Dishovski N, Petkov A, Nedkov Iv et al. , Hexaferrite contribution to microwave absorbers characteristics. IEEE Trans Magn, 1994, 30 (2)：969-970.

［64］ Nedkov I, Petkov A, Karpov V. Microwave absorption on Sc-and Co-Ti-substituted Ba-haxaferrite powders. IEEE Trans Magn, 1990, 26 (5)：1483-1484.

［65］ Musal H M, Hahn H T. Thin-layer electromagnetic absorber design. IEEE Trans Magn, 1989, 25 (5)：3851-3853.

［66］ Shin J Y, Oh J H. The Microwave absorbing phenomena of ferrite microwave absorbers. IEEE Trans Magn, 1993, 29 (6)：3437-3439.

［67］ Snoek J L. New Development in ferromagnetic Materials, Amsterdam. The Netherlands：Elservier, 1947.

［68］ Gorter E W. Saturation magnetization and crystal chemistry of ferrimanetic oxides. Philips Res Rep, 1954, 9：295-365.

［69］ Lax B, Button K J. Microwave ferrites and Ferrimagnetics. New York：McGraw-Hill, 1962.

［70］ Von Aulock W H. Handbook of Microwave Materials. New York：Academic, 1965.

［71］ Dionne G F. A review of ferrites for microwave applications. Proc IEEE, 1975, 63：777-789.

［72］ Patton C E. "Microwave resonance and relaxation" in Magnetic Oxides. New York：Wiley, 1975, Ch. 10.

［73］ Nicolas J, "Microwave ferrites" in Ferromagnetic Materials. E P. Wohlfarth, ed. New York：North Holland, 1980, vol. 2, ch. 4.

［74］ Winkler G. Magnetic Garnets. Germany：Friedlander & Sohn, 1981, ch. 3, 8.

［75］ Schloemann E. Microwave ferrite materials. Wiley Encyclopedia of Electrical and Electronics Engineering, 2000, 13：90-109.

［76］ Adam J Douglas, Davis Lionel E, Dionne Gerald F, et al. Ferrite device and materials. IEEE Trans on Microwave Theory and Technology, 2002, 50 (3)：721-737.

［77］ Van Uitert L G, "High resistivity nickel ferrites-The effect of minor additions of manganese or cobalt. J Chem Phys, 1956, 24：306-310.

［78］ Bertaut F, Pauthenet R. Crystalline structure and magnetic properties of ferrites having the genernal formula $5Fe_2O_3\text{-}3M_2O_3$. Proc Inst Elect Eng, 1957, B104：261-264.

［79］ Geller S, Gilleo M A. Structure and ferrimagnetism of yttrium and rare-earth-iron garnets. Acta Cryst, 1957, 10：239.

［80］ Suhl H. The theory of ferromagnetic resonance at high signal powers. J Phys Chem Solids, 1957, 1：209-227.

[81] Schloemann E, Green J J, Milano U. Recent developments in ferromagnetic resonance at high powers. J Appl Phys, 1960, 31: 386S-395S.

[82] Schloemann E, Ferromagnetic resonance in polycrystals. J Phys Rad, 1959, 20: 327-332.

[83] Patton C E, Effective linewidth due to porosity and anisotropy in polycrystalline yttrium iron garnet and Ca-V substituted yttrium iron garnet at 10 GHz. Phys Rev, 1969, 179: 352-358.

[84] Vrehen Q H F. Absorption and dispersion in porous and anisotropic polycrystalline ferrites at microwave frequencies. J Appl Phys, 1969, 40: 1849-1860.

[85] Spencer E G, LeCraw R C, Spin-lattice relaxation in yttrium iron garnet. Phys Rev Lett, 1960, 4: 130-131.

[86] Rado G T. Theory of the microwave permeability tensor and Faraday effect in nonsaturated ferromagnetic materials. Phys Rev, 1953, 89: 529.

[87] Green J J, Sandy F. Microwave characteristics of partially magnetized ferrites. IEEE Trans Microwave Theory Tech, 1974, MT-22: 641-645.

[88] Schloemann E F. Microwave behavior of partially magnetised ferrites. J Appl Phys, 1970, 41: 204-214.

[89] Hines M E, Reciprocal and nonreciprocal modes of propagation in ferrite stripline and microstrip devices. IEEE Trans Microwave Theory Tech, 1971, MT-19: 442-451.

[90] 黄小忠, 冯春祥, 李效东, 等. 一种新型的 Ba-M 型铁氧体磁性涂层吸波碳纤维研制. 新型碳材料, 1999, 14 (4): 72-74.

[91] 方以坤, 汪忠柱, 方庆清, 等. 纳米级六角晶系 M 型铁氧体微波吸收性的研究. 功能材料, 2001, 32 (4): 370-371.

[92] Sankaranarayanan V K, Pankhurst Q A, Dickson D P E. J Magn Magn Mater, 1993, 120: 73-75.

[93] Chien Y T, Ko Y C. J Mater Sci, 1990, 25: 1711-1714.

[94] Jacobo S E, Domingo-pascual C, Rodriguez-clemente R. J Mater Sci, 1997, 32: 1025-1028.

[95] Gupta S C, Agrawal N K. J the Institution of Electronics and Telecomunication Engineers, 1993, (3): 197-201.

[96] Sürig C, Hempel K A, Bonnenberg D. IEEE Trans Magn, 1994, 30: 4092-4094.

[97] Shi P, Yoon S D, Zuo X, et al. J Appl Phys, 2000, 87: 4981-4983.

[98] Marshall S P, Sokoloff J B. J Appl Phys, 1990, 67: 2017-2023.

[99] Wei F L, Fang H C, Ong C K, et al. J Appl Phys, 2000, 87: 8636-8639.

[100] Wartewig P, Krause M K, Esquinazi P, et al. J Magn Magn Mater, 1999, 192: 83-89.

[101] Singh Praveen, Babbar V K, Razdan Archana, et al. Microwave absorption studies of Ca-NiTi hexaferrite composites in X-band. Mater Sci & Egn. B78, pp. 70-74 (2000)

[102] Yadong L, Renmao L, Zude Z, et al. Mater Chem Phys, 2000, 64: 256-259.

[103] Darokar S S, Rewatkar K G, Kulkarni D K. Mater Chem Phys, 1998, 56: 84-86.

[104] Pullar R C, Appleton S G, Bhattacharya A K, et al. Magn Mater, 1998, 186: 326-332.

[105] Smit J, Wijin H P J. Ferrites, Philips Technical Library, 1959, pp. 177-215. (Wiley, New York).

[106] Inui T, Konishi K, Oda K I. Fabrication of broad-band RF-absorber composed of planar hexagonal ferrites. IEEE Trans Magn, 1999, 35 (5): 3148-3150.

[107] Autissier D, Podembski A, Jacquiod C. J Phys IV 7, C1-409 (1997).

[108] Mstsumoto M, Miyata Y. A gigahertz-range electromagnetic wave absorber with wide bandwidth made of hexagonal ferrite. J Appl Phys, 1996, 79 (8): 5486-5488.

[109] Zhang H, Zhou J, Yeu Z, et al. Mater Lett, 2000, 43: 62.

[110] Wang X, Ren T, Li L, et al. J Magn Magn Mater, 2001, 234: 255.

[111] Zhang H, Li L, Zhou J, et al. J Eur Ceram Soc, 2001, 21: 149.

[112] Chen I G, Hsu S H, Chang Y H. J Appl Phys, 2000, 87: 6247.

[113] Hsiang H. -I, Duh H. -H, J Mater Sci, 2001, 36: 2081.

[114] Kwon H J, Shin J Y, Oh J H. The microwave absorbing and resonance phenomena of Y-type hexagonal ferrite microwave absorbers. J Appl Phys 1994, 75 (10): 6109-6111.

[115] Leccabue F, Panizzieri R, Salviati G, et al. J Appl Phys, 1986, 59: 2114.

[116] Paoluzi A, Licci F, Moze O, et al. J Appl Phys, 1988, 63: 5074.

[117] Graetsh H, Haberey H, Leckebusch R, et al. IEEE Trans Magn, 1984, 20: 495.

[118] Li Z W, Chen Linfeng, Ong C K. High-frenquency magnetic properties of W-type barium-ferrite $BaZn_{2-x}Co_xFe_{16}O_{27}$ composites. J Appl Phys, 2003, 94 (9): 5918-5924.

[119] Vincent H, Brando E, Sugg B. Cationic distribution in relation to the magnetic properties of new M-hexaferrites with planar magnetic anisotropy $BaFe_{12-2x}Ir_xMe_xO_{19}$. J of Solid State Chem, 1995, 120: 17-22.

[120] Brando E, Vincent H, Rodriguez-Carjaval J. Synthesis, X-ray, neutron and magnetic studies of new in-plane anisotropy M-hexaferrites $BaFe_{12-2x}A_xMe_xO_{19}$ (A = Ru, Me = Co, Zn). J de Phys IV, 1997, 7: 303-306.

[121] Sugimoto S, Okayama K, Kondo S, et al. Barium M-type ferrite as an electromagnetic microwave absorber in the GHz range. Mater Trans, JIM, 1998, 39 (10): 1080-1083.

[122] Okayama K, et al. J Magn Soc Jpn, 1998, 22: 297-300. (in Japanese).

[123] Sugimoyo S, et al, J Magn Soc Jpn, 1999, 23: 611-613. (in Japanese).

[124] Naito Y, Suetake K. Application of ferrites to electromagnetic wave absorber and its characteristics. IEEE Trans on Microwave Theory and Technology, 1971, MTT-19 (1): 65-72.

[125] Gruberger W, Spreingman B, Brusberg M, et al. J Mag Mat, 1991, 101: 173.

[126] Kim S S, Jo S B, Choi K K, et al. IEEE Trans Magn, 1993, 29: 3437.

[127] Neelakanta P S, Park J C. IEEE Trans Micro Theo. Tech, 1995, 43 (6): 1381.

[128] Kreisel J, Vincent H, Tasset F, et al. J Magn Magn Mater, 2001, 224: 17.

[129] Li Z W, Chen Linfeng, Ong C K. Studies of static and high-frequency magnetic properties for M-type ferrite $BaFe_{12-2x}Co_xZr_xO_{19}$. J Appl Phys 2002, 92 (7): 3902-3907.

[130] Cho Han-Shin, Kim Sung-Soo. M-hexaferrites with planar magnetic anisotropy and their application to high-frequency microwave absorbers. IEEE Trans on Magn, 1999, 35 (5): 3151-3153.

[131] Zhang Haijun, Liu Zhichao, Ma Chengliang, et al. Complex permittivity permeability, and microwave absorption of Zn- and Ti-substituted barium ferrite by citrate sol-gel process. Mater Sci & Engn B96, 2002: 289-295.

[132] Hahn H T. The substitution of cobalt for nickel in stoichiometric nickel-zinc ferrite. J Appl Phys, 1991, 69 (8): 6192-6194.

[133] Hahn H T. J Appl Phys, 1991, 69: 6195-6197.

[134] Kim S S, Han D H, Cho S B. Microwave absorbing properties of sintered Ni-Zn ferrite. IEEE Trans Mag, 1994, 30 (6): 4554-4556.

[135] Schweizerhof S. Z Angew Phys, 1962, 14: 254.

[136] Voigt F. Phys Status Solidi, 1962, 2: 1403.

[137] Heck C, Vaccari G. Z Angew Phys, 1964, 17: 92.

[138] De Lau J G M, Stuijts A L. Philips Res Rep, 1996, 21: 104.

[139] 邓建国, 王建华, 贺传兰. 纳米微波吸收剂研究现状与进展. 宇航材料工艺, 2002, (5): 5-9.

[140] 曾祥云, 马铁军, 李家俊. 吸波材料 (RAM) 用损耗介质及 RAM 技术发展趋势. 材料导报, 1997, 11 (3): 57-61.

[141] 陈利明, 等. 纳米 γ-(Fe, Ni) 合金颗粒的微观结构及其微波吸收特性. 兵器材料科学与工程,

1999, (4): 2.

[142] 陆怀光，等. 复合磁性吸收剂研究. 功能材料，1995，增刊：266.

[143] 焦桓，等. 雷达吸收剂研究进展. 材料导报，2000，14 (3)：11.

[144] Grimes D M, Harrington R D, Rasmussen A L. Phys Chem Solids 12, 1959.

[145] For a review, see Landauer R. , AIP Conf. Proc. No. 40, 1978.

[146] Bergman D, Mater Res Soc Symp Proc, 1990, 195.

[147] Poeschel T, Buchholtz V. Physical phenomena in granular materials. Mater Res Soc Symp Proc, 1990, 195: 165.

[148] Koesnicov A N, et al. Mater Res Soc Symp. Proc, 1991, 214: 113.

[149] Grimes C A, Grims D M. Permeability and permittivity spectra of granular materials. Phys Rev, 1991, B43 (13): 10780-10788.

[150] Ponomarenko V I, Berzhanskiy V N, Zhuravlev S I, Radiotekh Electron, 1990, 10: 2208.

[151] Musal H M, Jr, Hahn H T, et al. Validation of mixture equations for dielectric-magnetic composites. J Appl Phys, 1988, 63 (8): 3768-3770.

[152] Landau L D, Lifshitz E M. Electrodynamics of Continuous Medis New York: Pergamon, 1960.

[153] Doyle W T. Phys Rev 1939, B39: 9852.

[154] Sunak H R D, Bastien S P. IEEE Photon Tech Lett, 1989, 1: 142.

[155] Stroud D, Pan F D. Phy Rev 1978, B17: 1602.

[156] Shen P, Phys Rev Lett, 1980, 45: 60.

[157] Lewin L, Trans IRE 94, Part III, 1946: 65.

[158] Miles P A, Westphal W B, Von Hippel A. Rev Mod Phys, 1957, 29: 279.

[159] Rado G T, Wright R W, Emerson W H. Phys Rev, 1950, 80: 273.

[160] Brockman F G, Dowling P H, Stenech W G. Phys Rev. 1950, 77: 85.

[161] Grimes D M. Phys Chem Solids 3, 1957: 141.

[162] Maxwell-Garnett J C. Philos Trans R Soc London P. 385, 1904.

[163] Bruggeman D A G. , Ann Phys (Leipzig), 1935, 24: 636.

[164] Berthault A, Rousselle D, Zerah G. Magnetic properties of permalloy microparticles. J Magn Mag Mater, 1992, 112: 477-480.

[165] Mahan G D. Phys Rev B, 1988, 38: 9500.

[166] Olmedo L, Chateau G, Deleuze C, et al. Microwave characterization and modelization of magnetic granular materials: J Appl Phys, 1993, 73 (10): 6992-6994.

[167] Wu L Z, Ding J, Jiang H B, et al. Particle size influence to the microwave properties of iron based magnetic particulate compsites. J Magn Mag Mater, 2005, 285: 233-239.

[168] Fiévet F, Lagier J P, Figlarz M. Mater Res Soc Bull, 1989, 14: 29.

[169] Viau G, Ravel F, Acher O, et al. Preparation and microwave characterization of spherical and monodisperse $Co_{20}Ni_{80}$ particles. J Appl Phys, 1994, 76 (10): 6570-6572.

[170] Févet F, Lagier J P, Blin B, et al. Solid State Ion, 1989, 32-33, 198.

[171] Bruggeman D A G. Ann Phys (Leipzig), 1935, 24: 636.

[172] Kittel C. Phys Rev, 1948, 73: 155.

[173] *Landolt-Börnstein II band*, *9 teil*, Magnetic properties I (Springer, Berlin, 1962), pp. 1-119.

[174] Mingzhong Wu, Zhang Y D, Hui S, et al. Microwave magnetic properties of Co_{50}-$(SiO_2)_{50}$ nanoparticles. Appl Phys Letters, 2002, 80: 4404-4406.

[175] Zhang Y D, Wang S H, Xiao D T, et al. Nanocomposite $Co-SiO_2$ soft magnetic materials. IEEE Trans Magn, 2001, 37: 2275.

[176] Gu B X, Wang H. Structure and magnetic properties of sputtered FCC Co(111) films grown on a

glass substrate. J Magn Mag Mater, 1998, 187: 47-50.

[177] Kiakami O, Sato H, Shimada Y. Size effect on the crystal phase of cobalt fine particles. Phys Rev B, 1997, 56: 13849-13854.

[178] Viau G, Ravel F, Acher O, et al. Preparation and microwave characterization of spherical and mono-disperse Co-Ni particles. J Magn Mag Mater, 1995, 140: 377-378.

[179] 王炳根. 影响羰基铁粉电磁性能的几个因素. 粉末冶金技术, 1996, 14 (2): 145-149.

[180] 刘述章, 邱才明, 林为干. 羰基铁类随机混合吸波材料等效电磁参数的计算. 电子学报, 1994, 22 (9): 104-107.

[181] 王相元, 盛玉宝, 钱鉴. 羰基铁复合材料的复介电常数和复磁导率与体积浓度的关系. 宇航材料工艺, 1987, (4-5): 47-50.

[182] 魏美玲, 马峻峰, 陈文, 等. 羰基铁粉体表面化学镀镍改性的研究. 硅酸盐通报, 2003, (5): 17-20.

[183] 盛玉宝, 王相元, 钱鉴, 等. 羰基铁粉介电常数的调整和控制. 宇航材料工艺, 1989, (4-5): 50-52.

[184] 罗发, 周万城, 焦桓, 等. 高温吸波材料研究现状. 宇航材料工艺, 2002, (1): 8-11.

[185] Suzuki M, Hasegawa Y, Aizawa M. Characterization of silicon carbide-silicon nitride composite ultrafine particles synthesized using a CO_2 laser by silicon 2p magic spinning NMR and ESR. J Am Ceram Soc, 1995, 78 (1): 83.

[186] 焦桓, 罗发, 周万城. Si-C-N 纳米粉体的吸波特性研究. 无机材料学报, 2002, 17 (3): 295-299.

[187] 赵东林, 周万城, 万伟. 纳米 Si-C-N 复相粉体的微波介电特性. 物理学报, 2001, 50 (12): 2471-2476.

[188] Komath G S. Mater Res Bull, 1969, 4: 57.

[189] Suzuki M, Maniette Y, Nakata Y, et al. J Am Ceram Soc, 1993, 76: 1195.

[190] Suzuki M, Hasegawa Y, Aizawa M, J Am Ceram Soc, 1995, 78: 83.

[191] Seo W S, Pai C H, Koumoto K, et al. Microstructure Development and Stacking Fault Annihilation in-SiC Powder Compact. Seramikkusu Ronbunshi, 1991, 99: 443.

[192] Zhao D L, Zhao H S, Zhou W C. Physica, 2001, E9: 679.

[193] 赵东林, 周万城. 纳米 Si-C-N 复相粉体的制备及其在不同基体中的微波介电特性. 无机材料学报, 2001, 16 (5): 909-914.

[194] 赵东林, 周万城. 纳米 Si-C-N 复相粉体的微波吸收特性. 复合材料学报, 2002, 19 (4): 65-70.

[195] 赵东林, 沈曾民, 吸波 C_f 和 SiC_f 的制备及其微波电磁特性. 宇航材料工艺, 2001, (1): 4-9.

[196] 欧阳国恩. 碳化硅-碳功能纤维. 功能材料, 1994, 25 (4): 300-305.

[197] Muto N, Miyayama M, Yahagida H. Infrared diction by Si-Ti-C-O Fibers. J Am Ceram Soc, 1990, 73 (2): 443-445.

[198] Nariswa M, Itoi Y, Okamura K. Electrical resistivity of Si-Ti-C-O Fibers after rapid heat treatment. J Mater Sci, 1995, 30 (10): 3401-3406.

[199] Fareed A S, Fang P, Koczak M J, et al. Thermomechanical properties if SiC yam. Am Ceram Soc Bull, 1987, 66 (2): 353-358.

[200] Jha A, Moore M D. A study of the interface silicon carbide fiber and lithium aluminosilicate glass ceramic matrix. Glass Technology, 1992, 33 (1): 30-37.

[201] Chauveto O, Stoto T, Zuppiroli L. Hopping conduction in a nanometer-size crystalline system: A Sic fiber. Phys Rev B, 1992, 46 (13): 8139-8146.

[202] 冯春祥, 谭自烈. 碳化硅纤维研究近况和发展动向. 新型碳材料, 1991, 6 (3-4): 78-88.

[203] 程海峰, 陈朝辉, 李永清. 碳化硅纤维表面化学镀改性研究. 功能材料, 1998, 29 (增刊): 396-341.

[204] Mouchon E, Colomban Ph. Microwave absorbent: Preparation, mechanical properties and rf-micro-wave conductivity of SiC (and /or mullite) fiber reinforced Nasicon matrix composites. J Mater Sci, 1996, 31 (2): 323-332.

[205] 王军，宋永才，冯春祥. 掺混型碳化硅纤维的研制. 材料工程，1998，(5): 41-43.

[206] 王军，宋永才，冯春祥. 掺混型碳化硅微波吸收剂的研制. 宇航材料工艺，1997，27 (4): 61-64.

[207] 冯春祥，王亦菲，宋永才，等. 含钛碳化硅纤维的制备及其电性能研究. 功能材料，1998，29 (增刊): 217-218.

[208] 宋永才，陆逸，冯春祥. 含 Ti 的碳化硅 SiC 纤维先驱体的合成. 材料科学进展，19904 (5): 436-440.

[209] Song Y C，Hasegawa Y，Yang S J，et al. Ceramic fibers from polymer percursorcontaining Si-O-Ti bonds. J Mater Sci, 1988, 23 (5): 1911-1920.

[210] Stonier R A. Stealth aircraft & technology from word war Ⅱ to the gulf. SAMPE Journal, 1991, 27 (5): 9-18.

[211] 华宝家，肖高智，杨建生. 碳纤维在结构隐身材料中的应用. 宇航材料工艺，1994，24 (3): 31-34.

[212] 赵稼祥. 碳纤维及其复合材料的新进展. 新型碳材料，1991，6 (3-4): 21-25.

[213] 王秀春. 国外隐身材料的研究与发展. 隐身技术，1993，(4): 70-74.

[214] 甘学永. 含谐振子的电磁波功能材料的研究. 北京航空航天大学博士论文，1992.

[215] 欧阳国恩，刘兴慰，岳曼君. SiC-C 纤维有机先驱体流变可纺性研究. 复合材料学报，1995，12 (3): 46-52.

[216] 王秀春. 国外隐身材料的研究与发展. 隐身技术，1993，(4): 70-74.

[217] 曹辉. 结构吸波材料及其应用前景. 宇航材料工艺，1993，23 (4): 34-37.

[218] 李萍，陈绍杰，朱珊，等，隐身复合材料的研究和发展. 飞机设计，1994，(1): 29-34.

[219] 张常泉. 国外结构吸波材料在巡航导弹上的应用. 宇航材料工艺，1987，(3): 6-9.

[220] 袁艳，姚淑霞，安成强. 新型隐身材料吸收剂的研究进展. 表面技术，2004，33 (4): 4-6.

[221] 张立德，牟季美. 纳米材料和纳米结构. 北京：科学出版社，2001：83.

[222] 张仲太，等. 纳米材料及其技术的应用前景. 材料工程，2000，(3): 42.

[223] 黄得欢. 纳米技术与应用. 上海：中国纺织大学出版社，2001：28.

[224] Gong Wei, Li Hua. Ultrafine particles of Fe, Co and Ni ferromagnetic metals. J Appl Phys, 1991, 69 (8): 5119-5121.

[225] Hochepied J F., Pileni M P. Ferromagnetic resonance of nonstoichiometric zinc ferrite and cobalt-doped zinc ferrite nanoparticles. Journal of Magnetism and Magneticic Materials, 2001, (231): 45-52.

[226] Liu Jianjun, He Hongliang. Synthesis of nanosized nickel ferrites by shock waves and their magnetic properties. Materials Research Bulletin, 2001, (36): 2357-2363.

[227] 赵东林，周万城. Si-C-N 纳米吸收剂的制备及其介电性能. 隐身技术，1999，(3): 30-35.

[228] Meng G W，zhang L Y D. Synthesis of β-SiC nanowires with SiO$_2$ wrappers. Nanostructured Materials, 1999 (12): 1003-1006.

[229] 邵蔚，赵乃勤，师春生，等，吸波材料用吸收剂的研究及应用现状. 兵器材料科学与工程，2003，26 (4): 65-68.

[230] Jaggard D L, Mickelson A R, Papas C H. On electromagnetic wave in chiral media. Appl Phys, 1979, (18): 211-214.

[231] 葛副鼎，朱静，陈利民. 手性吸波材料——理论及设计. 目标特征信号控制技术，1995 (1): 24-36.

[232] Huang H, Wang F, Lv B, el al. Microwave Absorption of γ-Fe$_{2.6}$Ni$_{1.4}$N Nanoparticles Derived from Nitriding Counterpart Precursor. J Nanoscience and Nanotechnology, 2012, 12: 1-8.

[233] 孔德明，胡慧芳，冯建辉，等. 掺杂聚苯胺吸波材料的研究. 高分子科学与工程，2000, 16 (5)：169-171.

[234] 万梅香. 导电聚合物隐身材料的研究现状及发展机遇. 隐身技术，1999, (3)：7-10.

[235] Shirakawa H, Lious E J, MacDiamid A G, et al. J. Chem. Soc. Commun, 1977：578.

[236] 万梅香等，宇航材料，1989, (4-5)：28.

[237] Bobacka J, Ivaska A, Grzeszozuk M. Synth Met, 1991, 44：21.

[238] Martin Pomerantz, et al. Synth Met, 1991, 41-43：825.

[239] 高玲玲，等，材料导报，1995, (4)：54.

[240] Krishna Naishadham, Prasand K, Kadaba. IEEE Trans on Microwave Theory &. Techniques, 1991, 39 (7)：1158.

[241] 马金库，等，功能材料，1994, 25 (4)：306.

[242] 范丛斌，熊国宣. 导电席夫碱类吸波材料的研究进展. 化工新型材料，2005, 33 (2)：60-61.

[243] 李述文，范如霖. 实用有机化学手册. 上海：上海科学技术出版社，1981：12.

[244] 胡晓黎，范丽岩，闫兰. 应用化学，2002, 19 (8)：727-729.

[245] 唐婷. 无机化学报，2002, 17 (5)：745-750.

[246] Suganya S, Xavier F P, Nagaraja K S. Bulletin of Materials Science, 1998, 21 (5)：403-407.

[247] Wang Shu, et al. Synthetic Metals, 1998, 93 (3)：181-185.

[248] Courric S, Tran V H. Polymers for Advanced Technologies, 2000, 11 (6)：273-279.

[249] Bernd R M, Guido L. Chemical Phycsics Letters, 2000, 319 (3-4)：368-374.

[250] Béla P, Emadeddin T, Sándor S. The Journal of Physical Chemistry B Materials, Surfaces, Interfaces, & Biophysical, 1999, 103 (25)：5388-5395.

[251] 王少敏，高建平，于九皋，等. 视黄基希夫碱盐的合成及其吸波性能. 应用化学，1999, 16 (12)：42-45.

[252] Crowson A. Proceedings of conference on recent advance in adaptive and sensory materials and their applications. SAMPE Journal, 1992, (3)：811-821.

[253] Zhang Z D. Magnetic Nanocapsules. J Mater Sci Technol, 2007, (23)：1-14.

[254] Dong X L, Zhang Z D, Jin S R, et al. Characterization of ultrafine α-Fe (C), γ-Fe (C) and Fe3C particles synthesized by arc-discharge in methane. J Mater Sci, 1998, 33 (7)：1915-1919.

[255] Dong X L, Zhang Z D, Jin S R, et al. Surface characteristic of ultrafine Ni particles. Nanostr Mater, 1998, 10：585-592.

[256] Dong X L, Zhang Z D, Jin S R, et al. Characterization of ultrafine Fe-Co particles and Fe-Co (C) nanocapsules, Phys Rev B, 1999, 60：3017-3020.

[257] Dong X L, Zhang Z D, Jin S R, et al. Characterization of Fe-Ni (C) nanocapsules synthesized by arc-discharge in methane. J Mater Res, 1999, 14 (5)：1782-1790.

[258] Zhang X F, Dong X L, Huang H, et al. Growth mechanism and magnetic properties of SiO_2-coated Co nanocapsules. Acta Materialia, 2007, 55：3727-3733.

[259] Zhang X F, Dong X L, Huang H, et al. Microwave absorption properties of the carbon-coated nickel nanocapsules. Appl Phys Lett, 2006, 89：053115-3.

[260] Zhang X F, Dong X L, Huang H, et al. Microstructure and microwave absorption properties of carbon-coated iron nanocapsules. J Phys D：Appl Phys, 2007, 40：5383-5387.

[261] Zhang X F, Dong X L, Huang H, et al. Enhanced microwave absorption in Ni-polyaniline nanocomposites by dual dielectric relaxations. Appl Phys Lett, 2008, 92：013127-3.

[262] Lv B, Huang H, Dong X L, et al. Catalytic pyrogenation synthesis of C-Ni composite nanoparticles：controllable carbon structures and high permittivities. J Phys D：Appl Phys, 2010, 43：105403-6.

第7章 | 吸波体基础知识

7.1 吸波体的组成特征

就吸波剂的组成而言，它的基本构成要素只有两类材料——透波材料和吸波材料（统称为吸波剂）。除此之外，尚有一些辅助材料，如为了满足成型需要而加入的有机或无机黏结剂以及为了阻燃而添加的阻燃剂。不管辅助材料有多少，其组成特征仍为两种基本材料。因为辅料中的黏结剂，如环氧树脂、磷酸铝和水玻璃自身就是透波材料或半透波材料；而阻燃剂，如 Sb_2O_3 自身不仅具有透波性，同时也具有一定的吸收能力。由这两大要素构成的吸波剂的结构和形状是多种多样的，与之相适应的制造方法差异很大。在众多的文献综述里习惯于按其结构和形状将其划分为：薄膜吸波材料、平板吸波体、角锥或劈形吸波体、蜂窝状吸波体等；或是按照加工方法将其划分为：喷涂法（吸波涂料）、薄膜技术、熔混（包括机械混合）、浸渍法（纤维或织物吸波材料）。这些划分或分类虽然具有直观和简单明了的特点，但是对于吸波体的设计都没有什么实质性的帮助。

从设计角度看，吸波体的设计需要分类进行，不能期望一种设计方法能满足多种结构和形状各异的吸波体。本书是从电磁波在材料内部的传输途径或通道出发，即从电磁波在吸波体所构成的传输路径和通道出发，按照两大构成要素的组成与分布特征进行分类，每种类型对应一个物理模型，再根据不同的物理模型进行分类设计。这里强调的是由透波材料所构成的电磁波在材料内部的传输路径或通道，而把在吸波体中承担吸波任务的吸波剂放在第二位。这样处理的原因是考虑到在电磁波达不到的位置即使有再多的吸波剂也不能发挥吸收电磁波的功能。另外，本书力求从材料组成及分布的观点诠释阻抗匹配的含义。实际上，阻抗匹配的内涵强调的是电磁波在材料内部的传输能否畅通的问题。当电磁波入射到具有一定厚度的吸波体上时，只有电磁波能全部透入材料，才能最大限度地发挥吸波剂的吸收功能。

如果电磁波全部或部分透入材料内部传输至某一位置时产生反射，并离开前表面进入大气，出现部分反射时，在产生反射处属于匹配不当；如果入射电磁波不能透入材料内部，在表面或近表面层产生反射返回大气中，这种情形属于不匹配。可见，电磁波与材料相互作用时，能否产生反射以及反射的量的大小和程度是与阻抗匹配密切相关的，这一问题的实质是电磁波通道或路径是否畅通的问题。传输畅通的吸波体必然是由透波材料提供了透波通道和路径，传输受阻时，必然产生反射和散射。因此，从吸波体设计的角度看，电磁波通道和路径的畅通与否是吸波剂能否发挥吸收作用的前提条件。在进行吸波体的设计时，更加强调电磁波通道和路径的设计。

实际上，上述认识是基于吸波体的工程实践。对于已投入使用的多种吸波体的组成特征进行分析之后，依吸波体的组成及分布特征，将吸波体划分为四种类型，每种类型对应一种物理模型，设计应针对不同物理模型分类进行。

7.1.1 均匀分布

均匀分布是指吸波剂呈点状分布于吸波体中，透波材料形成连续基体，因此均匀分布亦称点分布。与均匀分布相适应的物理模型描述如下：所谓点状分布是指吸波剂微粒或短纤维在透波材料组成的基体中呈均匀弥散分布。其中，大多数粒子是孤立的，在宏观尺度大面积观察不到有明显团聚现象。如果切开吸波体检验，在任一截面上吸波剂和透波材料的分布具有相似性，基体具有连续性。这就是说此类吸波体中的吸波剂具有弥散分布的特点，在连续的基体上吸波剂呈均匀分布的特征。把没有明显团聚也归入其中是考虑到实际的分散技术不可能做到绝对均匀分散。均匀的粒状分布是这类吸波体的主要特征，吸波体的设计和理论研究应以此为出发点。均匀分布的示意图如图 7.1.1 所示。

(a) 吸波剂呈点状均匀分布截面图　　　(b) 短纤维状吸波剂均匀分布于吸波体中的截面图

图 7.1.1　吸波剂成均匀分布示意图

具有点状分布特征的吸波体有：吸波涂层、吸波腻子、单层板吸波体。

7.1.2 层状分布

层状分布是指相邻面或相邻层的组成及分布具有跳跃性变化的吸波体（图7.1.2）。这里所说的面不仅包含几何意义上的面，也包括工程层面上具有一定厚度的层。因此层状分布亦叫面状分布。与之相适应的物理模型描述如下。

此类吸波体是由多个面或多个薄层构成的。其中，至少可以找到两个相邻面或相邻层的组成及分布具有跳跃性的变化。该模型并不排斥含有组成及分布相同的面或层的存在。

适用于此类模型的吸波体有：多层膜吸波体，多层板吸波体，多层纤维和织物吸波体，具有插层的层状吸波体。

7.1.3 球形分布

此类分布是指吸波剂沿着球状透波材料表面分布，吸波剂在球的表面形成连

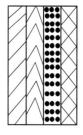

(a) 多层膜或多层板   (b) 多层纤维或多层织物

图 7.1.2 吸波剂成层状分布示意图

续的导电层或导磁层构成谐振腔（图 7.1.2）。其物理模型描述如下。

吸波体由众多的谐振球依照任意形状外壳堆积而成，球与球之间可以是空隙也可以是具有透波能力的黏结剂。这种由很多个谐振腔堆积起的吸波体构成了一个复杂的谐振群。球状分布示意图见 6.4 节。

与此类分布特征相联系的吸波体有：表面涂有吸波剂的空心玻璃球吸波体、表面涂有吸波剂的空心、高分子珠吸波体和表面涂有吸波剂具有闭孔结构的多孔陶瓷吸波体。

7.1.4 沿开放式多孔泡沫分布

由众多的开放式空心管式孔构成的复杂型腔，吸波剂沿型腔内壁分布。如同吸波暗室用的泡沫吸波体一样，其基体是透波材料构成的连续体。其物理模型描述如下。

在连续的透波材料基体上分布着任意走向的管状腔或是孔状腔，管或孔呈连续的开放状，吸波剂则沿着管或孔的内壁分布，其分布可以是连续的也可以是非连续的。

与此类型相联系的吸波体有：暗室用吸波体，包括锥体，平板和多层脚踏材料（也叫走道材料）。

上述四种分布特征是吸波剂在吸波体中的基本分布状况，依据这四种基本分布可衍生出复合型的分布，如第一种与第四种可派生出蜂窝状结构；第一种分布与第三种或第四种分布可组合成各类夹层结构等。划分上述四种基本类型是从现有吸波体中抽象出来的，贯穿其中的一条主线就是透波材料与吸波剂的合理搭配，即把吸波体视为一个电磁波的导行系统。首先将电磁波引入导行系统，在电磁波经过的路径上被吸波剂充分吸收。引入导行系统之后，吸波体的设计可计算截止频率（cut off wavefrequency）f_c 以及反映其吸收大小的品质因数 Q 值。不仅截止频率为吸波体的频宽给人以想象的空间，而且 Q 值的大小也为从能量观点研究吸收效能提供分析问题的依据。以往的吸波体设计仅从反映材料特征的参量 μ 和 ε 出发，未能给出类似截止频率和谐振频率反映吸波体频宽的特征参量，也未能给出与反映吸收效能有关的 Q 值，而是在假设达到一定频宽和吸收效能的情况下对材料必须具备的 μ 和 ε 值提出了要求，并且这种要求多数是苛刻的，甚至是现有材料无法达到的。

与均匀分布相对的是非均匀分布，非均匀分布在实际吸波体中更为常见。上面划分的层状分布，球状分布和多孔状分布都是非均匀分布中的典型分布。其他的非均匀分布可视为上述四种分布的组合，非均匀分布对吸波体的频宽有着特殊意义。

7.2 吸波体的结构类型

第二次世界大战期间，吸波材料在雷达方面的应用变得越来越重要，德国和美国从吸波体的设计、制作和测试到性能改进等方面开展了许多工作。当时德国主要关心的是吸波体在雷达掩护方面的应用，而美国则主要把目光集中在如何利用吸波体提高雷达的功能上。关于微波吸收材料和吸波暗室的进展最早可追溯到1953年，也正是在这一年吸波材料的研究开始走出实验室，进入商业领域，同时第一个微波暗室建成并开始应用于吸波性能测试。

吸波材料吸收电磁波的基本要求主要有两条：

① 入射电磁波最大限度地进入材料内部，而不是在其表面就被反射，即要求材料的表面阻抗匹配；

② 进入吸波材料内部的电磁波能迅速被吸波而衰减掉，即材料的衰减特性。

由前面的公式 $a+r+t=1$ 也可以看出，材料对入射电磁波的吸收和透射并不是互相独立，而是相互关联的，只有保持良好的透射使入射电磁波进入材料内部才能使其得到充分的吸收和损耗。实现第一个要求的方法是通过采用透波性较好的透波材料形成连续基体引导电磁波进入吸波体；而实现第二个要求的方法则是需要吸波剂具有高的电磁损耗，即要求 $\tan\delta_e$、$\tan\delta_m$ 尽可能大。然而这两个要求经常是相互矛盾的，同时从工程的实用角度来讲，还要求吸波材料具有厚度薄、重量轻、吸收频带宽、坚固耐用、易于施工等特点，这些力学性能的要求通常也是和电磁吸收性能的要求相互矛盾的，因此在吸波体的结构设计和研究方面必须对其厚度、材料参数和结构进行优化，特别是为了达到比较高的吸收效果，必须对吸波材料进行必要的结构设计。

吸波材料按照其成型工艺和承载能力，可以分为涂覆型吸波材料和结构型吸波材料两大类。涂覆型吸波材料，也称为吸波涂层，按照吸收剂的不同可以分为磁性吸波涂层和介电吸波涂层。磁性吸波涂层是以磁性材料为吸波剂，通过控制添加磁性材料的性质、填充比例、涂层的厚度等因素来提高涂层材料的磁导率，通过对添加剂和吸波剂进行设计来调整吸波结构的吸波性能，使其能在整个涂覆厚度内达到所需要的吸波效果。介电吸波涂层是将材料设计成表面阻抗接近于自由空间阻抗，介电常数沿吸波材料厚度方向增加，从而有助于入射电磁波的透过和吸收而减少表面反射。

吸波涂料的主要特点是对装备的改动比较小，特别适用于现有武器装备的隐身要求，并且吸波涂料施工简便，对目标的外形适应性强，对武器系统的机动火力性能影响小。吸波涂料一般由吸波剂和黏结剂组成，其中具有特定电磁参数的吸波剂是涂料的关键所在，直接决定了吸波涂料对入射电磁波的损耗能力，而黏结剂是涂料的成膜物质，可以使涂层牢固附着于被涂物体表面形成连续膜，这种黏结剂必须是良好的透波材料，才能使涂层的吸收效率最大化。

尽管吸波涂层近年来已经取得相当的进展，新的涂层材料也不断开发，但吸波涂层仍然存在不少问题，如频段窄、黏结性差，易脱落、密度大，以致影响飞机、导弹等的飞行性能等，因此结构型吸波材料与之相比仍然占有较大的优势。结构吸波材料具有承载和减小雷达散射截面（radar cross section，RCS）的双重功能，具备复合材料质轻高强的优点，因此从第二次世界大战时期就受到广泛关注和研究，并开始得到应用，现已成为当代隐身材料重要的发展方向，受到国内外研究者的高度重视。

下面将对涂覆型和结构型两种吸波材料进行分别介绍。

厚度比较薄的吸波涂层一般由磁性材料构成，常用的如铁氧体材料，羰基铁粉，Fe-Si-Al 粉等，同时这些磁性吸波涂层频段也相对比较宽。这种涂层由铁氧体和黏结剂构成，一般涂覆在被掩护物体的表面，为了拓宽吸波频段以及减小涂层的厚度，通常还加入其他的磁性材料，如铁电陶瓷材料。20 世纪 80 年代广泛使用的吸波涂层是各种铁氧体吸波材料，如用于厘米波段的锂-镉铁氧体，用于毫米波段的镍-锌铁氧体和用于加宽频段的锂-锌铁氧体。F-117A、B-2、YF-22 等隐形飞机都使用了铁氧体吸波涂层。

7.2.1 涂覆型吸波材料

按照吸收机理不同，涂覆型吸波涂层可以分为吸收型、干涉型和谐振型三大类。

（1）吸收型吸波涂层——Dallenbach 涂层

吸收型涂层的基本原理是利用介电材料在电磁场作用下产生传导电流或位移电流，受有限电导率作用，使进入涂层中的电磁能转换为热能损耗掉，或是借助磁性偶极子在电磁场作用下运动，受有限磁导率作用而把电磁能转换成热能损耗掉。这种涂层必须保证涂层的表面阻抗与空间波阻抗相匹配。

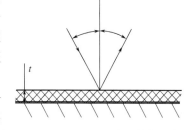

最早，也是最简单的吸波涂层应该是 Dallenbach 涂层，它是在金属反射板表面涂覆一层均匀损耗层构成的结构，如图 7.2.1 所示。由

图 7.2.1 Dallenbach 涂层结构示意图

于其厚度较薄，因而特别适合于涂覆在飞行目标的表面上，以有效地降低目标的雷达散射截面（RCS）。

但 Dallenbach 涂层是一种单层结构，其所用的损耗介质的阻抗与空间波阻抗相差较大，因而涂层表面具有较大反射，其吸收频段一般很窄，只能在某些固定频率使用，而在其他频段则吸收效果比较差，影响了 Dallenbach 涂层的吸波性能，也限制了其应用。

（2）干涉型吸波涂层——Salisbury 吸收屏

为了提高 Dallenbach 涂层的吸波效果，在金属板与损耗介质之间填充一层无损介质，介质的厚度设计为电磁波在该介质中波长的 1/4，使进入涂层经反射的电磁波和直接由涂层表面反射的电磁波相互干涉而抵消，这也就是 Salisbury 屏的结构，如图 7.2.2 所示。其典型的吸波效能如图 7.2.3 所示（厚度为 7.5mm）。

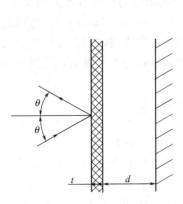

图 7.2.2　Salisbury 吸收屏的结构　　　　图 7.2.3　典型 Salisbury 屏的吸收曲线图

近年来对 Salisbury 吸收屏的研究非常多。在 Salisbury 吸收屏中间增加一层干涉层，对提高电磁波吸收起到了一定的作用，但其本质上仍然是一种谐振型结构，在中心频率处对电磁波的吸收比较好，而在偏离中心频率的其他频率处效果仍然不是很好，但与 Dallenbach 涂层相比已经大大拓宽了吸收频段。

在 Salisbury 吸收屏表面附加一层高介电常数的介电材料，通过调整该介质层的电磁参数并进行优化，可以提高 Salisbury 屏的吸收性能。其结构和吸收效能如图 7.2.4 和图 7.2.5 所示。

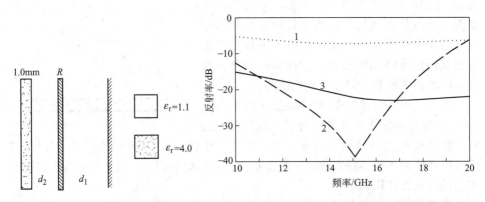

图 7.2.4　复合 Salisbury 吸收屏　　　　图 7.2.5　复合 Salisbury 吸收屏的吸收曲线

图 7.2.5 中曲线 1 为单层 Salisbury 吸收屏的吸收曲线，2 为复合层的吸收曲线，3 为复合并经参数优化后的吸收曲线。其中 Salisbury 屏的阻抗为 $R = 340\Omega$，$d_1 = d_2 = 4.8\text{mm}$，经复合并优化参数后 $R = 170\Omega$，$d_1 = 4.8\text{mm}$，$d_2 = $

1.6mm。可见复合后大大提高了整个吸收屏的吸收效能，经过参数优化后尽管峰值减小了，但频段得到拓宽，吸波达到－20dB 的频带宽度由 3GHz 增加到 9GHz。而且总厚度比优化前减小了。

如果将 Salisbury 吸收屏设计成对称 Sandwich 型结构，同样也可以提高其吸波效能，如图 7.2.6 和图 7.2.7 所示。图 7.2.7 中曲线 1 是 Salisbury 吸收屏的吸收曲线。其中 Salisbury 屏的阻抗为 $R=184\Omega$，总厚度为 6mm，电阻层介电常数 $\varepsilon_r=4.0$，厚度为 1mm，介质层介电常数为 $\varepsilon_r=1.1$。曲线 2 为对称结构的吸收曲线，阻抗 $R=258\Omega$，总厚度为 12mm，电阻层介电常数 $\varepsilon_r=4.0$，介质层介电常数为 $\varepsilon_r=1.1$。

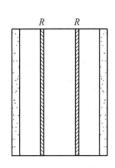 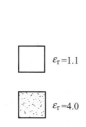

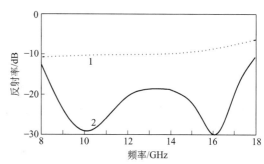

图 7.2.6　对称型 Salisbury 吸收屏　　　　图 7.2.7　对称型结构吸波曲线

（3）谐振型吸波涂层

谐振型吸波涂层包括多个吸波单元，调整各单元的电磁参数和尺寸大小，使其对入射电磁波产生谐振，从而对电磁波产生最大程度的衰减。如果把吸波单元分别设计在不同频率谐振，则可以设计成宽频段吸波涂层。谐振型吸波涂层的结构示意图如图 7.2.8 所示。

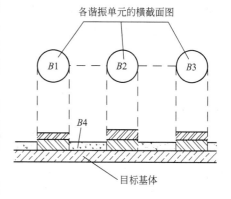

谐振型涂层结构由于其各单元的高低不平，使用很不方便，为了使涂层牢固和使用方便，可以将其高低不同的部分用低介电常数的树脂材料进行填充。

随着隐身技术的迅猛发展，对吸波涂层的综合性能要求也越来越高，一般

图 7.2.8　谐振型吸波涂层示意图

材料很难满足其要求，因此出现了许多新型吸波材料和不同吸收机理的吸波涂层。

（4）等离子吸波涂层

所谓等离子体是指当不带电的普通气体在受到外界高能作用后（如对气体施加高能粒子轰击、激光照射、气体放电、热致电离等方法），部分原子中电子吸收的能量超过原子电离能后脱离原子核的束缚而成为自由电子，同时原子因失去

电子而成为带正电的离子，这样原来的中性气体因电离将转变成由大量自由电子、正电离子和部分中性原子组成的与原来气体具有不同性质的新气体，且在整体上仍表现为近似中性的电离气体。这种气体就被称为物质的等离子态，或称为第四态。任何物质只要加热到足够高的温度，都可以电离而成为等离子体。

等离子吸波涂层是将放射性物质涂覆在目标上，使目标表面附近的局部空间电离，形成等离子体来吸收电磁波。等离子区的自由电子在入射电磁波的电场作用下，产生频率等于雷达波载波频率的强迫振荡，在振荡过程中，运动的电子与中性分子、原子及离子发生碰撞，增加了这些粒子的动能，从而使电磁场的能量转换成介质的热能。研究表明，当涂层厚度为 0.025mm（利用 ^{210}Po 作放射源）时，对于频率为 1.0GHz 的垂直入射电磁波，其雷达散射截面（RCS）可减少 10%～20%，若将其用于能产生多次反射的部位，则其效果可望成倍增加。

等离子体隐身技术开始于 20 世纪 60 年代，目前俄罗斯处于世界领先水平。俄罗斯在 20 世纪 80 年代初就重点对高空超音速飞行器采用等离子体隐身技术进行了实验研究，现在已经开发出了第二代等离子体隐身产品。其第一代等离子体隐身技术产品是厚度为 0.5～0.7mm，电压几千伏，电流零点几毫安的等离子体发生片，该发生片可贴在飞行器的强反射部位，以减弱电磁波。其第二代等离子体隐身技术产品为等离子体发生器，它除了具有第一代隐身系统的功能外，还可以向敌人发出假信号，扰乱敌人的雷达判断。这两代产品都已经进行了成功实验。目前俄罗斯正在研制第三代等离子体隐身系统，该系统可能利用飞行器周围的静电能量来减少飞行器的散射截面积。

等离子体隐身技术的研制和装备费用都比较低廉，这对于降低研制费用非常有利，可以应用于军事，特别是飞行器和导弹等的隐身方面。

（5）手征型吸波涂层

手征材料（Chiral）是近年来开发的新型吸波材料。手征是指一个物体与其镜像不存在集合对称并且与它的镜像之间不能通过任何操作使两者重合的现象。手征材料与一般吸波材料相比，具有两大优势：一是调整材料的手征参数比调整材料的电磁参数要容易，二是手征材料的频率敏感性比电磁参数要小，易于拓宽频带。美国专利 US 4948922 介绍了一种手征型吸波涂层，其基体由导电聚合物或其他低损耗介质组成，手征材料以螺旋状形态掺杂在基体中，该涂层可以在较宽的频段范围内对电磁波进行有效地反射和吸收。

在实际应用中主要有本征手征物体及结构手征物体两类，本征手征物体本身的几何形状如螺旋线等，使其成为手征物体，结构手征物体各向异性的不同部分与其他成分成一角度关系，从而产生手征行为。结构手征材料可由多层纤维增强材料构成，其中纤维可以是碳纤维、玻璃纤维、凯夫拉纤维等，可将每层的纤维方向看作该层的轴线，将各层纤维材料以角度渐变的方式叠合，构成结构手征复合材料。

国内在"九五"期间，青岛科技大学开展了手征吸波材料的研究工作。但由于手征吸波涂料的研究尚处于起步阶段，在实际应用中还有不少问题有待于解决。

（6）导电高分子吸波涂层

导电高分子吸波涂层是新开展的高分子材料科学领域。这类吸波涂层利用某些具有共轭 π 电子的高分子聚合物，与掺杂剂进行电荷转移作用，设计高聚物的导电结构，实现阻抗匹配和电磁损耗来达到对电磁波的吸收作用。经掺杂后的高分子链结构上存在自由基，偶极子的跃迁使高分子具有了导电性。目前国内外已经报道过以碘经电化学法和离子注入法掺杂的聚苯乙炔、聚乙炔和聚对苯基-苯并双噻吩导电高分子吸波材料，以及聚对亚苯、聚吡咯、聚噻吩、聚苯胺等高分子吸波材料。

美国信号产品公司（Signature Products Company）开发了一种可用于 5～200GHz 频率范围的雷达吸波涂料，其基体为具有良好喷涂功能的高分子聚合物，吸波剂为氰酸酯晶须和导电高聚物聚苯胺的复合物。这种涂层具有易维护、吸收频带宽、厚度薄等优点。美国 Hunstvills 公司已研制出一种导电高聚物透明型吸波涂料，特别适合对老式飞机的隐形改装。由于这种涂料是透明的，适用于座舱盖、导弹透明窗口以及夜视红外装置电磁窗口的隐身。但由于用于这种吸波涂料的导电高聚物的合成研究刚刚开始，其理论和实验研究还有待于进一步深入。

（7）视黄基席夫碱盐吸波涂层

视黄基席夫碱盐（Retinyl Schiff Base Salt）是美国卡耐基-梅隆大学研制出来的一种聚合物。这种高极性盐类材料结构中的双联离子位移具有吸波功能，可以将电磁能转换为热能损耗掉。某种特定类型的视黄基席夫碱盐可以吸收特定波长的电磁波，通过对这些盐进行搭配、组合，可以制备出一种能够吸收全频段雷达波的组合盐。这种吸波涂料的吸波性能优于铁氧体，而其密度仅为铁氧体材料的 1/10。

7.2.2　结构型吸波材料

（1）层板结构吸波体

这种吸波结构由多层具有不同电磁参数和不同厚度的平板构成，为了尽可能提高吸波材料的吸波性能，通常是由透波层、吸波层和反射层三个不同结构层次，多达十几层材料构成。层板型吸波体的吸波性能主要由损耗层的总导纳、介质层的电磁参数以及每层材料的厚度等因素来共同决定。

Jaumann 吸收体应该是比较早的层板结构吸波材料，其中 Salisbury 吸收屏则是 Jaumann 吸收体的最简单形式。

Jaumann 吸收体最早出现于第二次世界大战时期的德国，它是一种由多层电阻片和介电材料隔离层交替叠放构成的吸波结构，电阻片的电阻值由表面至底面金属板逐渐降低，整个吸波体的带宽与所采用的电阻片的个数有关，如图 7.2.9 所示。

层板状吸波材料结构相对比较简单，对这种材料的研究也比较多。同 Jau-

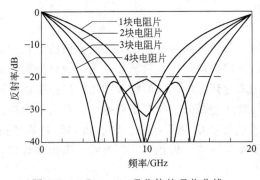

图 7.2.9　Jaumann 吸收体的吸收曲线

mann 吸收体结构类似的是多层电介质吸收体和电阻片型吸收体，通过沿吸收体的厚度方向改变有效阻抗以获得最小反射，实际中的渐变介质吸收体都是由特性逐层变化的离散介质层所组成。这种电阻渐变型结构吸波体根据其结构特点，主要可以应用在飞机进气道唇口、机翼前缘、飞机边缘处，它可以有效地减缩这些部位的 RCS，这些部位一般都是次承载力结构。

对这种结构的吸波体设计近年来也有不少研究。其中 Emerson 和 Cuming 公司研制了一种 10mm 厚的三层渐变介质吸收体，其反射率曲线如图 7.2.10 所示。图 7.2.11 是英国 Plessey 公司研制的一种渐变宽频结构吸波材料的吸收曲线。

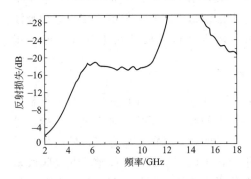

图 7.2.10　三层渐变介质吸收体反射损失曲线

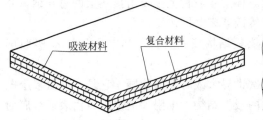

图 7.2.11　渐变宽频结构吸收体反射损失曲线

（2）夹层结构吸波体

为了进一步增加吸波体的吸波效能，还可以将层板吸波体设计成比较复杂的结构，如把透波层或吸波层设计成夹层结构，在夹层结构中再填充吸波材料，如图 7.2.12 所示。吸波材料可呈絮状、泡沫状、球状或纤维状，如果用空心微珠作吸波剂则效果更佳。

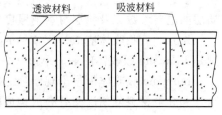

图 7.2.12　吸波材料填充结构

夹层结构吸波材料一般由复合材料构成。雷达吸波复合材料不仅具有密度轻、比强度高、比模量高的力学优点，而且还能有效地衰减雷达波，使反射信号显著降低，这就决定了这种复合材料在有效吸收雷达波使飞行器隐身的同时，本身也是一种结构材料，起着承载和减重的作用。复合材料从制造工艺上能够实现复杂外形结构的大面积精确整体成型，从而更好地保证飞行器的气动外形，只要模具能制造出来，成型就不成问题，从而使制造工艺上的难题迎刃而解。

作为层板型吸波材料的复合材料常用的主要有碳-碳复合材料、玻璃钢复合材料、纤维复合材料等。美国威廉斯国际公司研制的碳-碳复合结构吸波材料可用于飞行器的高温部位，能很好地抑制红外辐射并吸收雷达波。可用于发动机部位，复合致密碳泡沫层来吸收发动机排气的热辐射，还可制成机翼前缘、机头和机尾。日本研制的含铁氧体的玻璃钢材料质量轻、强度和刚度都比较高，可以装备在导弹的尾翼上，使其隐身性能大大提高。美国道尔化学公司研制的 Fibalog 材料，是由塑料中加入玻璃纤维而制成，这种材料比较坚硬，可以作为飞机蒙皮和一些内部构件，并具有较好的吸收雷达波的功能。美国空军材料实验室研制的碳纤维复合材料既能吸收辐射热，又能降低雷达波特性和红外线特性，可用来制作发动机舱的蒙皮、机翼前缘以及机身前段。

碳纤维复合材料具有高强、高模、轻质的优点，不仅广泛应用于一般飞行器，在隐身飞行器中更是日益崭露头角，美国 B-2、YF-22、YF-23 等隐身飞机上都大量采用了这种材料。碳纤维是由有机纤维或低分子烃气体原料加热所形成的纤维状碳材料，它是不完全的石墨结晶沿纤维轴向排列的物质，其碳含量为 90% 以上。随碳化温度的升高，碳纤维结构由乱层结构向三维石墨化结构转化，层间距减小，电导率逐渐增大，因此碳纤维复合材料具有非常好的电磁反射性能，特别是在低频下是雷达波的强反射体，而低温处理的碳纤维结构疏松散乱，是电磁波的吸收体，是良好的电损耗材料。因此碳纤维材料常需要经过处理或者与玻璃纤维、芳纶纤维等透波材料混杂使用。这种混杂结构复合材料对电磁波的反射特性不仅与碳纤维的排布方向和电磁波的极化方向密切相关，而且与碳纤维的体积含量有关，但可以采用这种复合材料作为薄壁结构复合吸波材料的背衬及承载的桁梁。这种巧妙的组合，不仅可以利用碳纤维的电磁特性以及优异的力学性能，使隐身与承载合二为一，同时又可以使用蒙皮和桁梁共固化的先进成型工艺。

近年来，碳纤维的质量不断提高，碳纤维复合材料在军用飞行器关键部位的应用已不再受到限制。美国新一代的轰炸机上都使用了大量的碳纤维复合材料，美国大多数的战略导弹和越来越多的战术导弹也使用了碳纤维复合材料。美国 B-2 隐身轰炸机即采用了 50% 的特殊纤维复合材料，这种纤维为非圆形截面碳纤维与玻璃纤维的混杂物；F-117A 在发动机四周、主翼前缘、垂直尾翼以及前部机身等处都大量采用了硼纤维及碳纤维复合材料。YF-23 复合材料的用量在 30%~50%，除个别部位外，其整个外蒙皮均采用碳纤维、玻璃纤维增强的双马来酰亚胺（BMI）吸波材料。从 YF-22 到 YF-23，它们的材料构成有很大变化，其铝合金、钛合金和复合材料的比例分别由前者的 32%、27% 和 21% 变到了

16%、39%和24%。碳纤维复合材料主要用于飞机蒙皮壁板、机翼中间梁、机身中间梁、机身隔框和舱门等部件。

在F-117A的结构中有许多是用玻璃纤维、碳纤维和芳纶纤维等混杂织物增强的热塑性树脂复合材料，在夹层结构中除了常见的蜂窝夹芯结构以外，还采用了各种低介电性吸波物质，如空心玻璃微珠、陶瓷微球、碳颗粒和吸音颗粒等。飞机的蒙皮上也使用复合材料和导电塑料制造，以降低表面雷达波反射。B-1B隐形飞机上运用的这种夹层吸波材料已经占到了整个结构材料的30%。值得指出的是，F-117A隐形飞机上使用的玻璃纤维、碳纤维和芳纶纤维混纺织物增强的热塑性树脂，是典型的透波材料与吸波剂的良好搭配的组织与结构，它不仅能拓展频宽，也能获得较好的吸收效果；空心微珠（玻璃、陶瓷）加碳粉或金属导电膜的搭配形成谐振型吸波体，对频宽和吸收效果都是非常有益的。

层板型吸波结构的吸波层可以设计成波纹板夹层结构或者角锥结构，如图7.2.13和图7.2.14所示。波纹板为两个斜面相交的结构形式，角锥四个斜面相交，角锥高度不同，有效吸收的范围也不同，角锥夹层结构的顶角以40°左右为好。

海湾战争中使用的B-2隐形轰炸机采用50%的特殊碳纤维复合材料，把传统的圆形截面碳纤维加工为三角形或多角截面碳纤维。这种特殊结构的碳纤维与玻璃纤维混杂编织成三维织物，具有许多的微小角锥，能吸收0.1MHz～50GHz内的电磁波，吸收率可达70dB以上。

B-2机身表面大部分都是由吸波材料的蜂窝结构制成，机翼的前后缘由一连串拇指大小的角锥构成，每个锥体内填充吸波材料，材料的密度由外向内递增，然后由多层吸波材料覆盖。入射的电磁波首先透射到机翼表面被多层吸波材料吸收，剩余的进入锥体内部被吸收，几乎可以完全消除来自机翼前后面的雷达波反射，达到隐身的目的。其不仅可以降低雷达散射截面（RCS），还能吸收热辐射，降低红外特性，是一种兼备雷达波与红外波隐身，又具有优良力学性能的结构隐身复合材料。B-2采用的蜂窝状结构和拇指大小的角锥体都是吸波剂呈非均匀分布的结构吸波体，吸波剂与透波材料分布得当，可形成具有很宽频段和吸收效能的吸收体，很值得借鉴。

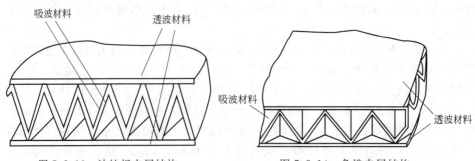

图 7.2.13　波纹板夹层结构　　　　图 7.2.14　角锥夹层结构

碳纤维的出现使结构吸波材料真正走向了实用化，但碳纤维抗氧化性较差，在空气中难以承受较高的使用温度，高性能陶瓷纤维的问世，拓宽了结构吸波材料的应用范围。目前先进复合材料常用的陶瓷纤维有石英纤维、SiC 纤维和 Al_2O_3 纤维，而其中只有 SiC 纤维比较适合制备结构吸波材料。

先驱体转化法制备碳化硅纤维是日本东北大学 Yajima 教授于 1975 年发明的，这是一种高强度、高弹性和高耐热性纤维，是金属基、陶瓷基、树脂基复合材料常用的高性能增强纤维。将其浸渍树脂后可以制成碳化硅纤维增强塑料，利用这种塑料已经制成了 X 波段和 Ku 波段的吸波材料。碳化硅纤维属于半导体材料，电阻率比较大，通过调节碳化硅纤维的电导率和电磁参数，可以使其具有很好的电磁波吸收性能。一般来说，调节其参数主要有两种方法：一是提高纤维烧成温度，促使纤维内形成大的 β-SiC 晶粒，降低纤维的电阻率；二是通过掺杂在纤维中引入 Ti、B、O、Al 等异质元素，以此调节纤维的电阻率和电磁参数，这些含异质元素的 SiC 陶瓷纤维，已成为当今 SiC 纤维的发展主流。一般常用的方法是利用聚碳硅烷（PCS）掺杂元素，通过熔融纺丝、不熔化处理和烧结工艺来制备具有吸波功能的碳化硅纤维。

（3）频率选择表面吸波结构

频率选择表面（frequency selective surface，FSS），是由大量无源单元按照某种特定的分布方式周期排列而成的分层准平面结构。FSS 对电磁波的透射和反射具有良好的选择性，对于其通带内的电磁波呈现全通特性，而对其阻带内的电磁波则呈现全反射特性，即具有良好的空间滤波器功能。

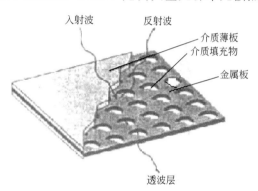

图 7.2.15　任意单元的单屏 FSS 结构

FSS 通常有衬底支撑，也有覆盖层，多层 FSS 间由介质层分开。FSS 的单元可分为两种基本类型：金属贴片组成的二维周期性阵列型和导电屏上周期性开孔的孔径型，贴片和孔径单元可以是任意形状，图 7.2.15 为单屏 FSS 结构示意图。

频率选择表面的应用广泛且形式多样，其范围已经涉及了大部分的电磁波谱，现在已应用到太赫兹（THz，即 10^{12} Hz）技术中的准光学系统、雷达罩、导弹和电磁屏蔽中。将 FSS 与雷达罩结合可以有效地缩减雷达自身的 RCS，从而起到雷达隐身的作用，同时也屏蔽掉了工作频段以外的有害电磁波而提高了抗干扰能力。Y. N. Sha、K. A. Jose 等将 FSS 制备到了碳纤维合成物中，并与没有加载 FSS 的样品进行对比，发现加载 FSS 后的某些样品有着特殊的反射特性，其反射频率转移到了其他频率范围，使 RCS 得到了有效的缩减。

为了达到精确设计的要求，以便于更好地控制电磁波反射和传输的频带，FSS 除了选用复杂的单元图形外，通常要使用多屏表面，双层频率选择表面相对于单层在电磁散射特性上有较大的改善，而且双层之间的介质夹层对夹心 FSS

结构的中心谐振频率、传输带宽和传输损耗等都具有很重要的影响作用，同时分析表明，介质夹层 FSS 结构具有较好的反射和透射谐振频率可调性，并且其频率响应特性随入射波入射角的变化比较缓慢，介质本身的损耗也是造成夹心 FSS 结构损耗增大的主要原因。利用这种结构可以制作低雷达散射截面天线的滤波反射面。

与频率选择表面类似的有一种相位可调型吸收屏，其底面为金属反射板，表面为吸收屏，金属板和吸收屏之间为厚度为 d 的介质层，假设入射波的振幅为 1，角频率为 ω，则当吸波体表面的反射波可表示为 $\cos(\omega t + 2\beta \cdot d)$ 时，吸收屏为透波性，当反射波为 $\cos(\omega t)$ 时，吸收屏为反射性，通过应用一个相位调节函数可以使该吸波体在全反射和全透射之间转换。其结构示意图如图 7.2.16 所示。图 7.2.17 为其吸波性能与 Salisbury 吸收屏吸收性能（图中虚线所示）的比较。可以看出这种结构存在一个吸收峰值，与 Salisbury 吸收屏相似，只是吸收频段要比 Salisbury 吸收屏窄一些。

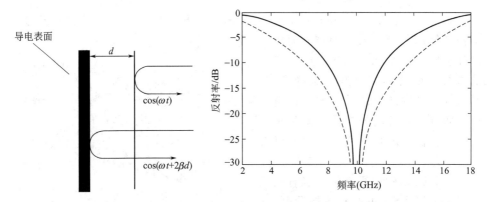

图 7.2.16　相位可调型吸波体　　图 7.2.17　单层相位可调吸波结构的吸波性能

（4）电路模拟结构吸波体

由前面介绍可知，Salisbury 吸波体和 Jaumann 吸波结构只利用了材料的导纳实部，如果在材料设计中再引入导纳虚部，则可有更多的参数来调整其特性，从而可以获得有限空间内的宽频吸波材料。电路模拟吸波体即是在这种设计理念基础上建立的。该吸波结构由诸多栅格单元与间隔层结构构成，如图 7.2.18 所示。其作用与频率选择表面相似，能反射一个或多个频率，而对其他频率是透明的。E. Michielssen 等对不同的频率选择表面进行了研究，并提出了多层结构吸波体的设计。

在吸波材料中应用电路模拟结构属于有源频率选择，是在 FSS 单元或介质衬底上加入有源器件或采用铁氧体，手征媒质作为介质衬底等。美国在现有的吸波复合材料中加入一层或多层电路屏，能够在相同的厚度下，展宽频带，或在相同频带宽和相同吸波效能下降低厚度。

邢丽英等的研究表明，电路模拟吸波结构的加入对电阻渐变型复合吸波材料

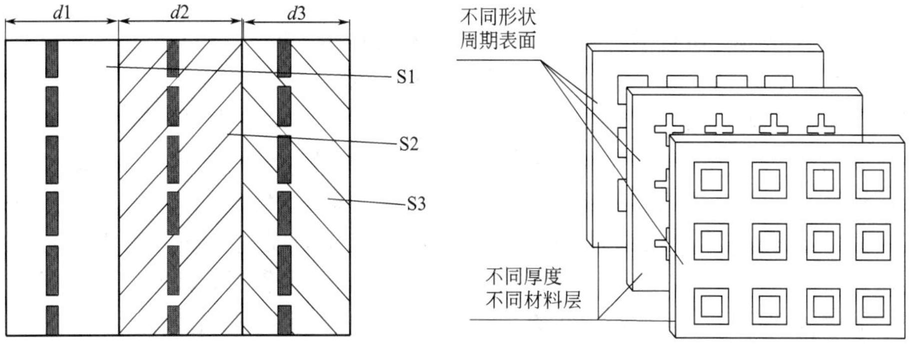

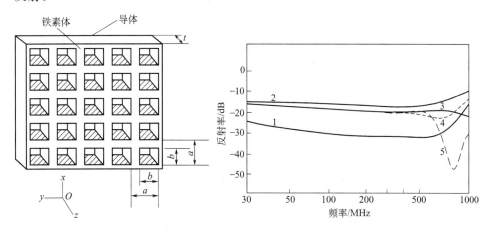

图 7.2.18　电路模拟吸波材料结构

体系的强度性能影响并不是很大，含纤维电路模拟结构复合材料的剪切强度略高于其他体系，而且经过优化设计后制备的含纤维电路模拟结构的吸波复合材料，具有优异的吸波-承载综合性能。电路模拟吸波结构因为具有滤波作用在电磁领域具有广泛的应用前景，特别是可以应用于飞行器的隐身和卫星天线系统。

（5）铁氧体栅格结构

这是一种以铁氧体瓦为基体的二维结构，如图 7.2.19 所示。这种复合结构比普通铁氧体瓦的优势在于它具有一个附加参数（填充因子 g），通过合理调整铁氧体栅格结构吸波体的厚度，铁氧体的参数和填充因子，可以使设计的吸波体具有更宽的频段和更好的吸波效能，同时可以在某一固定频率实现材料表面零反射。

图 7.2.19　铁氧体瓦栅格结构吸波体　　图 7.2.20　不同厚度介质层的铁氧体栅格结构

这种栅格结构在 600MHz 以下频率时性能较好，但当频率超过 600MHz 时其吸波性能会随着频率的增加而逐渐下降，如图 7.2.20 中曲线 1 和曲线 2 所示，其中曲线 1 为电磁波以 45°角入射，曲线 2 为电磁波垂直入射。通过在铁氧体栅格底面附加一层层压木板介质层（介电常数为 2.0），可以明显改变这种状况。图 7.2.20 中曲线 3、曲线 4 和曲线 5 分别是介质层厚度为 9.53mm、19.05mm

和 12.7mm 时的吸收曲线,可以看出当 5.0mm 厚的铁氧体栅格结构底面复合一层 12.7mm 厚的介质板后改善了吸波体的吸收效能。同时也可以发现介质层的厚度存在一最佳值。当不同厚度的铁氧体栅格复合 12.7mm 厚的介质板之后,其在 30~1000MHz 范围内的吸收曲线具有与图 7.2.20 同样的规律。

美国在 20 世纪 70 年代设计的第二代隐形飞机 F-117,为了对进气道和发动机进行隐身,在进气道口就安装了栅格屏。由于栅格网络很密,形成很小的管道,大多数雷达波因波长过长而不能进入,此波段的能量大部分被吸波材料吸收,通过栅格结构进入进气道的短波长雷达波,除了在管道、发动机迎风面及栅格背面被多次反射消耗掉,另一方面还要受到栅格材料的吸收,因此很难再被反射回去。

若用铁氧体作为损耗基体,其中填充镀镍碳纤维(NiCF)为损耗介质,则可以发现铁氧体中加入 NiCF 前后,两种材料的相对磁导率变化不大;而加入 NiCF 的试样其相对介电常数有大幅度提高,这说明 NiCF 具有改善吸波材料的衰减性能的作用,主要体现在可以提高材料的介电损耗。当纤维的长度为介质中传输波波长的一半时,NiCF 可以与入射电磁波发生谐振作用而产生感应电流,并将其大量损耗在基体介质材料中。

采用其他材料如炭黑、黏土、氧化锆-氧化镁混合烧结体等几种不同介质基体,都发现 NiCF 的加入可以改善基体的衰减性能,而且无论是磁损耗还是电损耗介质,均可与 NiCF 相配合。

(6)角锥吸波结构

角锥吸波材料是微波暗室中应用最广的吸波材料,角锥吸波体的设计理论与隐形材料的设计理论是完全一致的。角锥材料最早出现于二战时期,Neher 为了提高微波暗室的测试能力,在暗室墙壁上首次安装了锥形吸波材料。角锥材料的优势在于其特殊的几何形状有利于电磁波在锥体之间的多次反射,如图 7.2.21 所示,因此其吸波性能比平板类材料大大提高。

角锥材料的吸波性能与角锥的高度、顶角的角度、入射波的入射角度以及材料的电磁参数等因素存在复杂配比的关系。对于给定的材料而言,当电磁波垂直入射时,反射率随角锥高度的增加先是降低,到达一临界值后突增;随顶角的变化趋势也是如此,随着顶角的减小反射率先是降低,然后又缓慢增大。因此合理的角锥尺寸,适当的电磁参数对材料的反射率至关重要,对此王相元等曾进行过详细的研究。

如果将每个角锥绕其中心轴旋转 45°,则可以得到变形锥体结构,如图 7.2.22 所示。这种结构吸波效能不如普通锥体,但它可以节省原料,而且比普通锥体耐用,用于暗室墙壁不容易下垂。

最近大连理工大学开发了一种具有闭孔结构由几十万至几百万个中空谐振球组成的谐振群吸波体,不仅频宽广阔,而且吸收效果超过了开孔泡沫结构吸波体。图 7.2.23 为其 1~18GHz 时的反射系数实测值。

这种结构比常用的绝缘锥体轻 40%~50%,而且是闭孔结构,可以防潮湿。

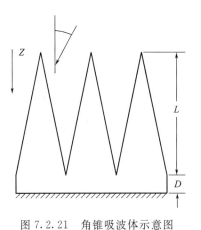

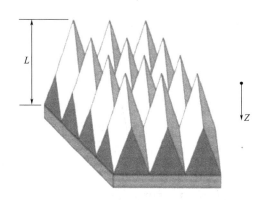

图 7.2.21　角锥吸波体示意图　　　　图 7.2.22　变形角锥吸波体

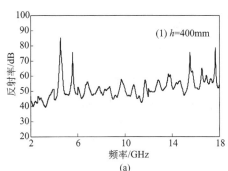
(a)

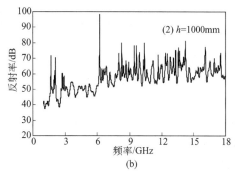
(b)

图 7.2.23　谐振群吸波体的吸收效能曲线

目前微波暗室中普遍使用的角锥材料大多是聚氨酯材料，属于开孔结构，在潮湿的环境中很容易吸收水分，使其吸收性能受到影响，从而使微波暗室的测试环境产生变化，影响了对其他材料进行测试时的重现性；而且聚氨酯材料吸收水分后，容易变形，严重影响其使用寿命。而谐振群吸波体由于是闭孔结构，不容易吸收水分，这就避免了因天气潮湿而引起的吸收能力的巨大波动，保证了测试结果的一致性。这对航空航天使用的电子产品的性能测试是非常有益的。

　　角锥吸波材料一般以聚氨酯为原料，要做到高的吸波效能需要较大的高度，因此主要在微波暗室的地面应用，而应用在墙面上的高度不能太大，而且也不能太重，为了减小墙面锥体的高度而不损害其吸波性能，常常需要在保证一定强度的前提下，将锥体做成空心结构或者角锥复合结构。空心角锥与实心角锥相比，大大减小了重量，降低了成本，而且其吸收性能与实心角锥相当。同时为了提高在低频下的吸波效能，还可以采用截头角锥结构，并且目前已有多种成熟产品。

　　（7）角锥复合结构

　　聚氨酯角锥吸波体在 200MHz 以上具有很好的吸波效能，而铁氧体瓦在 4GHz 以下的频率范围内具有较好的性能，因此将角锥与铁氧体复合有望得到宽频带吸波体。其示意图如图 7.2.24 所示。同样，角锥也可以采用变形结构，如

图 7.2.25 所示。通过调整角锥材料的碳含量及角锥和铁氧体的尺寸大小，可以设计整个复合吸波结构的吸波性能。

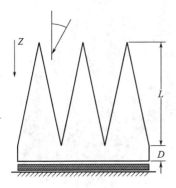

图 7.2.24　角锥复合铁氧体结构

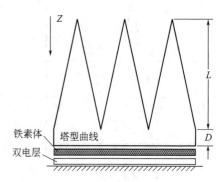

图 7.2.25　三层复合角锥结构

角锥复合铁氧体结构吸波材料可以得到较好的吸波效果，但值得注意的是角锥与铁氧体的阻抗匹配问题。如果用铁氧体或者其他吸波粉体做成角锥结构，同样也可以明显提高其吸波效能。

在铁氧体底面附加一层介质层，可以进一步提高整个复合材料的吸波性能。其结构示意图如图 7.2.25 所示。这种复合结构可以减小角锥的高度，而且在低频时的吸波性能也可以得到提高。通过调整铁氧体瓦或介质层的厚度可以使复合结构吸波材料在某一频率得到一个或几个峰值，或者消除某些我们不想要的频率下的吸收峰值。

近年来，吸波材料的研究如火如荼，随着电子技术的飞速发展吸波材料的发展将呈现新的发展趋势。世界新一轮军事变革的推进，国内外微波暗室技术的发展，使得世界各国在军事和民用方面竞相开展新型雷达波吸收材料的研究，因此必将使具有优良综合吸波性能、多功能化和智能化的吸波材料得到蓬勃发展。

7.3　折射率与介电常数

折射率是光学中反映物质属性的重要参数，它对于光波导的性质具有举足轻重的意义。但是在微波测量中，现有的理论体系中反映物质的性质时用介电常数，而不是折射率。由于微波和光波都是电磁波，都遵从 Maxwell 方程，因此寻找这两个适用不同波段的重要参数之间的联系是可行的。

1873 年建立的 Maxwell 方程组在三维空间的矢量形式写作：

$$\nabla \times \boldsymbol{H}(\boldsymbol{r}, t) = \frac{\partial}{\partial t} \boldsymbol{D}(\boldsymbol{r}, t) + \boldsymbol{J}(\boldsymbol{r}, t) \qquad (7.3.1)$$

$$\nabla \times \boldsymbol{E}(\boldsymbol{r}, t) = \frac{\partial}{\partial t} \boldsymbol{B}(\boldsymbol{r}, t) \qquad (7.3.2)$$

$$\nabla \cdot \boldsymbol{D}(\boldsymbol{r}, t) = \rho(\boldsymbol{r}, t) \qquad (7.3.3)$$

$$\nabla \cdot \boldsymbol{B}(\boldsymbol{r}, t) = 0 \qquad (7.3.4)$$

式中 $\boldsymbol{E}$、$\boldsymbol{B}$、$\boldsymbol{H}$、$\boldsymbol{D}$、$\boldsymbol{J}$ 和 ρ 是位置与时间的实变函数：

$E(r, t)$——电场强度，V/m；

$D(r, t)$——电位移或电感应强度，C/m^2；

$B(r, t)$——磁通量密度，Wb/m^2；

$J(r, t)$——电流密度，A/m^2；

$H(r, t)$——磁场强度，A/m；

$\rho(r, t)$——电荷密度，C/m^2。

方程式(7.3.1) 和方程式(7.3.2) 是安培定律与法拉第磁感应定律，后两个方程分别是电场的高斯定律和磁场定律。对于沿着 z 向在电介质中传播的平面电磁波，如果介质是各向同性的话，设电磁波沿 z 向的传播速度为 V，则方程式(7.3.1)，方程式(7.3.2) 以标量的形式可写作

$$-\frac{\partial H}{\partial z}=J+\frac{\partial D}{\partial t} \qquad (7.3.5)$$

$$\frac{\partial E}{\partial z}=-\frac{\partial B}{\partial t} \qquad (7.3.6)$$

由 Maxwell 方程组的物质方程（本构关系）

$$D=\varepsilon E \quad 可知 \quad \frac{\partial D}{\partial t}=\varepsilon \cdot \frac{\partial E}{\partial t} \qquad (7.3.7)$$

将式(7.3.7) 代入式(7.3.5) 得到

$$-\frac{\partial H}{\partial z}=J+\varepsilon \frac{\partial E}{\partial t} \qquad (7.3.8)$$

式中电流密度 $J=\sigma E$，σ 为介质的电导率。

当介质不是理想的绝缘体时，电导率 σ 的作用等效于在介质的介电 ε 中增加一个虚部。我们当初定义介电常数时，式子 $\varepsilon=\varepsilon'-j\varepsilon''$ 已经考虑了介质的极化和电导引起的焦耳热损耗。因此，不能重复计入 ε'' 对损耗的贡献。这样一来，我们有理由认为式(7.3.8) 中的 $J=\sigma E$ 已包含在 $\varepsilon \cdot \frac{\partial E}{\partial t}$ 之中了。所以，式(7.3.8) 又简单地写作：

$$-\frac{\partial H}{\partial z}=\varepsilon \frac{\partial E}{\partial t} \qquad (7.3.9)$$

把式(7.3.9) 对时间求偏微商并利用式(7.3.4) 得到

$$\frac{\partial}{\partial z}\left(\frac{\partial H}{\partial t}\right)=-\varepsilon \frac{\partial^2 E}{\partial t^2}=\frac{\partial}{\partial z}\left(-\frac{1}{\mu}\frac{\partial E}{\partial z}\right)$$

$$即 \frac{\partial^2 E}{\partial t^2}=\frac{1}{\varepsilon\mu}\frac{\partial^2 H}{\partial z^2} \qquad (7.3.10)$$

同样，将式(7.3.4) 对 t 求偏微商，并利用式(7.3.9) 得到

$$\frac{\partial^2 H}{\partial t^2}=\frac{1}{\varepsilon\mu} \cdot \frac{\partial^2 H}{\partial z^2} \qquad (7.3.11)$$

由于电磁波沿 z 向的传播速度为 V，则上述电磁运动可表示为

$$E=E_0 e^{jw(t-z/V)}$$

$$H=H_0 e^{jw(t-z/V)}$$

比较式(7.3.10) 和式(7.3.11)，得到

$$V^2 = \frac{1}{\varepsilon\mu} \qquad (7.3.12)$$

由于 ε 为复数，V 也为复数。

若不是在介电常数为 ε，导磁率为 μ 的介质中，而是在真空中传播的电磁波速度 V 为光速，即

$$c = \frac{1}{\sqrt{\varepsilon_0\mu_0}} \qquad (7.3.13)$$

若平面电磁波在非铁磁性电介质中传播时，电磁波的复折射率为

$$\eta^* = \eta - \mathrm{j}k \qquad (7.3.14)$$

式中 η 为复折射率的实数，k 为复折射率的虚部。所以

$$\eta^* = \frac{C}{V} \qquad (7.3.15)$$

将 C，V 即式(7.3.13) 和式(7.3.14) 代入式(7.3.15)，得到

$$(\eta^*)^2 = \frac{\frac{1}{\varepsilon_0\mu_0}}{\frac{1}{\varepsilon\mu}} = \frac{\varepsilon\mu}{\varepsilon_0\mu_0} = \varepsilon_r\mu_r$$

上式中 ε_r、μ_r 为相对介电常数和相对导磁率。

在非铁磁性介质中 $\mu_r = 1$，所以 $(\eta^*)^2 = \varepsilon_r$ 可以写作：

$$(\eta^*)^2 = \varepsilon_r' - \mathrm{j}\varepsilon_r'' \qquad (7.3.16)$$

将式(7.3.14)代入式(7.3.16)，得到

$$(\eta^2 - k^2) - 2\mathrm{j}\eta k = \varepsilon_r' - \mathrm{j}\varepsilon_r'' \qquad (7.3.17)$$

比较式(7.3.17) 的两边，得到

$$\eta^2 - k^2 = \varepsilon_r' \qquad (7.3.18)$$

$$2\eta k = \varepsilon_r'' \qquad (7.3.19)$$

式(7.3.18) 和式(7.3.19) 就是找到的复折射率与复介电常数之间的联系[116]。

当 $\varepsilon'' = 0$ 即为无耗介质时，由式(7.3.19) 可知 $k = 0$。得到 $\eta^2 = \varepsilon_r'$，复折射率实部的平方为复介电常数之实部；而复折射率的实部与虚部乘积的 2 倍刚好为复介电常数的虚部。

在推导式(7.3.18)、式(7.3.19) 时，求偏导的过程中是把 μ、ε 视为不随时空变化的常量，这与真实情况是有出入的。这一点并不影响式(7.3.18)、式(7.3.19) 所表达的简洁联系对于分析问题的参考和指导意义。这样，我们可以借助光学中所积累的物性参数折射率来间接分析和推断其在微波范围内材料介电数的相对大小。表 7.3.1 给出各种金属的光学折射率的实部和虚部（又称介质衰减系数）以及反射率的数值[117]。

从表 7.3.1 不难看出，Sb、Zn、Al 粉体薄膜对微波的吸收能力要大于 Fe、

Ni、Cu、Au 等粉体和薄膜的吸收能力。

表 7.3.1 金属的折射率、衰减系数和反射率

（$n-jk$ 为复折射率，n 为折射率实部，虚部 k 为衰减系数，R 为反射率，以％表示）

$\lambda(\mu)$	k	n	R	$\lambda(\mu)$	k	n	R	$\lambda(\mu)$	k	n	R
铝 Al				铁 Fe				钾 K			
0.431	2.85	0.78	72.3	0.593	1.36	2.36	56.1	0.472	1.00	0.070	86.9
0.486	3.15	0.93	72.8	1.0			65.0	0.589	1.29	0.058	91.4
0.527	3.39	1.10	72.4	9.0			93.8	0.665	1.77	0.066	93.8
0.589	4.45	1.36	77.6	镁 Mg				铑 Rh			
0.630	5.44	1.62	82.4	0.500			72.0	0.579	4.67	1.54	78.3
1.06			73.3	0.589	4.42	0.37	92.9	0.660	5.31	1.81	79.7
5.24			93.8	0.630	4.60	0.40	93.5	0.700			79
10.49			96.9	1.0			74.0	1.00			84
锑 Sb				锰 Mn				银 Ag			
0.431	3.13	1.16	66	0.245	1.67	0.83	46.0	0.250	1.32	1.49	25.0
0.630	4.94	3.17	70	0.313	2.14	1.05	52.5	0.303	0.77	0.83	12.6
1.00			55	0.406	2.47	1.30	54.3	0.346	1.10	0.22	67.5
铜 Cu				0.507	3.268	1.835	60.4	0.395	1.01	0.16	87.1
0.231	1.46	1.39	29.0	0.589	3.88	2.41	64.0	0.450	2.39	0.16	91.7
0.347	1.47	1.19	31.5	0.668	4.05	2.62	64.5	0.500	2.94	0.16	93.2
0.500	2.375	1.17	55.1	镍 Ni				0.550	3.31	0.17	94.2
0.640	3.58	0.615	84.6	0.254	1.92	1.14	44.9	0.700			96.1
1.00			90.1	0.313	2.01	1.35	43.5	1.00			96.4
2.00			95.5	0.406	2.45	1.36	53.0	2.00			97.3
5.00			97.9	0.566	2.975	1.54	59.7	5.00			97.3
11.0			98.4	0.589	3.39	1.74	63.4	11.0			99.0
金 Au				0.620	3.61	1.82	65.3	钠 Na			
0.400	1.785	1.580	36.0	0.700	3.93	2.025	67.6	0.435	1.84	0.058	94.8
0.420	1.800	1.570	36.2	1.00	5.26	2.63	74.1	0.589	2.42	0.044	97.1
0.440	1.790	1.535	36.2	2.00	8.54	3.70	84.4	0.665	2.80	0.051	97.7
0.460	1.740	1.450	35.8	铂 Pt				锌 Zn			
0.480	1.685	1.280	36.4	0.431	2.83	1.47	58.3	0.254	1.22	0.287	63.5
0.500	1.750	0.935	41.5	0.186	2.90	4.54	58.6	0.366	2.75	0.498	97.7
0.520	2.010	0.670	60.0	0.527	3.47	1.71	64.7	0.578	4.68	1.47	79.0
0.540	2.305	0.535	71.0	0.579	4.4	2.03	71.3	0.630	5.52	2.36	77.4
0.580	2.750	0.415	82.7	0.630	4.48	2.93	67.0	0.668	5.08	2.62	73.1
0.620	3.160	0.350	88.9	0.656	4.22	2.16	69.1	0.800			61.5
0.660	3.540	0.320	91.0	0.680			67.6	1.00			49.0
0.700	3.800	0.280	93.0	8.85			96.6	2.00			94.1

7.4 介质波导

7.4.1 引言

在通信领域，金属波导已经成功应用了多年。无论是在理论上和在实践上都已形成了完整的理论和行业规范。随着光通信技术的迅猛发展，介质波导正在发

挥着日益突出的作用。金属波导与介质波导的不同之处在于：金属波导中的导行波完全被局限于金属波导的空间之内；而介质波导则不同，介质波导内的电磁波除了部分被限制在介质之内外，在介质波导的表面附近会透出部分电磁波，这主要是由于介质波导本身的透波性所决定的。当然，物理教科书内和电磁场与电磁波教科书中所介绍的介质波导主要用于光波。其实，介质波导不仅可以用于导行光波，也可导行微波。世界各国所用的雷达天线罩和微波暗室所用的吸波体，都是导行微波的成功范例，只不过雷达天线罩所要求的是尽可能低的损耗，而微波暗室用的吸波体在导行电磁波的过程中所要求的是尽可能大的损耗。此外，微波暗室用的吸波体在导行电磁波的过程中广泛采用的同轴电缆则是介于金属波导和介质波导之间的混合型，在双金属导体之间的材料多用介电材料或空气，电缆中传输的电磁波正是通过介电材料才得以传输的。

7.4.2 介质波导

为了简单起见，我们以介质板波导（dielectric slab waveguide）为例来分析场的结构、截止条件（cut off condition）以及传播模式（transmission model）。

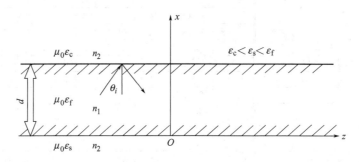

图 7.4.1 介质板波导

图 7.4.1 为介质板波导示意图。为了简化，图中的介质板是一个厚度为 d，周围被介质参数为 $\mu_0 \varepsilon_c$ 和 $\mu_0 \varepsilon_s$ 两种介质环绕，并且 $\varepsilon_c < \varepsilon_s < \varepsilon_f$，$\varepsilon_f$ 为介质板的介电常数。介质板在 y 方向是无限的，这样可以简化为二维问题。

介质板波导不同于金属波导，当电磁波的入射角 $\theta \geqslant \theta_c$（临界角 critical angle）时才会发生全反射，其余的入射波会透出介质表面并被束缚在表面附近。若介质板的折射率为 n_1，而介质板以上和以下的介质的折射率为 n_2，临界角 θ_c 可由下式来确定：$\sin\theta_c = \dfrac{n_2}{n_1}$[118]。

关于 n_1，n_2 与 ε_c 和 ε_s 或 ε_f 的关系在 7.3.2 中有专门的论述。

即使是发生全反射的电磁波，大部分电磁波被束缚在介质板内仍含有少量波透过界面在其表面沿 z 方向传播，如图 7.4.1 所示，其电场和磁场满足麦克斯韦方程组中的两个旋度方程。

$$\nabla \times \boldsymbol{E} = -\mathrm{j}\omega\mu_0 \boldsymbol{H} \tag{7.4.1}$$

$$\nabla \times \boldsymbol{H} = -\mathrm{j}\omega\varepsilon \boldsymbol{E} \tag{7.4.2}$$

图 7.4.1 中沿 z 方向传播的电磁波，其传播常数为 β。显然，其电磁场与 y 无关，即 $\dfrac{\partial}{\partial y}=0$。其极化波只有两种正交模式，即 T_E 模和 T_M 模。

对于 T_E 波，场分量为 $\boldsymbol{E}_y$，$\boldsymbol{H}_x$ 和 $\boldsymbol{H}_z$；

对于 T_M 波，场分量为 $\boldsymbol{E}_x$，$\boldsymbol{H}_y$ 和 $\boldsymbol{E}_z$。

这两种模式的波动方程为[119]：

$$T_E \text{ 模：} \begin{cases} \dfrac{\partial^2 \boldsymbol{E}_y}{\partial x^2}+(K^2-\beta^2)\boldsymbol{E}_y=0 \\[2mm] \boldsymbol{H}_x=-\dfrac{\beta}{\omega\mu_0}\boldsymbol{E}_y \\[2mm] \boldsymbol{H}_z=-\dfrac{1}{j\omega\mu_0}\dfrac{\partial \boldsymbol{E}_y}{\partial x} \end{cases} \tag{7.4.3}$$

$$T_M \text{ 模：} \begin{cases} \dfrac{\partial^2 \boldsymbol{H}_y}{\partial x^2}+(K^2-\beta^2)\boldsymbol{H}_y=0 \\[2mm] \boldsymbol{E}_x=-\dfrac{\beta}{\omega\varepsilon}\boldsymbol{H}_y \\[2mm] \boldsymbol{E}_z=-\dfrac{1}{j\omega\varepsilon}\dfrac{\partial \boldsymbol{H}_y}{\partial x} \end{cases} \tag{7.4.4}$$

显然，T_E 模的场分量可先求 $\boldsymbol{E}_y$，而 T_M 模的场分量可先求 $\boldsymbol{H}_y$。然后由边界条件 $x=0$ 和 $x=d$ 导出 T_E 模和 T_M 模的传播常数 β 的本征值方程。

(1) 本征值方程

对介质板来说，其 T_E 模的功率主要集中在板内传播，透出介质板表面的波呈衰减形式。因此式(7.4.3) 第一式的解可写作：

$$\boldsymbol{E}_y=\begin{cases} \boldsymbol{E}_c e^{-\alpha_c(x>d)} & x>d \\ \boldsymbol{E}_f \cos(K_{cf}x-\phi_0) & c<x<d \\ \boldsymbol{E}_s e^{\alpha_s x} & x<0 \end{cases} \tag{7.4.5}$$

式中，$\boldsymbol{E}_c$、$\boldsymbol{E}_f$、$\boldsymbol{E}_s$ 分别是 $\boldsymbol{E}_y$ 在三个区域中的振幅，ϕ_0 为广义相位常数，用以调整不对称介质板（$\varepsilon_c \neq \varepsilon_s$）波导中场的最大值与最小值位置。将式(7.4.5) 代入式(7.4.3) 中第一式，得到

$$\begin{cases} \alpha_c=(\beta^2-\varepsilon_{rc}K_0^2)^{1/2} \\ K_{cf}=(\varepsilon_{rf}K_0^2-\beta^2)^{1/2} \\ \alpha_s=(\beta^2-\varepsilon_{rs}K_0^2)^{1/2} \end{cases} \tag{7.4.6}$$

边界条件要求 $\boldsymbol{E}_y$ 和 $\boldsymbol{H}_z$（即 $\dfrac{\partial \boldsymbol{E}_y}{\partial x}$）在 $x=0$ 和 $x=d$ 处连续，据此得到：

$$\begin{cases} \boldsymbol{E}_f \cos\phi_0=\boldsymbol{E}_s \\ K_{cf}\boldsymbol{E}_f \sin\phi_0=\alpha_s \boldsymbol{E}_s \end{cases} \tag{7.4.7}$$

和

$$\begin{cases} \boldsymbol{E}_f \cos(K_{cf}d-\phi_0)=\boldsymbol{E}_c \\ K_{cf}\boldsymbol{E}_f \sin(K_{cf}d-\phi_0)=\alpha_c \boldsymbol{E}_c \end{cases} \tag{7.4.8}$$

由式（7.4.8）得到

$$\tan(K_{cf}d - \phi_0) = \frac{\alpha_c}{K_{cf}} \qquad (7.4.9)$$

由式（7.4.7）得到

$$\tan\phi_0 = \frac{\alpha_s}{K_{cf}} \qquad (7.4.10)$$

联立式（7.4.9）和式（7.4.10）两式得到：

$$\tan(K_{cf}d - n\pi) = \frac{K_{cf}(\alpha_c + \alpha_f)}{K_{cf} - \alpha_c\alpha_s}, \ n = 0, 1, 2\cdots \qquad (7.4.11)$$

式（7.4.11）为所求 T_E 模的本征值方程。由于其为一超越方程，只能用数值法或图解法来求解。由式（7.4.11）或式（7.4.6）可求出 K_{cf}、α_c、α_s 和 β，进而可确定其场分量。由于这种波型沿 y 不变化，记为 T_{Eno} 模，简称 T_{En} 模。同理，可导出 T_{Mn} 模的本征值方程。

$$\tan(K_{cf}d - n\pi) = \frac{\varepsilon_{rf}(\alpha_c\varepsilon_c + \alpha_s\varepsilon_s)}{\varepsilon_c\varepsilon_s K_{cf}^2 - \varepsilon_f^2\alpha_c\alpha_s}, \ n = 0, 1, 2\cdots \qquad (7.4.12)$$

α_c，K_{cf}，α_s 仍然与式（7.4.6）相同。

图 7.4.2 给出 $n = 0$，1，2 时三个最低模的场分布形态[119]。

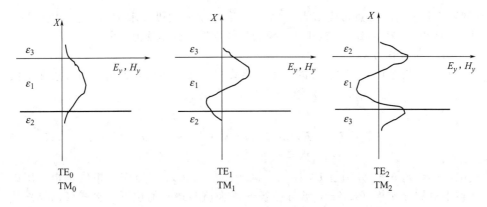

图 7.4.2　三个最低次 TE 和 TM 模的场分布

（2）截止条件

介质板之外的电磁波在 x 方向呈衰减态势，形成辐射模。辐射模的出现意味介质波导截止。因前面假设 $\varepsilon_s > \varepsilon_c$，故 $\alpha_c > \alpha_s$，截止条件为 $\alpha_s = 0$ 或

$$\beta^2 = \omega^2\mu_0\varepsilon_0\varepsilon_{rs} \qquad (7.4.13)$$

以 $\alpha_s = 0$ 代入式（7.4.6）解得 K_{cf} 和 α_c 后代入 T_E 模的本征值方程式（7.4.11）得到

$$\tan(K_0 d\sqrt{\varepsilon_{rf} - \varepsilon_{rs}} - n\pi) = \sqrt{\frac{\varepsilon_{rs} - \varepsilon_{rc}}{\varepsilon_{rf} - \varepsilon_{rs}}} \qquad (7.4.14)$$

式中，$K_0 = \omega_c\sqrt{\mu_0\varepsilon_0}$，因此，求得 T_E 模的截止频率

$$f_{c,T_{En}} = \frac{\arctan\sqrt{\dfrac{\varepsilon_{ra}-\varepsilon_{rc}}{\varepsilon_{rf}-\varepsilon_{rs}}}+n\pi}{2\pi d\sqrt{\varepsilon_f\mu_0-\varepsilon_s\mu_0}}, \quad n=0,1,2,\cdots \tag{7.4.15}$$

同理，求得 T_M 模的截止频率为

$$f_{c,T_{Mn}} = \frac{\arctan\left(\dfrac{\varepsilon_{rf}}{\varepsilon_{rc}}\sqrt{\dfrac{\varepsilon_{rs}-\varepsilon_{rc}}{\varepsilon_{rf}-\varepsilon_{rs}}}+n\pi\right)}{2\pi d\sqrt{\varepsilon_f\mu_0-\varepsilon_s\mu_0}}, \quad n=0,1,2,\cdots \tag{7.4.16}$$

当 $\varepsilon_c=\varepsilon_s$，即在对称介质板波导中，式(7.4.15) 与式(7.4.16) 是完全一样的。所以，对称介质板波导的 T_{En} 和 T_{Mn} 两者统一表示为

$$f_c = \frac{n}{2d\sqrt{\varepsilon_f\mu_0-\varepsilon_c\mu_0}}, \quad n=0,1,2,\cdots \tag{7.4.17}$$

若介质板上部和下部都是空气时，即 $\varepsilon_s=\varepsilon_c=\varepsilon_0$ 时，

$$f_c = \frac{n}{2d\sqrt{\varepsilon_f\mu_0-\varepsilon_c\mu_0}}, \quad n=0,1,2,\cdots \tag{7.4.18}$$

从式(7.4.18) 不难发现：介质波导具有多模性，即可传输 $n=0$，1，2，…无穷多个模式，这对于吸波体来说具有重要的意义，它为介质吸波体拓展频宽提供了理论基础。此外，我们还可看出：介质板波导的截止频率 f_c 是与板厚成反比，同时也与 $\sqrt{\varepsilon_f\mu_0-\varepsilon_0\mu_0}$ 成反比，即介质板越厚，其介电常数越大，其截止频率就越低。这为介质吸波体的设计和选材提供了重要依据。以上两点仅仅是从拓展频宽角度得出的结论。如从阻抗匹配的角度审视，介质的介电常数过大为电磁波的反射提供了条件，不利于最大限度地将电磁波引入吸波体中心将造成吸收效能的降低。因此，在选择介电常数时应兼顾频宽和吸收效能才能设计出既有较大频宽又有较大的吸收效能的吸波体。

式(7.4.18) 与从光学折射率出发，导出的截止频率具有异曲同工之妙。在文献中详细给出了推导过程。这里我们只给截止条件和截止波长：

对于 T_E 模和 T_M 模，其截止条件为：

$$K_0 d\sqrt{n_1^2-n_2^2}\geqslant(m-1)\pi, m=1,2,3,\cdots \tag{7.4.19}$$

式中，n_1 为介质板的折射率，n_2 为空气或环境的折射率。

利用 $K_0=\dfrac{2\pi}{\lambda}$，得到截止波长

$$\lambda_c = \frac{2d\sqrt{n_1^2-n_2^2}}{m-1}, \quad m=1,2,3,\cdots \tag{7.4.20}$$

$m=1$ 时，式(7.4.20) 表达的似乎是不存在，实际上式(7.4.20) 中的 $(m-1)$等同于式(7.4.18) 中的 n。从式(7.4.18) 可知：$n=0$ 时，即 $(m=1$ 时)，$f_c=0$，介质板可传播从 $0\sim\infty$ 所有频率的波长。截止频率等式中 n 出现于式(7.4.18) 的分子，而截止波长对应的 $(m-1)$ 出现于式(7.4.19) 的分母上，这两式所表示的物理含义是一致的。正是 n 或 m 的取值从 0 或 1 开始逐步按正整数增加，介质波导中所能传播的 T_{En} 和 T_{Mn} 的模次也是无穷的。这为以介质为

基体的吸波体的频宽提供了无限空间。这也正是为什么各国微波暗室中全部采用介质吸波体的缘故。对于隐形材料，拓宽频率是各国研究的重点。借鉴介质波导的成果将会使隐形材料的开发与研究少走许多弯路。这也是本书特意安排了 7.3 节与 7.4 节的真实原因。

　　微波暗室所用的吸波体形状主要是锥体，高度从 300～2400mm。基体是多孔泡沫塑料，在开放式孔洞中粘附有吸波剂炭粉或铁氧体。无论 n 或 m 取何值，其高度越大则电磁波的光程就越长，吸收能力就越强，尤其是低频端的吸收效果更为明显。电磁波在吸波体中被吸收的效能以 S_A 表示，它决定于电磁波在吸波体内传输的光程和吸波剂沿光程的分布情况。为使电磁波在吸波体中光程最大化，除了采用高锥体外，利用谐振腔结构让电磁波在腔体内多次振荡也是一种非常巧妙的方法。

7.5　谐振腔

7.5.1　开放式谐振腔

Salisbury 吸收屏是最早的谐振式吸波体。它是具有干涉功能的开放式谐振腔型吸波体。这种吸波体的设计思想来源于法布里-珀罗（Fabry-Perot resonator）谐振腔。Fabry-Perot resonator 的结构如图 7.5.1 所示。

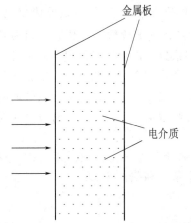

金属板

电介质

图 7.5.1　法布里-珀罗谐振腔示意图

　　在两个足够大的金属板之间填充损耗为 $\tan\delta_e$ 的电介质或空气，通过激励之后让电磁波在两板之间振荡。金属板和电介质都能使电磁波损耗，但在无金属板的方向电磁波的损耗大大减少，因此这种谐振腔被广泛用于厘米波和毫米波段的电磁波储存与传输中。

　　如果将迎着电磁波方向的金属板改换为厚度小于电磁波的趋肤深度的金属薄膜或碳膜，则法布里-珀罗谐振腔就变为 Salisbury 吸收屏。这样一来从金属板 2 来的反射可以透过金属板 1 而与第 1 层的前表面产生反射波有一相位差，若使前后两层金属板产生的反射波相位相反，则出现抵消式干涉现象，这将较大的消耗电磁波能量。但能产生相消或干涉波的波长是固定的，即由两反射面之间的距离所决定，如将两面间距定为 $\lambda_0/4$，则只有 λ_0 的电磁波出现全部或部分反射波相抵消，而其余的波长 $\lambda\neq\lambda_0$ 的电磁波被吸收的很少。这是这类简单谐振型吸波体不能在实际中应用的主要原因。

　　美国学者研究了表面涂有导电吸波剂的空心玻璃球制成的吸波体，吸波效果还不错，2mm 左右厚的微球吸波体在 8～18GHz，吸收可达 10～20dB[120]。该吸波体的结构示意图如图 7.5.2 所示，图 7.5.2(a) 为结构示意图，图 7.5.2(b) 为单个空心球及吸波剂在表面分布状况示意图。

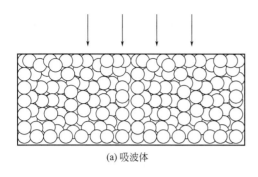
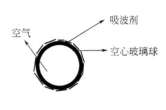

(a) 吸波体   (b) 空心球的结构示意图

图 7.5.2　空心玻璃球吸波体示意图

空心球是硅酸盐高温发泡制成的。制成后再涂上吸波剂，吸波剂可与黏结剂调匀后黏附其上，也可采用喷射多层薄膜或热浸镀一层导电膜。这是另一类谐振腔式吸波体。笔者最近几年一直从事谐振式吸波体的设计与研究，发现这类吸波体具有下述特征。

① 频率特性的可控性。随着空心球直径 R 的增大，吸收频率逐渐移向低频。即是说，吸收频率是由透波材料及其结构尺寸控制的。

② 吸收效能。随着吸波剂含量的提高，吸收效能逐渐增大；在谐振腔尺寸确定后，吸收效能是由谐振腔的功能和吸波剂的多少所控制的。

③ 节省吸波剂。与均匀混合的板状吸波体相比，其吸收剂的用量可减少 50% 以上。这里隐含着谐振腔具有储存电磁波，并不断振荡多次使电磁波被吸波剂消耗的功能。

这样的吸波体具有真正意义上的可设计性，只需给出透波材料的 μ_1，ε_1，$\tan\delta_1$，谐振腔直径 d 和吸波剂的 μ_2，ε_2，ρ_2 之后，在吸波剂微粒大小固定的情况下，可以设计出不同厚度具有多种频率和吸波效能的单层吸波体。这是过去依据传输线理论的设计无法实现的。

7.5.2　谐振腔的稳定性

从平板式开放谐振器到空心球谐振腔，只是平板的曲率半径发生变化，由平板的曲率半径∞变为球的曲率半径 $d/2$，其结构具有的谐振功能并没有本质变化。当然，作为微波元件所要求的稳定性有了很大变化，从容易做到稳定变为不稳定的过渡。如果谐振球制作的稍不规范或遇到轻微扰动，谐振球的稳定性将受到破坏，其损耗将大大增加，这一点正是吸波体所需要的。换句话说，微波线路所需要的谐振腔是低耗或无耗的稳定谐振腔，而具有谐振功能的吸波体需要的则是损耗大的不稳定的谐振器。

关于稳定性的讨论借用微波技术中经常使用的图解加以说明[119]。

设平板谐振腔中两平板之间的距离为 d，当两平板逐渐改变曲率时，R_1，R_2 分别表示两曲面平板的曲率半径，如图 7.5.3 所示从几何光学可以得到开放式谐振腔的稳定条件：

$$0 \leqslant \left(1 - \frac{d}{R_1}\right)\left(1 - \frac{d}{R_2}\right) \leqslant 1 \tag{7.5.1}$$

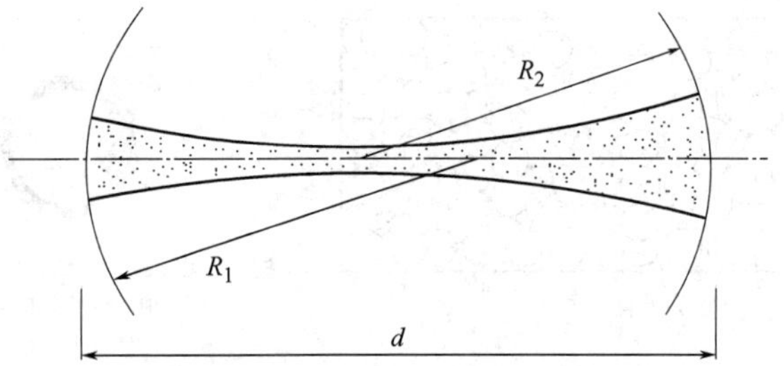

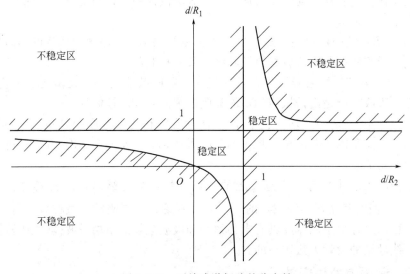

图 7.5.3　球面镜开放式谐振腔

从式(7.5.1) 可知这是一条中心在原点的双曲线，其渐近线分别为 $d/R_1 = 1$，$d/R_2 = 1$。图 7.5.4 给出了谐振腔的稳定区域和非稳定区域，如图 7.5.4 所示。

图 7.5.4　开放式谐振腔的稳定性

图 7.5.4 阴影区为谐振器的稳定区，其余面积均为不稳定区域。平板结构和空心球结构的稳定点位于（0，0）和（2，2）点，均位于稳定与不稳定区域的交界处。这对于微波器件来说，对产品的几何特征提出了极高的要求。只有进入稳定区才能降低对加工精度的限制；但是，对于吸波体来说，位于交界处不仅是可以接受的，同时，还可以收到工作在非稳定区域时损耗增大的效果。这就为空心球吸波体提供了理论依据。

单个谐振器在微波导行系统中是没有用途的，在吸波体中更是如此，我室研究的空心球谐振式吸波体是成千上万个空心球构成的复杂系统。电磁波从一个空心球传播到另一空心球是通过耦合（又称激励）进行的，耦合方式有电耦合和磁耦合两种，其实现形式是多种多样的。最具代表性的是经小孔耦合方式，称为磁耦合；以针状导电体实现耦合的为电耦合。由于空心球相互之间的连接是通过透波性良好的黏结剂与吸波性导电粉末均匀混合所填充，大量的中间耦合方式或复合耦合方式会广泛存在。无论耦合是何种方式或是多么复杂，只要保证黏结剂具有透波性和吸波剂具有导电性，耦合过程总是可以实现的。

空心球谐振器的吸波效能是由两部分构成的：首先是来自空气球内电磁波振荡的损耗。由于空气球外表面涂有均匀的由粉末构成的导电薄膜，电磁波在空心腔内来回反射形成电磁振荡，空心球介质损耗和导电薄膜的电损耗使电磁波呈衰减之势。其损耗大小与导电薄膜的表面电阻有关，同时也与空心球介质的损耗角正切有关。损耗之二来源于耦合过程，由于耦合方式的多样性和复杂性，其耦合过程不能用一种简单模式描述。但是，从我们的实验里已经知道，耦合过程损耗远不及振荡损耗所占的比例。其损耗与透波黏结剂和吸波剂所占百分比及其各自物性参数 ε，μ，ρ 及其分布有关。

7.5.3 谐振腔的特性与参数$(f_{\text{eff}}, f \, \text{及} \, Q)$[119]

（1）多谐性

从广义而言，任何形状的电壁或磁壁式围成的有限空间，电磁波在其中产生振荡的腔体都可以称为谐振器（microwave resonaters）。国内外的教科书中给出了三种典型的形状：长方体、圆柱体和球体谐振器。实际上，在微波领域应用的谐振器是多种多样的，远不止这三种。为了更具普遍意义，我们先讨论内部无源的任意形状的谐振腔的基本特征。

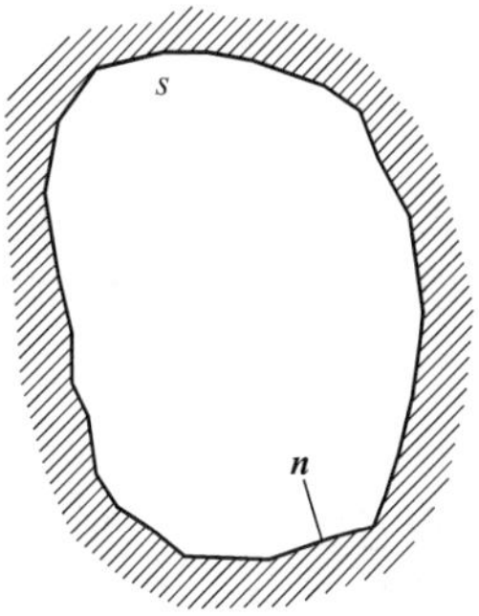

图 7.5.5　内部无源的任意形状谐振腔

图 7.5.5 为一无源任意形状的谐振腔，其体积为 v，表面积为 s，表面为理想的导体构成，$\boldsymbol{n}$ 为电壁单位的法向矢量。内部充填空气或理想介电材料，其电导率 $\sigma = 0$。其内部的电磁场满足下述麦克斯韦方程：

$$\nabla \times \boldsymbol{E} = -\mu \frac{\partial \boldsymbol{H}}{\partial t}$$

$$\nabla \times \boldsymbol{H} = +\varepsilon \frac{\partial \boldsymbol{E}}{\partial t} \qquad (7.5.2)$$

$$\nabla \cdot \boldsymbol{E} = 0$$

$$\nabla \cdot \boldsymbol{H} = 0$$

在 s 面上的边界条件为：

$$\boldsymbol{E} \cdot \boldsymbol{n} = 0 \qquad (7.5.3)$$

$$\boldsymbol{H} \cdot \boldsymbol{n} = 0$$

可导出 v 内电磁场的波动方程为：

$$\nabla^2 \boldsymbol{E} - \mu\varepsilon \cdot \frac{\partial^2 \boldsymbol{E}}{\partial t^2} = 0 \qquad (7.5.4)$$

$$\nabla^2 \boldsymbol{H} - \mu\varepsilon \cdot \frac{\partial^2 \boldsymbol{H}}{\partial t^2} = 0$$

对于方程式(7.5.4)，用分离变量法进行求解。对于电场，设 $E=E(r)T(t)$，并代入式(7.5.4) 中的第一式，得

$$\frac{\nabla^2 E(r)}{E(r)} - \mu\varepsilon\frac{T''(t)}{T(t)} = 0 \tag{7.5.5}$$

显然使式(7.5.5) 成立，每项应为常数。分离变量后可得

$$T''(t) + \omega_i^2 T(t) = 0 \tag{7.5.6}$$

$$\nabla E(r) + K_i^2 E(r) = 0 \tag{7.5.7}$$

式中，ω_i 和 K_i 为分离变量常数，且 $K_i = \omega_i\sqrt{\mu\varepsilon}$，为正实数。上述方程的解为：

$T(t) = A_i e^{j\omega_i t}$，$A_i$ 是由起始条件决定的常数。

E 的通解为：

$$E = \sum_{i=1}^{\infty} E_i(r) A_i e^{j\omega_i t} \tag{7.5.8}$$

从式(7.5.8) 可知，E 有无穷多个工作模式，$E_i(r)$ 为满足边界条件的矢函数。同理，对于磁场 H，可求得：

$$H = \sum_{i=1}^{\infty} H_i(r) B_i e^{j\omega_i t} \tag{7.5.9}$$

B_i 为起始条件决定的常数，H_i 为满足边界条件的矢函数。

从 E，H 的通解中，我们不难看出，微波谐振腔中可以存在无穷多个不同振荡模式的电磁波，不同的振荡模式对应着不同的振荡频率。同时，式(7.5.8) 与式(7.5.9) 之间有：

$$A_i = -j\eta B_i \tag{7.5.10}$$

式中，$\eta = \sqrt{\dfrac{\mu}{\varepsilon}}$ 是介质的波阻抗。

对于任一自由振荡模式，其最大电场储能等于其磁场储能，证明过程详见[119]。

通过以上的分析，我们知道了任意形状的谐振器具有多谐性，即可以有无穷多个谐振模式，每一谐振模式对应着一个谐振频率。这一点对于谐振型吸波体是非常重要的。对于现在各国普遍使用的泡沫塑料基体的角锥形吸波体，尽管它是介质波导型吸波体，但由于其自身的多孔性也或多或少地可以找到谐振的影子，仔细研究其反射系数随频率的变化曲线，是可以发现在某些频率处（孔径分布集中的某些尺寸）有谐振的因素。从式(7.5.8) 和式(7.5.9) 还可以知道，其电场和磁场都是正弦场，这在多孔泡沫角锥中也可以找到，其典型的反射系数随频率的变化如图 7.5.6 所示。

而具有闭孔结构的谐振球堆积成的角锥（在第 9 章中专门讨论中称为谐振群吸波体），其谐振特性非常明显，具有无穷多个吸收峰值，而且其吸收效能更为突出。其典型特征示于图 7.5.7 中。

比较图 7.5.6 和图 7.5.7 很快就可以发现，开放式孔型泡沫塑料吸波体与含有等量吸波剂（碳粉）的谐振群吸波体的吸波效能（以 dB 表示）有明显差别，由低频的 4～5dB 到高频 18GHz 的 10～15dB 不等；在谐振群吸波体中，其正弦振荡的趋势较明显，而泡沫吸波体的振荡较小；此外，谐振群的吸收峰普遍大且宽，而泡沫塑料吸波体的吸收峰较小且少。因此，我们把具有闭孔结构的空心球做成的吸波体归入谐振型吸波体，而把泡沫塑料做成的吸波体视为介质波导型吸波体。

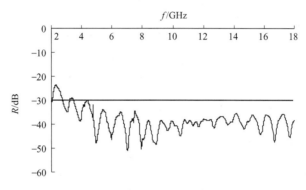

图 7.5.6　400mm 角锥体的反射系数

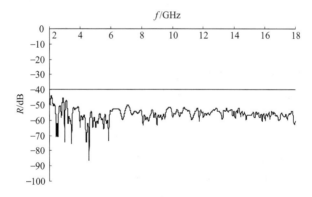

图 7.5.7　谐振群吸波体的反射系数

（2）谐振（频率）波长 λ_0 与损耗

微波技术中使用的谐振器多是单模工作的谐振腔，并且要求损耗最小。但是，对于吸波体来说，正好与之相反，要求吸波体中的谐振腔最好以多模甚至是无穷多个模式工作，这样可有宽频吸收效果。与此同时，要求谐振腔的损耗越大越好。多年来，我们研究的谐振群吸波体是由几万到几百万个空心塑料球，在其表面涂敷一层导电粉（Fe，Ni，C），构成了谐振腔的电壁；也可以涂上磁性材料粉体（如铁氧体）构成磁壁。以下的分析以电壁为例来进行。由于球形谐振腔的推导很复杂，我们以任意形状的谐振腔来分析其谐振波长和损耗。这一任意形状的谐振腔是在任意形状的长波导上截取一段，然后将其两端以同质的金属导体封闭而成的，如图 7.5.8 所示。

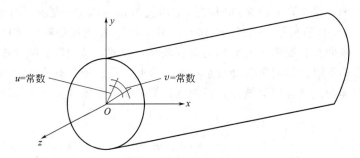

$u=$常数 $v=$常数

图 7.5.8   从任意形状的波导中截取的谐振腔

在原波导系统中，电磁波没 z 向传播，其相位常数 β 是连续的，即在 z 向不形成驻波，或者说沿 z 向具有谐振性。当两端封闭之后，z 向也呈驻波分布，腔的长度 L 表示为 $L=P\dfrac{\lambda_g}{2}$，$P=1,2,3,\cdots$

式中，λ_g 为原波导的波长。因此，$\beta=\dfrac{P\pi}{L}$，$P=1,2,3,\cdots$ (7.5.11)

在导行系统中，可以得到：

$$K^2=K_u^2+K_v^2+K_z^2=K_c^2+\beta^2 \tag{7.5.12}$$

将式(7.5.11) 代入式(7.5.12)，封闭式波导谐振腔的波长表示为：

$$\lambda_0=\frac{1}{\sqrt{\left(\dfrac{1}{\lambda_c}\right)^2+\left(\dfrac{P}{2L}\right)^2}}=\frac{1}{\sqrt{\left(\dfrac{1}{\lambda_c}\right)^2+\left(\dfrac{1}{\lambda_g}\right)^2}} \tag{7.5.13}$$

式中，λ_c 为波导的截止波长，它是与导行系统的形状和尺寸有关的量。

从式(7.5.13) 不难看出，任意形状的谐振腔的谐振波长不仅与形状有关，而且与其工作模式有关。从 7.5 节（1）中，我们已经得知任意形状的谐振腔具有多模性，因此，此类的谐振腔具有宽频特性是可以期待的。

谐振腔的功率损耗在微波技术中是以品质因数 Q_0（quality factor）来表示的，它定义为谐振腔的储能与损耗之比，即

$$Q_0=2\pi\frac{W}{W_c}=W_0\frac{W}{P_c} \tag{7.5.14}$$

式中，W 为腔中存储的能量，W_c 为谐振腔一周期损耗的能量，P_c 为一周期的平均损耗功率。

谐振腔内存储的不仅有电场能还有磁场能，所以

$$W=W_e+W_m=\frac{1}{2}\int_v\mu(H)^2\mathrm{d}v \tag{7.5.15}$$

$$P_L=\frac{1}{2}\oint_s|J_s|^2R_s\mathrm{d}s=\frac{1}{2}R_s\oint_s|H_{\tan}|^2\mathrm{d}s \tag{7.5.16}$$

式中，R_s 为表面电阻率，$H_{\tan}$ 为场线方向磁场。

将式(7.5.16)，式(7.5.15) 代入式(7.5.14)，得到

$$Q_0 = \frac{\omega_0 \mu}{R_s} \frac{\int_v |H|^2 \mathrm{d}v}{\oint_s |H_{\tan}|^2 \mathrm{d}s} = \frac{2}{\delta} \frac{\int_v |H|^2 \mathrm{d}v}{\oint_s |H_{\tan}|^2 \mathrm{d}s} \tag{7.5.17}$$

式中，δ 为电壁的趋肤深度。

在实践中已经掌握了谐振腔的电壁附近的切线磁场总是大于腔内部的磁场的事实。如果令 $|H_{\tan}|^2 = 2|H|^2$，则可以得到

$$Q_0 \cong \frac{1}{\delta} \cdot \frac{v}{s} = \frac{1}{\delta \cdot s_{比}} \tag{7.5.18}$$

式中，$s_{比} = \dfrac{s}{v}$，是谐振腔电壁的比表面面积，它与电磁场的参数无关，而仅与谐振腔的大小和形状有关。

式(7.5.18) 这一粗略近似对于分析问题非常方便。从中可见，谐振腔的品质因数是与电壁的趋肤深度和比表面积成反比的。这即是说比表面积 $s_{比}$ 愈大，Q_0 就愈小，即损耗就愈大。这与式(7.5.16) 所表示的损耗是完全一致的。在式(7.5.16) 中，R_s 与电磁波振荡方向的表面积之积为电阻，比表面积 $s_{比}$ 愈大则其电壁电阻就愈大，功率损耗将愈大。但是，式中的 δ 却是一个与频率有关的量，随频率的升高 δ 变小。δ 的微小变化赶不上频率增加引起的多次振荡对损耗的贡献，这与暗室用吸波体所观测到的实验结果是完全一致的。低频损耗是高分子基体的各类角锥体的薄弱环节，要提高高分子吸波体的低频损耗，应采用添加铁氧体的锥体或是导电与导磁粉体搭配而成的复合吸波体。

（3）谐振腔电壁的厚度 D

微波技术基础中，谐振腔的厚度 $D \geqslant \delta$。谐振腔的工作是由电场或是磁场引入的耦合激发的。对于吸波体来说，过厚的电壁显然会引起较多的反射，这是设计者所不希望看到的。因此，谐振腔的壁厚必须加以限制。考虑到吸波体中的谐振腔的多腔性，而使所有谐振腔都能工作，谐振腔的厚度以 $D < \delta$ 为宜。这样一来，由多个谐振腔组成的谐振群在电磁场中既是一个导波系统，让各种频率的电磁波都能通过；它又是一个谐振群，进入腔体的电磁波经历了初次电阻性损耗之后在腔内振荡时还要经历第二次第三次甚至是多次电损耗。这就是闭孔谐振群与开孔泡沫吸波体在吸波效果上具有明显差别的原因。开孔的泡沫吸波体更具波导性质，它产生的损耗主要是波导腔引起的电磁损耗。而 $D < \delta$ 的谐振群，不仅具有导行系统的特征，还呈现出谐振腔多次振荡产生的多次损耗的特征。

在 $D < \delta$ 的情况下，腔内的电磁波是否会轻而易举地传出谐振腔呢？这是人们很自然就会考虑到的问题。诚然，进入谐振腔的电磁波是有传出谐振腔的概率的。但是，当电磁波初次传入腔内时已经历了输入端电壁的损耗，在到达电壁的另一端时还将受到一次吸收，若此时电磁波的能量振幅仍有传出电壁的可能的话，其所能传出的也仅仅是仍然沿着原来传播方向的回波并与后继波相叠加的部分电磁波。由于谐振群采用球形腔，球体内表面的散射将会降低回波在初次波进

入方向的分量。至少可以说，进入谐振腔内的电磁波传出谐振腔要比经过同样形状的开孔波导在输入和输出端多两次损耗。

7.5.4　谐振球

谐振球在吸波体中已应用多年，半径为 a 的空心球壳若为导电层，它就构成了一个典型的谐振球。在球坐标系 $(r，\theta，\phi)$ 中，没有直角坐标的 z 轴，r 就是系统的纵向，而 $\theta，\phi$ 为横向。因此，$E_r=0$ 时为 T_E 模，$H_r=0$ 为 T_M 模。

球坐标的亥姆霍兹方程，以 ϕ_e 为例

$$\frac{1}{r^2}\frac{\partial}{\partial r}\left(r^2\frac{\partial\phi_e}{\partial r}\right)+\frac{1}{r^2\sin\theta}\times\frac{\partial}{\partial\theta}\left(\sin\theta\frac{\partial\phi_e}{\partial\theta}\right)+\frac{1}{r^2\sin^2\theta}\times\frac{\partial^2\phi_e}{\partial\phi^2}+K^2\phi_e=0 \qquad (7.5.19)$$

但是方程 $\nabla^2\phi_e+K^2\phi_e=0$

式中 $\nabla^2=\frac{1}{r^2\sin\theta}\times\frac{\partial}{\partial\theta}\left(\sin\theta\frac{\partial}{\partial\theta}\right)+\frac{1}{r^2\sin^2\theta}\times\frac{\partial}{\partial\phi^2}$，因此，式(7.5.19) 改写为

$$\frac{\partial^2\phi_e}{\partial r^2}+\frac{1}{r^2\sin\theta}\times\frac{\partial}{\partial\theta}\left(\sin\theta\frac{\partial\phi_e}{\partial\theta}\right)+\frac{1}{r^2\sin^2\theta}\times\frac{\partial^2\phi_e}{\partial\phi^2}+K^2\phi_e=0 \qquad (7.5.20)$$

在式(7.5.20) 中令 $\phi_e=rF$

$$\frac{\partial^2\phi_e}{\partial r^2}=\frac{1}{r}\times\frac{\partial}{\partial r}\left(r^2\frac{\partial F}{\partial r}\right)$$

则式(7.5.20) 变为

$$\frac{1}{r}\cdot\frac{\partial}{\partial r}\left(r^2\frac{\partial F}{\partial r}\right)+\frac{1}{r^2\sin\theta}\times\frac{\partial}{\partial\theta}\left(\sin\theta\frac{\partial F}{\partial\theta}\right)+\frac{1}{r^2\sin^2\theta}\times\frac{\partial^2 F}{\partial\phi^2}+K^2 F=0 \qquad (7.5.21)$$

令 $F=R(r)\Theta(\theta)\phi(\varphi)$，用分离变量法求解式(7.5.21)，最后可以解得场的各分量 E_r、E_ϕ、E_θ、H_r、H_θ、H_ϕ。

$$\left.\begin{aligned}
E_r&=\frac{\partial^2\phi_e}{\partial r^2}+K^2\phi_e\\[6pt]
E_\phi&=\frac{1}{r\sin\theta}\times\frac{\partial^2\phi_e}{\partial\phi\,\partial r}+\frac{j\omega\mu}{r}\times\frac{\partial\phi_m}{\partial\theta}\\[6pt]
E_\theta&=\frac{1}{r\sin\theta}\cdot\frac{\partial^2\phi_e}{\partial\phi\,\partial r}+\frac{j\omega\mu}{r}\times\frac{\partial\phi_m}{\partial\theta}\\[6pt]
H_r&=\frac{\partial^2\phi_m}{\partial r^2}+K^2\phi_m\\[6pt]
H_\theta&=\frac{1}{r}\times\frac{\partial\phi_m}{\partial\theta\,\partial r}+\frac{j\omega\mu}{r\sin\theta}\times\frac{\partial\phi_e}{\partial\phi}\\[6pt]
H_\phi&=\frac{1}{r\sin\theta}\times\frac{\partial^2\phi_m}{\partial\phi\,\partial r}-\frac{j\omega\mu}{r}\times\frac{\partial\phi_e}{\partial\theta}
\end{aligned}\right\} \qquad (7.5.22)$$

式(7.5.22) 中，μ，ε 为球壳导电层的导磁率和介电常数，m 为整数，m 的取值范围反映了谐振球的多谐性。

半径为 a 的球壳上，场量满足的边界条件是 $E_\theta=0$，$E_\phi=0$ 因此，对 T_M 模有

$$\frac{\mathrm{d}}{\mathrm{d}r}\left[\sqrt{r}J_{n+\frac{1}{2}}(Kr)\right]_{r=a}=0 \tag{7.5.23}$$

对于 T_E 模有

$$J_{n+\frac{1}{2}}(Kr)\Big|_{r=a}=0 \tag{7.5.24}$$

设 x_{np} 是 $J_{n+\frac{1}{2}}(x)=0$ 的第 p 个根，x'_{np} 是 $J'_{n+\frac{1}{2}}(x)=0$ 的第 p 个根，其值可以从表 7.5.1 和表 7.5.2 中查出。

则 $T_{E_{nmp}}$，其谐振频率为

$$f_{nmp}=\frac{\omega_{nmp}}{2\pi}=\frac{K_{np}}{2\pi\sqrt{\mu\varepsilon}}=\frac{x_{np}}{2\pi a\sqrt{\mu\varepsilon}} \tag{7.5.25}$$

对于 $T_{M_{nmp}}$ 模，其谐振频率为：$f_{nmp}=\dfrac{x'_{np}}{2\pi a\sqrt{\mu\varepsilon}}$ （7.5.26）

无论 $T_{E_{nmp}}$ 模还是 $T_{M_{nmp}}$ 模，其谐振频率和 m 无关。所以谐振腔中的模式是简并的，为 n 重简并。当 $m\neq0$ 时可以有 $\sin m\varphi$ 和 $\cos m\varphi$ 两种模式存在。

式(7.5.25) 和式(7.5.26)对谐振球来说是有重要价值的。如果是以谐振球构成的吸波体，能够发生谐振的频率是吸收峰最大的地方，因为电磁波在其内部的反复振荡势必引起反复的吸收。而且其最低模式的振荡也将给出这类吸波体的截止频率。从这一点可以看出，由谐振球构成的吸波体的频宽是可以设计的。其谐振频率是与 $a\sqrt{\mu\varepsilon}$ 成反比，加上这类谐振腔的多谐性，可以期待这类吸波体的吸收效能是相当优秀的。在计算谐振频率时，需要从表 7.5.1 和表 7.5.2 中找到与电磁波的谐振模式相对应的贝塞尔函数的根 x_{np} 或 x'_{np}。

表 7.5.1　$J_{n+\frac{1}{2}}(z)$ 的零点 x_{np}

n \ p	1	2	3	4
0	4.493	7.725	10.904	14.066
1	5.763	9.905	12.323	15.515
2	6.988	10.417	13.698	16.924
3	8.813	11.705	15.040	18.301
4	9.356	12.967	16.355	19.653

表 7.5.2　$J'_{n+\frac{1}{2}}(z)$ 的零点 x'_{np}

n \ p	1	2	3	4
0	2.744	6.117	9.317	12.486
1	3.870	7.443	10.713	13.921
2	4.973	8.722	12.064	15.314
3	6.062	9.968	13.380	16.674
4	7.140	11.189	14.670	18.009

参考文献

[1]　Emerson W H. Electromagnetic wave absorbers and anechoic chambers through the years. IEEE

Trans on Antennas and Propagation, 1973, 21 (4): 484-490.

[2] 阮颖铮, 等. 雷达截面与隐身技术. 北京: 国防工业出版社. 1998: 269-298.

[3] Nohara E L, Miacci M A S, Peixoto G G, et al. Radar cross section reduction of dihedral and trihedral corner reflectors coated with radar absorbing materials (8~12 GHz). Proceedings SBMO /IEEE MTT-S IMOC, 2003, 1: 479-484.

[4] Tkalich N V, Mokeev Yu G, Onipko A F, et al. Absorbing-and-diffusing coating. International Conference on Antenna Theory & Techniques, 2003: 677-678.

[5] 邢丽英. 隐身材料. 北京: 化学工业出版社, 2004: 5, 91.

[6] Varadan V K. Design of ferrtite-impregnated plastics (PVC) as microwave absorbers IEEE Trans. On Microwave Theory and Techniques, 1986, 34 (2): 251.

[7] Jaggard D L, Liu J C, Sun X. Spherical chiroshield. Electronics Letters, 1991, 27 (1): 77-79.

[8] 高焕方, 陈一农, 张捷, 等. 吸波涂料的研究现状. 表面技术, 2003, 32 (5): 1-3.

[9] 赵东林, 周万城. 结构吸波材料及其结构型式设计. 兵器材料科学与工程, 1997, 20 (6): 53-57.

[10] Roy N. Berechnung und Messung von dunnen Einschicht- und Zweischichtabsorben fur elektromagnetische Wellen im Frequenzbereich von 4~200 MHz. Z Angew Phys, 1965, 19 (4): 303-310.

[11] Naito E, Suetake K, Matsumura H, et al. Matching frequencies of ferrite-based microwave absorbers. Densi Tsuin Gakkai Rombunsi, 1969, 52B (7): 398-404.

[12] Amin M B, James J R. Techniques for utilization of hexagonal ferrites in radar absorbers. Radio Electron Eng, 1981, 51 (5): 209-225.

[13] Mottahed B D, Manoochehri S. A review of research in materials, modeling and simulation, design factors, tesing and measurements related to electromagnetic interference shielding. Polym-Plast Techno Eng, 1995, 34 (2): 271-346.

[14] 曲东才. 雷达隐身与反隐身技术. 航空电子技术, 1997, (3): 21-26.

[15] 冯林, 陆丛笑. 新型宽频带吸波涂层研究. 电子科学学刊, 1992, 14 (6): 618-623.

[16] Terracher F, Berginc G. Thin electromagnetic absorber using frequency selective surfaces. Antennas and Propagation Society International Symposium, IEEE, 2000, 2: 846-869.

[17] Ruck G T, Barrick D E, Stuart W D, et al. Radar Cross Section Handbook. New York: Plenum Press, 1970, 2: 616-622.

[18] Fante R L, Mccormack M T. Reflection properties of the Salisbury screen. IEEE Trans on Antennas and Propagation, 1988, 36 (10): 1443-1452.

[19] Lederer P G. Modeling of practical Salisbury screen absorbers. Low Profile Absorbers & Scatterers, IEEE Colloquium on, 1992: 1-4.

[20] Liu J C, Ho S S, Bor S S, et al. Tchebyshev approximation method for Salisbury screen design. Microwaves, Antennas & Propagation, IEE Proceedings H, 1993, 140 (5): 414-416.

[21] Chambers B. Optimum design of a Salisbury radar absorber. Electronics Letters, 1994, 30 (16): 1353-1354.

[22] Chambers B, Tennant A. Characteristics of a Salisbury radar absorber covered by a dielectric skin. Electronics Letters, 1994, 30 (21): 1797-1799.

[23] Chambers B. Symmetrical radar absorbing structures. Electronics Letters, 1995, 31 (5): 404-405.

[24] 赵东林, 周万成. 涂敷型吸波材料及其涂层结构设计. 兵器材料科学与工程, 1998, 21 (4): 58-62.

[25] 李清亮, 焦培南, 葛德彪. 具有隐身结构飞机短波散射截面. 电波科学学报, 1999, 14 (1): 31-35.

[26] 曲东才. 隐身巡航导弹的发展及主要隐身技术分析. 中国航天, 2000, (10): 40-45.

[27] Jaggard D L, Engheta N. ChirosorbTM as an invisible medium. Electronics Letters, 1989, 25 (3): 173-174.

[28] 于仁光, 乔小晶, 张同来, 等. 新型雷达波希波材料研究进展. 兵器材料科学与工程, 2004, 27 (3): 63-66.

[29] 刘列, 张明雪, 胡连成. 吸波涂层材料技术的现状和发展. 宇航材料工艺, 1994, (1): 1-9.

[30] 赵鹤云, 项金钟, 吴兴惠. 电磁污染与电磁波吸收材料. 云南大学学报（自然科学版）, 2002, 22 (1A): 58-62.

[31] 王伟力. 隐身技术发展动态. 飞航导弹, 2001, (1): 26-29.

[32] Sung C, Ro R, Chang Y. Scattering characteristics of the chiral slab for normally incident longitudinal elastic waves. Wave Motion, 1999, 30 (2): 135-42.

[33] Varadan, et al. Electromagnetic shielding and absorptive materials: US 4948922. 1990.

[34] 徐生求, 段永法. 新型吸波材料的研究现状与展望. 空军雷达学院学报, 2001, 15 (1): 45.

[35] Liao S B, Yin G J. Reflection of a chiral plate absorber. Appl Phys Lett, 1993, 62 (20): 2480-2482.

[36] Lakhtakia A, Varadan V V, Varadan V K. A parametric study of microwave reflection characteristics of a planar Achiral-Chiral interface. IEEE Trans on Electromagnetic Compatibility, 1986, 28 (2): 90-95.

[37] 崔作林, 郝春成, 董立峰, 等. 导电螺旋手征吸波剂的可控制备及毫米波吸波涂料. 隐身技术, 2000, (2): 25-27.

[38] 万梅香, 李素珍, 李军朝, 等. 新型导电聚合物微波吸收材料的研究. 宇航材料工艺, 1989, (4-5): 28-32.

[39] 施冬梅, 邓辉, 杜仕国, 等. 雷达隐身材料技术的发展. 兵器材料科学与工程, 2002, 25 (1): 64-67.

[40] Courric S. Electromagnetic properties of poly (p-phenylene-vinylene) derivatives. Polymers for Advanced Technologies, 2000, 11 (6): 273-279.

[41] 王结良, 黄英, 梁国正, 等. 雷达吸波涂层用材料的研究进展. 现代涂料与涂装, 2003, (2): 28-31.

[42] Grigorevich Stepanov Y. Antiradar camouflage: AD733507.

[43] 冯永宝, 丘泰, 张明雪, 等. 涂敷型雷达吸波材料研究进展. 材料导报, 2003, 17 (12): 56-58.

[44] 王少敏, 高建平, 于九皋, 等. 大分子视黄基席夫碱盐微波吸收剂的制备. 宇航材料工艺, 2000, (2): 51.

[45] 邢丽英, 刘俊能. 电阻渐变型结构吸波材料的研究与进展. 航空材料学报, 2000, 20 (3): 187-91.

[46] 李凡. Jaumann吸波结构的研究. 航天电子对抗, 1994, (1): 38-41.

[47] Toit L J du, Cloete J H. A design process for Jaumann absorbers. Antennas & Propagation International Symposium, 1989, 3: 1558-1561.

[48] Toit L J du, Cloete J H. Advances in the design of Jaumann absorbers. Antennas & Propagation International Symposium, 1990, 3: 1212-1215.

[49] 李轶, 徐劲峰, 徐政. 吸波纤维研究进展. 现代技术陶瓷, 2005, (1): 24-29.

[50] 华宝家, 肖高智, 杨建生, 等. 碳纤维在结构隐身材料中的应用研究. 宇航材料工艺, 1994, (3): 31-34.

[51] Kukele F. Carbon fibers-a review. High Temperature-High Pressure. 1990, (22): 239-266.

[52] 李萍, 陈绍杰, 朱珊, 等. 复合隐身材料的研究和发展. 飞机设计, 1994, (1): 29-34.

[53] 张常泉. 国外结构吸波材料在巡航导弹上的应用. 宇航材料工艺, 1987, (3): 6-9.

[54] Park J B, Okabe T, Takeda N, et al. Electromechanical modeling of unidirectional CFRP compos-

ites under tensile loading condition. Composites：Part A, 2002, 33：267-275.

[55] 王钧, 刘东, 王翔, 等. 碳纤维在功能复合材料中的应用. 国外建材科技, 2002, 23 (2)：6-8.

[56] 赵东林, 沈曾民. 吸波 C 纤维和 SiC 纤维的制备及其微波电磁特性. 宇航材料工艺, 2001, (1)：4-9.

[57] Yajima S, Okamura K, Omori M. Synthesis of continuous silicon carbide fibers with high tensile strength. J Am Ceram Soc, 1976, 59 (7-8)：324.

[58] Yajima S, Hayashi J, Omori M. Ger offen：2657685. 1978-05.

[59] Toshiratsu I. Recent development of the SiC fiber Nicalon and its composite, including properties of the SiC fiber Hi-Nicalon for ultra-high temperature. Composite Sci & Tech, 1994, 51 (2)：135.

[60] Narisawa N, Itoi Y, Okamura K. Electrical resistivity of Si-Ti-C-O fibers after rapid heat treatment. J Mater Sci, 1995, 30：3401.

[61] Yamamura T, Ishikawa T, Shibuya M. Electromagnetic wave absorbing material：US, 5094907. 1992-03.

[62] 余煜玺, 李效东, 曹峰, 等. 先驱体法制备含异质元素 SiC 陶瓷纤维的现状与进展. 硅酸盐学报, 2003, 31 (4)：371-375.

[63] 王军, 宋永才, 冯春祥. 掺混型碳化硅纤维微波吸收剂的制备. 宇航材料工艺, 1997, (4)：61-64.

[64] 王军, 宋永才, 冯春祥. 含镍碳化硅纤维的制备及其雷达波吸收特性. 国防科技参考, 1997, 18 (4)：57-60.

[65] 王军, 宋永才, 冯春祥, 等. 掺混型碳化硅纤维及其微波吸收特性. 材料工程, 1998, (5)：41-44.

[66] 王军, 陈革, 宋永才, 等. 以异型碳化硅纤维为吸收剂的结构吸波材料设计. 材料工程, 2002, (7)：27-29.

[67] 王军, 陈革, 王应德, 等. 具有雷达吸波功能的碳化硅纤维的制备. 材料研究学报, 2000, 14 (4)：363-366.

[68] 王军, 王应德, 王娟, 等. 异型截面碳化硅纤维的制备及其雷达吸波特性. 功能材料, 2000, 31 (6)：628-630.

[69] 王应德, 冯春祥, 王娟, 等. 具备吸收雷达波功能的三叶型碳化硅纤维研制. 复合材料学报, 2001, 18 (1)：42-45.

[70] Mittra R, Chan C C, Cwik T. Techniques for analyzing frequency selective surfaces：a review. Pro of IEEE, 1988, 76 (12)：1593-1615.

[71] 卢俊, 高劲松, 孙连春. 频率选择表面及其在隐身技术中的应用. 光机电信息, 2003, (9)：1-8.

[72] 沈忠祥, 华荣喜, 张新年. 十字形偶极子频率选择表面的电磁散射特性. 雷达与对抗, 1994, (1)：36-40.

[73] Jose K A, Sha Y, Varadan V K, et al. FSS embedded microwave absorber with carbon fiber composite. Antennas & Propagation Society International Symposium, IEEE, 2002, 2：576-579.

[74] Bertoni H L, Cheo L S, Tamir T. Frequency-selective reflection and transmission by a periodic dielectric layer. IEEE Trans on Antennas & Propagation, 1989, 37 (1)：78-83.

[75] Chambers B, Ford K L. Tunable radar absorbers using frequency selective surfaces. 11th International Conference on Anennas & Propagation, 2001, 2：593-597.

[76] 武振波, 双层频率选择表面电磁特性数值模拟研究. 电波科学学报, 2004, 19 (6)：663-668.

[77] 冯林, 阮颖铮. 介质层中频率选择表面散射特性分析. 航空学报, 1994, 15 (9)：1122-1125.

[78] 侯新宇, 万伟, 佟明安, 等. 介质损耗对频率选择表面传输特性的影响. 电子科学学刊, 2000, 22 (5)：871-874.

[79] 王焕青, 吕明云, 武哲. 介质加载对频率选择表面传输特性影响的实验研究. 红外与毫米波学报,

2005, 24 (1)：27-30.

[80] Chambers B. Frequency tuning characteristics of an adaptive Jaumann radar absorber incorporating variable impedance layers. Electronics Letters, 1994, 30 (22)：1892-1893.

[81] Ford K L, Chambers B. Tunable single layer phase modulated radar absorber. Eleventh International Conference on Antennas and Propagation, 2001, 2：588-592.

[82] Tennant A. Reflection properties of a phase modulating planar screen. Electronics Letters, 1997, 33 (21)：1768-1769.

[83] Chambers B. Characteristics of modulated planar radar absorbers. Electronics Letters, 1997, 33 (24)：2073-2074.

[84] Tennant A, Chambers B. Experimental phase modulating planar screen. Electronics Letters, 1998, 34 (11)：1143-1144.

[85] Puscasu I, Schaich W, Boreman G D. Resonant enhancement of emission and absorption using frequency selective surfaces in the infrared. Infrared Physics & Technology, 2002, 43 (2)：101-107.

[86] Weile D S, Eric Michielssen. The use of domain decomposition genetic algorithms exploiting model reduction for the design of frequency selective surfaces. Comput Methods Appl Mech Engrg, 2000, 186 (2-4)：439-458.

[87] Arnaud J A. Pelow F A. Resonant grid quasi optical diplexers. The Bell System Technical Journal, 1975, 54 (2)：263-283.

[88] Fulghun D A. Stealth engine advances revealed in JSF designs. Aviation Week & Space Tchnology, 2000, (19)：28-33.

[89] Lee S W, Zarrillo G, Law C L. Simple formulas for transmission through periodic metal grids or plates. IEEE Trans on Antennas & Propagation, 1982, 30 (5)：904-909.

[90] Menzel W. Theory of microstrip lines on artificial periodic substrates. IEEE Trans on Microwave Theory & Techniques, 1999, 47 (5)：629-635.

[91] 邢丽英, 蒋诗才, 李斌太. 含电路模拟结构吸波复合材料. 复合材料学报, 2004, 21 (6)：27-33.

[92] 邢丽英, 蒋诗才, 李斌太. 含电路模拟结构吸波复合材料力学性能研究. 航空材料学报, 2004, 24 (2)：22-26.

[93] Williams T D N. A new ferrite grid absorber for screened rooms. Eighth International Conference on Electromagnetic Compatibility, 1992：220-26.

[94] Kim D Y, Chung Y C. Electromagnetic wave absorbing characteristics if Ni-Zn ferrite grid absorber. IEEE Trans on Electromagnetic Compatibility, 1997, 39 (4)：356-361.

[95] Naito Y, Anzai H, Mizumoto T, et al. Ferrite grid electromagnetic wave absorbers. IEEE International Symposium on Electromagnetic Compatibility. 1993, 2：254-259.

[96] Holloway C L, Delyser R R, German R F, et al. Comparison of electromagnetic absorber used in anechoic and semi-anechoic chambers for emissions and immunity testing of digital devices. IEEE Trans on Electromagnetic Compatibility. 1997, 39 (1)：33-46.

[97] 胡秉科, 周训波. 美军用飞机推进系统上隐身技术的发展及应用. 国际航空, 2001, (6)：54-56.

[98] 杨大灼. 隐形飞机和导弹用吸波涂层. 材料工程, 1987, (4)：44-45.

[99] 易沛, 甘永学. 镀金属碳纤维吸波涂层添加剂的初探. 航空学报, 1991, 12 (12)：655-657.

[100] Neher L K. Nonreflecting background for testing microwave equipment：U S, 2 656 535, 1953-10-20.

[101] Janaswamy R. Oblique scattering from lossy periodic surfaces with application to anechoic chamber absorbers. IEEE Trans on Antennas & Propagation, 1992, 40 (2)：162-169.

[102] 王相元, 朱航飞, 钱鉴, 等. 微波暗室吸波材料的分析和设计. 微波学报, 2000, 16 (4)：389-398.

[103] 王相元，朱航飞，钱鉴，等. 外壳为聚苯乙烯硬泡沫的角锥吸波材料. 电波科学学报，2001，16 (1)：41-44.

[104] Qian J，Wang X Y，Zhu H F，et al. Novel pyramidal microwave absorbers for out-door using. The 5th International Symposium on Antenna，Propagation and EM Theory，2000：347-349.

[105] Holloway C L，Johansson M. Effective electromagnetic material properties for alternating wedges and hollow pyramidal absorbers. 1997 IEEE Antennas and Propagation Society International Symposium. 1997，2292-2295.

[106] Holloway C L，Johansson M，Kuester E F，et al. A model for predicting the reflection coefficient for hollow pyramidal absorbers. 1999 IEEE International Symposium on Electromagnetic Compatibility. 1999，2：861-866.

[107] Kuester E F，Holloway C L. Comparison of approximations for effective parameters of artificial dielectrics. IEEE Trans on Microwave theory & Tech，1990，38 (11)：1752-1755.

[108] Gibbons H T. Design of backing layers for pyramid absorbers to minimize low frequency reflection. University of Colorado at Boulder MS thesis，1990.

[109] 吕述平，刘顺华. 谐振型吸波材料的理论分析与实验研究. 材料科学与工程学报，2005. （已收录）

[110] 吕述平，刘顺华，赵彦波. 新型填充式吸波材料的研究. 功能材料与器件学报，2005. （已收录）

[111] Johansson M，Holloway C L，Kuester E F. Effective electromagnetic properties of honeycomb composites，and hollow-pyramidal and alternating-wedge absorbers IEEE Trans. on Antennas & Propagation，2005，53 (2)：728-735.

[112] 周忠振，周冬柏，张立君，等. 大型空心角锥和微波暗室. 安全与电磁兼容，2004，(2)：32-34.

[113] Park M J，Choi J. Kim S S. Wide bandwidth pyramidal absorbers of granular ferrite and carbonyl iron powders. IEEE Trans on Magnetics，2000，36 (5)：3272-3274.

[114] 何燕飞，龚荣洲，何华辉. 角锥型吸波材料应用新探. 华中科技大学学报（自然科学版），2004，32 (11)：56-58.

[115] Holloway C L，DeLyser R R，German R F，et al. Comparison of electromagnetic absorber used in anechoic and semi-anechoic chambers for emissions and immunity testing of digital devices IEEE Trans on Electromagnetic Compatibility，1997，39 (1)：33-46.

[116] 殷之文. 电介质物理学. 北京：科学出版社，2003：65-68.

[117] 饭田修一，等，张质贤等译. 物理常用数表. 北京：科学出版社，1981：118.

[118] William H，Hayt，Jr. and John A. Engineering Electromagnetics. New York：Back Mc Gnaw Hill Education，2002：484-529.

[119] 廖承恩. 微波技术基础. 西安：西安电子科技大学出版社，2001：148-151.

[120] 胡传炘. 隐身涂层技术. 北京：化学工业出版社，2004：245-254.

第8章 | 吸波体设计原理

电磁波入射至任意形状的吸波体时，在电磁波的入射面或界面都会发生反射、透射（折射）和吸收。从能量观点观察，这一过程必将遵循能量守恒的规则。所谓任意形状的吸收体，既包含具有规则表面的吸波体，也包含不规则表面的特殊形状的吸波体。为了简单起见，我们以平面电磁波入射至平板式吸波体为例来说明电磁波在传输过程中的能量守恒。

如图 8.0.1 所示，入射电磁波的功率密度流以 W_i 表示，离开吸波体表面的电磁波的功率密度流分别以 W_r 和 W_t 表示，其中 W_r 表示离开前表面（入射面）的电磁波功率密度流，而以 W_t 表示离开后表面（透过后表面）的功率密度流，W_a 表示在吸波体内损耗的功率密度。若吸波体为无源的，以吸波体外表面为参照面，即在吸波体的外表面观察时流入

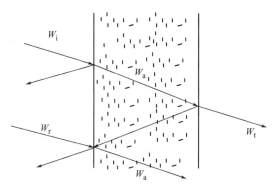

图 8.0.1　平面电磁波入射至平板式
吸波体的功率密度流示意图

（入射进入）的功率密度与流出的和与在吸波体内部被吸收的功率密度之间存在着什么样的关系呢？

8.1　能量守恒原理

吸波体对电磁波的吸收损耗，不仅包含电损耗，还包含磁损耗，涉及的损耗机制不仅在 Maxwell 电磁理论建立伊始尚未清楚，其中的某些损耗机制至今也未查明。为了满足工程设计和研究的需要，不得不寻找易于为工程所接受的能量守恒表达式。下面谈到的标量表达式是我们提出的解决吸波体吸收损耗的一种方法。其中我们仍沿用了数学家高斯在处理通量问题的思路，即把吸波体的整个体积作为研究对象，整个体积中能量的流入、流出关系可以通过吸波体的外表面来观察。这样，对于吸波体来说，流入的能量（或功率）和流出吸波体的能量（或

功率）与通过吸波体外表面所观察到的结果是完全一致的。流入的能量（或功率）与流出的差值为在吸波体内的吸收损耗。这样一来，我们回避了电磁波在吸波体内传输的复杂路径问题。因为实际的吸波体，即使是最简单类型的吸波体，如前面吸波体组成特征中涉及的均匀分布类型，电磁波在内部的传输也是非常复杂的，其中不仅有反射发生，也将有衍射、绕射、透射和吸收的发生，以至于我们无从判断其真实的传输路径。回避电磁波在吸波体内复杂的走向问题，最简单的方法就是在吸波体的外表面观察电磁波流进与流出的总量，从宏观上来把握微观问题。在吸波体的外表面观察流进与流出的总量，也回避了电磁波流入吸波体和流出吸波体的方向问题。只要电磁波流入吸波体，不管它是沿着那个方向流入，我们将其统称为流入电磁波；同理只要电磁波流出其外表面，不管沿着哪个方向，我们统称为流出电磁波，其包含着从外表面流出的反射波和透射波。

将流入外表面的电磁波功率记为 P_i（入射电磁波的功率流）；流出外表面的反射电磁波的功率记为 P_r（反射波的功率流）；流出外表面的透射电磁波的功率记为 P_t（透射波功率流）；吸波体吸收的电磁波的功率流记为 P_a。

根据上述分析，运用能量守恒，可以写出：

$$P_i - P_r - P_t = P_a \text{ 或者 } P_i - (P_r + P_t) = P_a \tag{8.1.1}$$

下面我们定义功率反射系数 r，功率透射吸收系数 t 和功率吸收系数 a。

$r = \dfrac{P_r}{P_i}$，r 为功率反射系数，它与 $R = \dfrac{E_r}{E_i}$ 是不同的；

$t = \dfrac{P_t}{P_i}$，t 为功率透射系数，它与 $T = \dfrac{E_t}{E_i}$ 是不同的；

$a = \dfrac{P_a}{P_i}$，a 为功率吸收系数，显然 a 与电磁波的衰减指数也是不同的。

将式（8.1.1）的两边除以 P_i，可以得到

$$1 - (r + t) = a \tag{8.1.2}$$

式（8.1.2）就是能量守恒运用于吸波体时的标量表达式。式（8.1.2）明确告诉我们，吸波体的功率吸波系数不仅与功率反射系数有关，而且与功率透射系数有关。而且，只有 $(r+t) \to 0$ 时，才能有最大的功率吸收。以往的研究把太多的注意力放在了反射系数上，而没有对透射系数给与足够的重视。实际上，对于吸波体来说，反射系数和透射系数具有同样重要的地位，必须同时兼顾反射与透射系数的变化，才能做到宽频与高吸收的效果。

前面我们已看到 r、t、a 的定义与我们经常用到的反射系数 R、透射系数 T 的不同的一面，同时 r 与 R，以及 t 与 T 之间又有着紧密的联系。

8.2　吸波体中的电磁干涉

探寻发生在吸波体中的干涉现象，需从电磁波与材料的相互作用入手，正如8.1节中的能量守恒的导入一样。试想电磁波入射进材料内部后，在其传输过程中不仅会遇到吸波剂的吸收与反射，还会遇到基体材料（透波剂与介电材料）中

的分子、原子和电子的反射作用。这些反射波和后续的入射波在相位上是相反的，当它们的频率与入射波相同时就会产生干涉现象。因此，干涉现象是与频率密切相关的，即是说在某个或某些频率上发生相消或部分相消现象，加上吸波剂的吸收与频率密切相关，综合作用的结果就是我们在测试中提到的吸波曲线总是随频率而变化的起伏状态。

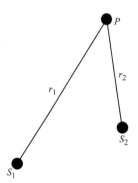

图 8.2.1　电磁波干涉现象示意图

从光程差（波程差）看干涉现象。设空间有两列电磁波，它们具有相同的振幅（包括方向）和相同的频率，分别由 S_1、S_2 两点同时出发，如图 8.2.1 所示，则 t 时刻它们在 p 点的电场强度分别为：

$$E_1 = E_0 \mathrm{e}^{\mathrm{j}(kx_1-\omega t)} = E_0 \cos(kx_1-\omega t) = E_0 \cos(kr_1-\omega t) \tag{8.2.1}$$

$$E_2 = E_0 \mathrm{e}^{\mathrm{j}(kx_2-\omega t)} = E_0 \cos(kx_2-\omega t) = E_0 \cos(kr_2-\omega t) \tag{8.2.2}$$

根据电磁波的叠加原理，P 点的总场强为：

$$\begin{aligned}E = E_1 + E_2 &= E_0 \cos(kr_1-\omega t) + E_0 \cos(kr_2-\omega t)\\ &= E_0[\cos(kr_1-\omega t)+\cos(kr_2-\omega t)]\end{aligned} \tag{8.2.3}$$

式中 $k=\dfrac{2\pi}{\lambda}$ 表示单位距离波的相位变化量，称作相移常数或波数。

根据三角函数关系式，可得：

$$E = E_0 \times 2\cos\pi\frac{r_2-r_1}{\lambda}\cos 2\pi\left(\frac{t}{T}-\frac{r_2+r_1}{2\lambda}\right) \tag{8.2.4}$$

令 $\Delta=r_2-r_1$，称为光程差，所以：

$$E = 2E_0 \cos\pi\frac{\Delta}{\lambda}\cos 2\pi\left(\frac{t}{T}-\frac{r_2+r_1}{2\lambda}\right) \tag{8.2.5}$$

当 $\pi\dfrac{\Delta}{\lambda}=(2n+1)\dfrac{\pi}{2}$ 时，$\cos\pi\dfrac{\Delta}{\lambda}=0$，即 $\Delta=(2n+1)\dfrac{\lambda}{2}$ 时，合成场强为零，振幅最小为零，当 $\pi\dfrac{\Delta}{\lambda}=2n\dfrac{\pi}{2}$ 时，振幅极大值为 $2E_0$。可见，两列波合成后振幅就在 $0\sim 2E_0$ 之间波动，这就表明叠加后的电场强度的振幅在空间的一些地方加强了，在另一些地方减弱了，即产生了电磁波的干涉现象。因此可以得出结论：若两列波发生干涉现象，二者的波程差 Δ 为半波长的奇数倍时会有振幅相消现象。这是吸波体设计者所追求的，振幅增强现象是我们力求避免的。

以吸波体的实测为例，当垂直入射的电磁波进入厚度为 d 的吸波体后，除被吸收剂吸收的电磁能量外，总有透进的电磁波遇到金属板后反射回入射表面，从入射面观察到的入射波与反射波的波程差 $\Delta\geqslant 2d$，当 $\Delta\geqslant 2d$ 时，则 $\Delta=2d=(2n+1)\dfrac{\lambda}{2}$ 时有电磁能量相消现象，即

$$2d = (2n+1)\frac{\lambda}{2} \tag{8.2.6}$$

$$d = (2n+1)\frac{\lambda}{4} \qquad (8.2.7)$$

当电磁波在吸波体中传输时，引入表征介质属性的 ε_r 与 μ_r 后

$$\lambda = \frac{c}{f\sqrt{\varepsilon_r \mu_r}} \qquad (8.2.8)$$

式中，c 为真空的光速。

所以

$$d = (2n+1) \times \frac{c}{4f\sqrt{\varepsilon_r \mu_r}} \qquad (8.2.9)$$

取 $n=0$ 时，式 (8.2.9) 简为

$$d = \frac{c}{4f\sqrt{\varepsilon_r \mu_r}} \qquad (8.2.10)$$

式 (8.2.10) 对吸波体的设计具有指导意义。

除了从光程差可以发现电磁波与材料相互作用时发生干涉现象之外，从相位差出发也能找出干涉现象。

8.3 吸波体的阻抗匹配

阻抗匹配研究的是电磁波与材料之间互相作用时有哪段频率的电磁波以及有多少电磁波能透入吸波材料，或者说有哪段频率的电磁波以及有多少电磁波从吸波体中反射出来。在这里，反射波与透射波是同等重要的。从这一点来说，阻抗匹配的状况或者匹配的程度在吸波体的设计方面有着极其重要的位置，良好的阻抗匹配是吸波体设计者优先要满足的条件。这是吸波材料的科研工作者和生产设计人员达成的共识，从搜集的有关著作和研究论文都一致地肯定了这一点。

阻抗匹配原则来源于电磁波的传输线理论。以双导体为特征的传输线导行电磁波时，其典型物理模型有以下三种，如图 8.3.1 所示。

这三种典型的传输线最突出的特征是它们都是双导体结构。传输线导行的电磁波不仅分布在双导体上，也分布在双导体之间。双导体之间通常为空气或者绝缘性能良好的高分子透波材料。值得一提的是，电磁场的大部分能量是通过透波材料传输的。从物理模型分析，吸波体很难与其具有某种相似性。虽然吸波体的构成也是由导电良好的导电粉、导电纤维、导电薄膜以及绝缘性良好的透波材料组成，但是吸波体中的导体的分布距双导体特征相去甚远。因此，在吸波体设计中要慎用由传输线理论导出的各种结论。但是，当一个双导体传输线与另一个性质不同的双导体连接时，或双导体传输线与一个负相连接时，在接点处产生的反射、透射（传输）和吸收都与性质不同的吸波体组配时在其界面处产生的反射、透射和吸收具有某种相似性。吸波体中的阻抗匹配就是在这种状况下引入的。

如图 8.3.2 所示，长度为 L 的传输线终端接有阻抗为 Z_L 的负载，双导线的中间充有空气，其坐标轴 Z 自传输线终端指向负载。

传输线方程的解可表示为

$$V(z) = V_0(e^{-jkz} + R_L e^{jkz}) \qquad (8.3.1)$$

$$I(z)=\frac{V_0}{Z_0}(\mathrm{e}^{-\mathrm{j}kz}-R_\mathrm{L}\mathrm{e}^{\mathrm{j}kx}) \tag{8.3.2}$$

式中，V_0 为电源或信号源的振幅，Z_0 为传输线的特征阻抗。双导体与负载相连接之后，我们定义整体的输入阻抗 Z_in 为：

$$Z_\mathrm{in}(z)=\frac{V(z)}{I(z)}=Z_0\frac{\mathrm{e}^{-\mathrm{j}kz}+R_\mathrm{L}\mathrm{e}^{-\mathrm{j}kz}}{\mathrm{e}^{-\mathrm{j}kz}-R_\mathrm{L}\mathrm{e}^{-\mathrm{j}kz}} \tag{8.3.3}$$

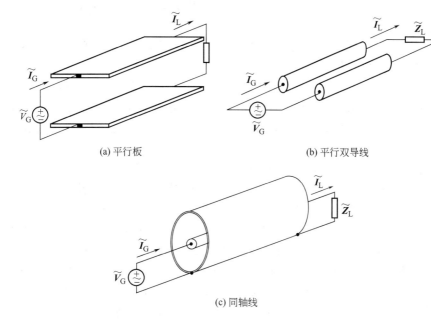

(a) 平行板　　　　　　　　(b) 平行双导线

(c) 同轴线

图 8.3.1　三种典型传输线模型

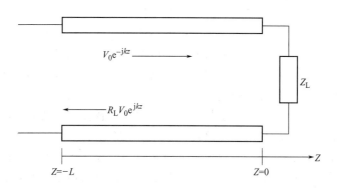

图 8.3.2　终端接有负载的双导线

在 $Z=0$ 处，由式(8.3.3) 得到

$$Z_\mathrm{in}(z)=Z_0\frac{1+R_\mathrm{L}}{1-R_\mathrm{L}} \tag{8.3.4}$$

而此时 $Z_\mathrm{in}(z=0)$ Z_L，即输入阻抗是传输线末端向负载处看过去的实际负载。

$$Z_L(z) = Z_0 \frac{1+R_L}{1-R_L} \text{经整理后}$$

$$R_L = \frac{Z_L - Z_0}{Z_L + Z_0} = \frac{Z_{in} - 1}{Z_{in} + 1} \tag{8.3.5}$$

式(8.3.5)为负载的归一化反射系数。

对于式(8.3.5)有三种极端情况值得注意。

① 当 $Z_L = 0$ 时，即负载为短路状态时，负载处的 $Z_{in} = 0$，此时 $R_L = -1$，这是全反射现象。

② 当 $Z_L = Z_0$ 时，即阻抗匹配时，$Z_{in} = 1$，此时 $R_L = 0$，这就是吸波体设计时追求的零反射的理想状态。

③ 当 $Z_L \to \infty$ 时，$Z_{in} \to \infty$，此时 $R_L = 1$，这是在 Z_{in} 的定义中把 R_L 视为一矢量函数的结果。如果从能量流出发，此中情形对应的是 $T = 1$，即全传输现象或全透射现象。这样引出 R_L 难免会与吸波体中的透射系数发生混淆，这对我们使用式(8.3.5)时应加以注意。

但是，对于 $Z_L = Z_0$ 即满足阻抗匹配时，$Z_{in} = 1$，$R_L = 0$ 的第二种情况，对于吸波体的设计来说是具有指导意义的。对于单层板状吸波体或涂层来说，只需吸波体的阻抗与大气的阻抗相接近或相等即可。对于多层吸波体，不仅是要求表层与大气的阻抗相接近，而且要求总的 Z_L 与 Z_0 相近或者相等，即负载处的 $Z_{in} = 1$，吸波体将产生最少的反射或零反射。此时电磁波的绝大部分或全部透入吸波体，吸波体内的吸波剂才有最大限度发挥其作用的可能。值得指出的是，仅仅满足零反射而不注意让吸波剂沿电磁波的传输路径分布，也不能最大限度地发挥吸波剂的作用。因此，零反射仅仅是吸波体发挥吸收性能的必要条件，而不是其充分条件。从大气入射至吸波体的电磁波，只要吸波体使用绝缘性能优良的透波材料，就完全满足了零反射，但是却几乎没有吸收性能。因此，好的吸波体既要满足阻抗匹配，又要使吸波剂沿着电磁波的传输路径有效分布，或者说用吸波剂包围电磁波的所有通道，该通道又容许电磁波通过，在通过的途中逐步为吸波剂所吸收。这样的吸波体才是性能良好的吸波体。当然，这里还涉及电磁波传输路径长短的问题，这是提高吸波体吸收效率必须考虑的问题。如果吸波剂沿电磁波通路形成有效的分布，其通道越长，吸收效能就越好。显然电磁波的传输通道呈网状分布将会大大增加其传输路径。但是，人们很容易通过增加吸波体的厚度来获取尽可能长的传输途径，就像吸波暗室所用的吸波锥体那样。但是通过增加厚度来提高吸收效果是有条件的，不是在任何条件下增加厚度都有效。这个条件就是确保在增加厚度后仍然保证电磁波的传输通道畅通无阻。否则，增大厚度非但不能提高吸收效果，甚至会降低吸收效果。这是吸波体制造人员经常感到困惑的问题。其中的道理在于增大厚度会使原本匹配的情况遭到破坏，即总的 $Z_L \neq Z_0$，使负载 R_L 发生变化。只有改变厚度后使 R_L 变小才能提高吸收效能，而改变厚度后的 R_L 增大反倒会减少吸收效能。这是隐形多层吸波体在组装时经常遇到的情形。

关于传输线的特征阻抗 Z_0，它不仅反映了导体的阻抗，也反映了双导体之间的介质阻抗。因此，微波技术中总是把传输的阻抗视为具有分布参数的阻抗。在微波工程领域，当一传输线与另一传输线相连接时，如果两种传输线的介质相同，只要接入的双导体的阻抗与原导体的阻抗相等，即可视为 Z_0 未变。其实，这样连接的传输线再与负载相连后，系统的输入阻抗已发生了变化，这一变化来源于传输线长度的变化，如同式(8.3.5)中 Z 的变化一样。

参考文献

[1] 冯慈璋，马西奎. 工程电磁场导论. 北京：高等教育出版社，2000：160-164.

[2] Liu L D, Duan Y P, Liu S H, et al. Journal of Magnetism and Magnetic Materials, 2010, 322：1736-1740.

[3] Liu L D, Duan Y P, Liu S H, et al. Materials Science Forum, 2011, (675-677)：861-864.

[4] Jin Au Kong. 电磁波理论. 北京：电子工业出版社，2003：122-147.

[5] 王子宇. 微波技术基础. 北京：北京大学出版社，2003：53-81.

[6] 路宏敏. 工程电磁兼容. 西安：西安电子科技大学出版社，2003：178-783.

[7] 曹茂盛，房晓勇. 多涂层吸波体的计算机智能化设计. 燕山大学学报，2001，25 (1)：9-13.

[8] 罗志勇，李月菊，罗祺. 微波吸收材料的计算机辅助设计. 哈尔滨：哈尔滨工业大学出版社，2000，32 (5)：132-136.

[9] 赵海发. 单涂层吸波材料匹配设计及偏差研究. 哈尔滨：哈尔滨工业大学出版社，1993，25 (3)：24-29.

[10] 赵伯琳，饶克谨. 涂覆型吸波材料的优化设计. 宇航材料工艺，1989 (6)：10-17.

[11] 王相元，朱航飞，钱鉴，等. 微波暗室吸波材料的分析与设计. 微波学报，2000，16 (4)：390-406.

[12] Musal H M, Jr. and H. T. Hahn. IEEE Transactions on Magnetics, 1989, 25 (5)：3851-3853.

第9章 | 吸波体设计

9.1 吸波体的设计目标与思路

9.1.1 设计目标

① 频宽与厚度。

② 吸收效能与阻抗匹配。

③ 形状与结构。

上述三点是每一位设计者必须回答的问题。遗憾的是现有的吸波理论都不能给出正确答案。因此，现有的吸波体设计是在已有原理指导下通过实验不断调整和改进来完成的。对于缺少实测手段的设计者是难免会走很多弯路的。

9.1.2 设计思路

（1）吸波体的组成

对于初学者或刚刚从事吸波体设计人员来说，强调一下吸波体的组成是有益的。无论何种吸波体（暗室用，防干扰用的以及隐身用的），它们的组成都有两种功能不同的材料构成，即吸波剂和透波剂，有时引入的其他材料仅仅是为满足生产工艺而加入的，添加的量越少越好。透波材料构筑了吸波体的基体，担负着传播电磁波的通道作用；吸波剂担负着吸收电磁波的功能，吸波剂只有在电磁波能达到的地方才能发挥其吸收功能。如果电磁波不能透入基体某一厚度处，此处以外的基体即使有再多的吸波剂也不能发挥作用。与此同时，吸波剂与透波剂的比例和分布状况刚好决定了吸波体的阻抗匹配。任何改变两者的比例和分布的工艺手段或方法，都将改变吸波体的阻抗匹配状况和吸波效能。这一设计思想为结构吸波体提供了无限想象空间。例如，将电磁波引入具有封闭空间的玻璃微球内或是聚苯乙烯微球内，其外部或内部涂有适量吸波粉，将会最大限度地衰减电磁波；再如，将吸波体设计成蜂窝状或是夹芯的三明治状，在蜂窝里和夹芯里填加适量吸波剂，也会有意想不到的吸波效果，其关键是电磁通道的设计要巧妙，起到"关门打狗"的收效。在这里把结构吸波体的设计思路告诉了读者，后面不再专门阐述。

（2）频宽与厚度

频宽与厚度分别是吸波体的两个重要指标，对于给定的吸波剂，改变频宽必然引起厚度的改变,反之亦然。现有已知吸波剂,如各种粒度的炭粉、羰基铁粉、Fe-Si-Al 粉以及铁氧体粉是我们熟知的优良吸波剂,要想在 d 一定时使频宽有所改善,只能在形态上寻求突破才有减少厚度的可能。否则改善频宽必然要增大厚度,这已被大量实验所验证。下面以前面第 8 章中谈到的 [式(8.2.10)] 加以阐述。

我们很容易看出:对于给定的吸波剂(预先用的),即已知 ε_r 和 μ_r 的吸波剂,要减少厚度 d,必然导致 f 增大。这里的 f 是指吸波体的匹配频率,即吸波曲线中吸收主峰出现的位置。吸波频宽是指在某一设定反射率 R(以 $-dB$ 表示)后吸波曲线呈现的频率宽度。通常它是以匹配频率 f 为中心的对称或非对称宽度。很显然,吸波主峰的位置是随 d 的增加向低频方向移动的,这已为大量实验所证实。我们以羰基铁粉添加到氯化聚乙烯中制成吸波贴片为例来加以说明。下面的实验是我们为国内某企业设计制作的用以抗干扰的吸波贴片,实验重复性良好,其中某些配方已批量生产并已应用。

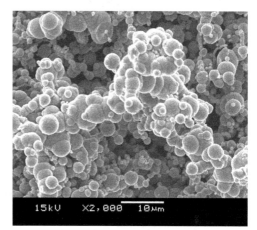

图 9.1.1 羰基铁粉扫描电镜图片

产品名称:柔性吸波贴片

基体材料:氯化聚乙烯。吸收剂:羰基铁粉

图 9.1.1 为羰基铁粉的扫描电镜图片。羰基铁粉大体呈球状,粒度分布在 $1\sim7\mu m$ 之间,属于微米级颗粒,有一定的团聚现象,表面比较光滑。

图 9.1.2 为羰基铁粉的电磁参数。从图 9.1.2(a) 可以看出,介电常数实部 ε' 和虚部 ε'' 在 $2\sim18GHz$ 范围内均随着频率的升高而降低,其中实部 ε' 从 38.7 下降

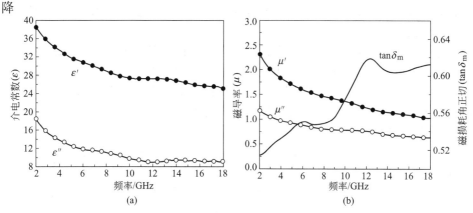

(a)

(b)

图 9.1.2 羰基铁粉的电磁特性

到 25.3，虚部 ε'' 从 18.5 下降到 9.2。由图 9.1.2(b) 可知，复磁导率的实部 μ' 和虚部 μ'' 在 2～18GHz 频段内均随着频率的升高而降低，μ' 和 μ'' 在 2GHz 处分别取得最大值 2.31 和 1.18。

图 9.1.3 为厚度对频率的影响，随着厚度的增加，贴片的匹配频率减小，吸收峰向低频区域移动。

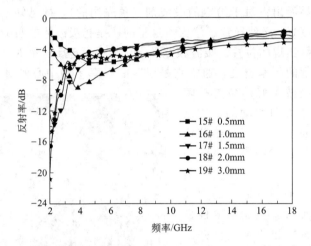

图 9.1.3　不同厚度试样的吸收曲线，羰基铁粉与基体质量比为 16∶1

图 9.1.4 为厚度与吸波剂添加量对频率的影响。

从图 9.1.4 我们不难发现，不仅厚度对吸收峰位有明显影响，吸波剂的添加量同样对吸收峰的位置有重要影响。这是因为吸波剂添加的多少决定了吸波贴片的阻抗匹配，它不仅会影响吸波峰的位置（f），更重要的是它还明显影响着吸波效能。

（3）吸收效能与阻抗匹配

前面已谈到一个吸波体的构成只有透波剂和吸波剂，透波剂与吸波剂的填充比决定了吸波体的阻抗匹配，进而决定了吸收效能。适宜的阻抗匹配会导致较好的吸波效能。也就是说最佳的添加比是获得良好吸收效能的关键所在。而最佳的阻抗匹配很容易从零反射原理得出，大量添加透波材料很容易获得极佳的阻抗匹配。通过减少吸波剂的添加量获取的极佳阻抗匹配不是吸波体设计追求的目标。吸波体设计追求的是适宜的良好阻抗匹配，即最佳填充比是设计者追求的目标。找到了吸波剂与透波剂的最佳填充比，就获得了良好的阻抗匹配，即获得了最佳的吸波效果。因此处理吸收效能与阻抗匹配的关系就转化成一个吸波剂与透波剂最佳比例的问题。

下面以我们为大连某单位设计的墙面材料为例加以说明，该墙面材料主要用于减少环境中的电磁波。

实验条件：325R 水泥（$\varepsilon'=5$，$\varepsilon''=0.1$，$\mu'=1$，$\mu''=0$），N234 炭黑，水灰比为 0.35，（20±3）℃水中养护 28d，试样尺寸 200×200×15 mm³ 低温干燥至恒重后测量。

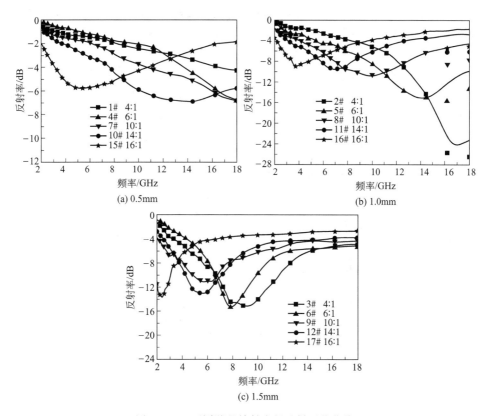

图 9.1.4 不同羰基铁粉含量试样吸收曲线

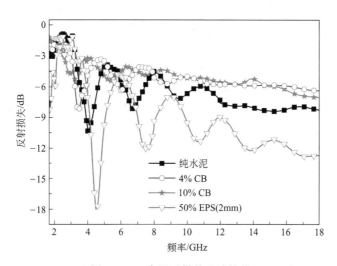

图 9.1.5 水泥试样的吸波性能

图 9.1.5 有 4 个配比，有纯水泥试样，有水泥基体中添加 4％和 10％ N234 炭黑的，还有在水泥基体中添加 50％体积比的 EPS 小球的试样。从图 9.1.5 不难看出，纯水泥试样吸收效能优于添加 4％和 10％炭黑的，不如在水泥中添加透

波性良好的 EPS 小球的。这是因为水泥材料具有较大的介电常数而磁性能很低，因此其阻抗匹配性较差，高介电常数的炭黑会进一步提高复合材料的有效介电常数，导致阻抗匹配性能恶化，试样吸收性能降低。

图 9.1.6 的实验条件：325R 水泥，N234 炭黑，发泡聚苯乙烯（EPS，粒径为 2mm，介电常数与空气相当，$\tan\delta_e = 0.0001$，$\mu_r = 1.0 - j0$），试样厚度为 15mm。

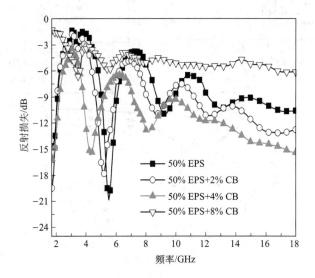

图 9.1.6　炭黑含量对复合材料吸波性能的影响

测试结果：不掺杂炭黑试样优于 −10dB 的有效吸收带宽为 4.2GHz，在 5.56GHz 处有最小反射率 −20.8dB；当炭黑含量增加 2% 时，最小反射率增加到 −17.8dB（5.1GHz 处），但优于 −10dB 的有效吸收带宽拓展到 8.6GHz，吸收性能有了较大提升；炭黑含量为 4% 时，最小反射率为 −15.6dB（4.3GHz 处），有效吸收带宽达到 10.6GHz；但当炭黑含量达 8% 时，试样的吸收性能急剧下降，最小反射率仅为 −6.2dB（3.37GHz 处），反射率曲线在整个频段内接近一条直线。

图 9.1.7 的实验条件：N234 炭黑，SiO_2（$\varepsilon' = 3.35$，$\mu' = 1.02$，粒径为 75μm），2mm EPS。

测试结果：SiO_2 试样的最小反射率为 −19.3dB（4.9GHz），吸收带宽为 3.6GHz。

50% EPS 试样的最小反射率为 −15.6dB（4.3GHz），吸收带宽为 10.6GHz。

60% EPS 试样的最小反射率为 −24.5 dB（11.6GHz），吸收带宽为 6.5 GHz。

图 9.1.7 中在吸波剂同为 4%CB 时，添加透波剂，对改善阻抗匹配性能较明显，其吸波性能亦好。

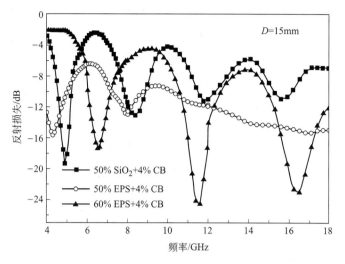

图 9.1.7 炭黑含量对复合材料吸波性能的影响

图 9.1.8 的实验条件：N234 炭黑，2mm 粒径 EPS，MnO_2（不规则条片状，大小约为 50～200nm，介电常数实部 ε' 和虚部 ε'' 的值分别分布在 8～12.5 和 3～3.8 之间，表现出随频率的增大而减小的趋势）。

测试结果：4% MnO_2 试样的最小反射率为 −13.6 dB（15.9GHz）。

8% MnO_2 试样的最小反射率为 −19.7dB（15.3GHz）。

12% MnO_2 试样的最小反射率为 −11.5dB（12.9GHz）。

图 9.1.8 说明，当基体中的透波剂含量一定时，吸波的添加量存在一个最佳值，添加 8% MnO_2 的试样吸收性能最好。

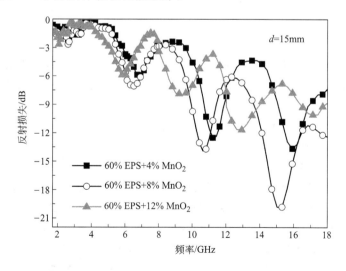

图 9.1.8 MnO_2 含量对复合材料吸波性能的影响

图 9.1.9 的实验条件：加入一定比例的无水乙醇作为稀释剂将环氧树脂稀释搅

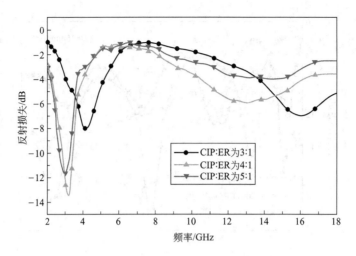

图 9.1.9　羰基铁含量对羰基铁-环氧树脂涂层吸波性能的影响

拌均匀，将不同比例的吸收剂加入稀释过的环氧树脂溶液中搅拌 30min，搅拌器转速调整在 500r/min，充分混合后加入一定比例的聚酰胺固化剂，浇注到模具中常温固化 24h 后脱模，厚度控制在 1.2mm。

　　实验结果如图 9.1.9 所示：当羰基铁的含量（CIP：ER，质量比）从 3：1 增加到 5：1，吸波涂层分别在 4.1GHz、3.2GHz 和 2.9GHz 出现了 −8dB、−13.5dB 和 −11.6dB 的峰值。随着羰基铁含量的增加，试样吸收性能先增加后降低，以质量比为 4：1 效果较好。

　　上述实例验证了吸波剂有一个最佳含量，此含量对应的是良好的匹配状态，从而导致出现最好的吸收效果。

　　（4）形状与结构

　　第 7 章已介绍了各种形状与结构的吸波体，这里不再重复。这里着重说明进行吸波体设计时，如何构思选取何种形状和结构的吸波体。首先弄清楚你所设计的吸波体用在什么地方，发挥什么作用和达到什么效果。民用吸波体主要用于三种环境。

　　① 仪器和电磁设备中防干扰用的吸波贴片。

　　② 吸波暗室用的角锥体。

　　③ 消除或降低建筑物内外电磁辐射用的水泥类吸波体。

　　其中②和③两种吸波体都用在室内环境中，对厚度要求可以放的很宽，其频宽和效能很容易从厚度中寻找解决办法。例如，吸波暗室用的角锥体，高度可从 200～2000mm 变化，每一个锥体可以被看成具有无穷多个高度连续变化的（即 d 连续变化）锥体的集合，因此其频宽可以容易拓展，可在 0～40GHz 内满足各种测试。墙体材料的厚度也有 10～30mm，在水泥中引入聚苯乙烯之类的微球后，其实质是引入了许许多多的谐振球，使入射进内部的电磁波被耗损掉。在民用吸波材料中，较有难度的是吸波贴片，（其厚度为 0.2～3mm 左右）。尤其是厚度在 1mm 以内的吸波贴片，其低频性能是不足的。唯有在吸波剂上下工夫才可满足用户的需求。通常是选用适宜粒度（亚微米 $0.3\sim2\ \mu m$）和形态良好（层片状）Fe-Si-Al 粉或羰基铁粉，添加到塑料或橡胶基体中制成柔性贴片。

最难的是飞机用的隐身材料，为了尽可能减少重量，其厚度被限定在 1mm 以内。这为其结构设计带来挑战。一般情况下，在 $2\sim18GHz$ 内，优于 $-8dB$，带宽大于 10GHz 的涂层是很难实现的。这需要研制性能（ε_r，μ_r）更优异的吸波剂，或是对现有的 Fe-Si-Al 和羰基铁粉的粒度和形貌进行优化，还需要对其结构进行巧妙构思。若将厚度限定在 0.5mm 以下，现有的吸波剂很难达到 $-8dB$ 的带宽优于 $8\sim10GHz$，可在涂层的结构和吸波剂的形貌与粒度上同时下工夫，选择带有结构特征的涂层会是可行的解决办法。推荐用高强纤维编织成网，在网格内添加羰基铁粉或是 Fe-Si-Al 粉。所用纤维可考虑碳纤维或芳纶纤维。芳纶纤维是透波材料，适宜的网孔可大大改善涂层阻抗匹配，甚至可将外来电磁波引入机身内部某些空间，在这些空间可充分增加吸波体的厚度，以此来拓展频宽和吸波效能。总之，隐形飞机涂层设计仍有许多想象空间。

9.2 传输线理论在吸波体中的应用

在实际应用中，为了提高材料的吸波性能，展宽频带，关键是吸波材料电磁参数的匹配问题。为了使材料能达到良好的阻抗匹配，需要对吸波材料进行结构设计。设计的原则是让入射电磁波被吸波体最大可能地吸收，理想状态是在吸波体表面的零反射。

对于单层吸波体，要使电磁波在材料表面实现零反射，有两种不同的设计思路：一种是设计吸波材料的电磁参数使得材料的波阻抗与自由空间的波阻抗相匹配，即设计材料的 $\mu_r=\varepsilon_r$，这样同时可以使吸波体的厚度足够大，以便于使进入材料内部的电磁波被尽可能地吸收。但事实上，满足条件 $\mu_r/\varepsilon_r=1$ 的材料设计是很难实现的。第二种方法就是在吸波体的底面覆上一层强反射板，然后设计吸波材料的电磁参数，以使得进入吸波体内部的电磁波在经过底面反射后，在材料与空气的界面处实现能量相消，从而可以达到整个吸波体零反射的目的。最简单的这种吸波结构是一种底面为金属板的单层匀质吸波体（single-layer homogeneous absorber，SLHA），这一设计思路也是多少年来许多专家学者所关注的焦点，其后大部分的工作都是以该结构为基础的。这种设计思路是从简单的传输线模型简化来的，在此有必要对传输线原理作一下简单的介绍。

9.2.1 传输线理论

9.2.1.1 传输线的基本原理

简单地讲，传输线是传输电磁能量的电路系统。由传输线引导向既定方向传播的电磁波称为导行波。除了传输线以外，能够导行电磁波的微波器件还有金属波导和介质波导。在微波领域，能够导行电磁波的传输线均为双导体，如平行的双导线,有内外导体构成的同轴线;在光波领域,可以是单根线,如光导纤维。

传输线有长线和短线之分。所谓长线是指传输线的几何长度与线上传输电磁波的波长比值大于或接近 1,反之称为短线。当频率提高到微波波段时,传输线上的分布效应不可忽略,所以微波传输线是一种分布参数电路,这导致传输线上的电压和电流是随时间和空间位置而变化的二元函数。对于均匀传输线,我们可以分割成许多小的微元段 $dz(dz \ll \lambda)$,这样每个微元段可看作集中参数电路,用一个 Γ 型网络来等效。于是整个传输线可等效成无穷多个 Γ 型网络的级联,如图 9.2.1(a) 和图 9.2.1(b) 所示。

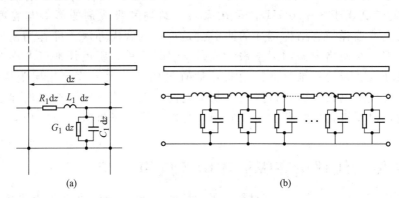

(a)   (b)

图 9.2.1 传输线的电路模型

对于有损耗的均匀传输线,均有一个特定参数,即传输线的特性阻抗 Z_0,它被定义为传输线上入射波电压 $V_i(z)$ 与入射波电流 $I_i(z)$ 之比,或反射波电压 $V_r(z)$ 与反射波电流 $I_r(z)$ 之比的负值。因为传输线的入射波和反射波都是行波,因此又可定义为行波电压与行波电路之比,即

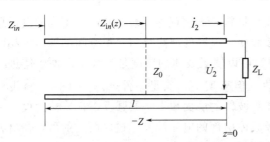

图 9.2.2 传输线的终端负载

$$Z_{in} = \frac{V}{I} \quad (9.2.1)$$

传输线终端接负载阻抗 Z_L 时,如图 9.2.2 所示,距离终端 z 处向负载方向看去的输入阻抗定义为该处的电压 $V(z)$ 与电流 $I(z)$ 之比,即

$$Z_{in}(z) = \frac{V(z)}{I(z)} \quad (9.2.2)$$

对于给定的传输线和负载阻抗,线上各点的输入阻抗随至终端的距离 l 的不同而做周期性变化,且在一些特殊点上,有如下简单阻抗关系:

$$\left. \begin{array}{ll} Z_{in}(l) = Z_L & l = n\dfrac{\lambda}{2}(n = 0, 1, 2, \cdots) \\[3mm] Z_{in}(l) = \dfrac{Z_0^2}{Z_L} & l = (2n+1)\dfrac{\lambda}{4}(n = 0, 1, 2, \cdots) \end{array} \right\} \quad (9.2.3)$$

9.2.1.2 传输线末端的反射

考虑如图 9.11 所示的传输线，终端有一个负载 Z_L，我们约定正弦状态的传输线的坐标零点在负载处。传输线方程解的一般形式可写为：

$$V(z) = V_0(\mathrm{e}^{-\mathrm{j}kz} + R_L \mathrm{e}^{\mathrm{j}kz}), I(z) = \frac{V_0}{Z_0}(\mathrm{e}^{-\mathrm{j}kz} - R_L \mathrm{e}^{\mathrm{j}kz}) \qquad (9.2.4)$$

式中，$R_L = \dfrac{Z_L - Z_0}{Z_L + Z_0}$ 为传输线负载处的反射系数。

则整个传输线的总阻抗为：

$$Z(z) = \frac{V(z)}{I(z)} = Z_0 \frac{\mathrm{e}^{-\mathrm{j}kz} + R_L \mathrm{e}^{\mathrm{j}kz}}{\mathrm{e}^{-\mathrm{j}kz} - R_L \mathrm{e}^{\mathrm{j}kz}} = Z_0 \frac{Z_L - \mathrm{j}Z_0 \tan(k \cdot z)}{Z_0 - \mathrm{j}Z_L \tan(k \cdot z)} \qquad (9.2.5)$$

式中，Z_0 为传输线的特性阻抗，Z_L 为负载阻抗。

9.2.2 传输线理论在单层吸波体中的应用

我们从最简单的情况进行分析，其结构模型如图 9.2.3 所示。

假设平面电磁波沿 z 轴方向垂直入射于介质层表面，则其传播方程为：

$$\boldsymbol{E}_x = \boldsymbol{E}_0 \mathrm{e}^{-\gamma_0 z} \quad (z < 0)$$

$$\boldsymbol{H}_y = \eta_0^{-1} \boldsymbol{E}_0 \mathrm{e}^{-\gamma_0 z} \quad (z < 0)$$

式中，$\gamma_0 = \mathrm{j}\omega\sqrt{\mu_0 \varepsilon_0}$ 为电磁波在空气中的传播常数，$\eta_0 = \sqrt{\mu_0/\varepsilon_0} = 120\pi$（Ω）为空气的本征波阻抗，$\mu_0 = 4\pi \times 10^{-7}$（H/m）和 $\varepsilon_0 = 8.854 \times 10^{-12}$（F/m）分别为自由空间中的介电常数和磁导率。

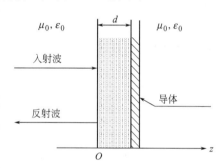

图 9.2.3 单层匀质吸波体结构模型

假设材料的底板为理想金属板，经吸波材料反射后，在反射空间的电磁波将包含两部分：

$$\boldsymbol{E}_x = \boldsymbol{E}_{x1} + \boldsymbol{E}_{x2} = \boldsymbol{E}_0(\mathrm{e}^{-\gamma_0 z} + R\mathrm{e}^{\gamma_0 z}) \qquad (9.2.6\mathrm{a})$$

$$\boldsymbol{H}_y = \boldsymbol{H}_{y1} + \boldsymbol{H}_{y2} = \eta_0^{-1} \cdot \boldsymbol{E}_0(\mathrm{e}^{-\gamma_0 z} + R\mathrm{e}^{\gamma_0 z}) \qquad (9.2.6\mathrm{b})$$

式中 R 为电磁波在材料表面的反射系数，$R = \boldsymbol{E}_r(0)/\boldsymbol{E}_i(0)$。

材料内部的电磁波传播常数为 $\gamma = \alpha + \mathrm{j}\beta = \mathrm{j}\omega\sqrt{\mu\varepsilon}$，式中 α 为衰减常数，表示电磁波在介质内部衰减的快慢程度，$\beta = 2\pi/\lambda$ 为相位常数，$\mu = \mu_r \mu_0$ 和 $\varepsilon = \varepsilon_r \varepsilon_0$ 分别为介质材料的介电常数和磁导率。

因为材料底部是理想金属板，可以看做是短路负载，即 $Z_L = 0$。由此可以得出传输线的输入阻抗为：

$$Z_i = -\mathrm{j}\,\eta \tan(kd) = \eta \tanh(\gamma d) \qquad (9.2.7)$$

式中，$\eta = \sqrt{\mu/\varepsilon}$ 表示吸波体的阻抗，d 为吸波体的厚度。

在研究吸波材料对电磁波的吸收时，选择介质的电损耗角 δ_e 和磁损耗角 δ_m 作为基本参量，即 $\varepsilon = \varepsilon'(1 - \mathrm{j}\tan\delta_e), \mu = \mu'(1 - \mathrm{j}\tan\delta_m)$。

则材料中的传播常数为 $\gamma = j\omega\sqrt{\mu\varepsilon} = j2\pi f\sqrt{\mu\varepsilon} = j\dfrac{2\pi}{\lambda_0}\sqrt{\mu_r\varepsilon_r}$，即

$$\gamma = j\omega\sqrt{\mu\varepsilon} = j\omega\sqrt{\varepsilon'\mu'(1-\tan\delta_e)(1-\tan\delta_m)}$$

$$= j\omega\sqrt{\frac{\mu'\varepsilon'}{\cos\delta_e\cos\delta_m}\cdot(\cos\delta_e-j\sin\delta_e)(\cos\delta_m-j\sin\delta_m)}$$

$$= j\omega\sqrt{\frac{\mu'\varepsilon'}{\cos\delta_e\cos\delta_m}}\exp[-j(\delta_e+\delta_m)/2]$$

$$= \omega\sqrt{\mu'\varepsilon'}\left[\frac{\dfrac{\sin(\delta_e+\delta_m)}{2}}{\sqrt{\cos\delta_e\cdot\cos\delta_m}}+j\frac{\dfrac{\cos(\delta_e+\delta_m)}{2}}{\sqrt{\cos\delta_e\cdot\cos\delta_m}}\right] \tag{9.2.8}$$

电磁波在理想导体与均匀介质复合材料表面零反射的条件为材料阻抗与空间波阻抗相匹配，即 $\dfrac{Z_{in}}{Z_0}=1$，$R=\dfrac{Z_0-Z_{in}}{Z_0+Z_{in}}=0$。

根据式(9.2.2)，即 $\eta/Z_0\tanh(\gamma d)=1$，由此可以得到材料表面对垂直入射电磁波实现零反射的条件为：$\sqrt{\mu_r\varepsilon_r}\tanh(\gamma d)=1$。

式中 $\sqrt{\dfrac{\mu_r}{\varepsilon_r}}=\sqrt{\dfrac{\mu'(1-\tan\delta_m)}{\varepsilon'(1-\tan\delta_e)}}=\sqrt{\dfrac{\mu'}{\varepsilon'}\times\dfrac{\cos\delta_e}{\cos\delta_m}}\times\sqrt{\dfrac{\cos\delta_m-j\sin\delta_m}{\cos\delta_e-j\sin\delta_e}}$

$$= \sqrt{\frac{\mu'}{\varepsilon'}\times\frac{\cos\delta_e}{\cos\delta_m}}\times\left[\cos\frac{1}{2}(\delta_m-\delta_e)-j\sin\frac{1}{2}(\delta_m-\delta_e)\right] \tag{9.2.9}$$

$$\frac{1}{\tanh(\gamma d)}=\frac{\sinh(\gamma d)}{\cosh(\gamma d)}=\frac{\exp(\gamma d)+\exp(-\gamma d)}{xp(\gamma d)-\exp(-\gamma d)}$$

$$= \frac{\exp(\alpha d)\exp(j\beta d)+\exp(-\alpha d)\exp(-j\beta d)}{\exp(\alpha d)\exp(j\beta d)-\exp(-\alpha d)\exp(-j\beta d)} \tag{9.2.10}$$

化简后即可得到，

$$\frac{1}{\tanh(\gamma d)}=\frac{\sinh(2\alpha d)}{\cosh(2\alpha d)-\cos(2\beta d)}-j\frac{\sinh(2\beta d)}{\cosh(2\alpha d)-\cos(2\beta d)} \tag{9.2.11}$$

代入零反射公式，即得

$$\sqrt{\frac{\mu'}{\varepsilon'}\times\frac{\cos\delta_e}{\cos\delta_m}}\cos\frac{1}{2}(\delta_m-\delta_e)=\frac{\sinh(2\alpha d)}{\cosh(2\alpha d)-\cos(2\beta d)} \tag{9.2.12a}$$

$$\sqrt{\frac{\mu'}{\varepsilon'}\times\frac{\sin\delta_e}{\cos\delta_m}}\sin\frac{1}{2}(\delta_m-\delta_e)=\frac{\sin(2\alpha d)}{\cosh(2\alpha d)-\cos(2\beta d)} \tag{9.2.12b}$$

由以上两式又可得：

$$\frac{\mu'}{\varepsilon'}\times\frac{\cos\delta_e}{\cos\delta_m}=\frac{\cosh(2\alpha d)+\cos(2\beta d)}{\cosh(2\alpha d)-\cos(2\beta d)}, \tan\frac{\delta_m-\delta_e}{2}=\frac{\sin(2\beta d)}{\sinh(2\beta d)}$$

令 $\theta=2\beta d$，$s=\tan\frac{1}{2}(\delta_m+\delta_e)=\alpha/\beta$，$r=\tan\frac{1}{2}(\delta_m+\delta_e)$，

则

$$\frac{\mu'}{\varepsilon'}=\frac{\cos\delta_m}{\cos\delta_e}\times\frac{\cosh(\theta s)+\cos\theta}{\cosh(\theta s)-\cos\theta} \tag{9.2.13a}$$

$$\sin\theta = r\sinh(\theta s) \qquad\qquad (9.2.13b)$$

上述方程即为厚度为 d 的单层均匀吸波体对垂直入射、频率为 f 的均匀平面电磁波实现表面零反射的超越方程。可以看出，μ'/ε' 反映了吸波材料的电磁参数，而 $\theta = 2\beta \cdot d$ 则反映了材料的匹配厚度，即该吸波材料的电磁参数比 μ'/ε' 和 θ 都仅仅是 δ_m、δ_e 的函数，而且这两个方程中的参数均为实数，所以便于单层吸波体的设计。

多年来，对于该方程的求解人们做了不懈的努力，但由于该方程含有众多的未知参数，对方程只能用图解法近似求解，或者利用部分假设条件近似求得方程的解析解。前一种如 Fernandz 参数法[4~6]，Musal 参数法，等等。他们都是利用方程(9.2.13a) 和方程(9.2.13b)，对于材料的不同电磁参数的大小，绘出不同的曲线，然后用所设计吸波体的电磁参数跟图中曲线相比较，根据曲线计算出所设计吸波体的最佳厚度或者根据所要设计的厚度计算出吸波体所需具备的电磁参数。后一种方法应用的比较多，其主要设计原则是根据所需设计吸波体的电磁参数或者厚度的不同取值，对方程进行适当的假设，然后求得所要设计的参数。如 Ruck、Naito、Knott 和 Musal 等的好多工作都是集中在这方面。

另外一种方法就是利用计算机进行数值优化设计。其原理就是利用反射率与材料电磁参数和厚度的关系，取某一参数作为目标函数，然后在一定厚度和电磁参数的约束下对目标函数进行离散化，在一定的控制精度范围内对所设计的频率范围进行逐点跟踪逼进，计算出不同厚度或不同电磁参数时目标函数的值，再逆向找出这些值中的最小值或最大值，及其所对应的厚度或电磁参数。利用计算机进行数值优化，可使大量的重复性工作由计算机来完成，得出主要设计参数的因变关系，使后续的验证实验更有方向性和目的性。国内外已有不少关于计算机在吸波体设计中的应用。

下面将对几个在单层吸波体设计中比较有代表性的方法进行简单介绍。

9.2.2.1 Fernandz 参数图解法

A. Fernandz 提出了一种参数图解法，选择损耗角作为基本参数，可以比较方便地描述式(9.2.13a) 和式(9.2.13b) 的可能解。这种方法 Knott 曾经使用过，但他们并未给出对于任意给定值的 δ_m、δ_e 的方程解，也就并没有解决吸波体的最佳匹配厚度问题。实际上对于单纯磁损耗介质和单纯电损耗介质的情况，人们已经进行过探讨，并且 Ruck 以及 Naito 等还给出了方程的图解形式。对于理想吸波体（即 $\mu_r/\varepsilon_r = 1$）的情况也给出过类似的方程解。但实际中人们要求所用的吸波材料具有中等大小或者比较大的 δ_m 和 δ_e，因为这样的吸波材料可以大大增加频带的宽度，而且电磁参数比较容易获得。

由式(9.2.13a)、式(9.2.13b) 可以看出，参数 μ'/ε' 和 θ 都仅仅是 δ_m、δ_e 的函数，而且所考虑的也仅仅是 μ' 和 ε' 比值的大小，对其本身的数值大小并没有限制。

图 9.2.4 和图 9.2.5 是由方程 (9.2.13b) 确定的 $\sqrt{\mu'/\varepsilon'}$ 和 d 与材料的电磁参

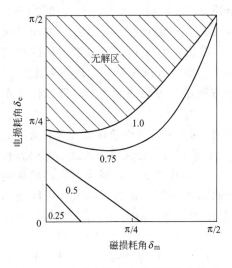

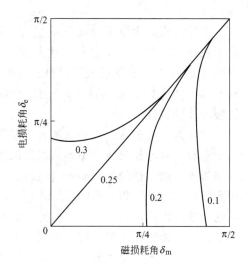

图 9.2.4　电磁参数与电磁损耗角的关系　　图 9.2.5　匹配厚度与电磁损耗角的关系

数 δ_m 和 δ_e 的关系曲线。图 9.2.4 给出了 $\mu'/\varepsilon' \leqslant 1$ 的条件下单层吸波体最佳电磁参数可能解的范围。从图中曲线可以看出，此种条件下对 δ_m 的取值没有限制，而 δ_e 必须小于一定的值。利用图 9.2.4 就可以较为方便有效地进行单层吸波体的结构设计。

在设计中，测量材料的电磁参数与图 9.2.4 中的曲线进行比较，然后调整参数的大小使其尽可能与图中曲线相接近，确定了材料的电磁参数后就可以由图 9.2.5 中的曲线近似得出吸波体的最佳匹配厚度。

除了对方程（9.2.13b）进行曲线求解外，还可以利用计算机程序对方程（9.2.12a）和方程（9.2.12b）进行数学求解。方程（9.2.13b）的近似解为

$$\begin{cases} \theta = \dfrac{\pi}{1+rs} & (r<0.25) \\[3mm] \theta = \sqrt{\dfrac{6(1-rs)}{1+rs}} & (r>0.25) \end{cases} \qquad (9.2.14)$$

由材料的电磁参数可以确定 r 的值，根据式（9.2.14）可以近似地确定吸波体的最佳匹配厚度。

9.2.2.2　Musal 参数图法

根据方程（9.2.13a）和方程（9.2.13b），分别以 μ' 和 μ'' 为横、纵坐标，可以得到一系列不同 δ_e 条件下 t/λ 和 ε' 与参数 μ' 和 μ'' 的关系曲线图。图 9.2.6 中 (a)～(c) 分别对应 $\tan\delta_e=0$，$\tan\delta_e=0.1$ 和 $\tan\delta_e=1.0$ 时的情况。从图中可以清楚地看到对应不同的 $\tan\delta_e$ 值，吸波体实现零反射所需要的匹配条件。

以 $\tan\delta_e=0$ 为例，从图 9.2.6(a) 中可以看出，当 μ'' 很大而 μ' 和 ε' 很小，或者 ε' 很小而 μ' 和 μ'' 都很大时，吸波体可以在比较小的厚度下实现零反射。

当满足条件 $\mu''>3\mu'$，并且 $\tan\delta_e<0.3$ 时，吸波体实现零反射的匹配厚度可以用下面方程表示：

$$\begin{cases} \dfrac{t}{\lambda} = \dfrac{1}{2\pi}\mu'' \\ \varepsilon' = 3\mu' \end{cases} \quad (9.2.15)$$

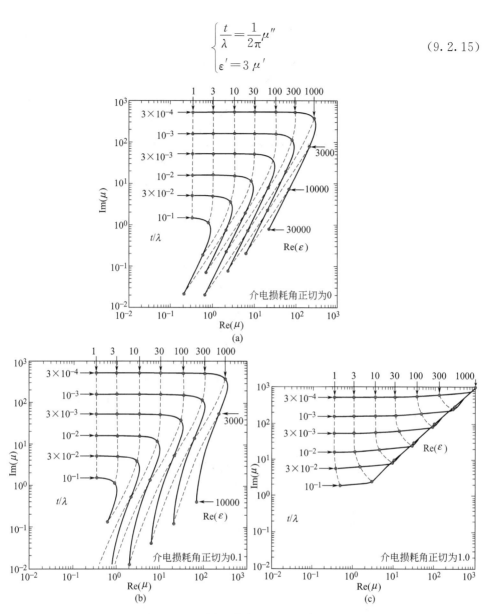

图 9.2.6　不同 δ_e 条件下 t/λ 和 ε' 与参数 μ' 和 μ'' 的关系曲线图

　　其中第二个方程是必须满足的，然后就可由第一个方程得到吸波体的匹配厚度。吸波体的厚度是随入射电磁波的频率变化的，但如果材料的参数 μ'' 在一定范围内与频率成反比关系，则厚度在这一频段内将是一固定值。

　　为了说明该设计方法的准确性，Musal 等以 Ni-Zn 铁氧体为例进行了实验验证。材料的介电常数和磁导率如图 9.2.7(a) 中曲线所示。材料的 $\tan\delta_e < 0.02$，且 $\mu'' > 3\mu'$，所以可以利用公式(9.2.15)进行材料设计。由材料的电磁参数曲

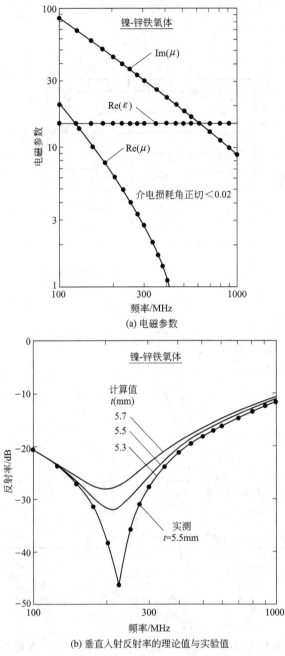

(a) 电磁参数

(b) 垂直入射反射率的理论值与实验值

图 9.2.7　镍-锌铁氧体实验研究

线可以得知，当 $f=225\text{MHz}$ 时，可以满足式（9.2.15）中 $\varepsilon'=3\mu'$ 的条件，此时 $\mu'=5.0$，$\varepsilon'=15.0$，$\mu''=40$，$\lambda=c/f=1.33\text{m}$，则可以得到 $t=\dfrac{1}{2\pi}\mu''\lambda=5.3\text{mm}$。

取 $t=5.3\text{mm}$，5.5mm 和 5.7mm 进行理论计算，同时进行 $t=5.5\text{mm}$ 的试

样垂直入射时的反射率测试，其结果如图 9.2.7(b) 所示。可以看出对于厚度为 5.5mm 的试样，除了在 $f=225\text{MHz}$ 处吸收峰值附近理论值与实验值差别较大外，在 $100\sim1000\text{MHz}$ 的其他频率处两者还是比较接近的。

9.2.2.3　万能设计图

Musal 的参数图可以根据材料的电磁参数比较直观地设计出吸波体的厚度，但对于不同的 $\tan\delta_e$ 值需要绘制不同的图表，后来他们又将不同的 $\tan\delta_e$ 绘制在同一张表格中，同时把原来的六个参数组合成四组（$\mu'\cdot t/\lambda$，$\mu''\cdot t/\lambda$，$\varepsilon'\cdot t/\lambda$，$\varepsilon''/\varepsilon''$），便得到实现零反射吸波体的万能设计图，如图 9.2.8 所示。

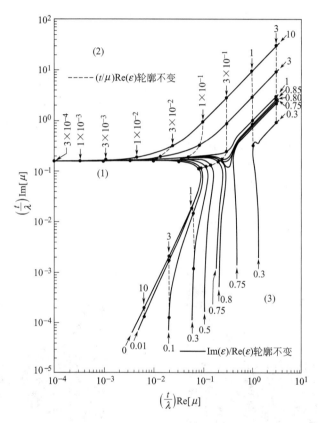

图 9.2.8　垂直入射时零反射吸波体万能设计图

在图中的不同位置对应有不同的参数要求和设计方案，根据材料的电磁参数和入射波长，可以方便地确定出所设计吸波体的厚度。

根据电磁参数大小，可以把该图表分为三个不同的部分。

图表中间的水平结合线表示磁性 Salisbury Screen 的设计曲线。该线上部的区域表示材料的本征阻抗与空间阻抗相匹配的区域，下部的区域以 $\tan\delta_e=0.80$ 为界，右边表示四分之一波长谐振吸波体的设计区域。

区域（1）所要求满足的条件如下。

$\mu''>3\mu'$ 且 $\tan\delta_e<0.3$，吸波体的设计方程为：

$$\begin{cases} \dfrac{2\pi t}{\lambda}\mu''=1 \\ \varepsilon'=3\mu' \end{cases} \qquad (9.2.16)$$

区域（2）所需要满足的条件为：

$\mu'\cdot t/\lambda>1$，吸波体的设计方程为：

$$\begin{cases} \mu'=\varepsilon' \\ \tan\delta_e=\tan\delta_m \end{cases} \qquad (9.2.17)$$

也就是$\mu=\varepsilon$，这也正是理想吸波体所需要满足的条件。

区域（3）的设计方程为： $\dfrac{4t}{\lambda}\sqrt{\mu\varepsilon}=1 \qquad (9.2.18)$

这部分区域当靠近$\tan\delta_e=0$曲线时，方程(9.2.18)的拟合结果最精确，随着$\tan\delta_e$的增大，计算偏差也逐渐增大。

Musal 万能设计图不仅可以简化设计程序，而且对于满足吸波材料的设计精度所要求的参数之间的配合关系提供了一种综合指导。然而该方法对电磁参数的大小有一定的限制，而且反射率受厚度的影响比较大，所以对材料的电磁参数的测量需要保证很高的精度，而且所设计吸波体的厚度与入射波频率存在一定的关系，因此不能实现宽频段吸收。

9.2.2.4 Steffensen 加速法

对于方程（9.2.13a）和（9.2.13b），利用 Steffensen 加速法可以求出式(9.2.13b)式在$\theta\in(0；2\pi)$范围内的边界条件和$\tan\delta_e$与$\tan\delta_m$的匹配关系，分别如图 9.2.9(a) 和图 9.2.9(b) 所示。

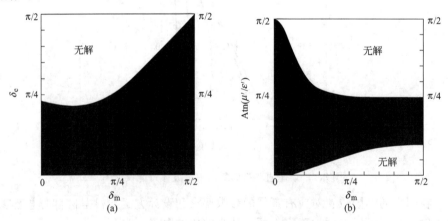

图 9.2.9 单层吸波体实现零反射的电磁参数匹配条件和边界条件

其边界条件的数值模拟结果分别为：

$$\begin{cases} \delta_e=0.636\delta_m^2-0.347\delta_m+0.723 & (0\leqslant\delta_m\leqslant\pi/4) \\ \delta_e=0.927\delta_m+0.115 & (\pi/4\leqslant\delta_m\leqslant\pi/2) \end{cases} \qquad (9.2.19)$$

$$\begin{cases} \arctan(\mu'/\varepsilon')=1.753\delta_m^2-2.293\delta_m+1.571 & (0\leqslant\delta_m\leqslant\pi/4) \\ \arctan(\mu'/\varepsilon')=-0.044\delta_m+0.854 & (\pi/4\leqslant\delta_m\leqslant\pi/2) \end{cases} \qquad (9.2.20a)$$

$$\begin{cases} \arctan(\mu'/\varepsilon')=0.192\delta_m^2+0.120\delta_m & (0 \leqslant \delta_m \leqslant \pi/4) \\ \arctan(\mu'/\varepsilon')=-0.204\delta_m^2+0.603\delta_m-0.315 & (\pi/4 \leqslant \delta_m \leqslant \pi/2) \end{cases}$$

(9.2.20b)

图 9.2.10 是当方程(9.2.14) 中 θ 取不同值时，吸波体无限吸收时电磁参数所需满足的条件[15]。

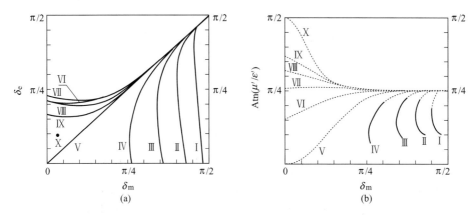

图 9.2.10 在不同 θ 值时吸波体实现零反射电磁参数的匹配条件

图 9.2.10 中的曲线 V 和 X 表明，当 $\theta=\pi$ 或 2π 时，单层吸波材料的电磁参数匹配条件为 $\tan\delta_m=\tan\delta_e$，只要满足该条件，吸波材料在 δ_m 和 δ_e 的全角域范围内都可能实现吸波体表面零反射。

利用数值模拟可以得到厚度为 d 的单层吸波体在 $\theta=n\pi$ 的条件下对频率为 f 的垂直入射的平面电磁波实现表面零反射时，材料的电磁参数所需满足的条件。

① 当 $\theta=n\pi$，$n=1$，3，5，…时，

$$\begin{cases} \varepsilon'=\dfrac{nc}{4\pi f} \cdot \coth\left(\dfrac{n\pi}{2}\tan\delta\right), \varepsilon''=\varepsilon'\tan\delta \\ \mu'=\dfrac{nc}{4\pi f} \cdot \tanh\left(\dfrac{n\pi}{2}\tan\delta\right), \mu''=\mu'\tan\delta \end{cases}$$

(9.2.21a)

② 当 $\theta=n\pi$，$n=2$，4，6，…时，

$$\begin{cases} \varepsilon'=\dfrac{nc}{4\pi f} \cdot \tanh\left(\dfrac{n\pi}{2}\tan\delta\right), \varepsilon''=\varepsilon'\tan\delta \\ \mu'=\dfrac{nc}{4\pi f} \cdot \coth\left(\dfrac{n\pi}{2}\tan\delta\right), \mu''=\mu'\tan\delta \end{cases}$$

(9.2.21b)

材料对入射电磁波的反射损耗可表示为：

$$R=20\lg\varGamma=20\lg\left|\frac{Z_{in}-Z_0}{Z_{in}+Z_0}\right|=20\lg\left|\frac{\sqrt{\mu_r/\varepsilon_r}\tanh(\gamma d)-1}{\sqrt{\mu_r/\varepsilon_r}\tanh(\gamma d)+1}\right|$$

假设 $\theta=\pi$ 并且 $\delta_e=\delta_m=\delta$，则可以得到厚度为 1mm 的吸波体达到 8dB 吸收效果时的电磁参数表达式，假设材料的 μ' 和 ε' 不变，改变电磁损耗角正切值，并按照上式计算反射损耗与材料损耗角的关系，得到如图 9.2.11 所示的曲线。其中

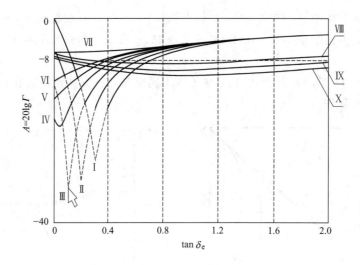

图 9.2.11　不同 $\tan\delta_m$ 下反射损耗与 $\tan\delta_e$ 的关系曲线

曲线 I～X 分别代表 $\tan\delta_m$ 的取值为 0，0.1～0.5，1，6，8 和 10。

　　由图中可以看出，当 $\tan\delta_e$ 很小时，反射率 A 对 $\tan\delta_m$ 具有很强的依赖性，随着 $\tan\delta_m$ 的增大，吸波能力逐渐增强且 A 受 $\tan\delta_e$ 的影响减弱，但吸收峰的峰值减小。随着 $\tan\delta_e$ 的增大，A 对 $\tan\delta_m$ 的依赖性逐渐减弱。另一方面，当 $\tan\delta_m$ 较小时，A 受 $\tan\delta_e$ 的影响较大。随着 $\tan\delta_e$ 的增大，反射率逐渐减小且趋于平缓。当 $\tan\delta_m$ 很大时，A 值随 $\tan\delta_m$ 的增加对 $\tan\delta_e$ 的依赖性减弱且吸波能力逐渐增强。这说明高磁损耗吸收剂有利于吸波体的电磁匹配和吸波能力的增强。

9.2.3　传输线理论在多层吸波体中的应用

　　根据电磁波的衰减理论，吸波材料的衰减吸收幅度与材料的介电常数 ε 与磁导率 μ、吸收层的厚度 d 以及入射波的波长 λ 等因素有密切的关系。单层材料很难同时满足大的损耗和良好的阻抗匹配，因此高性能的吸波材料需要设计成多层复合结构。

　　目前的结构型吸波材料大多是由三层结构组成：最外层是透波层，对入射电磁波产生尽可能小的反射，使其最大限度地进入材料内部；中间层是吸收层，进入吸波材料的电磁波在吸收层内被最大可能地吸收；底层是高反射层，没有被完全吸收的电磁波在本层被反射回材料内部进行多次吸收衰减。

　　设计复合吸波材料的关键因素：一是要提高材料的电磁损耗，从而使电磁波在介质中被最大限度地吸收。材料的 ε''，μ'' 及 $\tan\delta$ 越大，则吸收效果越好；二是波阻抗的匹配问题，使电磁波入射到介质表面时能最大限度地射入材料的内部而被吸收。

　　以三层复合吸波材料为例，假设每层的阻抗和传播常数分别为 η_1、η_2、η_3 和 γ_1、γ_2、γ_3，空间波阻抗为 η_0。图 9.2.12 为电磁波入射到吸波材料表面和内部时，在材料界面上的反射示意图。

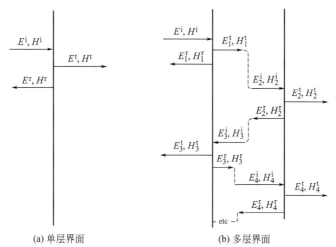

(a) 单层界面　　　　　(b) 多层界面

图 9.2.12　电磁波在单层和多层界面上的反射

电磁波在材料表面的反射系数为：

$$r_H = \frac{\boldsymbol{H_r}}{\boldsymbol{H_i}} = \frac{\eta_0 - \eta_1}{\eta_0 + \eta_1}, \quad H_i + H_r = H_t, \text{则传输系数为：}$$

$$p_H = \frac{\boldsymbol{H_t}}{\boldsymbol{H_i}} = \frac{2\eta_0}{\eta_0 + \eta_1} \tag{9.2.22}$$

对于三层复合材料，其传输系数为：

$$p_H = \frac{\boldsymbol{H_t}}{\boldsymbol{H_i}} = \frac{\boldsymbol{H_t}}{\boldsymbol{H_3}} \cdot \frac{\boldsymbol{H_3}}{\boldsymbol{H_2}} \cdot \frac{\boldsymbol{H_2}}{\boldsymbol{H_1}} \cdot \frac{\boldsymbol{H_1}}{\boldsymbol{H_i}} = \frac{2\eta_0}{\eta_0 + \eta_3} \times \frac{2\eta_3}{\eta_3 + \eta_2} \times \frac{2\eta_2}{\eta_2 + \eta_1} \times \frac{2\eta_1}{\eta_1 + \eta_0} \tag{9.2.23}$$

对于平面入射波，其反射损耗为：$R = -20\lg|T|$，其中 T 为总的传输系数，则由此可以得到，

$$
\begin{aligned}
R &= -20\lg\left|\frac{2\eta_0}{\eta_0 + \eta_3} \times \frac{2\eta_3}{\eta_3 + \eta_2} \times \frac{2\eta_2}{\eta_2 + \eta_1} \times \frac{2\eta_1}{\eta_1 + \eta_0}\right| \\
&= 20\lg\left(\frac{1}{2}\left|1 + \frac{\eta_1}{\eta_0}\right|\right) + 20\lg\left(\frac{1}{2} \cdot \left|1 + \frac{\eta_2}{\eta_1}\right|\right) + 20\lg\left(\frac{1}{2}\left|1 + \frac{\eta_3}{\eta_2}\right|\right) + \\
&\quad 20\lg\left(\frac{1}{2}\left|1 + \frac{\eta_0}{\eta_3}\right|\right) \\
&= R_1 + R_2 + R_3 + R_0
\end{aligned} \tag{9.2.24}
$$

为了满足零反射的要求，必须使上式中 $\dfrac{\eta_1}{\eta_0} \to 1$，$\dfrac{\eta_2}{\eta_1} \to 1$，$\dfrac{\eta_3}{\eta_2} \to 1$，也就是说，使材料表面阻抗尽可能与空间波阻抗相匹配。

9.2.3.1　反向干涉模型

这种模型也就是 Salisbury 屏的工作原理，如图 9.2.13 所示。吸波层的厚度设计成四分之一波长的奇数倍，电磁波进入吸波层经反射底板反射后出来的电磁

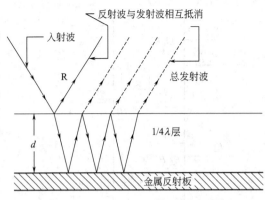

图 9.2.13　Salisbury 屏工作原理图

波与直接被表面反射的电磁波位相相差 $180°$，刚好被相互抵消，使得材料表面总的反射波降为最低。这种结构一般常用于吸波涂层设计，当涂层的厚度一定时，则发生干涉的电磁波波长也是一定值。当波长发生变化时，涂层的总反射率会急剧上升，因此这种结构的涂层应用的频带很窄。采用多层结构的这种涂层可以增加吸收频带的宽度，而且吸收效果也比较好。

图 9.2.14 为三层 Salisbury 屏对垂直入射平面波的反射系数随频率的变化关系图。

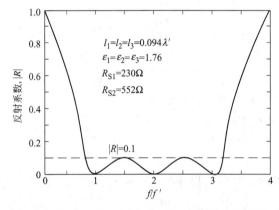

图 9.2.14　三层 Salisbury 屏的反射系数随频率的变化关系

通过在 Salisbury 电屏的表面涂敷一层具有高介电常数的介质层，可以提高 Salisbury 电屏的吸收性能，同时可以使材料吸波达到 -20dB 的频带宽度由 3GHz 增加到 9GHz。

9.2.3.2　Giannakoopulou 模型

这种结构的吸波体第一层为吸波层，第二层为透波层，底层为金属反射底板。这种在吸波层下面添加一层透波层的结构设计可以增加电磁波在吸波体中的传播距离。所采用的损耗介质既有电损耗又有磁损耗，第一二层的材料电磁参数分别为 ε_1，μ_1 和 ε_2，μ_2，厚度为 d_1，d_2，电磁波传播常数为：

$$\gamma_1 = j\omega\sqrt{\mu \cdot \varepsilon} = j\frac{2\pi}{\lambda_0}\sqrt{\mu_{1r}\varepsilon_{1r}}, \gamma_2 = j\omega\sqrt{\mu \cdot \varepsilon} = j\frac{2\pi}{\lambda_0}\sqrt{\mu_{2r}\varepsilon_{2r}} \qquad (9.2.25)$$

设 r_{10}，r_{12} 和 r_{23} 分别为空气与第一层，第一层与第二层，第二层与金属底板界面的电磁波反射系数，空气的波阻抗为 η_0，则：

$$r_{01}=\frac{\sqrt{\mu_1/\varepsilon_1}-\eta_0}{\sqrt{\mu_1/\varepsilon_1}+\eta_0}=\frac{\sqrt{\mu_{1r}/\varepsilon_{1r}}-1}{\sqrt{\mu_{1r}/\varepsilon_{1r}}+1},$$

$$r_{12}=\frac{\sqrt{\mu_{2r}/\varepsilon_{2r}}-\sqrt{\mu_{1r}/\varepsilon_{1r}}}{\sqrt{\mu_{2r}/\varepsilon_{2r}}+\sqrt{\mu_{1r}/\varepsilon_{1r}}},r_{23}=-1 \tag{9.2.26}$$

材料表面总反射系数为：

$$\Gamma=\frac{r_{01}+\Gamma_1\exp(-j2\gamma_1 d_1)}{1+r_{01}\Gamma_1\exp(-j2\gamma_1 d_1)} \tag{9.2.27}$$

式中，$\Gamma_1=\dfrac{r_{12}+r_{23}\exp\ (-j2\gamma_2 d_2)}{1+r_{12}r_{23}\exp\ (-j2\gamma_2 d_2)}$ 为第二层表面的反射系数。

则整个吸波体在电磁波垂直入射时总的反射损耗可以表示为 $R=20\lg\Gamma$。

$$\Gamma=\frac{r_{01}+r_{12}+r_{01}r_{12}r_{23}\exp(-2j\gamma_2 d_2)+r_{23}\exp(-2j\gamma_2 d_2)\cdot\exp(-2j\gamma_1 d_1)}{1+r_{12}r_{23}\exp(-2j\gamma_2 d_2)+r_{01}r_{12}\exp(-2j\gamma_1 d_1)+r_{01}r_{23}\exp(-2j\gamma_2 d_2)\exp(-2j\gamma_1 d_1)} \tag{9.2.28}$$

对于方程(9.2.28)，利用计算机拟合程序取四组参数 $\varepsilon_{1r}/\mu_{1r}$，$\varepsilon_{2r}/\mu_{2r}$，$\tan\varepsilon_1$ 和 $\tan\mu_1$ 进行吸波体最佳厚度设计，频率取为 $f_x=10\text{GHz}$，材料的相对磁导率取为1。其他频率和其他参数下的最佳厚度可以通过设计厚度分别乘以一频率参数 $10/f_x$ 和磁导率参数 $1/\mu_{1r}$、$1/\mu_{2r}$ 得到。对于不同范围内的电磁参数，具有不同的厚度表达式，其在不同条件下的设计厚度如表9.2.1所示。

表 9.2.1　吸波体在不同电磁参数下的最佳设计厚度

ε_{1r}/μ_L	$\tan\varepsilon_1$	$\tan\mu_1$	d_2/mm	d_1/mm
5	0.5	0	—	—
	1	0	3.61	1.03
	2	0	5.38	0.48
	5	0	6.62	0.19
	0	0.5	—	—
	0	1	0.13	2.46
	0	2	0.49	1.66
	0	5	0.47	0.86
10	0.5	0	1.62	1.14
	1	0	3.68	0.49
	2	0	5.33	0.24
	5	0	6.54	0.10
	0	0.5	0.05	2.13
	0	1	0.57	1.54
	0	2	0.90	1.12
	0	5	1.02	0.69
50	0.5	0	2.08	0.20
	1	0	3.64	0.10
	2	0	5.21	0.05
	5	0	6.51	0.02
	0	0.5	0.39	0.68
	0	1	0.63	0.52
	0	2	0.87	0.40
	0	5	1.18	0.28

在吸波层背面附加一层无损耗透波层，可以明显提高整个吸波材料的吸波性能。而且设计结果表明，对于这种底面为强反射金属板的复合结构吸波体，要在材料表面实现零反射，以磁损耗为主要吸波组分时的设计厚度要小于具有相同数

值参数的电损耗为主要吸波组分的实际厚度。

9.2.3.3 跟踪计算法

该方法的基本原理是，考察入射电磁波在多层介质中的反射和折射，入射电磁波经过吸波体吸收后只能存在两种情况。一是经过多次反射和折射最终折射出吸波体，这类波的总和就是吸波体对入射电磁波的反射波；二是被吸波体吸收后衰减到一个很小的数值，这个数值与预先设定的精度相比可以忽略不计，即可认为电磁波被完全损耗掉。

在进行计算机模拟时，首先跟踪第一层的折射波，计算出它在进入第二层时的反射和折射波，将反射波保存起来；然后跟踪第二层的折射波，计算它在进入第三层时的折射和反射波，再次将反射波保存；然后继续跟踪第三层的折射波……最终折射波的强度衰减到与预先设定的精度相比可以忽略不计的数值，此时可以由计算机给出吸波体对入射电磁波的总反射率。

由于该过程包含众多的电磁参数，在设计时将每层的参数设计成一个参数矩阵，在计算时即可根据变换不同的参数来设计每层的厚度。

9.2.4 传输线理论的局限性

吸波材料设计涉及电磁波与材料之间的相互作用，其影响因素是多方面的。在依据传输线理论在进行设计时，只有阻抗匹配原理得到理论界的认同与肯定，至于吸波效能、频宽和厚度的设计，仅仅根据式(9.2.13)给出的超越方程在给定厚度和频宽的条件下，具有均匀分布特征的吸波体总是趋向两种情形：①频宽很广，但吸收较少；②吸收峰值较大，但与之相适宜的频宽很窄。

当由均匀分布变为非均匀分布时，上述两种情形将发生较大变化。通过图9.2.15(a) 和图9.2.15(b) 比较来分析这种改变的本质。

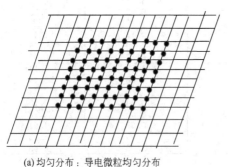
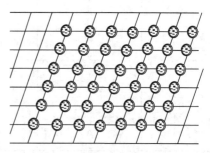

(a)均匀分布：导电微粒均匀分布在网格节点上　　(b)非均匀分布：导电微粒团均匀分布在网格节点上

图 9.2.15　微粒风格分布情况

图 9.2.15 中的粉粒的体积百分比和粒径是同样的。图 9.2.15(a) 中的微粒分布在 2mm×2mm 网格的节点上，图 9.2.15(b) 中的微粒分布在 6mm×6mm 网格节点为中心的半径为 2mm 的圆内。图 9.2.15(b) 中圆内吸波剂的密度比图 9.2.15(a) 的密度增大几倍，粒子之间的最小间距小于 1mm，不同节点圆内粒子间的间距为 2～12.5mm。但是从透波材料角度去观察，最近的粒子所包围的

面积由图 9.2.15(a) 的 4mm^2 变为图 9.2.15(b) 的 $(6^2 - 2^2 \times \pi) = 23.44\text{mm}^2$，即最近四个圆所包围透波材料的面积是图 9.2.15(a) 中四个粒子包围的面积的 5.9 倍。这就是说，由图 9.2.15(a) 变成图 9.2.15(b) 的情形，使得与图 9.2.15(a) 中被 2mm 微粒间距所对应的可透入电磁波变为与 $2 \sim 12.5\text{mm}$ 微粒间距所对应的可透入电磁波，这一变化为拓宽频带做出了贡献；同时四个最近圆所包围的面积比图 9.2.15(a) 四点所围面积的增加也为一定频宽电磁波的透入提供了条件。自然，上述分析是把图 9.2.15(a) 中间距为 2mm 直道吸波体两边的矩形视为对各种微波都能透过但不能形成吸收，与之相对应的图 9.2.15(b) 中的直道两边的条形带也是如此。上述分析中，当图中粒径变小时，计算求得各层电磁常数的方法常常导致无法在找到满足计算所要求的材料，换句话说，已有的吸波剂及其改性产品不可能达到计算所要求的 ε 和 μ 值。

要解决这一难题，必须从电磁波与材料之间相互作用出发，不仅要计算材料的反射系数，还必须计算材料的透射系数，利用能量守恒才能得到材料的吸收系数。这是因为电磁波为材料所吸收毕竟是在电磁波穿越材料（即发生折射或透射时）的过程中发生的，详见第 8 章。

9.3 具有均匀分布特征的涂层与平板的设计

9.3.1 组织设计

具有均匀分布特征的涂层与平板是指吸波剂在三维空间中呈均匀分布，这类吸波体是最先为研究者采用的最简单的吸波体。这类吸波体的设计大都采用了传输线理论。实践结果表明，具有均匀分布组织特征的吸波体的频宽窄，很难满足隐形要求。于是，出现了吸波剂在吸波体中呈非均匀分布的特点，如具有不同阻抗的多层吸波体、夹芯吸波体和蜂窝状吸波体等。仔细分析这类吸波体，其主要特征是吸波剂在三维空间中呈非均匀分布。由于构成吸波体的实质性要素只有两个：透波材料和吸波剂，吸波剂的非均匀分布即为透波材料的非均匀分布，而透波材料的非均匀分布决定了吸波体的频宽。试想，以导电粉末均匀分布在塑料或橡胶基体中的情形为例，当加入的导电粉末的体积百分数很少时，从统计上看，导电微粒之间的距离是被限定在一定的距离 d 附近，当逐渐增加导电粉末的体积百分数之后，粉粒之间的统计平均距离必然减少。对较宽频率的电磁波来说，由少量的吸波剂变化到较多吸波剂时，其吸收频宽必然变窄。在匹配较好的情况下，吸波剂的增多意味着吸收效果增加。因此，图 9.2.15(a) 的频带变宽，吸收变坏。真实的分布当粒径为 $1\mu\text{m}$，间距为 2mm 时，几乎是全频段都可以透入，但是几乎没有吸收。只能增加吸波剂的百分比以减少粒子间距才能使吸收增加。当图 9.2.15(a) 中粒径增大或是百分比增加到一定程度时，会出现单峰情况。继续增加吸收剂的百分比，促使吸收峰向高频移动，甚至会出现全反射。对于图 9.2.15(b) 所示的情形，当粒径变小时，甚至进入纳米量级时，吸收效果变差，但频宽会增大，如果增加百分含量，吸收峰也会移向高频端，但不会发生全反射现象。这是非均匀分布吸波体的一个重要特征。

与均匀分布的吸波体相比较，非均匀分布的吸波体通过设计非均匀分布的程度类型很容易拓宽吸收频宽，有效利用电磁波在吸波体内的多次反射对提高吸收效果是非常有利的。

电磁波对实际吸波体中吸波剂和透波材料的分布是非常敏感的。如果按图9.2.15(a) 和图 9.2.15(b) 制造两种单层吸波体，工艺上的混合稍有不均匀，将会导致正面和反面的测试结果不一致。这是许多吸波体的设计和制造经常遇到的问题。其原因在于从正面看和从反面看内部的吸波剂和透波材料的分布是不一样的，正因为如此，在制造吸波体时，对吸波剂的分散要格外注意，力求使吸波剂按照设计要求进行混合和分散。为了验证上面的分析是否正确，我们研究并专门设计了具有岛状分布的吸波体和均匀分布的吸波体的对比，以及在水泥基吸波体内通过添加 EPS 球产生的非均匀分布与无 EPS 球的水泥吸波材料的对比。

我们以普通硅酸盐水泥和发泡聚苯乙烯颗粒（EPS）为基本原料对水泥复合材料的吸波性能进行了实验研究。为了增加 EPS 在水泥基体中的润湿性，在混合前对 EPS 颗粒进行表面酸洗改性处理，然后按照 EPS 添加率 60%，50%，40%，水灰比 0.3～0.4 制成水泥-EPS 复合平板试样，试样厚度控制为 20mm。经养护干燥后磨平，然后利用拱形反射法在微波暗室中测试试样在 8～18GHz 频段内的吸波性能。

测试结果表明，EPS 的加入可以明显改善水泥材料的吸波性能。对于同一厚度 20mm 的试样，未加 EPS 颗粒前其吸波性能仅在 −5dB 左右，而且随频率的变化不大。加入 EPS 后吸波性能得到明显提高，而且随着频率的增加吸收性能逐渐增强，如图 9.3.1 所示。

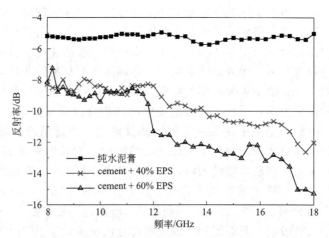

图 9.3.1　透波性能对水泥复合材料吸波性能的影响

根据已有文献，水泥材料对电磁波的吸收主要可以归因于水泥材料中的部分氧化物和矿物成分对电磁波的损耗，因此其吸收性能比较低。而且水泥材料结构比较致密，材料阻抗与空间波阻抗匹配程度较差，影响了材料对入射电磁波的透射性能而增加了其在材料表面的反射能力，因此限制了材料的吸收性能。添加 EPS 后情况则完全不同。因为 EPS 为一透波介质，它的加入可以增加水泥复合材料的气孔率，明显改善材料的透波性能，使得电磁波可以进入材料内部，同时 EPS 经水泥浆体包覆后可以散射进入材料内部的电磁波，所以吸波性能得到明显提高。如图 9.3.1 中所示，EPS 加入 40%（体积）时，材料在 8～18GHz 内的吸收效能可以达到−8～−13dB，当 EPS 加入量增加到 60%（体积）后，吸波性能进一步提高，在 18GHz 时已达到−15.27dB，吸收优于−10dB 的带宽达到了 6.2GHz。

另外，我们通过在吸波体内导电媒质的"孤岛"化设计，制备了一种单层非连续体平板吸波材料。测试结果表明，非连续体试样较热压致密试样吸波效能有较大提高。实验中首先对 ABS 和炭黑进行预处理，将占总质量 5%、10%、20% 和 30% 的炭黑加入 ABS 中，经混合均匀后造粒，颗粒形状为直径 3mm、高度3～5mm 的圆柱体。然后用此颗粒料制成热压致密试样和将复合颗粒用 PVA 黏结剂包裹后浇铸成型形成非连续体平板试样，如图 9.3.2(a) 所示。

(a) 非连续体试样　　　(b) 热压致密试样

图 9.3.2　不同成型试样照片图

测试结果表明，随着 CB-ABS 颗粒中碳含量和试样厚度的增加，在 8～18GHz 频段内，非连续体试样的反射损耗增加，且明显超过热压试样。当碳含量达到 30%（质量）时，平板的反射损耗在 8.5～18GHz 宽频范围内都优于−10dB，在 15～18GHz 都高于−15dB。当试样厚度达到 20mm 时，其反射损耗在 8～18GHz 频率范围内优于−15dB，如图 9.3.3 所示。

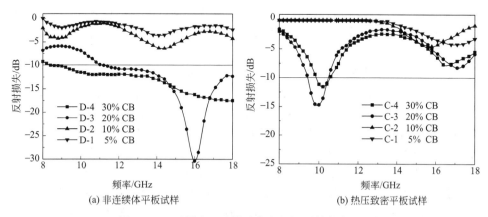

(a) 非连续体平板试样　　　　　　　(b) 热压致密平板试样

图 9.3.3　不同成型试样随碳含量的反射衰减曲线

这是因为当炭黑-ABS 复合大颗粒通过黏结剂包覆后浇注成非连续体复合试样时，其体电阻率比热压成形的连续体试样的电阻率大的多，所以其输入波阻抗 Z_{in} 较大，与自由空间的波阻抗 Z_0 匹配发生变化。电磁波在热压连续体试样表面反射较大，不能够充分进入试样内部被损耗，而非连续体则能够使电磁波充分进入其内部，通过其局部导电颗粒的电阻损耗和散射损耗使得整个试样的损耗大大提高。同时由于内部"孤立"大颗粒对电磁波的散射和吸收衰减，形成非连续体时，对电磁波起到了"透"、"吸"、"散"的作用，有效提高吸收效能。

这正说明了透波介质在吸波材料设计中的重要作用，定性地验证了公式 $a=1-(r+t)$ 的正确性。

9.3.2 结构设计

结构设计是组织三维设计的延伸。为了扩展吸收频段，许多研究者已经创造出许许多多的结构类型：多层膜（或多层涂层）、蜂窝状结构、多层纤维或多层纤维编织结构、谐振型结构、多孔泡沫结构、图7.2.9所示的基体中分布着不同大小形状的电阻片的Jaumann吸波体、夹层结构和波纹板结构和图7.2.15所示的频率选择吸波结构、图7.2.18所示的电路模拟结构，以及图7.2.19所示栅格结构的铁氧体瓦，详见7.2节。

在众多的结构中，以栅格状铁氧体瓦、蜂窝状结构和谐振腔结构最富创意，以多层膜、多层纤维和编织结构最易被隐形飞机采用，以多孔泡沫角锥体在吸波暗室里应用最广。关于多孔泡沫角锥体和谐振型吸波体在9.4、9.5节中有专门叙述，在这里不再重复了。以下主要就栅格状铁氧体瓦、蜂窝状结构和多层纤维及编织结构的设计做一介绍。

吸波体结构设计的要点如下。

首先满足服役条件所要求的各种性能，如力学性能、空气动力学性能、高温性能等。

一架全隐形飞机在不同的部位对各种性能的要求是不同的，如蒙皮不仅要求具有良好的气动性能，还必须具有不低于Al-Mg合金的力学性能。而发动机的进排气通道，则主要满足其高温性能和与之相关的对红外线的良好吸收，以及对微波的良好吸收。实际上要求高温性能的部件，防止红外辐射变得比微波隐身更为突出。

其次，才是尽可能高的吸收性能。

飞机的机身不仅面积大，而且很难采用高效吸波结构（夹芯结构和蜂窝结构），只能采用多种涂层结构。而对机翼来说，其狭小的内部空间适合采用夹芯结构或蜂窝结构。因为机翼的内部空间通常是闲置的，机尾与机翼的情形非常类似，也可采用高效吸波结构。

结构设计中必须兼顾频宽和吸收效能。吸波剂呈非均匀分布有利于扩展频宽，具有多次反射功能的结构有利于吸收。以栅格状铁氧体为例，见第7章图7.2.19。铁氧体瓦（平板）最宜应用在1GHz以下的频带，为了拓展频宽，在平板状的铁氧体瓦上规则地开有多处小孔，在小孔处可填入透波材料（或透波＋吸波材料），就可使铁氧体瓦的频宽拓展至4GHz。开孔面积越大，拓展的频宽也愈大。实际上图7.2.19中的铁氧体瓦与透波衬板和金属底层反射板复合后，会增加电磁波的反射，这对提高铁氧体复合材料的吸收效果是极为有利的。

美国在 20 世纪 70 年代设计的第二代隐形飞机 F-117，为了对进气道和发动机进行隐身，在进气道口就安装了栅格屏。由于栅格网络很密，形成很小的管道，大多数雷达波因波长过长而不能进入，此波段的能量大部分被吸波材料吸收，通过栅格结构进入进气道的短波长雷达波，除了在管道、发动机迎风面及栅格背面被多次反射消耗掉，另一方面还要受到栅格材料的吸收，因此很难再被反射回去。

若用铁氧体作为损耗基体，其中填充镀镍碳纤维（NiCF）为损耗介质，则可以发现铁氧体中加入 NiCF 前后，两种材料的相对磁导率变化不大；而加入 NiCF 的试样其相对介电常数有大幅度提高，这说明 NiCF 具有改善吸波材料的衰减性能的作用，主要体现在可以提高材料的介电损耗。当纤维的长度为介质中传输波波长的一半时，NiCF 可以与入射电磁波发生谐振作用而产生感应电流，并将其大量损耗在基体介质材料中。

采用其他材料如炭黑、黏土、氧化锆-氧化镁混合烧结体等几种不同介质基体，都发现 NiCF 的加入可以改善基体的衰减性能，而且无论是磁损耗还是电损耗介质，均可与 NiCF 相配合。

图 7.2.18 所示的电路模拟吸波材料在结构上与栅格状铁氧体瓦有异曲同工之妙，同样图 7.2.15 给出的频率选择吸波体也具有上述功能。

夹层结构和蜂窝结构有许多相似之处，多以透波材料做成类似图 7.2.12 所示的中空骨架，在孔隙处填入含有不同百分比吸波剂的复合材料，这种被填充的复合材料也是吸波剂与透波材料的混合物。在混合填料中的透波材料为电磁波的透入提供条件，吸波剂的非均匀分布和特定的结构则为电磁波在吸波体内部的多次反射提供了可能。因此，这类吸波体对拓展频宽和提高吸收都很有利，较大的厚度使这类吸波体成为高效吸波体成为可能。值得指出的是，如能在透波骨架内填入谐振球型吸波材料（如镀 Ni 的玻璃微珠、黏结炭粉的珍珠岩球），其吸收功能会更好。

碳纤维、硼纤维和 SiC 纤维因其优异的力学性能和其很低的密度深受军用飞机及其他飞行器的青睐。碳纤维和 SiC 纤维均属导电型材料，不留缝隙地紧密排布成碳纤维板必然是电磁波的反射体。为了使其具有隐形效果，应该与透波材料（如环氧树脂）混合使用，最好是与透波纤维编织成布，如与玻璃纤维或是芳纶纤维共纺成布，既可单层使用，也可多层黏结或热压后使用。其中导电纤维之间的间隔对吸波体的频宽有重要影响；对于织物，导电材料之间的最小面积对吸收频宽有直接影响，多层纤维之间的反射对吸收效果贡献较大。纤维或织物最适宜做飞机和飞行器的蒙皮，用量较大，深入研究各种纤维的电磁参数和电阻率，精心设计纺织结构将是很有意义的。另外，带有网格的织物较容易与前面谈到的夹芯结构或蜂窝结构复合，面层的网格（合理的孔隙）可以将电磁波引入夹层或蜂窝中，形成高效吸波体。

在实际设计中，不必拘泥于现有的结构，可以根据服役条件、限定的空间，创造新的吸波结构，只要注意非均匀分布对拓展频宽有利，尽可能地利用电磁波的多次反射将会有效地提高吸收效果。

9.3.3　均匀分布涂层与平板的改进

为了提高涂层以及平板吸波材料的吸收效能，人们通常在吸波体厚度方向上采用非均匀结构，这样可以有效改善平板材料与自由空间的阻抗匹配，提高吸波效能。

在 Dallenbach 涂层的金属板与损耗介质之间填充一层无损介质，介质的厚度设计为电磁波在该介质中波长的四分之一，使进入涂层经反射的电磁波和直接由涂层表面反射的电磁波相互干涉而抵消，这就是早在 1952 年 Salisbury 提出的著名的 Salisbury 吸收屏结构，其吸波频段与 Dallenbach 结构相比大大拓宽。但是要使微波雷达吸收体获得所希望的宽带，采用较薄的单层吸收体是很难实现的。因此，人们就通过使用多层介质来拓宽吸收体的频带宽度。这种方法的目的是通过沿吸收体的厚度方向缓慢地来改变有效阻抗以获得最小的反射。这类吸收体称为多层吸收体，典型的有 Jaumann 吸收体，这种结构在文献中有较为详细的描述。Jaumann 吸收体是由 Salisbury 吸收体通过增加电阻片和隔离层数目来改善带宽。为了获得最佳的吸收效果，电阻片的电阻应当从前至后逐渐变小。吸收体的带宽与所采取的电阻片个数有关。不同电阻片个数与反射率的关系在文献中有详细叙述。

平板结构型吸波体也常采用多层结构来提高吸收效能。其中不同厚度双层碳团簇吸波材料的研究有较大突破，通过阻抗匹配原理使得 3mm 厚的平板吸波体在 8.2～12.4dB 频率范围内最小反射率达到−40.0dB，小于−10dB 有效带宽为 3.8GHz；多层吸波结构也有不少报道，其中一种三层结构在 5～18GHz 频段内吸波效能均小于−15dB，B. Chambers 提出一种三层对称雷达吸波结构在 8～18GHz 的反射率均低于−15dB。可以看出，多层平板吸波结构能有效拓宽吸波频段，提高吸收性能。

这些多层结构涂层的主要特点只是在吸波体的厚度方向使其呈现非均匀分布特点，而在二维平面仍然属于均匀分布。从吸波涂层来看，单层结构其吸收频段窄，而多层结构能增加涂层厚度，使其黏结性差等缺点更加明显。而多层平板结构型吸波体虽然不增加额外重量，且能有效改善吸波效能，但从总体来看，多层平板结构仍然存在频段窄的缺点，而且结构复杂，成本较高。所以为了进一步提高结构型平板吸波体的吸收性能，除平板厚度方向采用非均匀设计外，二维平面采用孤岛式的非均匀平板结构，可大大改善平板的吸收频段，提高吸收效能。

9.4　微波暗室用吸波体的设计

吸波材料的研究始于 20 世纪 30 年代的法国哥廷根大学（Goettingen），随后美国、日本、苏联、英国也相继开展了研究。到 20 世纪 60 年代已经开发出多种用于暗室的吸波材料。现如今法国的 Frankonia 公司，美国的 Emerson、Cuming、Rantec 等公司，日本的 TDK 公司，英国的 Plessey 公司都有了一系列产品。

我国关于吸波材料的研究起步较晚，大约在 20 世纪 70 年代由中科院大连化物所和中科院物理所进行了最初的空心锥体的研究。20 世纪 80 年代后随着通信技术和雷达技术的快速发展以及微波暗室整套技术的引进，国内已经有 6 家专门生产暗室用吸波材料的厂家，其主要产品是各种规格的锥体，同时也生产部分用于测试平台和雷达仓的软体平板材料。至此，国内外的产品除少量采用铁氧体制品外，几乎都是以泡沫塑料为主的吸波体，并已装备了近 100 家微波暗室。

9.4.1 吸波体的结构类型

微波暗室所用的吸波体几乎都是锥体，部分国外产品也有劈形结构[59]。微波暗室用锥体的高度从 300～2800mm 不等。不同的高度满足不同频宽下的吸收效能。一般来说，锥体的高度与频宽和吸收效能是成正比的。下面以高度为 400mm 和 600mm 的锥体（以下简称 400 锥和 600 锥）为例加以说明，其结构示意图如图 9.4.1、图 9.4.2 所示。

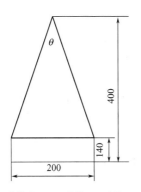

底座: 200mm×200mm×140mm

锥高度: 260mm

总高度: 260+140=400(mm)

$\tan\theta = 0.38$

图 9.4.1　400 锥结构示意图

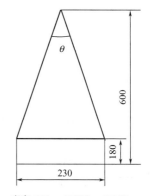

底座: 230mm×230mm×180mm

锥高度: 420mm

总高度: 420+180=600(mm)

$\tan\theta = 0.27$

图 9.4.2　600 锥结构示意图

由于锥体外形设计没有统一的标准，各厂家的产品尺寸不尽相同，吸收效能也会有所变化。在锥体设计中最重要的结构参数是顶角 θ 的正切值 $\tan\theta$，它反映了锥体底边与高度的比值，对低频特性有着重要的影响：$\tan\theta$ 越小，越有利于低频吸收，一般 1000 锥的 $\tan\theta$ 降至 0.17 左右。其次，锥体底座的大小与锥体在墙面的布局对于整个暗室的无回波特征有重要意义。底座面积越大，单位面积墙面上所占有的单体个数就越少。这不利于消除干涉波的影响，但是却可以通过增加高度即减小 $\tan\theta$ 值来弥补。这就是底座尺寸越大，锥体高度必然越大的原因。显然，单位面积内的锥体个数增多，有利于消除回波。

此外，锥体的力学性能也不容忽视。对于以泡沫塑料为载体的吸波体，要求锥体具有一定的刚度，即长期使用后不变形的特性（行业内称不弯腰）。这对泡沫塑料来说是极其困难的。为了提高刚度，各国采用表面喷漆的方法，以增加表层刚性，一般多用蓝色或淡蓝色阻燃漆。除了能增大锥体的刚度外，感观上也较和谐。尽管如此，此类吸波体当其高度超过1000mm后，使用5年左右还会发生变形和弯腰。这对微波暗室的电磁特性有极大伤害。局部出现弯腰的空间，将形成杂波区，必将影响测试精度。尤其建在炎热潮湿的南方地区的微波暗室，出现弯腰的概率大于北方干燥地区。这里面起主要作用的是湿度过大。由于此类吸波体是用开孔结构的泡沫塑料为载体，再加上添加的阻燃剂多是吸水性很强的卤族阻燃剂，将会大大恶化其力学性能。最好添加无卤阻燃剂如 Sb_2O_3 和聚磷酸酯类阻燃剂。

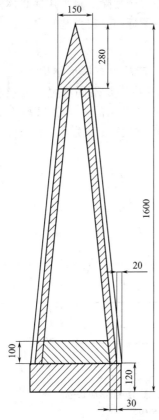

图 9.4.3　空心锥剖面结构示意图

空心锥体是为减轻重量和减轻变形而设计的吸波体。其中以大连东信微波材料厂生产的空心锥[60]批量较大，而且其刚度较好。

空心锥的主体是中间空心部分，其垂直剖面图如图 9.4.3 所示。由于锥体尺寸较大（如图 9.4.3 标注，单位 mm），采用30mm厚的硬质聚苯乙烯泡沫板作为空心部分骨架，这样极大地减轻了锥体的重量，而且使锥体具有较好的刚度。在聚苯乙烯板材外表面覆盖一层软质泡沫，作为锥体的主要吸收部分。虽然该吸收部分厚度较小（约20mm），但是由于锥体较高，穿过锥体表层吸收材料的电磁波可以在锥体内空心部分多次反射而损耗；锥体表面的反射波也可以在相邻锥体之间多次反射被消耗掉。该锥体是以反射损耗为主的吸收体。

锥体顶部是由泡沫塑料做成的小锥体，防止垂直入射的电磁波直接进入到锥体空心部分，也可以增加锥体外形的完整和美观。底部是一个由泡沫塑料制成的底座，由于骨架底端截面较小，在骨架底端空心部分加入高度为100mm的泡沫塑料，以增加底座与骨架结合的强度。

9.4.2　频宽设计

泡沫塑料为载体的吸波体具有宽频特性，从大量测试曲线（1～18GHz）观察可知，向高低频延伸的范围尚有较大空间，尤其是添加 Fe-Si-Al 粉末和导电粉末的复合型吸波体，可拓展至 0.5～30GHz。这种宽频特性是隐形材料难以做到的，但是对于隐形材料的设计具有指导意义。泡沫塑料吸波体的频宽主要得益于泡沫塑料极高的孔隙率。一般聚氨酯、聚乙烯、聚苯乙烯等塑料的发泡倍率约为 10～40 倍，其孔隙率可达 90％以上。随着孔隙率的变化，泡沫的相对介电常数也发生变化，因此频宽的设计可以转化为材料的相对介电常数的设计。

9.4.2.1 设计思路

由于泡沫型吸波体的吸波剂是非均匀分布的，从宏观上其孔隙率在各个方向的分布又可视为各向同性材料。因此频宽的设计主要根据归一化反射系数的计算式。

$$R=\frac{Z_{in}-1}{Z_{in}+1} \tag{9.4.1}$$

由于吸波剂在空间的不均匀分布特征，Z_{in} 的计算既烦琐又不准确。实践中将阻抗匹配 $Z_{in}-1=0$ 转化为 $\varepsilon_r-1=0$，这一经验性的转化极大地方便了频宽的设计。通过比较相对介电常数靠近 1 的程度以及实测数据的累积便可判断其频宽。下面以聚乙烯发泡 40 倍的泡沫塑料，采用浸渍法吸入体积百分数为 6% 的炭粉为例说明计算过程。

（1）对于泡沫塑料

发泡为 10 倍时，孔隙率为 $\left(1-\frac{1}{10}\right)=90\%$；

发泡为 40 倍时，孔隙率为 $\left(1-\frac{1}{40}\right)=97.5\%$。

在 1~18GHz 内，聚乙烯的相对介电常数约为 2~3.5。

当 $\varepsilon_{r0}=2$ 时，$\varepsilon_{r1}=90\%\times1+10\%\times2=1.100$

$\varepsilon_{r1}=97.5\%\times1+2.5\%\times2=1.025$

$\varepsilon_{r0}=3.5$ 时，$\varepsilon_{r1}=90\%\times1+10\%\times3.5=1.250$

$\varepsilon_{r1}=97.5\%\times1+2.5\%\times3.5=1.063$

（2）添加 6% 的炭粉后，孔隙率将变小，（塑料＋炭粉）的体积百分数扩大。

发泡为 10 倍时，孔隙率变为 84%，（塑料＋炭粉）的体积百分数变为 16%；

发泡为 40 倍时，孔隙率变为 91.5%，（塑料＋炭粉）的体积百分数变为 8.5%。

当 $\varepsilon_{r0}=2$ 时，发泡为 10 倍时吸波体的相对介电常数 $\varepsilon_{r1}=84\%\times1+16\%\times2=1.160$

发泡 40 倍时吸波体的相对介电常数 $\varepsilon_{r1}=91.5\%\times1+8.5\%\times2=1.085$

当 $\varepsilon_{r0}=3.5$ 时，发泡为 10 倍时吸波体的相对介电常数 $\varepsilon_{r1}=84\%\times1+16\%\times3.5=1.400$

发泡 40 倍时吸波体的相对介电常数 $\varepsilon_{r1}=91.5\%\times1+8.5\%\times3.5=1.213$

可见，当发泡为 10~40 倍，添加 6% 的炭粉后，在 1~18GHz 之内，吸波体的相对介电常数 ε_r 的变化从 1.085→1.160→1.213→1.400。一般当 ε_r 在 1~1.2，在 1~18GHz 内，400 锥优于 -30dB 的频宽为 17GHz，600 锥优于 -35dB 的频宽为 17GHz；当 $\varepsilon_r>1.2$ 时，低频变坏，频宽缩小，缩至 4~18GHz。

从上面的计算不难得出，发泡倍率对频宽具有决定意义，而材料的相对介电常数的大小却处于次要位置。但是对于隐形材料来说，如果不能引入气隙式孔隙时，材料的相对介电常数将是隐形材料频宽的决定因素。

9.4.2.2　影响频宽的其他因素

除了发泡倍率和 ε_r，对频宽的影响因素还包括浸渍碳层厚度 δ，工艺因素以及锥体的顶角 θ 等。

关于 δ 的影响在计算吸波体的相对介电常数时已有所考虑，在吸波剂的添加量中也有反映，但是由于浸渍工艺导致对涂层厚度的控制较差：加入同样百分比的吸波剂，由于工艺的差异，δ 的厚度分布随浸渍中的压缩次数增加逐渐趋于 $\bar{\delta}$。由于泡沫塑料孔隙的分布和大小不同，导致部分区域 $\delta > \bar{\delta}$，这不仅会使反射增大，还会影响到频宽，如同发泡倍数低的泡沫塑料其 ε_r 较大，频宽相应缩小的道理一样。

工艺因素的影响主要指压缩次数和排出液体的操作，操作不当会使吸波体中心部位 δ 较薄，而边缘 δ 较厚。边缘处的 δ 较厚对频宽有不利影响，加之喷漆操作会进一步加剧边缘及表面的 ε_r 变大，这是应该引起注意的。

关于顶角对频宽的影响，相关文献中进行了详细的研究，认为顶角对频宽具有一定的影响，并且存在一个最佳顶角。显然，这是针对特定的测试距离而言，如果测试距离（微波源到反射底板之间的距离）改变，最佳顶角将发生变化。

9.4.3　吸收效能设计

吸波体的吸收效能主要由两个因素决定：吸波剂的添加量和锥体或平板的高度。

9.4.3.1　吸波剂体积百分数的选择

一般情况下，随着吸波剂体积百分数的增加，吸波效能呈现增加的态势。但是，吸波剂的增加是有极限的，对导电材料来说（以炭粉为例），它的极限不超过所要求的最低频率对应的趋肤深度。

吸附炭粉的泡沫塑料吸波体很像一个介质波导。当电磁波入射至吸波体后，大于截止频率的电磁波都能被引入吸波体。电磁波在吸波体内传输时，为小于 δ 厚度的导电层所吸收，其吸收机制主要是电磁感应引起的欧姆损耗。当电磁波达到大于 δ 厚度的导电层时，必然会引起反射。经过多次反射的损耗之后，少量电磁波被反射回大气中。从波导层面看，泡沫吸波体的 Δf 可从截止频率去求解。

关于炭粉添加量对 S_A 的影响，还有一个不可忽略的因素，那就是发泡倍数的影响。一般发泡倍数高时，炭粉的添加量可取趋近于 δ 的上限所对应的百分比。这是因为发泡倍数高时，不仅泡沫的孔隙率高，其孔径也较大，较大的孔径吸附导电层的厚度可以适当加大。由于这三者的关系是经验性的，属于技术机密，各生产厂家很少公布详细资料，只能给出添加炭粉体积百分数的范围在 $2\% \sim 8\%$ 之间。

9.4.3.2　高度的确定

各国厂商已经按照锥体高度生产了系列化产品。现在吸波体的高度并非是设计出来的，而是厂家设定的。高度的设定遵循这样一条原则：高度的增加是为满足向低频拓展的需要，在满足低频需要的条件下，追求吸波效果的最大化。

可见，高度的确定不仅涉及吸波效能，也涉及到频宽的大小。一般的规律，随着高度的增大，频宽有向低频端扩展的趋势，其吸收效果也相对较高。为了达到这一点，有两种设计方法：炭粉含量必须随之降低；从锥顶到底座含碳量逐次或是跳跃性增加。后者效果较好，尤其含碳量呈阶梯分布，具有明显的效果。显然，底座的含碳量是最高的，但是转换成导电层的厚度还应该在趋肤深度之内。这样的阶梯分布对拓展低频端是有利的。如果低频端仍不能满足要求，尤其在小于 0.5GHz 时，采用底座或靠近底座处添加铁氧体粉是行之有效的办法。这样做的缺点是增加了吸波体的重量，也增大了成本。

高度与吸波效能的关系归因于电磁波传输路径的增加，即随着锥体高度的增加，电磁波在吸波体内部的传输距离相应增加，吸收增大是不言而喻的。除了这一主要原因之外，还有我们在结构设计中已经强调过的因素 $\tan\theta$。根据定义：

$$\tan\theta = \frac{\frac{1}{2}锥体底边边长}{锥体高度}$$

显然，高度的增加使 $\tan\theta$ 在减少，较小的 $\tan\theta$ 有利于反射波的吸收。这是因为较小的 θ 反射出锥体的回波很容易被周围的其他锥体所吸收，而较低的锥体的反射波返回大气中的概率较大。高度在这里所起的作用是辅助作用。考虑到对重量的限制（小于 $18kg/m^2$），一般锥体的高度为 $300\sim1600mm$ 不等。但是，空心锥体的高度可以放宽至 2800mm。中空的锥体有较好的低频特性，因为中心的空腔较大的降低了复合材料的 ε_r 值，这对向低频扩展是极其有利的。只是空心锥的吸收效果欠佳，可通过增加高度来弥补吸收效能的不足，这也是空心锥较实心锥高很多的原因。如能将空腔做成谐振器，可降低空心锥的高度。

9.4.4 材料及工艺

目前生产暗室用吸波体的厂家多为中小型企业，加之国内尚无严格的行业标准，各厂的生产均按厂内的操作规则进行，缺少中间检测环节和质量控制体系，这是造成某些性能不如国外产品的主要原因。如能加强中间检测，制定出严格的工艺规范，赶上和超过国外产品并不困难。

9.4.4.1 材料

微波暗室用吸波体的选材有三种。

① 透波材料：如聚乙烯、聚苯乙烯、聚氨酯、聚碳酸酯、聚丙烯等。

② 吸波剂：炭粉或石墨粉、铁氧体等。

③ 阻燃剂：阻燃剂种类繁多，此处使用 Sb_2O_3，聚磷酸酯和 $Mg(OH)_2$。

微波暗室用吸波体之所以具有宽频特性，主要得益于发泡材料。上述材料都是容易发泡且可大规模生产的发泡塑料。选用各种发泡塑料为载体时，应注意发泡倍数，其次是材料自身的相对介电常数。如果大批量订购，可与厂家商定最好要阻燃型的泡沫塑料，可以免除后续工艺中添加阻燃剂的麻烦。市售上述发泡塑料的 $\tan\delta<10^{-2}$，其数量级在 $10^{-2}\sim10^{-4}$ 之间；ε_r 值基本在 1.2 以下，除非发

泡在 10 倍以下的材料，ε_r 增至 1.4 以上；这些材料的电阻率 ρ 基本在 $10^{14} \sim 10^{17}$ $\Omega \cdot cm$ 之间。上述五种材料都是很好的透波材料。如果要求某些特殊性能（如耐热、大功率吸波体），也可选择其他发泡材料或是玻璃纤维编制材料。

平板和锥体使用的吸波剂，最常用的是炭粉，也有用片状石墨的。对炭粉的要求主要是粒度，一般选择微米级和亚微米级。粒度越小，吸收效果越好。因此，近年来，国内外的生产厂家已有采用纳米炭粉或石墨粉的。如能有亚微米或纳米的石墨粉，其电性能优于同粒度炭粉，尤其是它的层片结构对吸波体内的多次反射是非常有利的。

如果泡沫塑料自身已有阻燃性，可不必添加阻燃剂。如果泡沫塑料自身不具备阻燃能力时，可添加无卤的 Sb_2O_3，$Mg(OH)_2$ 和聚磷酸酯等阻燃剂。但非水溶性的固态添加剂（如 Sb_2O_3）的粒度应小于 $20\mu m$，最好在 $5\mu m$ 以下，以防在水中沉淀。阻燃标准应满足 UL-94 中的 V-2 以上或达到氧指数大于 26。

9.4.4.2 工艺

（1）下料

购入的泡沫塑料都是厚度（高）在 1m 以上的长方体，为了做成锥体，必须先行切割成不同规格的锥和底座。含有铁氧体的锥体一般需要将一个锥分为 2~3 段，高度大于 1m 的锥体也需要分段。因此，下料切割是必不可少的工序。切成小块是为浸渍吸波剂时均匀化创造有利条件。否则，大块材料直接浸渍很容易形成中心部吸入的吸波剂过少，造成大块料的不均匀性明显高于小块料的均匀程度。国外一般用数控线切割进行切割，尺寸精度较高。国内大多采用自制的线切割机，还有用简易加热电阻丝进行切割，这样，相应的靠模精度和切割速度对软体塑料切割表面的质量变得非常重要。

（2）配浆

配浆是指把吸波剂、阻燃剂、黏结剂和水按一定的比例配制成悬浮状液体，这是工艺中的重要环节。由于竞争的原因，各生产厂家对自己的配方均守口如瓶。因此，这里仅就几个工艺原则加以讨论和分析。

① 黏结剂的选择及用量　黏结剂应选用水溶性黏结剂，如聚乙烯醇、水玻璃、磷酸铝和环氧乙烷等。水玻璃和磷酸铝是无机黏结剂，虽然使用方便但易返潮：水玻璃是靠吸收空气中的 CO_2 缓慢硬化的，如不加热至高温，硬化后的产物具有吸水性；磷酸铝经室温脱水后得到脱水不彻底产物，在潮湿环境里吸水倾向明显。有机类黏结剂可以克服吸水性：聚乙烯醇室温时在水中具有极小的溶解度，当将水加热至 $70 \sim 90℃$ 时其溶解度加大，经干燥后其产物转变成多孔塑料，适合于泡沫塑料载体；环氧乙烷具有一定可溶性，经脂肪胺硬化后不仅不吸水，其在 $-40 \sim 80℃$ 的强度也是很可观的。因此，建议配浆时最好不用无机黏结剂，而采用聚乙烯醇或环氧乙烷等有机黏结剂。

② 料浆的黏度和料水比　黏度和料水比是配浆中的主要工艺参数。其中黏度对产品的质量有重要影响，料水比对黏度也有明显影响。黏度涉及到浸渍过程中固体颗粒（碳粉、铁氧体粉和不溶性阻燃剂颗粒）沿泡沫塑料毛细管进入的深

度。如果不能达到泡沫体的中心，势必造成产品的不均匀。料水比对黏度的影响主要表现在固体颗粒小于 100nm 时，在水中会形成黏度不等的水溶胶。对于大部分固体颗粒处于 100nm 以下的浆料不需添加黏结剂，借助纳米颗粒水溶胶的黏度可将炭粉等固体颗粒黏附于泡沫孔壁上。但是，如果不经除油脂等表面处理的吸波剂，即使可以很好的黏附于泡沫孔壁上，干燥后仍会脱落。因此，建议使用经过除油脱脂等预处理的纳米吸波剂。

料浆的黏度和料水比是与采用的浸渍方法相联系的。如果以机械压缩法浸渍浆料，浆料黏度可略大于手工压缩法；如用真空吸入法，浆料的黏度可大于机械压缩法。一般机械压缩法较经济，多次进行压缩后对吸波剂的均匀化更容易控制。

（3）浸渍与干燥

浸渍与干燥工艺一般包括浸渍→控干→离心→自然干燥→风干等几个环节。这一工序看似简单，对产品的均一性却很重要。

浸渍是将切割后的海绵体投入浆料池中浸泡，经机械压缩排出其中的空气和水分，依靠海绵体的弹性恢复原状，然后再进行压缩，恢复直至吸波剂均匀分布在毛细管壁，一般需反复压缩十几次。将浸渍均匀的海绵体捞出，置于带有筛网孔的控干容器内，靠重力让多余的水分自然排出，这样基本不改变吸波剂在海绵体内的分布。未经控干直接送入离心机甩掉剩余水分将破坏吸波剂的分布，需经控干后再送离心机甩干。对于发泡倍数较低和弹性较差的泡沫塑料可采用真空吸入料浆法，然后再控干，离心和风干。

国内各厂基本采用自然干燥法（晾晒），较少采用风干。最好是沿潮湿气流走向垂直晾晒，这样可以自下而上送风帮助干燥，可大大缩短干燥的周期。

从浸渍到离心宜采用机械化生产方式，这样吸波剂分布的均匀性将明显优于手工操作。由于国内几个生产厂规模较小，机械化程度较低，这是与国外产品质量产生差别的主要原因。

9.4.5 存在问题

尽管电磁波吸收原理很复杂，但锥体生产工艺却很简单，简单的工艺和生产方法造成产品质量上存在以下缺点：

① 均匀性较差。

② 易变形。

③ 吸潮较严重。

④ 吸波剂沿泡沫塑料毛细管壁分布不均匀，这是选材不当和工艺造成的。由于发泡塑料自身毛细管的孔径相差较大，经压缩后在泡沫体恢复过程中，吸入浆液时受到的阻力差别很大：较大的孔径很容易吸入浆液，较小孔径的则较难将浆液吸入到内部。采用多次压缩可明显改善不同孔径中吸波剂分布的均匀性。

易变形和吸潮性是泡沫塑料自身难以克服的缺点，必须在设计上和选材上加以考虑才能得到解决。吸潮和弯腰变形是国内外同类产品的通病。使用几年之后出现的弯腰会使主副吸收屏（暗室中高锥体分布区）的吸收性能明显降低，这是由于弯腰与未弯腰的分界处出现强反射造成的。吸潮会增加变形程度。当湿度较大时，由于吸波体自身的开孔结构和添加剂的吸湿性，吸波体内会吸入大量水分。特别是南方雨季持续较长，几年前建成的暗室吸湿已非常严重，最严重时地面与四周墙壁的交汇处能看到水流出现。这不仅会加剧锥体的变形，最主要的是使吸波体的电阻率下降 $10^2 \sim 10^3$ 数量级，导致吸收屏的反射能力增强。在这样的暗室里进行测试，对于同一产品在不同季节会得到不同的数据。这对航空、航天天线以及隐形材料的测试是不允许的。因为暗室是近距离测试，一旦航天器升天，其接收或发射信号的距离将扩大几十万倍，势必将造成较大的绝对误差。这正是国内外研究不同气候对微波传输的影响的原因。值得指出的是，有许多研究者和雷达生产厂家并没有注意到暗室湿度对测试结果影响的危害。

为了消除湿度的不利影响，国外有恒温恒湿暗室。这样会使暗室的运行成本大大增加。较简便的方法是在吸波体的设计时采用封闭结构，将潮湿空气阻断在吸波体之外。正是出于这种考虑，我们开发了具有封闭结构的微球吸波体，关于这种产品的设计和研究将在下节做全面介绍。

9.5　谐振型吸波体的设计

9.5.1　综述

谐振型吸波体是基于微波谐振腔理论，采用谐振原理将入射到吸波体内部的电磁波吸收损耗的一种很有发展前景的吸波材料，属于非均匀吸波体。所谓的谐振腔，通常是指微波波段的谐振电路，在波导的两端用导电板短路而构成的封闭腔体。谐振腔的种类主要有矩形谐振腔、圆柱形谐振腔、球形谐振腔等。电磁波被限制在腔内，没有辐射损耗，谐振腔的品质因数 Q 值较高。随着谐振频率的提高，要求腔体的尺寸减小，致使损耗加大，Q 值下降，所以在毫米波、亚毫米波还采用开放腔。在理想的无耗谐振腔内，任何电磁扰动一旦发生就永不停歇。当扰动频率恰使腔内的平均电能和平均磁能相等时便发生谐振，这个频率称为谐振频率。腔内的电磁场可根据腔的边界条件求解麦克斯韦方程组而得出，它是一组具有一定正交性的电磁场模式的叠加。按波导两端被短路的观点，腔内的电磁场也可认为是波在腔壁上来回反射而形成的驻波场。当腔体长等于某种模式的二分之一波导波长整数倍时，该模式发生谐振，称为谐振模。谐振腔和外电路的能量耦合方式有：环耦合、探针耦合和孔耦合。谐振腔的主要参数是谐振频率 f 和品质因数 Q。谐振频率决定于腔的形状、尺寸和工作模式。谐振腔的品质因数 Q 由谐振腔的内部损耗和外部损耗决定。内部损耗取决于腔壁导体的损耗和腔内介质的损耗，外部损耗取决于通过耦合元件反映的外电路负载情况。

谐振型吸波体大都是将一些微球、微珠（玻璃球、珍珠岩、粉煤灰等）表面涂覆导电层或者金属层而制成微波球体，然后做成吸波锥体或者平板吸波体。在国内已经有人做过这方面的研究，西安交通大学的宋岩等对 $Au\text{-}Au_2S$ 复合纳米球壳微粒的谐振吸收微波的性能进行了研究，并将纳米球壳微粒抽象为球形谐振腔，对一些重要的参量进行了讨论[63]。还有很多人做过相关的研究：国防科技大学的唐耿平等和北京工业大学的葛凯勇等都做过空心微珠表面改性及其吸波特性的研究，用化学的方法在空心微粒（粉煤灰）表面镀上一层铁、铜或镍做成吸波球体，都达到了很好的吸波效果[64~67]。美国 SDS 公司生产的微陶瓷球粉末具有吸波性能，可以做成很好的吸波材料，但频宽较窄[68]。传统的铁氧体吸波材料比重较大，难以满足吸波材料对质量轻的要求。华中科技大学用溶胶-凝胶法在空心微粒表面包覆铁氧体涂层，为这一问题的解决提供了一个很好的途径[69]。国外也有人对谐振型吸波体做过相关的研究：Jaeruen Shim 和 Hyo-TaeKim 用牛顿-拉福生原理构造导电球用来做吸波体，通过控制导电层的厚度和电磁参数的大小，得到了很好的吸波效果，明显好于用平板吸波理论做出的吸波体[70]。A. Kumar 做过复合吸波材料中球形或柱形铁氧化颗粒的研究，对球形颗粒在吸波体中的作用进行了实验研究[71]。从很多研究可以看出，谐振型吸波体是吸波材料很有发展潜力的一个方向，这种吸波体往往取材方便、低廉，工艺简单，质量轻，高吸收，能很好的满足现代吸波材料的要求。

发泡聚苯乙烯（expanded polystyrene，EPS）以其低密度、高比强度、低吸水率、优良的耐酸碱性能等一系列优点以及优异的性价比而在工农业、交通运输业及日用品等领域得到广泛应用。以聚苯乙烯泡沫塑料（EPS）球形颗粒为基体，在其表面涂覆一层炭黑，这样小球表面形成一层厚度为几个炭黑颗粒大小的球壳；因为炭黑的电导率较高，由炭黑构成的球壳具有优良的导电性，这种炭黑包覆 EPS 颗粒可以理解为谐振腔模型。将这种吸波球体做成吸波锥体或者平板吸波材料，能很好的满足轻质、高吸收、防潮防水、阻燃等现代吸波材料的要求。

另外，珍珠岩也可以用来做谐振型吸波体。由于珍珠岩密度小，价格低廉，原材料丰富，主要组成是 SiO_2 和 Al_2O_3，是一种很好的透波材料。而且珍珠岩具有独特的蜂窝状通孔结构，便于吸波剂均匀的分散到其通孔内部，用珍珠岩作为吸波材料的载体是很有意义的。

9.5.2　组织特征

谐振型吸波体的组织特征都是大同小异，以北京工业大学的吸波体为例，他们是将空心微粒表面进行金属化反应，镀上一层铜银或者镍。铜银由于其良好的导电性而具有好的电磁屏蔽或吸收性能，而镍金属因为其磁性和导电性而有一定的吸波性能，上述特性就形成了一种表面具有吸波涂层的内部中空的空心结构。镀上金属的球形粒子由于粒径和浓度的原因可能会粘连在一起，对吸波性能有些许影响。在传统观点中，电磁波不能穿透金属。但是对于谐振腔很薄的金属壳，其厚度在金属的趋肤深度以内，大部分电磁波完全可以透过金属壳，所以空腔的耦合方式是透射耦合。对于谐振型吸波体来说，金属壳的厚度是一个很重要的参量。它对球形空腔谐振的 Q 因子，谐振能量都有影响。

用 EPS 颗粒或者其他泡沫塑料颗粒做成的球形吸波体，中心为空心谐振腔，表面涂覆导电炭粉或者其他磁性粉末。其结构如图 9.5.1 所示。图 9.5.2 为大量这种吸波球体的照片。由于球形谐振体的本身空心结构，能很好地满足阻抗匹配和频宽的要求，其表面涂覆的导电层厚度要小于趋肤深度，这样电磁波才能很好地入射到吸波体内部，最大限度减小反射波。球形颗粒是闭孔结构，其电磁损耗主要是由多次振荡引起的。当电磁波入射到吸波体内部后，通过反复反射、折射，谐振加强等方式，能很好地被消耗吸收掉。

这种谐振型吸波体可以根据外壳随意填充成任意形状，以满足吸波暗室不同位置的要求，图 9.5.3 为最常用的吸波锥体，可以通过填充不同粒径，选取不同的高度来满足不同频率的要求。图 9.5.4 为多层吸波体，可以与其他材料复合在一起提高吸波效能。

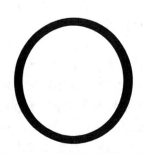

图 9.5.1　谐振型吸波体示例

图 9.5.2　粒径为 3 mm 的球形吸波体

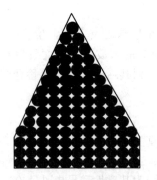

图 9.5.3　填充吸波球体的吸波锥体

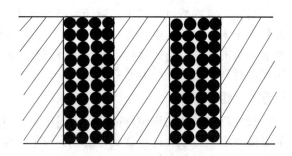

图 9.5.4　填充吸波球体的多层复合

锥体形状的选择是为了使空气与吸波材料更好的匹配。在电磁波入射方向上吸波材料与空气介质的空间占有比例呈梯度逐渐增加，减少电磁波的反射。锥体内炭粉基本呈均匀分布，虽然在吸收体内部阻抗匹配不成问题，但是在锥体顶部与空气接触部分阻抗相差太大发生部分反射，锥体底部同样发生大量反射，降低了吸收效能。如果在不改变炭粉总含量的前提下，使炭粉含量呈梯度分布，就能保证锥体各部分之间阻抗都能达到较好的匹配，不会出现大量反射的情况，可以较好地满足匹配问题。

炭粉的阶梯分布（即吸波锥体的填充方式）有两种方法。

① 水平分层方式　该方式对于锥体和平板填充体都适用，以锥体为例。选用不同规格的 EPS 颗粒，由于不同颗粒 EPS 表面积不同，EPS 颗粒直径越大，相对表面就越小，在相同工艺下制成的散料炭粉相对含量就越小。因此，从锥体顶部到底部按照 EPS 颗粒从大到小的顺序排列，就能使锥体在整体上较好地满足阻抗匹配问题。

采用同样规格的 EPS 颗粒，加工工艺不同，使 EPS 颗粒表面的炭粉层厚度不同，导致炭粉含量发生变化。从锥体顶部到底部按照炭粉含量逐渐增加的顺序填充散料，也能达到阻抗匹配的效果，见图 9.5.5。

② 立体分层方式　该方式只适用于锥体。锥体四周填充粒径最大的 EPS 颗粒，然后是中等大小的颗粒，中心填充的是最小的 EPS 颗粒，如图 9.5.6 所示。这种填充方式的好处是使电磁波在任何入射方向都能保证有较小的反射，有利于提高材料对电磁波的吸收。

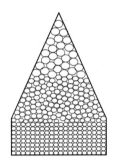
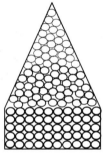
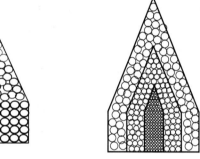

图 9.5.5　水平分层方式填充　　　　　图 9.5.6　立体分层方式填充

9.5.3　理论模型分析

每一种吸波体的吸波机理都是很复杂的，不能用一种理论来说清楚，下面用三种理论模型对谐振型吸波体的吸波机理进行分析（以 EPS 为基体做的谐振型吸波体为例）。

9.5.3.1　圆柱波导模型

用吸波球体装填做成的吸波锥体，当电磁波入射时，可以认为是由小球颗粒组成的颗粒链，由于球半径小，可以认为是一柱形空心结构。由此可将锥体等价为一个柱形波导。

在波导理论中，场结构可以分为两大类，一类电场没有纵向分量，是横电场 TE，另一类磁场没有纵向分量，是横磁场 TM。将模型看成是无限长的理想情况，对两种场结构，有下面的场表示式：

对于 TE 波，由于 $E_z=0$，故波导中的场量由 H_z 完全确定。而 H_z 满足的波动方程在柱坐标下为：

$$\frac{\partial^2 H_z}{\partial r^2}+\frac{1}{r}\times\frac{\partial H_z}{\partial r}+\frac{1}{r^2}\times\frac{\partial^2 H_z}{\partial \phi^2}+\kappa_c^2 E_z=0 \tag{9.5.1}$$

同理，TM 波 E_z 满足的方程为：

$$\frac{\partial^2 E_z}{\partial r^2}+\frac{1}{r}\times\frac{\partial E_z}{\partial r}+\frac{1}{r^2}\times\frac{\partial^2 E_z}{\partial\phi^2}+\kappa_c E_z=0 \qquad (9.5.2)$$

式中 κ_c 为截止波数，满足：$\kappa_c^2=\gamma^2+\kappa^2$，$\gamma$ 为传播常数，κ 为工作频率。由式（9.5.1）、式（9.5.2）经过一系列推导，可以得到吸波体的截止频率和截至波长，其表达公式如下。

截止频率：

$$f_c=\frac{\kappa_c}{2\pi\sqrt{\mu\varepsilon}}=\frac{q_{mn}}{2\pi a\sqrt{\mu\varepsilon}} \qquad (9.5.3)$$

截止波长为：

$$\lambda_c=\frac{2\pi}{\kappa_c}=\frac{2\pi a}{q_{mn}} \qquad (9.5.4)$$

式中，a 为圆柱波导的半径；q_{mn} 为贝塞尔函数的零点值。

由此就可以得到截止频率的大小，从而确定吸波体的频率宽度。

不同的场模式有不同的截止频率，仅当频率高于临界截止频率 f_c 时，才能作为一给定模的波传播，若低于此频率时，则此模即被衰减掉。当电磁波的频率大于截止频率时，可以进入波导内部。电磁波在波导内发生全反射是电磁波在波导内部向前传播的基本条件，只有在内外区域交界面多次反射的波相位相同而不相互抵消时才能保证波向前传播，而谐振型吸波体内部充满的是球形颗粒，波进入后的反射不可能是全反射，一部分在穿过导电层炭粉时，由于电偶极子极化，消耗掉一部分。反射回来的部分也由于谐振等因素被消耗掉，这就是其吸波原理。

在吸波体中，增加导电层炭粉的含量，可以更好地吸收电磁波，使电磁波在波导内部传播的距离变短，相应的试样厚度就可以减小，达到减小高度，减轻试样的要求。若吸波球体的球半径减小，在相同的试样体积下，可以填充更多的吸波球体，吸收效果自然也就提高了。由式（9.5.3）可以看出，增加试样的体积，即加大了波导的半径，可以降低截止频率，从而可以加大频率宽度。而炭粉含量增加，加大了介电常数 ε_r，同时减小一定的高度后，一样可以降低截止频率，增加频率宽度。

吸波材料按照外形可分为锥体和平板吸波材料。由于锥形吸收体形状特殊，可以将其等效为等体积球体谐振腔；而平板吸波材料可以等效为矩形谐振腔。

9.5.3.2 球谐振腔模型

由于锥体中填充的是空心球谐振腔，在电磁场的作用下，球形谐振腔既承担着导波的任务又承担着谐振的任务。因此，锥体具有球形谐振腔的特征。故将锥体试样等效为空腔谐振球。根据经典电磁理论，球形谐振腔的特征方程为半整数阶贝赛尔方程，具体形式如下。

TE 模式：
$$J_{n+\frac{1}{2}}(x)=0 \qquad (9.5.5)$$

TM 模式：
$$J'_{n+\frac{1}{2}}(x)=0 \qquad (9.5.6)$$

设 x_{np} 是方程(9.5.5)的第 p 个根，x'_{np} 是方程(9.5.6)的第 p 个根，则对 TE_{mnp} 模振荡，其谐振频率

$$f_{mnp} = \frac{\omega_{mnp}}{2\pi} = \frac{k_{np}}{2\pi \sqrt{\mu\varepsilon}} = \frac{x_{np}}{2\pi a \sqrt{\mu\varepsilon}} \tag{9.5.7}$$

对 TM_{mnp} 模振荡，其谐振频率为

$$f'_{mnp} = \frac{x'_{np}}{2\pi a \sqrt{\mu\varepsilon}} \tag{9.5.8}$$

以上公式中 a 为小球半径，x_{np} 和 x'_{np} 的值见相关文献。

不同的贝塞尔根值对应着不同的谐振频率。当发生谐振时，由于多次振荡，引起多次吸收，在谐振频率处，对应着较大的吸收值。由以上推导公式可以看出，球形谐振腔的谐振频率与腔体的大小以及电磁波的传播模式有关，而与电磁波的入射频率，腔体内介质性质无关，对于某种固定模式的电磁波，只要改变球谐振腔的半径，就可以改变谐振频率。当发生谐振吸收时，电磁波的吸收损耗达到最大，吸波材料表现出最好的吸波能力，控制好腔体尺寸，在实际中就能接近或达到谐振吸收，收到良好的吸收效果。

9.5.4 吸收性能

谐振型吸波体具有很好的吸波性能，这与其本身的结构、特性等有关。对单个吸波颗粒来说，电磁波射到颗粒表面时，由于颗粒粒径要远远小于电磁波的波长，故可以看做是瑞利散射，高频波比低频波散射要强。在测试过程中，试样包含许许多多个小球，对电磁波的影响不是简单的由试样中所有小球影响的叠加，还包含相邻小球之间的相互作用，散射理论不再适用。将整个测试试样看做是一个整体，内部是小球和炭粉组成的均匀混合介质，电磁波在试样内部发生多次散射和谐振。该试样可以看做是一介质谐振器，用介质谐振理论来分析这种多球混合体。

空心微粒一般都是不具备吸波性能的，属于透波材料。但涂覆金属粉后都具有良好的性能，比如涂覆镍粉：金属镍本身是一种磁性材料，具有一定的电导率和磁导率，在高频电磁场的作用下，由于材料的涡流损耗和磁损耗，使得材料对电磁波具有一定的吸收损耗作用。空心微粒与金属镍的复合能够充分发挥两种材料的优势。空心微粒表面附着一定厚度的金属镍后，将会改变其表面特性，使得空心微粒成为导电导磁的小球。这些小球组合在一起会形成一定的导电网络，对入射的电磁波产生电损耗和磁损耗。空心微粒与电磁波的波长相比很小，电磁波与颗粒作用会产生瑞利散射，因此电磁波在空心微粒表面的散射作用也会损耗掉部分电磁波能量。吸收性能的好坏除了与导电层特有的性质有关外，还与谐振型吸波体粒子的大小、形状以及吸收剂浓厚度有关。

同样，EPS颗粒也是透波材料。涂覆炭粉导电层以后的EPS颗粒也具有了良好的吸波性能。炭粉为电阻型吸波剂，吸波机制如下。①偶极子的作用，导电粉末相当于一偶极子，其振动是阻尼振动，从而造成电磁波的衰减。②多重反射

造成损耗：射入小球内部的电磁波在球体内部来回反射逐渐消耗，只有少量的电磁波射出球体。当入射波的频率与球体的谐振频率吻合时会发生谐振，小球内部的反射波与入射波经叠加而相互抵消，这时电磁波达到最大损耗。球与球之间具有一定厚度的空隙，当这个厚度达到四分之一波长时，电磁波会发生干涉，两电磁波波峰与波谷相遇，叠加后的复合波能量最低，对损耗也有贡献。③导体粉末之间的漏电导效应。炭粉体积含量小时，吸收值也小，这是因为炭粉含量较少，没有形成导电网络，损耗机制单一，只有炭粉在电磁波作用下极化做阻尼振动，对电磁波损耗较少。随着炭粉含量的增加，锥体内炭粉的密度增大，导电网络也在这个过程中逐渐形成。当炭粉含量达到一定数值时，导电网络基本形成，以上三种吸波机制同时作用，对电磁波损耗较大，各种损耗发挥到极限，吸收达到最大；继续增加炭粉，由于炭粉过多导致反射过大，对电磁波的吸收反而减小。

电磁波入射到导体小球时，在导体表面会激发高频振荡电流向外辐射电磁波，发生反射。虽然电磁波不能穿过导体，但是可以入射到导体表面一定厚度内，该厚度即为导体的趋肤深度。对于由纳米级的炭粉构成的球体腔壳来说，电磁波是很容易透过的。当电磁波射到谐振球上时，大部分电磁波入射到球体内部。进入球体的电磁波到达球体的另一个表面时，部分发生发射，反射波与入射波发生叠加部分抵消，如果合理控制谐振腔的大小，还会发生谐振，这样电磁波的能量就滞留在谐振腔内逐渐消耗掉；没有被消耗掉的电磁波发生透射，经过腔壁进入另一个谐振腔，这种耦合方式为透射耦合。相邻两球体之间有一定的空隙，由于介质不匹配产生的反射波与入射波会发生干涉。如果腔壁的厚度在四分之一波长，反射波与入射波振幅相同，相位相反，叠加后相互抵消，达到最大损耗，增大了材料对电磁波的吸收。整个吸收体由无数个谐振腔组成，当电磁波射到这种谐振型吸波材料上时，千千万万个谐振腔同时作用，再有腔壁的叠加干涉，对电磁波有极大的损耗，使材料达到很高的吸收效果。

传统的吸波体有各种各样的锥体，不同材料不同高度的锥体吸收效果相差很多，下面列出两个厂家生产的吸波锥体吸波效能，作一比较（表9.5.1和表9.5.2）。

表 9.5.1　某微波吸收材料厂生产材料电性能

材料型号	垂直入射的反射系数/dB										
	110 GHz	40 GHz	18 GHz	10 GHz	6GHz	3GHz	1GHz	500 MHz	300 MHz	100 MHz	30MHz
PY-1500	−50	−50	−50	−50	−50	−50	−45	−40	−35	−25	−15
PY-1200	−50	−50	−50	−50	−50	−50	−43	−38	−30	−23	−10
PY-1000	−50	−50	−50	−50	50	−50	−40	−35	−30	−20	
PY-600	−50	−50	−50	−50	−50	−45	−35	−30	−25	−10	
PY-500	−50	−50	−50	−50	−50	−40	−35	−25	−20		
PY-400	−50	−50	−50	−50	−50	−40	−35	−25	−20		
PY-300	−50	−50	−50	−50	−45	−35	−30	−25			

续表

材料型号	垂直入射的反射系数/dB										
	110 GHz	40 GHz	18 GHz	10 GHz	6GHz	3GHz	1GHz	500 MHz	300 MHz	100 MHz	30MHz
PY-200	−50	−50	−50	−45	−40	−30	−25	−15			
PY-50	−40	−40	−40	−35	−30	−20					
PY-30	−40	−40	−35	−30	−25	−15					
PY-20	−35	−35	−30	−25	−20						

注：1. 型号中数字代表材料高度，单位 mm。

2. PY-1500 可代替铁氧体组合吸波材料，适用 EMC 暗室。

表 9.5.2　某微波吸收材料有限公司聚氨酯锥 WX 型吸收材料的吸收频率

型号/反射电平/dB	0.3	0.5	1.0	3.0	6.0	10.0	18.0	40.0
WX-76			−25	−27	−43	−44	−54	−55
WX-150			−30	−35	−45	−55	−55	−55
WX-300		−30	−35	−40	−50	−55	−60	−60
WX-500		−30	−40	−45	−55	−60	−60	−60
WX-700	−30	−35	−40	−50	−55	−60	−60	−60
WX-1000	−35	−40	−45	−55	−60	−60	−60	−60

从以上两表可以看到，这两个厂家生产的吸波锥体，吸收效果都比较理想，高锥体要好于矮锥体。在高频范围内，吸收稳定在 50～60dB 范围内。在低频范围内，吸收在 20dB 以上。谐振型吸波体通过改善工艺等手段，也都能获得很好的吸收性能。以填充 EPS 颗粒的谐振型吸波体为例，图 9.5.7 与图 9.5.8 为在北京 207 所暗室测试的多锥体吸波效果。

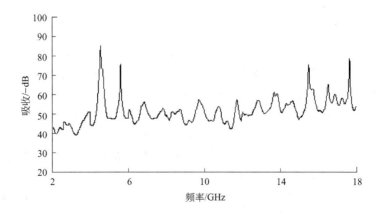

图 9.5.7　高度为 400mm 的锥体性能测试

通过反复涂覆导电层，选取较小粒径的填充颗粒可以提高吸波体在低频的吸

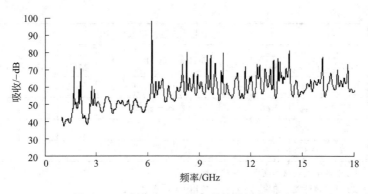

图 9.5.8 高度为 1000mm 的锥体性能测试

收性能。以珍珠岩为例，在低频可以达到 20dB 左右，在高频可以达到 25dB 以上。随着测试频率的升高，吸收效果明显变好，最高值可达 80dB 左右。在高频段，吸收效能稳定在 50dB 左右。而在低频端，在 35dB 左右。其吸波效果赶上甚至超过了传统的吸波锥体。当提高吸波锥体的高度时，高频变化不是很明显，但低频的吸收效果要明显变好。

可以用能量公式 $a+r+t=1$ 来分析其高吸收的原因。只有当反射和透射部分减小，就可以提供吸波体的吸收性能。由吸波球体的空心结构，使得吸波锥体能很好地满足阻抗匹配的要求，电磁波能最大限度地入射到吸波体内部。电磁波入射进入吸波体内部后，经过锥体内部无数吸波球体的反复反射、折射、谐振加强、透射，大部分的入射电磁波会被消耗吸收掉，这就是这种谐振型吸波体的吸波原理。当通过选取合适的球形颗粒粒径，调节吸波锥体的高度，就能达到理想的吸收效果。

9.5.5 制造工艺

吸波球体的制备有很多方法，主要有化学镀和物理涂覆为主，下面对这两种制造工艺分别说明。

9.5.5.1 化学镀

这个主要指在空心颗粒上镀上一层金属。为了使涂层均匀，增强基体粉末颗粒与涂层的结合强度，防止涂层在基体上分布不均匀，必须对基体粉末表面进行一定处理，使之干净、无油污等。使用超声波方法清洗，一方面可以洗去基体微珠表面的残留有机物，增加粉末颗粒的表面活性，另一方面可以打破粉末颗粒之间的团聚。清洗介质选用 NaOH 溶液和盐酸溶液。空心颗粒经过去油、粗化、预处理、活化、还原等几步前处理工艺后，再进行化学镀铜、镀银和化学镀镍反应。下面对金属微粒的镀覆试验过程详细说明。

称取 $0\sim10\mu m$ 的空心微珠 100g 两份，配制 0.01% 的十六烷基苯磺酸钠表面活性剂溶液，量取 300mL 该溶液两份，分别将空心微珠粉与表面活性剂溶液混合，充分搅拌 15min，区间温度为 $40\sim50℃$。配制浓度为 1.0mol/L 的铜盐溶液（$CuSO_4$ 溶液）和镍盐溶液（$NiSO_4$ 溶液）。称取铁粉 3510g 两份，将铁粉与已活化的空心微珠粉混合，并稍加搅拌，分别向铁粉与空心微珠的混合物中逐步加入铜盐溶液和镍盐溶液。在加入溶液的过程中，应不断搅拌，使空心微珠粉末处于悬浮和运动状态。必须控制溶液的加入速度，以保证合适的反应速度。随着铜盐溶液、镍盐溶液的加入，铜离子、镍离子不断被置换而生成铜、镍，并沉积在空心微珠表面，使得空心微珠表面为古铜色、油黑色。在不断搅拌作用下，铜、镍在空心微珠表面的颗粒微小，对一定范围的光波有吸收作用。将已镀覆铜、镍的空心微珠在水中清洗，使残存的 $FeSO_4$、$CuSO_4$、$NiSO_4$ 残余物随水而滤出。配制浓度为 0.4% 的苯丙三氮唑钝化剂溶液，量取 100mL，浸泡铜、镍镀覆粉末 10～15min，再用水漂洗，清除多余的防氧化剂溶液，将镀覆粉在红外灯下快速完全干燥，即得空心微珠的红外光波吸收材料。

9.5.5.2　物理涂覆

其涂覆流程如图 9.5.9 所示。

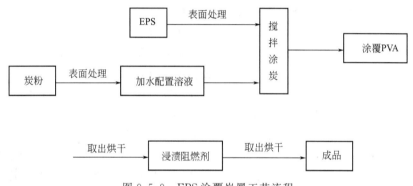

图 9.5.9　EPS 涂覆炭黑工艺流程

首先将 EPS 颗粒进行表面改性处理：EPS 为有机高分子聚合物，而炭粉是无机物，由于物理性质不同相互排斥，因此需要对其进行表面改性。首先将炭粉加热干燥 3h，温度 700℃，使有机杂质在高温下分解去除，然后球磨 5h，使炭粉颗粒达到纳米量级，然后用 10% HCl 溶液浸渍，过滤，烘干。对于 EPS，先酸洗，除去碱性杂质，然后用 8% 丙酮溶液清洗，除去 EPS 表面的油性杂质。由于 EPS 溶于丙酮，通过控制清洗的时间使 EPS 的光滑球面受到轻微溶解，使其表面封闭的泡孔结构部分变为开孔，同时增大球体表面积，增加 EPS 表面粗糙度，使炭粉颗粒易于附着于 EPS 表面。将清洗后的 EPS 烘干备用。

涂覆过程：将处理后的炭粉溶于定量水中制成碳水悬浊液，加入适量悬浮剂，保持溶液悬浊状态，避免炭粉沉积增加涂覆难度。加入适量处理过的 EPS 高速搅拌 15min，待 EPS 球变成黑色，炭粉均匀分布在球体表面时取出，加入到 2% PVA 水溶液中搅拌 5min，使 EPS 表面涂覆一层 PVA 胶体，防止干燥后炭粉脱落。取出，在烘箱中低温（80℃）加热 3h。

最后考虑材料的阻燃性。由于加工过程在水溶液中进行，选取具有水溶性的磷系阻燃剂。磷系阻燃剂的机理是磷化物在生成偏磷酸的进程中脱水而促进炭化，同时生成不挥发性的磷酸物而产生阻燃效果。考虑到铵盐受热分解出氨气，可以降低空气中氧气的含量抑制燃烧的进行，选择磷酸氢二铵。达到理想的阻燃效果要求阻燃剂的用量较高，通常在 10% 以上，甚至达到 50%，既增加了阻燃剂的用量，增大了成本，对实验操作的难度也提高。因此，常用的高分子阻燃都采两种或两种以上阻燃剂，使多种阻燃机理同时作用，在尽可能低的阻燃剂用量下达到理想的阻燃效果。本实验采用大连福嘉防火建筑材料有限公司提供的 B60-186 饰面型防火涂料与磷酸氢二铵混合使用作为阻燃剂。福嘉牌 B60-186 膨胀型防火涂料，由水性高分子成膜剂、阻燃剂、发泡剂、炭化材料、颜料、分散剂、成膜助剂和分散介质等多种成分所组成。遇火时，涂膜熔融发泡几十倍乃至上百倍地膨胀，形成含有大量惰性气体的泡沫状隔热层，可以有效地阻止火灾的发生和蔓延，因而具有优良的防火性能，达到国家一级防火标准。

经过阻燃处理后干燥即得到吸波球体，然后就可以根据需要做成吸波锥体或者其他吸波材料。

9.5.6　谐振型吸波体的应用和发展前景

与传统聚氨酯吸波材料相比，该谐振型吸波材料有着聚氨酯吸波材料无法比拟的优势，当然也存在自身的缺点：该吸波材料的优点是质量小，仅为聚氨酯的 $1/3 \sim 1/2$；成本低；加工工艺简单，对设备要求低，适合大批量生产；产品吸收性能好。缺点是由于产品为颗粒状散料，在填充到模型的过程中很难填满，而且随着时间的推移和长距离运输后空缺更大，影响吸收性能。如果解决了这个难题，与聚氨酯吸波材料相比该吸波材料将具有极大的竞争力。

虽然谐振型吸波体的研究取得了一些进展，但是由于时间短以及实验设备和测试条件等因素限制，该吸波材料的发展和完善仍然需要进一步研究工作。

① 制造工艺有待改进　目前的物理包覆工艺，得到的产品具有较好吸收性能，但是由于工艺限制，炭粉始终保持在较低含量。材料的吸收能力随着炭粉含量增强，没有达到最高点也没有下降的趋势，无法通过实验验证碳含量的最佳值。因此，需要采用化学方法改进包覆技术，在保证炭粉不易脱落的前提下增加炭粉层厚度，直到吸收值随着炭粉含量增加出现最大值并且有明显下降的趋势方可。金属镀层工艺已经比较成熟，但得到的吸波效果都还能进一步提高，通过研究摸索一定可以达到理想的吸波效果。

② 基体和外壳材料的选择　可以用来制造谐振型吸波体的基体颗粒有很多，怎么根据需要进行选择，达到最理想的吸波性能，如何搭配使用等问题，都有待进一步研究探索。目前外壳材料选用阻燃聚丙烯空心板，虽然板材具有阻燃性能，但是阻燃剂的加入量有限，材料的阻燃性不能达到要求。聚氯乙烯本身具有阻燃性，如果以聚氯乙烯为原料制得空心板材，既能满足阻燃要求，又具有质轻、易加工等优点，对改进吸波材料的性能具有极大的意义。

参考文献

[1]　Musal H M, Jr., Hahn H T. Thin-layer electromagnetic absorber design. IEEE Trans on Magnetics, 1989, 25 (5): 3851-3853.

[2] Dällenbach W, Kleisteuber W. Reflexion und absorption von dezimeterwellen an ebenen, dielektrischen schichten. Hochfrequenztechn U elektroak 1938, 51: 152-156.

[3] Jin Au Kong. Electromagnetic Wave Theory. Beijing: Publishing House of Electronics Industry. 2003: 122.

[4] 房晓勇, 曹茂盛, 秦世明. 单层吸波材料设计的一般方程及其可能解. 纺织高校基础科学学报, 2000, 13 (4): 356-359.

[5] Fernandez F A, Valenzuela A Q. General solution for single-layer electromagnetic wave absorber. Electronics Letters, 1985, 21 (1): 20-21.

[6] Valenzuela A Q, Fernandez F A. General design theory for single-layer homogenous absorber. IEEE Trans on Antennas & Propagation, 1996, 44 (7): 822-826.

[7] Musal H M, Smith D C. Universal design chart for specular absorbers. IEEE Trans on Magnetics, 1990, 26 (5): 1462-1464.

[8] Ruck G T, Barrick D E, Stuart W D, et al. Radar Cross Section Handbook. New York: Plenum Press. 1970, 2: 616-622.

[9] Naito Y, Suetake K. Application fo ferrtite to electromagnetic wave absorber and its characteristics. IEEE Trans on Microwave Theory and Techniques, 1971, MTT-19 (1): 65-72.

[10] Knott E F. The thickness criterion for single-layer radar absorbents. IEEE Trans on Antennas and Propagation, 1979, AP-27 (5): 698-701.

[11] Musal H M., Smith D C. Universal design chart for specular absorbers. IEEE Trans on Magnetics, 1990, 26 (5): 1462-1464.

[12] Giannakopoulou T, Kontogeorgakos A, Kordas G. Single-layer microwave absorbers: influence of dielectric and magnetic losses on the layer thickness. J Magn & Magn Mater, 2003, 263 (1-2): 173-181.

[13] 刘列, 张明雪, 胡连成, 等. 薄轻宽吸波涂层的优化设计. 宇航材料工艺, 1996, (4): 8-11.

[14] 曹茂盛, 王彪, 袁杰. 单涂层微波吸收材料参量的匹配机制分析. 纺织高校基础科学学报, 1999, 12 (2): 150-152.

[15] 甘治平, 官建国, 王维. 单层均匀吸波材料电磁参数的匹配研究. 航空材料学报, 2002, 22 (2): 37-40.

[16] 于晓凌, 林钢, 何华辉. 单层吸波材料的逆向优化方法. 磁性材料及器件, 2002, 33 (3): 24-27.

[17] 唐宏, 赵晓鹏, 刑丽英. 多层吸波材料的数值优化设计. 微波学报, 2003, 19 (3): 55-58.

[18] Walther K. Polarisations und winkelabhängigkeit des reflextions factors. Z Angew Phys, 1958, 10: 285-294.

[19] Pottel R. Über die erhöhung der frequenzbandbretite dünner "λ/4-Schicht"——Absorber für elektromagnetische zentimeterwellen. Z Angew Phys, 1959, 11: 46-51.

[20] Han K Ch, Kim W S, Kim K Y. Practical design method for an electromagnetic wave absorber at 9.45 GHz. IEEE Trans on Magnetics, 1995, 31 (3): 2285-2289.

[21] Schulz R B, Plantz V C, Brush D R. Shielding theory and practice. IEEE Trans on Electromagnetic Compatibility, 1988, 30 (3): 187-201.

[22] 李萍, 陈绍杰, 朱珊. 隐身复合材料的研究和发展. 飞机设计, 1994, (1): 29-34.

[23] 郑长进, 李家俊, 赵乃勤, 等. 吸波材料的设计和应用前景. 宇航材料工艺, 2004, (5): 1-4.

[24] Pitman K C, Lindley M W, Simkin D, et al. Rada ansorbers: better by design. IEE Proceedings-F, 1991, 138 (3): 223-228.

[25] Perini J, Cohen L S. Design of broad-band radar absorbing materials for large angles of incidence. IEEE Trans on Electromagnetic Compatibility, 1993, 35 (2): 223-230.

[26] 张立中. 宽频结构型微波吸收材料的设计研究. 导弹与航天运载技术, 1995, (4): 48-54.

[27] 刘晓春. 电磁波吸收层的设计和吸波材料的应用. 工程塑料应用, 1996, (6): 21-25.

[28] Cao M, Wang B, Li Q, et al. Towards an intelligent CAD system for multilayer electromagnetic absorber design. Mater & Design, 1998, 19 (3): 113-120.

[29] Cao M, Zhu J, Yuan J, et al. Computation design and performance prediction towards a multi-layer microwave absorber. Mater & Design, 2002, 23 (6): 557-564.

[30] Chambers B. Optimum design of a Salisbury screen radar absorber. Electron Lett, 1994, 30 (16): 1353-54.

[31] 赵东林, 周万城. 涂敷行吸波材料及其涂层结构设计. 兵器材料科学与工程, 1998, 21 (4): 58-62.

[32] Chambers B, Tennant A. Characteristics of a Salisbury screen radar absorber covered by a dielectric skin. Electron Lett, 1994, 30 (21): 1797-1798.

[33] Giannakopoulou T, Kontogeorgakos A, Kordas G. Double-layer microwave absorbers based on materials with large magnetic and dielectric losses. J Magn & Magn Mater, 2004, 271 (2-3): 224-229.

[34] 周克省, 黄可龙, 等. 吸波材料的物理机制及其设计. 中南工业大学学报, 2001, 32 (6): 617-621.

[35] Dallenbach W, Kleinsteuber W. Reflexion und asorption von dezimeterwellen an ebenen, dielektrischen schichten. Hochfrequenztech und Elektroakust, 1938, 51: 152-156.

[36] 于仁光, 乔小晶, 张同来, 等. 新型雷达波吸波材料研究进展. 兵器材料科学与工程, 2004, 27 (3): 63-66.

[37] 吴键, 李兵, 张焰. 超薄吸波结构材料的制备. 中国塑料, 2003, 17 (7): 45-48.

[38] 甘治平, 官建国, 王维. 单层均匀吸波材料电磁参数的匹配研究. 航空材料学报, 2002, 22 (2): 37-41.

[39] 葛副鼎, 朱静, 陈利民. 单层及多层手性吸波涂料的计算机辅助设计. 功能材料, 1996, 27 (2): 143-146.

[40] 赵海发, 秦柏, 胡德宁. 等. 单涂层吸波材料设计原则. 哈尔滨工业大学学报, 1993, 25 (2): 104-110.

[41] 肖高智, 华宝家, 杨建生. 薄壁型结构吸波材料电结构设计研究. 宇航材料工艺, 1992, (3): 29-33.

[42] Giannakopoulou T, Kontogeorgakos A, Kordas G. Single-layer microwave absorbers: influence of dielectric and magnetic losses on the layer thickness. Journal of Magnetism and Magnetic Materials, 2003, 263 (1-2): 173-181.

[43] Terracher F, Berginc G. Thin electromagnetic absorber using frequency selective surfaces. Antennas and Propagation Society International Symposium, IEEE, 2000, 2: 846-869.

[44] W. W. Salisbury. Absorbent body for Electromagnetic Waves: US, 2599944. 1952-07-10.

[45] Toit L J du, Cloete J H. A design process for Jaumann absorbers. Antennas and Propagation Society International Symposium, 1989, 3: 1558-1561.

[46] Ruck G T, Barrick D E, Stuart W D, et al. Radar Cross Section Handbook. New York: Plenum Press, 1970, 2: 616-622.

[47] 阮颖铮, 等. 雷达截面与隐身技术. 北京: 国防工业出版社. 1998: 269-298.

[48] 徐国亮, 朱正和, 蒋刚. 不同厚度的双层碳团簇型微波隐身材料性能研究. 功能材料, 2004, 增刊 (35): 841-843.

[49] 罗洁, 徐国亮, 蒋刚. 双层结构碳团簇微波隐身材料的吸波性能研究. 功能材料, 2002, 33 (4): 401-402.

[50] 朱正和, 曾蓉, 张明荣, 等. 研制碳团簇型微波隐身材料的参考准则. 化学研究与应用, 1995, 7 (2): 147-153.

［51］ 张明荣，朱正和，向东辉，等. 碳炭团簇型Ⅰ、Ⅲ和Ⅳ的微波隐身特性的研究. 成都科技大学学报，1995，(5)：85-91.

［52］ 何燕飞，龚荣洲，何华辉. 双层吸波材料吸波特性研究. 功能材料，2004，35 (4)：782-785.

［53］ 赵东林，周万城. 结构吸波材料及其结构型式设计. 兵器材料科学与工程，1997，20 (6)：53-58.

［54］ 李江海，孙秦. 结构型吸波材料及其结构型式设计研究进展. 机械科学与技术，2003增刊，22：188-191.

［55］ 孙占红，郭春艳. 复合材料夹层吸波结构. 航空制造技术，2002，(1)：38-41.

［56］ 李承祖，田成林. 多层吸波与多层透波材料阻抗匹配问题研究. 国防科技大学学报，1991 (4)：66-73.

［57］ Chambers B. Symmetrical radar absorbing structures. Electronics Letters，1995，31 (5)：404-405.

［58］ Duan Y P, Liu S H, Wen B, et al. A discrete slab absorber: absorption efficiency and theory analysis. J Compos Mater 2005.

［59］ Christopher L, Holloway, Ronald R Delyser, et al. Comparison of Electromagnetic Absorber Used in Anechoic and Semi-Anechoic Chambers for Emission and Immunity Testing of Digital Devices. IEEE Trans，1997，39 (1)：33-46

［60］ 周冬柏，张立君，许军栋. 大型空心角锥和微波暗室. 安全与电磁兼容，2004 (2)：32-34.

［61］ 王相元，朱航飞，钱鉴，等. 微波暗室吸波材料的分析和设计. 微波学报，2000，16 (4)：389-406.

［62］ 何燕飞，龚荣洲，何华辉. 角锥型吸波材料应用新探. 华中科技大学学报（自然科学版），2004，32 (11)：56-58.

［63］ 宋岩，席聪，陈光德，等. Au2Au$_2$S复合纳米球壳微粒的空腔谐振及参量讨论. 光学学报，2002，22 (11)：1392-1395.

［64］ 唐耿平，程海峰，赵建峰，等. 空心微珠表面改性及其吸波特性. 材料工程，2005，6：11-12.

［65］ 葛凯勇，王群，毛倩瑾，等. 空心微珠表面改性及其吸波特性. 功能材料与器件学报，2003，9 (1)：67-70.

［66］ 毛倩瑾，于彩霞. 空心微珠表面金属化及其电磁防护性能研究. 北京工业大学学报，2003，3 (29)：1108- 1121.

［67］ 杜玉成，黄坤良. 空心微珠为基核的纳米隐形材料的制备研究. 中国非金属矿工业导刊，2001, (6)：19- 271.

［68］ 时杰. 吸收微波与红外能量的微陶瓷球. 国外科技动态，1999，6：30-31.

［69］ 曾爱香，熊惟浩，王采芳. 溶胶-凝胶法制备空心微珠表面钡铁氧体包覆层的研究. 材料保护，2004，37 (9)：19-20.

［70］ Jaeruen Shim, Hyo-Tae Kim. Design of wave absorber for small conducting sphere. Electronics letters，1998 , 34 (19) 1833-1834.

［71］ Kumar A. Ferrite-impregnated fibre-glass composites as microwave absorbers. Conference on Electrical Insulation and Dielectric Phenomena，1989，Annual Report，1989：403-408.

［72］ 杨显清，赵家升等. 电磁场与电磁波. 北京：国防工业出版社，2003：158-167.

第10章 | 电磁屏蔽与吸波特性测试方法

电磁屏蔽材料的屏蔽性能的精确理论计算通常是比较困难的，工程应用中常通过测量确定材料的屏蔽性能。本章简要介绍电磁材料屏蔽和吸收特性测试的基本条件、常用仪器及其方法。

由 2.2 节可知，材料的屏蔽机理是对电磁能量的反射和吸收，屏蔽效果用屏蔽效能参数 SE 来衡量。SE 可以用电场强度、磁场强度或电磁功率定义，反射和吸收也可以由材料的反射系数或阻抗特性来表征，因此，电磁屏蔽材料的屏蔽效能测试的基本原理实际就是场强、功率（或能量）、阻抗和反射特性的测量。

材料屏蔽和吸收特性测试常采用透射法和反射法，如图 10.0.1 所示。从测试信号源有点频连续波、扫频连续波和脉冲调制波。对于大型（块）材料，可以采用"开式"测试系统结构，这时测试要在屏蔽室或者电波暗室中进行，如图 10.0.2(a) 所示。对于小块材料试样的测试，可以采用"闭式"测试系统结构，此时试样安装在封闭的夹具中，测试不需要在屏蔽室或者暗室中进行，如图 10.0.2(b) 所示。

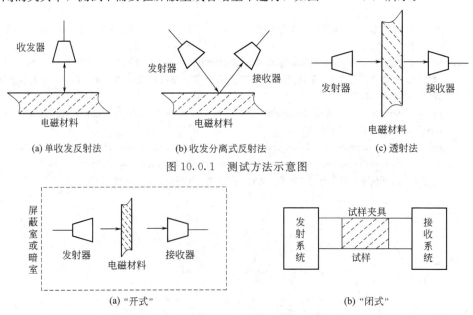

(a) 单收发反射法　　　　(b) 收发分离式反射法　　　　(c) 透射法

图 10.0.1　测试方法示意图

(a) "开式"　　　　　　　　　(b) "闭式"

图 10.0.2　测试系统结构示意图

10.1 基本测试条件简介

10.1.1 屏蔽室和电波暗室

与其他电磁特性测试一样，材料的电磁屏蔽与吸波特性测试也必须消除或尽量减小外来电磁骚扰的影响，而且通常是在一个相对较小的空间内进行的。

电磁屏蔽室是电磁屏蔽与吸波特性测试的重要环境条件之一，其主要作用是使外部电磁环境与室内空间相隔离。屏蔽室是一个由低电阻金属材料（多为紫铜网）构成的接地封闭室，依靠金属表面对电磁波的反射能力以及涡流效应达到屏蔽电磁波和降低环境电磁噪声对测试结果影响的目的，如图 10.1.1 所示。屏蔽室的屏蔽效能一般可达到 60~80dB，高性能的屏蔽室可以达到 100dB 以上。根据电磁兼容标准要求，有些项目的试验必须在屏蔽室内进行，有些测试设备使用时也必须置于屏蔽室内。例如，辐射抗扰度试验中使用的高频大功率放大器，工作过程中会泄漏大量电磁波，污染实验室环境。因此，使用中将高频大功率放大器放置在屏蔽室内，防止影响其他测试仪器的正常工作并保护实验人员的健康。

图 10.1.1 屏蔽室

图 10.1.2 电波暗室

电波暗室称作屏蔽暗室或电波无反射室，是由电磁屏蔽室加射频吸波材料组合而成，如图 10.1.2 所示。电波暗室既屏蔽了室外电磁场对室内被测设备的影响，又吸收了室内电子设备工作中产生的电磁辐射。根据吸波材料安装方式的不同电波暗室分为全电波暗室、半电波暗室两种。全电波暗室内部六个表面都覆有吸波材料，用于模拟自由空间条件；半电波暗室内部侧壁和顶部表面覆有吸波材料，地面为电波反射面，用于模拟开阔测试场地。按照天线与被测设备间可达到的最大距离，暗室可称为 3 米法、5 米法或 10 米法暗室等。长期使用证明，暗室可以较好地满足电磁性能测试对场地的要求。

电波暗室、电磁屏蔽室本身也具有屏蔽和吸收性能要求，所以建成后必须进行严格的性能测试，并且在使用过程中，还需定期检验，确保各项性能保持在允许范围内。

10.1.2 亥姆霍兹线圈

亥姆霍兹线圈是一种较为理想的低频磁场模拟装置，其特点是可在较大区域内产生均匀磁场，并且测量过程中便于操作观察。

亥姆霍兹线圈由一对直径为 $2r$，间距为 r 同轴放置的线圈组成，见图 10.1.3。线圈也可以是方形，对于边长为 L 的方形线圈，线圈间距取 $L/2$。两线圈产生的磁场同向叠加，在中央形成一个相当均匀的磁场区。圆形和方形亥姆霍兹线圈中心区的磁感应强度分别为

$$圆形： \quad B=\frac{0.9In}{r} \quad mT \tag{10.1.1}$$

$$方形： \quad B=\frac{1.706In}{L} \quad mT \tag{10.1.2}$$

式中 n——单个线圈的匝数；

I——单个线圈中的电流，A；

r——圆形线圈的半径，m；

L——方形线圈的边长，m。

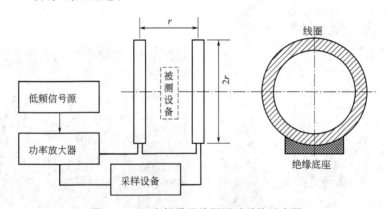

图 10.1.3 亥姆霍兹线圈测试系统示意图

为了使测试区磁场均匀度较好，亥姆霍兹线圈的尺寸（边长或直径）应是被测设备最大轮廓尺寸的 2～3 倍。实际中由于线圈尺寸的限制，被测设备一般尺寸比较小。

10.1.3 平行板线

在进行设备的电场辐射敏感度试验和电场屏蔽特性测试时，需要提供均匀横电磁波的测量环境。平行板线是可产生横电磁波的装置之一，结构示意如图 10.1.4 所示。

根据电磁场理论，当两导体平板间距为 d，在其一端接电压为 U 的信号源，另一端接匹配负载时，两平行板间为行波状态的横电磁波，电场强度为

$$E=\frac{U}{d} \tag{10.1.3}$$

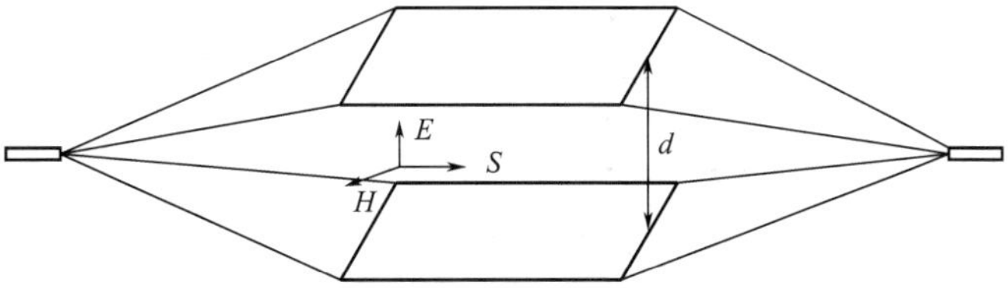

图 10.1.4　平行板线示意图

当受试设备置于平行板间时，原来的均匀电场将发生畸变，为此通常规定受试设备的体积应小于板间容积的 1/3。与采用辐射天线对受试设备进行电场辐射敏感度试验相比，平行板线有下列优点。

① 可在宽带范围内产生平面波场。

② 能量主要集中在平行板间区域内，因而电磁能量利用率高，不需很大的激励源就可以在板间产生高于 10V/m 的场强。

③ 造价较低。

平行板线的主要缺点是上限工作频率不仅与终端负载的匹配情况有关，而且取决于平行板之间的距离。距离越大，上限工作频率越低。当 $d = \lambda/4$ 时，平行板侧面将产生强烈辐射，将影响周围其他测量设备的工作，甚至危害测试人员的健康。因此，当其内部电场较强时，应将其放在电磁屏蔽室内。另外，当频率不断升高时，板间可能出现高次模，使板间电磁场发生畸变。由于这些缺点的限制，平行板线已逐渐被 TEM 小室所取代，但在电磁脉冲研究中，平行板线仍然是较理想的均匀场模拟装置。

10.1.4　TEM 小室

TEM 波小室是能产生横电磁波的一类小室的简称，也是提供电磁测试场所的小型装置，主要用于小型产品或设备、材料的电磁测试，其结构是由同轴线变形而成的，如图 10.1.5 所示。TEM 波小室在有效测试区内能产生均匀的横向电磁场，且装置占地面积小，屏蔽性能好，逐渐得到广泛的应用。

在 TEM 波小室内外导体间加一电压，就可以进行直流至 500MHz 频率范围内的电磁试验和测试，然而，由于 TEM 波小室的单模工作频带宽度（介截止率）与其结构尺寸成反比，所以 TEM 波小室不能做的太大。根据电磁场理论，对称 TEM 波小室有效区内上下半腔的场分布是相同的，均从内导体向外导体场强逐渐减小，上下半腔均可用于测试，但每个半腔的尺寸较小。为了在外形尺寸不变的情况下增大有效区空间以适应较大试样的测试，可采用图 10.1.5(b) 的非对称 TEM 波小室。由于内导体至外导体的电压相等，所以下半腔的场强小于上半腔，而功率容量主要由上半腔尺寸决定。

GTEM 波小室是改进型的 TEM 波小室，其质是 TEM 波小室和电波暗室的综合体，如图 10.1.6 所示。GTEM 波小室为锥体形结构，其末端采用粘贴吸波材料的分布式加载方式，极大地克服了末端对 TEM 波的影响。由于 GTEM 波

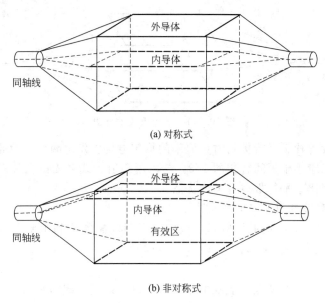

(a) 对称式

(b) 非对称式

图 10.1.5　TEM 波小室结构示意图

小室椎体角度小（通常小于 15°），其内部近似为球面波，均匀度可做到小于 ±4dB，工作频带可以从直流到数十吉赫兹。

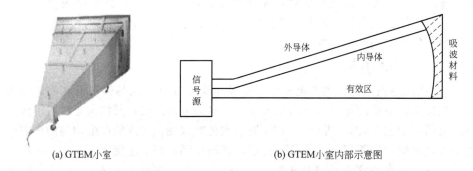

(a) GTEM小室　　　　　　　　　(b) GTEM小室内部示意图

图 10.1.6　GTEM 小室及其内部示意图

10.2　主要测试仪器

10.2.1　测量接收机

测量接收机是用于测量射频信号的幅度、功率和频率的专用仪器，其电路组成原理如图 10.2.1 所示，主要部分功能如下。

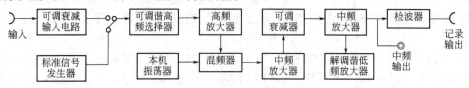

图 10.2.1　测量接收机组成框图

① 可调衰减输入电路　调节外部输入信号幅度，保证其满足测量接收机工作要求，避免过电压或过电流造成测量接收机损坏。

② 标准信号发生器　用于接收机增益校正，以保证测量值的准确性。

③ 可调谐高频选择器　选择所需的测量信号进入下级电路，排除其他杂散信号。

④ 高频放大器　对选出的测量信号进行放大，使其达到下级电路的输入要求。

⑤ 混频器　对来自高频放大器的被测信号和本机振荡器的信号进行混频，产生一个差频信号输入到中频放大器，使中频放大级增益得以提高。

⑥ 本机振荡器　提供一个高频率稳定性的高频振荡信号。

⑦ 中频放大器　中频放大器既可提供严格的频带宽度，又能获得较高的增益，保证接收机整机选择性和灵敏度的要求。

⑧ 检波器　使测量接收机具有平均值检波、峰值检波和准峰值检波功能，达到可接收正弦波信号和脉冲信号的目的。

ESPC 电磁干扰（EMI）测量接收机如图 10.2.2 所示。使用中应注意以下几点。

① 防止输入信号幅度过大。输入信号过大将会造成测量失真，甚至损坏仪器，因此，测量前须谨慎判断所测信号的幅度大小，没有把握时，可接上外部衰减器进行调整。一般的测量接收机不能测量直流电压，使用时一定要确认输入信号有无直流电压存在，必要时应串接隔直电容。

图 10.2.2　ESPC EMI 测量接收机

② 选用合适的检波方式。实际被测信号可分为连续波、脉冲波和随机噪声三类。连续波（如载波、本振、电源谐波等）属于窄带干扰，在无调制情况下，选用峰值、有效值或平均值检波方式均可检测出来，且测量的幅度相同；对于脉冲波，峰值检波可以很好地反映脉冲的最大值，但给不出脉冲重复频率的变化。这时，选用准峰值检波方式最为合适，其加权系数随脉冲信号重复频率变化而改变，重复频率低，加权系数小，重复频率高，则加权系数大。随机噪声来源于热噪声、雷达目标反射以及自然环境噪声等，通常采用平均值和有效值检波方式测量。

③ 测试前的校准。测量接收机带有标准信号发生器，用于通过比对的方法确定被测信号强度。测量中每读一个信号幅度之前，都必须先校准，否则测量误差较大。

10.2.2　网络分析仪

网络分析仪是用于对元器件、网络以及系统特性参数进行快速自动测量，自动修正误差，使测量结果达到相当高的精度，并能自动完成从一种网络参数转换到另一种网络参数的专用仪器。随着电磁波应用频段的不断提高，网络分析仪的

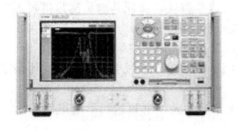

图 10.2.3　E8356A 高性能射频网络分析仪

应用将越来越广泛。

网络分析仪分为标量网络分析仪和矢量网络分析仪两类。标量网络分析仪只能给出测量参数的幅值，矢量网络分析仪能同时得出测量参数的幅值和相位。矢量网络分析仪能对网络散射参数（S 参数）进行全面测量，快速测定单端口和双端口网络全部 S 参数的幅值和相角。图 10.2.3 为 E8356A 高性能射频网络分析仪。

由于网络分析仪都采用同轴电缆输出方式，所以进行屏蔽材料特性测试时，通常需要相应的测试夹具。

10.2.3　驻波测量线

驻波测量线是一种最基本的微波测试仪器之一，广泛用于单端口网络和双端口网络的驻波比、波长及阻抗等参数的测量中，有微波万用表之称。

驻波测量线的主要组成部分包括开槽传输线、探针装置以及传动机构和位置测量装置。按照开槽线的形式不同，驻波测量线分为波导型和同轴线型两种，结构如图 10.2.4 所示。

(a) 波导型

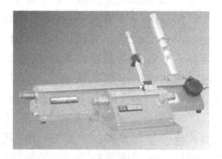

(b) 同轴线型

图 10.2.4　驻波测量线

① 开槽传输线（简称开槽线）是一段在宽边中心沿轴向开有槽缝的矩形波导，如图 10.2.5 所示（对于同轴线型测量线，开槽线为一段外导体上沿纵向开缝的同轴线）。为了尽量减小槽缝对波导内原有场分布的影响，槽必须严格与波导轴线平行，且宽度尽可能窄，槽的长度等于几个波导波长。为克服开槽造成特性阻抗变化而引起阻抗失配，槽缝两端做成渐变形。

② 探针装置（也称探针座）由探针、调谐腔体、晶体检波器和指示装置构成。

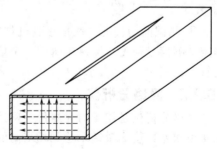

图 10.2.5　波导开槽线

探针通过开槽线的槽缝伸进波导内，与所在位置的电场发生耦合，在探针上产生与该处电场强度成比例的感应电动势，并经探针的调谐腔体送至晶体检波器，由晶体检波器将感应电动势转换为直流电流或低频电流，用微安计、光点检流计或测量放大器等来指示。位置测量装置给出探针的对应位置。这样，便可测得沿线的电场大小分布，从而求得待测网络的驻波比、阻抗等参数。

探针通常用直径为 $0.3\sim0.5\text{mm}$ 的磷铜丝镀银制成，伸入波导内的长度可调，用以选择适当的耦合度。一般的，在满足测试要求的情况下，探针深度应尽可能小，以便减小探针对开槽线内场的扰动，提高测试精度。

③ 传动机构和位置测量装置保证探针装置沿开槽线移动过程中的连续平稳和耦合度恒定不变，并准确测量出当前探针所在的位置。利用测量线上带有游标的标尺，位置测量精度可达到 0.1mm 或 0.05mm，若加装上测微器或千分表，精度可达到 0.01mm。

10.2.4 微波功率计

在低频情况下，功率可通过电压、电流的测量来完成，然而，对于射频和微波频段，功率测量需采用功率计进行。与低频段功率检测方法不同，微波功率计是将微波能量转换为易于测量的某种能量形式（如热能、光能、机械能等），然后以间接方式测量功率大小，微波小功率计及其探头如图 10.2.6 所示。

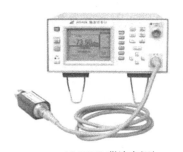

(a) AV2434微波功率计

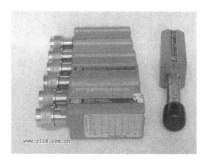

(b) 功率计探头

图 10.2.6 微波功率计及探头

目前最普遍的是热效应功率计，分为量热式、测热电阻式和热电偶式三种。按照量程分为小功率（$<10\text{mW}$）、中功率（$10\text{mW}\sim1\text{W}$）和大功率（$>1\text{W}$）三级。小功率计多为吸收式，中、大功率计多采用通过式。

微波功率计都由功率探头（能量转换器）和指示电路两部分组成。

① 功率探头 小功率计的功率探头为内装热敏电阻的热敏电阻座，热敏电阻的电阻率与温度有着强烈的依赖关系。当微波场作用于功率探头时，热敏电阻吸收微波能量使其温度改变，从而电阻发生变化。指示电路检测这一电阻变化就可测得相应的微波功率。为了减小环境温度、气流以及外界电磁辐射对热敏电阻的影响，功率探头一般加有屏蔽罩，并将信号入口用高频泡沫塑料（聚苯乙烯泡沫）密封。

　　另一种小功率探头采用薄膜热电偶作能量转换器，利用热电偶的热电现象将待测微波功率转换为与之成正比的直流电动势，测量此电动势就可得到相应的微波功率。

　　中、大功率计的功率探头在原理上与小功率计探头是相同的，只是采用大负载（如固体吸收体、水负载等）吸收微波能量而已。

　　② 指示电路　用于测量热敏电阻的阻值变化量或热电偶的电动势，将其转变为音频（或直流）信号送给指示表，显示测量结果。

　　使用微波功率计需要注意如下几点：

　　① 测试之前必须估计待测信号的功率大小，选择合适的功率探头和指示电路量程。若无法估计功率大小，可采用从大到小和外加衰减器的方法逐步选择探头，或者从小到大调节信号源输出功率，达到即可满足测试要求又可避免造成功率计过载损坏的目的。

　　② 小功率探头极易损坏，不可在接上探头的情况下开关信号源电源；在接上探头测试时，不可大范围改变信号源的输出功率，以免造成感温器件的烧毁。

　　③ 功率探头连接要稳固可靠。

10.2.5　场强计与天线

　　场强计是测量自由空间辐射的电磁波场强与功率的专用设备。除去天线后，场强计就是一台低输入阻抗的选频微伏表，可以用于测量正弦波的端电压。就电路功能而言，场强计由线性放大器、非线性检波器以及平均值电压表等部分组成。

　　天线是场强计测试中重要的组成部分，根据测试频率和方向性要求，不同的测试频段应采用不同形式的天线。常用测试天线如图 10.2.7 所示。

(a) 喇叭天线

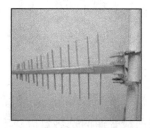

(b) 对数周期天线

(c) 环形天线

(d) 脊喇叭天线

(e) 组合天线

图 10.2.7　常用电磁测量天线

10.3　基本电磁特性的测试

在材料屏蔽特性的表示和测试中，大型材料可以采用透射法或者反射法直接测量功率和场强求得材料的屏蔽效能；对于小型的材料试样，可通过测量反射系数、驻波比、功率以及阻抗等基本参数，再经过计算得到材料的电磁特性参数。本节简要介绍基于驻波测量线测量上述各参数的方法。

10.3.1　驻波测量

10.3.1.1　测量原理与系统

驻波测量是指驻波比（S）参数的测量，是微波测量中最基本和最重要的内容之一。由1.4节可知，产生驻波的条件是空间或者传输线上同时存在入射波和反射波，且二者频率相同传播方向相反。驻波情况下，空间场分布具有位置固定的波节点和波腹点，相邻波节点（或波腹点）间相距半个波长。如果测得空间电场的最大值（$E_{\max}$）与最小值（$E_{\min}$），就可由下式求得驻波比和反射系数幅值

$$S=\frac{E_{\max}}{E_{\min}}=\frac{1+|\Gamma|}{1-|\Gamma|} \tag{10.3.1}$$

驻波测量系统如图10.3.1所示，其中试样夹具为填充有待测材料的波导。

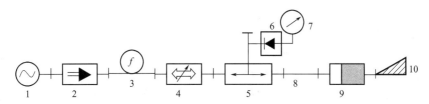

图10.3.1　驻波比测量系统框图

1—微波信号源；2—隔离器；3—频率计；4—可变衰减器；

5—驻波测量线；6—检波器；7—指示器；8—直波导；

9—试样夹具；10—匹配负载

10.3.1.2　测量方法

由于不同材料对电磁波的反射能力是有差异的，因此驻波比的大小与材料有关。为了提高测量精度，不同驻波比需要采用不同的测量方法。下面介绍三种常用的测试方法：直接法、等指示度法和功率衰减法。

（1）直接法

直接法适合于中、小驻波测量。如图10.3.2所示，这时沿线场的最大值和最小值相差值合适，检波器的特性一致，保证了测量的一致性，因此可直接移动测量线探针测量沿线波腹点和波节点的场强幅值，然后由式（10.3.1）求得驻波比，故称为直接法。

实际测量中，场强值是通过晶体检波器转换为电流指示的，而且检波电流强度与电场幅值间不是线性关系。在小功率条件下，一般近似认为电流与电场之间为平方律关系，所以，式（10.3.1）可改写为

$$S=\sqrt{\dfrac{I_{\max}}{I_{\min}}} \qquad\qquad (10.3.2)$$

式中，$I_{\max}$，$I_{\min}$ 分别为波腹点和波节点处指示器的电流读数。

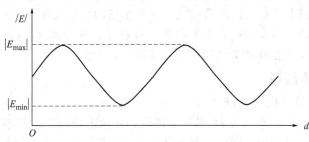

图 10.3.2　驻波的最大点和最小点

当 $1.5<S<6$ 时可采用直接法，而当驻波比在 $1.05<S<1.5$ 范围时，驻波的最大值和最小值相差不大，驻波波腹、波节较平坦，不易测准波腹点和波节点的幅值。为了提高测量精度，通常采用移动探针测出多个波腹点和波节点的电流读数，然后取平均值的方法。

$$S=\dfrac{1}{n}\left(\sqrt{\dfrac{I_{\max 1}}{I_{\min 1}}}+\sqrt{\dfrac{I_{\max 2}}{I_{\min 2}}}+\cdots+\sqrt{\dfrac{I_{\max n}}{I_{\min n}}}\right) \qquad (10.3.3)$$

（2）等指示度法

当驻波比大于 6 时，波腹点和波节点的幅值相差很大，分别对应的检波器的检波率不同，若按直接法计算驻波比将会带来较大的误差。

等指示度法通过测量驻波波节点两边附近的场分布求驻波比，很好地解决了上述问题，其原理如图 10.3.3 所示。图中给出了驻波节点附近的电场分布曲线，并标明了需要测量的有关参量。根据传输线理论，此时驻波比为

$$S=\dfrac{\sqrt{k^{\frac{2}{n}}-\cos^{2}\left(\dfrac{\pi W}{\lambda_{g}}\right)}}{\sin\left(\dfrac{\pi W}{\lambda_{g}}\right)} \qquad\qquad (10.3.4)$$

式中，λ_{g} 为波导波长；n 为检波器的检波率。

实际测量中通常选取 $k=2$，即选取检波读数为 $2I_{\min}$ 的点确定距离 $W=|d_{1}-d_{2}|$，所以等指示度法也称为"二倍最小值"法。在波节点处采用平方律检波，式（10.3.4）可简化为

$$S=\sqrt{1+\dfrac{1}{\sin^{2}\left(\dfrac{\pi W}{\lambda_{g}}\right)}} \qquad (10.3.5)$$

当驻波较大（$S\geqslant 10$）时，$\sin\left(\dfrac{\pi W}{\lambda_{g}}\right)$ 较小，则式（10.3.5）又可简化为

$$S\approx\dfrac{\lambda_{g}}{\pi W} \qquad\qquad (10.3.6)$$

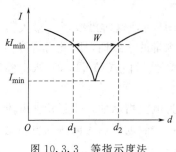

图 10.3.3　等指示度法

波导波长 λ_g、距离 W 以及检波最小值 $I_{\min}$ 的测量都需要确定波节点位置，为了提高波节点位置的测量精度，通常采用交叉读数法，其原理如图 10.3.4 所示。在波节点附近两边找出电流读数相等的两个对应位置 d_{11} 和 d_{12}，d_{21} 和 d_{22}，d_{31} 和 d_{32}，然后分别取其平均值作为对应的波节点的位置，再通过相邻的波节点计算波导波长 λ_g，将探针移至任何一个波节点处，读取检波最小值 $I_{\min}$。

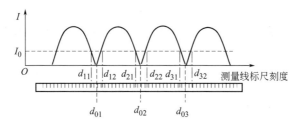

图 10.3.4　交叉读数法测量驻波比节点位置

由图 10.3.4 可见，$d_{01}=\frac{1}{2}(d_{11}+d_{12})$、$d_{02}=\frac{1}{2}(d_{21}+d_{22})$、$d_{03}=\frac{1}{2}(d_{31}+d_{32})$，而

$$\lambda_g=2(d_{02}-d_{01}) \quad \text{或} \quad \lambda_g=2(d_{03}-d_{02}) \tag{10.3.7}$$

由式(10.3.5)、式(10.3.7) 可知，使用等指示度法时，W 和 λ_g 的测量精度对测量结果的影响很大。因此，必须用高精度的探针位置指示装置（如千分测微计）进行测量读数。

（3）功率衰减法

功率衰减法适用于任何范围的驻波测量。

用直接法和指示度法进行驻波比测量时，其精度均与检波器的检波律有关。检波器的检波率不是常数，而与场强的大小有关，这就给测量带来了误差。虽然等指示度法在一定程度上解决了这一矛盾，但当驻波比很大时，又对 W 的测量提出了很高的要求。

功率衰减法用精密可变衰减器测量驻波波腹点和波节点两个位置上的场强差，与检波器的检波律无关，测量精度主要取决于衰减器的精度和测量系统的匹配情况。

功率衰减法的原理是改变测量系统中精度可变衰减器的衰减量，使测量线探针位于波腹点和波节点时指示器的读数相同，对应的可变衰减器的衰减量（dB）分别为 $A_{\max}$ 和 $A_{\min}$，则驻波比 S 可用式(10.3.8)求得。

$$S=10^{\frac{A_{\max}-A_{\min}}{20}} \tag{10.3.8}$$

10.3.1.3　测量步骤

按照图 10.3.1 构建测量系统，测量步骤如下。

① 测量线终端接匹配负载，开启信号源。

② 调整测量线探针长度、谐振检波器电路，使系统工作在最佳状态。

③ 取下匹配负载，测量线终端接试样夹具，并在夹具后端接匹配负载。

④ 移动测量线探针，粗略观察驻波大小。

⑤ 根据驻波大小选择适当的测试方法进行测试和计算。

10.3.2 反射系数测量

（1）测量线法

反射系数为复数，即 $\Gamma = |\Gamma| \mathrm{e}^{-\mathrm{j}(2\beta d - \varphi_{\mathrm{L}})} = |\Gamma| \mathrm{e}^{\mathrm{j}\varphi_{\mathrm{L}}} \mathrm{e}^{-\mathrm{j}2\beta d}$，式中

$$|\Gamma| = \frac{S-1}{S+1} \tag{10.3.9}$$

可以通过驻波比测量方法得到。理论分析表明，相位 φ_{L} 可表示为

$$\varphi_{\mathrm{L}} = 4\pi \frac{l_{\min}}{\lambda_{\mathrm{g}}} - \pi \qquad (\mathrm{rad}) \tag{10.3.10}$$

式中，$l_{\min}$ 为负载至第一个相邻波节点的距离。

实际测量中，由于测量线结构的限制，无法直接测得参数 $l_{\min}$，为此，常采

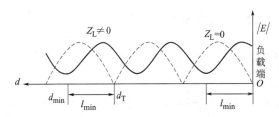

图 10.3.5 等效截面法原理图

用如图 10.3.5 所示的"等效截面法"，其原理为：根据驻波分布的周期性特点，首先将负载端短路，这时沿线的驻波分布如图 10.3.5 中的虚线所示。在此状态下用测量线测得某一驻波最小点的位置 d_{T} 作为等效负载端。换接上待测负载，此时传输线的驻波分布如图 10.3.5 中的实线所示。测出 d_{T} 点左侧（靠近信号源一边）的第一个驻波波节点的位置 $d_{\min}$，则 $l_{\min} = |d_{\min} - d_{\mathrm{T}}|$。

测量系统如图 10.3.6 所示，测量步骤如下。

① 测量线终端接匹配负载，开启信号源，调整测量系统。

② 取掉匹配负载，换接上短路片，用交叉读数法测定波导边长 λ_{g}，并确定一个波节点位置，记为 d_{T}。

③ 取下匹配负载，换接上试样夹具，夹具后接匹配负载。

④ 选用适当的方法测量驻波比，并由式（10.3.9）求反射系数幅值。

⑤ 从 d_{T} 点开始，向电源方向移动测量线探针至第一个相邻的波节点位置，记为 $d_{\min}$，据此计算 $l_{\min}$，代入式（10.3.10）便可求得相位 φ_{L}。

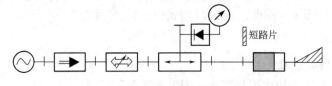

图 10.3.6 反射系数测量系统框图

（2）反射计法

反射计法用于直接测量反射参数，测量系统如图 10.3.7 所示。其中两个性能完全相同的具有高方向性的定向耦合器以相反方向接入主线，同比率分出入射

波与反射波的一小部分功率，检波以后输入到"比值计"，构成反射计，经过校准读出反射系数的大小。反射计的准确度首先取决于定向耦合器的方向性，方向性越强，误差越小，因此要求定向耦合器的方向性在整个工作频率范围内大于30dB。其次，准确度还与检波器特性以及比值计的精度有关。

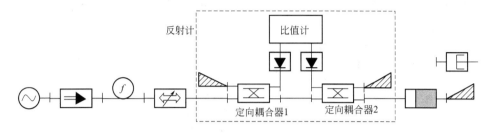

图 10.3.7　反射计法测量系统示意图

（3）扫频反射计法

反射计法只能采用单频点测量，将反射计与扫频技术相结合就构成了"扫频反射计法"。所谓"扫频技术"就是使测试信号源的频率自动在很宽的频率范围内扫描，然后利用反射计和示波器直接显示被测参量在整个频带内的变化。要实现扫频测量，首先要有扫频信号发生器，如扫频仪。测量系统如图 10.3.8 所示。

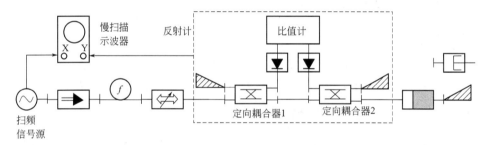

图 10.3.8　扫描反射计法系统示意图

10.3.3　阻抗测量

阻抗是描述网络特性的重要参数，也是确定材料电磁等效网络的集中参量的测试内容之一，射频情况下可用测量线进行阻抗测量。

10.3.3.1　测量原理

根据传输线理论，传输线上任一点的归一化阻抗为

$$\overline{Z}=\frac{Z_{\mathrm{L}}\cos\beta l+\mathrm{j}Z_0\sin\beta l}{Z_0\cos\beta l+\mathrm{j}Z_{\mathrm{L}}\sin\beta l} \tag{10.3.11}$$

式中　Z_{L}——传输线终端所接负载（如材料试样）的阻抗；

　　　Z_0——传输线的特性阻抗；

　　　β——相移常数，$\beta=2\pi/\lambda_{\mathrm{g}}$；

　　　l——探针至终端负载的距离。

当探针位于波节点时，令 $l=l_{\min}$，归一化阻抗与驻波比 S 成反比关系，即

$\overline{Z} = 1/S$。将此关系代入上式，可得归一化负载阻抗为

$$\overline{Z}_{\mathrm{L}} = \frac{1 - \mathrm{j}S\tan\beta l_{\min}}{S - \mathrm{j}\tan\beta l_{\min}} \qquad (10.3.12)$$

由此可见，只要用测量线测出待测负载的驻波比 S、波导波长 λ_{g}、负载与第一个电压最小点的距离 $l_{\min}$，就可以求得待测负载的阻抗。$l_{\min}$ 的测量方法与图 10.3.5 相同。

10.3.3.2 测量系统与步骤

阻抗测试系统如图 10.3.9 所示。

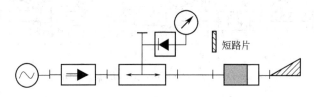

图 10.3.9 阻抗测试系统框图

其测量步骤如下。

① 测量线输出端接匹配负载，接通信号源电源，调整测量线系统。

② 测量线终端换接短路器，用交叉读数法测量波导波长 λ_{g}，并确定和记录位于测量线中间的一个波节点位置 d_{T}。

③ 测量线输出端换接材料样品，测出 d_{T} 左边与之相邻的波节点的位置 $d_{\min}$，计算 $l_{\min} = |\, d_{\min} - d_{\mathrm{T}} \,|$。

④ 采用直接法（或功率衰减法）测量驻波比 S。

⑤ 根据 S、$l_{\min}$ 和 λ_{g}，由式(10.3.9)计算材料样品的归一化阻抗。

10.4 材料电磁特性参数的测量

电磁屏蔽材料可看作电磁有耗媒质，其电磁特性由复介电常数 ε_{c}、电导率 σ 和磁导率 μ 来表征。当 σ 很大时，材料可当做导体，当 σ 很小时，材料可当做介质处理，而对于非铁磁材料，磁导率 μ 可视为自由空间磁导率 μ_0，因此，材料的电磁特性测量主要是复介电常数 ε_{c} 的测量。

根据 1.3.2 节可知，复介电常数定义为

$$\varepsilon_{\mathrm{c}} = \varepsilon_0(\varepsilon' - \mathrm{j}\varepsilon'') = \varepsilon_0\varepsilon'(1 - \mathrm{j}\tan\delta) \qquad (10.4.1)$$

式中，$\tan\delta = \varepsilon''/\varepsilon'$ 为材料的"损耗角正切"，是材料在电磁波一个周期内的热功率损耗与储存功率之比，也是待测材料对电磁能量损耗能力的度量。

复介电常数的精确测量是困难的，用小块材料试样在波导内进行测量则是一种较好的方法。

10.4.1 终端短路法

10.4.1.1 测量原理

根据传输线理论，材料试样输入端的阻抗为

$$\frac{\operatorname{th}\gamma l_\varepsilon}{\gamma l_\varepsilon}=\frac{1}{\mathrm{j}\beta_0 l_\varepsilon}\left(\frac{1-\mathrm{j}S\tan\beta_0\,\overline{d}}{S-\mathrm{j}\tan\beta_0\,\overline{d}}\right) \tag{10.4.2}$$

式中　γ——材料试样中的电磁波传输常数，$\gamma=\alpha+\mathrm{j}\beta$；

　　　l_ε——材料试样长度；

　　　β_0——空波导中的相移常数，$\beta_0=2\pi/\lambda_\mathrm{g}$；

　　　S——驻波比

对于工作在主模（TE_{10}波）的矩形波导测量系统，

$$\varepsilon'=\left(\frac{\lambda_0}{2\pi}\right)^2\left[\left(\frac{\pi}{a}\right)^2+\beta^2-\alpha^2\right] \tag{10.4.3}$$

$$\tan\delta=\frac{2\beta\alpha}{(\pi/a)^2+\beta^2-\alpha^2} \tag{10.4.4}$$

式中，a 为矩形波导宽边尺寸。

式(10.4.1)～式(10.4.4) 表明，只要测得驻波比 S 和距离 $\overline{d}$，就可求得材料的复介电常数，也就知道的材料对电磁波的损耗能力。

确定距离 $\overline{d}$ 的方法如图 10.4.1 所示，由图可见

$$\overline{d}=d_\varepsilon-d_\mathrm{T}-l_\varepsilon+n\lambda_\mathrm{g}/2 \tag{10.4.5}$$

10.4.1.2　测量系统与步骤

终端短路法测量系统如图 10.4.2 所示。

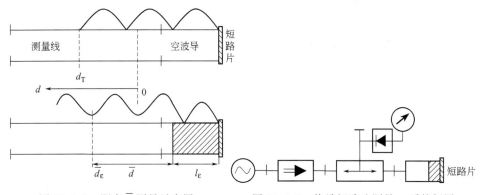

图 10.4.1　距离 $\overline{d}$ 测量示意图　　　图 10.4.2　终端短路法测量 ε_c 系统框图

测量步骤如下。

① 按照图 10.4.2 连接设备并调整测量线系统。

② 无材料情况下，空波导末端接短路片，用交叉读数法测量波导波长 λ_g，并确定和记录测量线上一个波节点位置 d_T。

③ 在空波导中放入材料试样，末端接上短路片，并确保材料试样与短路片可靠接触。

④ 移动测量线探针至 d_T 点附近的驻波最小点，记录该点位置 d_ε，并测量驻波比 S。

⑤ 计算结果。

令式(10.4.2)右边为$Ce^{j\xi}$，则

$$C=\frac{\lambda_g}{2\pi l_\varepsilon}\sqrt{\frac{1+S^2\tan^2(2\pi\overline{d}/\lambda_g)}{S^2+\tan^2(2\pi\overline{d}/\lambda_g)}} \tag{10.4.6}$$

$$\xi=\arctan\frac{S[1+\tan^2(2\pi\overline{d}/\lambda_g)]}{(S^2-1)\tan(2\pi\overline{d}/\lambda_g)} \tag{10.4.7}$$

在式（10.4.2）左边中令

$$\gamma l_\varepsilon=Te^{j\tau} \tag{10.4.8}$$

则式(10.4.2)可写为

$$\frac{\text{th}Te^{j\tau}}{Te^{j\tau}}=Ce^{j\xi} \tag{10.4.9}$$

查表或数值求解式(10.4.9)超越方程，可求得$Te^{j\tau}$，则

$$\gamma=\alpha+j\beta=\frac{T}{l_\varepsilon}(\cos\tau+j\sin\tau) \tag{10.4.10}$$

求得传输常数γ后，代入式(10.4.1)、式(10.4.3)和式(10.4.4)即可得到复介电常数。

值得指出的是，由于式(10.4.9)超越方程具有多解，所以除非知道待测材料复介电常数的大致范围，否则需要测量至少两个长度的试样，从多次测量数据中选择相同或接近的结果作为最终结果。

10.4.1.3　终端短路法的近似计算

通过解超越方程式(10.4.9)计算材料的介电常数和损耗角正切是比较复杂的，对于低损耗材料，可以采用近似方法求解。

将式(10.4.2)右边写成B+jA形式，其中

$$B=-\frac{\lambda_g}{2\pi l_\varepsilon}\left[\frac{(S^2-1)\tan(2\pi\overline{d}/\lambda_g)}{S^2+\tan^2(2\pi\overline{d}/\lambda_g)}\right] \tag{10.4.11}$$

$$A=-\frac{\lambda_g}{2\pi l_\varepsilon}\left[\frac{S[1+\tan^2(2\pi\overline{d}/\lambda_g)]}{S^2+\tan^2(2\pi\overline{d}/\lambda_g)}\right] \tag{10.4.12}$$

在式(10.4.2)左边令

$$\gamma l_\varepsilon=(\alpha+j\beta)l_\varepsilon=b+ja \tag{10.4.13}$$

式(10.4.2)可写为

$$B+jA=\frac{\text{th}(b+ja)}{b+ja} \tag{10.4.14}$$

展开上式有

$$B=\frac{b\text{th}b(1+\tan^2a)+a\tan a(1-\text{th}^2b)}{(b^2+a^2)(1+\text{th}^2b\tan^2a)} \tag{10.4.15}$$

$$A=\frac{b\text{th}a(1+\tan^2b)-a\tan b(1+\text{th}^2a)}{(b^2+a^2)(1+\text{th}^2b\tan^2a)} \tag{10.4.16}$$

设$b=0$，式(10.4.15)简化为简单的超越方程

$$B=\frac{\tan a'}{a'} \tag{10.4.17}$$

由式(10.4.11)算得 B 值后,利用图解法可以求得 a'。再设 b 很小,式(10.4.16)可近似为

$$A \approx \frac{b'\left[\tan a' - a'(1+\tan^2 a')\right]}{a'^2} \qquad (10.4.18)$$

B 的近似值为

$$b' \approx \frac{Aa'^2}{\tan a' - a'(1+\tan^2 a')} \qquad (10.4.19)$$

至此,衰减常数和相移常数可按照下式计算

$$\alpha = \frac{b'}{l_\varepsilon} \qquad (10.4.20)$$

$$\beta = \frac{a'}{l_\varepsilon} \qquad (10.4.21)$$

最后代入式(10.4.1)、式(10.4.3)和式(10.4.4)即可得到材料的复介电常数。

10.4.2 长试样法

长试样法适合于高损耗材料介电常数的测量,此时相对介电常数为

$$\varepsilon' - j\varepsilon'' = \left(\frac{\lambda_0}{\lambda_c}\right)^2 + \left[1 - \left(\frac{\lambda_0}{\lambda_c}\right)^2\right]\left(\frac{S - j\tan(2\pi\overline{d}/\lambda_g)}{1 - jS\tan(2\pi\overline{d}/\lambda_g)}\right)^2 \qquad (10.4.22)$$

式中 λ_0 ——自由空间波长;

λ_c ——空波导时的截止波长,对于工作在 TE_{10} 波的矩形波导系统,$\lambda_c 2a$,a 为波导宽边尺寸;

S ——有材料试样时的输入驻波比;

$\overline{d}$ ——材料试样输入面到该输入面最近一个驻波最小点的距离;

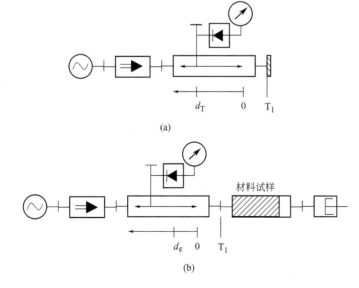

图 10.4.3 长试样法测量 ε_c 系统框图

长试样法的测试系统如图 10.4.3 所示，测量步骤如下：

① 按照图 10.4.3 连接设备并调整测量线系统。

② 如图 10.4.3(a)，用短路片接到测量线末端（T_1 面），读取线上最小值位置 d_T。

③ 如图 10.4.3(b)，取掉短路片，换接装有待测试样的波导段，并使试样前端面位于 T_1 面处。

④ 试样波导段终端接短路活塞，调节活塞并观察测量线上驻波最小点位置 d_ϵ 和驻波比 S 是否显著变化。若无显著变化则记录 d_ϵ、S 值，若显著变化，则应加长试样长度。计算 $\overline{d} = d_\epsilon - d_T$。

⑤ 用交叉读数法测量此时的波导波长 λ_g。

⑥ 代入式（10.4.22）即可求得相对介电常数，进而可求出材料的损耗角正切。

10.5 材料屏蔽与吸波特性的测试

材料的屏蔽特性包括吸波特性和屏蔽效能特性。根据第 2 章讨论可知，屏蔽效能包括了材料表面的反射和材料的吸收，所以吸波特性与屏蔽效能是有关的。本节简要介绍基于驻波测量线、网络分析仪和场强计测量材料屏蔽与吸波特性的方法。

10.5.1 驻波测量线法

测试原理如图 10.5.1 所示。当电磁波能量传输到屏蔽材料表面时，由于阻抗失配造成部分能量反射，剩余能量通过屏蔽材料样品继续向右侧传输。设入射功率为 P_i，反射功率为 P_r，通过材料之后的传输功率为 P_t，根据传输线理论

$$P_t' = P_i - P_r = P_i(1 - |\Gamma|^2) \tag{10.5.1}$$

$$|\Gamma| = \frac{S-1}{S+1} \tag{10.5.2}$$

式中 $|\Gamma|$——材料样品的反射系数的幅值；

S——驻波比。

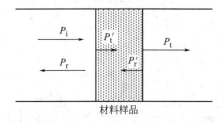

图 10.5.1 测试原理图

由图可见，材料吸收的功率为

$$P_{吸} = P_i - P_t - P_r = P_i(1 - |\Gamma|^2) - P_t \tag{10.5.3}$$

材料的吸收衰减和屏蔽效能 SE 分别为

$$L_{\text{吸}} = 10\lg\frac{P_{\text{i}}}{P_{\text{吸}}} \tag{10.5.4}$$

$$SE = 10\lg\frac{P_{\text{i}}}{P_{\text{t}}} \tag{10.5.5}$$

实际测量系统如图 10.5.2 所示，测试步骤如下。

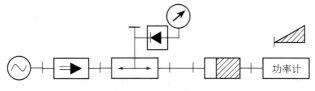

图 10.5.2　测量系统框图

① 驻波测量线终端接匹配负载，接通信号源电源，调整测量线系统。

② 去掉匹配负载，换接功率计，测量信号源输出功率 P_{i}。

③ 将材料样品插入驻波测量线和功率计之间，从功率计上读取此时的功率读数，即 P_{t}。

④ 选择适当的驻波比测量方法，利用测量线测量此时的驻波比 S。

⑤ 代入式(10.5.4)、式(10.5.5)计算吸波特性和屏蔽效能。

10.5.2　场强计法

利用场强计测量材料的屏蔽特性，通常是在开放的环境中测量材料对电磁场的屏蔽效能，采用的方法大多是参考 GB 12190—90 关于高性能屏蔽室屏蔽效能的测试标准，其原理如图 10.5.3 所示。

由图可见，信号源置于屏蔽室外，被测材料样品装于测试窗上，场强计置于屏蔽室内。通过测量样品安装前后场强计测得的场强或功率，便可按照 2.2 节中的定义求得屏蔽效能。

具体测量步骤如下。

① 根据测量频段和方向性要求选用合适的配套测试天线。

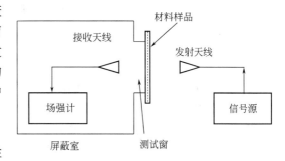

图 10.5.3　测试原理示意图

收发天线的形式对于测量结果有着很大的影响，而且收发天线形式必须相同。当频率在 100Hz～20MHz 范围时，应使用带静电屏蔽的环形天线测量磁场强度；当频率在 300～1000MHz 范围时，应采用其他形式的天线测量电场强度；当频率大于 1GHz 时，可采用测量功率或电场强度的方式。

② 固定信号源与场强计天线之间的距离，将材料样品安放到测试窗口上。

③ 接通信号源电源，然后读取场强计测得的测量值（场强 E_2 或功率 P_2）。测量中要适当旋转场强计天线，使收发天线极化方向一致，排除因极化方向偏差导致的测量误差。

④ 取下材料样品,保持信号源和场强计工作状态不变,读取此时场强计的测量值(场强 E_1 或功率 P_1)。

⑤ 根据工作频段选取正确的公式计算屏蔽效能。

$$SE = 20\lg \frac{|H_1|}{|H_2|} \qquad (100\mathrm{Hz} \sim 20\mathrm{MHz}) \qquad (10.5.6)$$

$$SE = 20\lg \frac{|E_1|}{|E_2|} \qquad (300 \sim 1000\mathrm{MHz}) \qquad (10.5.7)$$

$$SE = 10\lg \frac{|P_1|}{|P_2|} \quad \text{或} \quad SE = 20\lg \frac{|E_1|}{|E_2|} \qquad (>1\mathrm{GHz}) \qquad (10.5.8)$$

注意,如果场强计测得的功率以 dBm 为单位,则

$$SE = P_1 - P_2 \qquad (10.5.9)$$

值得指出的是,电磁波通过测试窗的能力与波长有关,当波长远大于测试窗横向几何尺寸时,通过测试窗的能力大大减弱。为了正确测量材料的屏蔽效能,应根据信号源的工作波长确定测试窗的大小,一般的,选择二者在同一数量级上。另外,测试过程中信号源以及测试设备工作稳定性也是十分重要的。

10.5.3 网络分析仪法

图 10.5.4 材料样品等效网络

驻波测量线和场强计的测试都是单频点和基于场的方法,若要测试一个频段内材料的屏蔽效能,需要选择多个频点逐点进行测量,效率较低。

网络分析仪法是基于网络分析的方法,可以一次完成对负载或网络在一个频段内的特性参数的高精度测量,测试效率高。其基本原理是将屏蔽材料样品等效为双端口网络,如图 10.5.4 所示。直接测量等效网络的散射参数(S 参数),并由此计算出材料的屏蔽效能。

上图中,T_1、T_2 分别为输入和输出参考面,也就是说,所有测量参数都是相对参考面而言的。

根据微波理论,二端口网络的散射矩阵为

$$[\boldsymbol{S}] = \begin{bmatrix} S_{11} & S_{12} \\ S_{21} & S_{22} \end{bmatrix}$$

式中 S_{11}——T_2 接匹配负载时,T_1 面上的反射系数;

S_{12}——T_1 接匹配负载时,T_2 面到 T_1 面的反向传输系数;

S_{21}——T_2 接匹配负载时,T_1 面到 T_2 面的正向传输系数;

S_{22}——T_1 接匹配负载时,T_2 面上的反射系数。

对于材料样品而言,等效网络是互易的,所以根据定义,当网络末端接匹配负载时,材料的传输系数为

$$T = S_{21} = S_{12} \qquad (10.5.10)$$

由此得到材料的屏蔽效能为

$$SE = 20\lg\frac{1}{|T|} = 20\lg\frac{1}{|S_{12}|} \qquad (10.5.11)$$

网络的插入衰减为

$$L = L_1 L_2 \qquad (10.5.12)$$

式中 L_1 为材料的吸收衰减，L_2 为材料的反射衰减。

$$L_1 = \frac{1-|S_{11}|^2}{|S_{12}|^2} \qquad (10.5.13)$$

$$L_2 = \frac{1}{1-|S_{11}|^2} \qquad (10.5.14)$$

用分贝（dB）表示 L_1 为

$$L_1(\mathrm{dB}) = 20\lg\frac{1}{|S_{12}|^2} - L_2(\mathrm{dB}) = SE - L_2(\mathrm{dB}) \qquad (10.5.15)$$

$$SE = L_1(\mathrm{dB}) + L_2(\mathrm{dB}) \qquad (10.5.16)$$

可见，屏蔽效能等于网络插入衰减的分贝值，包括吸收衰减和反射衰减，这与第 2 章中的分析是一致的。

网络分析仪测试系统如图 10.5.5 所示。

图 10.5.5　测试系统示意图

测量步骤如下：

① 制作材料样品。材料样品的制备非常重要，可以采用专门的样品夹具，夹具不应引入额外的反射损耗。或者将样品末端做成渐变型，以便满足终端匹配的条件。

② 按照网络分析仪使用说明进行操作。

③ 得到散射参数后，由式(10.5.11)、式(10.5.14) 和式(10.5.15) 计算屏蔽性能参数。

参考文献

[1]　陈淑凤，马蔚宇，马晓庆. 电磁兼容试验技术. 北京：北京邮电大学出版社，2001.

[2]　周在杞，周克印，许会. 微波检测技术. 北京：化学工业出版社，2008.

[3]　陈伟华. 电磁兼容实用手册. 北京：机械工业出版社，2000.

[4]　刘鹏程，邱杨. 电磁兼容原理及技术. 北京：高等教育出版社，1993.

[5]　赵希尧，丁荣林，郭法楼. 微波自动测量技术. 成都：电子科技大学出版社，1990.

[6]　董树义. 微波测量技术. 北京：北京理工大学出版社，1990.

[7]　赵春晖，杨莘元. 微波测量与实验教程. 哈尔滨：哈尔滨工程大学出版社，2000.

[8]　赵玉峰，肖瑞，赵冬平，等. 电磁辐射的抑制技术. 北京：中国铁道出版社，1980.

[9]　刘文魁，庞东. 电磁辐射的污染及防护与处理. 北京：科学出版社，2003.

[10]　路宏敏. 工程电磁兼容. 西安：西安电子科技大学出版社，2003.

[11]　殷际杰. 微波技术与天线——电磁波导行与辐射工程. 北京：电子工业出版社，2004.

[12]　王庆斌，刘萍，尤利文，等. 电磁干扰与电磁兼容技术. 北京：机械工业出版社，1999.

第11章 | 电磁屏蔽与吸波材料的应用

11.1 概述

伴随着电子化、信息化的迅猛发展，电磁波作为信息传播的重要载体，已经渗入生活的各个方面，电子产品已越来越广泛应用于国民经济以及家庭生活的各个领域，例如电视、电话、微波通信等都与电磁波息息相关。利用电磁波的热效应人们发明了微波炉、行波加热器、单模谐振腔加热器等各种加热设备，在工业、农业和日常生活中得到广泛的使用。利用电磁波在不同介质中的传播规律，人们可以用它来进行矿产资源的勘探和地震的预报。同时在医疗卫生方面也有许多重要的应用，如理疗、诊断和治疗恶性肿瘤等。

无论军事还是民用，信息的产生、传递、接收和处理都要依赖于电磁波作为载体。与此同时，信息时代电子电气产品的广泛应用形成了复杂的电磁环境，也带来大量的负面效应，诸如电磁干扰（EMI）、电磁信息的安全性和电磁辐射对人体健康带来的危害等。人民生活水平的不断提高，使得在追求生活高质量的同时，有关电磁辐射对人体的危害，也已经越来越引起人们的高度重视。

电磁屏蔽是抑制电磁干扰、实现电磁防护的有效手段之一。电磁屏蔽一般是采用低电阻的金属良导体，当电磁辐射由空气射向金属导体时，在金属导体的表面将产生反射与折射现象，电磁屏蔽就是利用金属导体对电磁辐射的反射效应与吸收效应来达到抑制电磁辐射的目的。一般来说，电磁屏蔽主要有两种目的：一是防止或减少被屏蔽的物体对外界环境的电磁辐射；二是保护被屏蔽的物体防止外界辐射的电磁干扰。屏蔽效能取决于反射衰减和吸收衰减数值的大小。对反射型电磁屏蔽机理和屏蔽材料的研究较为深入。

电磁屏蔽的一个决定因素是反射衰减损耗，即反射效应。由于电磁感应在金属表面产生感应电流，在该电流的作用下必然建立一个新的电磁场，当新建电磁场的方向与入射电磁场的方向相反时，由于两者的干涉作用必将使入射电磁场衰减，这就是所谓的反射衰减。

所谓吸收衰减实质上就是金属导体的热损耗。当电磁波射入金属导体表面时，因电磁感应而在金属表面产生感应电流，即在导体趋肤效应下产生涡流，由于导体中有一定电阻存在，这样必然在金属屏蔽层内产生热损耗。

除了反射衰减和吸收衰减外，多次反射也是电磁屏蔽的一种衰减机理。多次反射是指电磁波在屏蔽体内部界面之间的反射。这种机理要求屏蔽体内部大面积界面的存在，比如发泡材料、多孔材料或多层网结构。

11.1.1 微波暗室的屏蔽

关于微波吸收材料和吸波暗室的发展最早可追溯到 1953 年，也正是在这一年吸波材料的研究开始走出实验室，进入商业领域，同时第一个微波暗室建成并开始应用于吸波性能测试。第二次世界大战期间，吸波材料在雷达方面的应用变得越来越重要，德国和美国从吸波体的设计、制作和测试到性能改进开展了许多工作。

11.1.1.1 屏蔽暗室的设计

屏蔽暗室设计的主要任务是如何提高屏蔽效能，而其中的关键是正确选择屏蔽材料和节点构造。

屏蔽室的位置，从理论上讲应尽量远离干扰源，以减弱干扰的电场强度，但在实际工程中往往受到各种条件限制，特别是由于干扰因素常常发生变化，工作中也随时可能出现新的强干扰源，因此在设计时，常需要假设附近有强干扰源的电场强度来考虑。

屏蔽室常常设在建筑物的底层，同时还需要注意发射与接收设备的隔离，在多层建筑物中屏蔽室应远离电梯间和通风机房等。为了节省屏蔽材料，在可能条件下外界电气设备应尽量集中设置。

屏蔽材料对屏蔽效能起着决定性的作用，因此在设计屏蔽暗室时，对屏蔽材料具有一定的要求和限制。比如说，要有良好的屏蔽衰减系数，通常采用磁导率和电导率比较大的材料；有良好的耐蚀性和机械强度，可采用有镀层的金属材料；经济上要合算，具有较好的经济性；安装和使用要方便。

屏蔽材料可以分为板材和网材两大类。板材厚度一般不小于 0.5mm，且当频率升高时，板材的屏蔽效能提高得很快。用板材作屏蔽室，施工比较严格，并且需要专门的通风设备。常用的屏蔽材料及其性能参数如表 11.1.1 所示。

网材屏蔽一般不需要另设通风和采光等装置，屏蔽效能与网丝直径和网孔大小均有关系。在平面波情况下，金属网的屏蔽公式如下式所示。

$$T_P = s \cdot \{0.265 \times 10^{-2} R_f + j[0.265 \times 10^{-2} X_f + 0.333 \times 10^{-8} f \left(\ln \frac{s}{a} - 1.5 \right)]\}$$

$$R_P = 20 \lg \left| \frac{1}{T_P} \right|$$

$$= -20 \lg \left[s \sqrt{[0.265 \times 10^{-2} R_f]^2 + \left[0.265 \times 10^{-2} X_f + 0.333 \times 10^{-8} f \left(\ln \frac{s}{a} - 1.5 \right)\right]^2} \right]$$

式中　　s——金属网网距，m；

a——金属网的网丝半径，m；

R_f——金属网网丝单位长度的交流电阻，$\Omega \cdot m^{-1}$；

X_f——金属网网丝单位长度的电抗，$\Omega \cdot m^{-1}$；

f——电磁波频率，Hz。

表 11.1.1　几种常见屏蔽材料的性能

材料	相对导电率 G	不同工作频率(Hz)下的相对磁导率 μ_r				备注
		$10^2 \sim 10^5$	10^6	10^7	10^8	
银	1.05	1				①材料的相对导
退火铜	1.00	1				电率是与退火铜相
金	0.70	1				比较
铝	0.61	1				②材料的相对磁
镁	0.38	1				导率也是与铜相
锌	0.39	1				比较
黄铜	0.26	1				
镍	0.20	1				
磷青铜	0.18	1				
铁	0.17	1000				
钢	0.17	200				
不锈钢	0.02	1000	140	80	20	
蒙乃尔合金	0.04	1				
高磁导率合金	0.03	8000				
高磁导率镍钢	0.06	8000				
坡莫合金	0.03	8000				

　　大小不同、形状相同的金属网孔静电屏蔽的效果会有不同，网孔越小，屏蔽效果越好。网孔边长大小相同，但形状不同的金属网静电屏蔽的效果也会不同，菱形网孔的屏蔽效果要优于方形网孔。同时，金属网筒接地好坏、场源强弱对静电屏蔽效果的影响也很大，如果接地良好，即使网孔比较大，场源较强，屏蔽效果也可能很好，特别是网孔很小，接地良好时几乎可以做到完全屏蔽。

11.1.1.2　缝隙的处理

　　屏蔽暗室一般由钢板或铜板构成，但整个屏蔽暗室不可能由一整块连续金属板构成，这样在使用上也往往不是很方便，必然存在缝隙或者通孔等结构，有时甚至要刻意在局部地方开活孔或者预留缝隙。这些缝隙或孔洞都会在很大程度上降低整个屏蔽暗室的屏蔽效能，而且缝隙或孔洞的尺寸越大，频率越高，则影响越严重。因此对这些缝隙的设计就显得尤其重要。

　　① 缝隙或接缝处　门缝和暗室的其他接缝处都存在着严重的电磁泄漏问题，因此在门与屏蔽暗室墙壁之间需要保持良好的电气连接，并用磷青铜弹簧片来保证。对于接缝处的屏蔽可以采用垫圈或垫片，利用柔性的、有弹力的金属垫片或者导电橡胶垫片。屏蔽材料的焊接直接影响到屏蔽暗室的整体效果，对于不同的屏蔽结构和接缝焊点间距，其屏蔽性能也不同。但由于电磁屏蔽是在屏蔽材料的表面上通过电流，并由此电流产生磁通，从而使其具有磁屏蔽作用，因此不论板材或网材的屏蔽，均要求在各连接处有良好的电连接，以免出现连接处的电流通导性不良的情况，影响到屏蔽效能。

　　② 孔洞　屏蔽体上的孔洞会造成屏蔽效能的降低。孔洞泄漏与多种因素有关，如场源的特性、离开场源的距离、电磁场的频率、孔洞面积和孔洞形状等。对于某一固定的场源而言，泄漏随孔洞面积的增大而增加，在开孔面积相同的条

件下，矩形孔又比圆形孔洞的泄漏大。所以，应该尽量减少孔洞的数量，减小孔洞的尺寸，使孔洞的最大尺寸远小于信号波长，或者采用金属网对孔洞进行屏蔽。如果要想在 1GHz 频率时达到 -50 dB 的屏蔽效能，网眼的尺寸应该小于 22目。此外，孔洞的形状和布置应尽可能地不增加屏蔽体的磁阻和电阻。

③ 灯光　屏蔽暗室内的灯光会对测试性能产生很大的影响，因此暗室内的灯具必须经过精心选择，并且用多孔的或者带有网眼的屏蔽材料进行包裹。

④ 电源线　尽管对暗室进行了屏蔽，但还要设法抑制干扰波电流沿着屏蔽室的电源线泄漏。在电源线穿入屏蔽室的地方要架设滤波器支架，并在支架上安装不同截止频率的滤波器。这些滤波器是串连的，而且彼此之间是隔离的。屏蔽室内的所有配电线都要采用穿管敷设，或者采用铅皮电缆沿墙根敷设。当在屏蔽室外设置电力变压器时，其初级和次级线圈之间要加以屏蔽。

⑤ 大门门缝　在大型屏蔽室内，经常有大型实验品进出，必须采取措施解决大门门缝的问题。从工艺布置上可以考虑将要求屏蔽的工作区设置在远离大门的区域，此时可采用普通钢板作大门，门缝可不做密封处理；从平面布置上考虑在工艺布置许可和不妨碍交通运输的情况下，大门不直接对室外开放，而通过相邻房间进入，此时门缝可简化处理；在门扇和门框上设置良好的电气连接点，使大门的屏蔽效能与主屏蔽层相当。

11.1.1.3　国内主要的屏蔽暗室企业

（1）北京海石花实业开发公司

北京海石花实业开发公司成立于 1993 年，是由外交部驻外机构物资供应处投资，具有独立法人资格的经济实体。

公司电磁屏蔽工程部主要从事各种电磁屏蔽机房（柜、仓）、电磁兼容室、屏蔽暗室、微波暗室的开发、设计、制造加工和安装业务。为外交系统、军队保密系统及党政机关等设计、制造的多座电磁屏蔽室经权威部门的严格检测，各项指标均超过国家军用及安全保密标准。

其主要屏蔽产品有电磁屏蔽室、电磁屏蔽桌、电磁屏蔽门，如图 11.1.1 所示。

(a) 屏蔽室　　　　　　　(b) 屏蔽桌　　　　　　　(c) 屏蔽门

图 11.1.1　北京海石花实业开发公司的电磁屏蔽产品

① 电磁屏蔽室采用全焊接的屏蔽壳体、滤波与隔离、接地装置、通风波导、

室内配电系统以及室内装潢等部分组成。可在电磁屏蔽室内安装双门,实现双门互锁,其在 100kHz～40GHz 频率内的屏蔽效能可以达到 100～110dB。另有一种装饰性屏蔽室,壳体采用镀锌钢板贴面,屏蔽玻璃采光,适用于一般计算机机房和重要会议室的信息保密。其在 1MHz～1GHz 频率内的屏蔽效能可以达到 80dB。

② 电磁屏蔽桌是专为单套计算机系统设计的屏蔽体,在 14kHz 频率时其屏蔽效能可以达到 30dB。

③ 电磁屏蔽门有平开式和平移式两种形式。平开式屏蔽门可电动、手动,电动门运转灵活可靠,噪声小,带有手动保险装置,手动门开关轻便可靠。平移式屏蔽门横向平移,纵向压紧,电气联动,适用于中大型设备的进出。其电磁屏蔽效能都可以达到 80dB 以上。

(2) 中国电子系统工程第二建设有限公司

中国电子系统工程第二建设有限公司于 1953 年创建于上海,是中央部属具有一级资质并经国家批准拥有国外工程承包权和劳务输出权的综合型企业。现归属于信息产业部。公司屏蔽设备厂专业从事电磁兼容领域的电磁屏蔽机房及成套设备的设计、制造及安装,产品广泛应用于党政机关、国防军工、医疗卫生、工矿企业、航空航天、通信等领域。

其主要屏蔽产品有焊接式电磁屏蔽机房、钢板拼装式电磁屏蔽机房、铜网式电磁屏蔽机房和电磁屏蔽门,如图 11.1.2 所示。

(a) 焊接式电磁屏蔽机房　　　　(b) 钢板拼装式电磁屏蔽机房

(c) 铜网式电磁屏蔽机房　　　　(d) 电磁屏蔽门

图 11.1.2　中国电子系统工程第二建设有限公司的电磁屏蔽产品

① 焊接式电磁屏蔽机房的屏蔽层采用熔焊工艺进行连续的焊接（CO_2保护焊），焊接热区范围窄，变形小，焊缝紧密，表面无熔渣。确保屏蔽层模块板接缝处的屏蔽效能与整块单元屏蔽层的屏蔽效能保持一致，同时还能提高焊缝的抗电化腐蚀性。

焊接式屏蔽机房外形尺寸不受制作工艺限制，使用寿命长，抗泄漏性能好，屏蔽效能高，在电磁屏蔽室内设置制作缓冲区（双层屏蔽门），更有效地保证电磁屏蔽室的不间断工作。

在14kHz～10GHz频率范围内的屏蔽效能可以达到70dB以上。

② 钢板拼装式电磁屏蔽机房的屏蔽板体采用冷轧钢板经过特殊处理模压成型，表面静电喷塑，组装和拆卸工艺性强，利于用户搬迁和扩建。屏蔽板体之间通过优质导电材料与螺栓连接，电磁密封性可靠。

其屏蔽门可选用手动门或电动门（电动/手动互换），门表面亚光不锈钢饰面，标准门洞尺寸：$0.75m \times 1.8m$。

通风窗为蜂窝状截止波导窗，规格：$300mm \times 300mm$，标准台配置双向换气扇。

电源滤波器为高性能低泄漏电源滤波器。根据用户要求配置电话、空调、消防、光纤及五类线等屏蔽接口系统。

屏蔽室内按照标准机房进行装饰处理。其电磁屏蔽效能指标如表11.1.2所示。

表 11.1.2　钢板拼装式电磁屏蔽机房的屏蔽性能　　　　　　　dB

型号	磁场			平面波	微波	
	14kHz	100kHz	200kHz	$50\sim10^3$MHz	$1\sim10$GHz	$10\sim20$GHz
GP1	55	70	75	100	100	—
GP1A	75	95	100	110	100	80

③ 铜网式电磁屏蔽机房的四面墙体和顶部采用双层铜网作屏蔽层，地面屏蔽层采用0.5mm镀锌钢板制作，屏蔽体与大地作绝缘防潮处理。屏蔽层制作单元模块型，每一单元采用优质木料（或镀锌金属型材）作支撑框架。拼装采用M8镀锌螺栓夹入垫片拴紧固定。屏蔽门与屏蔽层的四周接触缝隙采用铍青铜簧片电磁密封方式制作。屏蔽室内工作、照明电源均需通过屏蔽室专用滤波器接入。

铜网拼装式电磁屏蔽机房自重分量轻、安装快，电磁密封性可靠、组装和拆卸工艺性强，同时满足通风采光的需求。主要应用于电子设备防电磁干扰、高频医疗设备、计量检测等场所。

屏蔽性能指标如下。

磁场：450kHz，$\geqslant 55$dB；平面波：50MHz，$\geqslant 85$dB；微波：1GHz，$\geqslant 65$dB。

④ 电磁屏蔽门采用熔焊工艺进行连续的焊接（CO_2保护焊），结构采用铰链转动，插刀式手动屏蔽门，双点锁紧机构，三层电磁密封簧片，簧片采用铍青铜

材料加工成形，经真空热处理后可以达到较好的弹性和耐磨性。屏蔽簧片为可拆卸式，每段长 198mm，局部如有损坏易于更换，无需专业人员维修。

插刀式屏蔽门的刀口采用磁导性较好的铁基体经镀铜方式制作，使其满足固有的铁磁性及镀铜后高导电性能兼顾整个频带的屏蔽效能的要求。

由于簧片和其接触部分（屏蔽门的刀口）均属同性材料，电位差相近，所以在互相接触点上不会产生电腐蚀，确保长时间的屏蔽效能。

电手互换锁紧操作装置安装在门板中部，其齿轮机构大大减轻了开启屏蔽门的力度，在门框左边装有双点斜楔锁紧机构，斜楔座架的运行采用轴承滑槽结构，运行平稳轻巧。

电动锁紧屏蔽门设计联动开启，室内外均可操作，根据需要屏蔽门还可安装逃生结构。

按国家 GB 12190—90 标准测试，其屏蔽指标满足 GJBz-20219—94C 级标准，如表 11.1.3 所示。

表 11.1.3　电磁屏蔽门的屏蔽性能　　　　　dB

项目	磁场		电场	平面波	微波
频率	14kHz	200kHz	450kHz～50MHz	50MHz～1GHz	1～10GHz
效能	≥70	≥85	≥100	≥120	≥100

（3）上海致锦光纤网络科技有限公司

上海致锦光纤网络科技有限公司是经国家批准的高新技术企业，以发展网络通信事业为宗旨，从事高品质网络产品的生产、代理和销售，以及向国内外广大客户提供光纤、铜缆、无线通信为核心的系统网络集成，在光纤网络通信、综合布线、智能小区方面有全面独到的解决方案。

其主要屏蔽产品有 S3 型钢板焊接式电磁屏蔽室、1A 型钢板拼装式电磁屏蔽室、GWS4 装饰型电磁屏蔽室和电磁屏蔽门，如图 11.1.3 所示。

① S3 型钢板焊接式电磁屏蔽室的壳体有六面板体、支承龙骨及壳体与地面的绝缘处理，其中顶、墙板采用厚度为 2mm 的冷轧钢板，地板采用厚度为 3mm 的冷轧钢板。焊接工艺为 CO_2 保护焊。

其屏蔽门采用电动和手动锁紧屏蔽门；按屏蔽室规格配置蜂窝型通风波导窗，尺寸为 300mm×300mm；电源滤波器为单相高性能低泄漏滤波器；室内配置配电箱，嵌入式日光灯块照明，电缆走线，控制开关和墙壁插座。

S3 型为高性能电磁屏蔽室，主要应用于屏蔽面积大、保密性要求较高的机房以及大型的 EMC 测试实验室。其屏蔽效能指标如表 11.1.4 所示。

表 11.1.4　S3 型钢板焊接式电磁屏蔽室性能指标　　　　　dB

项目	磁场		电场	平面波	微波
频率	14kHz	150kHz	200kHz～50MHz	50MHz～1GHz	1～10GHz
效能	≥75	≥100	≥110	≥110	≥100

② GWS4 装饰型电磁屏蔽室的屏蔽层采用金属丝网或厚度为 0.35～1mm 的

镀锌钢板直贴墙面。窗户采用可自然采光的屏蔽玻璃，门采用装饰型屏蔽门，以达到美观的目的。GWS4 装饰型电磁屏蔽室主要用于安全保密机房、重要会议室及首长办公室，其最大特点是通过安装屏蔽玻璃达到自然采光目的。

其性能指标为 14kHz：≥20dB；1MHz～1GHz：≥50dB。

(a) S3型钢板焊接式电磁屏蔽室

(b) GWS4装饰型电磁屏蔽室

(c) 1A型钢板拼装式电磁屏蔽室

(d) 电动锁紧电磁屏蔽门

(e) 气动锁紧电磁屏蔽门

图 11.1.3　上海致锦光纤网络科技有限公司的屏蔽产品

③ 1A 型钢板拼装式电磁屏蔽室的壳体有六面板体及壳体与地面之间的绝缘处理。六面板体是由厚度为 1.5mm 的冷轧钢板制成单元模块，镀锌喷塑后通过 M8 镀锌螺栓、螺母、垫片及导电衬垫组装而成。电磁密封性可靠、组装和拆卸工艺性强。

屏蔽门为手动（或电动）锁紧屏蔽门，门洞尺寸为 1900mm×850mm；按屏蔽室规格配置蜂窝型通风波导窗，尺寸为 300mm×300mm；电源滤波器为单相高性能低泄漏电源滤波器；室内配置配电箱，白炽灯及嵌入式日光灯照明，电缆走线，控制开关和墙壁插座。

1A 型为高性能电磁屏蔽室，它主要用于对屏蔽性能要求较高的计量检测、信息安全、EMC 测试等领域。其主要结构特点是拆装方便，外形美观，重量较轻。其性能指标如表 11.1.5 所示。

表 11.1.5　1A 型钢板拼装式电磁屏蔽室性能指标　　　　　　　dB

项目	磁场		电场	平面波	微波
频率	14kHz	150kHz	200kHz～50MHz	50MHz～1GHz	1～10GHz
效能	≥75	≥95	≥100	≥100	≥80

④ 电动锁紧电磁屏蔽门采用全机械式传动，电动机作为驱动源，整个减速、旋转运动转换为往复运动、斜面运动等，全部采用机械运动实现；先进的减速器，具有减速比大、噪声小、体积小、运动平稳等优点；应用斜面机构闭合开启机构，由齿轮齿条传递的往复运动通过斜面机构实现门的锁闭和开启，运动平稳、无噪声；实现自动控制，门框上设有启动开关按钮和行程开关，根据需要发出信号可自动实现门的锁紧与开启；耗能少、劳动强度小，单项电机功率为90W，消耗能量少，人力空旋转门扇达到一设定的角度后，触动启闭信号实现门的启闭；电动门锁使用 IC 卡智能控制。

⑤ 气动式平移屏蔽门的特点如下。

a. 双层屏蔽：气动式平移屏蔽门采用优质冷轧钢板焊接成双层屏蔽壳体。以清洁、无油压缩空气作为压力媒介，使气囊充气膨胀，迫使铍青铜簧片牢靠地压在门扇的铜板上，确保屏蔽性能可靠。

b. 气动、光导控制：门扇的开闭运动是以清洁压缩空气为动力，通过各气动执行元件来实现顺序控制；屏蔽室内外控制信号的传递采用光传导。

气动式平移屏蔽门是一种结构新颖的电磁屏蔽门，其特点是屏蔽性能高、具有多种控制功能、操作轻便、工作可靠等，尤其是开、关的过程不占屏蔽室的使用空间。适用于焊接式或组装式屏蔽室。其性能指标如表 11.1.6 所示。

表 11.1.6　气动式平移屏蔽门的性能指标　　　　　　　dB

项目	磁场	电场	平面场	微波
频率	14～16kHz	200kHz～50MHz	50MHz～1GHz	1～12.4GHz
效能	80	120	120	100

（4）常州飞特电子有限公司

常州飞特电子有限公司设计制造屏蔽机房和生产屏蔽机房设施，能独立开发和承接完成各种系列电磁屏蔽室、EMC 微波暗室工程。产品广泛适用于电磁屏蔽、国防、航空航天、通信导航等领域。公司除生产各种标准系列屏蔽门，还承接制造各种特殊规格的电动平开门、电动双开门、电动气密移门、电动气密升降门。另外公司新产品——装修一体化屏蔽机房正式推广进入市场，产品采用先进工艺将屏蔽模板与表面装饰材料预压成型，机房安装与装修一次完成，极大方便了以后机房的拆装与维修。

其主要屏蔽产品有 FT10A 型钢板组装式电磁屏蔽室、FT20 型钢板焊接式电磁屏蔽室、FTD 装饰型电磁屏蔽室和 FT-GF 型电动式屏蔽门。其产品如图11.1.4 所示。

① FT10A 型钢板组装式电磁屏蔽室拆装方便、外形美观、组装和拆卸工

(a) FT10A型钢板组装式电磁屏蔽室　　　　(b) FT20型钢板焊接式电磁屏蔽室

(c) FTD装饰型电磁屏蔽室　　　　(d) FT-GF型电动式屏蔽门

图 11.1.4　常州飞特电子有限公司的电磁屏蔽产品

艺性强、利于用户搬迁及扩建；有六面板体及壳体与地面之间的绝缘处理。其屏蔽门按门系列配置；通风窗采用蜂窝状截止波导窗；电源滤波器为高性能低泄漏电源滤波器。

　　FA10A 型产品为高性能电磁屏蔽室，它主要用于对屏蔽性能要求较高的计量检测、信息安全、EMC 测试等领域。其性能指标如表 11.1.7 所示。

表 11.1.7　FT10A 型钢板组装式电磁屏蔽室性能指标　　　　dB

项目	磁场		电场	平面波	微波
频率	10kHz	150kHz	200kHz～50MHz	50MHz～1GHz	1～12.4GHz
效能	≥70	≥95	≥100	≥100	≥100

　　② FT20 型钢板焊接式电磁屏蔽室采用冷轧钢板经大型模具折边成型，气体保护焊，最大限度地抑制焊接变形，保证钢板平面的平整性。采用型材组成龙门框架形成自支撑结构，也可直贴墙面安装。

　　其屏蔽门按门系列配置；通风窗采用蜂窝状截止波导窗；电源滤波器为高性能低泄漏电源滤波器。

　　FT20 型电磁屏蔽室具有结构可靠，性能指标优良，适用范围广等特点。目前用途最为广泛，特别适用于各种电子计算机房、通信机房的屏蔽；各种无线电发射和接收的试验、测量和计算；电工放电测试、电磁兼容性（EMC）的各种试验、测量和考核；适用于一切干扰防泄漏场所。其性能指标如表11.1.8所示。

表 11.1.8 FT20 型钢板焊接式电磁屏蔽室性能指标   dB

项目	磁场			平面波	微波		
频率	14kHz	100kHz	200kHz	50MHz～1GHz	1～10GHz	10～20GHz	20～40GHz
效能	≥85	≥100	≥110	≥120	≥100	≥90	≥80

③ FTD 装饰型电磁屏蔽室的屏蔽层采用先进工艺将屏蔽模板与表面装饰材料预压成型。

屏蔽窗采用可自然采光的屏蔽玻璃，按用户要求可开启；屏蔽门采用单双开或电动气密屏蔽门，装配内外拉手，哑光不锈钢板或铝塑板表面装饰；观察窗为特制高性能电磁屏蔽窗，边框采用木制或铝合金框装饰；通风窗采用蜂窝状截止波导窗；电源滤波器为高性能低泄漏电源滤波器。

FTD 装饰型电磁屏蔽室主要用于安全保密机房、重要会议室、首长办公室及一般通信医疗领域。其性能指标见表11.1.9。

表 11.1.9 FTD 装饰型电磁屏蔽室的性能指标   dB

项目	磁场		电场	平面波	微波
频率	14kHz	150kHz	200kHz～50MHz	50MHz～1GHz	1～10GHz
效能	≥80	≥100	≥80	≥90	≥80

④ FT-GF 型电动式屏蔽门分为电动式单开锁紧屏蔽门、电动双开屏蔽门、电动垂直悬挂门、电动气密升降门、电动气密平移门、电波暗室专用二维电动气密平移门。

电动单开锁紧屏蔽门（GF-EL）：全机械式电动传动机构，开关更方便。

电动双开屏蔽门（GF-ED）：结构新颖，单门框、双门扇，适用于 2m×2m以上大门。

电动垂直悬挂门（GF-ES）：独立门支撑、全自动开关门、室外轨道、低噪声、运行平稳。

电动气密升降门（GF-EA-1）：主要适用于大型屏蔽室，可为 30m 高屏蔽室量身定做，多种自动控制、不占空间。

电动气密平移门（GF-EA-2A）、电动暗室二维电动气密平移门（GF-EA-2B）：工艺先进，全自动电脑控制，屏蔽效能高，在 10～20GHz 屏蔽效能大于100dB，适用于各种系列大型屏蔽室。

（5）常州新区金利达电子有限公司

常州新区金利达电子有限公司隶属于国家级高新技术产业开发区，是定位于全球的电磁屏蔽、EMC 专业制造商和系统集成商。公司在产品开发研制、工程设计工作中，采用自主开发的专用软件和通用 CAD 技术，确保快速、精确的电波暗室工程设计，完成性能设计、评估、预测，工艺布局设计，结构设计和吸波材料的选择与布局。

其主要屏蔽产品有 DCP 系列 80 型单层金属板屏蔽室、DCP 系列 100 型双层金属板屏蔽室和 DCP 系列 JF 局放屏蔽室（屏蔽厂房），如图 11.1.5 所示。

(a) DCP系列80型单层金属板屏蔽室

(b) DCP系列100型双层金属板屏蔽室

(c) DCP系列JF局放屏蔽室(屏蔽厂房)

图 11.1.5　常州新区金利达电子有限公司电磁屏蔽产品

① DCP 系列 80 型产品广泛应用于军队和政府计算机机房屏蔽（机要、通信、作战、情报和会议等），以及电子邮电通信、铁路通信、广播电视、家电、研究所、院校、电工试验、金融银行、医疗卫生等行业的屏蔽，是目前用途最广的一种屏蔽机房，其性能指标如表 11.1.10 所示。

表 11.1.10　80 型单层金属板屏蔽室的性能指标　　　　dB

结构形式	磁场		平面波	微波	
	10kHz	150kHz	450MHz	1GHz	10GHz
单层拼装	75～80	90～100	≥110	≥110	100
单层焊接	75～80	90～100	≥110	≥110	100

② DCP 系列 100 型双层金属板屏蔽室适用范围与 80 型相同，特别适用于对低频磁屏蔽性能有特别要求的或宽频带 10kHz～40GHz 的场合。其结构分为双层（或多层）电绝缘和不绝缘拼装可拆卸两种。

其优点是经多次拆装，屏蔽效能不变。对于需要拆装的单位，其经济性是十分优越的。对于楼层承重限制以及需要远程空运的单位，其优点极其明显。其性能指标如表 11.1.11 所示。

表 11.1.11　100 型双层金属板屏蔽室的性能指标　　　　dB

结构型号	磁场		平面波	微波	
	10kHz	100kHz	450MHz	1GHz	10GHz
双层拼装 100A	80	90～100	≥110	≥110	100
双层轻型 100L	80	90～100	110	110	—

③ DCP 系列 JF 局放屏蔽室（屏蔽厂房）适用于电缆、变压器、互感器开关以及电站等各种电压等级（110kV、220kV、500kV、750kV）局部放电试验或冲击试验。自 1993 年起，JF 型屏蔽室（厂房）得到哈弗莱、希波等国际公司的认同，替代了进口产品。

其屏蔽性能指标为：10kHz～100MHz 频率范围，磁场屏蔽效能：≥80～110dB，1kHz～1GHz 频率范围，电场屏蔽效能：≥110dB，达到或超过哈弗莱、海沃和希波公司的场地要求；绝缘电阻≥500MΩ；接地电阻≤1Ω。

（6）上海慧锦网络科技有限公司

上海慧锦网络科技有限公司是应信息产业之潮流而成立的高科技应用企业，主要涉及网络通信事业为核心的产品开发、制造和网络系统集成等领域。企业规

(a) FGWS1A型钢板组装式电磁屏蔽室　　　(b) FGWS1B型钢板组装式电磁屏蔽室

(c) FGWS2型钢板焊接式电磁屏蔽室

图 11.1.6　上海慧锦网络科技有限公司电磁屏蔽产品

模化生产和销售以"F-NET"为品牌的超五类布线系统、光纤布线系统，控制安防线缆系统及机房设备系统的产品。为广大客户提供通信主干、城域网、企业网、接入网及小区智能化网络的全方位解决方案。

主要屏蔽产品有 FGWS1A 型钢板组装式电磁屏蔽室、FGWS1B 型钢板组装式电磁屏蔽室和 FGWS2 型钢板焊接式电磁屏蔽室。如图 11.1.6 所示。

① FGWS1A 型为高性能电磁屏蔽室，它主要用于对屏蔽性能要求较高的计量检测、信息安全、EMC 测试等领域。其主要结构特点是拆装方便，外形美观，重量较轻。其性能指标如表 11.1.12 所示。

表 11.1.12　FGWS1A 型钢板组装式屏蔽室性能指标　　　　　　dB

项目	磁场		电场	平面波	微波
频率	10kHz	150kHz	200kHz～50MHz	50MHz～1GHz	1～10GHz
效能	≥70	≥95	≥100	≥100	≥90

② FGWS1B 型为普通型电磁屏蔽室，为原铜网屏蔽室的换代产品，主要用于移动电话、寻呼机、无绳电话、对讲机等无线电通信产品的生产、调试、检测维修等领域。其主要结构特点是结构简单、安装方便、性能稳定，价格低廉。

性能指标为 150kHz～1GHz，≥80dB（测试方法按 GB 12190—90 标准）。

③ FGWS2 型为高性能电磁屏蔽室，它主要用于屏蔽面积大，屏蔽性能高及一些特殊要求的场合。其性能如表 11.1.13 所示。

表 11.1.13　FGWS2 型钢板焊接式屏蔽室性能指标　　　　　　dB

项目	磁场		电场	平面波	微波
频率	10kHz	150kHz	200kHz～50MHz	50MHz～1GHz	1～10GHz
效能	≥75	≥100	≥110	≥110	≥100

（7）常州雷宁电磁屏蔽设备有限公司

公司始创于 20 世纪 30 年代，20 世纪 60 年代初即开始从事首台国产 P22 型屏蔽室的研制，现已从单一产品发展到多元化的系列产品，产品已在电子信息、航空航天、国防军工、通信、金融、医疗卫生、冶金机械、教育科研等领域得到推广应用。近年来先后为外商独资企业美国 GE 公司、德国 RS 公司、西门子公司、日本 TDK 公司承建了屏蔽机房和各种微波暗室。

公司主要屏蔽产品有 GP1 型金属板可拆卸式屏蔽室、GP6 型金属板焊接式屏蔽室、ZP 系列装饰型屏蔽室、GPB 通信组装式屏蔽室和 CP 型磁屏蔽室，如图 11.1.7 所示。

① GP1 型金属板可拆卸式屏蔽室的屏蔽板体采用冷轧钢板经过 500t 油压机一次性模压成型，表面静电喷塑，组装和拆卸工艺性强，利于用户搬迁和扩建。屏蔽板体之间通过优质导电材料与螺栓连接，电磁密封性可靠。GP1A 型屏蔽室为改进型可拆卸式屏蔽室，在 GP1 型基础上板体接缝采用铜箔密封，屏蔽性能得到了相应提高。主要用于对屏蔽性能要求较高的计量检测、信息安全、EMC测试等领域（小型屏蔽室），将来可拆装和扩建。

(a) GP1型金属板可拆卸式屏蔽室

(b) GP6型金属板焊接式屏蔽室

(c) ZP系列装饰型屏蔽室

(d) GPB通信组装式屏蔽室

图 11.1.7   常州雷宁电磁屏蔽设备有限公司产品

其屏蔽性能指标如表 11.1.14 所示。

表 11.1.14   GP1 型金属板可拆卸式屏蔽室性能指标   dB

型号	磁场			平面波	微波	
	14kHz	100kHz	200kHz	50～1000MHz	1～10GHz	10～20GHz
GP1	55	70	75	100	100	
GP1A	75	95	100	110	100	80

② GP6 型金属板焊接式屏蔽室的屏蔽板体采用冷轧钢板经大型模具折边成型，采用"人"字型拼接，气体保护焊接，最大限度地抑制焊接变形，保证钢板平面的平整性。主要用于屏蔽效能要求较高、屏蔽面积较大的计量检测、信息安全、EMC 测试等领域，一般作为永久性屏蔽，不可拆卸。

其屏蔽性能指标如表 11.1.15 所示。

表 11.1.15   GP6 型金属板焊接式屏蔽室性能指标   dB

项目	磁场			平面波	微波		
频率	14kHz	100kHz	200kHz	50～103MHz	1～10GHz	10～20GHz	20～40GHz
效能	85	100	110	120	110	100	80

③ ZP 系列装饰型屏蔽室为公司开发的新一代电磁屏蔽室，在舒适性上更接近普通工作室。屏蔽层采用 0.5～1mm 的镀锌钢板直贴墙面安装。屏蔽窗户采用铝合金窗框、屏蔽玻璃，可自然采光，根据用户要求窗户可制作成可开启式。它的最大特点是通过安装屏蔽玻璃达到自然采光的目的，目前广泛应用于有一定

保密要求的办公室、会议室、计算机机房等。

④ GPB 通信组装式屏蔽室板体采用冷轧钢板经过 500T 油压机一次性模压成大板式板体，表面静电喷塑，组装和拆卸工艺性强，利于用户搬迁和扩建。屏蔽板体之间通过优质导电材料与螺栓连接，电磁密封性可靠。为公司老产品 P22 型铜网屏蔽室的换代产品，目前主要用于移动电话、寻呼机、无绳电话、对讲机等无线电通信产品的生产、调试、检测维修等领域。

屏蔽性能指标为 150MHz～1GHz，≥80dB。

11.1.2 通信电缆的屏蔽

近年来各种通信设备的自身环境和电磁使用环境越来越复杂，并成为影响其达到设计要求和完成某项功能的重要因素。电磁兼容性是指一种器件、设备或系统的性能，可以在其自身环境下正常工作并且同时不会对此环境中的其他设备产生强烈电磁干扰。

对于通信电缆的干扰源而言，有自然干扰源和人为干扰源两种。自然干扰源是指自然界的宇宙噪声、雷电噪声、大气噪声以及设备内电子器件的电子噪声等；而人为干扰源则包括的范围较广，如电力机械、工业或日用电器以及电子通信设备等。

电缆间的干扰既有辐射干扰，也有传导干扰。当电缆上有高频电流流动时，会通过电缆向外部辐射电磁能量，这时该电缆就变成了一根辐射天线。辐射干扰会通过空间电磁场耦合，在接收器上产生干扰电流。辐射干扰的影响因素较多，如干扰源和接收器之间的距离、干扰信号的波长，以及物体的外形尺寸等。

传导干扰是通过干扰源和接收器之间的电路连接在接收器上产生干扰电流。

为了提高电信电缆的通信质量，防止通信质量下降甚至信号中断，在系统电缆布线时可以采取以下措施。

（1）对电缆进行屏蔽

对于射频电缆、信号电缆和直流供电电缆采用屏蔽电缆，其中敏感部位的射频电缆采用双屏蔽电缆，如图 11.1.8 所示。电缆的屏蔽层有两种类型，一种是信号的回路线，如射频同轴电缆；另一种是起抑制干扰作用，如屏蔽多芯电缆。屏蔽电缆的屏蔽层要两端接地，为干扰电流提供一条低电阻通道，这样由辐射干扰源、地环路引起的高频干扰电流仅存在于屏蔽层外表面，可大大削弱其对内部信号线的干扰。

电缆屏蔽层与连接器的连接应特别引起注意，电缆屏蔽层在连接器的外壳连接处应在 360° 方

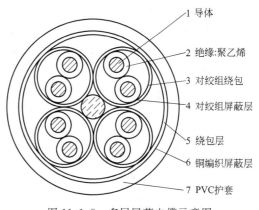

1 导体
2 绝缘:聚乙烯
3 对绞组绕包
4 对绞组屏蔽层
5 绕包层
6 铜编织屏蔽层
7 PVC护套

图 11.1.8 多层屏蔽电缆示意图

向上良好连接，如果屏蔽层与连接器的外壳不能良好、有效地连接，则由于存在较大的接触电阻、分布电容和分布电感，会由信号差模电压在电缆上引起干扰电流。另外，电缆连接器的选择也会大大影响通信电缆的屏蔽性能。一般直插式、卡口式等类型的连接器，由于配合间隙较大容易产生射频泄漏，因此不能在要求高屏蔽性能的射频电缆组件中使用。而螺纹端口连接的连接器屏蔽性能较好，是目前高屏蔽电缆组件的首选。

此外，对通信电缆进行屏蔽还可以防止工频电流经通信电缆进入测试室。在通信电缆外部套一个高磁导率的软磁合金环，而且环上缠绕线圈，这样当工频电流入侵时，该电流产生的交变磁场将集中在磁环上，并在线圈内产生出相应的感应电压，通过检测此感应电压，即可测得工频电流的入侵。

（2）采用分类电缆

由于系统内有电源电缆、控制电缆和信号电缆等，根据干扰特性将电缆分为电源、控制电缆，射频敏感电缆和射频干扰电缆等三大类，分别在不同的走线槽内铺设并相互之间间隔一定的距离，这样就可以削弱电缆间的辐射干扰，隔断近场耦合通路，避免因一条电缆感应或产生的电磁干扰在整个系统内蔓延。

同时，也要考虑防止设备内部接地线上的干扰问题。在设备内部的接地线上有各种信号电路的电流通过，并且由接地线的阻抗而变换成电压。当它成为低功率信号放大器输入电路的一部分时，地线电压必将被放大而成为干扰信号输出。为了防止该情况的出现应采用一点接地方法。

（3）接地线合理布置

为了防止由于各个电子设备的公共接地线所引起的干扰，应当把各个电子设备的接地线分别设置。大电流用的接地线必须与其他接地线分开，射频设备接地线与工频设备接地线分开设置。假若接地线使用的是裸导线，裸导线应该与建筑物电器绝缘。否则当电流流经建筑物时，即使接地线分开设置，也会由于某些系统的电流而造成干扰。

同时还要处理好信号线的屏蔽外皮的接地。如果屏蔽线不是一点接地，而是采用两点或多点接地时，则会有部分电流流过屏蔽层，同时产生电压降而形成干扰源。这样屏蔽线外皮上所产生的电压降，即干扰电压必然对其内部的信号线产生很大的感应效应。所以屏蔽线常要求采用一点接地，即屏蔽线的一端接地，而另一端悬空或用绝缘材料将屏蔽线外层包裹起来。

（4）使用滤波器

电磁干扰抑制滤波器主要包括电源EMI滤波器、信号线EMI滤波器、损耗线EMI滤波器、反射EMI滤波器等。其中，电源线滤波器是一种低通滤波器，它允许直流或50Hz的工作电流通过，而不允许频率较高的电磁干扰电流通过。电源线滤波器是双向的，它既能防止电网上的干扰进入设备，对设备产生不良影响，使设备满足传导敏感度的要求；又能防止设备内的电磁干扰通过电源线传到电网上，使设备满足传导发射的要求。使用滤波器可以有效地降低电缆之间的相互干扰，提高传输信号的质量。

从 20 世纪 80 年代初期，我国开始大量引进通信电缆生产线，通信电缆大多使用聚乙烯（PE）为主的聚合物作为绝缘层和护套材料，其国产化问题也已经基本得到解决。而技术含量比较高的屏蔽层专用树脂则主要还是一直依赖进口。目前我国进口的屏蔽层专用树脂主要是美国 Du Pont 公司的 Nucrel 品牌的产品，也就是聚烯烃与丙烯酸的共聚物（EAA），其价格还是比较昂贵。张卫勤等以国产低密度聚乙烯（LDPE）为主体原料，在引发剂和分散剂的共同作用下，将马来酸酐（MAH）单体枝接到低密度聚乙烯分子上，制备出了马来酸酐枝接聚乙烯（MAH-g-PE），其部分技术指标与美国 Du Pont 公司的 3990EAA 产品比较接近，可作为通信电缆的屏蔽层应用，而成本却降低了一半左右。刘玲等以乙烯-醋酸乙烯共聚物（EVA）为原料，通过添加导电炭黑，在交联剂、抗氧剂和润滑剂的作用下，通过混炼获得了性能优良的交联电力电缆用导体屏蔽层，完全满足国家标准的要求，现已用入通信电缆的实际生产中。

11.1.3　电磁辐射的防护

随着现代化经济建设的蓬勃发展，人民物质生活水平的不断提高，电器设备的种类也在迅速增加，而且应用越来越广泛。然而电气设备在使用运行当中所产生的电磁干扰不利于周围环境，影响附近设备的正常运行，困扰着人们的正常工作、学习和生活。所谓电磁干扰就是指无用的电磁信号或电磁骚扰对接收的有用电磁信号造成的扰乱和干扰。

11.1.3.1　电磁干扰的主要影响

① 破坏无线电通信的正常工作，影响电声和电视系统，如电话、电视和收音机等电器的正常播送和接收。

② 降低电工检测仪表的测量精度和灵敏度，降低电气设备仪表的工作性能，如产生误动作、误指示等。

③ 干扰遥控遥测装置、自动开关的半导体控制器、数控电路和计算电路等。

④ 引起人们中枢系统的机能障碍、植物神经功能紊乱和循环系统综合征，如记忆力衰退、乏力及失眠等。

11.1.3.2　对电磁干扰的防护措施

"联合国人类环境会议"已将电磁辐射污染列入必须控制的主要污染物之一。世界各国纷纷制定计划，研究电磁辐射对人类健康的影响以及对电磁辐射的监测和控制方法。电磁辐射和干扰对社会正常运行构成的危害已引起人类社会的极大重视，各国政府已经和正在采取的技术措施和抑制方法主要有两个方面。

（1）规定限制

为防止电磁干扰的有害影响，最大限度地避免和减少其危害，除了提高产品本身的抗干扰能力以外，还需要对人为产生的干扰规定出允许值予以限制。我国在防止污染环境的电磁辐射的限制方面已制订了相关标准。

我国在 20 世纪 80 年代相继制定了《环境电磁波卫生标准》（GB 7195—88）和《电磁辐射防护规定》（GB 8702—88）等。国家环保局已正式将电磁辐射作为一个重要的环境污染要素，1998 年在全国范围内开展了电磁辐射环境污染的调查，并针对广播电视、通信、交通、电力等电磁辐射设备进行了大规模的电磁环境治理，规定在一天 24h 内，公众在任意连续 6min 按全身平均的比吸收率（SAR）应小于 0.02W/kg，且其平均值应符合表 11.1.16 所示的导出限值。

表 11.1.16　公众辐射导出限值

频率范围/MHz	电场强度/(V/m)	磁场强度/(A/m)	功率密度/(W/m²)
0.1~3	40	0.1	(40)①
3~30	$67/\sqrt{f}$	$0.17/\sqrt{f}$	$(12/f)$①
30~3000	(12)②	(0.032)②	0.4
3000~15000	$(0.22/\sqrt{f})$②	$(0.001/\sqrt{f})$②	$f/7500$
15000~30000	(27)②	(0.073)②	2

《电磁辐射防护规定》中规定在每天八小时工作期间内，任意连续 6min 按全身平均的吸收率应小于 0.1W/kg，且其平均值应符合表 11.1.17 所示的导出限值。在一天 24h 内，任意连续 6min 按全身平均的吸收率应小于 0.02W/kg。

表 11.1.17　职业辐射导出限值

频率范围/MHz	电场强度/(V/m)	磁场强度/(A/m)	功率密度/(W/m²)
0.1~3	87	0.25	(20)①
3~30	$150/\sqrt{f}$	$0.4/\sqrt{f}$	$(60/f)$①
30~3000	(28)②	(0.075)②	2
3000~15000	$(0.5/\sqrt{f})$②	$(0.0015/\sqrt{f})$②	$f/1500$
15000~30000	(61)②	(0.16)②	10

注：表 11.16 和表 11.17 中，①系平面波等效值，供对照参考。

②供对照参考，不作为限值；

表中 f 是频率，单位是 MHz，表中数据做了取整处理。

美国、英国、德国、中国等国家的标准和国际辐射防护协会（International Radiation Protection Association，IRPA）在电磁辐射防护领域都已经做了大量的工作，防护限值的大体趋势是一致的，即在 10~100MHz 限值要求最严，而在微波频段的限值要求则相对较松。

对于人体防护，除了减少电磁辐射的泄漏以外，还需要研制开发人体防护材料，进行防范。由此电磁屏蔽织物就应运而生了。

屏蔽织物的出现和发展，距今已经历了 3 个阶段。现已基本形成了一个涉及电子工业、纺织工业、生物医学和检测监督为一体的新兴产业。

金属纤维、碳纤维以及镀镍纤维具有良好的电磁屏蔽性能，因此在防电磁波复合材料和防护织物中应用比较多。H. Kenneth 用不同比例的羊毛、聚酯、Nomex 与不锈钢纤维混纺加工成的防护服在 200MHz~4GHz 的宽频段内具有较好的防护效果。将铜粉加入到湿纺黏胶中纺织成的织物也具有较好的防电磁波性能。用化学镀铜和化学镀镍的方法对纤维织物进行改性，制成的金属-织物复合材料在 10kHz~12GHz 范围内可以获得 50~70dB 的优良屏蔽效果。姜淑媛等利用不锈钢纤维和三种纺织纤维混纺，制成的微波防护布在 250kHz~6GHz 范围内可以达到 30dB 左右的屏蔽效能，而且具有良好的仿毛效果。

屏蔽织物防护效果的可靠性，主要取决于透过量的大小，透过量等于零时，屏蔽效果最为可靠。将来的屏蔽织物应当对电磁波反射近于零，这样对空间环境不产生或很少产生二次污染；透过量也要尽量等于零，以使得保护效果绝对可靠。保护型再赋予保健性，这就是未来屏蔽织物的发展方向。

（2）电磁兼容

我国在 1996 年开始着手民用、行业电磁兼容（EMC）标准的制定，国家给予了高度重视。标准的制定本着与国际接轨的原则，直接应用国际已有的标准或者将国家标准等同于已有的国际标准。这种做法有三大好处。其一是国际上的标准经过几年的实践，相对比较完善，依据合理确凿。其二，我国已经成为电磁兼容的会员单位，通过标准的等同或者等效，我国产品即可在国际上与成员国之间互相认可，既有利于我国加入 WTO 以后的产品出口，也有利于企业相关产品的引进。其三，直接引用或等效使用，能够让我国少走弯路，有助于企业跨入世界先进行业。

以前在对电子仪器作 EMC 指标检测时，多是因军事需要，国家重点 EMC 科研也仅针对军口。随着我国国民经济综合实力的大幅提高，为保证人民生活健康，国家加大了对民用市场的力度。自 20 世纪 60～70 年代起，我国针对民用市场的电磁兼容研究开始起步，20 世纪 70～80 年代针对民用的 EMC 检测仪器和设备投入使用。

目前，世界上一些经济发达国家和有关国际组织都先后制定了防止电磁干扰的各种法规，以限制电子公害的发展[29～31]。作为美国的情报部门，1964 年，美国国家安全局（NSA）制定了 NSA65-6《关于金属箔 RF 屏蔽室的指标》，要求屏蔽性能在 50dB 以上；1984 年，NSA 又制定了在美国国内使用的电子设备 NACSI5004 标准和在美国境外使用的电子设备 NACSI5005 标准（NACSI 为美国国家通信安全准则）。1988 年，NSA 制定了 NSA89-02 标准，统一了电磁屏蔽的技术要求。1988 年，美国空军出版了 HEMP/TEMPEST《屏蔽设备的设计和结构手册》，要求在美国国内空军基地采用 NSA89-02 标准，把在其国内使用的电子设备电磁屏蔽定在 40～50dB 的衰减水平，国外仍为 110dB。

美国联邦通信委员会（Federal Communications Commission，FCC）也制定了抗电磁干扰法规（FCC 法）和 TEMPEST 技术标准。其中"FCC"规定大于 1000Hz 的电子装置要求屏蔽保护，并持 EMI/RFI 合格证才允许投放市场。而 TEMPEST 即 "瞬时电磁脉冲发射检测技术（transient electromagnetic pulse Emanation Surveillance Technology)" 的英文缩写。TEMPEST 技术是由美国国家安全局于 1969 年提出的，用于防止电磁信息设备潜在的安全威胁以及反向的用以收取和还原其他信息发射源的技术。随后，俄罗斯、英国、法国等国家都开始积极研究和发展了此项技术。

除美国外，联邦德国电器技术协会也制定了 VDE 法；日本制定了 VCCI 法规；国际无线电抗干扰特别委员会（Intelnational Special Cornmittee on Rodio Interference，CISPR）制定了抗电磁干扰的 CISPR 的国际标准，供各国参照执行。

为了减少和防止电磁波泄露造成的信息泄密和抗电磁干扰，参照美国军用标准，北大西洋公约组织（North Atlantic Treaty Organization，NATO）制定了泄密辐射实验室测试标准 AMSG720B，规范了北约的电磁屏蔽技术要求。表11.1.18 为世界主要国家公布的电磁防护技术标准。

表 11.1.18   世界主要国家电磁防护技术标准

国家	电磁辐射防护标准	公布日期	备 注
美国	FCC	1979.10	1983.10 实施
日本	VCCI	1986.6	1989.12 实施
加拿大	CSAC108.8-M1983	1983.7	
联邦德国	VDE0871	1978.6	1987.5 修正
民主德国	TGL20885	1979.12	1986.8 修正
英国	BS6257	1984	1988 修正
法国	NFC92-022	1987.8	
丹麦	DS5101	1986.1	
芬兰	T33—86	1986	
捷克斯洛伐克	CSN34 2865	1975.10	1987.3 修正
中国	GB 7195—88		中国卫生部环境电磁波卫生标准
	GB 8702—88		国家环保局电磁辐射防护规定
国际	(IEC)CISPR22	1985.3	国际无线电干扰特别委员会标准

在已经实施有关法规的国家中，都规定自 2000 年 1 月 1 日起，所有的进出口电子产品必须达到电磁兼容标准，出口电子产品必须达到国际及进口国的电磁辐射标准，否则无法进入国际市场。凡对电磁波干扰的控制达不到标准的电子电器产品不允许出厂和进口。

11.2   隐形材料在军工产品上的应用

隐形材料最早是应用于军事上，在军用目标的隐身技术研究方面，美国是起步最早、投资最多、收效也最大的国家。早在 20 世纪 50 年代，美国就陆续对多种型号的侦察机采用各种隐身技术以降低其对雷达波的反射，这是反雷达隐身技术的初始阶段。1955 年 8 月由洛克希德（Lockheed Martin）公司生产的第一架 U-2 型高空侦察机可以认为是最早的"准隐形飞机"，而第一架真正的隐形飞机则是该公司于 20 世纪 60 年代研制和生产的 SR-71 "黑鸟"战略侦察机，这种飞机从外形设计到吸波材料的应用，采用了一系列综合性隐身技术。

20 世纪 80 年代，里根政府开始执行"黑色"计划，其中最著名的就是洛克希德公司生产的 F-117 战斗机。在 F-117 的设计中，其外形设计与隐形紧密联系起来，F-117A 的雷达散射截面（Radar Cross Section，RCS）只有 $0.001 \sim 0.01 m^2$。如此小的 RCS 值，部分是由于 F-117A 采用了各种吸波材料和表面涂料，其独特的多面体外形也是一个很重要的原因。飞机表面的雷达吸波材料在当时是绝对保密的，即使在今天依然属于保密范围。

11.2.1 飞机隐身技术

雷达是利用无线电波发现目标，并测定其位置的设备。由于无线电波具有恒速、定向传播的规律，因此当雷达波碰到飞行目标时，一部分雷达波便会反射回来，根据反射雷达波的时间和方位便可以计算出飞行目标的位置。因此，飞机要想不被雷达发现，除了超低空飞行避开雷达波的探测范围以外，就得想办法降低对雷达波的反射，使反射雷达波弱到敌人无法辨认的程度，这便是雷达隐身。雷达隐身的方法便是降低飞机的雷达散射截面，主要途径有两条：一是改变飞机的外形和结构，二是采用吸收雷达波的涂敷材料和结构材料。

对于飞机的外形设计，可根据熟知的镜面反射、边缘绕射、尖顶绕射、曲面上的爬行波、腔体散射和细长物体的行波效应等机制考虑，采取以下几个原则。

① 控制回波方向，避免平板及曲率半径较大的部件表面正对着最主要的雷达探测方向。

② 采用低 RCS 部件，翼面类部件展弦比尽量小，采用适当的后掠角和前缘尖锐的翼剖面。

③ 消除或避免角反射器效应，机翼与机身、尾翼与机身之间应避免正交连接。

④ 注意对强散射源的遮挡，对进气口和排气口要采取必要的隐身防护措施。

⑤ 使翼面棱边处于非主要照射方向上，或采用曲棱边和分段短棱边代替长的棱边。

由于飞机的外形一般都比较复杂，总有许多部分能强烈反射雷达波，像发动机的进气道和尾喷口、飞机上的凸出物和外挂物、飞机各部件的边缘和尖端以及所有能产生镜面反射的表面，因此必须对飞机的外形和结构做较大的改进和调整。所以一般来说，隐形飞机的外形都十分独特。如 F-117A 基本上是由平面组成的角锥形体，尾翼做成 V 形；而 B-2 则是前缘后掠、后缘为大锯齿形，没有机身和尾翼，整个飞机像一个巨大的飞翼，其发动机进气道布置在机体上方，没有外挂物突出在机体外面。此外，为了进一步减小飞机的雷达散射截面，还在机翼的前后缘、进气道口部分采用了吸波材料，整个飞机表面涂敷一层黑色的吸波涂层。

11.2.1.1 美国的三代隐身飞机

隐身技术最早是应用在飞机上，隐形飞机发展最快，技术也最成熟。隐形飞机的发展和现状的突出代表是美国的三代隐身飞机。在这三类全隐身飞机中，第一代的 F-117A 采用减少雷达截面作为降低易受攻击性的主要手段，它采用了独特的钻石型结构外形，完全没有圆弧的表面，整个机体全部用平面构成。并且采用了各种吸波和透波材料，它的有效雷达截面大约为 $0.01\sim0.025m^2$。

F-117A 在隔断和分散雷达波方面取得了巨大的成功，但为了达到隐形的目的，F-117 牺牲了 30% 的引擎效率，并采用了一对高展弦比的机翼，严重限制了飞机的飞行性能。F-117A 只能以亚音速飞行，而且其内部武器舱非常小，武器挂载只有两枚内置对地导弹，限制了其空战能力。当飞机起落架放下时，其隐身性能便会受到严重影响。

由于 F-117A 主要靠棱角外形反射雷达波，在进攻前都要预先定制进攻飞行路线和角度，一旦有所改变，隐形便告失效。同时，其复杂的外形更给飞机维修人员带了极大的不便，一旦遇到阴雨天，其表面的吸波材料也将会受到严重影响。从 2006 年末开始到 2008 年 4 月，F-117A 逐渐退出了美军现役飞机行列，逐步被新一代隐形飞机所取代。

第二代的 B-2 隐形轰炸机，采用翼身融合、无尾翼的飞翼构形，机翼前缘交接于机头处，机翼后缘呈锯齿形，集低的可观测性、高的空气动力效率和大的飞机载荷于一身。机身机翼大量采用石墨-碳纤维复合材料和蜂窝状结构，表面有吸波涂层，发动机的喷口置于机翼上方。这种独特的外形设计和材料，能有效地躲避雷达的探测，达到良好的隐形效果，使其雷达散射截面降低到 $0.1m^2$。B-2A 集各种高精尖技术于一体，更因隐身性能出众，在当时被行家们誉为"军用航空器发展史上的一个里程碑"。但 B-2A 存在与 F-117A 同样的弱点，其表面的吸波材料一旦遭到雨淋，可靠性就会大大降低。

F-22 和 F-35 属于第三代隐身作战飞机，F-22 将低可观测性、高度机动和灵敏性、超音速巡航、超大载重和远航程五个特点于一身，较好地解决了隐身外形与气动力学的矛盾，其雷达截面只有 $0.5m^2$，它还采用了电子欺骗、干扰和诱饵系统，以及低截获概率雷达、有源相干对消系统等主动隐身技术，使其雷达散射截面只有常规飞机的 1%，甚至更低。其表面涂敷一层由波音公司的"幽灵工厂"研制成功的一种名为"外涂层"的隐形涂料，可以防止飞机排出红外信号，来对付各种利用波长进行探测的手段。

F-35 联合攻击战斗机（JSF）是美国在 21 世纪用来装备部队的全新一代轻型隐形战斗机。其蒙皮上覆盖了一层由洛克希德·马丁公司和 3M 公司共同研制开发的"3M"材料。这种新式的"隐身涂层"是一种用聚合材料制造的薄层，可直接粘贴覆盖在蒙皮上，既可以节省经费，还可以减轻飞机因喷漆而附加的重量。F-35 在很大程度上采用了 F-22 的技术成果，其雷达截面估计为 $0.5m^2$，但其保持其隐身性能所需要的外场工作量和费用只有前一代隐身飞机的 10%。

表 11.2.1 是三代隐身飞机的性能比较。

表 11.2.1　美国的三代隐身飞机

代次	型号	特点	隐身措施	雷达截面/m^2
第一代	F-117	夜间作战	多平面加隐身材料	0.01～0.025
第二代	B-2	气动力高、大载荷、隐身	飞行翼加隐身材料	0.1
第三代	F-22	高空、高速、隐身、昼夜作战、空战和对地攻击	结构加隐身材料	0.1～0.5
	F-35	—	结构加隐身材料	0.5

11.2.1.2　飞机隐身技术

（1）机身

研究结果表明，常规飞行器的电磁散射除了来自前向头部外，主要来自侧部，而且侧向的雷达散射截面贡献比任何方向的都大得多，这对执行远程作战任务的飞行器来说无疑是非常不利的，因此隐身飞机必须在机身的整体设计上做很大调整。

常规无人飞行器的机身通常采用圆剖面，侧向形成了较强的镜面反射，同时翼身之间也容易构成角反射器，使得飞行器的侧向回波强度很大，通常飞行器的侧向散射截面都比其他方向高 10dB 左右。

隐身飞机在机身的设计方面，为了降低侧向的雷达散射截面，在机体侧面加边条，使得侧向镜面反射变为边条的边缘绕射，可大大降低散射截面。边条与机体的融合可避免因表面不连续而引起的散射，边条和机翼前缘的二维融合过渡，既可避免它们的不连续引起的散射，又可通过减小机翼前缘直边缘的长度来减弱边缘绕射。

美国洛克希德·马丁公司研制的单座亚音速隐身战斗/攻击机 F-117A，便是采用了独特的多面体外形设计，如图 11.2.1 所示。其机翼和蝶形尾翼均采用菱形剖面，机身为两端尖削的飞行角锥体，机身上覆盖有平板型蒙皮，光滑融合过渡，使得雷达反射波集中在水平面的几个波束内，从而达到隐身目的。

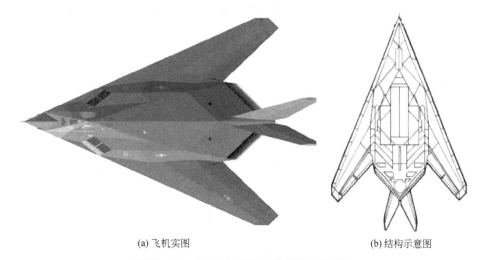

(a) 飞机实图   (b) 结构示意图

图 11.2.1 F-117A 隐形飞机的结构示意图

中国研制的歼-20 隐身飞机采用了斜侧而简洁的菱形机头和上下表面非常平直的机身，整机线条平直，没有复杂的曲线起伏，这些都是非常明显的隐身特征，这减少了不连续平面带来的雷达反射。机翼、鸭翼前后缘考虑了前后平行的折射，而大外倾、面积较小的 V 尾和腹鳍，也是有效的隐形措施。机身两侧的进气口到尾部并列紧靠的尾喷口，说明进气道有明显 S 形设计，可有效阻挡发动机叶片的雷达反射，甚至到座舱盖，也采用了 F-22 同样的一体成型，没有了前风挡框架的反射。

飞机机身的红外隐身必须考虑与太阳光反射有关的闪烁光源，为此可采用机身整形以及表面涂花技术。飞机蒙皮的整形可采用如下技术：避免用双曲面，采用抛光加工的平面或分段单曲面，采用遮挡板，或者只采用打磨加工的双曲面。对于飞机机舱，可采用无接头的半球形机舱盖，因为它可以避免盲点，但从光电隐身的角度来看，效果非常差。为了减少机舱盖对飞机隐身的影响，可采用抗反射涂层、吸收涂层和使用平面或单曲面。但抗反射涂层只在一个小的角度范围内有效，而吸波涂层则会影响到机舱盖对飞行员的透光率，最好的办法是采用平面或单曲面设计，将可见光、红外或雷达波段的闪烁反射光限制在一个比较窄的角度范围内。

（2）机翼

对于飞机来讲，除机身外最重要而且数目最多的部件是翼面类部件，它包括机翼、平尾和立尾。这些翼面类部件是决定飞机雷达散射截面的重要散射面。随着隐身技术的发展，现代隐身飞机的较强的后向散射基本上都集中在翼面类部件的前后缘的垂直方向。

由于大部分雷达探测发生在与水平面成 ±30°角的范围内，因此隐身技术在考虑机身侧向融合设计的同时，通常采用双立倾斜垂尾，其中倾角的安排要避免导弹在正侧向方位时的雷达最大仰视照射角度。YF-22 隐身战斗机的立尾与垂直方向外倾 27°（图 11.2.2），这一角度恰好是处于一般隐身设计的边缘，是隐身特性和机动性折中的结果。

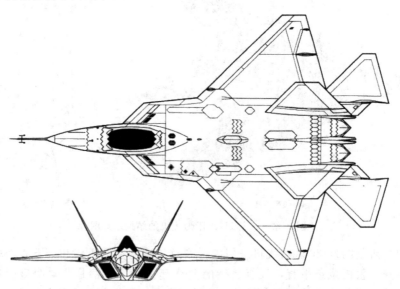

图 11.2.2　YF-22 隐身战斗机结构示意图

由洛克希德公司在 20 世纪 60 年代研制和生产的 SR-71"黑鸟"战略侦察机从外形上首次采用了翼身融合体技术，垂直尾翼采用向内倾斜的双垂尾节结构，减小了它与机身和水平安定面构成的两面角效应。该机在机翼前后缘、边条、升降副翼等部位都使用了塑料蜂窝结构的雷达吸波材料，并做成锯齿状以进一步降低边缘绕射效应。其结构示意图如图 11.2.3 所示。

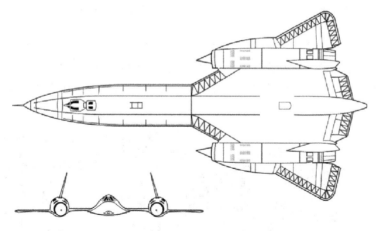

图 11.2.3　SR-71 隐身飞机的结构示意图

为了隐身需要，F-117A 也首次采用了 66.5°的大后掠角机翼。由于后掠角很大，从正面看机翼很短，机身呈三角形，截面很小，使光学和雷达特性最低（图 11.2.1）。同时把机身后翼设计成燕形锯齿状，增大了机翼总面积（105m²），使翼载降低（286.5kg/m²），因而仍具有良好的时速特性和机动性。此外，大后掠翼还使飞机的多面体非流线型气动外形阻力得到明显的改善，较好地解决了隐身外形与气动效率之间的矛盾。F-117A 机身表面和转折处的设计大量采用了"平行"技术，除机身表面集中在几个方向外，各边缘大都相互平行。垂尾采用 V 形外倾结构，与平尾夹角约为 50°，且超出平尾和机身后延伸成菱形尾翼，显著减小了角反射器效应。垂尾采用吸波与透波复合材料制成，进一步减小了镜面反射。此外，V 形垂尾对尾喷管喷出的热气流还有明显的遮挡作用，因而降低了整机的红外特征。

（3）发动机

近 40 年来，各国尤其是美国的军用飞机设计师们一直在想方设法改进飞机推进系统的隐身技术。这些技术在美国 SR-71、F-117、B-2、F-22 等不同时期生产的隐身飞机和 JSF 验证机的设计中正日臻完善，并与今天高度综合化的飞机气动布局设计，机载系统设计进行有机的兼容。

① 进气道和发动机的隐身技术　减小进气道雷达散射截面的关键，首先要正确理解雷达波通过进气道进行传播的原理。当雷达波长大于管道宽度的 2 倍时，雷达波不能进入管道，而是从进口散射出去。当波长明显小于雷达波长时，雷达波类似于光波束在管道内壁进行多次反射，如果管道壁是导体，则其能量损失较少，若管壁涂有吸波材料，则雷达波会因吸波材料的吸收而导致波能量损失较大。

a. 在进气道和调节锥之间形成窄环形管道　20 世纪 60 年代初美国设计的 M3 一级战略侦察机 SR-71 是第一代隐身飞机，该机在进气道与其调节锥之间形成了很窄的环形管道，使大部分波长的雷达波不能进入。调节锥有很大的后掠角，它反射的大量雷达波远离入射波方向，从而使进气道和发动机获得良好的隐身效果。

YF-23 进气道采用了复杂的弯曲结构，如图 11.2.4 所示。其进气道结构没有采用附面层隔道，而是采用吸除方式，在保证隐身性能的同时，又可以保证进气道处总压损失最小，保持气流稳定。图 11.2.4 中进气口前马赛克状区域就是吸除装置。

(a)   (b)

图 11.2.4 YF-23 隐身飞机的进气道（a）和尾喷口（b）结构图

b. 在进气口安装吸波材料栅格 美国在 20 世纪 70 年代设计的第二代隐身飞机 F-117，为了对进气道和发动机进行隐身，在进气口安装了栅格吸波材料。由于栅格材料网格很密，形成很小的管道，大多数雷达波因波长过长而不能进入，此波段的能量大部分被吸收，其余雷达波通过栅格斜面向前方 45°以外的方向反射。另外，F-117 的进气道栅格与飞机多面体外形相结合，有利于形成均匀的导电表面，使雷达波传播到机尾后再散射出去。

c. 采用 S 形进气道及在管道内壁涂覆吸波涂层 进气道栅格结构的主要缺点是降低进气道的总压恢复，减小了飞机的可用推力，因此对超音速飞机是不可取的。20 世纪 80 年代设计的第三代隐身飞机 F-22 在水平和垂直方向采用双向 S 形进气道，并在管道内壁涂覆吸波涂层，能使入射雷达波能量大幅度衰减，使反射回波降到很低的程度。中国的歼-20 隐身战斗机采用的是无附面层隔道超音速进气道，即 DSI 鼓包进气道，使得飞机在性能、机动性、隐身、结构和重量等方面获得了较好的平衡。鼓包在进气道唇口缩小了进气道迎风截面积，减少了入射雷达波功率。入射雷达波在进气道内反复反射并且被进气道内壁的吸波涂料反复吸收，从而减缩了进气道内腔 RCS，并且遮挡了发动机叶片的直接反射。

d. 在进气道或发动机内部迎风面上采用隐身装置 这种隐身装置实际上是设计成特定形状并涂敷吸波涂层的进气道导流叶片，已经在 F/A-18E/F、F-22 和 JSF 验证机 X-32 上投入使用。它们具有遮挡发动机叶片反射回波的作用，其厚度一般设计成涂层中波长的四分之一。设计上通常用变化的叶片弦长来改变叶片的几何尺寸，以此达到对 RCS 指标的要求。导流叶片采用可变几何形状设计，这种设计可使飞机在垂直飞行时将导流叶片的开度开得很大，以满足发动机的大功率进气要求；而在巡航时，又可将叶片开得很小，以达到最小的 RCS 值。导流叶片的开度随飞机飞行马赫数的增加进行调节，可以满足发动机的流量要求和减少压力损失。

e. 采用综合隐身措施　为了更好地对进气道和发动机进行隐身，通常是综合使用几种隐身技术。利用 S 形进气道，并在管道内或发动机迎风面上涂敷特定厚度的吸波涂层，结合使用针对某种特定波长的雷达吸波材料。当一种措施具有波导效应时，其他措施可以吸收和衰减入射波能量，这样可以综合对付波长为 2m～2cm 的宽频带雷达波。

② 尾喷管的隐身技术　由于尾喷管是散射雷达波的腔体，又是温度很高的热部件，因此对尾喷管不仅要考虑雷达隐身，还要考虑红外隐身。美国在 F-117、B-2 以及 F-22 的尾喷管设计中，都使用了雷达和红外综合隐身技术来抑制雷达波在尾喷管附近的反射。

a. 向喷管内喷射液体　SR-71 飞机上采用向尾喷管内喷射液体的隐身技术，可使尾喷管高度电离，使本来就是强反射源的尾喷管更加强烈地反射来自飞机后方的电磁波，以至于在喷管内造成阻塞，形成微弱的闪耀反射，产生较好的隐身效果。

b. 尾喷管向上倾斜和在喷口安装叶片　F-117 的喷口向上倾斜 10°，以尽量防止雷达波直接照射到涡轮端面。在 F-117 尾喷口中安装的垂直叶片，将喷口分成许多小管道，防止长波进入。当高频雷达波通过叶片间隙进入尾喷管时，经过多次反射而衰减能量。由于尾喷管的温度很高，目前还不能直接涂覆吸波涂层，但可以采用耐高温的陶瓷类吸波材料和吸波涂层。

c. 尾喷管的红外隐身技术　采用二喷管可以使喷流变平，热喷流与外界冷空气能快速混合，可以较快地降低红外辐射信号。同时利用泡沫材料或吸波液体溶胶在喷流四周形成保护罩，对发动机热部件和喷流进行屏蔽，以及利用添加剂降低喷流温度，消除机内热量散射到机身外面，都可以起到红外隐身的作用。

YF-22 和 YF-23 的尾翼都采用了 V 字形结构（图 11.2.2），这种结构的尾翼在飞行过程中会产生较大的衍生阻力，但可以减低尾部的重量，同时可以明显降低尾翼的散射截面。YF-23 的发动机深入到了机身内部，不容易被雷达或前视红外线从前后探测到，同时也可以减低机身的红外线以及音响迹讯。机尾的喷嘴后方，发动机喷气还要经过两个凹槽，可以利用这些线条产生的涡流，快速的让发动机热排气与冷空气混合，同样降低了飞机被红外探测的机会。

中国研制的歼-20 隐身战机在发动机尾喷口采取了类似于 F-22 的先进红外冷却装置。通过喷流冷却矩形喷口，垂尾、平尾、尾撑向后延伸，可遮蔽发动机喷口的红外线辐射。在炽热喷流飞出尾喷口前就得到了降温，使得红外特征显著降低。

除了飞行器的隐身技术以外，美国和世界其他军事大国都在研究和发展各种军用水上舰艇、潜艇以及坦克、战车等移动目标的隐身技术。

11.2.2　坦克隐身技术

传统的坦克并没有考虑控制和减小雷达回波，因此坦克上存在众多的散射中心，特别是角反射器，这是坦克雷达散射截面的主要来源；其次是垂直雷达威胁方向的车体表面、炮塔表面以及外露部件表面形成的散射截面尖峰，炮管是坦克上最长的圆柱体，它在侧面对坦克整体散射截面的影响不容忽视。

自从20世纪90年代，毫米波灵巧弹药研究就引起各国军界的极大兴趣。各种大威力精确制导反坦克武器和先进探测技术的发展，使坦克车辆同时面临雷达、可见光、红外和激光等多种侦察装备及智能兵器的威胁，低可见度（low observability，LO）材料与技术已经成为提高坦克车辆生存力、战斗力，同时达到出奇制胜、事半功倍等战略意图的重要手段。

坦克的LO技术主要包括伪装与隐身两个方面。

（1）坦克伪装

坦克伪装是指利用各种表面涂层、坦克特征信号屏蔽层及伪装网等手段，使坦克具有与其所处背景接近或可以相互混淆的外观信号特征。采用伪装涂料是坦克隐身最普遍的方法，目前应用的伪装涂料大致有迷彩涂料，微波、毫米波隐身涂料，热红外、全频段隐身涂层等。坦克伪装是对那些不具备隐身功能的坦克所采用的补救措施。例如，车体侧面向内收，在专用裙板较低部分安装用于遮挡负重轮的附加挡板，炮塔前弧部分向外倾斜，同时为火炮研制安装发射孔遮板，火炮本身也可以加装特殊的覆盖物等。法国地面武器专业集团曾为"勒克莱尔"坦克研制过一种伪装迷彩，为了保持与城市建筑物的协调，将过去的圆形改为长方形，使用白色和灰色替代绿色。近来的新型坦克在设计中充分考虑了隐形化，坦克外表采用三色或四色迷彩隐身，炮塔由平板面构成，没有现在多数坦克铸造的炮塔那样的曲面，炮塔两侧向炮塔底部内侧倾斜，炮塔的表面有隐身外涂层，使用的是热电吸波材料。

（2）雷达隐身

当面对地方主动性雷达时，减少雷达信号实际上就是最大限度减少车辆反射回雷达的能量。坦克雷达隐身是指在坦克设计阶段，通过选用适当的结构外形设计及雷达波低反射材料等方法来降低其雷达散射截面。目前的装甲车辆的雷达散射截面通常为$10\sim15m^2$，但从理论上讲，要达到较好的隐身效果，装甲车辆的雷达截面应远远小于$10m^2$。

要降低坦克的雷达截面，必须避免各种强散射结构出现在威胁角范围内，包括朝向威胁方向的角反射器、垂直威胁方向的平面、轴线垂直威胁方向的圆柱体以及球体。缩减坦克雷达散射截面的一个重要方法是减少外露部件的数量。因为安装在坦克外表面的部件和车体、炮塔之间最有可能形成角反射器。另外，众多外露部件之间的杂散反射对坦克整体的雷达散射截面具有不容忽视的贡献，而且极其难以处理。对于必要的外露部件也要进行精确的外形设计，使其与炮塔体上表面形成的是钝角，以大大减小朝向雷达威胁方向的反射。

为此坦克装甲车需设计成一种大而扁平的形态，这样可以使雷达波束反射波与雷达接收机保持相反的方向。如英国 Alvis 公司的"武士 2000"步兵战车、法国 AMX-30B2DFC 坦克都装有向车身内倾的侧面裙板，可以将雷达波反射至地面，大大降低被雷达探测到的几率。

法国 AMX-30B3 坦克旋转炮塔及潜望镜外壳采用了更具创新的设计，它没有采用圆形或椭圆形，而是采用了多面体外形，同时其坦克炮的炮管也采用了非直角的平面外形。AMX-30DFC 隐身坦克则车身涂有特别设计的雷达波吸收材料，炮塔和底盘在形状设计上也力求将雷达信号反射降至最低。另外，该隐身坦克整体外观平整，外挂设备很少，其侧面装甲皆向内倾斜，车身侧面特制裙板的较低部分也带有附加遮蔽橡胶板，用以覆盖车轮。炮塔形状设计向外侧倾斜，还为 105mm 主炮设计并安装了特别的鱼鳞状伪装防护套（图 11.2.5）。

图 11.2.5 法国 AMX-30B3 隐身坦克

经测试，AMX-30DFC 在战场环境下，即使对方采用在 $8\sim12\mu m$ 波段工作的热能装置、雷达以及毫米波装置，都很难被探测到。另外，在 AMX-30DFC 隐身坦克上，还有一个特点值得一提，那就是在设计时为了减少主战坦克的热能信号，在其外部的雷达波吸收材料及内部夹层中还注入了冷空气。

对于每一个实体，都必须有面的存在。低 RCS 设计不推荐采用圆柱面或球面的主要原因是因为它们对雷达的反射近乎是全向的。与曲面相比，平面后向散射的主瓣更强，但副瓣衰减很快。也就是说，平面的后向散射在很窄的角度范围内就可以降到很低的水平。因此只要给坦克车体、炮塔、外露部件各表面设计一个足够大的倾斜角度，使表面法向偏离威胁方向，即可使散射波束只剩下很弱的副瓣被雷达接收。

（3）红外隐身

坦克的红外辐射是其被红外探测器发现、并被红外制导武器摧毁的根源，因此坦克在设计雷达波隐身的同时，必须兼顾可见光和红外热辐射隐身，即坦克的隐身技术必须具有多波段隐身与伪装的兼容性。坦克的热隐身主要集中在几个方面：降低坦克的表观温度，抑制其表面热辐射；减少其体积大小；抑制其内部高温源的热传递，另外坦克的热隐身还包括对其发动机所排放废气的热辐射抑制技术。为达到红外隐身的目的，许多坦克采用融热发动机，并在燃料中加入添加剂，同时改进冷却和通风系统，在排气管附加挡板。

伪装涂料是实现其热红外、雷达波等多波段伪装的主要方式。为实现这种形式可采取两种技术途径。一种研制红外雷达波兼容涂料，它具有雷达波吸收功能又具有低红外辐射性能。二是将高性能的雷达吸波涂料和比辐射率较低的材料复合成一体，使其同时兼顾红外和雷达隐身。北京航空材料研究院的研究表明，将红外低辐射与雷达波吸波材料复合后，在一定的厚度范围内能同时兼顾两种性能，且雷达波吸收性能基本保持不变，只是随红外隐身涂层厚度增加，谐振峰向低频平移。这可用调整材料的厚度来解决，同时也能使原涂层的红外热辐射性能保持不变。

近几年，主战坦克使用的迷彩和涂料不断推陈出新，已经用变形迷彩取代了保护迷彩，用高技术特殊涂料取代了普通漆。如国外新近研制的热红外隐身涂层、吸收雷达波涂层、激光隐身涂层以及全波谱隐身涂层等，能够吸收探测的波束，降低坦克自身的辐射能量，使坦克外形轮廓变得模糊，可达到减小或消除坦克目标信息返回探测或寻的系统的目的。此外，国外也已经利用复合材料技术研制出聚苯乙烯隐身薄膜。这种材料为电致发光材料，经智能处理和环境系统相结合，可以产生各种背景颜色，起到很好的隐身效果。法国研制出一种坦克用新型轻质雷达伪装材料，材料的基体为聚乙烯和乙丙二烯共聚物，所用填料为添加量 $15\% \sim 25\%$，粒径为 $3 \sim 20\mu m$ 的镍粉，这种材料能吸收 $8 \sim 12GHz$ 的雷达波。

11.2.3 船舰隐身技术

隐身船舰包括真正的隐身舰艇和潜艇，以及一些采用部分隐身技术的各种准隐身船舰，船舰隐身的实质就是通过采取综合措施，消除或削弱水面舰船或潜艇航行时所伴随的暴露特征。

舰船目标大而且结构和形状复杂，其隐身技术要比飞机和导弹的隐身具有更大的难度。目前来说，利用吸波材料降低敌方探测雷达的散射回波已成为舰船隐身所广泛采用的技术之一。英国 Plessey 公司推出多种船舰用的挂片和隐身涂料；日本的 TDK、NEC 等公司，美国的波音、洛克希德、Emerson-Cuming 公司等都已生产出多种吸收雷达波的隐身涂料。我国经过"七五"、"八五"科技攻关，研制出的吸波涂料也已成功应用于潜艇指挥台围壳、水面舰艇两舷以及天线桅杆等部位。

按照工作环境的不同，船舰的隐身技术可以分为水面船舰隐身技术和潜艇隐身技术。

① 水面船舰隐身　水面船舰需要采取措施降低三种特征信号：雷达回波、船舰的红外辐射及船舰的噪声。

法国 1995 年 7 月列装的"拉菲特"级护卫舰，综合采用了多项隐身技术，是最具代表性的部分隐身军舰。其雷达散射截面小于 $1000m^2$，与 $500t$ 的沿海巡逻艇的散射截面相当。美国现役的"阿利·伯克"级驱逐舰和 DD-21 实验舰，也采用了诸如嵌入式天线、全电推进系统等隐身技术。德国的"勃兰登堡"级护卫舰，俄罗斯的"基洛夫"级核动力巡洋舰、"无畏"级驱逐舰、以色列的"埃拉特"级多任务轻巡洋舰、日本的"阿武隈"和"金刚"型军舰、加拿大的"哈利法克斯"级护卫舰和英国的"23型"护卫舰也都采取了部分隐身技术。

美国洛克希德公司于1985年研制"海影"隐身舰，用于演示隐身技术在未来海军中应用的可行性。"海影"采用类似于F-117A隐身飞机的由许多小平面构成的外形结构。另外，舰上还涂覆了能吸收雷达波的涂层，以及采取了控制水下噪声和红外辐射的措施。瑞典在美国之后研制出一种满载排水量600t的轻型隐身护卫舰"维斯比"（图11.2.6）。瑞典称其雷达反射截面比同类舰艇要小几个数量级，仅相当于2条标准鞭状天线的反射截面。

图11.2.6 "维斯比"级隐身护卫舰

② 潜艇隐身　潜艇本身是隐身武器系统，提高其隐蔽性的主要措施是进一步降低噪声水平，这要从控制噪声源和噪声传播途径两个方面着手。潜艇的噪声源主要有三种：机械噪声、螺旋桨噪声和水动力噪声。

采用外部涂层是潜艇噪声防护的有效措施之一，可以减小自噪声和减小反射信号，使潜艇噪声降低数倍。这已在法国"凯旋号"新一代弹道导弹核潜艇上进行了有效性评定，并为意大利的潜艇和按规划建造的法国护卫舰选择研制隔声瓦和消声瓦。

采取的具体措施包括：改进动力装置，控制机械噪声；采用自然循环反应堆代替主泵，降低一回路噪声；改进减速齿轮装置，降低噪声，或采用电力推进装置；采用减振隔声技术；改进螺旋桨设计或采用喷水推进装置，降低螺旋桨噪声；改进潜艇外形设计，降低水动力噪声；敷设消声瓦，控制噪声的传播；采用隔声技术，降低内部噪声。

美国潜艇的噪声水平一直比较低，30多年来噪声下降了40dB左右。"洛杉矶"级核潜艇的噪声已降到128dB，"俄亥俄"级核潜艇和"海狼"级攻击核潜艇的噪声则降到120dB以下（相当于三级海况海洋背景噪声）。俄罗斯的潜艇安静性技术发展也较快，从 20 世纪 60 年代 H、E 和 N 级核潜艇噪声 160dB 降低到 1975 年 Ⅵ、Ⅶ 级核潜艇的 150dB；1985 年 S、M 级攻击核潜艇降为 125～130dB；新建的"阿库拉"级噪声降到 115～120dB。法国的 Agosta-80、CA 级常规潜艇的噪声水平达到了 120dB 左右。瑞典的 T96 型潜艇要求以 7 节速度航行的噪声低于三级海洋环境噪声。

船舰综合隐身技术主要包括雷达隐身、红外隐身、声隐身及电磁隐身等技术。

（1）雷达隐身技术

船舰雷达隐身主要在于缩减其雷达散射截面（RCS），通常在目标的外形技术、材料技术和阻抗加载技术上做文章。

合理设计舰船外形就是在满足军事装备战术技术要求的条件下，尽量设计低散射特性的目标外形。舰船的主船体和上层建筑的外壁是构成雷达波反射的大平面反射源，故倾斜外板设计已成为世界各国隐身舰船的首选措施。外形设计技术主要包括：上层建筑表面应尽量设计成流线型；尽量通过倾斜外部结构和尽可能多地围起甲板上的设备，甚至将烟囱四壁和桅杆也设计成一定的倾角，以减少入射波的直接反射，使雷达截面大大减少。在现代船舰设计中，桅杆已开始采用棒状或筒状等结构形式，并向集成式桅杆发展，从而大大提高了全舰的隐身性能。实践证明，通过外形隐身技术可以使舰船各方向的雷达截面降低 10dB 左右。

采用阻抗加载技术可以改变目标固有谐振特性，即改变目标雷达散射截面极点的大小和分布，另外还可以降低非镜面后向散射。一般来说，吸收雷达波的涂层对非镜面不是很有效，而阻抗加载则可以有效地降低非镜面后向散射。

另外，结构型吸波材料和等离子体隐身技术也已经在舰船上得到局部使用。船舰等离子隐身的方法主要有两种：一是用等离子体将船舰整个包裹起来的全等离子体隐身技术；二是把等离子体技术与外形隐身技术、材料隐身技术结合应用的局部等离子体隐身技术。

全等离子体隐身技术是指用强电离放电、等离子体发生器或是涂敷放射性同位素等方法产生足够的等离子体把船舰包裹起来，利用等离子体对电磁波的吸收和散射效应，减小雷达散射截面，从而达到隐身的目的。该方法不涉及船舰本身的外形要求，可充分发挥船舰外形最优化设计来提高船舰的各种性能，可以实现全隐身效果。但该方法需要产生大量的等离子体，形成一定厚度的等离子体层来屏蔽电磁波，就目前而言，方法还不成熟，而且费用也是不可承受的。

局部等离子体技术是将等离子体隐身技术与外形隐身技术或材料隐身技术相结合的方法。对船舰上的大面积结构采用外形隐身技术，而大量的容易产生反射的小型非隐身设备或是平面结合处采用等离子体隐身，从而实现隐身的目的。该方法能够充分发挥各种船舰隐身技术的优势，各种方法综合应用，互相弥补各自的不足之处，可兼顾船舰的总体性能和各种机动要求，使船舰的各项性能优化，是目前可以大量采用的舰船隐身技术。

雷达隐身技术虽然从外形设计上改变雷达波能量的传输方向，但这种方法受到舰船性能的限制，即散射截面的减小是以舰船性能的下降为代价的，而且对多波段和多极化雷达的隐身效果也比较差。

对于目标材料技术，目前在舰船上应用的各种材料都有其缺陷和局限性，而且应用频段比较窄。阻抗加载技术也同样存在吸收频段窄的缺点。

（2）红外隐身技术

船舰对外界有着较强的红外辐射，它的任何部位都可能是红外源，其自身的热辐射和对环境热辐射的反射都可能使自己成为被敌方红外探测器探测和跟踪的目标，因此红外隐身是当前仅次于雷达隐身的重要隐身技术。它的实质就是抑制和削弱其红外辐射能力，避免被敌方发现和追踪。

目前，船舰的红外隐身一般采用热抑制、低反射涂料及屏蔽等措施来降低船舰的红外辐射强度，改变其红外辐射特性。

① 降低红外辐射强度　降低红外辐射强度也就是降低船舰与周围环境的热对比度，使敌方红外探测器接收不到足够的能量。采用的主要措施包括在船体表面涂敷绝热涂料，减弱对太阳能的吸收和辐射；通过隔热层降低船舰在某一方向的红外辐射强度，如在机舱、烟囱等发热部位表面粘贴由泡沫塑料或镀金属塑料膜等隔热材料组成的绝缘隔热层等。

对于船舰红外隐身，需要重点加以控制的主要部位是发动机排气道及其邻近部位。消除吃水线以上红外信号的一种方法就是将内燃机和辅助设备的排气管道安装在吃水线以下。另一方面，还可以把冷却空气吸进内燃机排气道的上部，将排出的燃气加以稀释和冷却，来降低其红外特性。这种技术已经在美国"斯普鲁恩"级驱逐舰上应用，采用该技术后，船舰在 $3\sim5\mu m$ 波段内的红外辐射可以降低 95% 以上。德国的海军舰艇在采用海水冷却技术后，其排气温度也由 $500℃$ 降低到了 $60℃$。

② 改变船舰红外辐射特性　改变红外辐射特性即改变其表面的发射率，降低红外辐射的能量。通常采取的措施为在船体表面包覆或涂敷吸波和绝热涂料，减少船舰表面的对外辐射和反射；采用红外隐身材料进行屏蔽，降低船舰的红外辐射；在船体上采用复合材料，该材料由低发射率的钛酸丁酯为黏结剂，而以低红外发射率、高漫反射率、低比重的铝粉作填料所构成，由此来降低船舰的红外信号特征。

美国于 20 世纪 80 年代建造的"阿利伯克"级导弹驱逐舰就采用了多种红外隐身措施。其发热部位均覆有屏蔽和绝热材料，每个排气管顶部都装有"边界层红外抑制系统"扩散装置。瑞典的"维斯比"级轻型护卫舰也采用了许多新颖的低可观测性设计。它采用了非常规的烟囱设计方式，烟囱出口设计在船舰的尾部，将废气从舰尾直接排出至海上冷却，这些独特的设计大大降低了船舰的红外辐射能量（图 11.2.6）。

（3）声隐身技术

无论是从隐蔽性还是居住性的角度考虑，对船舰的减震降噪都是十分必要的。目前各国主要从艇体外形、结构、动力设备选型、减震消声等方面着手减震降噪，采用低噪设备、增加隔音罩、使用减震降噪材料等方法来降低船舰本身的噪音。噪声的降低，一方面可以缩小敌人噪音站发现我方的距离，另一方面也降低了自身的干扰，增大自身声呐的作用距离。

① 采用低噪声设备 该技术主要从船舰外形、机械设备、齿轮装置等方面着手。可以采取的措施包括改变船舰的外形设计，降低水动力噪声，舰尾采取适当的阻尼措施，抑制舰尾振动产生的声辐射；改进动力装置，控制机械噪声；选择使用平衡型舵，增大舵与螺旋桨之间的距离，不仅可使螺旋桨噪声降低，还可大大减少传动装置的功率及重量；采用自然循环反应堆代替主泵，降低回路噪声；改进减速齿轮装置，降低噪声，或采用电力推进装置；设计具有减震降噪功能的基座。

② 增加隔音罩 在主要的噪声源机械设备上增加隔音罩，在两层相同厚度的金属板中间黏附一层薄层的黏弹性层，可达到一定程度的减震降噪作用。

③ 使用减震降噪材料 在机舱及四周舱壁、顶板上粘贴吸声和阻尼材料；在舷外的吸入和排出孔的区域处，使用吸声材料或复合材料；在管路管壁周围包覆阻尼材料，在管路、支柱、构架等中空结构内填充颗粒型阻尼材料等。

④ 采用被动降噪装置 将机器安装在动态性能和静态性能都能达到要求的弹性机座上，机座经过精心设计，以使机座上的机器和设备的性能不致受到航行所产生的运动的有害影响，如图 11.2.7 所示。设计较好的弹性机座，可使某些频率的震动降低 50dB。然而，被动降噪技术只能消除中高频噪声，对低频噪声的控制较差，也不能完全有效地隔离某些设备或某些情况下产生的噪声。

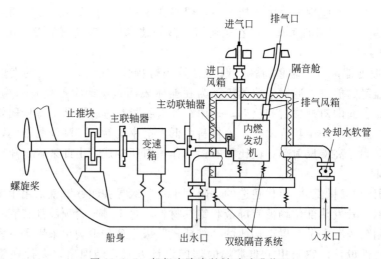

图 11.2.7 船舰声隐身的被动减噪装置

(4) 电磁场隐身技术

船舰的水下电场也是一种特征信号源，必须设法降低使其达到不足以引爆水雷的程度。由于绝大多数船舰都是钢铁建造的，船舰在航行过程中在地球磁场的磁化作用下会在其周围空间产生磁场，这种磁场会引爆磁性水雷造成危险，因此设计船舰时要考虑安装电、磁场保护装置、屏蔽装置以及电场补偿系统装置。

船舰在航渡和潜伏状态时，一般的电子设备应处于静默状态，当需要开启有关电子设备时，必须在技术上采取一定的措施，以降低被截获概率。而对于磁场隐身，一般采用在船舰内部敷设若干组固定线圈，借助于电流整流器，在线圈中产生会随航向和海区变化的消磁电流，由此补偿掉船舰的感应磁性。

11.2.4 巡航导弹隐身技术

自第二次世界大战初期开始对隐身技术探索至今，隐身技术已走过了探索研究（20世纪60年代以前）、全面发展（20世纪60～70年代）和技术应用（20世纪80年代至今）三个主要发展阶段。进入20世界90年代后，隐身技术几乎应用到所有的海陆空三军武器装备中，出现了各种隐身武器。作为高技术武器的巡航导弹如果再应用隐身技术，其突防性能必将得到极大的提高，从而取得显著的军事和经济效益。

对于巡航导弹隐身，主要就是雷达隐身技术和红外隐身技术。美军在20世纪70年代末期就开始了巡航导弹先进气动力外形和低目标特性外形方案研究，以及隐身技术与其他技术的综合应用研究。从20世纪80年代开始，美国开始在新设计的各种武器上广泛应用隐身技术，并将先进巡航导弹（advanced cruise missile，ACM）隐身技术列为武器系统战术技术要求的重要组成部分。

除美国之外，俄罗斯在X-65C3等反舰导弹上首先采用隐身技术；日本也开发了ASM-2隐身反舰导弹；其后英国、法国、德国等国家都独自研制或合作开发了隐身巡航导弹。挪威在2000年底进行了NSM隐身反舰导弹的飞行试验。目前导弹的隐身技术主要从三个方面考虑：一是避免对方雷达的有效探测，即雷达隐身；二是避免对方红外探测设备的有效探测，即红外隐身；三是避免导弹发射的电磁波被对方探测，即电磁隐身。这三方面在当前的导弹隐身中都得到了不同程度的体现，也是当前导弹隐身主要所考虑的问题。

（1）雷达隐身技术

对于巡航导弹的雷达隐身技术方面，主要有电磁对消技术、目标外表的特殊赋形技术和隐身复合材料技术，后两种技术主要是为了减小目标的雷达散射截面。

雷达反射波的强度与其反射方向、巡航导弹外形等因素有关，在降低雷达截面方面，可以采取以下措施。

① 消除产生角反射器效应的外形组合，如采用多面体头锥，采用翼身融合体，采用内倾或外倾式的单、双垂尾设计等，可以将大量的雷达辐射能量从前部和左部偏转到其他方向。

② 机弹体外形采用组合的三维曲度和不断改变的曲率半径，通过翼面设计合理调整其后掠角、展弦比等参数，以减少散射源和用边缘衍射代替镜面反射。采用大后掠弹翼，这种形状可避免直角反射体引起的强散射，因而可大幅降低导弹的侧向散射强度。美国的隐身巡航导弹AGM-129采用这种气动外形，可使导

弹具有更高的低空机动性和复杂地形的规避飞行能力。

③ 进气道采用S形、内倾式或背负式，合理安排进气/排气口，以减弱回波强度。

④ 用某一部件对另一部件进行遮挡，减少机体突出物，尽可能去掉外挂物或设计成可以收入机内的形式。

⑤ 尽量缩小导弹体尺寸。

在吸波材料方面可以使用吸波涂层和结构吸波材料。F-117A、B-2和F-22等隐形飞机都使用了铁氧体吸波涂层。目前国外正在研制一种含有放射性同位素的涂料和半导体涂料，其特点是吸收频带宽，反射衰减率高，使用寿命长，能较好地满足超音速飞行的气动要求。

（2）红外隐身技术

对于巡航导弹来讲，红外辐射主要来自发动机本身的热辐射、尾喷口的高温尾焰、导弹表面气动加热，以及对环境辐射的反射，其次是蒙皮辐射和尾后废气的红外辐射。

抑制红外辐射的技术包括以下几方面。

① 选用涡扇发动机，降低发动机及其尾焰的辐射强度，同时改变发动机及其喷管的外形结构，利用兼顾低辐射与动力要求的外形，来大大抑制其红外辐射强度。

② 在燃油中加入添加剂，在喷焰中加入吸收剂和冷却剂，达到快速降温和降低辐射强度的目的。

③ 在高速导弹表面喷涂吸收红外的迷彩和使用隔热泡沫塑料以及中远红外伪装涂层，可以大大降低红外辐射强度。

④ 采用陶瓷复合材料制造喷管，并将其安装在导弹体上方，遮挡向前下方的红外辐射，并且在弹尾部安装红外挡板。

⑤ 在发动机内壁和外层蒙皮上采用红外隐身涂层。涂层通常由红外低吸收黏结剂和高反射填料（如铝粉）组成，具有很高的表面反射和体积反射，可以有效地抑制目标的红外辐射。但目前的红外隐身涂料尚存在不耐老化，抗剥离性差等缺点，在现阶段只能作用红外隐身的辅助措施使用[63]。

⑥ 导弹的红外隐身还包括干扰技术。国内外早期研究的以红外干扰烟幕和气溶胶为主，红外气溶胶主要通过吸收方式来衰减红外辐射的丝状干扰物，具有宽干扰波段、小干扰粒径的纳米干扰材料等。由于中远程战术弹道导弹中段一般飞行在大气层的外层空间，空气密度极低，因此该技术主要应用于战术弹道导弹的中段。

此外，美国在核弹头上还采用了球形隐身罩和灰体涂层，使弹头在中段具有多种隐身功能。对于弹道导弹可采用等离子体包进行隐身，即在弹头外包一个密封的气包，气包内充满等离子体，还可以在弹道导弹的弹头或飞机的关键部位采用等离子体隐身涂层。

（3）电磁场隐身技术

导弹的电磁隐身主要包括三个方面。一是抑制导弹内部电子元器件向外辐射电磁波；二是采用比较隐蔽的制导方式，通过采用如红外制导、被动雷达制导及电视制导等手段尽量较小导弹的电磁辐射能量。三是减少末端制导雷达的开机暴露时间。如俄罗斯的"宝石"导弹，雷达第一次在远距离开机确定目标位置，到近距离时再次开机制导导弹进行攻击。这种方法不但能有效缩短雷达波的暴露时间，还能提高导弹的搜捕目标能力。

11.2.5 反隐身技术

有隐身技术就有反隐身技术，飞机隐身技术已经发展了多年，现有观点认为现有的雷达已经能够探测隐身飞机。其实，远在海湾战争之前，英国的雷达就对美国的 F-117 飞机进行过探测和跟踪。美国空军也承认一些雷达可以发现 B-2，但探测距离已经缩短了，而且驾驶员可以在未被发现之前就发现对方的雷达，并改变自己的航向或高度，以避免被探测。

反隐身技术有多种，如雷达反隐身技术，无源探测技术和其他正在使用和正在研制开发中的技术。

（1）雷达反隐身技术

目前受到重视的反隐身雷达技术有多种，主要分为两大类：一是抑制隐身技术，如采用雷达网和低雷达载频等技术，提高隐身目标的 RCS。雷达组网扩大了雷达覆盖范围，增强了雷达对抗"四大威胁"的能力，被称为是最有效的反隐身措施之一。二是提高雷达的探测能力，如加大雷达发射功率增大回波信号。这些技术都各有其优点和局限性。

① 甚高频（VHF）雷达 甚高频雷达（very high frequency radar）之所以具有反隐身能力，是因为它的波长较长，这又为隐身飞机的外形设计及吸波材料的应用带来了困难。因为隐身飞机在外形设计上一般是让入射波的反射方向偏离雷达波源，在这方面雷达与可见光相类似。但雷达波的反射又有其特点，当入射波长接近目标尺寸时，反射波会与目标上的其他行波产生谐振，从而产生强烈的信号。甚高频的频带为 160~180MHz，波长 165~190cm，此时大飞机的主要部件就可能产生电磁波的谐振。

从吸波材料来看，波长越长，用涂敷型吸波材料就越困难。

俄罗斯在这方面做的工作比较早，他们的甚高频雷达对 2 万米高空的目标探测距离为 40 万米，对 500m 高空的目标探测距离为 6.5 万米。

目前对付这种波长较长的雷达的办法是外形上消除那些尺寸较小的零部件。例如 B-2 飞机其最小部件的尺寸都以米计，而且对飞机最关键的部位采用厚截面的多层吸波材料。

② 双基（DB）雷达 双基雷达（double base Radar）的发射与接收不在同一地点，尽管隐身飞机通过外形设计可以使反射波偏离发射源，但在另一方向仍有主波瓣回波可被双基雷达接收到。全球定位系统的应用使双基雷达的操作更灵活，因为发射机与接收机的相对位置能快速准确地进行同步协调，使之更灵敏。

但双基雷达的使用并不总是那么有效。因为隐形飞机的设计不单纯是使雷达波偏离发射源，还要通过机上各种边缘的仔细安排，使反射波只集中在几个窄的波瓣内。这样，只有当反射波瓣指向雷达接收天线时才能被接收，而且飞机是活动的，波瓣也不会在接收机上不动，因此信号几乎是闪烁的，无论对单基还是双基雷达都是这样。

③ 超视距（OTH）雷达　这是另外一种可代替的探测系统，其探测频率完全在标准雷达波段之外。超视距雷达（over the horizonradar）一致被认为能够探测到可探测性很低的目标。它工作于 HF 频段（5～300MHz），利用天线传播机制，可探测 900～4000km 的目标。OTH 雷达工作于瑞利区域或谐振区，是通过谐振效应来探测目标的，几乎不受现有吸波材料的影响，也使阻抗加载隐身技术更加困难。此外，OTH 雷达的天线传播机制避开了隐身飞行器的鼻锥方向，也可有效利用隐身飞行器的非鼻锥方向 RCS 的增强来探测目标。

目前俄罗斯设计师已经试验了高功率毫米波雷达，目的是从射频谱的另一端来对付隐身。但毫米波旁瓣辐射易被大气吸收，并难以进行探测，只适用于某些低频率的截获。

④ 米波雷达和毫米波雷达　现代隐身飞机对于工作在 1～20GHz 频率范围内的常规厘米波来说，可以大显身手。但在米波雷达和毫米波雷达面前却表现得无能为力。米波雷达的反隐身原理是，当雷达工作波长与其所照射的物理尺寸相近时，来自物体的反射波和爬行波与其周围的其他波之间能产生谐振作用，形成较强的反射尖峰。超视距雷达即属于米波雷达的一种。

而毫米波雷达的反隐身措施为，当隐身目标被毫米波照射时，不平滑部位会相对增多，而这些不平滑部位都会起到角反射器的作用，形成较强的电磁辐射，导致雷达散射截面增大，从而使隐身飞机的隐身性能大打折扣。此外，毫米波还具有分辨力高、抗干扰能力强、低空性能好、体积小等一系列优点。

（2）无源探测技术

无源探测技术已被美国列为重要的反隐身手段。无源探测技术与有源雷达的最大区别在于它本身并不发射电磁波，而是依靠被动地接收目标辐射的电磁波来发现和跟踪目标。隐身飞机在突防过程中，为了搜索目标、导航定位、指挥联络等，必须要使用雷达来辐射电磁波，由此就恰好可以被无源探测雷达所发现。无源探测技术具有高度的隐蔽性，广泛的适应性，宽广的空域、时域覆盖和精确的目标识别特性。无源探测技术的探测距离可达到雷达的 1.5～2 倍，具有高度完善甚至智能化的处理系统，它可从敌人雷达中接收到足够的信息，在隐身目标被雷达发现前，对其进行识别和定位。在未来作战中，利用射频、光电、声学等构成的多谱传感器无源探测系统将成为重要的反隐身手段。

（3）其他反隐身技术

高功率微波武器是未来反隐身的重要手段。这种武器可以致盲隐身技术上的射频/光电传感器，破坏隐身材料的结构，超强功率的微波武器可直接烧毁隐身飞机的机体结构。此外，尽管隐身飞机对发动机采取一系列措施减少喷焰的辐射温度，但飞机发动机喷焰的存在和发出的声音仍可成为红外及声探测器的目标；

隐身飞机毫米波辐射特性在毫米波辐射计下便可从地球背景中被分辨出来；隐身飞机在飞行过程中会对电视信号、调频广播信号及对宇宙线的传输产生干扰和扰动，根据这些电磁扰动也可以来探测隐身目标的存在。

电磁导弹形成的瞬态电磁场在空间以慢衰减方式传播，这有利于增大雷达的探测距离。此外电磁导弹还提供了使反隐身和抵抗反辐射导弹兼顾的可能性。

由于隐身技术的发展，反隐身技术已经得到实质性的突破和运用。美国洛克希德公司经过 15 年的努力，终于研制出"寂静哨兵"雷达，它利用民间的电视台 TV 信号和广播 FM 信号作为辐射源，这些信号在飞行器表面形成大的反射信号，雷达接收到这些反射信号经数据处理而探测目标，这是对隐身飞机的又一次挑战。俄罗斯也已经研究出探测隐身飞行器的无源雷达，也是接收 TV 和 FM 信号在隐身飞机上的反射回波进行目标探测，这种雷达已经投入使用。随着时间的推移，反隐身技术将会得到不断发展和完善。

11.3 隐形材料在民用产品上的应用

隐形材料在民用产品上的应用也相当广泛，如人体防护、微波暗室消除设备（已在前面单独列出）和通信及导航系统的电磁干扰、安全信息保密、改善整机性能、提高信噪比、电磁兼容，以及波导或同轴吸收软件等许多方面。

11.3.1 环境电磁辐射及防护

11.3.1.1 电磁辐射来源

（1）天然电磁环境

① 来自太阳的电磁波　太阳以电磁波的形式不停地向外辐射能量。从波谱角度看，来自太阳的电磁波从波长小于 10^{-3} nm 的高能 γ 射线一直到波长大于 10^4 m 的低频无线电长波，几乎覆盖了全部电磁波谱。其中可见光和红外部分给地球带来光和热，这些辐射是相当稳定的，而短波部分如紫外线、X 射线和 γ 射线虽然所占能量份额很小，但其量值随太阳的活动而变化剧烈，对人类产生严重的影响。

② 地磁场　众所周知，地球是一个大的磁体，在它的周围存在着电磁场，被统称为地磁场。包括人类在内的一切生物都生活在其中，慢慢适应着地磁场的作用，并且有自己的微弱磁场（人体磁信号主要集中在肺部）。人们由于长期受地磁场的作用，一旦处于"电磁真空"的环境下会不适应，将受到"电磁饥饿"的危害。俄罗斯、美国科学家发现，长期在太空生活的宇航员返回地面后身体都较虚弱，究其主要原因是脱离了地磁场环境所致，于是科学家专门设计了一种电磁环境，让返地的虚弱的宇航员进去，约 3 天后即可基本康复。

（2）人为电磁环境

① 广播电视　城市中影响电磁环境的最大辐射源是电视、广播发射塔。位于市区内的电视、广播发射塔发射的电磁波频率范围是 48.5~960MHz，属于超短波与分米波频段。而中、短波广播发射台一般建在市近郊区。中波广播的频率

是 531~1602kHz，其传播以地波为主，一般为近距离范围传送。短波广播的频率范围为 3~30MHz，其传播以天波为主，可实现远距离传送。

② 通信设施　20 世纪 80 年代以来，世界各国的通信技术得到了前所未有的迅猛发展，主要包括有雷达微波站、卫星地面站、移动通信基站、无线电寻呼和手机等，给人们的工作和生活带来了极大的方便，但是也给城市电磁环境带来新的问题。

③ 交通工具　近年来，以电力为能源的交通系统迅速发展起来，全国电气化机车、有轨及无轨电车总长度达到 4800km，使沿线附近居住的居民收看电视受到影响，使城市电磁噪声呈上升趋势。发动机点火系统是最强的宽频电磁噪声干扰源之一，产生干扰最主要的原因是电流的交复和电弧现象。除此之外，还有汽车喇叭、发电机整流器、蓄电池的大电流瞬时通断等，甚至电动车窗的电动机也会产生很窄的尖峰电磁干扰。有人对交流电气化铁道附近及三相输电线的磁感应强度进行了测量与计算，在相同电流的情况下，电气化铁道所产生的磁场要比高压传输线产生的大许多，其影响的区域也比高压传输线大。因此，对电气化铁道磁场的防护更加重要。

④ 电力系统　随着电力系统的不断发展，电网容量逐渐增大，电压等级逐渐提高。我国目前的变电站等级最高达到 750kV，这种高电压、大容量的变电站的电磁环境相对于低电压等级（500kV、220kV）的变电站的电磁环境更为恶劣。此外，输电线的电压等级也在不断地提高。影响电磁环境的电力系统骚扰源主要有：高压隔离开关和断路器的操作而产生暂态过电压；电源本身的电压暂降、中断、不平衡、谐波和频率变化；高压架空输电线导线表面的高场强造成电晕放电及其附近的工频电场和工频磁场；变电站二次回路的开关操作而产生的暂态电压。

⑤ 工业科研医疗　工业、科研、医疗技术中使用的高频设备很多，总功率为 2.5×10^6 kW。如高频加热设备，短波、超短波理疗设备等，它们在工作时产生的电磁感应场和辐射场场强较大，并时有电磁辐射泄漏，造成不同程度的辐射污染，且对周围广播电视信号的接收和电子仪器造成干扰。

⑥ 家用电器　随着各种家用电器进入千家万户，人们接触和暴露于由微波炉、电视机、电冰箱等家用电器产生的电磁场中的机会逐渐增多。家庭环境的电磁能量密度不断增加。研究发现，长期生活在 0.2μT 以上的低频电磁场环境中，将对人体产生有害影响，表 11.3.1 是家庭常用电器磁感应强度值。

表 11.3.1　家庭常用电器磁感应强度值　　　　　　　　　　　　　μT

电器名称	距 3cm 处	距 30cm 处	距 1m 处
微波炉	75~200	4~8	0.25~0.6
电视机	2.5~50	0.04~2	0.01~0.15
洗衣机	0.8~50	0.15~3	0.01~0.15
电冰箱	0.5~1.7	0.01~0.25	<0.01
电熨斗	8~30	0.12~0.3	0.01~0.025
吸尘器	200~800	2~20	0.13~2
剃须刀	15~1500	0.08~9	0.01~0.03

生活环境中处处充满了电磁波，只要是使用电器用品如家里的电风扇、吹风机、果汁机、微波炉等都会放出电磁波；墙壁中看不见的电线，也会使电磁波检测笔哔哔叫，所以睡觉时不要太靠近装有电线的墙壁，以免因电磁波影响而无法好好睡觉。人们使用的手机，它的电磁波其实是很强的，在电脑前拨通手机，大家往往会发现电脑荧幕闪烁不已，在打开的收音机前拨通手机，收音机也受到很大的干扰；我们看电视时遇到的图像抖动和"雪花"现象，常常是因为受到附近电磁波的干扰。

微波炉辐射出的微波也是一种很强的电磁波。有人曾经做过实验，发现微波抑制了植物的生长。这个实验是将 4 盆绿豆苗分别放入微波炉中被微波被照射约 5s、10s、15s、20s 后，移出置于空旷处。另外一盆完全不照射微波作为实验控制组。观察这 5 盆绿豆苗每天的生长进度，发现不受微波炉照射的实验控制组，绿豆苗生长正常。经微波炉照射过后的植物，只有照射 5s 的一盆尚有存活力，其他一概陆续枯萎，可见微波炉对生物的杀伤力。

11.3.1.2　电磁环境的防护

（1）合理工业布局，强化区域控制

电气、电子设备密集的工业区应远离居民区，中级强度以上的电磁辐射源应远离一般工作区和职工生活区，对相对集中的重点辐射源区要设置安全隔离带。

（2）屏蔽保护

利用屏蔽装置的反射和吸收作用，将场源或受体用屏蔽壳或屏蔽网屏蔽起来，可大幅度降低电磁辐射。注意屏蔽壳体上的孔洞和缝隙也应用弹簧片或金属网进行处理，必要时可采用双层屏蔽壳或屏蔽网。屏蔽材料选用金属、合金或有导电涂（镀）层的绝缘材料，电场屏蔽以铜材为好；磁场屏蔽选用铁合金材料为好。可依据被屏蔽物的大小、形状的不同而选用屏蔽室、屏蔽罩、屏蔽衣及屏蔽网等各种形式。

（3）吸收防护和绿化

在近源区，尤其是微波源区，可根据其辐射频率选用具有强吸收作用的材料敷设于源区周围，形成"吸波墙"，吸波墙降低了场源对周围环境的辐射。吸波材料一般是由塑胶或陶瓷材料中加铁粉、石墨、木材或水等加工制成。此外，足够宽度的绿化林带是电磁辐射的天然吸波带。绿色植物对电磁辐射的吸收具有频带宽、效果好且无任何负面影响的特点，所以环境绿化是防治电磁污染的有效措施之一。

（4）加大宣传力度

倡议生理学、生态学、农业学及电磁学等多学科加强合作，共同对电磁生态效应进行广泛的研究。通过加大宣传力度，使人们更好更多地了解电磁波的基本知识，从而对其持有正确的态度，既不惧怕电磁波，又能科学地防护电磁辐射污染。

电磁波这么可怕，我们在日常生活该如何防范呢？

① 尽量避免电磁波　电器用品不使用时，最好将插头拔掉，避免室内环境

受到电磁波的侵害；在机舱内禁止使用手机，避免飞机的正常运行受到干扰；精密仪器使用时，尽量避免电磁波干扰，以减少仪器产生的误差。

② 保持距离，减少电磁波　距离越远，电磁波强度越弱。所以在使用电脑、电视、电风扇、吹风机、微波炉、电磁炉时，都要尽量远离这些电器用品，以策安全。

③ 安装电磁屏蔽装置，降低电磁场强度　为保护人身健康，可发明一种电磁波屏蔽织物，在常规纤维上涂上一层特殊的金属膜，穿在身上，免受电磁波的危害；为使器械不受电磁波干扰，可在仪器上罩一个金属外壳或一层金属网。

④ 改进电气设备、减少电磁泄漏　随着家用电器和移动通信工具等的日益普及，日常生活中人们承受的电磁辐射污染也更加严重，这方面的官司也日趋频繁。因此，日常生活的电磁辐射防护措施也日益得到重视。

11.3.2　人体防护

（1）电磁波对人体的危害

在一定强度的高频电磁场照射下，人体所受到的危害主要是中枢神经系统功能失调。表现为神经衰弱症状，如头晕、记忆力减退、睡眠不好、头痛、乏力等。还表现为植物神经功能失调，如多汗、食欲不振、心悸等症状。此外，还发现部分受高频照射的人有脱发、伸直手臂时手指轻微颤抖、皮肤划痕异常、视力减退、男性性功能减退、女性月经失调等症状。在超高频和特高频电磁场的照射下，除了神经衰弱症状加重外，植物神经功能严重失调，主要表现为心血管系统症状比较明显，如心动过缓或过速、血压升高或降低、心悸、心区有压迫感、心区疼痛等。电磁场对人体的作用主要是功能性改变，电磁场对人体的作用有滞后性，即人在受到伤害后经过一段时间才有症状表现。伤害是逐渐加重的，病情是逐渐发展的，一般没有突变过程。

① 对中枢神经系统的影响　主要表现为神经衰弱症候群，其症状主要有头痛、头晕、记忆力减退、注意力不集中、睡眠质量降低、抑郁、烦躁等。实验发现微波辐射能使小鼠大脑组织耗氧率减慢一半，反映小鼠大脑组织氧代谢能力减弱，耗氧能力下降。从实验能观察到小鼠下丘脑的超微结构改变，线粒体变化明显，出现线粒体肿胀、融合和变形，脊缺损、断裂及空化等，主要表现为线粒体结构受损。部分脑区脑电总量降低，脑电峰值能量明显下降；下丘脑海马琥珀酸脱氢酶（SDH）含量明显下降。国外有学者也指出，脑的呼吸链和氧化磷酸化对电磁波辐射是很敏感的指标。下丘脑超微结构在较低强度微波辐射下的改变首先表现为线粒体膜的轻度不完整。

② 微波对眼睛的影响　有关微波对眼部的损害，无论是职业接触人群流行病学调查还是动物试验方面，国内外均已有大量的报道。一般认为，因晶状体本身无血管组织，故成为微波造成热损伤的敏感部位。长期在低强度微波环境中工作，也可使眼晶状体混浊、致密、空泡变性，且与接触时间成比例。有学者认为，低强度微波致眼损伤的机理可能是微波的长期蓄积作用、非致热作用或联合

作用所致，也有学者认为微波使晶体渗透压改变，房水渗入晶体，抑制其核糖核酸合成而致晶体混浊等，加速晶体老化和视网膜病变，从而对视力、眼晶状体损伤、眼部症状（如干燥、易疲劳）等造成显著影响。

③ 对循环系统的影响　低强度微波辐照对循环系统的影响国内已有大量的报道，且结果大致相同，主要表现为心悸、心前区疼痛、胸闷等症状及心电图异常率增加、窦性心动过缓加不齐、心脏束枝传导阻滞等，另外血压、血象、脑血流、微循环也会有不同程度的改变。微波对心血管系统的影响，主要是因为微波辐照引起植物神经系统功能紊乱，以副交感神经兴奋为主，即使在低场强的情况下这种影响仍然存在。而微波对脑血流的影响说明其所形成的电磁场可影响脑部血循环及血管功能，脑部经微波照射后，血管扩张，血流量增加、弹性血管管壁张力减低，血管紧张度增高，所以导致了脑血流图的一系列变化。

④ 对免疫方面的影响　主要是抑制抗体形成，使机体免疫功能下降。微波的免疫效应与功率密度和暴露时间有关，功率密度较大时，短期暴露可刺激机体的免疫机能，长期暴露则抑制免疫；功率密度较低时，产生免疫刺激则需较长时间的暴露。另外，微波对机体免疫功能的影响还表现出累积效应。

⑤ 对生殖机能的影响　国外有学者指出，用低功率的微波辐射怀孕小鼠会导致小鼠出生后小脑浦肯野细胞的减少。此后，有不少学者以子代脑的形态和行为作指标，观察了微波辐射怀孕动物的致畸效应。也有对孕鼠辐射导致后代脑乙酰胆碱酯酶（AChE）活性下降的报道。国内也有许多微波非致热效应引起机体生殖系统危害的报道。

低强度微波辐照的非热效应还能影响精子细胞。实验发现 $5mW/cm^2$ 微波辐照对人精子的活动度、存活率及产卵率影响显著。微波辐照附睾或睾丸可导致雄性生殖细胞内多种酶活性的改变。有研究观察了微波照射男性志愿者睾丸，发现血清睾酮含量随照射时间的延长而显著降低，同时，黄体生成素显著上升，提示微波可损害睾丸间质细胞合成睾酮的功能。另一项研究也发现雷达作业人员血清17 羟-皮质醇和睾酮含量异常率高。

⑥ 对遗传方面的影响　研究表明长期接触微波辐射的人群淋巴细胞染色体畸变率、细胞畸变率均明显高于未接触人群。微波会影响生物细胞，破坏含有遗传信息的生物分子脱氧核糖核酸（DNA），破坏染色体结构。

（2）电磁场对人体作用机理

在高频电磁场作用下，人体内的生物反应是由于吸收电磁场能量引起的。人体吸收辐射能量，在体内转化为热量，产生生物反应。人体内的极性分子在电场作用下，正、负电荷向相反方向运动而极化，在交变极化和取向的过程中都会由于碰撞和摩擦而产生热量。机体内还有电解质溶液，其内离子在电场作用下有移动的趋向。磁场还能在机体内产生局部的涡流，也产生热量。除了电磁场的致热作用外，还存在着非致热作用，长时间的高频辐射可能破坏脑细胞，使其活动能力减弱，条件反射受到抑制，还可能引起神经系统功能紊乱。电磁场对女性身体的伤害比对男性严重，对儿童较成人严重。

既然人们已经意识到了电磁辐射的危害性，有关人士也已经开始着手研制开发各种吸波材料，那么，如何将吸波材料用于织物中，制成能够吸收微波的服装，从而对人体真正实行有效的防护呢？这一问题具有很大的研究价值，如能彻底解决这一问题，无疑将成为人类与电磁辐射斗争过程中的一个重大突破。

（3）电磁辐射防护织物

最早用于个人防护的服装出现于 20 世纪 60 年代，是由金属丝和服饰纤维混编的织物。它对电磁辐射有一定的屏蔽作用，但手感较硬，厚而重，服用性能较差。在此基础上，又出现了金属纤维和服饰纤维混纺的织物，其服用性能有较大改善。但是，由于这两种纤维难于混合均匀，屏蔽性能不很理想，还有尖端放电和刺人的现象。到了 20 世纪 70 年代初，出现了镀银织物，其保护效果好，轻而薄，但手感仍然较硬。由于电子产品的普及，接触电磁波的人越来越多，而化学镀银织物的价格昂贵，因而不能得到广泛应用。20 世纪 70 年代末，国内外又研制成了化学镀铜或镀镍织物，用来代替镀银织物，其性能相似，但价格较低廉，为实际应用提供了有利条件。到了 20 世纪 80 年代，又研制出含多元素或多离子的织物，既可屏蔽电场，又能消除磁场，还可以阻隔少量的 X 射线、紫外线等。

现在，我们已经进入电子时代，科学技术的飞速发展和人类社会文明的不断进步，已经使人类处于一张电磁辐射的巨网之中。人类在追求生活质量的过程中，不断加强了自我防护和保护环境的意识。人们对服饰的要求已不仅仅是舒适和美观，他们还要求自己的服装能够最大限度地吸收微波。

从吸波机理角度来讲，可将吸波材料分为导电型和导磁型两类。所谓导电型吸波材料，是指当吸波材料受到外界电磁场感应时，在导体内产生感应电流，这种感应电流又产生与外界电磁场方向相反的电磁场，从而与外界电磁场相抵消，达到对外界电磁场的屏蔽作用。所谓导磁型吸波材料，则是通过磁滞损耗和铁磁共振损耗而大量吸收电磁波的能量，并将电磁能转化为热能。

纳米吸波材料在这方面显示出巨大的优越性，它质量轻、厚度薄、吸收频带宽、吸收能力强，若能将其时装化，将成为现代人最理想的服饰之一。目前，已研制出了各种纳米级的吸波材料，但兼具导电、导磁性能，并与织物相结合、能应用于个人防护的纳米级吸波材料仍是空白，而这正是当前迫切需要解决的一大难题。如果能将导电纤维织成衣物，并在其表面涂敷一层纳米级、导磁型的吸波材料，将会进一步提高织物吸收微波的能力，从而对人体起到更为有效的防护作用。

目前已见报道的导电纤维，大致可分为以下几类：含碳纤维；用金属盐（如 CuS）涂层而得到的导电纤维；金属纤维；电镀或化学镀的导电纤维。这几种导电纤维各有优缺点。目前这一领域的一大热点是合成一种本身就导电的聚合物纤维。这些聚合物包括聚乙炔、聚吡咯、聚苯胺和聚噻吩等，主要是利用它们共轭 π 电子的线性或平面形构型，与将高分子电荷转移给络合物的作用设计导电结构，尤其是这些导电聚合物的纳米微粒具有非常好的吸波效果。

与导电纤维相对应的导电织物，可通过以下三种途径获得：将织物浸渍于抗静电剂中；用导电物质直接在织物上进行涂层；在织物组织中嵌入导电纤维。其中，最有效且最常用的方法是第三种。将导电纤维与普通纤维按照不同的比例掺合在一起，可以得到导电性能各异的织物，但又因导电纤维的颜色问题而使设计受阻。

日本已研制出了纳米级的导电纤维，仅有一个分子粗细。如果在普通纤维中掺入一定的纳米级导电纤维，则不仅不会降低其原有性能，还会赋予织物轻、薄等特点，并能吸收微波，使织物既有美丽的外观和舒适的手感，又兼有防护的功能。

通过对已掌握资料的分析，我们对纳米吸波材料与纤维或织物的结合方式给出以下几种设想。

① 将纳米级磁性材料涂覆在导电纤维或织物表面，形成导磁薄层。在飞机外壳上涂覆吸波材料早已获得成功，值得重视的是磁性材料与纤维或织物结合的牢度问题。

② 将纳米级磁性吸波材料均匀分散在合适的黏胶剂中，将纤维或织物浸在分散液中，经几浸几轧后，吸波材料将被吸附在纤维或织物表面或是进入其间隙中。该方案主要的问题是要合理选择胶黏剂。

③ 将纳米磁性吸波材料和纤维或织物同时浸入导电聚合物的单体中，随反应的进行让导磁性和导电性吸波材料同时与纤维或织物结合；或者将磁性材料和镍粉微粒同时涂覆到纤维或织物表面。该方案需要考虑两种吸波材料的协同性。

④ 分别制得导电纤维和磁性纤维，然后将二者混纺，以期得到同时具备导电和导磁功效的织物。

⑤ 随着纳米材料科学的发展，目前已发现了纳米液体。磁性流体更是表现出了许多独特的物理化学性能，能够取代传统的磁性材料，如 $Zn_xFe_{3-x}O_4$ 复合磁性流体。可以考虑将导电纤维或织物浸在磁性流体中，使磁性流体进入纤维或织物。

⑥ 目前已经有实验证明，在普通介质中埋入随机取向分布的手性微粒，如较小的手性金属或陶瓷螺旋线圈等，能产生很好的吸波性能。如果在纤维或织物表面涂覆一层纳米级的手性微粒，或是将纤维或织物浸入含有纳米手性微粒的黏胶剂中，只要选择合适的手性参数，可以极大地改善纤维和织物的吸波性能。

以上只是我们的一些初步设想，要将其变为现实还需要进行大量的研究工作。但是我们相信，只要基本理论正确，设想合理，随着实验技术的发展，纳米吸波材料在人体防护服中的应用将会有新的突破。

11.3.3　建筑防护

广播、电视发射台对周围区域会造成较强的场强。针对这一现象，必须采取适当的防护措施，以减少由此造成的电磁污染。可采取如下防护措施。

① 在条件许可的条件下，改变发射天线的结构和方向角，以减少对人群密集居住方位的辐射强度。

② 在中波发射天线周围场强大于 $15V/m$，短波场强为 $6V/m$ 的范围设置绿

化带。

③ 利用对电磁辐射的吸收特性，在辐射频率较高的波段，使用吸收型涂料等屏蔽材料覆盖建筑物，以衰减室内场强。

目前，把具有吸波功能的混凝土材料用于建筑行业，以减少高大建筑物的电波反射作用，提高广播、电视播放质量，已经得到了很大的应用。

作为混凝土吸波材料，首先应使进入材料内部的电磁波能迅速地被材料吸收、衰减掉，即材料应具有衰减特性；其次，还应使入射电磁波能最大限度地进入材料内部而不在其前表面上反射，即材料应具有匹配特性。要解决材料的衰减特性，就应使材料具有很高的电磁损耗，也就是有足够大的介电常数虚部或足够大的磁导率虚部。这一问题可以通过在混凝土基材中掺加电磁波吸收剂以制成复合材料来解决。要解决材料的匹配特性可以采用下列方法：①根据电磁波传输网络的多节以及渐变阻抗变换器工作原理，将电磁波吸收剂分散在混凝土材料中；②分别制备片状的含不同吸收剂的混凝土材料，并按不同的方式将其组合成复合体材料；③制成含有不同浓度吸收剂的梯度混凝土吸波材料；④用强度高的混凝土材料作面板，其芯层中可填充轻质吸波材料或在其表面上涂敷吸波材料。采用这些结构，可以提高材料的吸收效果并使其具有较高的刚性。

此外，在制备混凝土吸波材料时还应注意电磁波在材料表面的回波状况。各种材料反射电磁波的能力不尽相同，而当表面材料的种类相同时，表面的粗糙程度也会影响回波段的强弱。对电磁波而言，表面粗糙程度的划分取决于电磁波的波长。当表面的平整度小于电磁波波长的八分之一时，可看作平滑面，它对入射电磁波产生镜面反射；当表面的平整度在电磁波波长的八分之一以上时，只能看作粗糙面，它对入射的电磁波产生漫反射。另外，表面受波的方向即电磁波入射角的大小也影响回波的强弱，当表面材料的种类及表面的粗糙程度都相同时，电磁波入射角越大，回波越弱；入射角越小，回波越强。

吸波建筑材料主要有复合吸波建筑材料、吸波建筑涂层和吸波瓦、吸波墙面砖等。目前，吸波建筑材料的应用研究主要有两个方向：用于普通民用建筑上的低成本吸波建筑材料和高性能宽频吸波建筑材料。

(1) 低成本吸波建筑材料

应用在普通民用建筑物上的吸波建筑材料往往要求尽可能降低成本及施工方便。目前主要使用的有氧化铁系列，如 Fe_3O_4、Fe_2O_3 等铁氧体材料。日本 TDK 公司研制的镍锌铜铁氧体吸波材料（厚度 5.3mm）在 130～540MHz 频段范围内对电磁波的衰减为 $-10dB$。美国研制出一种混凝土吸波材料，这种材料是在普通混凝土中加入有机反应基或羟基等填充物，可在 VHF 和 UHF 频段分别有 $-5dB$ 和 $-10dB$ 的衰减。有研究采用价格低廉的铁沙（主要成分为 Fe_3O_4）来制备铁氧体微波吸收剂，并研究了其在 8～18GHz 范围内的吸波特性。虽然这种吸收剂的吸收峰值最高可以达到 $-30dB$，但是由于这种吸收剂的吸波主要依靠共振吸收，所以吸收带宽比较窄。还有研究采用在混凝土中掺加廉价铁氧体粉的办法，可以使混凝土对电磁波的吸收达到 $-7dB$。天津大学研究的吸波建筑材料在

8～18GHz 范围内，对电磁波的最小反射率为 -13.23dB，反射率优于 -10dB 的频率带宽接近 10GHz，但存在成本稍高、强度不高的缺点。还有专利采用碳化硅与硅橡胶混合，并加有少量炭黑及 TiO_2 制备成窄频吸波复合材料，主要用于消除天线附近的电磁辐射。

（2）高性能宽频吸波建筑材料

高性能宽频吸波建筑材料主要应用在一些对吸波要求较高的建筑物中，比如微波暗室、保密室等特殊场所或一些特殊建筑物，如电磁波发射站附近的房屋等。日本的 TDK 公司生产的吸波材料已经系列化，产品吸波频率在 30～4000MHz 之间，材质可为铁氧体、碳、导电纤维、介质材料等，吸波性能不小于 20dB，厚度随吸波频段变化。英国的 Walker Wave Technology 公司生产的MAC8101 型吸波材料吸波频段很宽（500～5000MHz），吸波性能不小于 -15dB，而厚度仅为 6.4mm。

国内生产的吸波建筑材料主要应用于暗室，且厚度非常大。大连中山化工厂是国内最大的吸波材料生产厂家，其产品的材料厚度与工作波长之比最小也为0.35，假设工作频率为 100MHz 时，材料厚度就达 1m 左右。

目前国内也在积极研究薄型吸波建筑材料。例如有专利提出采用由聚氨酯泡沫塑料制成的角锥基体和吸波套（二者均浸有炭黑、阻燃剂等制成的吸波剂），通过调整角锥与基体的电导率，可以大大提高整体材料的吸波效率，功率反射系数可以达到 -55～-60dB。另外，通过在水泥基体中添加炭黑涂覆的发泡聚苯乙烯（EPS）颗粒，也可以大大提高水泥材料的吸波性能。当 EPS 颗粒直径为1mm，填充率为 60%（体积）时，厚度为 20mm 复合材料在 8～18GHz 频段内的反射损耗都优于 -8dB，当频率大于 12GHz 时，反射率都达到 -12dB 以上。电子科技大学的邓龙江等制成的镍铜锌尖晶石铁氧体厚度为 5.5mm 时，在 30～1000MHz 频段范围内反射率优于 -12dB，在 50～800MHz，反射率优于-15dB。

（3）防辐射涂料

防辐射涂料一般是在普通涂料中加入吸波材料制成，并要求施工性能好、不易脱落且成本不能太高。目前相关的研究成果较多，如有专利采用含有铁、锌、钴、铜、锂等成分的原料预烧、球磨、热处理、粉磨后按照一定比例和普通涂料混合制备成环保型建筑吸波涂层，可吸收 500～5600MHz 的电磁波。还有专利将吸波组分与其他环保手段结合起来，制备出多功能环保吸波建筑涂料。近年来防辐射涂料的应用越来越广泛，美国 1985 年统计导电涂料销售量占防护涂料的70%，1989 年达到 90%。日本目前已有 20 多家形成规模的防辐射涂料生产厂家。

对于屏蔽材料，尤其是吸收型涂料的研究开发，近几年国内外都取得了不同程度的进展。在这方面日本处于领先地位。据资料报道，日本海尔兹化学株式会社研制的系列屏蔽涂料中，波鲁斯磁质系列（PLS-A20、PLS-A50）就是有名的吸波涂料，在 50Hz～40GHz 的频带范围内均有良好的吸收效果，其中在 1～

18GHz 不同中心频率有 −20dB 左右的吸收性能。而且涂膜性能非常稳定，吸收性能可持续 10 年以上。

混凝土吸波材料在工程上的应用前景广阔，它可广泛用于防电磁污染的环保型建筑领域，以尽量减轻电磁辐射对人们所造成的危害；用于建筑物、桥、塔等处时，可以防止雷达伪象；在通信基地，可以用来改善通信质量；在机场、码头、航标、电视台和接收站附近的高大建筑上，可以用来消除反射干扰。此外，还可用于作战中的军事隐身建筑领域、防电磁波干扰的科研部门、精密仪器厂以及国家保密单位的防信息泄露等部门。

随着吸波建筑材料的应用不断扩大，人们对其性能要求也越来越高，已有的吸波建筑材料很难满足实际应用的要求。目前吸波建筑材料的研究主要有以下趋势。

① 宽频薄层吸波建筑材料　电子技术的发展要求吸波建筑材料的工作频段越来越宽。目前的宽频吸波建筑材料主要应用在微波暗室，不但厚度大，而且成本很高。吸波频段宽、材料厚度薄是未来吸波建筑材料研究的主要发展方向。

② 低成本吸波建筑材料　与其他吸波材料相比，吸波建筑材料具有使用量大、要求成本低的特点。目前已有的吸波建筑材料普遍成本很高，难以得到广泛应用。大幅度降低成本是吸波建筑材料在应用研究，尤其是民用研究中急需解决的关键问题之一。

③ 多功能吸波建筑材料　目前，在多个领域都迫切需要同时具有多种性能的吸波建筑材料。如在军事上需要同时具有能够吸收微波、红外线、声波的吸波建筑材料，而民用上需要同时具有吸波、吸声、保温等性能的吸波建筑材料。目前，许多国家已开始展开多功能吸波建筑材料的研究，并已取得一定进展。

11.3.4　精密仪器

由于工业、科学和医疗设备的精密度较高，因此对电磁辐射的防护方法也提出了更高的要求。在辐射防护方法的选择上，除选用低辐射的基材外，使用屏蔽材料进行防护也是非常重要的防护方法之一。

① 选用低辐射的生产基材、优化电路设计　在新产品和新设备设计和制造时，尽可能选用低辐射生产基材，合理地设计线路，由基础控制入手，从根本上降低辐射强度。

② 距离防护　从电磁辐射的原理可知，感应电磁场强度是与辐射源到被照体之间的距离的平方成反比；辐射电磁场强度是与辐射源到被照体的距离成反比。因此，适当地加大辐射源与被照体之间的距离可较大幅度地衰减电磁辐射强度，减少被照体受电磁辐射的影响。从规划着手，对各种电磁辐射设备进行合理安排和布局，特别是对射频设备集中的地段，要建立有效防护范围。在某些条件允许的情况下，这是一项简单可行的防护方法。应用时，可简单地加大辐射体与被照体之间的距离，也可采用机械化或自动化作业减少作业人员直接进入强电磁辐射区的次数或工作时间。

③ 屏蔽材料防护　即使选用最低辐射的基材、最合理的电路设计也很难达

到设备辐射标准的要求。另外，采取距离防护，看起来非常容易，但实际操作中难度却很大，因为距离防护毕竟受到空间和布局等各方面的限制。因此，电子系统在内部设计完成后，外部的防护就显得至关重要。这就需要在此基础上，采用屏蔽材料对辐射进行防护。

在各种电磁辐射防护材料中，屏蔽涂料以其方便、轻量、不占空间以及与基材一体化等众多优势成为其中的佼佼者，被广泛应用于各类电子产品、装置、系统的电磁辐射防护。对于高精密度的仪器、设备，反射型和吸收型屏蔽涂料结合使用最为理想。因为，反射型涂料可阻挡外来电磁波的骚扰，吸波涂料可吸收多余的电磁波，减少杂波对自身设备的干扰，也可有效防止电磁辐射对周围设备及人员的骚扰和伤害。像"波鲁斯"反射型（PLS-200）与吸收型（PLS-A20、A50）的结合使用最具说服力。目前，已有多个样品通过国内权威部门检测，结果证明其衰减性能足以满足工业、科学和医疗设备辐射频段的屏蔽需要。

11.3.5 日用品

（1）手机防护

随着微波通信技术的发展，手机已成为人类生活不可缺少的伴侣。但手机微波辐射对受照者及其后代作用的不良后果也引起人们的关注，有关微波生物学效应研究的文献为数甚多，这些研究所得的结果分歧很大，其焦点在于低强度微波辐射是否存在着有害的生物学效应。尽管学者们观点各异，但有一点还是较为一致的，即中枢神经对微波辐射最为敏感。

目前常用的手机微波辐射场强值为 $600\sim3000\mu\mathrm{W/cm^2}$，我国《作业场所微波辐射卫生标准》规定，容许场强应小于 $50\mu\mathrm{W/cm^2}$，而《环境电磁波卫生标准》规定容许场强：安全区应小于 $10\mu\mathrm{W/cm^2}$，中间区应小于 $40\mu\mathrm{W/cm^2}$。由此可见，手机微波辐射超出标准允许限额的几十倍，手机微波防护已成为各国加紧研究的重要课题。

近年来，国内外都出现了一些手机辐射防护装置和产品，国外的如日本的电磁通，德国的大哥大防辐射晶片，美国的 EASY-TONE 易通卡等。国内有台湾的贴易通健康 IC，北京的 TM 电磁消等。这些产品经多次测试，均没有达到国家标准的要求。

微波几乎是直线辐射的，它的波长、强度、辐射源的性质及与保护主体的关系决定了微波的被吸收、反射、折射、透射的情况。若被完全透射或反射，则对保护主体无多大影响。只有当微波辐射穿透组织并被吸收时，才产生生物效应。组织穿透深度与频率有关，随着频率的增加，波长变短，穿透深度也减低。一般来说，微波频率在 $20\sim30\mathrm{GHz}$ 以上的，则在表层吸收；$1\sim3\mathrm{GHz}$ 的微波可在浅层吸收；$1\mathrm{GHz}$ 以下的微波可穿至组织深层被吸收。手机微波正是能穿至组织深层被吸收的频段。只要在手机与保护主体之间设置一道 $800\sim1000\mathrm{MHz}$ 的微波屏障，就可以阻隔微波进入大脑。大脑不在微波场内，微波的热效应和非热作用所引起的不良影响也就不复存在。

在微波源与保护主体之间设置一道隔离层，隔离层的设置与发射源及天线相适应，并避免对通信信号的影响。通过隔离层的作用，使保护区域的微波功率密度达到安全值。微波隔离层由微波反射材料和微波吸收材料复合而成。反射材料由电阻率较低的金属箔膜丝网组成，吸收材料则由黏胶剂和石墨组成。将复合材料制成厚为 0.5mm 的薄膜，设置于保护主体与微波发射源之间，如图 11.3.1 所示，耳孔处的结构如图 11.3.2 所示。隔离层可设置于手机的外壳、手机套上，也可设置在衣帽上，使保护主体与微波源相隔离，这样既可杜绝微波对人脑的辐射，也不会影响手机的信号。

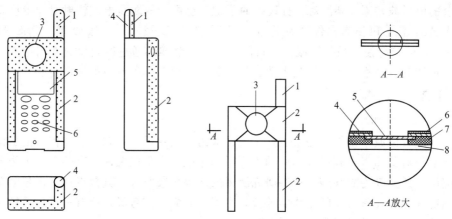

图 11.3.1　防护装置

1—天线挡片；2—封边条；3—耳孔罩；

4—天线；5—视屏；6—键盘

图 11.3.2　耳孔处结构图

1—天线挡片；2—封边条；3—耳孔罩；4—防护膜；

5—金属丝网；6—金属箔膜；7—胶质层；8—纸垫层

根据目前手机的防护不好的情况，建议采取以下防护措施。

① 手机在联络期发射功率较大，接通后的通话期发射功率较小，因此应在接通后再将手机靠近头部（辐射强度与距离的平方成反比）。建议生产厂家在手机上增加联络期与通话期的明显提示。

② 尽量减少手机的通话时间和使用次数。手机接收基站信号强时发射功率弱，尽量在此条件下通话，以减少所受的辐射量。

③ 长期使用手机时应交换左右方位，防止辐射量在一侧过大。

（2）微波炉防护

所有的电器如电冰箱、电视机等，在使用过程中都会发出电磁辐射。只是由于电磁波是一种"无形"的物质，我们觉察不到而已。电磁辐射虽然无法用眼睛去观察，但它对人体的伤害却依然存在。

微波炉现在几乎已经成为家庭必备厨房用品。一般来说，微波炉的加热腔体采用金属材料做成，微波无法穿透出来。微波炉的炉门玻璃是采用一种特殊的材料加工制成，设计有金属防护网、载氧体橡胶、炉门密封系统和门锁系统等安全防护措施，可以防止微波泄漏。但是研究发现，如果微波炉门发生松动，就有可能造成微波泄漏。

人体最容易受到微波伤害的部位是眼睛晶体。如果眼睛较长时间受到超过安全规定的微波辐射，视力会下降，甚至引起白内障。研究发现，当人眼靠近微波炉泄漏处约 30cm 时，微波泄漏能达 $1mW/cm^2$ 时，会突然感到眼花。人体与工作的微波炉距离很近时，还有可能因为受到过量的辐射而感到头昏、记忆力减退、睡眠障碍、心动过缓、血压下降等。

为了保障使用者的健康，国际电工委员会和我国有关部门规定，在微波炉门外 5cm 处，测得微波的泄漏不得超过 $5mW/cm^2$。

微波炉中泄漏出来的微波在传播时，它的衰竭程度和与微波炉之间的距离平方大致成反比。也就是说，假如在微波炉炉门处每平方厘米的微波泄漏有 10mW 的话，那么在 1m 以外的空间只有 0.001mW 的强度。何况微波炉炉门实际的泄漏量要远远低于这个数值。消费者既不要对微波辐射置之不理，也不要过分紧张。为了防止微波炉的电磁辐射，在使用时最好做到以下几点。

① 选购合格的正规产品，严防误用假货、伪劣产品或水货。

② 及时清除油污脏物，一星期或半个月擦洗一次炉门。

③ 开机后，人员离开 0.5m 以上距离，不要停留在微波炉附近。

④ 使用有防护作用的围裙、大褂、西服、马甲、衬衫等。不锈钢纤维是当今世界上最先进的高效屏蔽织物，由此制成的屏蔽织物及服装防静电，耐腐蚀和洗涤，并具有良好的使用性能和外观效果，能有效地保护人体免受微波及高频辐射的危害。

⑤ 使用防护罩。使用时直接盖在微波炉顶部与前部即可。

（3）电脑防护

为了解目前高校内大学生拥有个人电脑的情况，以及大学生对其所产生电磁辐射污染的了解程度和受其危害程度，在某大学选取有代表性的学生宿舍楼进行问卷调查。结果显示，大学生中个人电脑的普及率为 45.7%，以电磁辐射强度相对大的阴极射线管（cathod ray tube，CRT）显示器电脑为主，占 64.9%；拥有个人电脑的大学生，平均每日使用电脑的时间长；学生使用电脑后出现不良症状（眼疼、头晕等）的比例高，为 77.4%，女生对电磁辐射的敏感程度高于男生；随每日使用电脑时间的延长，出现不良症状的人数增加；大学生对电磁辐射的危害有所了解的人数比例为 71.9%，但知道防护措施的仅为 29.6%，使用防护屏的仅为 5.4%。

综合调查结果认为，大学生电脑普及率高，使用时间长，且对电脑电磁辐射无应有的防护，大多数大学生在一定程度上已经受到了电磁辐射的影响，大学生受电脑电磁辐射已经成为一个值得关注的新问题。

电脑由大量电子配件组成，电子配件在工作时也会释放出一定的电磁波。为了防止电磁辐射外泄，机箱的设计就成为关键。高档机箱采用昂贵的全铝合金材料，这种全铝合金材料对高低频电磁波都有非常出色的吸收和抵消作用，可以很好地消减电磁辐射多达 70% 以上。

由于机箱内部所有带电作业的配件和电源均会产生电磁干扰，所以机箱本身的密合度一定要高，以切断电磁波泄漏的一切途径。首先是机箱面板，前挡板作无缝光驱的设计，后挡板的密合度要高。很多产品专门为光驱做了防辐射无缝设计，阻止设备使用带来的电磁辐射。其次是机箱基座、外壳合为一体，后板边采用防电磁辐射设计。电磁防御最好的措施就是使电磁辐射消失在无形之中，所以要确保机箱内部辐射配件得到完好的电磁回路保护，同时确保机箱整体接地性能优异。使用铝合金材料，可以增加机箱壁对电磁辐射的吸收。为保证机箱的密封性，在设计时，将机箱的外壳作一体化设计，减少出现缝隙的可能，同时采用高精密度模具，使模具尺寸恰到好处，充分保证机箱的密封性。

目前很多机箱内框的边缘都安放有弹点，它们就是防辐射弹点。防辐射弹点有三个作用：第一，它可以阻挡从机箱的缝隙泄露出去的电磁辐射；第二，它可以引导机箱内部的电磁走向，让电磁分别朝相对的方向前进，最终两股电磁相撞并抵消，虽然这也会产生微弱的热量，但是比起电磁无规则的在机箱中乱撞好得多；第三，防辐射弹点一般会突出于机箱的边缘，盖上机箱侧板之后，弹点便被压下去，这样可以使侧板与机箱固定得更紧密。

电脑防护电磁辐射最好做到以下几点。

① 合理放置，最好放置于书房或家人活动较少的房间内，这样在使用电脑时，其他人就会处在安全距离外，减少收到危害的可能。

② 电脑操作需要注意自我保护。要选用低辐射电脑显示器，人体与显示屏正面距离应不小于75cm，人体与显示屏侧面和背面的距离不小于90cm，显示屏与眼睛的距离以 $30\sim60$ cm 为宜。连续操作时间不要太长，一般 1h 休息一次，每次休息 $10\sim15$ min。

③ 选用防护屏、防辐射罩或防护目镜。质量合格或经过国家有关机构检测认定的防护屏，具有防辐射、防静电、防强光等多种作用。选用电磁辐射复合型抑制织物制成的防护屏，或选用不锈钢纤维织物制成的防辐射罩，同样也可以达到良好的防护效果。

11.3.6 电磁信息泄漏防护

(1) 电磁信息泄漏来源

计算机的电磁辐射，可以引起计算机的电磁信息泄漏。电磁泄漏是指电子设备的杂散（寄生）电磁能量通过导线或空间向外扩散。任何处于工作状态的电磁信息设备，如：计算机、打印机、传真机、电话机等，都存在不同程度的电磁泄漏，这是无法摆脱的电磁学现象。如果这些泄漏"夹带"着设备所处理的信息，就构成了所谓的电磁信息泄漏。

事实上，几乎所有电磁泄漏都"夹带"着设备所处理的信息，只是程度不同而已。在满足一定条件的前提下，运用特定的仪器均可以接收并还原这些信息。因此，一旦所涉及的信息是保密的，就威胁到了信息安全。研究结果表明，计算机等信息技术设备的电磁泄漏信息很容易被截获、破译、复原。实测表明，一个普通计算机的显示终端所辐射的带有有用信息的电磁波，在 10m 以外还可以接收和复现；在距计算机 100m 处用普通天线可收到 $30dB_{\mu}V$ 的泄漏。据有关报道，国外已研制出能在 1km 之外接收还原计算机电磁辐射信息的设备，这种信息泄露的途径使敌对者能及时、准确、广泛、连续而隐蔽地获取情报。

（2）电磁泄漏防护

尽管电磁泄漏是不可避免的，但对电磁泄漏信息的截获还原也不是无条件的，只有当信号的强度和信噪比满足一定条件时才能够被截获和还原。因此，只要采取一定的技术措施，弱化泄漏信号的强度，减少泄漏信号的信噪比，就能达到电磁防护的目的。计算机信息泄漏防护技术有多种，大体可分为三类：电磁干扰技术、物理抑制技术、软件化（SOFT）技术。

① 电磁干扰技术　电磁干扰技术用干扰和跳频等技术来掩饰和隐蔽计算机的工作状态，使得实际窃收和解译难于实现或无法实现，如视频保护（干扰）技术，它又可分为白噪声干扰技术和相关干扰技术两种。

白噪声干扰技术是利用白噪声干扰器发出强于设备电磁辐射信号的白噪声，将电磁辐射信号掩盖，起到阻碍和干扰接收的作用。但由于要靠掩盖方式进行干扰，所以发射的功率必须够强，而太强的白噪声功率会造成空间的电磁波污染；另外白噪声干扰也容易被接收方使用较为简单的方法进行滤除或抑制解调接收。所以白噪声干扰技术在使用上有一定的局限性和弱点，只能作为一种辅助方法。相关干扰技术较之白噪声干扰技术是一种更为有效和可行的干扰技术。它是针对计算机等视频终端设备信息泄漏采取的一种防护措施。它主要是利用相关原理，通过不同技术途径实现与计算机等视频终端设备的信息相关、谱相关、行场频相关（同步），并产生带宽的相关干扰信号，有效地抑制信息泄漏。

② 物理抑制技术　物理抑制技术分为抑源法和屏蔽法。抑源法是指从计算机基本电路和元器件入手，根本上消除产生较强电磁波的根源。这种方法具有先天性，可以从根本上解决辐射的抑制和防护问题。据报道，美国军队在开赴海湾战争前线之前，就将所有的计算机更换成低辐射计算机，国外现已能生产出系列化的低辐射技术产品，不过这种产品造价都普遍较高。屏蔽法是指对计算机各种系统部件乃至整个设备采取措施，可对计算机进行元器件的优选或部件改造，也可将计算机设置于高性能屏蔽室中。屏蔽技术是抑制辐射泄漏最有效的手段，但成本和造价也较高。

另外，被屏蔽的设备和元器件也并不能完全被密封在屏蔽体内，仍有信号线、电源线和公共地线与外界连接，电磁波还是可以通过传导或辐射从屏蔽体内传到外部，或者从外部传到屏蔽体内，这时可以通过使用滤波技术，只允许某些频率的信号通过，而阻止其他频率范围内的信号，通过滤波技术有效地抑制传导干扰和传导泄漏。

③ 软件化技术　通过对计算机常规的硬件和软件体系进行非常规更新和改造，抑制信息泄漏。加密后辐射的电磁波难于接收和破译。主要方法有：TEMPEST字体、数据压缩加密和视频显示加密。用软件技术处理后的 TEMPEST 字体有很好的防泄漏效果。TEMPEST 字体可提供 10～20dB 的保护，它

最重要的一个优点就是造价便宜，可在很大程度上促进低成本辐射安全的进步。计算机是依靠数字电路工作的，在主机与各种计算机终端之间终日进行着数据传输和交换，通过数据压缩和软件加密方法将这些数据压缩和加密，大大增加了接收和解译的难度，即使电视接收系统接收到了加密后的辐射信息，也很难破译。视频显示加密主要是通过改变视频显示方式实现对视频信息的加密。通过给视频字符添加高频"噪声"，并伴随发射伪字符，使窃取者无法通过电磁信息泄漏渠道正确还原真实信息。软件防护技术的出现，代替了过去由硬件完成的抑制干扰技术，使防护成本大幅降低。

对电磁信息泄漏的防护是一项系统工程，任何单一的防护措施都不能保证万无一失，要根据不同信息系统的特点，采用与之相适应的最佳防护措施进行综合防护。目前，国家已经制定了多项电磁信息泄漏保密标准。各部门使用的涉密信息设备应该由保密部门通过专门的检测仪器进行检测，并采取必要的堵漏措施，以防止电磁信息泄漏。

11.4 吸波贴片材料在无线射频识别技术中的应用

RFID 无线射频识别技术作为一项先进的、自动的非接触式识别和数据采集技术，在物流、交通和门禁等很多领域得到应用，对改善人们生活质量、提高物流效率，加强企业管理智能化等方面产生着重要影响。RFID 系统的工作原理如下：阅读器将要发送的信息，经编码后加载在某一频率的载波信号上经天线向外发送，进入阅读器工作区域的电子标签接收此脉冲信号，卡内芯片中的有关电路对此信号进行调制、解码、解密，然后对命令请求、密码、权限等进行判断。若为读命令，控制逻辑电路则从存储器中读取有关信息，经加密、编码、调制后通过卡内天线再发送给阅读器，阅读器对接收到的信号进行解调、解码、解密后送至中央信息系统进行有关数据处理；若为修改信息的写命令，有关控制逻辑引起的内部电荷泵提升工作电压，对 EEPROM 中的内容进行改写，若判断密码和权限不符，则返回出错信息。

RFID 系统运行的关键是保障无线识别通信顺利进行。除读卡器方面本身可能遇到干扰问题外，电子标签由于需要同各类不同类型部件集成或贴合，情况更为复杂，遇到的问题也比较多。就 RFID 电子标签来讲，按工作频率来分有低频 125kHz、134.2kHz，高频 13.56MHz，超高频 860～930MHz、2.45GHz、5.8GHz 电子标签的分别，它们各自特点不同，应用也是有差别的。低频系统特点是电子标签内保存的数据量较少，阅读距离较短，电子标签外形多样，阅读天线方向性不强等。主要用于短距离、低成本的应用中，如多数的门禁控制、校园卡、煤气表、水表等；高频 13.56MHz 系统则用于需传送大量数据的应用系统；超高频系统的特点是阅读距离较远（可达十几米），但电子标签及阅读器成本均相对较高，主要用于需要较长的读写距离和高读写速度的场合，如火车监控、高速公路收费、物流及资产管理等系统中。

近几年，13.56MHz 的高频 RFID 技术由于性能稳定、价格合理，此外其读取距离范围和实际应用的距离范围相匹配,因而在公交卡、手机支付方面的应用得到广泛的应用,尤其是在韩国、日本等地。下面两张图片,图11.4.1为韩国某餐馆用手机支付就餐费用的实例,图11.4.2为电子标签贴合在手机电池上的图片。

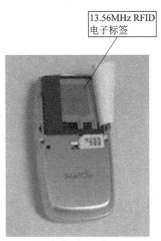

13.56MHz RFID 电子标签

图 11.4.1　手机通过 RFID 读卡器进行交费　图 11.4.2　手机电池上的 13.56MHz 电子标签

　　图11.4.1和图11.4.2所示的手机交费方法是通过13.56MHz RFID无线射频识别系统实现的。该应用的RFID智能标签就是贴在手机电池壳上,这样可以最大程度地节约空间。此类RFID手机应用在日韩等国是相当普遍的。中国虽然在高频RFID的研究和应用方面相对韩日起步稍晚。但近两年,随着配套设备的逐步健全和人们对RFID系统优势的认识加深,国内的RFID技术的开发和应用已经有了突飞猛进的发展。

　　然而,随着RFID的应用日渐广泛,其干扰破坏问题越来越突出。其破坏作用主要表现在两个方面:①识别距离远低于设计距离;②读卡器和电子标签不响应,读取失败。在实际的高频RFID电子标签应用中,我们需要着重考虑13.56MHz的RFID电子标签的贴合位置,由于标签尺寸较大,而实际允许的空间有限等原因,电子标签需要直接贴附在金属表面上或同金属器件相临近的位置,如手机用的13.56MHz的RFID智能标签,因为空间问题,就经常直接集成在电池铝合金冲压外壳上,这样一来,在识别过程中,电子标签易受电池铝合金金属冲压外壳的涡流干扰,致使RFID标签的实际有效读取距离大大缩短或者干脆就不发生响应,读取彻底失败。实践证明这类干扰问题是经常发生的,我们需要采取一定的措施进行预防。RFID电磁吸波材料具有高的磁导率,可以起到聚束磁通量的作用,为此类干扰问题提供有效的解决方案。对于常规的高频RFID电子标签及识别系统,在自由空间中没有其他干扰源时,其发生不读取失效的概率很小,即便有,失效原因也常常是源于RFID系统中某个或某部分硬件、软件,或标签的匹配等原因。在手机等手持式电子设备中,电子标签要集成或贴合到电子设备上,作为设备的一个部件发挥功能,往往因空间有限,不可避免要将

RFID 标签（通常是被动式的）贴在金属等导电物体表面或贴在临近位置有金属器件的地方。这样一来，标签在读卡器发出的信号作用下激发感应出的交变电磁场很容易受到金属的涡流衰减作用而使信号强度大大减弱，导致读取过程失败。为什么金属物质就会使 RFID 标签读取失败呢？我们不妨分析一下，如图 11.4.3 所示。

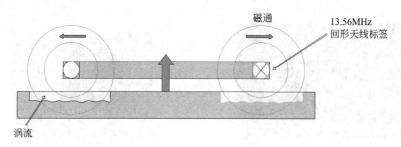

图 11.4.3　交变磁通作用于金属会产生感生涡流

假设电子标签贴在金属层表面，当标签接收到读卡器发出的电磁信号后，自身激发产生一个感应的交变磁通。由于天线标签与金属表面很近，此交变电磁信号（磁通）必然会流经金属层，在金属表面及一定的趋肤深度区域内产生一个感生电磁涡流区域，该涡流同原电磁标签感应磁通方向相反，削弱原来的磁通量，从而减弱标签的电磁读取敏感度，读取距离大大降低；严重时，无论读卡器离电子标签多近，也无法识别，这是大家常提到的金属干扰问题。而吸波材料可以为 RFID 标签的金属干扰问题提供了一种有效的解决方案。

图 11.4.4 清楚地显示出，在 13.56MHz RFID 标签和金属之前应用一层吸波片材料（通常厚度在 0.1～0.5mm 之间），由于吸波材料具有优良磁性能，磁导率高，损耗小，为磁力线提供了有效的途径，这样大量的磁通可以顺利流经吸波材料，而仅有极小部分残余磁通可以流经金属表面，产生涡流热效应。这样，大量的磁力线通过吸波材料内部通过，大大地减少了感生磁通流经金属表面的比例，从而很大程度地改善了 RFID 的读取特性。

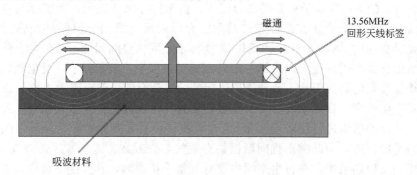

图 11.4.4　吸波材料为 13.56MHz RFID 提供有效的抗金属干扰解决方案

在标签设计及频率调试时，13.56MHz 显然是一个重要的基准频率，这也需要吸波材料在该频率下有很好的使用性能，如高的磁导率，用以保障最大程度的磁力线通过吸波材料；同时具有低的损耗因子以保障尽可能多的磁力线能够循环流通，避免因磁通损耗而减少近场通信的距离和效率。超高频 RFID 系统具有阅读距离较远、可支持多点快速读取等优点，与此同时，随着系统频率的升高，不仅是 RFID 天线标签对使用环境有更高的要求，读写设备也容易产生内部兼容不足的问题，尤其是当客户需要将读写设备的厚度设计得比较薄时。吸波材料可以有效解决读写设备遇到的干扰问题。

当标签天线同控制 PCB 间的距离较近时，900MHz 的超高频读取信号会在控制 PCB 的导电层（如铜层）或其上电子器件的金属导体部分产生反射或任何可能的感生涡流作用，这些反射或感生信号或干扰读取信号，或削弱读取信号的强度，从而影响读卡器的读取距离或读取效果。此外这些干扰也会带来不可预期的 EMI 干扰隐患。而将吸波材料放置于 PCB 与天线之间，可以起到有效地消除干扰，提高读卡器读取能力，从而提高读取距离并降低 EMI 噪声水平，如图11.4.5 所示。

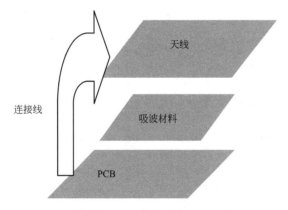

图 11.4.5　吸波材料用于超高频读卡器的天线和 PCB 之间

参考文献

［1］Kaynak A. Electromagnetic shielding effectiveness of galvanostatically synthesized conducting polypyrrole films in the 300-2000 MHz frequency range. Mater Res Bull. 1996, 31 (7): 845-860.

［2］Chung D D L. Materials for Electromagnetic Interference shielding [J]. J Mater Eng & Perf, 2000, 9 (3): 350-354.

［3］Emerson W H. Electromagnetic wave absorbers and anechoic chambers through the years. IEEE Trans on Antennas and Propagation, 1973, 21 (4): 484-490.

［4］荒木庸夫著，赵清译. 电子设备的抑制技术. 北京：国防工业出版社，1975：103-134.

［5］马洪才，张梅. 电磁屏蔽材料的技术探讨. 山东纺织科技，2003，(3)：52-53.

［6］高振金，唐恩辉. 金属网的静电屏蔽效果. 物理实验，1996，16 (3)：138-139.

［7］刘文广. 金属网的静电屏蔽效果. 焦作教育学院学报，1998，(2)：62-64.

［8］Garf W, Vance E F. Shielding effectiveness and electromagnetic protection. IEEE Trans on Electromagnetic Compatibility, 1988, 30 (3): 289-293.

［9］Vance E F. Electromagnetic interference control. IEEE Trans on Electromagnetic Compatibility, 1980, 22 (3): 319-328.

[10] Bulter C M. Ramit-Samii Y, Mittra R. Electromagnetic penetration through apertures in conducting surfaces. IEEE Trans on Electromagnetic Compatibility, 1981, 23 (4): 367-377.

[11] 段玉平, 刘顺华, 管洪涛, 等. 缝隙对金属网屏蔽效能的影响. 安全与电磁兼容, 2004, (4): 46-48.

[12] Schulz R B, Plantz V C, Brush D R. Shielding theory and practice. IEEE Trans. on Electromagnetic Compatibility, 1988, 30 (3): 187-201.

[13] 朱德本. 电磁屏蔽室建筑设计. 工业建筑, 1995, 25 (6): 27-31.

[14] 田小平, 刘和平, 王骏. 屏蔽技术在结构设计中的应用. 机械设计与制造工程, 1998, 27 (5): 16-18.

[15] 刘文峰. 车载式卫星通信系统电缆布线的电磁兼容设计. 计算机与网络, 2001, (20): 32.

[16] 彭娟. 屏蔽电缆的选择与施工. 中国高新技术企业, 2009, (17): 149-150.

[17] 成琦, 许德玲, 葛雄浩. 高屏蔽射频电缆组件的设计. 光缆与电缆及其应用技术, 2007, (4): 21-23.

[18] 朱丹, 陈雷, 刘健. 如何防止工频电流经通信电缆侵入测量室. 电信技术, 2003, (2): 65-66.

[19] 陈钦, 杨权, 舒茂龙. DCS 信号电缆的屏蔽接地探讨. 自动化技术与应用, 2010, 29 (12): 110-112.

[20] 赵玉峰, 肖瑞, 赵东平, 等. 电磁辐射的抑制技术. 北京: 中国铁道出版社, 1980: 10-19, 50-60, 331-334.

[21] 张卫勤, 李光宪, 石江涛, 等. 通信电缆屏蔽专用树脂的研究. 中国塑料, 2000, 14 (1): 27-32.

[22] 刘玲, 裴海燕, 苏朝化. 交联电缆用交联型 EVA 导体屏蔽料的实验研究. 中原工学院学报, 2010, 21 (3): 36-40.

[23] 赵玉峰. 抗静电、防紫外辐射、电磁屏蔽、保健多功能织物的研究. 纺织科学研究, 2001, (2): 1-4.

[24] Kenneth H. An evaluation of a radiofrequency protective suit and electrically conductive fabrics. IEEE Trans on Electromagnetic Compatibility, 1989, 31 (2): 139-137.

[25] 裴启兵, 胡汉杰. 海外高分子科学的新进展. 北京: 化学工业出版社, 1997: 140-164.

[26] 李荻, 郭宝兰, 李宏. 具有电磁屏蔽性能的金属-织物复合材料. 航空学报, 2000, 21 (Suppl.): 43-47.

[27] 姜淑媛, 陈志华, 孙承科, 等. 电磁辐射屏蔽织物——微波防护布的设计. 丝绸, 2004, (2): 9-10.

[28] 商思善. 电磁屏蔽织物的产生与发展. 现代纺织技术, 2002, 10 (10): 48-52.

[29] 张晓宁. 层状复合电磁屏蔽材料的设计与制备. 北京工业大学材料学院硕士学位论文, 2000: 6-8.

[30] 蔡任钢. 电磁兼容原理、设计和预测技术. 北京: 北京航空航天大学出版社, 1997: 1.

[31] 刘顺华, 郭辉进. 电磁屏蔽与吸波材料. 功能材料与器件学报, 2002, 8 (3): 213-217.

[32] Oliver D, Ryan M. 隐形战斗机. 李向荣, 译. 海口: 海南出版社, 2002: 80-88, 99.

[33] 王略, 章仲安. 低 RCS 飞行器外形设计实践. 航空学报, 1995, 16 (6): 692-695.

[34] 戴全辉. 一种隐身无人飞行器外形的电磁散射特性的实验研究. 宇航学报, 2001, 22 (1): 65-69.

[35] 郁万鹏. 浅谈隐身技术. 飞机设计, 1998, (9): 1.

[36] 付伟. 飞机的红外辐射抑制技术. 光机电信息, 2002, (10): 24-28.

[37] 侯振宁. 飞机的光电特征抑制技术. 航天电子对抗, 2003, (2): 24-28.

[38] 蔡毅. 浅谈现代战斗机的红外隐身技术. 红外技术, 1994, (11): 6-10.

[39] 马东立, 武哲. 机翼的雷达散射截面计算. 北京航空航天大学学报, 1995, 21 (2): 40-45.

[40] 章仲安, 王略. 带边条后掠翼融合体隐身布局的应用研究. 气动实验与测量控制, 1995, 9 (2): 21-27.

[41] 胡秉科, 周训波. 美军用飞机推进系统上隐身技术的发展与应用. 国际航空, 2001, (6): 54-56.

[42]　Harrmick M. The invisible art of camouflage. International Defense Review, 1992, 25（8）：749-754.

[43]　仲崇慧. 从金刚罩到隐身服——坦克隐身技术现状及发展. 现代兵器, 2006, (1)：19-21.

[44]　李浩源. 坦克装甲车辆隐身技术. 国防科技, 2003, (5)：21-23.

[45]　陶治国, 蔡德忠. 坦克的雷达隐身外形设计初步研究. 车辆与动力技术, 2004, (3)：29-34.

[46]　路庆和. 未来战场上的隐身兵器. 继续教育, 1998, (3)：46.

[47]　李国宾, 阎世英. 坦克低可见度材料与技术. 兵器材料科学与技术, 1996, 19 (3)：67-72.

[48]　张振英. 国外复合材料在坦克装甲防护方面的应用. 工程塑料应用, 1997, 25 (5)：59-62.

[49]　刘东晖, 黄微波, 刘培礼. 舰船用吸波雷达波涂料. 涂料工业, 1999, (7)：37-40.

[50]　魏诗庆. 舰船雷达波隐身技术的现状和展望. 舰船科学技术, 2002, 24 (3)：38-41.

[51]　王宏, 石岚. 红外、雷达隐身在舰船上的应用. 舰船电子工程, 2004, 24 (5)：111-114.

[52]　龚锦伟, 王振民, 王立新, 等. 舰船隐身设计探讨. 船舶, 2003, (6)：29-31.

[53]　钟玉湘, 许士华. 舰船装置的隐身技术. 中国舰船研究, 2006, 1 (4)：76-80.

[54]　林惠祖. 船舰隐身技术及船舰等离子体隐身技术浅谈. 船舰, 2006, 256：22-25.

[55]　杜为民, 张国良, 樊祥. 雷达隐身技术基础及在舰船上的应用. 飞航导弹, 2000, (10)：50-53.

[56]　肖本德, 罗会彬. 舰船雷达隐身技术综述. 水雷战与舰船防护, 2004, (3)：52-54.

[57]　徐杰. 舰船隐身技术. 舰船电子工程, 2010, 30 (6)：6-8.

[58]　张紫辉, 徐晓刚, 石小玉. 睡眠舰艇目标红外隐身技术. 红外, 2007, 28 (11)：1-3.

[59]　李宝祥. 降低舰艇信号特征的措施. 水雷战和舰船防护, 1998, (4)：37-38.

[60]　曲东才. 隐身巡航导弹的发展及主要隐身技术分析. 中国航天, 2000, (10)：40-44.

[61]　夏新仁, 冯金平. 导弹隐身技术的现在与将来. 电子对抗, 2007, (4)：43-49.

[62]　吴世龙. 隐身巡航导弹的技术实现及其对抗措施探讨. 战术导弹控制技术, 2007, (1)：26-30.

[63]　张红坡. 巡航导弹的红外隐身技术. 兵工自动化, 2009, 28 (4)：4-5.

[64]　杜为民, 樊祥, 张国良. 战术弹道导弹红外隐身初探. 光电对抗与无源干扰, 2000, (4)：17-21.

[65]　郦能敬. 雷达反对抗的新领域：反隐身飞机与对抗反雷达导弹. 电子学报, 1987, 15 (2)：98-104.

[66]　薛晓春, 王雪华. 隐身与反隐身技术的发展研究. 现代防御技术, 2004, 32 (2)：60-65.

[67]　韩磊, 王自荣. 雷达隐身与反隐身技术. 舰船电子对抗, 2006, 29 (2)：34-38.

[68]　赵小华, 渠亮. 雷达反隐身技术的浅析. 现代雷达, 2007, 29 (3)：17-18, 31.

[69]　郦晓翔. 雷达反隐身技术的发展及实现方法. 电子工程师, 2008, 34 (8)：3-5.

[70]　周义, 郁青安, 周丽. 反隐身飞机技术发展. 国防科技, 2002, (2)：30-32.

[71]　焦方金. 隐身与反隐身技术的发展动向. 国防技术基础, 2003, (2)：33-36.

[72]　蒋庆全. 反隐身雷达发展纵览. 电子科学技术论坛, 2004, (1)：49-56.

[73]　陶松垒, 李末材, 陶钧炳, 等. 微波的危害及微波防护膜的研究. 浙江科技学院学报, 2003, 15 (1)：28.

[74]　Frohlich H. What are non-thermal electric biological effects? Bioelectromagnetics, 1982, 3 (1)：45-46.

[75]　陈小立, 阎克路, 赵择卿. 纳米吸波材料在人体防护中的应用现状及其发展方向. 纺织科学研究, 2002, (2)：28-29.

[76]　罗敏, 陈震兵, 陈小立, 等. 纳米吸波材料在人体防护中的现状及发展方向. 化学世界, 2001, (6)：326.

[77]　张雄, 习志臻. 建筑吸波材料及其开发利用前景. 建筑材料学报, 2003, 6 (1)：74.

[78]　Hongtao Guan, Shunhua Liu, Yuping Duan, et al. Investigation of the electromagnetic characteristics of cement based composites filled with EPS. Cement & Concrete Composites, 2007, 29 (1)：49-54.

[79] 江家京，王春芳，孟海乐，等．吸波建筑材料的研究及应用进展．科技情报开发与经济，2005，(15)：132-133.

[80] 陶西才．吸波涂料在民用产品上的应用．安全与电磁兼容，2003，(1)：42.

[81] 程德胜，汪卫华，宣源．信息技术设备的电磁泄漏及其防护研究．装备环境工程，2008，5 (1)：95-98.

[82] 李曼，刘芸江．计算机电磁泄漏及其保护．航天电子对抗，2003，(5)：46-49.

[83] 吕立波．微机视频显示信息防辐射泄密干扰技术的研究．广东公安科技，2009，(2)：39-42.